《中国环境政策》（第七卷）编委会

中国环境政策

Environmental Policy Research Series

（第七卷）

环 境 保 护 部 环 境 规 划 院

王金南　陆　军　吴舜泽　主编

中国环境科学出版社

图书在版编目(CIP)数据

中国环境政策（第七卷）/王金南，陆军，吴舜泽主编．—北京：中国环境科学出版社，2010.6

ISBN 978-7-5111-0303-1

Ⅰ．①中… Ⅱ．①王… ②陆… ③吴… Ⅲ．①环境政策—研究—中国 Ⅳ．①X-012

中国版本图书馆 CIP 数据核字（2010）第 110565 号

责任编辑 陈金华
责任校对 扣志红
封面设计 玄石至上

出版发行 中国环境科学出版社
（100062 北京东城区广渠门内大街 16 号）
网 址：http://www.cesp.com.cn
联系电话：010-67112765（总编室）
发行热线：010-67125803，010-67113405（传真）

印 刷 北京市联华印刷厂
经 销 各地新华书店
版 次 2010 年 10 月第 1 版
印 次 2010 年 10 月第 1 次印刷
开 本 787×1092 1/16
印 张 34.75
字 数 720 千字
定 价 80.00 元

序

环境保护部环境规划院是中国政府环境保护规划与政策的主要研究机构。环境规划院的主要任务是，根据国家社会经济发展战略，专门从事环境战略、环境规划、环境政策、环境经济、环境管理、环境项目等方面的研究，为国家环境规划编制、环境政策制定和重大环境工程决策提供科学技术支持。

在近 10 年的时间里，环境保护部环境规划院完成了一大批国家环境规划任务和环境政策研究课题，同时承担完成了一批世界银行、联合国环境署、亚洲开发银行以及经济合作与发展组织等国际合作项目，取得了丰硕的研究成果。为了让这些研究成果发挥更大的作用，环境规划院将这些课题研究的成果编写成《环境规划与政策》专题研究报告和《重要环境信息参考》，供全国人大、全国政协、国务院有关部门、地方政府以及公共政策研究机构等参阅。10 年来，环境保护部环境规划院已经出版了 200 多期《环境规划与政策》专题研究报告和《重要环境信息参考》。这些研究报告得到了国务院政策研究部门和国家有关部委的高度评价和重视，而且许多建议和政策方案已被相关政府部门所采纳。这也是我们继续做好这项工作的欣慰和动力所在。

为了加强对国家环境政策、重要环境规划和重大环境工程决策的技术支持，让更多的政府公共决策官员、环境决策者、环境管理人员、环境科技工作者分享这些研究成果，环境规划院对这些专题研究报告进行分类整理，编辑成《中国环境政策》，分卷陆续公开出版。相信《中国环境政策》的出版对有关政府和研究部门研究制定环境政策具有较好的参考价值。在此，感谢社会各界对环境规划院的支持，同时也热忱欢迎大家发表不同的观点，共同探索中国环境保护的新道路，推动中国环境保护事业的发展。

编　者

目　录

环境战略与规划

环境政策

节能减排

环境核算与评估

生态环境保护

环境战略与规划

关于国家"十二五"污染物排放总量控制的思考

王金南 田仁生 吴舜泽 李云生 杨金田 严 刚
蒋洪强 徐 毅 王 东 刘兰翠 程伟雪 薛文博

摘　要　本研究评析了我国"十一五"时期（2006—2010 年）污染排放总量控制进展以及发达国家的经验，进而探讨了总量控制与污染控制以及环境质量改善的关系，并就国家"十二五"（2011—2015 年）污染物排放总量控制路线图进行了分析。结果表明：尽管"十一五"时期污染总量减排预期目标基本实现，但是仍然存在污染总量减排与环境质量改善不对应、环境管理制度难以适应污染总量控制要求等问题；从国内外污染总量控制的实践经验来看，污染总量控制的应用范围和成效与一时期的社会经济与技术基础有关，与环境质量改善并不一定具有直接响应关系。建议"十二五"期间我国应实施污染总量控制约束结合环境质量改善指导的环境管理模式，构建"国家—行业—区域"污染总量减排体系，国家减排总量削减目标应通过行业和地区潜力技术经济分析来确定；区域排放总量应与环境质量改善密切挂钩；行业总量控制应采用基于排放绩效的管理模式。为此，本研究进一步提出了"十二五"期间加强总量控制支撑体系建设的政策建议。

关键词　污染物排放　总量控制　中国

Abstract　The study reviewed the progress of pollutants emission total amount control(PETAC) and the experience of that in the developed countries, discussed the relationship between the PETAC and the pollution control and the environmental quality improvement, and analyzed the roadmap of the PETAC in the "12th Five-Year"(2011－2015). The results showed: although overall the emission reduction objects of the total pollutants amount will be reached in the "11th Five-Year"(2006－2010), which is not consistent with the environmental quality improvement, the current environmental management system doesn't accommodate the requirements of the PETAC; Practical experiences of the PETAC in China and the developed countries indicate that the applying ranges and effects of the PETAC are related with the socio-economic and technical basis in a certain period of a nation, and not in direct accordance with the environmental quality improvement. It is suggested that the environmental management should take a pattern of constraining the pollutants emission total amount together with guiding the environmental quality improvement, and construct a "national-industrial-regional" pollutants emission total amount reduction system; amongst these, the emission reduction objects of the national total pollutants amount should be determined by the industrial and regional economic analysis; that of the regional total pollutants

注：本书作者凡不作标注的联系方式：环境保护部环境规划院，北京：100012。

amount should be linked with the environmental quality improvement; that of the total pollutants amount in the industrial sectors should be based on the pollution emission performance method. Based on the above analysis, the study proposed a policy scheme to strengthen the establishment of the supporting system of the Chinese PETAC in the "12th Five-Year" period.

Key words Pollutants emission Total amount control China

2020 年中国将实现全面小康社会的目标，经济发展达到世界平均水平，实现中国新“三步走”战略的第二步，为 21 世纪中叶中国成为世界先进国家奠定坚实基础。但是，环境资源已经成为实现 2020 年全面小康的重要制约，特别是“十二五”的环境路径与污染减排，对实现 2020 年环境小康具有决定性的意义。本文将主要结合“十一五”污染减排以及未来一定时期的环境保护压力，探讨“十二五”污染物排放总量控制的基本思路。

1 “十一五”总量控制进程与目标可达性分析

1.1 减排基本实现“任务目标与完成时间同步”

2008 年全国化学需氧量（COD）排放总量 1 320.7 万 t，在 2005 年（1 414 万 t）基础上削减了 6.61%，全国化学需氧量减排任务完成进度略超过时间进度。全国半数以上省份 COD 总量目标完成情况进度良好。“三河三湖”、黄河中上游、松花江、三峡库区及其上游等 9 个重点流域在 2005 年基础上化学需氧量总量削减了 7.95%，氨氮总量削减了 19.1%。

2008 年全国二氧化硫（SO_2）排放总量 2 321.2 万 t，比 2005 年（2 549 万 t）下降了 8.95%，其中全国电力行业 2008 年年底 SO_2 排放总量为 1 104.5 万 t（2010 年目标为少于 1 000 万 t），全国总体情况及 21 个省份进展较为顺利。重庆、上海、辽宁、内蒙古、陕西、吉林和黑龙江 7 省形势严峻，青海、宁夏、新疆及兵团 SO_2 排放量不降反升。全国电力行业完成减排目标任务的 80%，陕西、云南、宁夏、黑龙江、海南电力行业排放量不降反升。

总体上看，污染减排取得积极成效，达到了“任务目标与完成时间同步”的目标。

1.2 不同区域减排进展差距较大

从东、中、西部 3 个地区来看，东部地区减排进展最快，中部地区接近全国平均水平，西部地区相对滞后。

COD：截至 2008 年年底，东部地区完成“十一五”削减目标任务的 68.65%，其中 8 个省均已完成“十一五”削减目标任务的 60%以上（表 1）。中部地区完成“十一五”削减目标任务的 56.4%，接近全国平均水平；西部地区仅完成“十一五”削减目标任务的 51.6%。从各省减排任务完成情况来看，辽宁、吉林、江苏、山东、甘肃、上海、福建、内蒙古、北京、四川、河南、重庆、天津、湖北 14 个地区减排力度最大，均超过 65%，高于全国平均水平。湖南、贵州、云南、安徽、广西、江西等地减排形势较为严峻。

表 1　各省化学需氧量总量削减目标完成情况（2008 年 12 月）

序号	地区	2005 年 COD 排放量/万 t	2008 年 COD 排放量/万 t	2010 年 COD 控制排放量/万 t	2008 年完成比例/%	2010 年目标完成率/%
1	北京	11.6	10.13	9.9	−12.69	86.50
2	天津	14.6	13.31	13.2	−8.81	92.10
3	河北	66.1	60.48	56.1	−8.50	56.20
4	山西	38.7	35.88	33.6	−7.29	55.30
5	内蒙古	29.7	28.01	27.7	−5.70	84.50
6	辽宁	64.4	58.39	56.1	−9.32	72.40
7	吉林	40.7	37.43	36.5	−8.03	77.90
8	黑龙江	50.4	47.62	45.2	−5.52	53.50
9	上海	30.4	26.67	25.9	−12.27	82.90
10	江苏	96.6	85.15	82	−11.86	78.40
11	浙江	59.5	53.86	50.5	−9.49	62.70
12	安徽	44.4	43.29	41.5	−2.50	38.30
13	福建	39.4	37.82	37.5	−4.01	83.20
14	江西	45.7	44.53	43.4	−2.57	50.90
15	山东	77	67.86	65.5	−11.86	79.50
16	河南	72.1	65.09	64.3	−9.72	89.90
17	湖北	61.6	58.57	58.5	−4.92	97.70
18	湖南	89.5	88.47	80.5	−1.15	11.40
19	广东	105.8	96.36	89.9	−8.92	59.40
20	广西	107	101.28	94	−5.34	44.00
21	海南	9.5	10.07	9.5	6.00	—
22	重庆	26.9	24.17	23.9	−10.13	91.00
23	四川	78.3	74.91	74.4	−4.33	86.90
24	贵州	22.6	22.18	21	−1.85	26.30
25	云南	28.5	28.05	27.1	−1.59	32.10
26	西藏	1.4	1.54	1.4	10.00	—
27	陕西	35	33.21	31.5	−5.11	51.10
28	甘肃	18.2	17.05	16.8	−6.31	82.10
29	青海	7.2	7.46	7.2	3.57	—
30	宁夏	14.3	13.18	12.2	−7.81	53.30
31	新疆	25.67	27.1	25.67	5.58	—
32	兵团	1.43	1.61	1.43	12.64	—

SO_2：截至 2008 年 6 月，东部地区完成“十一五”削减目标任务的 49.5%，其中 7 个省均已完成“十一五”削减目标任务的 50%以上（表 2）。中部地区完成“十一五”削减目标任务的 44.8%，接近全国平均水平；西部地区仅完成“十一五”削减目标任务的 36.5%。从各省减排任务完成情况来看，甘肃、北京、天津、江苏、山西、浙江、广西、

广东、山东、福建10省市减排力度最大，均超过50%，陕西、河北、上海、重庆、贵州以及内蒙古等地减排形势非常严峻。

表2 各省 SO_2 总量削减目标完成情况（2008年12月）

序号	区域	2005年 SO_2 排放量/万t	2008年 SO_2 排放量/万t	2010年 SO_2 控制目标/万t	目标完成率/%
1	北京	19.10	12.32	15.2	100.00
2	海南	2.2	2.17	2.2	100.00
3	西藏	0.2	0.2	0.2	100.00
4	甘肃	56.3	50.15	56.3	100.00
5	天津	26.50	24.01	24	99.60
6	江苏	137.30	113.03	112.6	98.26
7	山西	151.60	130.84	130.4	97.92
8	广西	102.30	92.45	92.2	97.52
9	四川	129.9	114.49	114.4	97.10
10	云南	52.2	50.17	50.1	96.67
11	湖南	91.90	84.05	83.6	94.70
12	浙江	86.00	74.06	73.1	92.56
13	福建	46.10	42.89	42.4	86.76
14	湖北	71.70	66.98	66.1	85.54
15	广东	129.40	113.59	110	81.49
16	山东	200.30	169.20	160.2	77.56
17	河南	162.50	145.18	139.7	75.83
18	江西	61.30	58.31	57	69.53
19	河北	149.60	134.51	127.1	67.11
20	安徽	57.10	55.57	54.8	66.52
21	贵州	135.8	123.59	115.4	60.00
22	重庆	83.7	78.24	73.7	54.60
23	上海	51.30	44.61	38	50.30
24	辽宁	119.70	113.07	105.3	46.04
25	内蒙古	145.60	143.10	140	44.64
26	陕西	92.2	88.94	81.1	29.37
27	吉林	38.20	37.75	36.4	25.00
28	黑龙江	50.80	50.63	49.8	17.00
29	青海	12.4	13.48	12.4	−8.71
30	新疆	50.24	56.46	50.24	−12.38
31	宁夏	34.3	34.83	31.1	−16.56
32	兵团	1.66	2.09	1.66	−25.90

1.3 末端工程减排发挥了主导作用

工程减排、结构减排、监督管理减排是实现总量减排的 3 个主要技术措施。以污水处理厂建设和燃煤电厂应脱硫为重点的工程减排措施发挥了主导作用。污水处理厂建设运营贡献的减排量占全国 COD 削减量的 50%，燃煤电厂脱硫贡献的减排量占全国 SO_2 削减量的 60%以上 。

图 1 是近 7 年全国城镇污水处理厂建设的情况。2008 年，我国已建成投运城市污水处理厂 1 521 座（比 2005 年增加污水处理厂 712 座），形成污水处理能力 9 092 万 t/d（新增污水处理能力 3 368 万 t/d），已接近 2010 年 1 亿 t/d 的规划目标，污水处理厂建设已完成"十一五"规划要求的 74.8%，全国城镇污水处理率提高到 66%，接近 2010 年规划目标（70%）。全国污水处理厂平均运行负荷达到设计能力的 73.6%。1 300 多座污水处理厂已安装了在线监测系统。截至 2008 年 9 月，淮河、海河、辽河、巢湖、滇池、松花江、三峡库区及其上游、黄河中上游八个流域规划安排的 2 712 个治理项目中，已建成 881 个、在建 960 个，完成投资 510 亿元，好于"十五"同期进展水平。松花江流域和淮河流域规划项目进展较好，项目未动工率分别为 5.4%和 17.6%。但是，新增已建成污水处理厂管网长度只有 4.896 6 万 km，仅完成"十一五"规划要求的 30.1%，距离 16 万 km 的规划要求差距较大。

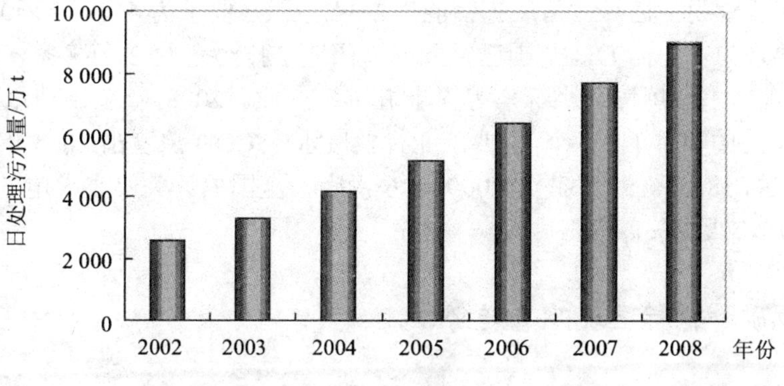

图 1　近 7 年全国城镇污水处理厂日处理量情况

图 2 是近 4 年全国燃煤发电机组脱硫能力的增加情况。2008 年，全国建成并投运的燃煤电厂脱硫设施由 2005 年的 0.46 亿 kW 增加到 3.63 亿 kW，已超额完成 2010 年目标（2.13 亿 kW）。全国投运的燃煤脱硫机组共 1 062 台，脱硫机组装机容量占全国火电总装机容量的比例由 2005 年的 12%提高到 2008 年的 60%，形成二氧化硫减排能力 1 000 万 t，全国燃煤脱硫机组脱硫综合效率提高到 78.7%。截至 2008 年，钢铁行业完成了 10 台规模 1 000 m^2 烧结机烟气脱硫工程，但不少未正常运行。燃煤电厂及钢铁行业烧结机脱硫工程超额完成任务。

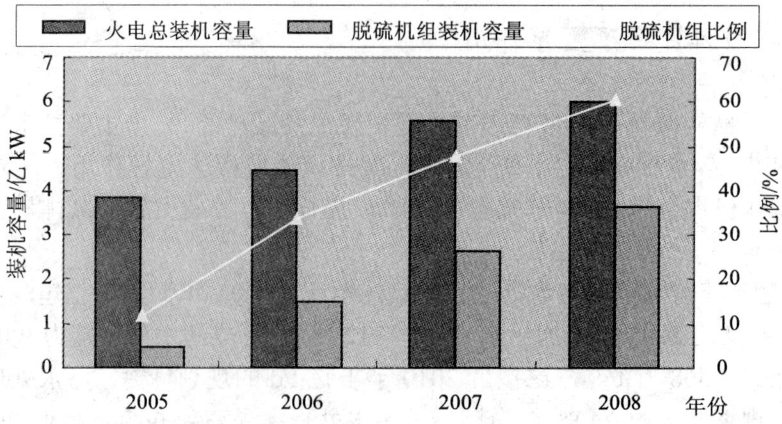

图 2 近 4 年燃煤发电脱硫机组加剧上升

1.4 产业结构调整进一步推进减排

污染减排加速推进产业结构调整，以小火电关停最为典型。截至 2008 年年底，已经淘汰关闭落后产能造纸 500 多万 t（要求 650 万 t）、炼焦 3 000 多万 t（要求 8 000 万 t）、酒精 50 多万 t（要求 160 万 t）、小火电机组 3 421 万 kW（要求为 5 000 万 kW）、炼铁能力 6 059 万 t（要求为 1 亿 t）、落后炼钢能力 4 347 万 t（要求为 5 500 万 t）、落后水泥产能 1.4 亿 t（要求为 2.5 亿 t）。全国已经取缔关闭违法排污企业 2 万多家，清理了大量污染严重的小化工、土法炼锌、小炼焦等“十五小”企业。2008 年全国造纸行业关停合计产能 625.07 万 t/a 的项目 1 106 个，主要工业行业废水中 COD 浓度由 2005 年的 368.5 mg/L 降低到 2007 年的 180.9 mg/L。截至 2009 年 6 月底，全国累计关停小火电 5 400 万 kW，提前 1 年半完成小火电关停任务。

1.5 传统环境质量指标呈现改善趋势

全国地表水国控断面水质平均浓度有所下降，七大水系国家监控断面中Ⅰ～Ⅲ类水质断面比例已经提前实现规划目标，以 COD 为主要指标的水质呈现改善的趋势。但是，2010 年衡量水环境整体质量水平的劣Ⅴ类水体比例指标不容乐观。2008 年全国地表水国控断面劣Ⅴ类水质断面比例为 24.4%，比 2005 年降低了 1.63 个百分点，距 2010 年目标还存在 2.37 个百分点的差距，预计只有经过 2009 年、2010 年持续努力后，2010 年该指标才有可能达到规划要求。

2008 年，全国 113 个环保重点城市中，空气质量好于Ⅱ级标准的天数超过 292 天的城市共有 108 个，基于 SO_2、NO_x 和 PM_{10} 的城市 API 达标率为 95.58%，已提前达到 2010 年目标（75%）。2008 年全国城市空气中 SO_2 和 PM_{10} 的年均浓度仍远高于发达国家和我国周边的东亚国家水平，全国城市空气二氧化氮浓度已接近欧美等发达国家水平，在东亚地区处于中等水平。若在现有环境质量评价体系中增加 O_3 和 $PM_{2.5}$ 等因子，达标城市比例将会大幅度降低，部分城市下降 20～30 个百分点。

1.6 2010 年总量控制目标有望按期实现

总体来看，全国主要污染物 COD、SO_2 减排取得较好进展。如果继续维持目前的减排力度，再加上经济危机的“有利影响”，全国“十一五”两项污染物排放总量控制目标有望按期完成。但是，要在继续加大工程减排、结构减排力度的同时，进一步挖掘管理减排的潜力。2007 年火电行业已投运的 2.66 亿 kW 脱硫机组综合脱硫效率仅为 73.8%，2008 年 10 月前全国建成的 8 553 万 t/a 城镇污水处理设施能力运行负荷率仅为 76%。若已投运火电机组综合脱硫效率提高到 85%左右，城镇污水处理厂运行负荷率达到 80%以上，则可分别再减排 SO_2 100 万 t 和 COD 40 万 t 以上。

2 “十一五”总量控制存在的主要问题

从前 3 年的污染减排工作来看，污染减排工作所取得的成绩是巨大的，环境保护部门在综合决策中的重要性日益凸显，各级领导、各部门、社会公众对环境保护的关注程度日益提高，基本解决了以前的“有总量、无控制”的局面，城市污水处理厂、火电脱硫为代表的治污设施建设力度和存量水平大幅度提高，环境监管能力建设得到显著加强，部分区域环境质量明显改善，经济社会环境协调水平有所提高。在污染减排方面，形成了一套中国特色的减排制度，如坚持淡化基数、算清增量、核实减量三大原则，建立统计体系、监测体系、考核体系三大体系，推进工程减排、结构减排、管理减排三大措施，把握计划备案、阶段核查、督察预警三大环节。

因此，我们有理由相信，经过继续努力，全国总体上可以实现“十一五”COD、SO_2 排放量减排 10%的约束性目标。但是，我们也应该注意到，中国仍然处于经济增长的资源环境代价过大的阶段，以政府目标责任为核心的污染减排强力推进过程中也出现了一些不容忽视的问题，这些都直接影响环境保护的持续发展。突出表现在如下 5 个方面。

2.1 总量控制目标与质量改善的关系不确定

首先是污染物排放总量控制目标的确定问题。尽管按照东、中、西部等进行了区域分类，但总体上自上而下、分解落实的成分居多，未充分考虑各地区差异性，减排目标确定仍然在较大程度上是一个良好的政治意愿和社会呼声反映。另外，作为污染减排目标实施计划的《节能减排综合性工作方案》并不是与目标确定配套出台，而是作为总量控制目标的实施可达性措施，这也对污染减排目标确定造成一定的不利影响。

污染减排还难以确保环境质量同步改善。这个问题是当前污染减排中一个非常突出的减排绩效问题，也是我国实施污染物排放总量控制以来一直争论的问题。表现在：① 总量控制因子与一些地区环境问题不完全具有直接对应性，有些污染物减排的目标本身就不是环境质量的改善。不少地区，颗粒物、氨氮等已经成为影响区域环境质量的主要污染物。② 现行的无论是 COD 还是 SO_2 的污染减排政策基本上是针对点源污染的对策，尤其是 SO_2 减排主要是从控制酸雨污染出发，而对当地环境质量影响更大的非电燃煤锅炉（低矮面源）、农村污染等未被有效纳入，这将在很大程度上影响污染减排形成的环境质量改善效果。③ 污染减排工程没有进行系统性考虑，如脱硫石膏的再利用和污水处理厂污泥的处置等，使得污染减排的真实环境效益大打折扣。

2.2 环境管理还难以完全适应量化管理要求

部分政策、制度、措施与总量控制不相匹配甚至相互抵触，以总量控制为龙头的系统管理、量化管理、科学管理尚未形成，管理政策需要根据污染减排要求进行重构。这突出表现在竣工验收、监督性监测、环评审批等领域。建设工程竣工验收时轻视总量、重视“浓度验收”；限期治理制度还是基于浓度标准而不是区域性的总量削减要求；新建项目环境影响评价中，总量指标也往往与区域污染减排指标脱钩；以污染源在线监测系统为例，大部分地区很重视重点污染源在线监测系统的建设，但不少污染源端在线监测缺乏有效的认证、校核，在线监控系统以浓度监测为主而且往往以出水端浓度监测为主（竣工验收监测也是如此），在线监测系统安装后的维护和维修等相关服务不能及时到位，在线监测数据的法律地位和配套政策、建设标准等滞后，联网困难，监控系统实时显示功能大于历史数据分析功能，巨大庞杂的在线监测数据分析利用没有提上议事日程。

另一个定量化管理的问题是对污染物新增量管理还有待改进。控制新增量是污染减排的最优先任务，污染减排目标实现的最大不确定因素主要来自于经济社会发展的不可控性。最早的全国减排方案是以 GDP 年均递增 7.5%为基础制定的。如果 GDP 以 10%的速度增长，与 7.5%的基础方案相比，仅煤炭消耗就要增加 3.1 亿 t，SO_2 新增产生量 450 万 t、新增排放量 180 万 t。减排边界条件和情景条件的变化、节能降耗指标能否实现、各项政策措施是否到位，都使完成污染减排目标存在一定的不确定因素。污染减排目标的实现不可能脱离 GDP、能耗、水耗、技术进步、产业结构等经济运行各要素孤立存在。粗放的经济发展模式必须通过总量控制得以实现转型，污染减排目标的最终实现也必须以转变经济发展方式为前提条件。当前仍有一些地区把污染减排和经济发展对立，对污染减排存在或明或暗的消极抵触情绪，污染减排方案和经济发展规划依然是“两张皮”、一软一硬。

2.3 治污工程的可持续减排能力不强

“十一五”期间，污水处理厂和脱硫设施的建设都是前所未有的，但治污工程建设水平不高，质量难以保障，绩效有待提高。在环境保护目标责任制考核推动下，在短时间内建设了大量治污设施，但在部分领域工程技术储备明显不够，全过程质量把关基本处于空白，设施建设、运行配套政策滞后，已建污染减排设施的监管亟待加强。如脱硫行业没有经过长期培育，市场尚不成熟，行业标准和法律规范缺乏，进入门槛较低，脱硫工程的质量难以保证，部分设施没等建好就已被市场淘汰，或者是脱硫工程“竣工之日”就是“技术改造之时”。另外，减排工程运营监管能力不足，治污工程长期运转还缺乏配套的政策措施，如何避免大量建成的环境基础设施闲置和浪费，切实解决“能力变真”

问题，是全国污染减排“战役”面临的重要问题。

在总量控制实施环节仍然存在结构性和可操作性缺陷。城市污水管网建设滞后严重阻碍 COD 削减，城市污水处理污泥问题没有得到足够重视。SO_2 减排方案过分依靠火电厂脱硫工程，燃煤工业锅炉煤炭消费量难以保证不增长，SO_2 减排测算不确定因素过大，没有关注 SO_2 减排中的洗煤措施等。这些结构性问题对减排目标实现及其成效影响较大。另外，在操作层次上，没有慎重甄别分析进水浓度变化、燃煤硫分变化等不稳定可靠因素对污染减排量的影响，部分地区存在小企业关停 3 年循环和“企业群”等问题，城市污水处理厂接纳了不少非传统企业废水或者面源污水。在采用全口径统计煤量测算时，存在关停、煤改气等 SO_2 减排双重计算的问题。

2.4 减排长效机制没有得到根本解决

（1）减排事权没有明晰。目前部分省份推行的减排目标层层分解和层层考核对于小区域（县、区和镇）来说存在一定的不合理性。一些地方仍然存在上级环保部门考核下级环保部门，环保部门的压力过大，各部门的减排责任有待进一步落实。

（2）政府环保投入事权和强度不到位。治污资金不落实导致“十五”环境保护目标落空，环境治理投资的统计口径、事权划分和绩效管理存在不少问题，真正用于环境污染治理的投资只有现有投资口径统计量的 50%左右。目前减排化学需氧量所需的投资尚未全面落实，尤其是需要政府投资的资金落实不很理想。“十一五”头 3 年中央政府投入也仍然没有实现每年 300 亿元的目标（仅 2008 年达到 340 亿元）。现行财税体制下纵向和横向不平衡加剧，事权不明晰形成的财权重心上移、事权重心下移、地方事权财权不匹配，环保事权过多地由地方政府承担，这些无疑又为减排工作的推进增加了难度。

（3）政府监管能力和力度不到位。污染物排放总量控制法规缺失，污染物排放标准不完善、执行率低，环境监管能力明显偏弱，“三大体系”基础薄弱，配套制度缺乏，减排缺乏准确有效的基础数据保证。

2.5 支持减排的法规和市场机制有待加强

排放总量控制是“十五”以来中国环境保护的最重要的制度之一。但是，这项制度至今没有高位阶的法规支持。国务院从“十五”就开始研究制定《主要污染物排放总量控制管理条例》，但由于《大气污染防治法》和《水污染防治法》对排放总量控制、排污许可证规定的不一致性，以及排放总量控制与排污许可证的关系不清晰等原因，上述管理条例无法出台。

在“十一五”期间，污染减排主要依靠行政和法规手段，地方环保部门与环境保护部的减排数字“倒逼游戏”愈演愈烈。一方面，地方对运用市场机制手段表示出极大的兴趣，排污交易试点有在全国遍地开花之势；但另一方面，国家环境保护部门对排污权有偿使用和排污交易等灵活市场机制运用犹豫不决，不能及时地为地方排污交易试点提供技术指导，明显降低了污染减排的经济有效性。尤其是如何保证减排工程设施真正能够运行并持续发挥减排效益的经济政策，包括激励性的和惩罚性的政策。产业结构调整缺乏配套政策，产业结构政策进一步实施难度较大，部分政策导向与污染减排要求相悖，减排政策执行力不能支持持续的污染减排。

3 排放总量控制的国际经验和趋势

排放总量控制是近些年国际上使用较为普遍的环境管理措施，主要通过限制和削减污染物的排放总量达到改善流域和区域环境质量的目的。国外自 1960 年代末开始研究污染物排放总量控制。尤其是美国、日本和欧盟比较突出，制定出了一套污染物排放总量控制制度。排放总量控制已经从传统的污染物控制领域转向温室气体排放的总量控制，并与排放贸易机制联合实施。但是，国际上与我国这种完全基于全国的国家排放总量控制制度十分罕见。

3.1 污染物排放总量控制的国际进展

美国、日本、欧盟都实行了不同类型的排放总量控制。其他国家如瑞典、前苏联、罗马尼亚、波兰、韩国等也实行了以污染物排放总量控制为核心的环境管理制度，而且都取得了较好的环境效果。

3.1.1 美国

1967—1973 年美国特拉华河实行的排污总量控制，可以说是污染物排放总量控制的雏形。美国从 1972 年开始在全国范围内实行水污染物排放许可证制度，并使之在技术路线和方法上不断得到改进和发展。1972—1976 年，美国实施了第一轮排放许可证制度，即所谓的“泡泡政策”，并制定了实施污染总量分配的技术指南。美国在 1980 年代开始实施联邦排污许可证和排污削减制度。为此，开发了反映水、气污染物传输及归宿的数学模型，用作总量指标分配的工具。1983 年 12 月，美国正式立法，实施以水质限制为基点的排放总量控制。为了在满足水体的环境标准下充分利用其自净能力，美国采用了季节总量控制的方法，它是为适应水体不同季节不同用途对水质的标准要求，允许排污量在一年内的不同季节有所变化，可根据水量、水温、pH 值等因素在各季节的差异来确定。1987 年美国《清洁水法》修正案中考虑了对有毒物和非点源污染的控制，并把来自城区和工业设施的雨水排放包括在国家污染物排放削减系统许可证方案（NPDES）中，从而大大扩展了污染物排放总量控制的范围。

为更有效地分配已经确定的污染负荷总量，美国有些州还推行在污染源之间进行污染负荷对换制度。包括“点源对换法”和“点源—非点源对换法”，也就是排污交易方法。前者允许将部分分配给某个排污者的污染负荷转换给其他难以用比较经济的手段达到要求削减量的排污者，后者允许用非点源控制方法来替代点源的进一步控制，因为非点源污染控制的投资比工业点源和城市污水处理厂的投资少而有效得多。采用以上各种总量控制方法可大大减少污染控制的费用。从采取水污染物排放总量控制制度至今，美国的水环境污染控制取得了明显的成效。

1979年以来美国的大气总量控制政策有"气泡"政策、补偿政策和贮存政策。"气泡"政策是指把一个工厂或多个工厂视为一个"气泡"。在一个"气泡"诸多污染源可以互相调节污染物削减量，即把资金用于花钱省、容易削减的污染源，达到低费用控制排污总量的目的。多厂之间可以互相购买排污量。补偿政策是对新增经济活动或扩大原有经济活动地区（排污源），必须削减原有经济活动的排污量，用以补偿增加经济活动产生的新的排污量。贮存政策是一种排污量交易政策。工厂（排污源）可以以法律保护的形式，将额外削减的排污量作为削减排污量存款，存入银行，或在补偿交易中使用。1992年美国布什政府提出环境保护应从排放口控制转向污染源控制，并把清洁生产和综合利用的新观念引入污染物排放总量控制中，使污染物排放总量控制的理论与实施体系逐步完善。

自实施总量控制下的排污交易制度以来，美国的 SO_2 和 NO_x 的减排工作取得了显著成效。以1990年启动的"酸雨计划"为例，明确规定了"到2010年，SO_2 年排放量在1980年的排放水平减少1 000万t"的总量目标。计划的成功实施使得 SO_2 排放量显著下降。1995—2006年，美国的 SO_2 排放量由1 741万t下降到1 245万t，下降幅度为28%。国家环境监测数据表明，环境中 SO_2 的浓度和硫酸盐浓度、硫酸盐沉降等指标均有明显改善。

美国在经历早期的酸雨计划后，相继又推出了 NO_x 预算计划（NO_x Budget Program，NBP）、清洁空气汞排放规划（CAMR）以及清洁空气州际规划（CAIR），使得大气污染物总量控制因子由过去的 SO_2 单一因子，逐步拓展到 SO_2、NO_x 以及汞等多污染物的综合控制。

严格意义上说，美国全国意义上的污染物排放总量控制是不存在的。最为成功的酸雨计划和 NO_x 预算计划都是在一定排放源下的总量控制。最新的（2005年制定）酸雨计划要求，指定的3 550家化石燃料电厂2010年的 SO_2 排放总量控制在814万t。最新的 NO_x 预算计划（2007年制定）要求，指定的2 579家燃煤电厂和锅炉2010年 NO_x 排放量要比1990年降低28%，削减量为110万t。很显然，美国的排放总量控制目标是很确定的，是一定数量排放源的累加排放总量控制。

3.1.2 日本

1960年代末，日本为改善水和大气环境质量状况，提出了污染物排放总量控制问题。截至1983年，日本全国已有30个地区划为执行总量控制规定的指定地区；总量控制的对象主要是 SO_2、NO_x、化学耗氧量（COD）等。

在水污染物总量控制方面，日本在1971年开始对水质总量控制计划问题进行研究，于1973年制定的《濑户内海环境保护临时措施法》中，首次在废水排放管理中引用了总量控制以COD指标限额颁发许可证。日本环境厅于1977年提出了"水质污染总量控制"方法，与此同时水质污染防治法规定的浓度标准继续使用。所谓"水质污染总量控制"，就是通过采取统一的、有效的措施，把流入一定水域的污染负荷总量控制在一定的数量之内，降低流入该水域的污染负荷总量，改善水域水质，使其达到预先所规定的目标。日本于1978年6月修改了水污染防治法，以COD为对象开始了总量控制工作。到1984年，日本将总量控制法正式推广到东京湾和伊势湾两个水域，并严禁无证排放污染物。由于采取了总量控制方法，日本的这两个海湾 80%以上的污染大户受到控制，水环境状况得以改善。

在总量控制制度中，日本首先以政府令的形式指定污染负荷削减项目，其次指定实施总量控制的水域和地域，最后由内阁总理大臣审定总量控制基本方针，确认指定地域的指定项目及削减目标量。根据这一基本方针，都、府、县知事拟定总量控制计划。污染负荷量的总量削减是根据目标年度内不同污染源、各都府县的削减目标量以及其他基本事项决定的。削减目标量的确定要考虑到指定地区的人口与工业发展状况、污水处理水平、下水道整改等因素，要在切实可行的范围内进行削减。同时还规定了不同污染源削减目标量、削减方法以及与总量削减有关的其他事项。

在大气污染物总量控制方面，日本在 1970 年修订《大气污染防治法》时，引入了排放总量控制，当时受控污染物仅为 SO_2。1981 年，又将 NO_x 作为总量控制的受控污染物。1992 年，再将机动车排放的 NO_x 列入总量控制范围。总量控制分为排放口总量控制和区域总量控制。依据日本国家和部分地方的大气污染防治法律和地方条例的内容，两者的区别主要是：排放口总量控制是以最高允许排放总量和浓度为基础，以不超标为要求，即“冻结”；区域总量控制是以排放总量的最低削减量为基础，以削减达标为要求。排放口总量控制在全国实行，不受所在区域限制。区域总量控制是在排放口总量控制基础上的更严格的总量控制，控制要求主要是确定排放总量、确定总量削减计划（包括总量限制指标和削减措施、期限等）、向各排放者分配排放总量和削减总量额度。

日本《大气污染防治法》中还规定了划定大气污染严重区域制度（“公害发生设施密集区域”），对该区域实行比一般排放标准更严格的“特别排放标准”。至 1990 年，日本已在全国划定了 24 个 SO_2 总量控制区、3 个 NO_x 总量控制区，并在一部分区域实行更为严格的粉尘和其他有害气体排放标准（可称为粉尘控制区等）。对指定地区来说，“削减总量”只是一个目标值；对特定工厂来说，“总量控制标准”也只是一个控制目标。为达到这些目标，必须采取一系列强有力的措施。

日本对今后的总量控制基本做法是：① 今后各流域、地域继续努力进一步改善水环境质量，继续实施 COD 的削减对策；② 以 1989 年为目标年的第二次总量控制中的削减目标量是以人口、产业动向、自然社会条件为基础，充分考虑污水治理技术水平、下水道整备等各种条件的前提下设定的，要考虑对策的平衡性和综合性；③ 由于生活系统污染占总量的比例增加，应加强和推进下水道管网整备等生活排水的对策；④ 要认识到总量控制标准将会推进控制对策，要考虑整体上的公平性；⑤ 实施第二次总量控制时，对那些需要进一步科学揭示的难题，要注意积累经验和教训，力求拿出更合理、更综合的水环境保护对策；⑥ 在指定地域内对产业和设施规定的容许限度的水污染物总量控制标准，可以理解为促进下水道整备和产业污染治理的有效措施。

3.1.3 欧盟

1979 年，欧洲各国基于区域酸沉降的科学事实，于日内瓦共同签署了远程大气污染跨界输送协议（CLRTP），从而建立了跨国界的政策平台。协议提出了污染减排总体目标以及各国减排份额，实现了污染物减排的区域合作。但是，截至目前，空气污染仍然是欧洲引起人体健康与环境损害的主要环境问题之一。据欧盟估算，每年由于空气污染造成欧盟 37 万人过早死亡，而且对生态系统、农作物、建筑材料以及文化遗产等造成广泛影响。2000 年欧盟由于细颗粒和臭氧污染对社会健康影响造成的损失高达 2 700 亿～7 900 亿欧元，相当于欧盟 25 国 GDP 的 3%～9%。

在此背景下，2001 年欧盟正式颁布了《国家污染物总量控制指令》（National Emission Ceilings Directive，NECD）来控制 SO_2、NO_x、非甲烷挥发性有机物和氨气四种大气污染物的排放，以解决致酸物质、富营养化、致二次污染物质带来的环境问题和人体健康问题。在 NECD 指令中，欧盟通过设置具体排放总量来大幅度削减 4 种主要大气污染物的排放。具体目标为：与 1990 年相比，到 2010 年 SO_2 排放减少 63%，氨气减少 17%，NO_x 减少 41%，VOC 减少 40%。在 NECD 2008 年中期评估时，认为这些总量控制目标需要进一步加严。

欧洲共同体各国采用水污染物总量控制管理方法后，60%以上排入莱茵河的工业废水和生活污水得到处理，莱茵河水质有了明显好转。

3.2 总量控制实践的国际经验

污染物排放总量控制虽然不是中国的首创，但我们目前操作的全国意义上的污染物排放总量控制也很难在国际上找到相同的案例。在解决一些国际和全球环境问题方面，也正在引入排放总量控制制度，如温室气体排放总量控制、汞排放总量、ODS 控制和 POPs 控制等。世界各国的实践经验表明，成功推行污染物排放总量控制的关键是：① 排放总量控制有着严格的范围和科学的目标；② 具备强有力的法律依据；③ 具有与排放标准相配套的先进污染治理技术；④ 建立起促进污染物削减的总量控制的市场机制。

3.2.1 科学界定总量控制范围和目标

发达国家绝大部分排放总量控制都是非常局限的、一定条件下的总量控制，如基于排污口和基于污染源的排放总量控制、基于特定区域环境质量下的总量控制（也就是容量总量控制）、基于特定行业、特定污染源数目下的排放总量控制。也只有这样，才能实现排放总量控制与环境质量改善挂钩。例如，美国环保局只对占全国 SO_2 排放量 67%（2002）的火电厂的排放的控制是一个很成功的案例。1990 年出台的《清洁空气法》修正案第四条规定了对火电厂的总量控制目标：2010 年的 SO_2 排放量降低为 1980 年的一半左右，火电厂排放总量控制在 814 万 t。另外，从治理 NO_x 污染来看，美国、德国、日本等国家都选择电力行业为 NO_x 重点控制行业，并且取得了很好的控制效果。

最典型的基于污染源和排污口的总量控制是美国环保局 1972 年提出的最大日负荷总量（Total Maximum Daily Loads，TMDL）。TMDL 的定义为：在满足水质标准情况下，水体能够接受的某种污染物的最大日负荷量。它包括污染负荷在点源和非点源之间的分配，同时还要考虑安全临界和季节性的变化。污染负荷量可以表示为单位时间的质量、毒性和其他适合测定的指标。TMDL 计划总的目标就是用来识别具体污染区域和土地利用状况，并且考虑对这些具体区域点源和非点源污染物浓度和数量提出控制措施，从而引导整个流域执行最好的流域管理计划。美国许多州已对受损水体开发了 TMDL 计划。EPA 为了进一步提高国家的水体质量，不断地努力改善 TMDL 计划，2001 年和 2002 年这两年，在当前 TMDL 计划规则下，批准或设立的 TMDL 计划超过 5 000 多个，TMDL

计划在最后 4 年中每年都以稳定的速度上升，例如从 1999 年的 500 个上升到 2002 年的大约 3 000 个。TMDL 计划在整个美国广泛实施，在点源和非点源污染综合控制方面成效较好。

3.2.2 强制具体的法律依据

依法实施排放总量控制。绝大部分总量控制都是在相应的水污染防治和大气污染防治法律中给予明确，甚至企业的排放配额都在法律中体现。而我国，迄今为止都没有国务院颁布的污染物排放总量控制和排污许可证管理条例。美国于 1955 年针对公众健康问题的研究开始了大气污染控制，并于 1963 年通过了第一部《清洁空气法》。在 1970 年的《清洁空气法》修正案中制定了空气污染的一级和二级国家空气质量标准，在由 Pittsbungl 发起的大气污染防治城市条例与公害法中制定了烟尘、烟气、烟垢和粉尘的排放标准，最终形成以人体健康为基准的国家空气质量标准和以技术、经济为基础制定的强制性排放标准两套标准。1990 年的《清洁空气法》修正案中提出了联邦许可证方案，从法制角度规定了排放源的排放限制、总量控制要求、排放监测要求及操作程序。美国几乎每两年便修改一次《清洁水法》，并根据《清洁水法》修正案对环境标准进行补充、修改和完善，以适应污染物排放总量控制的新要求。

日本针对总量控制立法较具体、具有可操作性，这也是日本总量控制制度得以顺利推行的主要原因。1995 年日本以第 70 号法律、第 75 号法律重新修订了日本《大气污染控制法》，使得总量控制制度得到了长足的发展。在总量控制的实施和罚则方面制定了包括标准控制制度、申报监控制度、限期改进制度、机动车废气的及时控制制度、报告和检查制度、许可证制度、地方政府职责制度和无过错责任原则、惩役或罚金法则、单处罚金法则、“双罚制”等罚则。日本在总量控制立法中明确规定了无过错责任原则，并将刑事立法中的惩役、罚金及“双罚制”引入其中，使得监督管理制度显得更完善。另外日本对地方政府的实施行为提供了监督机制，总量控制立法中很强调都、府、县知事的权力与职责，与中央政府的关系很明确，从而使得总量控制这一实际上带有地方特点的问题的解决变得容易。

欧盟也有强制的法规来指导成员国控制污染物排放总量。最新的是 2001 年欧盟正式颁布的《国家污染物总量控制指令》。英国在其大气污染防治中颁布了系列法律，如《安全健康工作法》（1974）、《空气净化法》（1958）、《制碱工业法》（1956）等，但最主要的是《污染控制法》，它强化了以往法规的权力，对防治和控制大气污染作了具体全面的规定，成为各级政府部门管理大气污染的法律依据。《污染控制法》不规定全国统一的大气环境质量标准，但要求各地因地制宜制定大气质量标准。

3.2.3 先进实用的配套控制技术

美国在 1972 年的水法中规定了工业部门 1977 年全面推行最佳实用技术（BPT），1983 年全面推行最佳可行技术（BAT），并通过发放排污许可证制度来实施。1977 年的《清洁水法》中规定了 BAT 仅限于对有毒物进行控制，常规污染物（如 BOD、SS、pH 等）采用“最佳常规污染物控制技术（BCT）”。

加拿大根据省级法律规定工厂必须领取排污许可证，并在其许可证中规定了应达到的排放要求或应采用的处理技术。对生产行业占加拿大 45%的安大略省，环境部根据排放规定为每个主要行业制定了新技术。主要行业包括造纸、炼油、有机化工、钢铁、矿产、电力和无机化工等行业。在加拿大渔业法中，联邦政府为保护鱼类及其栖息地，通过了一系列控制特定行业（如造纸、矿产、食品加工等行业）废水排放的规定。在加拿大环境保护法中，联邦政府通过了一系列控制对人体或环境有害的特定物质的规定，如对造纸行业中的呋喃进行了控制。

欧共体在其成员国中作了推行“污染综合控制”的规定，规定采用不增加费用的最佳可行技术（BATEEC）和最佳实用环境方案（EPEO）来控制工业污染源。

3.2.4 促进削减的长效机制

强调减排的经济有效性，排放总量控制与市场手段相结合。美国和欧盟的排放总量控制非常强调减排的经济有效性，都引入了总量控制下的排污交易制度，提高了企业总量减排的灵活性。排污交易也从原先的大气污染控制领域逐渐向水污染控制和全球环境问题领域发展。具有有效的总量控制实施手段和经济政策，如排污许可证、排污收费制度和排污交易制度等是总量控制制度在一些发达国家得以成功实施的关键原因。

美国 1990 年发布的《清洁空气法》明确提出持续发展的观点，宣布要保证经济增长与保存现有的清洁空气资源相协调；明确提出总量控制思路及在未达标区运用可买卖许可证和排放权拍卖等经济刺激手段；从单一末端治理转向广义的空气污染物减少和控制策略，如能源保护、提高能源使用效率及清洁能源政策。为此，美国广泛采用了 SO_2 排放权交易制度，给予污染排放企业充分的灵活性来选择减排方式。某一特定企业的排放权是根据其在减排开始之前的历史能源消费状况和排放率确定的，各个排污企业的排放权之和等于该年的允许排放总量。在这种制度下，一些技术先进、减排成本较低的企业可以采取减排措施将排放量降低到允许排放量之下，实际排放与允许排放之间的差额可以存入“银行”以备日后之用或将其卖掉；减排成本较高的企业可以推迟减排或通过购买更多排放权来降低排放成本。超标排放的企业还必须缴纳很高的罚款。从 1995 年到 2003 年，SO_2 排放权价格呈波浪起伏状，2003 年末的价格为 215 美元/t SO_2，呈现出上升趋势。这种排放交易制度可以大大降低减排成本。

从西方国家的实践经验来看，污染减排的应用领域在不断扩展，作用不断加强，成为缓解环境压力、改善全球和区域环境质量的一个有效措施。尤其是在解决常态性重大环境问题时，通过制订科学、可行的污染减排计划，建立持续实施的保障机制，充分调度多方资源与能力，集中削减影响环境的主要污染因子，环境质量改善以及人与自然和谐发展的目标必然会实现。

4 中国“十二五”污染减排形势与压力分析

目前的经济增长依然是以资源环境为代价取得的增长。随着中国经济的复苏和新一轮的快速增长，造成的资源环境压力也越来越大。预计 2009—2010 年 GDP 增长速度分别为 7.5%和 8.5%，各行业资源能源消耗与污染物排放仍然将持续增长，2009—2010 年新增污染物减排压力依然较大。如果按照目前的经济增长与资源环境消耗的趋势外推，“十二五”期间中国的资源环境将面临巨大挑战，主要污染物减排的压力更大，面临着日益严峻的传统环境污染、巨大的温室气体控制压力、新凸显的环境问题 3 个方面挑战。

4.1 日益严峻的传统环境污染

4.1.1 大气污染

未来 15 年，考虑到自然条件、工业结构和布局、以煤为主的能源构成、交通状况以及人口密度等多种因素的影响，呈现以下两个趋势。

（1）大气污染物排放压力进一步增大。目前，煤炭在中国的能源生产和消费结构中分别占 76%和 69%。中国燃煤导致的有害气体排放，占到各种有害气体排放量的 65%～90%，每年排放总量约 8 000 万 t。特别是火力发电行业排放的 SO_2 所导致的酸雨污染日趋严重。预计“十二五”期间中国电力行业将持续扩张。2020 年，中国电力需求总量将达到 6.3 万亿 kW·h，电力装机容量达到 12.5 亿 kW，其中火电装机容量达到 8.75 亿 kW。这些因素都将导致未来 SO_2 和 NO_x 等排放量的上升。

1980—2000 年 NO_x 排放量如图 3 所示。全国 NO_x 由 1995 年的 1 090 万 t 上升至 2004 年的 1 600 万 t，年均增长 5.1%。据环境保护部统计，2008 年全国 NO_x 排放量为 1 629.4 万 t，比 2006 年增加 7.5%，其中工业 NO_x 排放量为 1 250.5 万 t，占全国 NO_x 排放总量的 76.7%，比 2006 年增加 11.4%；生活 NO_x 排放量为 378.9 万 t，占全国 NO_x 排放总量的 23.2%，比 2006 年下降 2.2%。

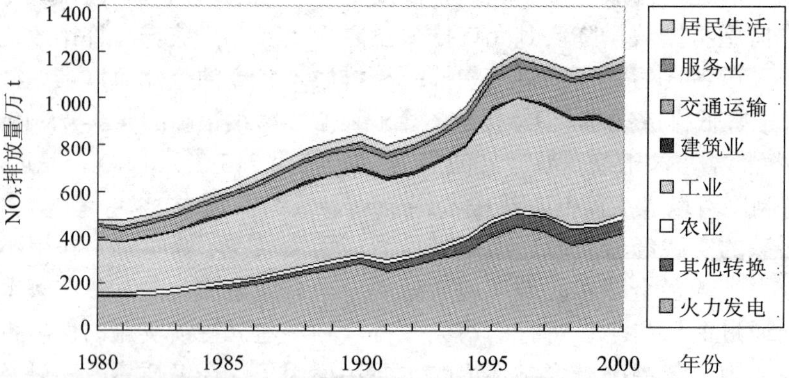

图 3　中国 20 年（1980—2000）NO_x 排放趋势

电力部门是 NO_x 的最大排放行业，2005 年电力部门排放量为 650 万 t，预计 2010 年电力部门排放量将达到 900 万～1 000 万 t。从地理分布来看，排放主要集中在东部地区，2004 年排放量超过 100 万 t 的省为山东、河北、广东和江苏，排放量分别为 135 万 t、115 万 t、104 万 t 和 101 万 t，如图 4 所示。

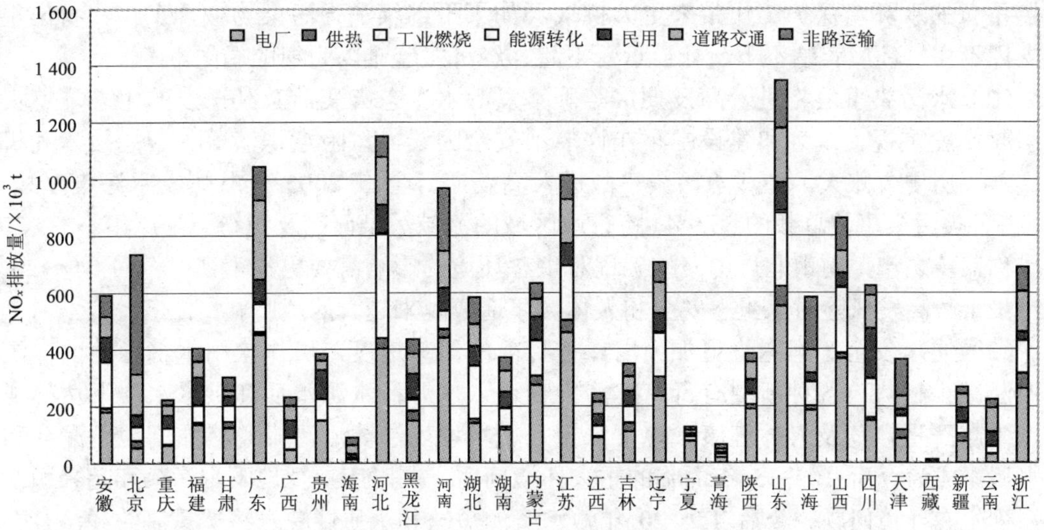

图 4　2004 年 NO_x 分省分部门排放清单

（2）区域和城市大气污染严重。尽管全国加大了大气治理力度，但城市大气污染形势仍很严峻。特别是区域性、城市群、复合型的空气污染有加重趋势，长三角、珠三角、京津冀等区域已经成为国内空气污染最严重的城市群。2008 年，所监测的 519 个城市中，空气质量为三级的城市占 21.8%；劣于三级的城市占 1.4%。这意味着 36.1%的城市人口暴露于未达标空气中。北方城市、特大城市、超大型城市、产煤区的城市尤为突出。如果考虑 O_3、$PM_{2.5}$ 等污染物指标，北京、上海、广州等城市的二级空气质量天数下降 15%～30%。

4.1.2 水污染

水污染依然在恶化，并且从支流向干流、从城市向农村、从地表向地下、从陆地向海洋蔓延发展。目前，全国 90%以上的城市水域受到污染，有 7 亿人在饮用大肠杆菌含量超标的水，有 1.7 亿人饮用被有机物污染的水，1 亿左右的农村人口不能饮用安全的饮用水。目前，全国城镇污水处理率由 2005 年的 52%提高到 2008 年的 66%，但截至 2008 年年末，全国还有 145 个城市没有建成污水处理厂，其中地级市 28 个，县级市 145 个。在已建成的城市污水处理设施中，存在着管网不配套、运行率不高、污泥不处理等影响处理效率的问题。水污染和水短缺在很大程度上互为因果：一方面缺水造成污染物难以被稀释；另一方面水污染又破坏了有限的水资源，极大地恶化了缺水问题。

（1）水污染负荷居高不下，减排任务重。目前 GDP 仍在高速增长，污染物排放总量大，工业污染排放日趋复杂，农业面源和生活污染上升，持久性有机污染物增加，减排任务重。更为严峻的是，未来 15～20 年我国水环境保护面临社会经济发展的巨大压力，在老的水环境问题没有得到很好的解决的同时，又面临着新一轮的污染，目前我国绝大多省市的 GDP 增长率为 10%以上。在这种经济发展速度下，经预测 2015 年、2020 年废水产生总量将分别达到 886.29 亿 t、1 113.60 亿 t，而目前在 GDP 增长率为 7%情景下制定的污染物减排 10%目标实现尚存在巨大压力的状况下，新一轮新增污染物排放量将给不堪重负的水环境保护工作带来更大挑战。如果不继续加强污染物减排工作，将出现资源支撑不住、环境容纳不下、社会承受不起、经济发展难以为继的局面。

（2）水污染事故将进入高发期，蓝藻暴发等水生态灾变，及其诱发的生态环境灾难将引起高度重视。规划和建设中存在许多不安全因素，风险意识淡薄、应急技术和机制不完善，历史欠账大，造成水污染事故进入高发期。全国 2005 年共爆发水污染事故 41 起，占各类污染事故总数的 53.9%。跨行政区域的流域污染问题及纠纷更是层出不穷，2007 年堪称蓝藻之年，南水北调、三峡工程对生态环境的影响需要更加重视。今后 15～20 年水污染事故高发风险对水生态安全和人体健康造成越来越大的威胁。

（3）饮水安全等问题将更加突出。按目前的污染速度，可作饮用水水源地的水源将呈不断减少趋势；各种新型有毒有害污染物进入水源；水源水质和供水水质不达标现象将越来越严重，危及人体健康。地下水超采、填埋场渗滤液污染等将加剧地下漏斗和地下水污染成为今后 10～15 年面临的重大环境问题，同时应重视地下水污染和超采引发的一系列生态环境问题。今后 15～20 年，水资源短缺和水质性缺水将严重制约经济社会发展。我国人均水资源占有量只有 2 300 m^3，水环境污染加上气候变化造成水资源量进一步减少，正在面临水资源和水质性缺水双重压力。区域长距离调水不可避免地引发一系列生态环境问题，且面临无水可调和调水成本无法承受的问题，海水淡化等新的水资源开发迫在眉睫。

4.2 减缓温室气体排放的巨大压力

中国的能源结构以煤炭为主，而且正处在从劳动密集型向资本密集型过度的重化工业阶段，这意味着未来几十年的中国温室气排放将持续快速上升。毫无疑问，在未来的 20～30 年期间，中国的温室气体排放量在国际上将一直高居榜首，气候安全将成为国家安全的一个重要维度。因此，必须加快发展绿色经济和低碳社会。

中国气候变化总体上与全球平均气温的变化趋势相一致。近 50 年，在全球变暖背景下，中国的气温呈显著上升趋势，其中，华北和东北地区的增温幅度最大，每 10 年左右达到 0.4～0.8℃。预计到 2020—2030 年，全国平均气温将上升 1.7℃；到 2050 年，全国平均气温将上升 2.2℃。中国是气候变化的受害者，70%以上的人口、80%以上的工农业和 80%以上的城市均受到多种气候灾害的严重威胁。1949 年以来，因为灾害死亡人数 50 余万，直接经济损失占整个 GDP 的 3%～6%，占平均财政收入的 30%，是美国和日本的数十倍。

就目前情况来看，中国还难以大规模采取直接措施减少温室气体排放。① 中国小康社会目标的实现，需要经济增长，经济增长通常以能源消费增长为动力；② 中国的工业化和城市化进程，需要大量的能源消费；③ 中国以煤为主的能源结构，在可以预见的未来，不可能有根本的改变；④ 中国的技术和资金能力，制约着中国向低碳发展路径的跨越；⑤ 更重要的是中国常规环境污染尚未得到有效控制，污染物排放总量减排和环境质量改善还至少需要 15 年的时间。按照每天人均 1 美元标准计算贫困人口，中国目前还有 2 亿以上的贫困人口。由此可见，控制温室气体排放还不可能成为当前中国的优先领域。

但是，中国作为一个人均排放量低但排放总量高的发展中大国，其能源消耗和温室气体排放情况备受瞩目，主要发达国家一直对中国施加压力，要求中国尽早、尽多承担起控制温室气体排放的责任。中国已经客观上成为气候变化领域的国际焦点，2009 年年底的哥本哈根气候大会将是一个“分水岭”和关键点。而且，这种国际上的压力还和中国的国际形象、在国际事务中的姿态定位、国际贸易和投资等问题发生了联系，正在成为国家战略层面上一个新的热点问题。

中国在其自身工业化和城市化发展进程进入到一定阶段后，也遇到了能源安全、资源与环境容量约束等方面的严峻挑战。在可预见的社会经济发展水平下，中国能源消耗、温室气体的排放量将持续上升，2020 年、2030 年、2050 年与能源消费相关的 CO_2 排放量预计分别达到 79.8 亿～101.9 亿 t、86.0 亿～116.6 亿 t、84.0 亿～121.5 亿 t（表 3），相关局地污染物排放的减排步履维艰，长期发展的资源环境约束问题将更加突出。与此同时，中国政府也已经开始采取行动，相继发布了《应对气候变化国家方案》、《节能中长期专项规划》和《节能减排综合方案》等重要政策，并正在着手制定新能源发展战略和规划。中国政府还在执法和公共财政支持方面采取了实质性的行动。但目前面临的另外一个挑战是：实现这些方案和计划，还缺少系统的体制安排、配套政策、资金支持和技术措施。

表 3　中国未来能源消费与 CO_2 排放趋势比较

情景方案	能源消费量/亿 t			CO_2 排放量/亿 t-CO_2		
	2020 年	2030 年	2050 年	2020 年	2030 年	2050 年
国家能源局（基准方案）	43.2	52.3	63.0	90.4	103.5	106.3
发改委能源所（基准方案）	48.2	55.3	66.6	101.9	116.6	121.5
清华大学（基准方案）	44.3	54.3	64.9	92.1	103.2	105.9
发改委能源所（低碳方案）	40.0	44.7	52.5	82.9	86.0	84.0
清华大学（强化减排方案）	39.5	48.6	59.9	79.8	88.0	88.7

资料来源：何建坤，能源发展与应对气候变化. 2009.

4.3 不断凸显的新的环境问题

4.3.1 汞（Hg）污染

作为一种新的污染物，汞正在被人们所认识。汞是唯一一种液体金属元素，能在常温常压下挥发到空气中。进入空气的汞一部分能在排放源附近的局部地区或区域范围内随降尘、降水沉降到地面和海洋，一部分随着大气环流在全球范围内流动。汞也能随着洋流而传播到世界的其他地方。汞已被联合国环境规划署（UNEP）列为全球性污染物，是除温室气体外唯一一种对全球范围产生影响的化学物质，它具有跨国污染的属性。2003 年 2 月 3 日，UNEP 在内罗毕发表了《全球汞状况评估》（Global Mercury Assessment）的报告。该报告指出，自工业革命以来，汞在全球大气、水和土壤中的含量已增加了 3 倍左右，工业区附近汞的含量更高。目前，全球含汞量的持续增加主要是人类活动造成的，各种人为污染源每年向大气排放汞的量为 1 900～2 200 t，其中以煤为燃料的火力发电和垃圾焚烧每年向大气中排放的汞达 1 500 t，占人类向大气排放汞的 70%，而亚洲国家排放达 860 t，为全球最高，中国是燃煤大国，其中汞的排放占了世界相当的份额。其次则为非洲、欧洲和北美。《全球汞状况评估》还显示，在美国，1/12 或将近 500 万名妇女体内的汞含量高于安全标准，每年可能有高达 30 万名新生儿因为汞污染，其智力和神经系统受到影响；而在全球，这一数据可能高达千百万。可以说，汞是一种具有严重生理毒性的化学物质。汞可以通过呼吸道、食道和皮肤进入体内，人体内吸收过量的汞会引起汞中毒。国际上一系列研究表明，甲基汞对人类的危害比原来预想的要严重得多，而且环境中任何形态的汞均可在一定条件下转化成剧毒的甲基汞。

中国是煤炭消费大国，水泥、钢铁和金属冶炼等重工业在国民经济中占较大比重，因此中国的燃煤和工业过程汞排放已经引起国际社会的广泛关注。在过去的 10 年间，中国人为源汞排放量以约 3%的速度递增。截至 2003 年，中国人为源大气汞排放量已经达到了 696（±307）t，其中 Hg^0、Hg^{2+}和 Hg^p 分别为 395 t、230 t 和 70 t。图 5 给出了中国 1995—2003 年分行业人为源汞排放情况。其中，有色金属冶炼和燃煤是最重要的两大来源。

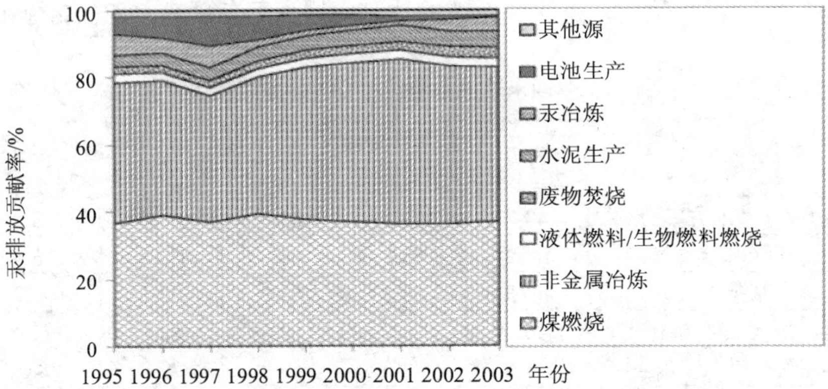

图 5 1995—2003 年中国人为源大气汞排放

2003 年，中国燃煤汞排放从 1995 年的 202 t 增长至 257 t，年平均增长率为 3%。其中工业燃煤是汞排放的最大来源，2003 年排放 124 t 汞，占燃煤总排放的 48%，但是其增长趋势远低于电厂排放。在过去的 10 年间，燃煤电厂汞排放以年均 6%的速度增长，截至 2003 年，总排放已经达到 100 t，占燃煤总排放的 39%。过去的 10 年间，由于在城市民用和其他行业实施清洁能源（天然气、液化石油气等）替代，民用和其他行业的煤炭消耗有所下降，汞排放呈现相应的下降趋势。2003 年，民用和其他行业分别排放 22 t 和 11 t 汞，约占燃煤总排放的 8%和 4%。值得注意的是，最近几年（2004—2006）由于煤炭消耗大幅度增长，燃煤汞排放量的增长会呈加速的趋势。

图 6 是估算的 2005 年和 2010 年各省的燃煤发电排放的大气汞排放。与 2005 年相比，考虑到“十一五”期间燃煤发电机组安装的控制措施对汞的协同去除作用，预测 2010 年的排放量将降至 119 t，河南、山东、内蒙古、贵州和江苏是排放量最大的 5 个省，其中河南仍超过 10 t。

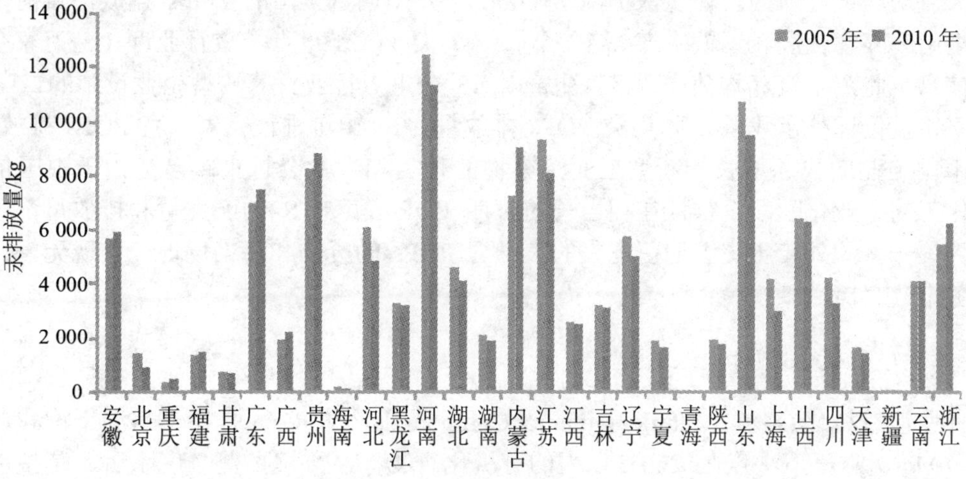

图 6　2005 年与 2010 年各省燃煤电厂大气汞排放量的对比

4.3.2 地面臭氧（O_3）污染

地面臭氧正在成为城市烟雾的主要成分，其中机动车的贡献最大。地面臭氧主要是地表热能和太阳光对城市中的水蒸气、氧化氮以及易挥发性有机化合物等物质综合作用形成的。机动车辆、发电厂等处于高温燃烧状态下都能产生 NO_x，而汽车、化工厂、冰箱以及许多工业产品和民用产品则是产生易挥发性有机化合物的根源。

由于地面臭氧的危害性，欧盟已于 2003 年 9 月起开始实行臭氧污染通报制度。根据该项制度，各成员国必须掌握和分析本国对流层臭氧浓度情况。如果出现臭氧浓度超过 180 μg/m³ 的情况，应立即告之民众。为防止臭氧浓度达到 240 μg/m³ 的警戒水平，有关国家要采取限制公路运输和限制使用油漆溶剂等措施。在美国，36 个政府机构已开始联手减少地面臭氧污染，佐治亚州消灭烟雾合作组织就是其中之一，该组织由 120 个地方政府机构、大学和私人公司组成。它们研究制定了烟雾浓度警示等级，并通过广播、电视等大众传媒吁请公众注意减少地面臭氧污染。该组织还号召公众尽量乘坐公交车辆，尽可能在夜晚从事汽车加油、清草坪、喷漆、驾驶柴油机车等工作。

随着机动车的增加，中国城市的地面臭氧问题今后将会越来越严重。目前，中国尚未开始全面控制地面臭氧。

4.3.3 持久性有机和有毒污染物（POPs 和 PTS）

目前，工业水污染防治以常规污染物的总量控制为重点，对随工业废水一起排放的有毒有害污染物关注较少。新型工业污染物主要有持久性有机污染物（POPs）和持久性有毒污染物（PTS）。以 POPs 为例，最初的 POPs 有 12 种（类）有机物，最近又新增加了 15 种有毒物质 PTS。有毒有害污染物不同于常规污染物，表现为形态多、毒性大、产生毒性的浓度非常低、易与其他物质形成毒性更大的化合物、难以在环境中降解及消除、环境危害具有隐蔽性和突发性、对人体健康的影响具有潜伏性和累积性。

中国属于 POPs 生产、使用和排放大国，特别是非故意产生的二噁英类的排放规模和排放量均居世界前列。环境保护部从 2006 年开始调查全国的 POPs 排放，目前基本掌握了全国废弃物焚烧、钢铁生产等 17 个二噁英类 POPs 重点排放行业近 1.5 万家企业的基本信息，监测了废弃物焚烧、钢铁生产等 13 个重点行业百家典型企业设施的二噁英排放水平，量化评估了我国二噁英类 POPs 排放量。2009 年进行完善调查 POPs 排放清单。随着中国工业的快速增长，新型工业污染物的种类和数量会越来越多。由于中国依然处于重化工的工业化阶段，预计在相当长的时期 POPs 和 PTS 的产生量和排放量都可能位居世界第一。此外，历史上遗留下来的大量含 POPs 的废物和污染场地，实现无害化管理的任务十分艰巨。

4.3.4 挥发性有机化合物（VOCs）

挥发性有机化合物（Volatile Organic Compounds，VOCs）是指在常温下饱和蒸气压大于 70 Pa、常压下沸点在 260℃以内的有机化合物。从环境监测角度来讲，是指以氢焰离子检测器测出的非甲烷烃类检出物的总称，包括烃类、氧烃类、含卤烃类、氮烃及硫烃类化合物等。VOCs 种类繁多，分布面广，污染毒性大。在一些发达国家公布的主要环境优先污染物名录中，VOCs 一般要占到 80%以上。

VOCs 对环境、生物以及人类健康的直接和潜在危害，近年来也越来越多地受到了人们的关注。有机废气中的 VOCs 是对人体健康有害的污染物质，常常伴随着异味、恶臭散发在空气中，对人的眼、鼻、呼吸道有刺激作用，对心、肺、肝等内脏及神经系统产生有害影响，甚至造成急性和慢性中毒，可致癌、致突变。例如，苯对骨髓的造血机会产生造成破坏作用，是一种致癌物；甲苯和二甲苯对中枢神经具有强的麻醉作用；氯乙烯为致癌物。在制鞋业，由于“三苯”废气中毒而导致工人致死事件已发生过多起；而涂料工业使用的溶剂中，主要是甲苯、二甲苯和其他毒性有机物。

VOCs 也会对大气环境产生不良影响，与大气中的 NO_2 反应生成 O_3，使低空大气中 O_3 浓度升高，形成光化学烟雾，危害人体健康和导致农作物减产。1965 年，日本各大城市频繁发生的光化学烟雾，1966 年美国洛杉矶的光化学烟雾均对人类健康和区域环境造成了严重危害。随着工业、农业、国防和科学技术的发展，有机溶剂的使用越来越广泛。例如，在化工、机械、印刷、绝缘材料、电线等行业中均普遍使用苯、甲苯、二甲苯、醇、酯、醚、汽油等有机溶剂，其中以苯类溶剂使用最多、用量最大，对人体危害也最严重，因含苯废气污染的中毒事件也有所增加。此外，因一些企业排放含硫或含氮 VOCs 恶臭气体引发的污染扰民纠纷也呈上升趋势。因此，VOCs 大气污染问题已上升为亟待解决的重要环境问题。

5 关于国家“十二五”总量控制的思路建议

“十一五”期间，中国的污染减排在国际上已经产生很好的反响，已经取得了一些成就和经验。但是，就中国的经济发展、资源消耗、环境质量总体而言，削减污染物排放总量是一个长期而艰巨的任务。如果要达到全面小康社会环境质量可接受的水平，主要污染物排放量的削减至少要持续到 2030 年前后。因此，必须从一个中长期的角度来理清

“十二五”的排放总量控制思路。

5.1 正确认识排放总量控制制度的作用

根据《中国环境宏观战略研究》确定的中长期环境目标，2020 年实现排放总量有效控制，2030 年实现环境质量全面改善，2050 年实现生态良性循环。因此，2015 年或者 2020 年在全国范围内应慎提环境质量全面改善和非常规污染物有效控制的目标，需要我们正确认识排放总量控制制度在环境污染控制和改善环境质量中的地位，乃至正确认识总量控制在探索环境保护新道路中的定位。

5.1.1 科学理解“总量控制”与“污染控制”

我们认为，虽然 2020 年前实施主要污染物总量控制仍然有重大现实意义，但是在大力推进总量控制和污染减排的同时，要避免一种对总量控制的“途径依赖”，不能认为污染控制就是总量控制，总量控制一控就灵，某一环境问题很重要，所以必须进行总量控制，不进行总量控制不能代表其重要性和各方面对其的重视程度。我们不能落入一种无限制扩大总量控制范围的“泛总量控制”思路。实际上，不进行总量控制并不代表不控制总量，不进行总量控制也并不代表不控制污染。控制污染的手段是多样化的，不是唯一的。

总量控制作为一种制度，有其体系和前提条件。总量控制也有国家、区域和行业不同类型的总量控制。适合于全国总量控制的污染物必须满足如下条件：①区域性而非局地性的污染物；②可监测、可统计、可考核，有基础；③控制对象是一次污染物，最好也不是混合型污染物；④有治理减排途径，减排技术经济合理，经济负担可以承受。因此，在全国范围内实行总量控制的污染物是有限的，发展区域性总量控制应是总量控制的趋势。

建议在“十二五”期间乃至从现在开始，全国排放总量控制应实施体现“五个转变”的污染减排新战略：①从单纯注重排放总量减排向总量减排与环境质量改善相结合转变；②从过分偏重重点行业减排向全面污染削减转变；③从单一污染物的总量控制向多种污染物协同控制转变；④从关注落实减排工程能力向关注减排工程质量和减排实际效果转变；⑤从依赖行政手段向更多地利用市场经济手段转变。

5.1.2 科学理解“总量控制”与“质量改善”

目前，不少城市和水体影响环境质量的主要污染物并不与 COD、SO_2 有明确的对应关系。颗粒物已经成为许多城市空气质量的主要污染物，2006 年全国 33.5%的城市颗粒物年均浓度没有达到二级标准要求。大量 NO_x 排放对城市大气 NO_2 浓度、大气氧化性和对流层 O_3 浓度产生复杂影响。有些水域的非点源污染甚至超过了点源污染，一些水域氮、磷已经上升为威胁水质的主要污染物。而目前现行的无论是 COD 还是 SO_2 的减排政策，基本上是针对点源污染的对策，尤其是 SO_2 减排主要是从控制酸雨污染出发，重点削减行业是电力行业，而对当地环境质量影响更大的非电燃煤锅炉未被纳入。对畜禽养殖、农村生活污水等 COD、氮和磷排放源，尚缺乏系统的应对措施。因此，在考核总量控制任务完成状况时，还应考虑当地环境质量的改善情况，逐步推行污染物总量控制和环境质量改善并重的指标体系。

（1）理清 COD 减排与水环境质量的关系。“十一五”期间，国家仅对化学需氧量和氨氮等化学指标实行排放总量控制计划管理，对于水体只强调水体的化学质量，而忽略了水体的整体生态功能，虽然花费大量资金和人力来降低水体中的化学物质含量，但却不能恢复某些需要的水生态功能。COD 减排的最终目标是为了改善水环境质量。要清楚地认识到目前大部分流域、地区或城市的水环境质量长期处于Ⅴ类和劣Ⅴ类，尤其是缺水地区。在这种恶劣的水环境状况下，不能仅单纯追求 COD 排放量的减少，更应加强水环境质量的管理和改善，要将污染减排与环境质量改善挂钩，加强水生生态系统的正常循环功能和保护生物多样性及整体性。

（2）理清 SO_2 减排与大气环境质量的关系。“十一五”期间，国家对 SO_2 的排放实行排放总量控制的目的主要是控制酸雨。但是，复合大气污染情况下，一种污染物的控制可能导致另一种污染物在大气中的浓度升高，如何实现多污染物协同控制就成为污染控制的关键。利用大气复合空气质量模式可以确立污染物排放总量削减实施中的污染源与环境质量目标间输入响应关系，可以为污染负荷的优化分配、削减措施的优化等提供有力的技术支持，进而达到预测环境质量的变化趋势、评价污染物排放削减措施对环境质量影响的目的。但是，大气复合空气质量模式输出结果的可靠性依赖于大气污染源排放的可靠性、大气环境质量监测网监测数据的可靠性等众多因素。为了理清大气主要污染物减排与大气环境质量之间的关系，政府应提高环境信息的可靠性和有效性，环境保护部应有权利调度地方污染源排放数据及大气环境质量监测数据，并有能力鉴别所调度数据的可靠性。

5.2 科学设计“总量控制—质量改善”路线图

2030 年前后，中国资源消费、能源消费和人口等高峰陆续来到。在 2020—2030 年资源、能源、人口、工业化压力没有解决前，社会、经济发展对环境的压力依然是一段时间内持续的主题，基于总量控制的污染减排将是一个长期的、艰巨的、复杂的历史任务。所以，2020 年前属于控制污染蔓延期的阶段，环境质量全面改善有很大困难，依然需要实施主要污染物的指令性和约束性总量控制。2020 年后，在技术进步、经济结构与消费方式改变的综合作用下，环境压力有可能逐步减轻，经济增长与原材料消费逐步“脱钩”，主要污染物产生量也随之下降，全面改善环境质量成为重要的挑战，主要污染物排放总量控制的硬约束会有所降低。基于上述判断以及目标指标的约束性和指导性（预期性）特点，就全国“十二五”的排放总量控制来说，首先要清晰排放总量控制与环境质量改善的一个中长期行动关系。根据我们的研究，建议未来 20 年“总量控制—质量改善”关系行动路线如图 7 所示。

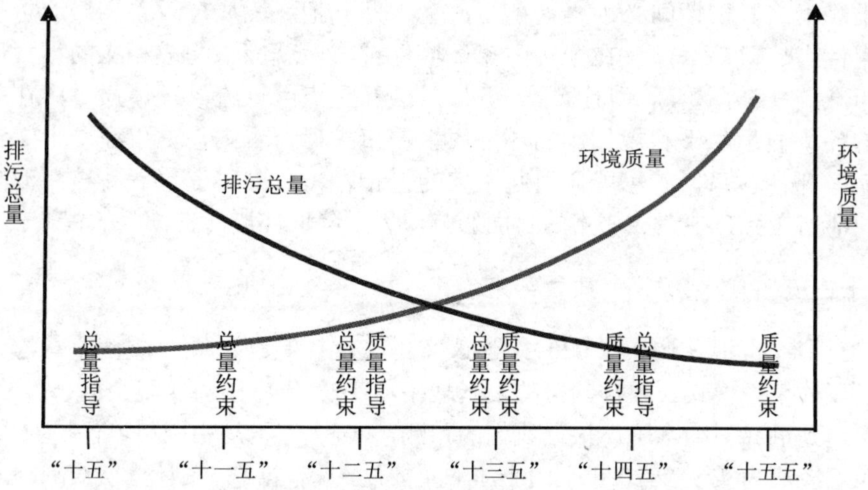

图 7　未来 20 年“总量控制—质量改善”行动路线图

5.2.1　“十一五”：总量约束

“十一五”期间（2006—2010），建议实施总量控制约束性模式。COD 和 SO_2 排放总量控制是“十一五”环境保护目标中最硬的两项约束性指标，环境质量目标作为预期和引导指标。这种机制安排对地方环境保护工作起到了很好的引导和约束作用。客观地说，“十一五”期间污染减排目标已经实现“削减进程与任务时间同步”，一些区域和流域的环境质量得到了一些改善。但是，这些环境质量改善是一个“初级阶段”的环境质量改善，仅仅是有限典型污染物指标的改善，一些深层次的环境质量、环境风险、环境安全问题还没有触及。环境质量的改善固然有污染减排的巨大贡献，但也有水文气象条件以及经济危机的“有利”影响的贡献。

5.2.2　“十二五”：总量约束，质量指导

“十二五”期间（2011—2015），建议实施总量控制约束性、质量改善指导性模式。为了实现全面小康社会和改善环境质量，“十二五”期间我国必须继续进行主要污染物的总量控制，这是我国经济社会发展的阶段性决定的。“十二五”期间，还不宜以单一的环境质量考核代替排放总量控制考核，也不宜对环境质量目标提出过于乐观的要求。由于质量考核带来的数据失真问题、可比性问题等较多，目前不少前期基础尚不完全具备（如监测布点优化、区域评价方法、数据质量控制、国控点位运行机制、天然本底条件异同等），且“十二五”期间，不少地区仍然可能处于总量持续减排、环境质量不会明显改观的“治污相持期”，一些环境质量标准（如 NH_3-N、O_3、$PM_{2.5}$ 等）的修订也会对环境质量评价带来较大的不确定性，甚至一些地方环境质量的“急剧下降”。因此不能片面认为环境质量考核是“十二五”期间的最优选择，在“十二五”期间应进一步坚持并完善排放总量控制，同时大幅度增加环境质量目标的内容，有限度地把环境质量纳入区域考核范围，对企业传达长期而明确的减排信息，逐步解决污染减排和环境质量之间的挂钩问题。

如果“十二五”期间必须强调环境质量指标，把环境质量改善与排放总量控制一样作为约束性指标，那么建议在今明两年环境保护部门就应该完成相应的大气环境和水环境质量标准的修订，重新评价“十一五”全国和重点区域流域环境质量，在此基础上确定基年的环境质量水平和规划年的环境质量约束指标。否则，如果在“十二五”期间调整环境质量评价体系，就可能会引起很大的“指标—标准—评价—考核”混乱，甚至给环境保护部门在社会中造成恶劣的负面影响，大大降低环境保护部门的社会公信力。

5.2.3 “十三五”：总量约束，质量约束

“十三五”期间（2016—2020），建议实施总量控制约束性、质量改善约束性模式，也就是“双约束”模式。根据国家的发展战略，2020 年中国将实现全面小康社会的目标，经济发展达到世界平均水平。根据我们的预测，2020 年也是中国环境保护的重要转折期，环境资源已经成为实现 2020 年全面小康的重要制约。根据《中国环境宏观战略研究》，2020 年主要污染物排放得到有效控制，生态环境质量明显改善。考虑到“十三五”时期是中国全面小康社会目标的实现期，影响环境质量改善的主要污染物都必须严格实行排放总量控制，同时环境质量必须得到改善，与全面小康相适应的水平，也就是“环境小康”水平。因此，建议在“十三五”实行排放总量控制与环境质量改善“双重约束”机制，排放总量控制主要是控制影响全国性、跨区域传输的污染物，环境质量改善的对象主要是影响局域性环境质量的污染物和地方特征污染物，城镇地区的大气和水环境质量都应有较大幅度的改善和提高。

5.2.4 “十四五”：质量约束，总量指导

“十四五”期间（2021—2025），建议实施质量改善约束性、总量控制指导性模式。根据我们的预测发现，2020—2030 年，中国的经济结构和消费结构会有较大的改善，经济增长与环境污染负荷之间会出现“脱钩”，COD 和 SO_2 等主要污染物排放量经过 15 年的削减会出现较大幅度的下降。在实现 2020 年全面建设小康社会的目标后，无论是中央还是地方政府，改善流域和城市环境质量应成为环境保护的重要约束性指标，全国性的污染物排放总量控制可以作为指导性的指标，如一些行业和区域的排放总量控制。

5.2.5 “十五五”：质量约束

“十五五”期间（2026—2030），建议实施质量改善约束性模式。根据《中国环境宏观战略研究》结果，2030 年全国污染物排放总量得到全面控制，生态环境质量全面改善。也就是说，“十五五”期间，COD、氨氮、SO_2、NO_x 等主要污染物排放总量已经得到全面控制，环境质量改善作为中央和地方的最大约束性指标。全国水体基本消灭黑臭现象，农村污染、非点源、新型环境问题得到基本解决，饮用水水源、城市空气质量基本达到要求。但是，“十五五”强调环境质量改善约束性指标，并不是完全不要控制排放总量，在一些后发展地区和流域依然需要实施主要污染物排放总量控制。

我们强调排放总量控制—环境质量改善的上述行动路线图，并不是要把排放总量控制与环境质量改善两者关系绝对地割裂开来，而只是强调中央政府对地方政府环境绩效考核体系中的“约束性”和“指导性”时间导向差异。对地方政府来说，改善环境质量

是一个永远的“约束性”任务，是《环境保护法》给予的最大职责。就这一点而言，区域、城市和流域削减排放总量也是一个长期的约束性任务和指标。对于一个具体的区域和行业，上述总量控制和质量改善的约束性和指导性行动路线关系，需要根据实际情况和环境保护趋势做出调整。

5.3 实行“国家—区域—行业”总量控制体系

在清晰中长期的排放总量控制与环境质量改善的行动路线图后，就需要确定出“十二五”的排放总量控制体系。根据国际环境政策经验、“十一五”污染减排实践以及我国的环境管理水平，建议从“十二五”开始，建立和实行“国家—区域—行业”排放总量控制体系。

5.3.1 国家排放总量控制模式

国家排放总量控制是指为特定污染物设立的全国的排放总量控制目标，对覆盖全国范围的排放源采用的排放总量控制，通常都是自上而下逐级分解的总量控制。理论上说，国家排放总量控制是一个特定污染物覆盖所有排放源下的总量控制，如目前实行的 COD 和 SO_2 排放总量控制，最终要分解到市县的重点污染源。国家总量控制比较适合那些排放均质影响、大尺度区域环境问题，如酸雨控制目标导引下的 SO_2 和 NO_x 控制。一般情况下，由于目前技术支撑能力的限制，国家总量控制很难建立在环境容量基础上，很难与环境质量密切挂钩，很难全面分解落实到污染源上。建议“十二五”期间，除了 COD 和 SO_2 实施国家总量控制之外，其他污染物慎重选择国家或全国性排放总量控制。

5.3.2 区域排放总量控制模式

区域排放总量控制是指满足特定区域给定环境质量目标下允许的最大排放总量，或者分阶段达到允许最大排放总量的目标排放总量。这实际上就是区域环境容量下的排放总量控制，简称容量总量控制，比较适合地方环保部门采用。区域可以是城市、流域、行政辖区甚至就是划定的区域。如特定城市、特定江河、特定湖库都可以采用“一市一总量”、“一河一总量”和“一湖一总量”。当然，如果某些区域和流域提升为国家环境污染治理重点，这些区域的总量减排指标也可以由国家环境保护部门来下达。实际上，在“十一五”的 COD 排放总量控制中，通过重点流域水污染防治规划也对重点流域的省市区下达了流域性的 COD 排放总量控制指标。不同的是这种指标的约束性没有 COD 排放削减指标那样强。

5.3.3 行业排放总量控制模式

行业排放总量控制是指一个特定行业，甚至该行业特定数量污染源范围下的，对特定污染物采用的排放总量控制。例如，美国的 SO_2 排放总量控制和 NO_x 预算计划就是典型的行业总量控制，而且是给定污染源数目下的总量控制，前者是 3 550 家化石燃料电厂，后者是 2 579 家燃煤电厂和锅炉。行业排放总量控制比较容易确定排放总量目标，同时也比较容易分配总量指标，如根据行业排放绩效公平合理地分配排放指标。“十一五”电力

行业 SO_2 的总量控制已经证明，排放绩效分配是一种有效的、公平的、合理的方法。行业排放总量控制模式特别适合那些污染排放强度比较集中、全国或区域性的排放统计比较薄弱、行业减排技术比较经济合理的行业污染减排。

国家、区域和行业排放总量控制之间是密切相关的。行业排放总量控制也可以与国家总量控制和区域总量控制结合使用。如在全国的 COD 和 SO_2 排放总量控制下，也可以设立造纸行业 COD 排放总量控制和电力行业 SO_2 排放总量控制。建议“十二五”期间，对 SO_2 和 NO_x 实施行业总量控制，制定行业总量减排实施规划。

表 4　全国“十二五”排放总量控制体系建议

控制类型	国家总量控制	区域总量控制	行业总量控制
控制污染物	COD 和 SO_2	COD、TN、NH_3-N、TP、NO_x、PM_{10}、$PM_{2.5}$、SO_2	COD、NO_x、SO_2 以及其他特定污染物
控制范围	全国 31 省市区	长三角区域、珠三角区域、京津冀区域、六个城市群（中原、东北、长株潭、武汉圈、成都圈、兰州、重庆）、省内河流湖泊（滇池、巢湖、湘江、渭河、闽江、新安江等）	造纸、酿造、电力、钢铁、建材、交通（机动车）等
控制指标性质	约束性	约束性和指导性	约束性
与环境质量的关联性	与环境质量改善定量关系不大	与环境质量改善关系密切	与环境质量改善关系很弱

5.4 科学合理确定排放总量控制目标

排放总量控制目标确定是总量控制中一个长期争论的、没有科学结论的话题。总量控制目标确定不仅涉及科学技术的问题，重要的是与地方经济发展、企业竞争力乃至地方政府领导的升迁密切相关。“十二五”期间，应区分国家、区域、行业的排放总量控制目标确定机制，争取排放总量控制目标确定相对科学、合理、公平。

5.4.1 国家排放总量控制目标

作为全国的“十二五”国家排放总量控制目标，要与环境质量改善之间确定一个定量的关系，或者说是在全国层面上实施环境容量排放总量控制，依然是不现实的和不可行的。在这种情况下，排放总量控制目标依然是一种博弈性、行政性、政治性的目标确定。

国家总量控制目标确定首先要选定一个相对稳定的基数年和相对准确的排放基数。“十五”和“十一五”总量控制规划目标在基数选择方面不统一，使得地方围绕基数争吵不休，甚至在基数方面“大做文章”。任何公平合理的削减率都是相对基数年排放基数的削减率，特别是“一刀切”政策的削减率下，如果没有准确的排放基数，就会失去减排政策的公平性和可接受性。“十二五”期间，不能再坚持“淡化基数”的原则，而是对国家排放总量控制的污染物应该“强化基数”。目前，环境保护部已经完成全国污染源普查工作，各个地方 2007 年普查的主要污染物排放量肯定会远高于统计数。而且，从统计数列转换到普查数列将是一项艰巨的工作。建议从“十二五”开始，国家排放总量控制目标以 2007 年或者经普查数据平移调整的 2010 年的排放量为基年数，以后不能随意调整和改变。考虑到与“十一五”总量控制的衔接性，也可以把农业面源剔除后设立“工业和社会生活”的排放总量控制。具体的削减目标，应做削减行业和削减地区潜力技术经济分析后确定。因此，国家排放总量控制目标下可以设立特定行业和特定区域或流域的总量控制目标。

5.4.2 区域排放总量控制目标

总量控制目标制定需要更多地考虑地区差异和可达性，并与环境容量尽可能衔接。区域排放总量控制指标和目标确定更能接近科学性和合理性。“十二五”期间，要积极探索实施基于环境容量的区域总量控制，区域总量控制目标要与环境质量改善密切挂钩。区域排放总量控制目标应该根据区域环境功能分区、区域经济发展水平、区域环境质量目标等确定，而且区域排放总量控制目标是一个“自下而上”的分配累加量。如果“十二五”期间完全达到环境质量目标的总量减排任务存在严重困难，建议采取“分类管理、分步实施、分级考核”的制度，如分 1～3 个阶段逐步实现相应的基于容量的总量控制目标。对于尚有环境容量、环境质量良好的局部地区，污染物排放总量可以比 2010 年（或者 2007 年）排放适度有所提高，体现分类分区指导，但排放强度应继续保持降低的态势。

对于多数区域来说，“十二五”期间就要环境质量达标（或环境功能区达标）下的总量控制目标，这是不现实也是不可操作的做法。总体上看，区域排放总量控制应推行污染物总量控制和环境质量改善并重的指标体系。对于区域排放总量控制，其他污染防治类指标、环境质量指标等也是实现总量减排的响应指标，这些指标也应该进一步给予分解，建立统计和考核（或评价）体系，使得各项指标成为共同促进国家总量和行业总量控制规划目标实现的有机整体。

5.4.3 行业排放总量控制目标

总量控制目标分解需要更加妥善处理公平与效率，协调与区域发展及产业布局政策的关系，进一步突出排放强度（单位 GDP 或单位工业增加值的污染物排放量）的考核，引导经济和工业发展模式的转变，提高技术进步水平。而行业排放总量控制目标确定是实现这一目标的可选重要手段。相对来说，行业排放总量控制目标的确定比较简单。一种最简单的方法就是平均排放绩效法，也就是根据指定行业特定污染物平均排放绩效提高的比例来确定，如燃煤电力行业 NO_x、SO_2 平均排放绩效[以 g/（kW · h）为单位]提高 10%或者排放强度[以 g/（kW · h）为单位]降低 10%。当然，在确定目标时也要考虑新老企业公平竞争问题，在确定排放绩效时考虑一定的差异性。在制定“十二五”行业排放总量控制目标时，还需要考虑“十二五”期间新增的行业产能规模或行业产出水平。目前，最需要的是针对 5～6 个重点污染削减行业，研究预测“十二五”期间这些行业的产能发展和产出水平，同时摸清楚这些行业“十一五”的污染源排放清单。只有这两者都掌握清楚后，才能有效地制订这些行业的特定污染物排放总量控制实施计划。

客观地说，指定行业排放总量控制目标也会涉及全国性的和区域性的排放总量控制目标问题。为了提高行业排放总量控制目标的可实现性，也可以把行业排放总量控制目标分解到区域的排放总量控制目标中，但不一定是该区域该行业排放该污染物的所有企业。

6 提高“十二五”总量控制的经济有效性

“十一五”期间实施的总量控制是一个真正意义上的“有总量有控制”的排放总量控制，在新增量核定、减排量认定、减排管理体系、减排经济政策、减排责任制建立等方面积累了一定的经验。“十二五”期间，应进一步提高总量控制的可操作性和有效性，特别是要提高总量指标分配的科学公平性、减排措施的经济有效性、减排与环境质量的关联性、政策法规和支撑技术体系，完善排放总量控制的考核制度，同时为“十三五”总量控制做好科技准备。

6.1 提高总量指标分配的科学公平性

总量排放指标的分配是总量控制中最棘手的问题。由于排放总量控制目标不完全是“自下而上”确定的，因此很难把总量目标“自上而下”分配到县市和重点污染源上。“十一五”期间，只是电力行业采用了行之有效、相对公平合理的排放绩效方法，建立了一套 SO_2 总量指标的分配方法。特别是 COD 排放指标的分配方法，没有抓住 COD 排放与社会经济活动强度的关联，分配方法存在着较大的分歧和争论。建议“十二五”期间，根据排放总量控制模式不同选择以下总量指标分配方法。

6.1.1 综合因子分配法（CFB）

随着“十一五”期间大量减排工程的建成，“十二五”主要污染物减排空间将逐渐减少，污染减排和总量控制的边际成本将会急剧上升。“十二五”节能减排的难度更大，“十二五”期间的污染减排实施难度将明显加大，减排目标确定将是一个慎之又慎的工作。“十二五”期间，不应追求地方总量削减比例简单均衡，总量控制目标制定应基于分区分类基本一致的环境建设要求，并着力实现基本环境服务均等化目标。建议“十二五”总量目标制定需要更多地考虑地区差异和可达性，较大程度地考虑可能性和技术经济可行性因素，采用“综合因子分配法”。这种方法比较适合国家排放总量控制的指标，由国家向省市区、省市区向市县的纵向分配排放指标。

综合因子可以通过权重确定，考虑因素主要包括：① 地区的生态环境脆弱性、环境污染状况、环境容量水平、环境质量状况；② 地区经济发展水平（如 GDP 总量）和环境经济绩效（如万元 GDP 的排放强度）；③ 地区人口和城镇化水平以及单位人口的污染排放强度；④ 地区国土面积以及单位国土面积的污染排放强度；⑤ 地区经济结构以及“十二五”经济结构调整的潜力；⑥ “十一五”污染减排目标的实现度以及“十二五”的减排潜力；⑦ 对于 COD 排放指标，按照分区域的污水处理率等治理水平基本保持一致，以及环境质量水平改善的需要，以此反推确定总量控制水平，促进环境基本服务均等化；⑧ 对于 SO_2 排放指标的分配，应考虑 SO_2 排放总量以及国家能源发展布局，特别是火电厂的布局规划。

建议环境保护部加快研究制定国家排放总量控制指标的综合因子分配技术指南，提前向社会和地方环保部门公布技术指南，提高国家排放总量控制目标和指标分配的透明度和公平性。

6.1.2 环境容量分配法（ECB）

环境容量分配法就是在特定区域、流域、城市设定环境质量目标下，根据污染迁移变化模拟模型、环境质量规划模型和环境治理经济模型，计算出满足环境质量要求下各个相关污染源的多种污染物的最大允许排放量。最大允许污染物排放量可以是最大日负荷排放量（TMDL）、最大月负荷排放量（TMML），也可以是最大年负荷排放量（TMYL）。这种分配结果通常是一种社会减排成本较低、满足环境质量要求的分配方案，但排污企业的减排公平性可能会成为一个最大的问题，因为总量规划模型中往往隐含着：污染贡献最大或对环境质量改善大者，其要求的污染削减比例也可能最大。这种分配方法是一种相对比较科学准确的方法，特别适合区域排放总量控制下的排放指标分配。

建议环境保护部加快制定区域环境容量下的排放总量分配技术指南，在坚持自愿参加原则基础上，选择一批区域开展基于环境容量的排放总量控制示范，为“十三五”后排放总量控制转型提供经验。

6.1.3 排放绩效分配法（GPS）

排放绩效分配法是根据指定特定污染物平均排放绩效标准进行分配的方法，是一种相对公平合理、促进行业技术进步的分配方法，最适合特定行业排放总量分配。建议“十二五”行业排放总量控制中全面使用这种分配方法。排放绩效分配的关键是确定行业的平均排放绩效，如行业单位产品产出的污染物排放强度。如火电行业的 NO_x、SO_2 控制，可以根据“十一五”燃煤电力行业 NO_x 和 SO_2 平均排放绩效，同时设定“十二五”该行业的 NO_x 和 SO_2 排放控制目标以及行业产出规模（如装机容量、发电小时、发电量等）确定平均排放强度。然后，再以此确定各个火电厂的允许排放总量。考虑行业地区差异和分类指导，也可以根据地区行业排放绩效标准来分配。

6.1.4 排放指标有偿分配法（PUA）

为了提高环境容量资源和排放指标配置的经济有效性，建议在“十二五”期间的排放总量指标分配全面尝试经济手段，引入主要污染物排放指标的有偿分配和排污交易制度。有偿分配可以有多种形式：① 对全部排放指标的分配都实行有偿分配，但适当考虑新排放源和现有排放源的有偿使用金的差异；② 各省分配排放量与环境容量之间差距部分，实行有偿分配取得，省市区向环境保护部缴纳有偿金；③ 只对新排放源新增排放量指标实行有偿取得，对现有排放源的排放指标实行无偿取得；④ 环境保护部在排放指标分配中事先“扣留”一定的排放指标，各省如果根据综合因子分配法取得排放指标不够情况下，使用环境保护部“扣留”指标需要缴纳有偿使用金；⑤ 采取拍卖的方式进行排放指标有偿分配，特别是对同一区域和同一行业的情况比较适合。

上述有偿分配方法可以在国家、区域和行业层面的排放总量控制中使用。环境规划院目前已经完成流域污染物排放指标有偿分配和排放交易技术指南的研究制定工作。建议环境保护部有关部门在目前地方开展的主要污染物排放指标有偿使用和排污交易试点的基础上，加快制定和颁布实施《主要污染物排放指标有偿使用和排污交易技术指南》，发挥市场手段在总量指标分配中作用，促进排放总量指标资源的有效配置。

6.2 提高排放总量控制实施规划的可达性

“十一五”期间，基本解决了有总量、有控制的问题，但是总量控制计划目标随“十一五”环境保护规划一并发布，作为其可达性基础的《污染减排综合性工作方案》滞后发布，资金落实更加滞后。“十二五”期间，应改变“十一五”总量控制目标、任务、措施不衔接的局面，提前编制年度总量控制实施规划，强化实施而不是仅仅局限于总量控制目标，以工程保障、立法明确、政府预算等为主要实施计划内容，编制基础条件具备、保障措施可行的总量控制实施规划。

6.2.1 制定年度排放总量控制实施方案

要真正做到“有总量、有控制”，就必须把污染物排放控制指标分配到各个地方、各个重点排放源，并且给出每年的排放指标，让减排落实到污染企业的年度生产经营与节能减排的综合计划中。如果一个五年的排放总量控制目标体系仅仅是一个末期“秋后算账”的计划，这将不利于企业建立动态、灵活、经济有效的减排方案，排污交易的总量控制基础也不复存在。不建立具体到重点污染源的年度减排指标分配体系，年度的污染减排和环境质量考核也就没有考核依据。“十一五”期间，每年环境保护部审定和批准地方环保部门减排方案。这种做法应该继续执行，但关键是要“下移”这种做法，把减排方案的重点放到市县减排方案制定。这与未来行政体制改革方向以及环境管理体制改革也密切相关。

6.2.2 强化地方总量控制方案的可操作性

无论是国家总量控制，还是区域和行业总量控制，关键都是要把总量控制指标最终分解到地方和重点排放源，因此要制定地方的总量控制实施方案。应鼓励各地根据本地的环境容量和区划的指导下，确定地方性污染物排放标准及总量控制指标，解决全国性总量控制指标和地区特异性之间的矛盾，在某些区域和行业适当增加新的因子，建立区域和行业排放总量控制。总量目标分解需要更加妥善处理公平与效率，协调与区域发展及产业布局政策的关系，探索更加科学的方法，要科学方法指导污染减排工作；把自下而上的单元总量控制实施计划编制和实施作为实施总量控制的基础，做到自下而上和自上而下的结合。推进实施包括地方各方面权益者参与在内的本地区域环境行动计划（LEAP计划和 SIP 计划），强化指导性和可操作性。鼓励地方减排创新，开辟减排的替代方案，在减排措施的选择中产生竞争，降低减排成本，从强制管理的模式向可持续性模式和优化效果模式转变。

6.2.3 进一步推进总量控制的系统管理

从“十五”期间污染物排放变化情况来看，“十五”期间全国 COD、SO_2 排放量不减反增。2006 年作为“十一五”的开局之年，全国上下加强了节能减排工作，国务院发布了加强节能工作的决定，制定了促进节能减排的一系列政策措施，各地区、各部门相继做出了工作部署。但是，2006 年全国没有实现年初确定的节能降耗和污染减排的目标。这与在制定污染减排目标的时候缺乏充分的论证和周密的安排、缺乏总量控制的系统管理有直接关系。

因此，在制定“十二五”总量控制实施规划时，首先，要建立科学的减排指标体系，并且对确定的减排目标进行充分的、科学的、周密的论证。科学的、现实的减排目标是圆满完成污染减排任务的前提。此外还要改进统计方法，完善统计制度，实现重点污染源排污数据的统一采集、统一核定、统一公布，及时掌握新老污染增减动态变化情况，重点污染源清单要一年一更新，形成科学的环境统计体系；保证环境监测数据准确、可靠、有效性；强化政府责任，严格数据公布制度和责任追究制度，接受社会和公众的监督，建立严格的减排考核体系。只有严格论证污染减排目标，建立完善的污染减排指标、监测和考核体系，才能保障“十二五”减排战略的顺利完成。否则污染减排工作将成为流于形式的数字游戏，政府的公信力必将受到质疑。

其次，要进一步推进排放总量控制的系统管理。总量控制是一项长期工作，必须纳入长效常态管理，确保有效监控、有效管理。目前部分设施存在管理台账还不够规范、污水进出水浓度和在线监测设备不稳定等情况，关键是要健全以排污许可证为核心的污染减排监管体系，实现排污许可证制度与总量控制、排污申报、建设项目环境管理等制度的有效衔接，逐步实现污染源管理从单纯浓度控制向以浓度、总量、质量相结合的综合控制转变，鼓励有条件的行业、区域加快开展和建立排污交易平台。

6.2.4 提高排放总量控制目标的法律性

“十二五”期间，应对现行污染物总量控制指标，通过有关环境保护法律修订，进一步提升总量控制指标的法律约束性。建议加快制定并颁布实施国家主要污染物排放总量控制管理条例和排污许可证管理条例，这是排放总量控制走向法制化管理、规范化管理的关键。如果“十一五”期间认为没有实践经验不能制定上述法律可以理解的话，那么“十二五”期间还不制定实施这些法律就可能会给总量控制带来法律上的问题。在地方层面，应鼓励有条件省市区开展总量控制方面的立法和创新。

通过制定排放总量控制法律和完善总量考核方法体系，进一步落实总量控制目标责任考核制。年度的排放总量控制实施方案要真正落实，提出数据公布制度和责任追究制度，接受社会和公众的监督，建立严格的减排考核体系。创造全社会共同参与的局面，才有可能避免一些地方“有总量、无控制”的局面，避免污染减排成为地方环境保护的“数字游戏”。建立节能减排指标优先的政绩考核制度，明确污染减排考核的责任主体，切实改变目前经济发展指标和污染减排指标“两张皮”的现象。进一步弱化 GDP 在地方党政干部政绩考核中过强的指挥棒作用。

6.2.5 开展多种污染物协同控制示范

由于多种污染物的协同控制的效益高于单一污染物控制，且一种污染物的控制可能导致另一种污染物环境浓度的升高，一个综合涉及所有污染物的交易计划也能刺激污染者寻求综合的解决办法来降低减排成本。基于中国以煤为主的能源结构及燃煤火电厂燃煤消耗量占燃煤总量的比例高，燃煤火电厂多种污染物排放量大的现实，“十二五”期间，在经济发达地区开展燃煤火电厂的 SO_2、NO_x、汞、二噁英、CO_2 协同控制示范工程。在水污染减排方面，可以尝试不同排放源之间的协同控制，如农业面源和工业点源之间的协同控制示范。

6.3 积极运用市场经济手段促进减排

“十一五”期间，经济政策对污染减排起到了很大的作用，有时甚至是关键性的作用，如电厂脱硫电价补贴政策、污水处理收费政策、污染减排专项资金、重点流域减排资金等。“十二五”期间，总体上已经进入总量控制边际成本急剧上升的阶段，应加大环境经济政策的力度，充分运用市场经济手段促进污染减排。

6.3.1 建立落后产能退出经济补偿机制

污染减排目标实现必须以经济发展模式转变为前提，应进一步强化并形成总量控制的“倒逼传导机制”。总量控制可以分为前端减排、中端减排、末端减排。从资源能源需求则加强管理，减少资源能源消费总量，是最有效的前端减排。从经济运行过程环节出发，通过技术进步、结构调整等，进一步减少污染物产生量属于中端减排。而在污染物产生后，不得不通过治理环节予以进一步削减则属于末端减排，费效相对较差。因此，总量控制的实质并不在于或者仅仅在于末端治理，其核心是建立倒逼—传导机制，对资源能源消费、经济社会发展质量提出要求。

作为前端总量控制的落后产能淘汰关停是环境优化经济的重要手段。“十一五”前 3 年，这项手段对总量控制和污染减排发挥了重要的作用。截至 2009 年 6 月，全国已经提前 1 年半超额完成小火电的关停任务，关停 5 400 万 kW。这其中一个行之有效的主要手段就是“以大压小”的经济补偿政策。考虑到落后产能企业的历史原因，建议“十二五”期间，建立全国性的高污染高消耗产业的落后产能产权交易制度，这些产业的产能扩大企业必须通过淘汰关停数倍于（如 2～3 倍）扩大产能的数量，购买落后产能企业的产权，或者国家通过落后产能退出补偿基金给予补助。

6.3.2 推行排放指标有偿取得和排放交易

环境资源有偿使用是落实科学发展观的可选手段，也是建立环境资源价格体系的重要组成。污染物排放指标有偿分配和交易政策是环境容量资源有效配置的一种重要制度。“十一五”期间，大约 14 个省市区已经开展了这项政策的试点。虽然地方对这项政策十分积极，大胆地开展了探索并取得了一些进展，但国家层面没有及时地指导这项政策。从政策推广层面上看，排放指标有偿取得和排污交易政策框架体系远没有建立。其中有对有偿分配和排污政策理解不一致的原因，也有社会和企业对这项政策的可接受性的问题。

污染物排放指标有偿使用也是排污交易价格发现的基础。建议环境保护和财政部门应抓住“十二五”初期总量分配机会，逐步稳步推行排放指标有偿分配和取得政策。排放指标有偿分配可以先对主要污染物、新排放源开展，建立“一年到五年有效”的分配价格体系以及提前购买价格优惠制度。如果在国家层面上建立这项制度，建议根据排放指标的稀缺性、治理边际成本等因素，制定一个体现“分区分类分段”的价格表。在排污交易领域，重点推进大气污染物排放交易制度，不一定局限于电力行业的排放交易，非电力行业的 NO_x、SO_2 等污染物也可以加入，争取 2009 年在相关法规政策制定方面取得突破，为“十二五”建立重点企业 NO_x、SO_2 排污交易提供法规基础。在水环境领域，主要是制定相关技术指南，指导地方开展中小流域的水质交易以及点源和非点源之间的减排交易。

6.3.3 完善污水和垃圾处理收费政策

从“十一五”初期 COD 削减进程的分析发现，污水处理收费政策没有及时到位是造成 COD 减排进程延迟的一个重要因素。由图 8 可知，全国 35 个重点城市的居民生活用水平均污水处理费为 0.65 元/m^3，还有 12 个重点城市的污水处理费还没有达到 0.6 元/m^3，兰州市的污水处理费仅有 0.2 元/m^3。低污水处理收费标准肯定会影响污水处理设施的建设和运营。建议“十二五”期间，根据城镇污水处理排放标准调整以及污泥处理成本的提高，制定分地区的污水处理收费指导性标准。对一些社会经济发展水平降低但又是水污染治理的重点区域（如三峡库区及其上游、南水北调工程水源区等）实行污水处理和垃圾处理价格补贴政策，以生态补偿的方式直接由中央财政全部补贴或部分补贴。

6.3.4 制定和实施脱硫脱硝的鼓励政策

“十一五”期间，《燃煤发电机组脱硫电价及脱硫运行管理办法》和《节能发电调度办法》对二氧化硫减排起到了“加速”和“催化”作用。燃煤电厂脱硫电价补贴政策应该是一种权宜之策，本质上不符合“污染者付费原则”，但部分符合“使用者付费原则”。“十二五”期间，电力行业以及其他行业的 COD、NH_3-N、NO_x、SO_2 等污染物减排也会遇到同样的问题。建议在“十二五”期间，综合考虑行业污染减排的经济鼓励政策，根据行业平均排放绩效水平建立行业内部的“自平衡”机制，如对差于平均排放绩效的企业征收污染排放税，或者通过排放指标有偿分配收取有偿使用金，这样获取的资金用于补贴或奖励那些优于行业平均排放绩效水平的企业，达到“收取资金”和“奖励资金”之间的平衡。

无论是何种经济政策，都要仔细核定这些行业相关污染物的平均和边际削减成本，以确定合理地有偿使用价格和补贴价格。在确定这些削减成本和价格时，要考虑污染物联合削减成本和单一污染物削减成本的差异性。对燃煤电厂的价格政策，至少要考虑 NO_x、PM_{10}、SO_2 这三种污染物的综合削减成本。

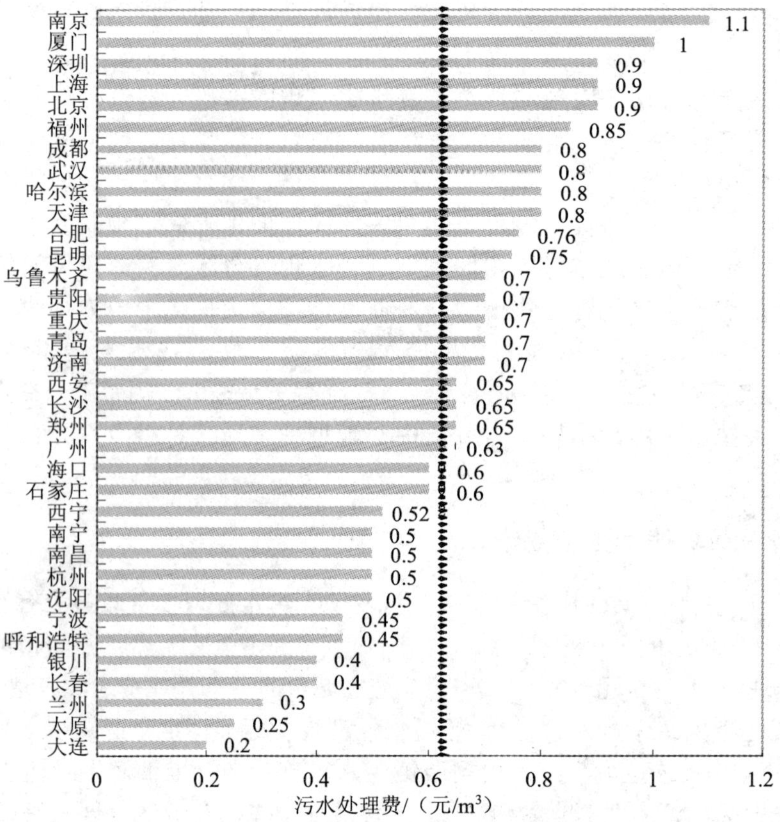

图8　全国35个重点城市生活污水处理收费标准

资料来源：中国环境报，2009.9.28

6.3.5 建立重点流域水质生态补偿机制

流域跨界断面水质生态补偿机制是指为了促进跨界水质达标和流域可持续发展，政府根据流域水污染防治规划，或者上下游政府达成的跨界断面水质目标协议，依据跨界断面水质达标程度或污染物排放量，核定生态补偿和污染赔偿资金，在相关政府之间达成的一种环境财政安排机制。流域跨界断面水质目标生态补偿政策已经在很多地方试点实施，如河北省子牙河流域、河南省沙颍河流域、福建省闽江流域、江苏省太湖流域、辽宁省辽河流域、浙江省新安江流域等。实践表明，基于跨界水质的流域生态补偿机制在这些流域已经取得了一定的效果，促进了流域治理力度和流域水质改善。试点省市都在准备进一步扩大该项政策的试点范围，河北和河南两省计划在全省全面推广流域生态补偿和污染赔偿制度。

建议“十一五”末期，继续开展地方试点探索。在国家层面上，建议选择淮河、新安江、辽河等流域开展跨省界断面水质目标生态补偿机制的试点。在省市层面上，及时总结闽江、子牙河、辽河、沙颍河、湘江、新安江等流域水质生态补偿的试点经验，继续推进现有省市流域跨市县水质生态补偿试点，加强流域生态补偿的技术支持能力建设。

建议“十二五”前两年，在国家层面上，配合《重点流域水污染防治专项规划实施情况考核暂行办法》的实施，制定流域水质生态补偿的法规，全面推进重点流域跨省界断面、湖区（水库）断面及重要支流断面水质目标生态补偿机制。在省市层面上，重点推进省控和市控断面水质目标生态补偿机制。“十二五”后 3 年，在国家层面上，重点推进全国重点流域跨省界断面水质目标生态补偿机制，初步建立起与跨界水质目标考核相一致的流域生态补偿技术支持体系。在省市层面上，全面推进跨市县界断面水质目标生态补偿机制。

6.4 合理选择“十二五”总量控制途径

在选择“十二五”总量控制技术途径时，建议：着手开展燃煤工业锅炉减排；增加火电行业 NO_x、重点流域和湖泊的氨氮、部分敏感湖库的总氮和总磷等污染物总量控制指标；对局部地区进行非点源总量控制的试点逐步扩大化学需氧量减排范围。

6.4.1 实行燃煤锅炉的二氧化硫总量减排

预计 2015 年一次能源总需求量为 33 亿 t 标煤，其中电厂装机容量将为 10.5 亿 kW，燃煤电厂装机容量将为 8.4 亿～9.0 亿 kW（2010 年为 6.2 亿 kW），燃煤电厂燃煤将比 2010 年增加 4.77 亿 t 原煤；在燃煤硫释放率为 0.9%、综合脱硫效率为 0.81%情况下，2015 年燃煤电厂将比 2010 年多排放近 160 万 t 的 SO_2，这个增量必须依靠其他污染源排放量的减少。而燃煤工业锅炉在“十一五”期间就有 600 万～800 万 t SO_2 的排放量，如果“十一五”期间燃煤工业锅炉不减排，2015 年燃煤工业锅炉将排放增加 1 000 万 t 以上的 SO_2，存在很大的减排空间。所以建议将量大、面广、低空排放、易引起局地污染的燃煤工业锅炉也作为“十二五”减排重点，并从“十一五”中后期开始着手。

燃煤工业锅炉 SO_2 减排基本思路是：① 对于燃煤工业锅炉，尤其是小容量的燃煤工业锅炉，优先燃烧清洁燃料，从源头上控制燃料燃烧产生的 SO_2 和烟尘等；② 煤炭要洁净利用，即对煤炭进行洗选、加工、成型、气化、液化等，将污染型的煤炭转化成清洁的燃料，再用作锅炉的燃料；③ 把商品煤含硫分高低作为商品定价内容之一，实行优质优价，制定给燃煤工业锅炉“吃细粮”的优惠政策；④ 采用洁净燃烧技术，使大气污染物最少化；⑤ 对于较大容量的燃煤工业锅炉（20 t/h 以上），可适当安装烟气脱硫装置；⑥ 制定更为严格的燃煤锅炉污染物排放标准；⑦ 更新燃煤工业锅炉设计、制造标准，提高锅炉的性能。

6.4.2 实施火电行业的 NO_x 总量减排

大量 NO_x 排放不仅造成城市大气 NO_2 浓度显著上升，还将形成硝酸盐颗粒，造成二次气溶胶污染。目前，中国城市可吸入颗粒物中硫酸根和硝酸根离子的贡献已达到 15 $\mu g/m^3$ 左右。作为光化学反应前体物，NO_x 对大气氧化性和对流层 O_3 浓度也会产生复杂影响。

从部门来看，电力行业是 NO_x 最主要的排放部门，2007 年排放量为 870 万 t，占总排放量的 37%；其次是工业部门，占排放量的 30%左右；交通行业是第三大排放部门，约占排放量的 20%；三者之和对中国 NO_x 排放总量的贡献率高达 85%以上。同时，由于火电厂 NO_x 为高架烟囱排放，NO_x 可以输送到很远的地方，对区域酸雨的贡献很大。另外，电站锅炉容量大、燃烧温度高、烟气量大且集中排放，安装治理设备相对容易，便

于实施 NO_x 排放控制措施，是抑制 NO_x 排放增加的最有效手段。目前国际上已有多种成熟的低 NO_x 燃烧技术可供选择。

因此，“十二五”期间应对 NO_x 实施总量控制，而且首先对燃煤火电厂的 NO_x 排放进行控制。具体建议包括：① 修订并发布新的火电厂 NO_x 排放标准限值。现行的《火电厂大气污染物排放标准》建议环境保护部门着手在 2010 年前后出台新的更加严格的全国火电厂排放标准，对新建电厂实施小于 200 mg/m^3 的排放限值，才可能使 2020 年后中国火电厂 NO_x 排放不再继续增加。② 在敏感区域开展燃煤锅炉烟气脱硝工程示范，积极推广先进洁净煤技术。目前，电站锅炉烟气脱硝技术研究及应用刚刚起步，SCR、SNCR 等先进的烟气脱硝技术尚未实现国产化。因此，国家有关部门应结合技术引进，积极组织人力和物力开展烟气脱硝技术的相关基础及应用研究，并在京津唐区域、珠江三角洲、长江三角洲地区等重点城市群开展电站锅炉 SCR、SNCR 以及联合脱硫脱硝等烟气脱硝装置的试点，推进烟气脱硝产业的国产化进程。大力开发清洁煤燃烧技术，推进大型 CFBC、PFBC 以及 IGCC 等先进洁净煤发电技术的示范和商业化，以减轻 NO_x 污染对环境的压力。③ 制定并实施统一 NO_x 排放控制规划和相关政策。建议在国家有关部门科学论证的基础上，尽快出台 NO_x 排放控制的统一规划和实施进度，并制定 NO_x 排放的总量控制政策和鼓励排放削减的经济政策。④ 调整和优化火电电源的地区布局。绝大部分燃煤电站分布在人口集中、经济发展速度较快、地域相对狭小、煤炭资源相对缺乏、高污染负荷，但对酸沉降缓冲能力较弱的中、东部地区。不能简单地因为西部地区酸沉降缓冲能力较强而降低对西部地区电站锅炉的 NO_x 排放控制力度。

6.4.3 选择重点流域和湖泊开展氨氮总量控制

目前，许多水体和流域的第一超标污染物是氨氮。以淮河流域为例，跨界断面和重点水质监控断面的氨氮达标情况远差于 COD 的达标状况。氨氮的来源主要包括集中排放的城镇生活污水，铁合金业、石化业、食品和饮料制造业、造纸业等工业行业，以及农业生产中使用的化肥、农药流失，家畜养殖场、牧场中畜禽的废弃物和排泄物。目前，国家已经基本完成全国污染源普查工作，“十一五”末可基本摸清氨氮、总氮等排放总量和排放分布特征，为实施重点流域的氨氮总量控制提供基础。

建议在“十二五”期间，开展重点流域氨氮总量排放控制，把氨氮指标纳入到重点流域总量控制考核体系中。建议重点流域和区域新建、改建、扩建和已建的城市污水处理设施，都应分阶段完成配套脱氮除磷设施的建设和升级改造。对石化业、食品和饮料制造业等氨氮排放的重点行业加强综合治理、逐步提高控制要求，严格执行污水排放标准的浓度控制基础上逐步过渡到对氨氮实现总量控制。对集约化养殖场严格要求，实现氨氮稳定达标排放。对散养式畜禽养殖场推广禽畜粪便生物处理技术，发展生态农业。

6.4.4 选择部分敏感湖库开展氮磷总量控制试点

从对湖库型水体生态系统健康的角度来看，仅仅控制 COD 和氨氮，远远不能预防水体富营养化现象的发生。例如太湖、巢湖和滇池对于总氮、总磷控制措施的缺失，时常因水华暴发而失去使用价值。大部分重点湖泊面临着富营养化的严峻形势。

从国际上总氮总磷的控制经验来看，对于总氮总磷的控制是一个长期且艰巨的过程，其难度比 COD 减排更大。总氮和总磷等污染来源复杂，大部分为难以控制的非点源。目前，全面实施国家总氮总磷排放总量控制的科学技术条件和管理基础条件尚不具备。建议在“十二五”期间选择敏感湖库，结合入湖库河流氨氮总量控制，尽快开展总氮总磷总量控制的试点。可以选择洱海等湖库，按照氮控、磷控的机理，从 2009 年开始开展基础调查，摸清底数，进行总量控制试点示范。

6.4.5 局部地区进行非点源总量控制的试点

根据国际经验，在工业和生活污染得到充分控制之后，逐步将工作重点由点源控制转向非点源污染控制是环境管理的必然选择。在美国，非点源污染约占总污染量的 2/3，其中农业非点源污染占非点源污染总量的 68%～73%，农业非点源已经成为全美河流污染的第一污染源。据英国国家环境署 1998 年的调查，地表水中的磷 43%来自农业，24%来自人类排泄物和其他生活污水。在瑞典，不同流域中来自农业的氮占流域总输入量的60%～87%。在荷兰，来自农田的氮和磷负荷分别占总负荷的 60%和 50%。在丹麦和北爱尔兰的监测湖泊中发现，减少城市点源的磷素输入只能使湖水中的磷素含量略有降低，这说明农业磷素负荷的输入是水体中磷含量增加的主要原因。芬兰 20%的湖泊水质恶化，而农业非点源排放的氮和磷在各种污染源中所占比重最大，占总排放量的 50%以上。

为此，建议“十二五”期间，在局部地区考虑试行非点源的总量控制试点，按照自下而上的思路，搞好调查研究，摸清底数，建立监测、统计方法，结合氨氮和氮磷总量控制试点，搞好示范工程，抓试点地区的典型行业（如畜禽养殖等），建立国家非点源污染 COD 减排策略体系，制定系统的农村环境管理计划，引入环境评价机制的概念和方法，借鉴国际上成功的控制有机肥、化肥和农药非点源污染的经验。这将是污染减排工作的重要突破口，并力争在更长远的将来把非点源污染逐步纳入总量控制计划中。

针对非点源污染控制目标，建议修改现行法律法规中有关农业非点源污染控制的相关条款，制定农田管理、农药污染、有机废弃物排放、有机废弃物循环利用、农村环境管理体系等方面的法律法规和国家标准，加大对有关控制农业非点源污染的研发投入，出台鼓励农业非点源污染防治的经济政策。地方要根据自己的实际情况，编制或修编与农业非点源污染有关的各项规划，因地制宜建立简单、经济、实用的非点源污染控制技术示范工程，出台地方性政策法规，提高控制力度。

6.5 加强面向“十三五”的污染减排研究

实施污染物总量控制需要具备一定的前提条件，新环境问题的解决也并非完全依赖总量控制手段。“十二五”期间，要未雨绸缪关注新领域的污染减排问题，尤其需要对汞、POPs、温室气体等问题进行关注，把这些新凸显的污染问题提到日程上来，对可以实施总量控制的污染物进行前期预研究。

6.5.1 汞排放控制

汞污染问题既是全球环境问题，也是中国关注的环境问题。目前，中国的汞排放及控制研究还处于起步阶段，基础数据十分缺乏。因此，建议：① 开展汞排放清单编制基础工作。继续研究动力煤在燃烧过程中汞的形态转化和分布规律，评价现有各种污染控制设备、对汞转化和脱除的影响进，测定燃煤电厂、中小型工业锅炉和有色金属冶炼等重要汞排放源的汞排放因子，建立更为准确的国家汞排放清单。② 加强汞大气化学和传输的科研工作和国际合作。一方面，需要加强汞污染状况的观测，建立一定规模的汞污染监测网，监测大气汞污染和汞的干湿沉降状况；另一方面，亟须建立中国自己的汞大气反应和传输模型，以确定重要汞排放源对局地、区域大气汞浓度和沉降的贡献。③ 制定汞污染控制的技术政策和经济政策。结合经济发展目标及排放控制技术发展状况，对现有和未来可能的汞排放控制技术经济成本及其减排效果进行分析和筛选，以确定未来汞污染控制的可能控制技术方案库。对国际汞污染控制管理体系进行研究，对中国今后建立相应的汞污染管理体系和响应体系提出建议。④ 科学评估燃煤电厂除尘、脱硫、脱硝对汞污染控制的有效性。进一步加大燃煤电厂脱硫脱硝的力度，并研究如何充分提高电厂已有污染控制设备的脱汞率。在对现有污染控制装置协同除汞效果综合评估的基础上，研发更高效的脱汞装置与除尘装置、烟气脱硫装置、烟气脱氮装置协同脱汞，为中长期的汞污染控制提供技术储备。⑤ 加强有色金属冶炼过程中汞排放控制技术、先进无汞冶炼工艺和汞替代材料等研究，重视有色冶金等行业的汞污染治理。

6.5.2 POPs 和 PTS 排放控制

由于 POPs 和 PTS 新型工业污染物一般排放量小，容易被环境管理部门忽视，但是一旦发生重大污染事件或出现恶性病变，往往会发生灾难性后果，从而威胁到经济和社会的稳定。因此，对以 POPs 和 PTS 为代表的新型污染物防治需要引起充分重视，在逐步淘汰和削减现有 POPs 和 PTS 的基础上，严格预防新的工业污染物的产生。

建议“十二五”期间：① 把 POPs 和 PTS 作为国家“十二五”环境风险管理的主要对象，加强 POPs 和 PT 新型工业污染物防治对策研究；② 继续编制和完善全国 POPs 和 PTS 排放清单和数据库，特别是重点行业的 POPs 和 PTS 排放清单；③ 加强国际合作交流，不断完善相关法律、法规和标准，加大技术和资金支持力度，针对可能产生 POPs 和 PTS 的重点行业与企业编制和实施综合防治行动计划；④ 针对一些环境风险源，制订和实施环境风险管理计划，建立环境风险管理专项资金，开展诸如危险污染场地修复、污染土壤修复、饮用水水源地安全管理等示范工程。

6.5.3 减缓温室气体排放

面对全球气候变化和温室气体减排国际压力，中国应从满足国家长远发展利益和综合安全的战略角度，系统考虑经济、社会发展及技术进步与温室气体减排问题，同时加强减排政策与资源、环境和经济复杂系统的综合集成研究，充分做好相关的知识、基础数据和技术储备，选择适当的可承受的减排水平和适当的承诺形式和时机。2009 年年底的哥本哈根气候大会可能会在京都议定书附件 1 国家达成新的减排目标。因此，温室气体排放总量控制对中国来说只是一个时间的问题。预计中国在 2030 年或 2040 年之前实行总量相对减排，在 2030 年或 2040 年之后实行总量绝对减排，或者 2030 年或 2040 年后实行能源总量等间接控制目标。

在“十一五”期间，建议：① 继续加快建立基于排放源的温室气体排放统计、监测和核定等制度，在 2007 年的全国污染源普查数据基础上开发全国温室气体排放数据库，建立分省份部门的基于排放源的温室气体排放统计体系。② 加强应对温室气体减排的科学研究。建立生态、能源、环境与经济复杂系统的综合集成数据库，组织中国生态系统碳汇、源强度时空分布的综合观测，建立国家碳汇管理综合数据库和集成分析系统，建立减排与气候政策模拟分析平台，加强适应与减缓气候变化的政策设计与评估。③ 制定长期稳定的能源发展战略，加快低碳排放能源技术的开发。能源政策应鼓励提高能效与节能，优先开发和选择洁净煤、天然气、可再生能源和新能源技术，重视可再生能源中的风能、太阳能和生物能的开发和推广利用，走出一条有中国特色的清洁能源利用道路。④ 积极推广生物碳汇技术，实施 CDM 项目，增强生态系统碳吸收能力。在保证中国粮食安全和生态安全不受冲击的前提下，因地制宜制定和实施合理的生态系统碳管理政策，重视现有的陆地生态系统碳汇功能的长期维持，鼓励相关行业和地区开发、应用和推广各种增强森林、草地、湿地和农田生态系统碳汇的技术（包括农业、林业、牧业等方面），有效地提高区域和全国陆地生态系统的碳吸收能力。⑤ 在气候变化管理政策领域，可以开展一些自愿性的排放总量控制试点研究。

6.5.4 挥发性有机物（VOCs）控制

近几年世界各国已逐渐认识到了 VOCs 废气排放的危险性。西方主要发达国家均已颁布法令，对 VOCs 的排放进行控制。1990 年美国通过了《清洁空气法案修正案》，扩大了控制污染物的范围，提高了废气排放标准，将工业排放的 189 种排放物列为毒性空气污染物，其中大多数为 VOCs。国家《大气污染物综合排放标准》（GB 16297—1996）中，规定了 33 种大气污染物的排放标准，其中就包括了苯、甲苯、二甲苯等挥发性有机物。

由于大气 VOCs 不是中国空气质量标准中的受控物种，因此长期以来缺乏在中国系统规范的监测，对 VOCs 的水平及组成的变化及其环境影响缺乏深入的研究。因此，建议“十二五”期间：① 开展加油（气）、油漆涂料、精细化工等重点行业的 VOCs 排放清单研究，建立重点行业 VOCs 排放数据库。② 组织研究重点区域 VOCs 的环境影响贡献与减排方案研究，确定重点地区“十三五”期间的 VOCs 排放总量开控制目标和减排方案。③ 加强机动车 VOCs 排放控制，争取到 2020 年新车排放控制水平与发达国家接轨，经济发达地区新车排放标准达到发达国家水平。④ 研究指定油漆涂料行业 VOCs 清洁生产技术指南，研究涂料油漆行业实施 VOCs 总量控制的可行性。

7 结论和建议

综合上述研究，主要结论和建议如下：

7.1 “十一五”污染减排的目标有望基本实现，基于传统污染物指标的环境质量呈现改善趋势

总体来看，全国主要污染物 COD、SO_2 减排取得较好进展，以传统污染物指标衡量

的水环境和大气环境质量呈现改善的趋势。全国“十一五”主要环境保护的目标有望基本完成。但是，要清醒地认识到，我们不能被这种“初级胜利”冲昏头脑，无论是污染物排放总量还是环境质量，都是处于高位污染状态。若在现有空气环境质量评价体系中增加 O_3 和 $PM_{2.5}$ 等因子，达标城市比例将会降低 20～30 个百分点。因此，污染减排和环境质量改善是未来 20 年中国环境保护的一个长期而艰巨的任务，不能有任何掉以轻心之意。

7.2 “十一五”污染减排主要依赖于末端工程减排，存在的问题还难以在“十二五”期间得到全面的解决

工程减排、结构减排、监督管理减排是实现总量减排的三个主要技术措施。“十一五”期间，以污水处理厂建设和燃煤电厂脱硫为重点的工程减排措施发挥了主导作用。污水处理厂建设运营贡献的减排量占全国 COD 削减量的 50%以上，燃煤电厂脱硫贡献的减排量占全国 SO_2 削减量的 60%以上。2008 年，我国已建成投运城市污水处理厂 1 521 座（比 2005 年增加污水处理厂 712 座），形成污水处理能力 9 092 万 t/d。但是，新增已建成污水处理厂管网长度只有 4.896 6 万 km，仅完成“十一五”规划要求的 30.1%，距离 16 万 km 的规划要求差距较大。2008 年，全国建成并投运的燃煤电厂脱硫设施由 2005 年的 0.53 亿 kW 增加到 3.63 亿 kW，完成规划任务的 79%。全国投运的燃煤脱硫机组共 1 062 台，脱硫机组装机容量占全国火电总装机容量的比例由 2005 年的 12%提高到 2008 年的 60%，形成 SO_2 年减排能力 1 000 万 t，全国燃煤脱硫机组脱硫综合效率提高到 78.7%。截至 2008 年，钢铁行业完成了 10 台规模 1 000 m^2 烧结机烟气脱硫工程。

尽管“十一五”污染减排取得了前所未有的成绩，但依然存在不少问题。① 总量减排目标与质量改善的不确定关系；② 环境管理还难以完全适应量化管理要求；③ 治污工程的可持续减排能力不强；④ 减排可持续机制没有得到根本解决；⑤ 与市场机制结合不够。

7.3 正确借鉴国际经验，科学理解“总量控制”、“质量改善”和“污染减排”的关系，探索总量控制新思路

（1）正确借鉴发达国家排放总量控制的经验。污染物排放总量控制虽然不是中国的首创，但我们目前操作的全国意义上的污染物排放总量控制也很难在国际上找到相同的案例。世界各国的实践经验表明，成功推行污染物排放总量控制的关键是：①排放总量控制有着严格的范围和科学的目标；②具备强有力的法律依据；③具有与排放标准相配套的先进污染治理技术；④建立起促进污染物削减的总量控制的市场机制。

发达国家的排放总量控制有如下特点：① 绝大部分排放总量控制都是非常局限的、一定条件下的总量控制，如基于排污口和基于污染源的排放总量控制（如美国 EPA 的最大日负荷 TMDL）、基于特定区域环境质量下的总量控制（也就是容量总量控制）、基于特定行业、特定污染源数目下的排放总量控制。也只有这样，才能实现排放总量控制与环境质量改善挂钩。② 依法实施排放总量控制。绝大部分总量控制都是在相应的水污染

防治和大气污染防治法律中给予明确，甚至企业的排放配额都在法律中体现。而我国，迄今为止都没有国务院颁布的污染物排放总量控制和排污许可证管理条例。③ 强调减排的经济有效性，排放总量控制与市场手段相结合。美国和欧盟的排放总量控制非常强调减排的经济有效性，都引入了总量控制下的排污交易制度，提高了企业总量减排的灵活性。排污交易也从原先的大气污染控制领域逐渐向水污染控制和全球环境问题领域发展。

（2）科学理解"总量控制"与"污染控制"。在现实工作中，控制污染的手段是多样化的，不是唯一的。不能认为污染控制就是总量控制，总量控制一控就灵，我们不能落入一种无限制扩大总量控制范围的"泛总量控制"思路。总量控制作为一种制度，有其体系和前提条件。总量控制也有国家、区域和行业不同类型的总量控制。适合于全国总量控制的污染物必须满足如下条件：① 区域性而非局地性的污染物；② 可监测、可统计、可考核，有基础；③ 控制对象是一次污染物，最好也不是混合型污染物；④ 有治理减排途径，减排技术经济合理，经济负担可以承受。建议在"十二五"期间乃至从现在开始，全国排放总量控制应实施体现"五个转变"的污染减排新战略：① 从单纯注重排放总量减排向总量减排与环境质量改善相结合转变；② 从过分偏重重点行业减排向全面污染削减转变；③ 从单一污染物的总量控制向多种污染物协同控制转变；④ 从关注落实减排工程能力向关注减排工程质量和减排实际效果转变；⑤ 从依赖行政手段向更多地利用市场经济手段转变。

（3）科学理解"总量控制"与"质量改善"。目前，不少城市影响空气和水体环境质量的主要污染物并不与 SO_2、COD 有明确的对应关系。颗粒物已经成为许多城市空气质量的主要污染物，2006 年全国 33.5%的城市颗粒物年均浓度没有达到二级标准要求。有些水域的非点源污染甚至超过了点源污染，一些水域氮、磷已经上升为威胁水质的主要污染物。而目前现行的无论是 COD 还是 SO_2 的减排政策，基本上是针对点源污染的对策，尤其是 SO_2 减排主要是从控制酸雨污染出发，重点削减行业是电力行业，而对当地环境质量影响更大的非电燃煤锅炉未被纳入。因此，在考核总量控制任务完成状况时，还应考虑当地环境质量的改善情况，逐步推行污染物总量控制和环境质量改善并重的指标体系。

7.4 科学设计"总量控制—质量改善"路线图，明确未来 20 年"总量—质量"指标的约束性和指导性关系

在 2030 年前，排放总量控制和环境质量改善是一个长期的、艰巨的、复杂的任务。根据我们的研究，建议未来 20 年"总量控制—质量改善"关系行动路线如图 7 所示。

（1）"十一五"期间（2006—2010），实施的是总量控制约束性模式。COD 和 SO_2 排放总量控制是"十一五"环境保护目标中最硬的两项约束性指标，环境质量目标作为预期和引导指标。这种机制安排对地方环境保护工作起到了很好的引导和约束作用。

（2）"十二五"期间（2011—2015），建议实施总量控制约束性、质量改善指导性模式。这期间，还不宜以单一的环境质量考核代替排放总量控制考核，也不宜对环境质量目标提出过于乐观的要求。

（3）"十三五"期间（2016—2020），建议实施总量控制约束性、质量改善约束性模

式，也就是“双约束”模式。考虑到“十三五”时期是中国全面小康社会目标的实现期，影响环境质量改善的主要污染物都必须严格实行排放总量控制，同时环境质量必须得到改善，与全面小康相适应的水平，也就是“环境小康”水平。

（4）“十四五”期间（2021—2025），建议实施质量改善约束性、总量控制指导性模式。在实现 2020 年全面建设小康社会的目标后，无论是中央还是地方政府，改善流域和城市环境质量应成为环境保护的重要约束性指标，全国性的污染物排放总量控制可以作为指导性的指标，如一些行业和区域的排放总量控制。

（5）“十五五”期间（2026—2030），建议实施质量改善约束性模式。这期间，COD、氨氮、SO_2、NO_x 等主要污染物排放总量已经得到全面控制，环境质量改善作为中央和地方的最大约束性指标。

7.5 从“十二五”开始，应积极探索多种类型的排放总量控制，建立“国家—行业—区域”污染减排体系

在清晰中长期的排放总量控制与环境质量改善的行动路线图后，就需要确定出“十二五”的排放总量控制体系。根据国际环境政策经验、“十一五”污染减排实践以及我国的环境管理水平，建议从“十二五”开始，建立和实行“国家—区域—行业”排放总量控制体系。

（1）国家排放总量控制模式。理论上说，国家排放总量控制是一个特定污染物覆盖所有排放源下的总量控制，如目前实行的 COD 和 SO_2 排放总量控制，最终要分解到市县的重点污染源。一般情况下，由于目前技术支撑能力的限制，国家总量控制很难建立在环境容量基础上，很难与环境质量密切挂钩。建议“十二五”期间，除了 COD 和 SO_2 实施国家总量控制之外，其他污染物慎重选择国家或全国性排放总量控制。

（2）区域排放总量控制模式。区域排放总量控制是指满足特定区域给定环境质量目标下允许的最大排放总量，或者分阶段达到允许最大排放总量的目标排放总量。这实际上就是区域环境容量下的排放总量控制，简称容量总量控制，比较适合地方环保部门采用。区域可以是城市、流域、行政辖区甚至就是划定的区域。如特定城市、特定江河、特定湖库都可以采用“一市一总量”、“一河一总量”和“一湖一总量”。

（3）行业排放总量控制模式。行业排放总量控制是指一个特定行业，甚至该行业特定数量污染源范围下的，对特定污染物采用的排放总量控制。行业排放总量控制比较容易确定排放总量目标，同时也比较容易分配总量指标，如根据行业排放绩效公平合理地分配排放指标。建议“十二五”期间，对 SO_2 和 NO_x 实施行业总量控制，制定行业总量减排实施规划。

7.6 根据“总量控制与环境质量”约束路径和总量控制体系选择，科学合理地确定排放总量控制目标

排放总量控制目标确定是总量控制中一个长期争论的、没有科学结论的话题。总量控制目标确定不仅涉及科学技术的问题，重要的是与地方经济发展、企业竞争力乃至地

方政府领导的升迁密切相关。“十二五”期间，应区分国家、区域、行业的排放总量控制目标确定机制，争取排放总量控制目标确定相对科学、合理、公平。

（1）国家排放总量控制目标。国家总量控制目标确定首先要选定一个相对稳定的基数年和相对准确的排放基数。“十五”和“十一五”总量控制规划目标在基数选择方面不统一，使得地方围绕基数争吵不休，甚至在基数方面“大做文章”。“十二五”期间，不能再坚持“淡化基数”的原则。建议从“十二五”开始，国家排放总量控制目标以 2007 年或者经普查数据平移调整的 2010 年的排放量为基年数，以后不能随意调整和改变。具体的削减目标，应做削减行业和削减地区潜力技术经济分析后确定。

（2）区域排放总量控制目标。区域排放总量控制目标应该根据区域环境功能分区、区域经济发展水平、区域环境质量目标等确定，而且区域排放总量控制目标是一个“自下而上”的分配累加量。“十二五”期间，要积极探索实施基于环境容量的区域总量控制，区域总量控制目标要与环境质量改善密切挂钩。对于多数区域来说，“十二五”期间完全达到环境质量目标的总量减排任务存在严重困难，建议要实事求是，分步实施。

（3）行业排放总量控制目标。总量控制目标分解需要更加妥善处理公平与效率，协调与区域发展及产业布局政策的关系，而行业排放总量控制目标确定是实现这一目标的重要手段。相对来说，行业排放总量控制目标的确定比较简单，一种最简单的方法就是平均排放绩效法，当然，在确定目标时也要考虑新老企业公平竞争问题，在确定排放绩效时考虑一定的差异性。建议从现在开始选择 5～6 个重点污染行业，研究预测“十二五”期间这些行业的产能发展和产出水平，同时摸清楚这些行业“十一五”的污染源排放清单，有效地制订这些行业的特定污染物排放总量控制实施计划。

7.7 加强污染物排放总量控制的基础支撑，提高“十二五”总量控制的可操作性和有效性

“十二五”期间，应进一步提高总量控制的可操作性和有效性，特别是要提高总量指标分配的科学公平性、减排措施的经济有效性、减排与环境质量的关联性、政策法规和支撑技术体系，完善排放总量控制的考核制度，同时为“十三五”总量控制做好科技准备。

（1）提高总量控制指标分配的科学公平性。总量排放指标的分配是总量控制中最棘手的问题。由于排放总量控制目标不完全是“自下而上”确定的，因此很难把总量目标“自上而下”分配到县市和重点污染源上。“十一五”期间，只是电力行业采用了行之有效、相对公平合理的排放绩效方法，建立了一套 SO_2 总量指标的分配方法。特别是 COD 排放指标的分配方法，没有抓住 COD 排放与社会经济活动强度的关联，分配方法存在着较大的分歧和争论。建议“十二五”期间，根据排放总量控制模式不同选择不同的总量指标分配方法，如综合因子分配法（CFB）、环境容量分配法（ECB）、排放绩效分配法（GPS）、排放指标有偿分配法（PUA）等。

（2）提高排放总量控制实施规划的可达性。“十一五”期间，基本解决了有总量、有控制的问题，但是总量控制计划目标随“十一五”环境保护规划一并发布，作为其可达性基础的《污染减排综合性工作方案》滞后发布，资金落实更加滞后。“十二五”期间，

应改变“十一五”总量控制目标、任务、措施不衔接的局面，提前编制年度总量控制实施规划，强化实施而不是仅仅局限于总量控制目标，要以工程保障、立法明确、政府预算等为主要实施计划内容，编制基础条件具备、保障措施可行的总量控制实施方案，把自下而上的单元总量控制计划编制作为实施总量控制的基础，做到自下而上和自上而下的结合。健全以排污许可证为核心的污染减排监管体系，加快制定并颁布实施国家主要污染物排放总量控制管理条例和排污许可证管理条例。

（3）积极运用市场经济手段促进减排。“十一五”期间，经济政策对污染减排起到了很大的作用，有时甚至是关键性的作用，如电厂脱硫电价补贴政策、污水处理收费政策、污染减排专项资金、重点流域减排资金等。“十二五”期间，总体上已经进入总量控制边际成本急剧上升的阶段，应加大环境经济政策的力度，充分运用市场经济手段促进污染减排。如建立作为前端总量控制的落后产能退出经济补偿机制、推行排放指标有偿取得和排放交易制度、完善污水和垃圾处理收费政策、制定和实施脱硫脱硝的鼓励政策、建立重点流域水质生态补偿机制等。

（4）合理选择“十二五”总量控制途径。在选择“十二五”总量控制技术途径时，建议：着手开展燃煤工业锅炉二氧化硫总量减排；增加火电行业 NO_x、重点流域和湖泊的氨氮、部分敏感湖库的总氮和总磷等污染物总量控制指标；对局部地区进行非点源总量控制的试点逐步扩大化学需氧量减排范围。在局部地区考虑试行非点源的总量控制试点，按照自下而上的思路，搞好调查研究，摸清底数，建立监测、统计方法，结合氨氮和氮磷总量控制试点，建立国家非点源污染 COD 减排策略体系。

（5）加强面向“十三五”的污染减排研究。实施污染物总量控制需要具备一定的前提条件，新环境问题的解决也并非完全依赖总量控制手段。“十二五”期间，要未雨绸缪关注新领域的污染减排问题，尤其需要对汞、POPs、温室气体等问题进行关注，把这些新凸显的污染问题提到日程上来，对可以实施总量控制的污染物进行前期预研究。在气候变化领域，可以开展一些自愿性的排放总量控制试点研究。

参考文献

[1] Brendan Gillespie. Achieving Environmental Policy Objectives for Industrial Pollution：An Overview of OECD Practices. Environment and Globalisation Division，2007.

[2] Jeremy Schreifels. Policy Mechanisms Working Toward Successful Achievement of the 11th Five-Year Plan Environment Targets. U.S. Environmental Protection Agency，2007.

[3] Wit Siemieniuk. Environmental Planning and Management Aspects of Setting and Implementing Environmental Targets for COD and SO_2. AMEC Earth & Environmental International，2007.

[4] Committee on Japan's experience in the battle against air pollution（CJEBAP）. Japan's experience in the battle against air pollution. Japan：Pollution-related health damage compensation and prevention Association，1997.

[5] AEA Technology Environment，Energy and Environment in European Union. Environment Issue Report，No. 31. European Environment Agency，Jan. 1，2004.

[6] Larssen S.，Adama K.J.，Barrett M.，Bolscher V.，Leeuw F.，Pulles T.. Air Pollution in European：1990—2000.

European Environment Agency，Nov. 15，2004.

[7] Environment Protection Agency （EPA）. Acid Rain Program-2003 progress report. Jan. 4，2005.

[8] Svendsen G T，Daugbierg C，Hj llund L，Pedersen A B Consumers，industrialists and the political economy of green taxation CO_2 taxation in OECD. Energy Policy，2001，29：489-497.

[9] Riahi K，Rubin E S，Taylor M R，Schrattenholzer L，Hounshell D. Technological learning for carbon capture and sequestration technologies[J]. Energy Economics，2004，26：539-564.

[10] EEA. Effectiveness of urban wastewater treatment policies in selected countries：An EEA pilot study. EEA Report，No.2-2005，2005.

[11] EEA. Effectiveness of packaging waste management systems in selected countries：An EEA pilot study. EEA Report，No.3-2005，2005.

[12] Wu Y，Wang S X，Streets D G，Hao J M，Chan M，Jiang J K. Trends in Anthropogenic Mercury Emissions in China from 1995 to 2003．Environmental Science and Technology，2006.

[13] Hao JM，Tian HZ，Lu YQ. Emission Inventories of NO_x from Commercial Energy Consumption in China，1995-1998. Environmental Science and Technology，2002.

[14] Wang Jinnan，Wu Shunze. China Economic Development and Environmental Trends in the Tenth Five-Years，workshop on environment financing in china and OECD countries，Nov. 2000，Beijing.

[15] The Department of Energy. On the Road to Energy Security Implementing A Comprehensive Energy Strategy：A Status Report，Aug. 14，2006.

[16] 国家统计局，国家环境保护总局. 中国环境统计年鉴 2000—2006. 北京：中国统计出版社，2006.

[17] 环境保护部环境监测司、中国环境监测总站. 近 30 年城市空气质量状况报告. 北京：环境保护部环境监测司，2009.

[18] 曹东，祝宝良，蒋洪强，等. 2009—2020 年中国节能减排重点行业环境经济形势分析与预测. 北京：中国环境科学出版社，2009.

[19] 曹东，蒋洪强，於方，祝宝良，等. 2008—2020 年中国环境经济形势分析与预测研究报告. 中国环境规划院《重要环境信息参考》，2008（8）.

[20] 何建坤. 能源发展与应对气候变化. 北京：清华大学低碳研究院，2009.

[21] 国合会污染减排课题组. 污染减排：战略与政策. 北京：中国环境科学出版社，2008.

[22] 王金南，杨金田，等. 中国大气汞污染防治现状及控制对策分析. 中国环境规划院《重要环境信息参考》，2009（9）.

[23] 中国环境保护投融资机制研究课题组. 创新环境保护投融资机制. 北京：中国环境科学出版社，2004.

[24] 国务院. 关于印发节能减排综合性工作方案的通知. 北京：中国环境年鉴，2008.

[25] 魏一鸣. 关于我国碳排放问题的若干对策与建议. 中国科学院院刊，2006：1.

[26] 王金南，吴舜泽，等. 环境安全管理：评估与预警. 北京：科学出版社，2007.

[27] 邹首民，王金南，等. 国家“十一五”环境保护规划研究报告. 北京：中国环境科学出版社，2006.

[28] 吴舜泽，王倩，叶帆. 从节能和减排指标关系谈污染减排. 环境保护，2007，3B.

[29] 吴舜泽，逯元堂，王金南. 中国环境保护投资失真问题分析与建议. 中国人口、资源与环境，2007：3.

[30] 于雷，吴舜泽，徐毅. 中国水环境容量研究应用回顾及展望. 环境保护，2007，3B.

[31] 王金南，高树婷，杨金田，等. 排放绩效——电力减排新机制. 北京：中国环境科学出版社，2006.

[32] 魏一鸣，廖华，范英，梁巧梅. “十一五”期间我国能源需求及节能潜力预测. 中国科学院科技政

策与管理科学研究所能源与环境政策研究中心，中国科学院预测科学研究中心，2007.
[33] 吴舜泽，王金南. 全方位推进总量减排系统工程. 中国环境报前沿专刊，2007-03-09.
[34] 吴舜泽，等. 各省“十一五”环境保护规划分析//中国环境科学学会 2007 年会论文集. 北京：中国环境科学出版社，2007.
[35] 王志轩，等. 火电二氧化硫环境影响与控制对策. 北京：中国环境科学出版社，2002.
[36] 吴舜泽，等. “十一五”国家环境监管能力建设构想与重点//中国环境科学学会 2007 年会论文集. 北京：中国环境科学出版社，2007.

中国绿色经济的发展现状与展望

The Development and Outlook of Green Economy for China

王金南　李晓亮　葛察忠　管鹤卿

摘　要　本文界定了绿色经济的内涵和外延，以 UNEP 在绿色经济倡议(GEI)中提出的绿色经济的 8 个部门为框架，识别了中国绿色经济发展现状。结论如下：2005—2007 年，以绿色产业部门划分的绿色经济投资总额和以绿色 GDP 为标志的含有绿色元素的经济成分分别占当年 GDP 的 8%左右和 97%左右；污染治理投资对 GDP 的带动系数为 1.32；预计“十一五”期间，绿色产业部门投资将达到 6 万亿元。最后，本文提出了通过发展绿色经济，在短期上应对金融危机冲击，在长期上建立促进我国经济可持续发展机制的政策建议。

关键词　绿色经济　发展现状　绿色新政

Abstract　The connotation and extension of green economy is defined preliminarily, based on the 8 sectors of the Green Economy concept raised in the green economy initiative (GEI) by UNEP, the status quo of China's Green economy development is identified. The conclusion are: from 2005-2007, the investment in 8 green economy sectors and economic components containing green elements marked by green GDP accounted for about 8 percent and 97 percent of GDP respectively in corresponding year; the influence coefficient of pollution control investment to GDP is 1.32; the investment in green economy sectors is expected to reach 6 trillion in the Eleventh Five-Year period. On this basis the policy recommendations on how to deal with financial crisis in the short term, and to establish a mechanism for sustainable economic development in the long term through the development of green economy are put forward.

Key words　green economy　status quo　a green new deal

绿色经济是以维护人类生存环境为目标、合理使用能源与资源为手段的一种平衡式经济，是绿色增长和绿色发展在各具体经济部门中的表现形式。各国政府和各世界组织高度重视，在世界范围内进行了广泛的研究和实践。鉴于我国目前同时面临国际金融危机冲击和国内资源环境压力加大、经济结构亟待调整的双重压力，作为能够同时应对这双重挑战的重要手段，绿色经济的发展理应被提上议事日程。有必要针对如何利用绿色经济来带动整个国民经济的发展、促进就业，进而缓解经济和环境双重压力进行系统性研究。

1 绿色经济的概念与范围

“绿色经济”是由经济学家皮尔斯于 1989 年出版的《绿色经济蓝皮书》中首先提出来的[1]。绿色经济也称为“生态经济”，它是以市场为导向，以传统产业经济为基础，以生态环境建设为基本产业链，以经济与环境的和谐为目的而发展起来的经济形式，是产业经济为适应人类新的需要而表现出来的一种状态。绿色经济将众多有益于环境的技术转化为生产力，并通过与环境无对抗的经济行为，实现经济的长期稳定增长。

如果说传统的产业经济是以破坏生态平衡、大量消耗能源与资源为特征的一种损耗式经济，那么绿色经济则是以维护人类生存环境、合理使用能源与资源的一种平衡式经济。绿色经济的出现及其在各个国家各个领域的广泛开展，标志着人类已经摒弃了传统经济发展动力——利润（价值）最大化，转而形成了基于绿色经济的崭新的价值观——福利最大化[2]。

绿色经济作为一个较新的概念，其在理论界和实践中均未形成统一认可的内涵和外延。国内一般认为，绿色经济分为狭义和广义两个层面。狭义的绿色经济，仅指环保产业，而环保产业又有狭义和广义之分，其中狭义的环保产业仅包括污染控制与减排、污染清理与在废物处理方面提供的产品和服务，广义的环保产业除包含上述内容外，还包括涉及产品生命周期过程中的洁净技术与洁净产品、节能技术、资源综合利用、生态设计等与环境相关的服务；而广义的绿色经济，除包括上述产业和领域外，还包括诸如绿色消费与政府采购、绿色贸易与金融、绿色税收与财政、绿色会计与审计等除生产领域外的其他一些绿色的制度和行为。

UNEP 认为[3]绿色经济主要包含：环境和生态系统的基础设施建设、清洁技术、可再生能源、废物管理、生物多样性、绿色建筑和可持续交通等 8 个领域。也有观点认为，绿色经济可以用绿色 GDP 衡量，也就是从传统的 GDP 核算中扣除资源环境成本所得到的，都可以看作是绿色经济的产出。

绿色经济概念的不清，导致绿色经济的发展状况较难于进行横向和纵向对比。首先，对绿色经济所包含的具体领域和具体行业的争论，导致了进行国家间横向对比的困难。其次，由于绿色经济中某些领域与现行国民经济核算体系中的各行业间并不是完全对应、存在交叉现象，比如以 UNEP 的绿色经济概念中所包含的 8 个部门而言，诸如生物多样性、可持续建筑和交通等，并没有单独的完整的行业数据，对其研究只能局限于某些地区某些具体项目，使得基础数据难于获得，导致了计算绿色经济发展规模和预测绿色经济发展趋势的困难。所以，有必要形成一个国际公认的绿色经济的概念和范畴。

2 中国绿色经济发展现状评价

2.1 基于 UNEP 定义的绿色经济

以 UNEP 认定的绿色经济的 8 个范畴为框架，参照但不拘泥于现有的国民经济和各行业统计体系，2005－2007 年度中国绿色经济产业发展和投资如表 1 所示。虽然由于表 1 中所列各项可能存在小部分交叉，但其基本上能从反映出中国绿色经济发展的现状情况。

表 1　2005—2007 年中国绿色经济发展状况

领域与部门	单位	2005 年	2006 年	2007 年
1. 环保污染治理投资[1]	亿元	2 388.0	2 566.0	3 384.6
建设项目“三同时”	亿元	640.1	767.2	1 367.4
城市环境基础设施	亿元	1 289.7	1 314.9	1 467.8
工业污染源治理	亿元	458.2	483.9	549.1
2. 生态基础设施建设和生物多样性[2]	—	—	—	—
珍稀、濒危动物繁殖场	个	313	164	164
珍稀植物引种栽培场	个	127	77	77
自然保护区个数	个	2 194	2 349	2 395
保护区面积	万 hm^2	14 822	14 994	15 153
保护区占国土面积	%	14.8	15.0	15.8
生态示范区建设试点地区和单位	个	528	528	528
国家级自然保护区个数	个	38	39	69
国家级自然保护区投资	亿元	23.5	27.1	58.8
当年全国造林面积	万 hm^2	480	310	179
林业基本建设投资	亿元	404.0	446.8	470.8
3. 清洁技术[3]	—	3 966.1	4 561.0	5 245.2
4. 可再生能源[4]	亿元	5 927.6	6 114.4	6 736.3
农村非商品能源生活消费情况	万 t（标煤）	27 022.3	26 761.8	27 984.9
沼气	万 t（标煤）	398.9	492.7	508.5
秸秆	万 t（标煤）	14 579.9	15 959.6	17 790.8
薪柴	万 t（标煤）	12 043.5	10 309.5	9 685.6
水力发电量	亿 kW・h	3 535	3 970	4 358
风电	万 t（标煤）	—	—	2.81
太阳能总利用量	万 t（标煤）	—	—	1 454
地热总利用量	万 t（标煤）	—	—	218
核电发电量	亿 kW・h	505	531	548
5. 废物管理投资[1]	亿元	458.2	483.9	549.1
6. 绿色建筑[5]	—	—	—	—

领域与部门	单位	2005 年	2006 年	2007 年
采暖区供热计量及节能改造	亿 m^2	—	—	1.5
高效照明产品	万支	—	—	5 000
绿色建筑节能折算成价值量	亿元	38.7	38.7	38.7
7. 可持续交通[6]	亿元	2 187.8	2 870.0	3 365.9
轿车年总产量	辆	2 779 425	3 869 689	4 797 706
排量≤1.0 L 机动车数	辆	426 348	410 817	246 825
1.0 L＜排量≤1.6 L 机动车数	辆	1 277 728	1 993 208	2 586 449
排量≤1.6 L 机动车数占比	%	61.31	62.12	59.05
公共交通	—	—	—	—
公共交通车辆总数	辆	313 296	307 869	344 489
公共交通客运总量	万人次	4 836 930	4 659 247	5 325 857
8. 环保产业[3]	亿元	4 572.1	5 257.9	6 046.6
中国 GDP	亿元	183 867.9	210 871.0	246 619.0
绿色经济投资总额（1～7 之和）	亿元	15 370.4	17 080.8	19 790.6
1～7 之和占 GDP 比重	%	8.4	8.1	8.0
含绿色元素的经济成分（1～8 之和）	亿元	19 942.5	22 338.7	25 837.2
1～8 之和占 GDP 比重	%	10.8	10.6	10.5

注：[1] 来源于《中国环境保护投资分析报告》；[2] 来源于《中国环境年鉴》和《中国林业年鉴》，为 2004—2006 年数据，天保工程、退耕还林、京津风沙源治理工程林业项目、野生动植物保护工程、“三北”和长江流域等防护林工程、种苗项目、森林防火、森林公安、森林病虫害防治、林业基础设施建设之和；[3] 来源于《我国环保产业竞争力报告》，2004 年数据，2005、2006 年数据分别按年均增加 15%估算；[4] 来源于《中国能源年鉴》、《中国能源统计年鉴》和《中国可持续能源项目参考资料-2008 能源数据》，其中农村非商品能源为 2004—2006 年数据；根据发改委提供的数据，火电厂平均每千瓦时供电煤耗为 360 g 标准煤左右，即一吨标准煤可发 3 000 kW · h 的电，每千瓦时电按北京施行的 0.488 元/度计算，即一吨标准煤折算成 1 464 元人民币；[5] 来源于国务院《节能减排综合性工作方案》，数据为整个“十一五”期间的规划值；按城镇取暖费拟实现节能 1 250 万 t 标准煤；按白炽灯 40 W、替代其的节能灯 10 W，一天点亮 4 h 计算，每年节约电费 21.1 元；[6] 来源于《中国交通年鉴》。

分析表 1 可以得出如下结论：首先，目前绿色经济以及含有绿色元素的经济成分，已经成为国民经济中一支重要的力量，且近年来增长较快，基本与同期 GDP 保持了同样的快速增长率，其占 GDP 的比重已经达到 8%～11%，对整个国民经济有举足轻重的贡献和影响力；其次，在上述的 8 个绿色经济领域中，环保污染治理投资、清洁技术、可再生能源与可持续交通领域在绿色经济中所占比例最大，其中可持续交通和环保污染治理投资增长最快，2005—2007 年间分别增长了 53.8%和 41.7%。

2.2 基于绿色 GDP 核算的绿色经济

绿色 GDP 核算体系，是整个绿色经济制度的基础，其可代替传统的 GDP 核算而成为今后经济发展所追求目标的“指南针”[4]。根据中国的模式经验，绿色 GDP 是传统 GDP 扣除资源消耗成本和环境损失成本后的 GDP，可以作为衡量绿色经济产出的一个综合指标。中国环境规划院已经完成了 2003—2007 年共 5 年的狭义绿色 GDP 核算，给出了 2003—2007 年全国以及 31 省市区的虚拟治理成本以及环境污染损失占 GDP 的比例。

研究表明[5-7]，中国 2004—2006 年的污染扣减指数（采用虚拟治理成本方法核算），分别达到了 1.72%、1.94%和 1.78%，而环境退化成本（采用环境污染损失成本方法核算）占地区合计 GDP 的比例分别为 3.05%、2.93%和 2.82%。无论是 GDP 的污染扣减指数还是污染损失指数，都远远超过了“十一五”环境保护投资占同期 GDP 1.35%的需求目标。换言之，中国 2004—2006 年的 GDP 中绿色经济比例分别是 96.95%、97.07%和 97.18%。由于此项核算考虑的只是狭义的环境污染损失成本，而生态破坏损失成本、资源消耗成本等都没有核算，因此，此部分绿色 GDP 是非常狭义的绿色经济。

2.3 绿色经济对国民经济的拉动作用

绿色经济各领域以及含有绿色元素的经济成分已经成为国民经济中重要的组成部分，对整个国民经济、对就业有非常明显的拉动作用。首先，绿色经济的发展能够带动整个国民经济发展并促进就业。国内外经验显示，作为绿色经济重要领域的环境基础设施建设、清洁技术、可再生能源和废物管理，均已创造了数以百亿、甚至千亿美元计的产业规模和数以百万计的就业机会[3]。而且绿色经济在未来必将得到更进一步的发展，其对整个国民经济发展的影响将加强。其次，在现阶段经济和社会形势下，有前瞻性地制订绿色经济发展规划以及相关行业和专项规划，大力发展绿色经济各个主要领域和行业，并对其他诸如交通、能源、建筑等行业进行清洁化（Greening）发展，是十分必要而且有效的。

仅以我国环境保护投资中重要的污染治理投资为例，蒋洪强等研究认为[8]，在 2000 年，占 GDP1.19%的污染治理投资创造了 GDP 的 1.57%，即其对 GDP 的拉动系数为 1.32，并净增从业人数 961.03 万人（表 2)。这部分投资不仅为改善环境质量提供了条件，同时也扩大了内需，增加了利税，提供了新的就业机会，拉动了经济的发展。另根据中国环境规划院的最新研究[9]，如果在环保方面投入 1 000 亿元，将会带来 10 亿元的利税增加，600 亿元的居民消费增加，60 万的新增就业人口，这也就是人民和政府所期望的绿色增长，所以以环保投资为代表的绿色经济投资对我国国民经济和就业具有非常明显的拉动作用。

表 2 污染治理投资和设施运行对经济发展的综合影响[8]

年份	治理投资	环保运行费	净增 GDP	净增 GDP/GDP	净增利税	净增利税/利税	净增从业人数
	亿元	亿元	亿元	%	亿元	%	万人
1991	170.12	34.42	173.02	0.79	57.08	1.04	424.40
1992	205.56	45.32	184.74	0.69	56.91	0.79	358.57
1993	268.83	67.84	234.91	0.67	66.98	0.64	387.64
1994	307.2	97.63	258.39	0.55	54.81	0.38	369.68
1995	354.86	114.31	301.55	0.51	59.57	0.37	309.53
1996	378.26	139.68	384.46	0.56	65.29	0.37	378.15
1997	502.4	168.09	642.76	0.86	173.98	0.81	552.59
1998	725.8	175.47	980.48	1.24	331.70	1.44	771.88
1999	832.2	186.13	1 187.31	1.43	402.38	1.78	868.43
2000	1 062.0	242.27	1 438.46	1.57	494.41	1.90	961.03

3 中国绿色经济展望及其政策建议

中国政府从 2003 年开始就提出了科学发展观。从“十一五”开始，中国政府把节能减排作为社会经济发展的一个硬约束，明确提出了节能减排的目标指标。以节能减排、生态保护、循环经济、低碳经济等为核心的绿色经济得到了政府的高度重视。可以预见，绿色经济将是中国未来社会经济发展的重要驱动。根据《国家环境保护“十一五”规划》《国家节能“十一五”规划》《可再生能源发展“十一五”规划》和《林业发展“十一五”和中长期规划》等一系列与绿色经济相关的规划，粗略预计中国“十一五”期间绿色经济产业投资至少在 6 万亿元以上。具体如表 3 所示。

表 3 中国“十一五”部分绿色经济产业投资

	项目	投资额/亿元
1	环境治理投资	15 300
2	生态保护设施与生物多样性保护投资（包括退耕还林、草地和湿地保护等）	12 000（估计）
3	可再生能源投资	15 000
4	节能投资（十大节能工程）	5 000
5	可持续城市交通	14 000
6	绿色建筑	4 000（估计）
	合计	60 800

目前，绿色经济在中国的发展刚刚起步，各领域发展不均衡，市场规模相差很大，而且发展速度差异较大。虽然在环境保护规划、能源规划等国家层面的规划以及林业规划、节能建筑规划、交通规划等部门层面的规划中，均有关于绿色经济的内容，但我国仍没有明确的绿色经济发展规划。当前，我国正在着手开展“十二五”规划的前期研究，要充分利用这个有利时机，多部门紧密协作，利用广义环境保护规划体系中所包含的一系列单部门和跨部门的规划，促进我国绿色经济各部门、各领域的发展，进而推动整个国民经济其他行业的“清洁化”发展并带动就业，同时在短期上应对金融危机的冲击，在长期上帮助我国建立促进经济健康、可持续发展的长效机制。具体可以从如下几个方面开展：

（1）转变经济增长方式和消费模式。当前全世界正在针对金融风暴产生的深层次原因进行反思，倡导“绿色新政”[10]，从依赖于金融系统创造“无限的信用”来刺激透支消费、带动经济发展，转到进行大规模的环境和生态重建，以提供环保和生态服务为经济增长的发动机的经济形态上来。在发展内需的同时，需要将部分产能有序地引导到绿色经济部门内，使经济发展更加环境友好。

（2）制订专门的针对绿色经济的发展规划。前文已述，绿色经济的各领域，一般并不是现有国民经济体系中独立的行业，多为一些交叉行业，或某些行业中的一些经济成分或元素，虽然广义上的环境保护规划体系对其主要方面都有涉及，但目前并没有单独的规划引导其发展，缺乏系统性，所以，应多部门统筹协调，在可能的条件下，在“十二五”时期统一制订针对绿色经济的发展规划，引导其合理健康发展。

（3）利用环境保护项目和投资带动绿色经济发展。实践经验显示，对环境保护项目和技术的投资，对 GDP 的增长和就业的带动有非常明显的效果，所以，在“十一五”的后两年以及“十二五”时期，尤其是在近期“4 万亿”投资计划中，应该加大环保投资所占的比例，充分发挥环保投资和绿色经济的拉动作用。

（4）通过环境规划，引导产业结构调整，发展循环经济，使经济绿色化。不应仅仅针对绿色经济的各领域进行规划，还应该在国民经济的其他行业中引入“绿色”的经济元素和成分，通过技术和投资，推动整个国民经济其他行业的“清洁化”发展。

（5）从有利于环境保护和绿色经济发展的角度，科学合理地设计环境规划实施的保障措施。如经济政策应用，不仅要有利于污染控制、节能减排，还要有利于绿色经济发展。例如，将资源损耗成本和环境退化成本考虑在内，还原化石能源的真实价格[10]，从而刺激可再生能源的生产和消费。

（6）建立绿色经济发展的统计、跟踪和评价机制。为了推进绿色经济发展，在清晰界定绿色经济各领域内涵和外延的基础上，建立一整套统计、跟踪和评价机制，对绿色经济各部门以及整个国民经济中其他部门中的绿色经济成分和元素的发展现状进行科学认识，发展趋势进行预测，更加科学地、贴近实际地制订各项环境保护规划，推动绿色经济发展，进而从短期上应对金融危机冲击，在长期上建立促进我国经济可持续发展的机制。

参考文献

[1] D.Pearce, etc. Blueprint For a Green Economy(M). London: Earthscan Publications Ltd,1989.

[2] 余春祥. 对绿色经济发展的若干理论探讨[J]. 经济问题探索，2003（12）：92-95.

[3] UNEP. Briefing notes of Green Economy Initiative (R). Nairobi: 2008.

[4] European Commission. The Economics of Ecosystems and Biodiversity(interim report) (R). Cambridge: Banson Production, 2008: 5.

[5] 中国环境规划院. 中国环境经济核算报告（R）. 北京：2004：2.

[6] 中国环境规划院. 中国环境经济核算报告（R）. 北京：2005：2.

[7] 中国环境规划院. 中国环境经济核算报告（R）. 北京：2006：2.

[8] 蒋洪强，曹东，王金南，过孝民. 环保投资对国民经济的作用机理与贡献度模型研究（J）. 环境科学研究，2005，1（18）：71-74.

[9] 吴舜泽，逯元堂，等. 中国环境保护投资研究报告[R]. 北京：2008.

[10] L. Elliott, etc. A Green New Deal(R). London: New economics foundation, 2008：3.

国家“十二五”水环境保护基本思路研究

李云生 王 东 吴悦颖 徐 敏 刘伟江 赵 越
孙 娟 山 丹 陈 岩 谢阳村 顾 培 张晓楠

摘 要 本文在归纳分析“十一五”水环境状况和存在问题的基础上，确立了国家“十二五”水环境保护的指导思想、基本原则、总体思路和技术路线，提出了水环境问题识别和分析的内容和方法，结合未来水环境形势预测和压力分析，设计了“十二五”规划指标体系和目标体系，明确了“十二五”期间的治污重点、方向和治污任务，并提出了为实现规划目标所需要的保障措施。
关键词 基本思路 “十二五”规划 水环境保护

Abstract Based on the “Eleventh Five-year” sum-up and problems of water environmental protection, the guidelines, basic principles, general thinking and technology of “Twelfth Five-year” water environmental protection are proposed. Then this paper describes the content and methods for water environmental problem identification and analysis, combined with the future prediction of water environment situation and pressure analysis, we design index system and target system, direction and task of preventing pollution of “Twelfth Five-year” planning, and propose required safeguards to achieve the planning objectives.
Key words Basic thinking Twelfth five-year plan Water environmental protection

1 “十一五”水环境状况分析

1.1 水环境保护开展的工作

“十一五”以来，国家水污染防治力度明显加大，《水污染防治法》2008 年修订，减排措施初见成效，水环境质量有所改善。

（1）化学需氧量减排完成阶段任务。2008 年，全国城镇污水处理率达到 66%，比 2005 年提高了 14 个百分点；化学需氧量排放量比 2005 年下降 6.6%；地表水河流国控断面高锰酸盐指数平均浓度为 5.77 mg/L，总体上达到Ⅲ类标准。

（2）流域污染防治工作稳步推进。到 2008 年年底，2006 年批复实施的松花江流域水污染防治规划的项目与投资完成率达到 70%以上；2008 年 4 月批复的淮河、海河等流域水污染防治规划，考核断面 70%已经达到规划目标，规划项目完成率（含调试运行）为 42%，规划投资完成率为 37%，超过“十五”同期进度。

（3）饮用水水源保护取得进展。完成全国 4 002 个城镇集中式饮用水水源基础环境状况的调查与评估，加大饮用水水源保护的执法监督力度严把建设项目环评关，有效控制饮用水水源保护区内及其上游的污染物排放。积极防范突发环境事件，太湖、巢湖、松花江等重点流域加强了监控。开展重点湖库生态安全评估，探索湖库综合治理措施。

（4）水体污染控制与治理国家科技重大专项全面启动。为突破水体“控源减排”关键技术，建立水环境监控指标体系与水污染防治长效机制，“十一五”总预算超过 100 亿元（其中国家预算约占 1/3）的水体污染控制与治理国家科技专项 2008 年启动实施。

1.2 “十一五”水环境保护评估

（1）全国化学需氧量总量控制目标有望实现，半数省份 COD 总量目标完成进度良好。2008 年全国化学需氧量（COD）排放总量 1 320.7 万 t，在 2005 年（1 414 万 t）基础上削减了 6.61%。全国各省化学需氧量排放总量控制目标的完成情况有一定差异。北京、天津、内蒙古、上海、福建、河南、湖北、重庆、四川、甘肃 10 省（自治区、直辖市）COD 已完成了“十一五”规划目标要求的 80%以上；辽宁、吉林、江苏、浙江和山东等 5 省已完成 60%以上；河北、山西、黑龙江、江西、广东、广西、陕西、宁夏 8 省（自治区）仅完成 40%以上，总量控制目标完成难度较大；安徽、湖南、贵州、云南 4 省完成率低于 40%，预计完成减排目标较为困难。海南、西藏、青海、新疆和兵团 5 省（自治区）的 COD 排放应维持 2005 年水平，但这 5 省截至 2008 年污染物不降反升。

（2）全国水体水质总体趋好，七大水系水质不断好转，但水环境形势依然不容乐观。全国地表水国控断面水质平均浓度有所下降，高锰酸盐指数平均浓度 5.77 mg/L，总体上达到 III 类标准；七大水系国家监控断面中Ⅰ～III类水质断面比例已经提前实现规划目标。但 2010 年衡量水环境整体质量水平的劣Ⅴ类水体比例指标不容乐观。2008 年全国地表水国控断面劣Ⅴ类水质断面比例为 24.4%，比 2005 年降低了 1.6 个百分点，距 2010 年目标还存在 2.4 个百分点的差距。其中差距较大的省份主要为天津、河北、山西、内蒙古、吉林、安徽、江西、陕西 8 省（市），水质略有恶化的有河南、湖南和云南 3 省。此外部分流域、区域的水质有所下降或是河流断面达标率仍不高。“十一五”期间长江流域汉江干流有 4 个断面水质由II类下降到III类，海河流域水资源短缺加重了水环境质量改善的难度，在“十二五”乃至更长一段时间内的水环境形势依然不容乐观。

1.3 规划编制与实施中存在的问题

（1）“十一五”规划技术手段和总量控制思路尚不完善。① 宏观层次的项目—总量—水质之间的响应机制还有待建立。部门之间数据缺乏有机整合，宏观层次的排污总量—入河总量—水体水质之间的输入响应关系未能建立，对规划水质目标缺乏必要的响应关系分析或模拟验证过程。各部门通力合作的治污机制没有真正形成。上述原因造成规划的宏观指导性有余，技术完备性不足。② 总量控制思路亟待完善。“十一五”总量控制工作仅针对全国共性水污染问题进行，未能充分体现流域和区域的污染特征及水环境特点，也未能突出考虑各流域水资源特点、经济社会发展水平和产业结构特色，造成部分流域（如海河）水污染虽然在一定程度得到缓解，但得不到根本解决。部分区域水质长期保持良好，但仍需削减污染物。③ 城镇污水处理设施运营效益不佳。污水处理厂运营与监管薄弱，配套管网建设难以完成规划任务，污水处理厂产生的污泥已成为环境污染隐患，污水处理设施环境绩效大打折扣，发挥污水处理效益将是未来一段时间的中心任务。

（2）我国污染排放强度大、负荷高，主要污染物排放量远远超过受纳水体的环境容量。我国人均拥有水资源量（约 2 400 m^3）仅占世界平均水平 1/4 且分布不均衡，水资源短缺导致水污染加重，水污染又加剧水资源供需矛盾。长期严重的水污染影响了水资源可持续利用和水生态安全，威胁人民身体健康，已经成为制约经济社会可持续发展的重大“瓶颈”。从水污染特征分析，我国的水环境污染处在有机污染尚未根本解决，营养物污染和有毒有害物质污染同时并存的历史阶段。

（3）我国有机污染以化学需氧量为主要指标，尽管化学需氧量污染减排已取得明显成效，但距离全国水环境容量目标尚有较大差距。在河流水系中，氨氮污染尤其突出。全国地表水河流国控断面中氨氮平均浓度 1.9 mg/L，仅达Ⅴ类标准，劣Ⅴ类断面占 19.2%。

（4）总氮（TN）、总磷（TP）是营养物质污染的主要指标。2008 年，全国地表水河流国控断面中，TN 指标的平均浓度 3.44 mg/L（超过湖库Ⅴ类标准 0.72 倍，超过湖库Ⅴ类标准的断面占 55.2%）。TP 平均浓度 0.19 mg/L，达到河流水质的Ⅲ类标准（但相对湖库标准已达到Ⅴ类，劣于湖库Ⅴ类标准的断面占 29%）。

（5）重金属、持久性有机污染物（POPs）等污染在部分流域、部分地区污染问题突出。湘江流域的砷、汞、镉重金属污染风险长期存在；京津地区、长江三角洲、珠江三角洲等地区地下水“三致”有机污染物不同程度检出，农药类、卤代烃类单环芳烃类等有机污染指标检出率为 10%～20%，部分地区达 30%～40%；东北老工业基地地下水“五毒”（挥发酚、氰化物、砷、汞、六价铬）和有机污染问题尤其突出。同时，工业和生活污染排放的多种有害物质形成的复合污染日趋严重，引起的人体与生态健康风险备受关注。

（6）有毒有害污染事故造成的饮用水源地超标风险难以防范。①保护区内的污染源和风险源较多，潜在风险较大。据 2007 年全国城镇饮用水水源地调查结果看，饮用水水源保护区和准保护区内共有 1 129 个加油站（占全国加油站总数的 1%）、4 297 个地下油罐、191 个垃圾填埋场、439 个矿山开发等典型污染源，这些污染源的存在对水源地的水质安全构成风险。②“十一五”区域性的重金属污染尚未引起足够重视，污染事故偶有发生，饮用水水源地的风险防范机制尚未建立。“十一五”期间淮河（镉）、海河（汞）、黄河（镉、铜、汞）、三峡（砷、镉）等流域常规监测中，少量饮用水水源地和部分断面出现了重金属超标现象。“十一五”期间松花江、海河、淮河等流域均发生了不同等级的重金属污染事故，给广大人民生活和生产造成了极大的影响。

2 指导思想和原则

2.1 指导思想

以科学发展观为指导，以“让江河湖泊休养生息”为理念，以优化经济结构和产业布局为方向，以流域骨干水污染防治工程为依托，以水环境政策机制创新为保障，以解决突出水环境问题为重点，以削减排污总量—改善水环境质量—防范水环境风险为主线，统筹地表水、地下水和近岸海域污染防治，全面提升水污染防治和水环境监管水平，优先保障饮用水水源地水环境安全。

2.2 基本原则

（1）以防为主，防治结合。要坚持源头和全过程预防，充分考虑水环境容量，在取水、用水、排水的各个环节强化水环境保护，减轻对环境压力，减少污染物产生。要坚持防住“两头”，未受污染或污染较轻的流域区域，要严加防范和保护，防止受到破坏；污染严重的流域区域，要彻底消除环境安全重大隐患，防止发生造成生态环境重大破坏或产生重大社会影响的环境污染事件，防止发生严重危害群众健康的群体性事件。

（2）全面推进，重点突破。继续大力推进重点流域水环境治理，将保障群众饮水安全作为首要任务，全面提高重点工业行业的污染防治水平，由关注水环境质量改善向水质改善与水资源保护、水生态保护综合管理转变，深化化学需氧量减排，强化削减氮磷污染负荷，加强重金属等各类有毒有害污染物的控制，启动非点源污染防治。

（3）综合手段，统筹治理。水污染防治是复杂的系统工程，需要综合运用法律、经济、技术、行政和信息公开等各种办法解决问题。要加强法律法规的配套完善，加强研究制定环境经济政策，充分利用市场机制推进水污染防治。要加强水污染防治技术支撑能力建设，要加强信息公开，要加强水环境目标责任制考核，将水污染防治工作目标、任务和措施层层分解，严格评估、严肃考核、严厉问责。

3 水污染防治总体思路

3.1 流域统筹的分区防控体系

（1）全国建立流域、控制区、控制单元的分区水环境管理体系。国家按流域编制水污染防治规划，按控制区识别和分析流域水环境问题，明确治污重点和方向。以国控断面为节点，统筹考虑水资源分区、行政分区与河流（河段）的对应关系划定控制单元，把控制单元作为“总量、质量、项目、投资”四位一体制定水污染防治方案的基本单元，按照水质改善、生态保护、污染控制等不同要求划分控制单元类型，建立规划目标指标体系，实现污染源-入河（湖）排污口—水体水质之间的响应，落实目标责任考核。

（2）编制全国地表水污染防治规划，完善水污染防治规划体系，加大跨国界河流污染防治力度，继续推进重点流域水污染防治工作。“四河”（淮河、海河、辽河、黄河）、“三江”（长江、珠江、松花江）7 个水资源一级片区在水资源综合配置的基础上继续强化水污染防治，努力实现水环境质量改善。力争到 2015 年，松花江和淮河流域水污染防治工作取得显著成效，黄河、海河和辽河污染负荷大幅度下降水质有所好转，长江、珠江水质稳定好转。突出让河流休养生息的理念，将西南、西北、东南 3 个水资源一级区作为提升水生态安全的重点地区，水污染防治和水生态保护并重，开展水生态指标的设计和生态安全评估。为体现湖泊污染防治特征，编制“三湖”（太湖、滇池、巢湖）等重点湖库水污染防治规划。为保障南水北调水源及用水安全，修订南水北调东线和中线治污规划。为突出三峡库区水污染防治，长江流域按三峡库区及其上游和长江中下游分别制定水污染防治规划。

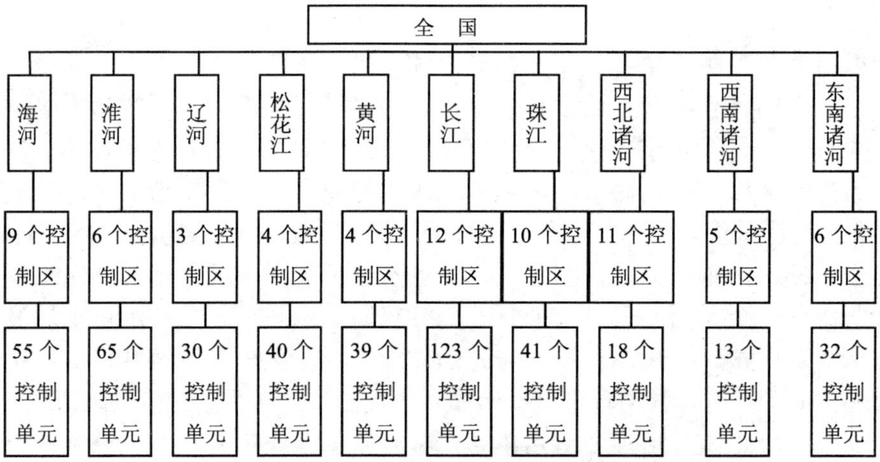

图 1　全国水污染分区管理体系及初步分区框架

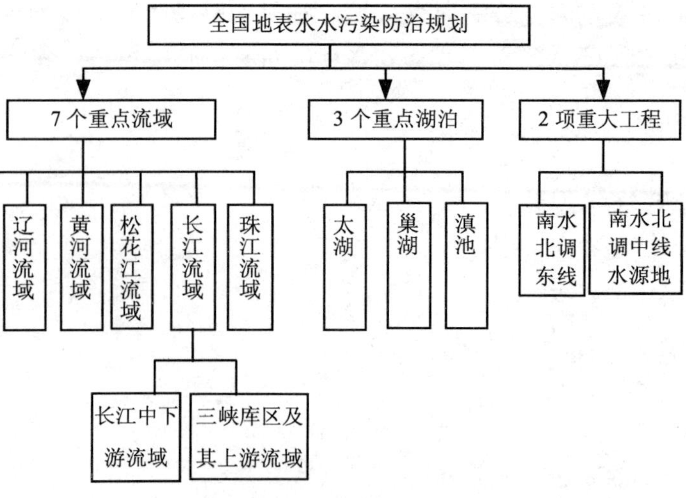

图 2　“十二五”水污染防治规划体系图

3.2 全面控源的污染减排体系

总量控制的根本目的是改善环境质量，保障人民健康。总量控制指标的确定必须结合各层面、各区域水环境质量与水环境功能的指标需求，以能够达到水质改善为目标，制定流域和区域乃至全国的总量控制指标。在减排措施上，在工程减排、结构减排和监管减排的基础上，要更重视科技支撑和政策保障的作用。在技术路线选择上，要充分发挥设施多指标的协同削减效应。

（1）COD、氨氮减排。“十二五”期间全国 COD、氨氮排放量持续削减。按照控制单元水污染状况，严重超标单元实行目标总量控制，排污总量大幅削减（如削减率为 10%～20%）；基本达标的单元为保证水质稳定达标，排污总量保持削减（如削减率为 5%～10%）；已经达标的单元重点提升水生态安全，排污总量基本保持稳定（如削减率在 0～5%）。部分排污量非常小的控制单元，在确保水环境安全的情况下可适当增加排污量。

（2）总氮、总磷减排。由于统计、监测能力不足，这两项指标不作为全国的总量控制指标，但重点湖库为控制富营养化可以将总氮、总磷作为总量控制约束性指标。用环境标准与政策等手段加强总氮、总磷污染物排放的控制。

（3）重金属及其他污染指标。对于水体中重金属超标或因产业布局、生产水平、原料结构而存在重金属污染风险的区域，需将超标重金属作为区域性总量控制约束性指标。下大力气治理现有污染源，努力实现新建项目废水中重金属的零排放。

（4）非点源总量减排。参照点源总量控制的目标指标体系，完善非点源统计、监测、评估方法，启动建立全国非点源总量控制台账，逐步建立标准与规范体系，从畜禽养殖、农村生活污水、农业污染等主要污染控制对象入手开展减排量化评估，用简便易行、因地制宜的工艺技术落实减排，用激励和补偿性经济政策推进减排，鼓励开展非点源减排交易试点。

3.3 点面结合的风险防范体系

将环境风险纳入工业企业防治的范畴。增加非常规污染物的排放控制。将有毒有害物质等污染物纳入日常监管范围，拓展管理领域，调整管理思路，从环境影响评价、工程规范、验收标准等多方面入手，建立环境风险防范的制度体系。将高风险行业纳入“绿色保险”体系，保证污染事故的赔偿资金。控制产业规模，提高集中度，将中小企业集中于工业园区，加强工业污染集中控制，实行污染集中控制和治理的市场化、社会化和产业化，降低治污成本。

- 增加敏感水体和区域的 TMDL（最大日负荷）指标，在企业排放标准中，对环境污染事故发生的临界峰值严格监控。
- 重点关注重污染、高风险行业，推广废水循环利用技术。将石化行业、合成氨、氯碱工业、磷化工、硫化工、焦化行业、染料行业、有色冶炼、热电行业（油、煤）、特种行业（金氰化钾）、矿山油田开采等行业作为风险防范的重点。抓好重化工业以及量大面广的工业废水处理处置。以造纸、酿造、化工、纺织、印染行业为重点，大力推进清洁生产和提高废水处理设施运行率。在钢铁、电力、化工、煤炭等重点行业推广废水循环利用。

- 依法关停重污染的小企业，重点是要依法关停一批生产工艺落后、污染大的小造纸、小印染、小电镀、小化工、小炼油、小水泥、小冶炼等高污染、高能耗的“低、小、散”企业。在2010年淘汰落后产能的基础上进一步提高淘汰标准。
- 重视传统的重金属等污染问题的解决。要把有毒有害污染物的排放管理和风险管理作为重点，有条件的地区实施严格的总量控制，试点进行废水综合毒性法控制废水排放，尽快编制有毒有害污染物名录，并逐步建立有毒有害污染物排放法规和标准体系，建立有毒有害污染物的监控，预警和干预体系。
- 充分重视一些微量有毒有害物质、汞污染、POPs、苯系物、PTS、PBTS 危险废物、环境激素、危险化学品等人体健康的影响，把非常规污染物纳入风险管理的领域，并作为“十二五”期间的工作重点。
- 把防范重大污染事故、提高应急能力作为环境监管能力建设的重要出发点之一，加强针对性和目的性。加强环境应急体系建设，提升应急能力。抓好与安全生产、运输行业的联动，形成机制。

4 技术路线和流程

我国“十二五”水环境保护规划的技术路线为：以控制单元为基本单元，以社会经济发展水平、水环境质量变化趋势、水量平衡、污染源构成、污染治理水平等为重点，识别水环境问题，结合规划目标年排污增量预测，提出阶段性水质改善目标，明确“十二五”期间的治污重点和方向，分析达到水质目标所需的社会经济成本，依据流域的发展水平和技术经济可达性，合理确定“十二五”期间可实现的污染治理任务。

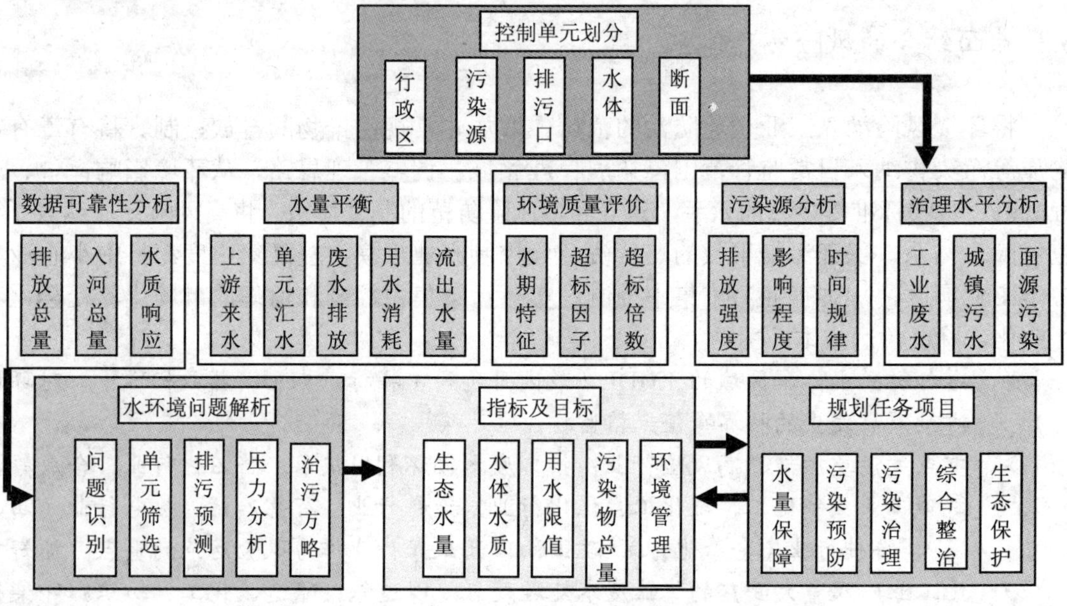

图3 “十二五”水环境保护规划技术流程图

5 水环境问题的识别与分析

5.1 控制单元的划分

以国控断面为节点，建立县级行政区—水体—控制断面的对应关系，每个控制单元对应一个国控断面，每个控制单元原则上不跨省。并与水利部水资源分区充分衔接，原则上每个控制单元均在同一个水资源三级区内。总体上控制单元必须保证流域的完整性并覆盖全国，不能出现空白。

5.2 水环境状况分析

（1）收集经济社会数据分析。分析城镇化发展趋势、产业结构变化趋势、分析工业 39 个行业的结构调整工作的进展、分析土地利用结构变化，总结各控制单元的资源特征及变化。

（2）水体使用功能分析。以水功能区划为基础，分析各控制单元水体划定的使用功能与现状水质之间的差异。

（3）水环境质量评价。对《地表水环境质量标准》（GB 3838—2002）中表 1 的 24 项指标，分水期进行单因子水质评价，水质评价结果应包括现状水质类别、是否达到目标要求（规划目标或者使用功能要求），不能达标的断面列出超标指标项及超标倍数。地表水中，湖库断面除进行水质评价外，还需进行富营养化程度评价。分析近年来水质总体变化趋势以及污染指标变化情况。

（4）废水及主要污染物。全面分析环统数据、普查数据、入河排污量数据之间的逻辑关系，确定规划废水、COD、氨氮等基础数据。

（5）污染治理水平。按控制单元分析工业废水排放达标率、城镇污水（集中）处理率和“十一五”治污工程建设情况。

（6）非点源污染影响。结合污染源普查数据分析非点源污染物排放量行业构成（农村生活、农田径流、规模化畜禽养殖等）及空间分布。

（7）重点污染源筛选。根据工业企业污染物排放种类和排放量、污染物入河量、对控制断面水质的贡献、企业废水治理水平等因素进行排序，筛选出每个控制单元的重点污染源。

（8）生态水量及纳污能力调查。结合水资源综合规划成果，分析各河流（河段）的生态水量保障情况及纳污能力计算结果。

5.3 水环境问题清单

5.3.1 水环境问题的分析

建立每个控制单元水资源量、用水量、废水及污染物排放量、废水及污染物入河量、水环境质量现状之间的对应关系，重点进行：

（1）水平衡分析。系统整理各控制单元水资源量、可利用水资源量、用水量、废水排放量、废水入河量、水文数据、水质数据等，对不同部门和不同来源的数据进行校核，分析其中的逻辑关系合理性，统筹考虑科学性及管理需求，提出规划基础数据采用方案。

（2）水环境质量现状与使用功能之间的差距分析。重点分析近年来地表水体水环境质量的年际变化趋势、年内水期之间的变化情况以及污染指标的变化等。收集各河段流量信息，分析流量与水环境质量之间的对应关系。对照水体的使用功能，分析各项污染指标与目标水质之间的差距。

（3）污染物排放与水质改善要求之间的差距分析。重点分析近年来废水及主要污染指标（COD、氨氮等）的排放量变化、各工业行业废水达标治理水平、城镇污水处理设施完善程度，结合水利部门纳污能力和限排意见，分析每个控制单元总量削减的压力。

（4）现有治理设施实际运行效果与设计要求之间的差距分析。包括工业企业稳定达标率，城镇污水处理厂运行负荷、污染物去除效率、污水收集管网的完善程度、污泥稳定化处理和无害化处置等方面的问题。

（5）产业结构合理性分析。结合经济社会数据和排污数据，分析污染来源的行业贡献率，从水环境保护的角度分析产业结构的合理性。

（6）环境安全保障分析。以水体使用功能为重点，分析各控制单元饮用水安全保障、跨省界水体水质情况、农业用水安全保障和水生态安全保障情况。

从上述 6 个方面分析各控制单元的水环境问题，并在单元内进行排序，总结出流域需要解决的水环境问题的优先次序。

表 1　控制单元水环境问题分析表

控制单元	水环境问题分类	技术要点	重点问题及排序	“十二五”重点领域及任务
	水平衡	水资源量、可用水资源量、供水量、用水量、排水量系统分析		
	污染物产排关系	主要污染物产生、排放、入河数据的逻辑校验 环统数据、普查数据、水利部门入河排污口监测数据之间的平衡分析 与纳污能力的对比分析		
	水环境质量评价	水体使用功能分析 分水期水质达标情况评价 超标指标变化特征 生态水量对水质的影响		
	排放强度与治理水平	单位面积、单位水资源量、单位 GDP 废水及污染物排放强度分析 工业行业排污贡献 非点源排放、入河量测算 城镇污水处理率 工业企业稳定达标率		
	环境安全	饮用水安全保障水平 农业用水安全保障水平 跨省界水体污染事故控制水平 水生态安全保障水平		

5.3.2 控制单元分类及筛选

（1）控制单元分类。根据各控制单元对应水体的水质超标情况，分为水质维护单元和水质改善单元。连续 3 年以上控制断面月均值监测数据均满足功能要求的单元划分为水质维护单元，规划期内加强管理为主，不要求对应区域进行总量削减，在规划中不安排具体治污工程。选择部分典型单元（河段）进行水生态安全保障试点。控制断面现状水质不能稳定达到功能要求的单元划分为水质改善单元，作为本次规划的重点。

根据水域的敏感性、水体污染指标的超标程度以及排污强度的大小，将水质改善单元划分为重点治理单元和一般控制单元。饮用水问题突出、涉及跨省界问题、对下游单元水质具有较大影响的单元划分为重点治理单元，规划着重进行综合性治理与保护方案设计，并将水质改善目标作为规划的刚性目标。水环境问题相对较少，对下游影响程度较轻的单元划分为一般控制单元，落实规划普适性治理要求，断面水质改善情况只进行评估，不做考核要求。

根据水资源量及用水量现状、污染来源构成及贡献程度、水污染治理水平，将重点治理单元划分为点源污染控制单元和面源污染防控单元、生态水量保障单元。全年各水期水质均有超标现象，枯水期超标严重，且超标指标包括 COD、BOD、重金属等多项指标的，判断水环境问题主要由点源引起，划分为重点治理单元，“十二五”期间重点进行污染物削减。丰水期水质超标且主要超标指标为氨氮（总氮）、总磷和粪大肠菌群，判断水环境问题主要由非点源引起，划分为面源污染防控单元，“十二五”期间重点控制农业面源等非点源，也可在充分科学研究的基础上通过削减点源而减轻水体水质超标状况。水污染治理设施建设相对完善、水污染治理水平相对较高，行政区内用水矛盾突出，生态水量得不到保障的单元，划分为生态水量保障单元，重点进行全社会节水、提高废水再生利用率，优化水资源配置，保障生态用水。

- 控制单元
  - 水质维护单元
  - 水质改善单元
    - 一般控制单元
    - 重点治理单元
      - 点源污染控制单元
      - 面源污染控制单元
      - 生态水量保障单元

（2）重点控制单元筛选。按照目标层、准则层、指标层建立三级水污染控制单元水环境评估指标体系。对控制单元各项指标进行评分后，根据不同权重计算水环境质量、社会经济发展状况、水污染状况、水域功能敏感性、水资源生态禀赋等 5 项的综合得分，并进行排序，以此确定重点控制单元名单及主要治理或保护任务。

水环境质量。评估控制单元水环境质量状况，包括水质目标、水质现状、上游水质状况、水质恶化趋势以及重金属等指标的污染程度。

社会经济发展状况。评估控制单元社会经济发展对水环境造成的压力及可提供的治污基础条件。包括人口密度、城镇化率、单位 GDP 和工业增加值、人均用水量等。

水污染状况。评估控制单元的污染源状况和产污结构，包括生活污染源、工业污染源和面源污染源。

水域功能敏感性。评估控制单元内的饮用水源地等高功能水体及风险源分布状况，包括饮用水水源地、污染源潜在污染风险等方面识别潜在风险因素，分析风险程度，提出风险评估结论。

资源生态禀赋。评估控制单元的水资源量、开发利用情况和水生态状况等方面，识别水资源对环境的影响以及水生态问题。

表 2　控制单元水环境评估指标体系

目标层	准则层	指标层		评估分值	权重	得分
控制单元水环境综合评估	水环境质量评估	水体使用功能状况	国控断面水质目标			
		现状水质与目标间的差距	年平均国控断面水质			
			枯水期国控断面水质			
			丰水期国控断面水质			
		重金属等指标超标状况	重金属等指标超标倍数			
		上游水质影响	上游来水水质状况			
		水质变化趋势	近 3 年国控断面水质变化趋势			
	社会经济发展状况评估	人口、经济状况	单位面积人口密度			
			单位面积 GDP			
			单位面积工业增加值			
			城镇化率			
		水资源利用状况	人均用水总量			
	水污染状况评估	生活源污染指标	生活废水排放强度			
			生活 COD 排放强度			
			生活氨氮排放强度			
			城镇污水集中处理率			
		工业源污染指标	工业废水排放强度			
			工业 COD 排放强度			
			工业氨氮排放强度			
			工业废水排放达标率			
		面源污染指标	单位耕地面积化肥施用			
	水域功能敏感性评估	饮用水水源地分布情况	个数			
			供水量			
			服务人口			
		污染源风险	重金属污染源			
			入河排污口			
			沿江重点工业点源			
	水资源生态禀赋评估	水资源开发利用状况	单面面积水资源量			
			人均水资源利用量			
		生态环境状况	栖息地、生物种群			

6 水环境形势预测与压力分析

6.1 经济社会发展压力

“十二五”期间流域 GDP 的增速将保持在 8%以上，城镇化率将进一步提高（约 4 个百分点），对流域水环境造成的外部压力不可忽视。对表征社会经济发展压力人口、GDP 等指标既可直接采用计划部门的成果来预测，也可按下列方法进行预测。预测中采用的关键参数必须明确给出。对数据的预测和计算方法、采用的各类系数、考虑的相关因素等进行说明。

（1）人口预测。常用的人口预测方法是假设一个恒定的年增长率 r，假设人口增长都发生在每年的年末进行预测。

（2）经济预测。选择 GDP 作为经济持续发展对水环境压力分析的因变量，根据各行政区域的国民经济发展情况，结合“十一五”期间 GDP 增长历史资料，采用适当的 GDP 增长速率预测经济情况。

6.2 水资源供需压力

结合水资源综合规划中 2020 年、2030 年水资源供需分析成果，以及河道生态水量需求，分析用水量逐年增加形成的压力。

6.3 污染物排放压力

由于工业与生活用水量的持续增加，加上造纸、化工、农副食品加工等水污染严重的行业依然占有相当的比重，污染物减排仍面临巨大的压力。

（1）废水量预测。废水排放量预测的方法有两种，一是基于规划目标年需水量进行的预测，二是基于规划基准年废水排放量进行的预测。两种预测方法同时采用，且均应分工业和城市生活两部分进行。将预测结果进行对比分析，得出最终的废水排放量预测成果。

（2）污染物量预测。① 工业污染物排放量预测，需要考虑工业结构调整、工业企业达标排放政策的深化、废水治理投资增加等对废水浓度变化的影响以及水环境功能对废水排放浓度的要求等，确定工业污染物浓度的弹性系数范围，形成工业污染物排放量预测的“高、中、低”方案。② 城市（镇）生活污染物排放量预测，需要考虑污水处理厂建设、中水回用工程的实施、生活水平提高等对污水浓度的影响以及水环境功能对污水处理厂出水的要求等，确定生活污染物浓度的弹性系数范围。形成生活污染物排放量预测的“高、中、低”方案。

6.4 水环境监管压力

水污染防治和水环境保护是一项复杂的系统工程，产生、治理、监测、管理、补偿、惩罚等诸多环节都必须处在可控状态才能确保水体使用功能的实现。因此，监督管理能力方面的压力不仅仅包括充足的人员，精良的设备，成熟的技术，还应包括完善的法律法规，强有力的执法手段，广泛的群众监督，严格的企业自律等，与完善的管理需求之间有较大差距。

到“十二五”末期，预计全国将有超过 2 500 座城镇污水处理厂（2010 年预计约 2 000 座）和超过 5 000 个乡镇分散式污水处理设施（2010 年预计约数百个），超过 4 000 个城镇饮用水水源地（2008 年 4 002 个）和超过 10 000 个乡镇饮用水水源地（2009 年正在调查约 4 000 个），超过 10 000 个国控重点工业污染源（到 2010 年预计约 6 000 个），风险源众多。同时将启动非点源污染防治，将面临更大量广泛的污染监控对象。

6.5 水环境风险压力

“十二五”期间，重金属污染、农药残留、垃圾填埋场等历史遗留水污染隐患依然存在，石化行业、氯碱工业、磷化工、硫化工、有色冶炼、矿山油田开采等水污染高风险行业布局仍在调整，风险评估—风险预警—风险管理的体系尚未形成，在主要污染物减排不断的趋势下，新污染物不断出现，水环境风险不确定性强，危害难以预知。

7 指标与目标

7.1 指标体系

考虑全国及各流域的共性和区域特征污染，以及更加明确落实目标责任和反映水环境质量趋势的问题，建立常规指标与区域特征指标相结合、考核断面与评估断面相结合、考核指标与评估指标相结合的规划指标体系。具体如下。

（1）常规指标是指针对重点解决全国及各流域共性的水污染问题，并与总量控制政策相结合而确定。区域特征指标是针对区域内水环境质量特征，集中解决局部的突出水环境问题。

（2）水质考核是指为加快实施流域水污染防治专项规划，进一步落实水污染防治责任制，改善水环境质量，依据相关考核办法对规定的断面和指标进行考核。水质评估是指在分析规划实施效果，识别流域水环境问题时对若干断面的水质变化趋势进行评估，其结果不作为有关政府绩效考核的内容。针对考核与评估的不同作用及效力，“十二五”应该进一步优化考核与评估的断面，细化考核与评估的指标。

- 指标体系
  - 常规指标
    - 化学需氧量——全国
    - 氨氮——全国
  - 区域特征指标
    - 总氮、总磷——湖泊、水库
    - 最小生态需水量——水资源短缺控制单元
    - 其他指标——根据水质评价结果确定

考核与评估断面，水质考核断面应主要为饮用水水源地、跨界断面和重要江河支流入江断面以及主要入河支流控制断面几大类型的国控断面，如有部分省控或市控断面为跨省界或具有突出的功能，也可将其设为考核断面，同时形成该类断面升为国控断面的建议方案。其他国控断面以及部分重要的省控断面可作为评估断面。

考核与评估指标，针对不同类型控制单元明确考核指标，水质维护单元的总量控制指标（如 COD、氨氮）作为评估指标，除富营养化问题突出的面源控制单元外，总氮、总磷均作为评估指标，饮用水水源地应根据生活饮用水卫生标准适当增加微生物和毒理类等评估指标。

7.2 目标体系

（1）水质目标。水质目标制定的范围以敏感水域为改善重点，包括饮用水水源地、跨省界水体、重要江河等。

饮用水水源保护以重点保护高功能用水为核心，是关乎民生的大事。加强饮用水水源环境监管、让人民喝上干净的水是流域规划的首要任务；跨省界水体保护目标用于分清各级行政区的水污染防治责任和便于考核管理；重要江河水质目标反映流域总体水质状况，是流域水污染治理的长期任务。

水质目标值确定要注重可行性和必要性。可行性，首先要考虑流域水环境质量背景值，其次要考虑工程和管理措施实施后的水质目标可达性，建立总量削减与水质改善之间的对应关系；必要性，考虑上游水质对下游的影响程度，上游出境断面水质目标设定不宜过宽，需遵循水体自净规律，给下游水质达标工作预留一定空间，同时下游水质目标设定不宜过严，要结合上游对下游的影响。

（2）总量控制目标。水污染防治总量控制目标的制定，采用“自上而下、自下而上”相协调方法予以确定。

全国及流域水污染防治总量控制目标，以重要水体水环境水质改善和保护为目标，把人口、经济、水资源、水环境系统作为一个整体，综合考虑与 2020 年“小康”社会的阶段性目标相对接，与国家“十二五”社会经济发展计划相一致，与主体功能区划相匹配，与流域资源开发利用情况相协调，确定在一定时间阶段内，一定经济成本和技术支撑下切实可行的 COD 和氨氮总量控制目标，自上而下宏观引导。

区域总量控制目标，结合各控制单元水污染现状和水环境质量需求，提出分解到控制单元的总量控制方案。在目标分解过程中重点突出目标的可行性与差异性，如在水质较好地区，污染物治理到一定水平，可用容量目标来确定总量控制目标。对于需要削减的控制单元，分析现状排污与纳污能力之间的差距，选择进行容量总量控制或者基于治理任务和管理要求的目标总量控制，需注意省内部相邻单元之间平衡。自下而上反馈调整。

（3）污染防治目标。重点针对城镇污水处理率、工业行业排放标准及行业清洁生产要求提出目标。

城镇污水处理。进一步完善和新增污水管网，新建污水处理厂，并要求对已有和新建的污水处理厂提出城镇污水处理率、污水处理厂负荷率和污泥无害化处理率等指标的要求。

提高重点行业排放标准。考虑“十一五”期间城镇污水处理和造纸行业提标升级改造的效果，“十二五”期间基于技术经济可行性，对重点行业化学原料及化学品制造业、纺织业、食品制造业、食品加工业等提出提高排放标准的要求，完善排放标准，实现企业全面稳定达标。

实施行业清洁生产审核。由末端污染减排向源头污染减排过渡，结合“十一五”期间发布的清洁生产相关标准，以造纸及纸制品业、化学原料及化学制品制造业、农副食品加工业、纺织业为重点，全行业推进清洁生产。建立健全清洁生产法规政策和标准体系，加强清洁生产技术创新，推广清洁生产新技术、新工艺，着力提高企业生产效率、污染物治理效率和水重复利用率。

8 主要任务设计

8.1 推进重点流域水污染防治

坚持不懈地推进“三河三湖”、松花江、三峡库区及其上游、黄河中上游、长江中下游流域的水污染治理。以控制单元为基本单元，制定有针对性的措施和任务，落实流域治理目标责任制和省界断面水质考核制度，加快建立生态补偿机制。多渠道增加投入，加快治污工程建设。统筹流域水资源开发利用和保护，统筹生活、生产和生态用水，保证江河必需的生态径流。督促并完善重点流域重点行业重点污染源的治污设施和事故防范措施，杜绝污染隐患。

8.2 加强饮用水水源地保护

推进饮用水水源保护区管理，严格饮用水水源地环境执法。加快饮用水水源保护区划定、批复和建设，动态更新饮用水水源地环境档案。2011 年年底前，完成城市和县城所在镇集中式饮用水水源保护区的划定、批复和建设；2013 年年底前，完成建制乡镇政府所在地集中式饮用水水源保护区的划定、批复和建设；2015 年年底前，完成农村集中式饮用水水源保护区的划定、批复和建设。定期开展环境执法检查和后督察，严格饮用水水源保护区环境准入，依法取缔饮用水水源保护区内违法建设项目和活动。综合采取经济、技术、工程和必要行政手段，分区控制饮用水水源保护区内非点源污染。在饮用水水源一级保护区，通过土地置换、经济补偿、土地征用等措施，实施退耕还林还草；在饮用水水源二级保护区，逐步禁止使用含磷洗涤剂、化肥、农药，积极发展生态和有机农业，推广水产生态养殖，推进畜禽粪便和农作物秸秆资源化利用。

分类开展饮用水水源环境保护，制定超标水源地污染防治方案。统筹协调流域水污染防治工作，优化流域供水排水格局，加强地表水饮用水水源地上游来水跨界断面评估考核，优先保证地表水饮用水水源上游来水达标。加强湖库型饮用水水源生态保护和修复，降低非点源对湖库型水源的影响，确保湖库型水源地生态安全。强化地下水型水源污染预防，开展地下水的污染治理工作示范。针对超标饮用水水源地，研究制定针对性污染防治方案，明确相关责任人和完成时间，实现“一源一案”。

提高饮用水水源地环境监测能力，健全饮用水水源环境监测机制。研究制定不同级别、类型饮用水水源地环境监测评价的标准规范，至少每 5 年更新一次水源地监测评价指标。环保重点城市要具备全指标监测能力，每年做一次全指标监测；其他城镇每 3 年做一次全指标监测；筛选代表性乡镇及农村地区至少每 5 年做一次全指标，每年至少做一次常规指标监测。对于全指标监测查出特征污染物，每年开展一次补充监测。环保重点城市开展水源地水质自动、生物毒性监测、持久性有机污染物（POPs）和内分泌干扰物等影响人体健康指标监测。

建立饮用水水源地风险防范机制，确保饮用水水源地环境安全。建立饮用水水源地风险评估机制，对汇水区工业污染源实施风险等级管理，对有毒有害物质进行严格管理与控制。建设和完善水源保护区公路水路运输管理系统，全面禁止在水源保护区公路和水路运输危险品。编制切实可行的饮用水水源地应急预案，开展饮用水水源地应急演练。对于单一水源的城镇，加快推进备用水源工程建设，提高饮用水安全保障水平。

8.3 加强全国地下水污染防治

科学开展地下水污染调查评估，全面掌握地下水污染状况。研究制定地下水污染调查及评估方案，科学开展地下水污染调查工作，系统评估地下水污染程度、变化趋势和环境风险，利用全国污染源普查和全国土壤污染状况调查及污染防治成果，查清污染地下水主要污染源。

加强地下水污染预防工作，不欠地下水污染新账。2010 年开始，新建、改建或扩建加油站地下油罐必须采用双层罐。新建、改建或扩建的垃圾填埋场，严格执行《生活垃圾填埋场污染控制标准》等法律法规要求。逐步完善威胁地下水环境安全的污染源环境保护要求，从源头预防地下水污染。

加强重点地区和行业污染治理，推广地下水污染治理示范经验。建立地下水污染治理“以奖促治”政策，借鉴国外地下水污染治理技术，优先开展污染严重、影响较大的京津冀、长三角、珠三角和西南岩溶区地下水污染治理工作。筛选典型工业固废（包括危险废物）堆存、垃圾填埋场、矿山开采、石油开发（包括加油站）、污水灌溉和化肥施用等重点污染地下水污染源工作示范，逐步推广地下水污染治理经验。

完善地下水污染监测体系建设，实现地下水环境信息共享。充分利用国土、水利、环保等部门已有地下水监测工作基础，完善地下水污染监测体系。建立区域地下水污染监测系统（国控网），实现国家对重点地区地下水环境和重大污染源的总体监控。建立重点地区地下水污染监测系统（省控网），实现对人口密集和经济发达地区、地下水重点污染源区、重要水源地等地区的有效监测。

加强地下水污染应急系统建设，防范地下水污染突发事件。建立地下水污染预警预报标准库，构建地下水污染预报与应急的信息发布和综合信息社会化服务系统。制定地下水污染防治应急技术措施，形成地下水污染突发事件应急预案和技术工程体系。

8.4 保障城镇污水处理设施稳定运营

加快污水处理设施及其配套管网的建设。继续完善城镇污水处理设施建设，完善污水收集管网，全面开展管网的“雨污分流”改造工作，有条件的城市进行初期雨水的处理。

强化污水处理厂的提标改造。要求重点流域所有的市、县污水处理厂达到一级 B 标准，重点流域省会城市及重点地市的污水处理厂达到一级 A 标准，排入封闭式水域及对近岸海域水质有直接影响的地区污水处理厂应选用具有强化除磷脱氮功能的处理工艺。有条件的城市将城市径流污染控制纳入城市污水处理系统。

重点提高污水再生利用率。以缺水地区为重点大力推行污水再生利用工作，同时鼓励其他地区开展污水再生利用。要求“十二五”总规模 20%的处理能力实现深度治理后回用，可增加再生水约 1 360 万 t/d（“十一五”要求北方缺水地区污水再生利用规模达到 500 万 t/d，南方沿海地区污水再生利用规模达到 180 万 t/d，此项工作基本没有开展。继续完成“十一五”目标，同时要求“十二五”再增加同等规模）。

高度重视污泥的安全处置。新建污水处理厂和现有污水处理厂改造要统筹考虑配套建设污泥处理处置设施。截至 2008 年，我国共有城市污水处理厂 1 521 座，污水处理能力 9 092 万 t/d，平均实际日处理能力 6 693 万 t/d。其中 10 万 t/d 规模以上的污水处理厂共有 256 座，污水处理能力约为 4 860 万 t/d，实际日处理能力 3 680 万 t/d，均占全国的 50%以上。重点流域水污染防治“十一五”规划要求地处重点流域的省会城市及部分重点城市，预计到 2010 年，污泥处置率可达到 10%。到 2015 年，对 10 万 t/d 规模以上的污水处理厂的污泥进行处置，污泥无害化处置率达到 50%。

加强污水处理厂的运营与监管，实现污水处理厂的稳定达标。普及污水处理设施的自动化控制水平，实现污水处理厂的动态监督与管理。规范运营管理，加快建立城镇污水处理系统效能评价指标体系，科学评估污水处理厂的运营状况。

因地制宜建设分散式污水处理设施。鼓励 1 000 人以上的集镇按照一级 B 排放标准要求，建成约 5 000 座的分散式污水处理设施，约占全国乡镇的 10%。

8.5 全防全控工业污染

实行强制淘汰制度，加大工业结构调整力度，促进工业企业污染深度治理。严格执行国家产业政策，强化管理减排，以造纸、食品酿造、化工、印染纺织等为重点，合理控制行业发展速度和经济规模，对于草浆造纸企业，要求单条生产线的规模到 7.5 万 t/a 以上，黑液提取率达到 90%以上。针对氨氮、总氮和总磷污染凸显的问题，强化氮和磷排放的污染控制，重点提高化肥行业调整力度和治理水平。工业企业要实现全面稳定达标排放，在资源型缺水的流域或区域（如海河流域），提出深度治理并回用的要求，鼓励企业集中建设污水深度处理设施。

积极推进清洁生产，大力发展循环经济。“十一五”期间先后发布了造纸、电镀、纺织等多个行业的 42 个清洁生产标准，全面巩固和实施清洁生产标准在资源重复利用和污染控制中的应用，“十二五”期间对有清洁生产标准的行业，重点流域范围内的重点行业依法实行强制清洁生产审核，对达不到清洁生产水平的应予以关闭和淘汰。

继续实施工业污染物总量控制，加强贯彻“提标升级”工业减排。全面推行排污许可证制度。依法按流域总量控制要求发放排污许可证，把总量控制指标分解落实到污染源，实行持证排污。“十二五”期间全面实行造纸行业新标准，在淮河和海河流域应出台相应的环境经济政策巩固新标准的实施；在流域内敏感地区，基于技术经济可行性，对化工、纺织印染等行业提出“提标升级”要求。

8.6 非点源污染控制

农村生活、养殖业、种植业是我国目前面源污染物的重要来源构成，也是“十二五”期间控制的重点。根据水体污染程度、营养物水平、面源污染、地理位置不同选择具有代表性的重要湖泊水体，在相对封闭的全流域范围内着力防控，重点突破。

农村生活污水治理。在湖泊汇水范围内全面实施农村环境综合整治工程，城乡结合部和农村生活污水处理以分散治理为主，可根据选用工艺的污染物去除率提出削减要求，与现行的《城镇污水处理厂污染物排放标准（GB 1891—2002）》有所区别，提高可操作性；农村生活垃圾以集中处理为主，生活垃圾转运站及车辆由县级政府统一安排。

养殖业污染治理。养殖业污染主要由畜禽养殖和水产养殖构成。规模化畜禽养殖企业，参照点源进行管理，以达标排放为目标，废水达标率应不低于 80%；中小型畜禽养殖，以综合利用为主要措施，推进粪便还田，综合治理率应不低于 80%。对水产养殖污染，重点拆除网箱养殖，缩减围网养殖面积，摒弃肥水养鱼方式。

农业面源治理。主要采用管理措施从源头防治，条件允许的情况下辅以工程措施。粮食作物和经济作物应根据作物种类，通过科学测土施肥，减少化肥施用量。采取保护性耕作措施，减少水土流失，选择合理水肥管理措施，减少养分流失。在重点湖泊周边地区推行种植结构调整，减少蔬果花的种植面积，并着力降低蔬果花的施肥量。

综合治理措施。在湖泊周边建设人工湿地、前置库、缓冲带、水陆交错带、生态沟渠等设施去除氮磷营养物进入湖泊。鼓励土地流转实行集约化种植，建立农技推广体系。研究并制定相关的激励政策和补偿政策，避免农民因化肥减施造成的经济损失。

8.7 水环境监管体系建设

从国家水质监控系统、污染源监控系统、水污染预警系统 3 个方面提高国家水环境监控技术水平，建立点面结合的排污监控体系和长短结合的污染预警体系。以提高监管能力落实政府水环境目标责任制，建立整体覆盖、科学布局的国家水环境监管体系。

（1）排污口监测。完善排污单位的排污口监测体系，协调水利部门入河排污口的监控体系，建立从污染源到排污口的污染排放综合监控体系。

（2）水质监测。对现有 759 个国控断面进行优化调整，大幅度提高重要江河源头、大江大河一级支流入江（河）口、跨省界水体、重要城市饮用水水源地等的国控监测能力，国控断面（点）增加到约 2 000 个。

（3）目标考核。以目标责任制的评估考核为目的，建立监控断面的评估考核体系。以跨界断面、重要饮用水水源地断面为重点考核对象，形成国家考核网络。

9 保障措施

9.1 建立基于控制单元的水质和污染源监控系统

建立点面结合的排污监控体系。充分发挥污染源在线监测系统和水质自动监测系统的作用，以入河排污口为纽带，研究污染源与水体环境质量对应关系的方法和步骤，建立污染源监督管理和水质监测分析之间的动态关联，实现水污染防治工作绩效的科学评价和需求预测。

9.2 建立取水许可与排污许可的协调机制

加强取水管理，实现水资源有序利用；加强排污管理，实现水环境保护的持续发展。建立两者之间的协调机制，实现水资源与水环境的统筹管理，污染物排放到入河的全程控制，促进流域内用水新秩序的建立，确保制度、管理、工程三者之间的有机整合。

9.3 深化“以奖代补”、“以奖促治”的激励机制

“十一五”期间实施的“以奖代补”、“以奖促治”政策，很大程度上调动了地方治污积极性，拓宽了地方的融资渠道，城市污水处理基础设施建设工作取得了积极进展。“十二五”期间，需要进一步深化、完善这一政策，利用国家宏观调控能力，解决国家关注的重大水环境问题。

9.4 实施污染赔偿与生态补偿相结合的奖惩措施

结合相关课题成果，研究制定流域污染赔偿和生态补偿方案，上游水质超标时对下游进行污染赔偿；上游来水达标时，下游需对上游经济发展因保护水资源和水环境而受到限制进行生态补偿。

中国重点湖泊水污染防治战略思考

A Strategic Analysis on Water Pollution Control of National Key Lakes in China

王金南　吴悦颖　李云生

摘　要　湖泊是自然水体的重要组成部分，对于促进周边地区社会经济的发展，有着极其重要的意义。随着 2007 年“太湖事件”的发生，危及周边群众饮用水安全，湖泊水污染防治被提到一个新的历史高度。本文从我国湖泊污染现状和治理历程出发进行分析，提出了我国湖泊治理的战略步骤；针对“十二五”的阶段性目标，提出了必要和可行的治理任务与重点措施，为我国湖泊治理工作提供了参考建议。

关键词　湖泊　水污染防治　战略　规划

Abstract　Lake is an important part of natural water bodies and plays an import role in promotion of socioeconomic development of surrounding areas. After Taihu Lake pollution incident took place in 2007, which endangered the safety of drinking water for surrounding area, lake pollution control has been enhanced to a new historical height. In this paper, based on the analysis of status quo and lake pollution control progress made in China, lake management strategy has been proposed; for achieving the goal of 12th five-year plan, necessary and feasible tasks, key measures have been set up and reference guidance for lake management has been provided.

Key words　Lake　Water pollution control　Stratagem　Plan

1 中国湖泊水污染现状与问题

1.1 全国湖泊水污染状况

中国是一个多湖泊的国家，湖泊总面积约 9 万 km^2，其中淡水湖泊面积为 3.6 万 km^2。

面积在 1 km² 以上的天然湖泊达 2 800 多个。《2008 年中国环境状况公报》显示，全国 28 个国控重点湖（库）中，满足Ⅱ类水质的 4 个，占 14.3%；Ⅲ类的 2 个，占 7.1%；Ⅳ类的 6 个，占 21.4%；Ⅴ类的 5 个，占 17.9%；劣Ⅴ类的 11 个，占 39.3%。主要污染指标为总氮和总磷。在监测营养状态的 26 个湖（库）中，重度富营养的 1 个，占 3.8%；中度富营养的 5 个，占 19.2%；轻度富营养的 6 个，占 23.0%[1]。

近几年来，中国尽管湖泊水质情况急剧恶化的趋势已经得到初步遏制，部分湖泊水质有所改善，但是Ⅴ类和劣Ⅴ类的湖泊比例仍超过 60%，主要污染指标是氮、磷，湖泊水质状况不容乐观。2005—2008 年的国控重点湖（库）水质状况比较见图 1。

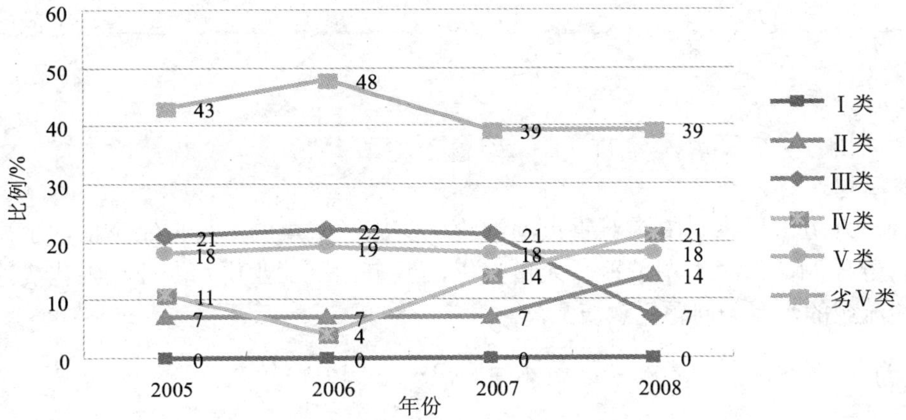

图 1　2005—2008 年的国控重点湖（库）水质状况比较

从图 1 可以看出，劣 Ⅴ 类水体的比例在近两年略有下降，水质有所改善；但好于Ⅲ类的水体比例也有所下降，其中Ⅱ类水体比例上升，Ⅲ类水体比例下降，说明仍有部分水体水质处于恶化状态；多年来未有Ⅰ类水体出现，说明距水质最终好转仍需时日。

除了太湖、滇池、巢湖等湖泊之外，其他大型淡水湖泊中，洱海、南四湖水质略有改善，兴凯湖、洞庭湖、鄱阳湖水质略有波动，多数湖泊水质无明显变化，各湖主要污染指标是总氮和总磷。超过 50%的湖泊呈富营养化状态，余下呈中营养状态。重点大型淡水湖泊和部分城市湖泊的水质状况比较见表 1。目前，咸水湖的监测尚未纳入国控范围。

表 1　2008 年重点大型淡水湖泊和部分城市湖泊水质状况

湖库名称	营养状态	水质类别				主要污染指标
		2008 年	2007 年	2006 年	2005 年	
太湖	中度富营养	劣Ⅴ	劣Ⅴ	劣Ⅴ	劣Ⅴ	总氮、总磷
巢湖	中度富营养	Ⅴ	Ⅴ	Ⅴ	劣Ⅴ	石油类、总磷、总氮
滇池	重度富营养	劣Ⅴ	劣Ⅴ	劣Ⅴ	劣Ⅴ	氨氮、总磷和总氮
达赉湖	中度富营养	劣Ⅴ	劣Ⅴ	劣Ⅴ	劣Ⅴ	pH、高锰酸盐指数、总磷
白洋淀	中度富营养	劣Ⅴ	劣Ⅴ	劣Ⅴ	劣Ⅴ	氨氮、总磷、总氮
洪泽湖	轻度富营养	劣Ⅴ	劣Ⅴ	劣Ⅴ	劣Ⅴ	总氮、总磷
南四湖	轻度富营养	Ⅳ	Ⅴ	劣Ⅴ	Ⅴ	石油类、总磷、总氮
博斯腾湖	轻度富营养	Ⅲ	Ⅲ	Ⅲ	Ⅲ	—

湖库名称	营养状态	水质类别				主要污染指标
		2008年	2007年	2006年	2005年	
鄱阳湖	中营养	Ⅳ	Ⅳ	Ⅴ	Ⅳ	石油类、总磷、总氮
洞庭湖	中营养	Ⅴ	Ⅳ	Ⅴ	Ⅴ	总磷、总氮
镜泊湖	中营养	Ⅳ	Ⅳ	Ⅳ	Ⅳ	高锰酸盐指数
洱海	中营养	Ⅱ	Ⅲ	Ⅲ	Ⅲ	—
兴凯湖	项目不全未计算	Ⅱ	Ⅳ	Ⅱ	Ⅱ	—
东湖	中度富营养	劣Ⅴ	劣Ⅴ	劣Ⅴ	劣Ⅴ	总磷、总氮、高锰酸盐指数
玄武湖	轻度富营养	劣Ⅴ	劣Ⅴ	劣Ⅴ	Ⅴ	总氮、总磷
大明湖	轻度富营养	劣Ⅴ	劣Ⅴ	劣Ⅴ	劣Ⅴ	总氮、BOD_5、总磷
西湖	轻度富营养	劣Ⅴ	劣Ⅴ	劣Ⅴ	劣Ⅴ	总氮、石油类
昆明湖	中营养	Ⅳ	Ⅲ	Ⅲ	Ⅴ	总磷、总氮

1.2 重点湖泊水污染状况分析

尽管“九五”以来，中国对重点湖泊流域实施了密集的污染控制举措，水质恶化趋势初步得到控制，但由于湖泊地区人口密集，城市化、工业化和农业集约化快速发展，多数湖泊流域的水污染问题仍愈演愈烈。

1.2.1 太湖

太湖流域地处长江下游地区，面积 3.6 万多 km^2，城镇化率达 73%[2]，这里不仅是全国人口最稠密的地区之一，也是经济最发达和城市化程度最高的地区之一。它以仅占全国 0.4%的土地总面积创造了全国 10%以上的地区生产总值。

太湖目前面临的主要生态问题是人为污染严重，富营养化趋势并未得到控制，生态功能日益退化。1980 年代初太湖水体属中—中富营养状态；到 1980 年代后期变为中富—富营养化状态；1990 年代则处于富营养化状态，湖泊水质和生态状况逐步恶化[3]，1990 年代以来，梅梁湖、竺山湖等湖区已很难见到成片的水生高等植物，梅梁湖等湖区已成为蓝藻暴发的重灾区。在主要重点湖泊中，太湖湖体多年水质均呈劣Ⅴ类，处于中度富营养状态，水质无明显变化。其中主要污染指标为总氮和总磷。

根据环境统计数据显示，太湖流域 2002—2007 年度的污染物排放情况如图 2 所示。

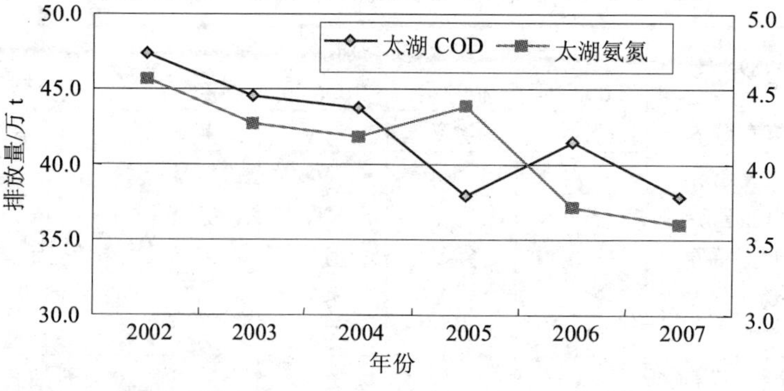

图 2 太湖流域 2002—2007 年度污染物排放情况

1.2.2 巢湖

巢湖是过水性湖泊，主要通过裕溪河与长江进行水交换。自 1962 年巢湖闸建成后，巢湖成为人工控制的半封闭型—封闭型湖泊，长江倒灌入湖水量已由每年 13.6 亿 m^3 减少到 1.6 亿 m^3，湖体换水周期从 2.5 年增至 25 年，湖水呈封闭状态，水体流动缓慢，加剧了营养物质的滞留和集聚。由于湖闸控制，湖滩地由 1.53 万 hm^2 减少到约 0.2 万 hm^2，大型水生植物种类减少且日趋单一，湖水的复氧能力也有所下降，原有的湖沼学特征和水文情势发生了很大的改变，藻类暴发频次加剧，从而导致了湖泊生态系统的脆弱性和不稳定性的增加[4]。

1999 年，巢湖湖区水质监测点由 1996 年 80%超Ⅴ类改善至 50%超Ⅴ类。西半湖水体重富营养污染依然严重，但东半湖局部水体已向中—富营养状态转变，9 条主要出、入湖河道口中，除南淝河、派河、十五里河仍超Ⅴ类外，其余 6 条基本达到Ⅲ—Ⅳ类[5]。

2005 年，巢湖水质总体为劣Ⅴ类（其中，东半湖为Ⅴ类水质，西半湖为劣Ⅴ类，西半湖污染程度明显重于东半湖），2006 年开始水质总体变为Ⅴ类，水质略有改善。2008 年水质总体为Ⅴ类，主要污染指标为总磷、总氮和石油类，西半湖处于中度富营养状态，东半湖处于轻度富营养状态，与上年相比，水质无明显变化，仅污染指标中的 BOD_5 变为石油类。

影响巢湖富营养化的主要指标来自于氮磷污染负荷，其污染源主要为非点源和生活污染，其中生活污染分别占 44.9%和 47.0%，非点源污染分别占 40.3%和 33.1%。巢湖下一阶段水污染防治的重点将在巩固工业企业达标的基础上，转向加强对非点源和生活源的污染控制。巢湖的主要污染来源是合肥市，南淝河（含店埠河）污染物入湖量最大，其次是杭埠河（含丰乐河、三河）和派河。

“十五”期间，巢湖流域水污染物排放量保持稳定。2005 年，全流域废水排放量 3.2 亿 t，COD、氨氮排放量分别为 6.18 万 t 和 0.85 万 t，与 2000 年相比，COD 削减了 12.7%，但未实现“十五”治理规划目标。

根据环境统计数据显示，巢湖流域 2002—2007 年度的污染物排放情况如图 3 所示（2002 年数据存在统计误差）。

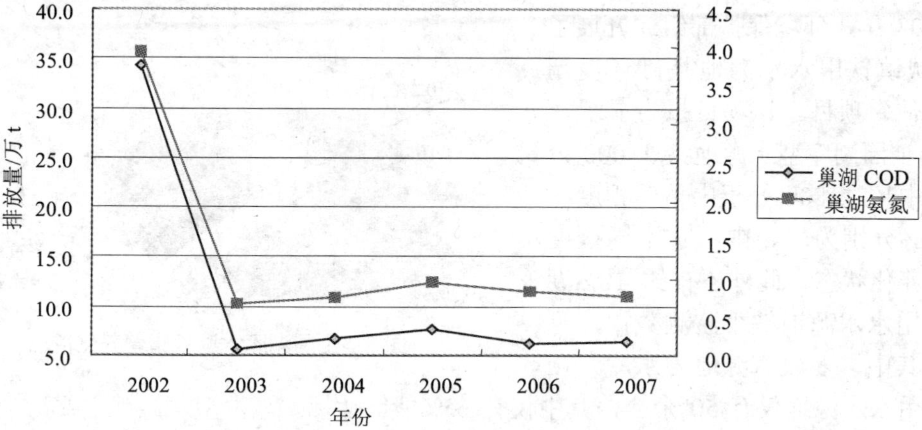

图 3　巢湖流域 2002—2007 年度污染物排放情况

1.2.3 滇池

除 2005 年外海水质为Ⅴ类外，滇池 2006—2008 年草海和外海水质均为劣Ⅴ类，水质状况波动不大，主要污染指标为氨氮、总磷和总氮。草海处于重度富营养状态，外海处于中度富营养状态[6]。

从 1988—2007 年，滇池流域入湖污染负荷（包括 COD、总氮和总磷）呈现持续增长的趋势。2007 年入湖污染负荷的 TN 比 1988 年增长了 66.2%，年增长 3.48%；TP 比 1988 年增长了 68.6%，年增长 3.61%；COD 比 1988 年增长了 65.6%，年增长 3.45%。

根据环境统计数据显示，滇池流域 2002—2007 年度的污染物排放情况如图 4 所示。1988—2007 年，城镇生活污染和农村非点源污染均呈上升趋势，而工业企业污染从 2000 年开始呈逐步下降的趋势；2007 年城镇生活污染源的 TN、TP、COD 占入湖总量的 72%、64%、81%。农业非点源污染负荷占 25%、35%和 9%。工业污染源所占 3%、1%和 10%。

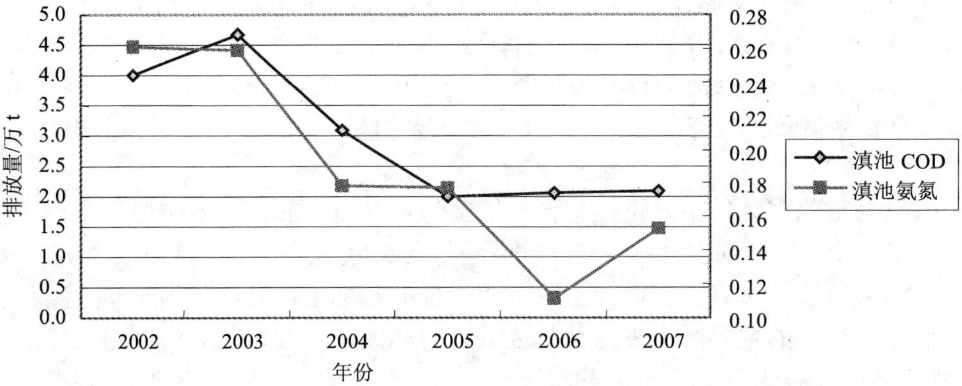

图 4 滇池流域 2002—2007 年度污染物排放情况

1.3 湖库型饮用水水源地保护

2008 年，环境保护部组织开展了“全国城镇饮用水水源地基础环境调查及评估”项目。该项目报告显示，2007 年全国湖库型水源地共 1 000 余个，其中超过 80%好于中营养程度，有约 8%分别为轻、中、重不同程度的富营养化状态，此外还有约 10%湖库型饮用水水源地缺少监测数据，见图 5。其中，多数水源地为水库，湖泊型饮用水水源地仅有 50 余个，其中仅有 65%能够达标。湖泊型水源地主要污染指标为总氮、总磷，面临的主要安全隐患是富营养化趋势加剧问题，部分湖泊型水源地已呈现出富营养化的特征。

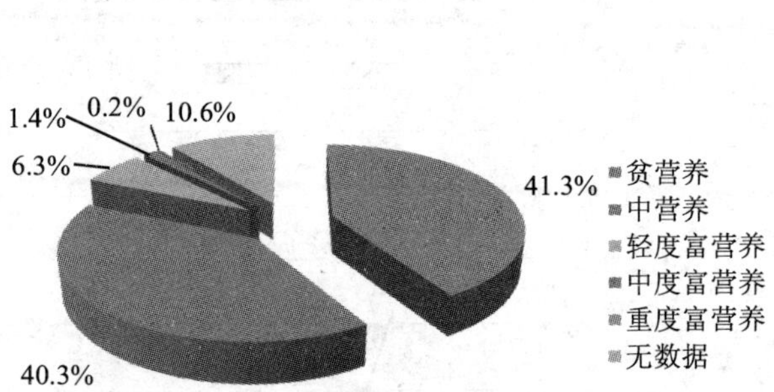

图 5 全国湖库水源地富营养化情况

城镇湖库型饮用水水源地已全部划分保护区，但其中还存在划分不规范、日常监督和违法取缔等管理措施不到位、未制定应急预案等情况，个别水源地在近年间发生过重大污染事故。

2 中国湖泊水污染控制规划与政策

2.1 湖泊水污染控制规划发展

2.1.1 湖泊污染治理历史

自“六五”起，中国就全面开展了富营养化湖泊的研究和治理工作。1994 年，“三湖”（巢湖、太湖和滇池）被列入我国首批流域治理重点项目。“九五”期间，国家耗资上百亿元对太湖、滇池和巢湖开展了重点整治，湖泊治理首次列入国家级流域水污染防治规划。“十五”期间，国家计划投资 96 亿元，在“三湖”新建、扩建 29 座城市污水处理厂及配套管网，新增污水处理能力 263 万 t/d。但到“十五”末期，“三湖”的治理任务只完成计划目标的 60%左右。

2.1.2 “十一五”治理情况

“十一五”期间，国家分别制定了《滇池水污染防治规划（2006—2010 年）》《巢湖水污染防治规划（2006—2010 年）》，还制定了《太湖流域水环境综合治理总体方案》，共投资 1 278 亿元用于“三湖”的工业污染治理、污水处理厂建设和区域综合治理。根据这些规划确定的水质目标是：太湖湖体富营养化趋势得到遏制，水质提高到Ⅴ类；滇池流域水环境质量整体保持稳定，滇池外海水质稳定达到Ⅴ类地表水标准；巢湖湖区主要水质指标高锰酸盐指数达到Ⅲ类，总氮、总磷浓度有所下降。

在“十一五”规划中规定，“三湖”流域所有城镇要限期健全污水处理设施和污水收集管网，所有的污水处理厂出水要达到一级排放标准（GB 18918—2002），新建城镇污水处理厂必须配套脱氮除磷工艺。“十一五”期间投产的污水处理厂当年实际处理量不得低于设计能力的 60%，投产 3 年以上的污水处理厂污水处理量不得低于设计能力的 75%。城镇污水处理厂进、出水口要全部安装在线监控装置，并与环保、建设等部门联网，实现污水处理厂的动态监督与管理。

针对“三湖”流域的特点，这些规划还提出了发展生态农业和有机农业、调整渔业养殖结构的要求。提出在“十一五”期间，“三湖”流域的化肥、农药施用量要逐年下降 2%以上，全流域禁止网箱养殖和投饵养殖。另外，为修复湖泊生态系统，这些规划也提出了建设生态潮间带和前置库、生态屏障、湿地保护和恢复、水生植物种植等工程。

2.2 湖泊水污染控制主要政策

为指导和推动湖库富营养化污染防治工作，原国家环保总局、农业部、水利部、交通部、科学技术部在 2004 年联合发布了《湖库富营养化防治技术政策》，提出了湖库富营养化防治的总体目标，要通过 30 年左右的努力，遏制湖库富营养化发展，使湖库水质良好，生态处于良性循环，湖区经济可持续发展。具体指导目标为：① 到 2010 年，工业污染源全部达标排放，基本控制住点源排放污染物的入湖总量，湖周城镇污水处理率达到 70%以上，非点源治理初见成效，对湖库流域重点地区加大产业结构调整力度，进行生态恢复和建设示范。② 到 2020 年，湖库流域范围内产业结构比较合理，湖周城镇污水处理率达到 80%以上，非点源治理有明显成效，湖库及流域生态建设有明显进展，基本完成湖库岸边和湖滨带生态建设，湖库富营养状态得到改善。③ 到 2030 年，湖周城镇污水处理率达到 90%以上，湖库流域重点区域全部做到科学、合理使用化肥，控制住非点源污染；完成湖库流域地区生态建设，基本恢复湖库水体正常营养状态，满足湖库水体的使用功能。

为了加强对湖泊的治理和保护，各地也相应出台了一些防治条例，如《巢湖流域水污染防治条例》《滇池保护条例》和《江苏省太湖水污染防治条例》等。这些地方法规主要从点源控制、非点源治理和流域生态恢复等角度出发，要求周边城镇减少污染物的排放，使湖泊生态系统得到休养生息，逐渐恢复其生态功能。其主要措施包括：大力提高湖库周边城镇地区的排水管网普及率和城镇污水处理率，加强工业污染源综合治理，控制入湖库污染物总量；对湖库流域重点地区进行工业和农业产业结构调整，控制湖库流域地区非点源污染；开展湖库及其流域地区生态保护和建设，确保湖库生态系统安全与湖库水体的使用功能。

2.3 湖泊水污染防治中存在的主要问题

2.3.1 湖泊水体交换能力低

湖泊水体流动性差、交换能力低限制了湖泊的自净能力和环境容量，是湖泊水污染防治中存在的客观原因。湖泊是陆地上洼地积水形成的、水域比较宽广、换流缓慢的水体。我国重点湖泊多为大型浅水湖泊，湖泊水域宽度一般远大于河流宽度，水体流速较慢，水体交换能力较低。因此，湖泊生态脆弱，来自外源的污染超过湖体自净能力和环境容量时，即产生了湖泊污染。各主要湖泊的换水周期见表 2[7]。其中以滇池和太湖的换水周期为最长，也正好与这两个湖泊的水质情况相吻合。“流水不腐，户枢不蠹”，水体流动缓慢、交换能力降低，随之带来环境容量降低。

表 2 主要湖泊换水周期比较表

湖泊	太湖	洞庭湖	鄱阳湖	洪泽湖	巢湖	滇池
换水周期	309 天	20 天	57 天	35 天	168 天	2.5 年

2.3.2 湖泊流域人口密度过大

历史上，中国湖泊流域就是全国的重要粮食产地，“太湖熟、天下足”和“湖广熟、天下足”等俗语是重点湖泊的真实写照。重点湖泊流域具备水资源丰富、光热条件和土壤质地较好、交通便捷等“天时、地利”因素，自古以来吸引了大量人口的迁入和繁衍；如今，重点湖泊流域也是全国经济较为发达、人口最为密集的区域。各主要湖泊流域的人口密度见图 6。由于人口密度远高于全国平均水平，因此各湖泊流域的人类活动密集，对自然资源的索取量巨大，开发过程中产生的污染物排放对环境造成严重负荷，特别是太湖流域，已远远超出其生态承载能力。

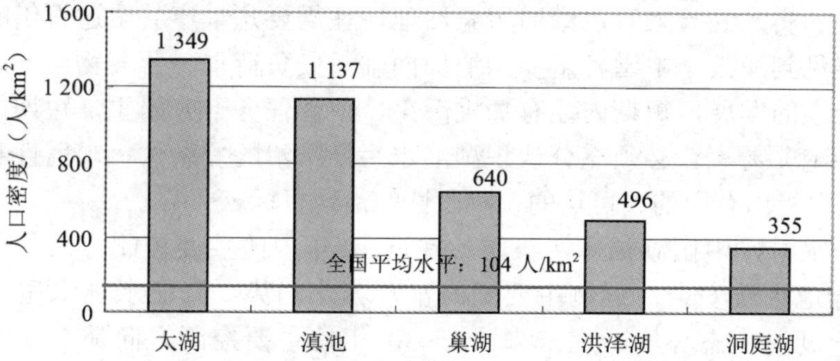

图 6 重点湖泊人口密度示意图

2.3.3 湖泊流域非点源污染严重

湖泊流域多位于平原或峡谷区域，适于居住的环境带来了密集的人口，同时也意味着发达的种植业和养殖业。以太湖流域为例，仅东太湖围网养殖面积就超过十万亩，各种饵料大量投放，过剩饵料直接进入湖体污染水质和底质，加速了湖泊富营养化的进程。围湖造田、围湖养殖、超量养殖等引发湖泊萎缩、水质恶化、湿地退化等一系列生态问题。

2.3.4 湖泊流域治污能力缺乏

除太湖外，我国绝大多数重点湖泊流域经济欠发达，如巢湖流域 2005 年的人均 GDP 只有 12 650 元，低于当年全国平均水平 13 950 元。部分湖泊位于连片国家级贫困县地区，治污资金难以纳入地方财政，单靠国家拨款扶持，治污力度不足。同时，经济落后地区的发展欲望强烈，在经济利益和环境保护的矛盾冲突之下，难以顾及湖泊环境的保护。

2.3.5 湖泊水环境管理体制不顺

以太湖和滇池为例，流域内仍存在多头管理、“九龙治水”的现象，水资源开发利用与水环境保护尚未形成一体化管理方式，有效的各方协调机制尚未建立，不同行政部门之间的管理事权不清晰，规范湖泊管理体系的法规尚未健全，这些都不利于对湖泊水环境的有效保护。

3 “十二五”重点湖泊水污染防治思路

3.1 湖泊水污染防治目标

3.1.1 制定有限的、可达的水质目标

从国内外的实践经验来看，湖泊污染治理往往需要几十年甚至逾百年的时间、几代人的努力才能见到成效。中国各重要湖泊均面临污染负荷重、营养物质本底高的问题，且随着经济社会的发展，短期内还有加重污染，治理任务十分繁重，短期内产生较大程度的水质改善绝非易事。必须充分认识湖泊水污染防治的复杂性、艰巨性和长期性，从现实情况出发，提出有限的、可达的、阶段性的治理目标。

从战略上来看，中国湖泊水污染防治在近 10 年内的主要控制方向是：严格保障现有饮用水水源地水质安全；遏制主要湖泊富营养化趋势，降低水体水质营养化指标浓度；逐步改善湖泊生态环境。在未来 10～30 年的主要控制方向是：在保障安全的基础上开辟备用水源；使多数湖泊的富营养化水平有所降低；对部分水质较好的湖泊努力提高水质类别，改善生态环境。在未来 30 年至长期的主要控制方向是：保障湖泊流域人民有安全、充足的生活生产用水；消除或控制湖泊富营养化；恢复湖泊生态环境。

3.1.2 科学确定总量控制目标

根据全国“十二五”总量控制的发展趋势，全国总量控制将逐步从以有机污染为主转向营养化指标为主的方向，氮、磷指标将是“十二五”及后“十二五”阶段中控制的重点，其主要控制目的是消除湖泊及入湖河流水体黑臭，以及消除湖体富营养化。考虑到湖泊流域的人口密集、水质恢复困难，其总量减排目标应严于其他区域的总量控制目标。从湖泊长期水环境污染的趋势来看，重金属污染将成为湖泊环境的重要污染，因此在“十二五”期间，有必要逐步开展重金属控制措施，逐步将其纳入总量控制范围。

3.1.3 加强环境管理目标指标

为控制水体富营养化，必须提出控制污染源入湖的总体目标，对于可控可考核的氨氮指标提出总量控制要求。对于目前难以通过总量控制进行考核的总磷、总氮等污染物，提出可行的控制措施，如要求污水处理厂达到一级 A 标准、提高运行率等。对湖泊流域提出严格的工业准入条件，禁止高耗水高污染行业进入。同时，对农业非点源污染治理提出治理要求，如要求控制水产养殖面积、提高规模化养殖水平等。

3.2 湖泊水污染防治重点区域

3.2.1 重点流域（太湖、巢湖、滇池）

《2008 年中国环境状况公报》显示，巢湖水质总体为Ⅴ类，太湖和滇池水质总体为劣Ⅴ类，主要污染指标为总氮和总磷，三湖的污染防治工作自“九五”就作为重点流域列入五年规划，水质状况目前依然堪忧。2007 年太湖、巢湖和滇池相继大规模蓝藻暴发，重点湖泊水质面临着严峻的挑战，“十二五”期间，三湖仍然将是水污染防治重点区域。

3.2.2 湖库型饮用水水源地

“十二五”期间，各流域水污染防治的重点区域均包括饮用水源地，考虑到湖库型饮用水水源地易污难治的特点，更是水源地保护的重中之重。严格划分水源地保护区，明确规范保护区内人类活动范围，排查保护区内的污染源并消除污染隐患，制定、完善并演练水源地应急预案，完善监测点位和频次，是湖库型水源地的重点保护措施。

3.2.3 重点湖泊集水区域

有效控制湖泊集水区域内地表径流、农村生活、畜禽养殖污染排放，重视整个集水区域内的污染控制，根据湖泊集水区域内不同类型污染物对于湖泊水质污染的贡献率，有针对性地采取防治措施。如对于点源污染物可以通过加大污水处理力度和限制排放来减少对湖泊的污染；对于非点源进行控制分区，通过滨湖区绿化带及其他措施减少入湖率等；对于内源采取水生生物生长吸收和底泥疏浚等方式[8]。

3.2.4 城市人口密集区和重点景观湖泊

城市人口密集区的湖泊，受经济发展和人口压力影响，其污染排放负荷远远超出湖泊流域的生态承载力，而该类湖泊又往往直接影响城市景观和人民群众的生活质量。需要首先改善其景观风貌，再逐步提高水质类别。特别注意在此过程中，要尽量避免破坏湖泊的自然形态。

3.3 湖泊水污染防治重点任务

3.3.1 饮用水水源地保护与建设是重中之重

“十二五”期间应进一步优化各湖泊流域的水源地布局，完善区域多水源供水安全保障体系。建设饮用水安全监测系统和预警体系，加强供水危机的防范和蓝藻暴发应急事件的处置。在饮用水源地保护区内拉网式排查污染源，采取必要的关闭、限排等措施；在水华发生时期，开展蓝藻打捞作业；适时适量引水，扩大水环境容量；完善自来水应急处置和净化措施；增加水体监测断面和检测频次；制定并演练周密的水污染突发事故应急预案。

3.3.2 强化污染物总量控制

经过“十一五”的 5 年总量减排控制措施，污染物总量控制已经从一项写在纸上的“政策”演变成为一项有切实可行措施和目标的“手段”，对 COD 的控制也已达到空前严格的高度。在后“十一五”时期，对于湖泊流域，可以根据其富营养化治理需求，将氮、磷纳入总量控制范畴，提出同样强硬的管理措施，如强制性要求污水处理厂采取脱氮除磷工艺，要求农田改为低施肥量作物，要求水产养殖面积逐年压缩等。

3.3.3 突出非点源污染控制

对湖泊来说，农田非点源、水产养殖、畜禽养殖、生活废弃物等非点源是污染物的重要来源。

农田非点源主要由于过量施用化肥、农药随农田径流、淋失、水土流失等进入水体，带来的湖泊水体营养物质增加。可通过测土配方施肥，限制农药使用类别及数量，推广有机食品、绿色食品和无公害食品生产等，逐步减少化肥农药的施用量以降低污染风险。

逐步取缔网箱养殖，减少人工投饵面积，优化饵料种类，摒弃“肥水养鱼”的理念，降低污染物质的投入。中小型畜禽养殖是养殖业中控制非点源污染的重点，应划分禁止养殖区和限制养殖区，加大畜禽粪便的资源化利用程度，通过沼气工程、生态手段处理养殖废弃物，充分应用生态养殖、农业循环经济等理念减少养殖污染。

湖泊流域内的生活垃圾和生活废水对非点源污染的贡献不容忽视。湖泊流域内高于全国平均水平的人口密度带来的生活污染，宜采用分散型污水处理方法处理；加大生活垃圾的收集和处理力度，特别应禁止沿岸堆放垃圾。

在湖周和河道周边留出足够的缓冲距离，建设湖滨带、前置库、生态湿地等屏障，逐步探索最佳管理措施（BMPs），使湖泊得到足够的休养生息。

3.4 湖泊水污染控制政策和措施

3.4.1 排污许可证管理

排污许可证是对直接或者间接向水体排放工业废水、医疗污水、城镇污水以及其他相关企事业单位进行管理的行政手段。由于湖泊的污染源往往更为密集，因此，对湖泊的管理应根据环境容量和自净能力发放限量的排污许可证，严格控制湖泊流域范围内各种污染物的排放。

3.4.2 总量指标有偿使用和排污交易

在进行排污许可证管理的基础上，为达到环境容量资源的最有效配置，应允许利用经济手段进行调节，即利用通过市场规律进行水污染物的总量有偿使用和排污交易。目前，排污交易制度在江苏省太湖流域和嘉兴市等地已有试点，并取得了初步成效。在“十二五”期间，应继续摸索经验，完善市场制度，逐步规范，让环境资源可以真正通过市场进行交易达到最佳配置。

3.4.3 绿色流域建设

绿色流域是指根据流域内的水环境容量合理布局产业结构，使得流域内各种污染物的排放能达到水质功能目标的建设过程。湖泊的水环境污染物质主要是由陆地产生流入的，因此要解决湖泊水环境问题不能仅控制水体污染，而应转移到岸上，控制污染源。加强工业企业技术升级，增加污水回用，严控排放标准，推行清洁生产；加强污水处理脱氮除磷技术改造，扩大配套管网比例。提出基于“分类、分区、分级、分期”的湖泊流域水污染控制策略，建设绿色流域，减少湖泊水污染物质负荷。

3.4.4 多种渠道加大投资力度

建立“市场运作、社会参与”的多元化筹资机制。加快推进环境资源市场化配置，充分调动全社会对水污染治理投入的积极性，拓宽融资渠道。地方政府应对污水处理设施建设运营的用地、用电、设备折旧等实行扶持政策；提高“以奖代补”的力度和投资面，对污水管网等类工程给予投资奖励。扩大企业债券发行规模，开展项目收益债券、污水处理费收取权质押贷款试点，探索产业投资基金、企业股票上市等多种融资方式，促进饮用水、污水处理等具备一定收益能力的项目形成市场化融资机制，保证该类项目的市场化运作。

4 结论和建议

湖泊消亡是一种自然现象，人类生产活动应尽量避免加速其消亡过程，把对湖泊的影响降低到湖泊能自身恢复的平衡点，这就是治理的初衷和基本思路。湖泊治理不是一日之功，而是需要树立明确的治理目标，经过漫长的时间，采取不断进步的治理措施，付出艰苦的努力才能得到一定成效。在目前阶段，我国多数湖泊处于点源和非点源并重的阶段，有机污染和营养化污染同时存在，但有机污染已进行了一定程度的治理并收到成效，营养物质污染治理则尚未形成规模。因此，本文提出如下建议：

（1）继续严格控制点污染源。在“十一五”期间，多数点污染源治理已通过总量减排政策得到有效控制，但点污染源的治理远没有达到完全自觉自动和有效的程度。污水处理厂的升级改造、规模扩大，工业企业的提高标准和清洁生产的工作仍是下一阶段的重点。

（2）高度重视非点源污染治理。将非点源治理纳入区域总量控制范畴，采取严格的方式控制非点源污染，主要控制对象是畜禽（水产）养殖和农村生活。尤其对于水产养殖面积庞大的太湖、巢湖等流域，应严格控制面积和投饵数量，降低污染。

（3）理顺湖泊流域管理体制。以滇池、太湖这两个重点湖泊为例，流域管理体制都有待进一步理顺。所谓理顺体制，并不是简单建立某个机构或将所有机构职责简单划分和割裂，而是明确各项工作的事权和责任，在实践中根据需求不断调整和完善。

参考文献

[1] 环境保护部. 中国环境状况公报（2001—2008）.

[2] 国家发展与改革委员会. 太湖流域水环境综合治理总体方案. 2007.

[3] 刘庄，等. 社会经济活动对太湖流域的生态影响分析[J]. 生态与农村环境学报，2009，25（1）：27-31.

[4] 党啸. 巢湖流域水环境问题的观察与思考[J]. 环境保护，1998（9）：38-40.

[5] 环境保护部. 巢湖流域水污染防治规划（2006—2010）.

[6] 环境保护部. 滇池流域水污染防治规划（2006—2010）.

[7] 叶建春.实施太湖流域综合治理与管理 改善流域水环境. 中国水利网，2007-10-30.

[8] 王浩，严登华，肖伟华. 我国淡水湖泊保护治理模式探讨. 河南水利与南水北调，2008（3）.

探索气候友好型大气质量管理规划

Fomulating Climate-friendly Air Quality Management Plan

王金南 宁 淼 严 刚 杨金田

摘 要 根据现阶段的国情，我国还难以大规模采取直接措施控制温室气体排放。在这种情况下，我国要应对气候变化必须制定和实施大气污染与气候变化协同控制战略，即气候友好的大气污染控制战略。它包含两层含义：第一，常规大气污染物减排措施及目标要与温室气体排放控制措施及目标相互协调，不能彼此冲突。第二，要通过控制温室气体排放措施与常规大气污染物减排措施的优化组合，能以最小的成本实现控制大气污染与应对气候变化的“共赢”。大气污染防治规划是大气污染防治工作的抓手，因此将应对气候变化纳入大气污染控制规划，把控制温室气体排放作为各级政府制定中长期大气污染防治规划的重要依据，制定并实施气候友好的大气污染防治规划。“十二五”期间，我国气候友好的大气污染防治规划重点为：严格控制黑碳与 N_2O 的排放，将 CH_4 与 CO_2 排放控制纳入重点区域和重点行业规划；全面加强应对气候变化支持能力的建设，提高大气污染防治应对气候变化的科学性。

关键词 大气污染 气候变化 协同控制 气候友好型大气污染防治规划

Abstract So far it is still hard for China to take intensive and direct measures to reduce greenhouse gas emission. In this case, to deal with climatic changes, China must map out and implement the strategy of synergic control of climatic changes and air pollution, namely, the strategy of climate-friendly air pollution control, which has two meanings: one is that the measures and goal of reducing the emission of conventional air pollutants shall coordinate rather than collide with the measures and goal of controlling greenhouse gas emission, the other is that the measures for reducing the emission of conventional air pollutants and those for controlling greenhouse gas emission shall be combined optimally for the common goal of controlling air pollution and dealing with climatic changes at the lowest cost. To draft an air pollution control plan is the necessary measure for the air pollution control, therefore we should incorporate climatic changes into air pollution control plan, take controlling greenhouse gas emission as an important basis for governments at all levels to work out mid & long-term air pollution control plans, and formulate and implement climate-friendly air pollution control plans.In 12th Five-Year, the climate-friendly air pollution control plan has the following priorities: strictly control the emissions of black carbon and N_2O, incorporate the control the emissions of CH_4 and CO_2 in key area and key industry plans. In addition, strengthen the construction of abilities in combating climate change and enhance scientificity of the air pollution control decision-making in order to combat all aspects of climate change.

Key words Air Pollution Climatic Changes Synergic Control Climate-Friendly Air Pollution Prevention and Control Plan

在全球变暖背景下，近 100 年来我国年平均气温明显增加，达到 0.5～0.8℃，比同期全球增温平均值略高。1986—2006 年，我国连续出现了 21 个全国性暖冬。主要极端天气气候事件的频率和强度也发生了明显变化，华北和东北地区干旱趋重，长江中下游流域和东南地区洪涝加重。气候变化使得我国水资源短缺、区域分布不平衡、生态环境恶化、粮食安全压力增加、沿海地区受到威胁的矛盾更为突出，对我国可持续发展构成一个前所未有的挑战。由于温室气体与常规大气污染物排放“同根同源同步”，因此，应将大气环境保护与应对气候变化结合起来，采取一体化、协同的气候与环境保护战略，制定和实施气候友好的大气污染防治规划。

本文认为，根据我国现阶段的国情，在国家层面制定和实施气候友好的大气污染防治规划较为困难，但鉴于应对气候变化的严峻形势，今后应在现行的大气污染防治体系中逐步加强考虑气候变化应对问题，重点抓好 N_2O 与黑碳气溶胶的协同减排，将控制 CO_2 与 CH_4 等温室气体排放增速纳入重点区域或重点行业规划；鼓励城市着手制定和实施自愿性气候友好型空气质量改善规划；全面加强应对气候变化支持能力的建设，提高大气污染防治应对气候变化的科学性和前瞻性。

1 我国温室气体控制面临巨大的压力

1.1 碳密集的能源发展模式导致我国温室气体排放量快速增长

全球气候变暖与人类社会碳密集的能源发展模式密切相关。中国是世界第二能源生产和消费大国。英国石油公司（BP）提供的统计数据表明，在过去 40 多年内，世界主要经济体初级能源消费占世界的比重大多都在下降，而中国却由 1965 年的 4.72%提高到 2005 年的 14.75%，年均增长达到 0.25%，如图 1 所示。

2006 年，中国煤炭生产和消费在能源总量中所占的比重分别为 76.8%和 69.3%，占世界总量的比重达到 39.4%和 38.6%，成为世界煤炭生产和消费第一大国。从图 2 可见，世界六大经济体煤炭消费量占世界总量比重达到 82%以上，而中国的比重提高最快，2006 年高达 38.6%；超过了 OECD 国家的总和（37.9%），这表明中国煤炭燃烧排放的二氧化碳超过了 OECD 国家的总和；是日本的 9 倍，也即意味着中国煤炭燃烧排放的二氧化碳至少是日本的 9 倍。

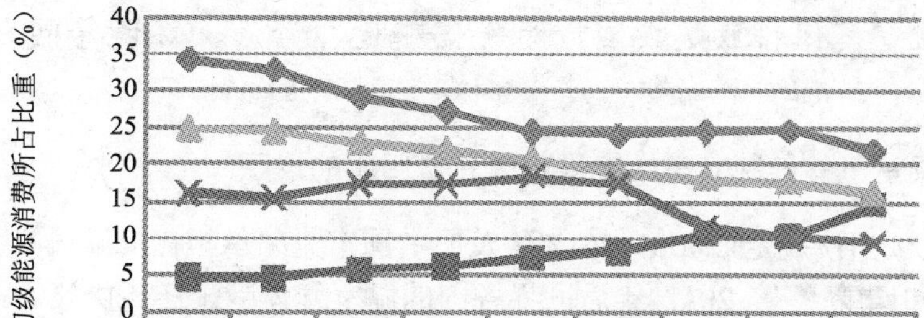

	1965	1970	1975	1980	1985	1990	1995	2000	2005
美国	34.28	32.91	29.29	27.35	24.65	24.22	24.74	24.9	22.12
中国	4.72	4.65	5.85	6.28	7.44	8.43	10.7	10.41	14.75
欧盟25国	24.95	24.58	23.05	22.18	20.98	19.19	18.27	17.82	16.28
前苏联	16.19	15.48	17.29	17.36	18.35	17.54	11.6	10.14	9.63

图 1　初级能源消费占世界的比重/%（1965—2005）

资料来源：BP. Statistical Review 2006

http://www.bp.com/productlanding.do?categoryId=91&contentId=7017990

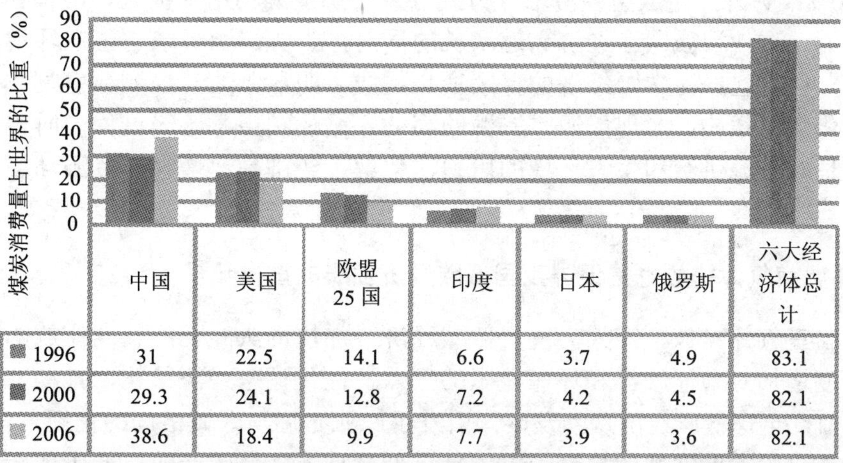

	中国	美国	欧盟25国	印度	日本	俄罗斯	六大经济体总计
1996	31	22.5	14.1	6.6	3.7	4.9	83.1
2000	29.3	24.1	12.8	7.2	4.2	4.5	82.1
2006	38.6	18.4	9.9	7.7	3.9	3.6	82.1

图 2　六大经济体煤炭消费总量占世界总量比重/%（1996—2006）

资料来源：BP. 世界能源统计. 2007

据世界资源研究所估计，2004 年美国温室气体排放量接近 72 亿 t，中国为 56 亿 t，其中超过 50 亿 t 是 CO_2；根据国家统计局的数据，2004 年中国 CO_2 排放量为 48.7 亿 t；根据对全国 31 个省市区煤炭消费数据计算的 CO_2 排放量合计为 54.8 亿 t。不论哪种估计，中国已经在 2004 年就成为世界第二大 CO_2 排放国。在可预见的社会经济发展水平下，中国能源消耗、温室气体的排放量将持续上升，2020 年、2030 年、2050 年与能源消费相关的 CO_2 排放量预计分别达到 79.8 亿～101.9 亿 t、86.0 亿～116.6 亿 t、84.0 亿～121.5 亿 t，相关局地污染物排放的减排步履维艰，长期发展的资源环境约束问题将更加突出。

1.2 控制温室气体排放是我国应对气候变化、资源、环境等问题的必然要求

1.2.1 履行温室气体控制义务始终是我国无法回避的议题

《京都议定书》规定，2008—2012 年发展中国家无须承担任何减排义务，并计划于 2009 年在哥本哈根重新签署 2012 年后世界各国的温室气体减排任务协议。中国作为一个人均排放量低但排放总量高的发展中大国，其能源消耗和温室气体排放情况备受瞩目，主要发达国家一直对中国施加压力，要求中国尽早、尽多承担起控制温室气体排放的责任。中国已经客观上成为气候变化领域的国际焦点，而且，这种国际上的压力还和中国的国际形象、在国际事务中的姿态定位、国际贸易和投资等问题发生了联系，正在成为国家战略层面上一个影响国家竞争力和国家安全的新热点问题。

1.2.2 控制温室气体排放是缓解我国资源环境约束的有效途径

我国人口众多，资源相对紧缺，人均主要资源占有量不足世界平均水平的 1/3 到 1/2，大多数矿产资源人均占有量不足世界平均水平的一半，石油和天然气更是不到世界平均水平的 10%；另外，粗放型经济增长方式导致资源能源利用率极低、污染物与碳排放强度居高不下。这使得我国在经济高速增长的同时，资源能源短缺、生态环境恶化等问题日益突出，目前已经对中国经济的持续增长构成了明显制约。控制温室气体排放，必须致力于优化能源结构，实现能源、资源的高效、循环利用，这一过程同时也客观上减轻了经济增长对资源供给和生态环境的压力，化解了经济高速增长与资源环境约束之间的矛盾。

1.2.3 控制温室气体排放也是促进我国低碳经济发展的重要契机

控制温室气体排放，需大力发展低碳经济，加快淘汰高耗能、高排放的落后产能，还需大幅度增加对节能减排和环保技术的投入，优化调整经济结构，推动产业结构优化升级。当前，全球低碳经济蓬勃发展，引发了产业布局与区域格局的重新“洗牌”。我国应牢牢抓住这轮产业洗牌的机遇，大力推进低碳技术、低碳产业、低碳能源的发展，跨越先前发达国家走过的“先污染后治理”的老路，使得低碳经济成为未来社会经济发展的主流模式。

2 气候友好的大气污染控制规划思路

2.1 气候友好的环境保护方略

2007 年 6 月，国务院印发了《中国应对气候变化的国家方案》，2009 年 8 月，全国人大常委会通过《关于积极应对气候变化的决议》。上述文件就应对气候变化做了全面的

安排和部署，概括起来说，就是“两面推进”：一手要抓减缓温室气体排放，一手抓提高适应气候变化的能力。“减缓”主要就是控制温室气体增量；“适应”就是对已经引起的气候变化要提高适应能力。在减缓排放或者是控制增量方面，主要有 3 个途径：一是少排放；二是多吸收；三是再利用。“少排放”是指大力发展低碳能源、低碳产业、低碳交通、低碳建筑、低碳产品、低碳服务，降低温室气体产生量；“多吸收”是指通过生态建设、植树造林增加碳汇，或运用一定末端治理技术对已产生的温室气体进行脱除与捕集封存；而“再利用”是指通过发展循环经济对产生的温室气体进行回收利用。2009 年 9 月，国家主席胡锦涛在联合国气候大会提出了我国应对气候变化的四项务实举措，再一次强调了“少排放、多吸收、再利用”这三大控制温室气体排放的强力措施：“加强节能、提高能效工作；大力发展可再生能源和核能；增加森林碳汇；积极发展低碳经济和循环经济，研发和推广气候友好技术”。综上可见，发展低碳经济是减缓气候变化影响的策略之一，但不应成为其全部内容，还包括以温室气体排放吸收与再利用为主要内容的末端控制等多种策略。

进一步来说，温室气体（如 CO_2、CH_4、N_2O、黑碳气溶胶等）与常规大气污染物（如 PM、NO_x、SO_2、Hg、酸雨、O_3 等）是“同根同源同步”。二者大多是由矿物燃料燃烧排放造成，因此排放源一致，如表 1 所示。另外，矿物燃料燃烧所排放的污染物，如黑碳气溶胶、N_2O 不但造成空气污染，而且还具有明显的气候效应；由温室气体增加所引起的气候变化也能影响空气污染问题，可加重和放大空气污染对人体健康、农业生产和生态系统的影响。可见，应对气候变化与常规大气污染防治密不可分，不能厚此薄彼，必须采取综合、一体化、协同的防治策略，即气候友好的环境保护方略。它包含两层含义：首先是常规大气污染物减排措施及目标要与温室气体排放控制措施及目标相互协调，不能彼此冲突；其次是通过控制温室气体排放措施与常规大气污染物减排措施的优化组合，能以最小的成本实现既定的气候与环境保护目标。

表 1　各种空气质量问题与气候变化之间的关联

污染源	标准污染物（PM/SO_2/NO_x）	毒性污染物（汞/苯）	平流层臭氧空洞	酸雨/可见度降低	全球气候变化
道路移动源	主要	主要	微弱	主要	主要
非道路移动源	中等	中等	微弱	中等	中等
电力生产	主要	主要	微弱	主要	主要
工业活动	主要	主要	中等	中等	中等
冰箱/制冷装置	辅助作用	辅助作用	主要	辅助作用	中等
商业活动	中等	中等	微弱	微弱	微弱
消费活动	中等	中等	微弱	微弱	中等
农业活动	中等/微弱	中等	微弱	中等/强大	中等

对于像中国这样经济快速发展的发展中国家，气候友好的环境保护方略尤为重要，因为它能以经济上更有效的方式同时解决大气污染与气候变化问题。学术界从不同角度论证了，实施气候友好的环境保护策略能产生协同效益。Amann 等人运用 GAINS-ASIA 模型模拟发现，同样实现 2030 年中国大气污染健康损失降低 50%的目标，选择传统环境

保护策略（仅采取末端治理措施）的大气污染控制成本是实施气候友好型环境保护策略（采取气候、环境一体化协同控制措施）的两倍，并且后者同时实现了温室气体减排 9% 的目标。Bollen 等人运用 MERGE 模型模拟的结果，同样证明了气候友好型环境保护策略协同效益的存在，即全球实施气候友好型环境保护策略在 2150 年获取的效益要大于单独实施应对气候变化策略与单独实施控制大气污染策略获取效益之和。

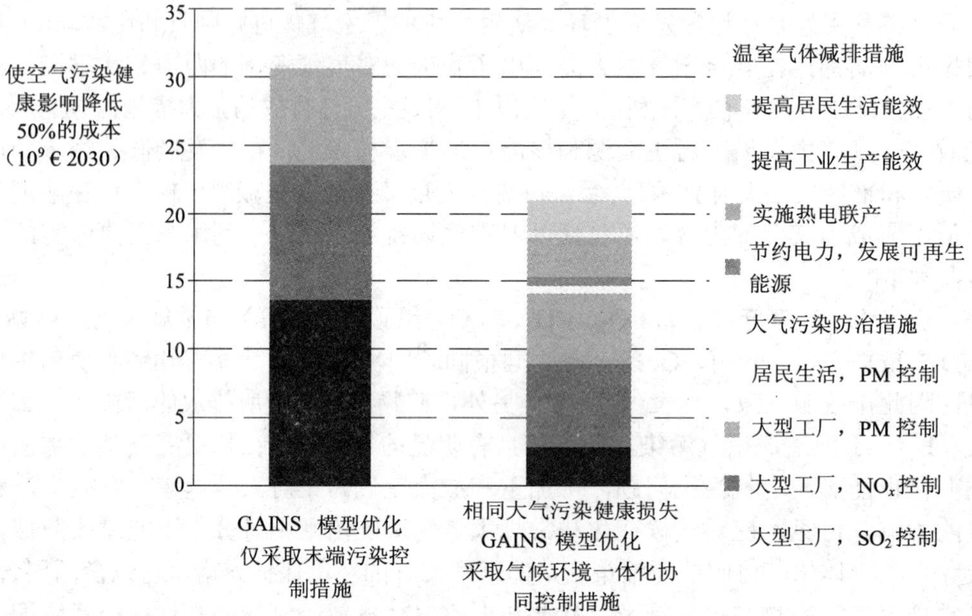

图 3　GAINS-Asia 模型模拟的中国实施气候友好型环境保护策略产生的协同效应

资料来源：Markus Amann.GAINS ASIA:A Tool to Combat Air Pollution and Climate Change Simultaneously，2008

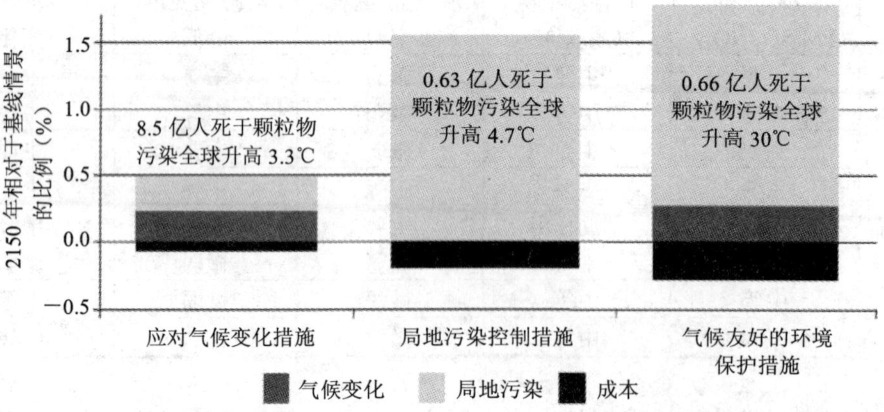

图 4　MERGE 模型模拟的全球实施气候友好型环境保护策略产生的协同效应

资料来源：Johannes Bollen.Local air pollution and global climate change:A combined cost-benefit analysis，2009

综上所述，环境保护部门应将控制各种温室气体排放和目前的污染减排工作相协调，增强生态系统的适应能力，以科技创新和管理改革为支撑，加强和提高应对气候变化的能力，建立以政府主导与市场调节相结合的政策体系，有效减缓温室气体排放和削减污染物排放，实现保护全球环境和改善中国环境的"双赢"。具体说来：第一，制定环保与气候的"共赢"战略，将减缓气候变化纳入大气污染防治、固体废弃物管理、生物多样性保护、生态环境建设、环境宣传教育、环境影响评价等多项环境保护工作当中，加强环境保护与应对气候变化协同能力的建设。第二，加快建立温室气体排放统计制度，逐步将温室气体统计纳入环境统计体系，增强气候变化基础支撑能力的建设。第三，加强温室气体排放的监测，提高温室气体排放监管能力。第四，建立气候友好的环保政策措施体系，推动低碳经济发展。第五，加强基础科学研究，为国家应对气候变化提供科学支撑。

就目前情况来看，中国还难以大规模采取直接措施控制温室气体排放。第一，中国的工业化和城市化进程，需要大量的能源消费。第二，中国以煤为主的能源结构，在可以预见的未来，不可能有根本改变。第三，中国的技术和资金能力，制约着中国大规模削减温室气体排放目标的实现。第四，更重要的是中国常规环境污染尚未得到有效控制，污染物排放总量减排和环境质量改善还需要较长时间。可见，全面建立气候友好的环境保护体系应是一个中长期行动。

近期"十二五"（2011—2015 年）。该阶段属于准备阶段，其重点任务是：在现行的环境管理体系中逐步加强考虑气候变化的应对，重点抓好 N_2O 与黑炭气溶胶的协同减排，将控制 CO_2 与 CH_4 等温室气体排放增速纳入重点区域或重点行业规划，着手制定和实施自愿性的气候友好型城市空气质量改善规划；全面加强环境保护部门应对气候变化支持能力的建设，提高环境保护部门应对气候变化的科学性和前瞻性。

中期"十三五"（2016—2020 年）。该阶段属于示范实施阶段，其重点任务是推广低碳示范，建立节能减排绩效评估与碳排放审计体系，对非重点区域的工业企业、政府机构、公用事业单位、服务业单位碳排放强度进行测算、评估，并出台配套的激励政策。

远期"十四五"（2021—2025 年）。该阶段属于战略调整阶段，最终目标是全面建立气候友好的环境保护体系。

2.2 气候友好的大气污染防治规划框架思考

这里之所以更加强调气候友好的大气环境保护方略是因为，一些具有温室效应的物质包括氧化亚氮（N_2O）、黑炭气溶胶以及消耗臭氧层物质（CFCs，HFCs，HCFCs、PFCs，SF_6 等），均属于大气污染控制的常规污染物或公约约束的物质。此外，由于我国目前没有承担温室气体减排义务，CO_2 和 CH_4 未被当做污染物质，倘若 2012 年后我国承担了减排义务，就必须将 CO_2 和 CH_4 纳入大气污染防治体系。我国"十二五"期间面临着压缩型大气环境风险影响。面对这种形势，我国不能沿袭发达国家走过的路，按部就班地解决所面临的问题，而是需要探索一类具有协同效益的控制措施，即在降低或是减少常规大气污染提高人民群众健康水平的同时，还能有效减缓气候变化的影响，如图 5 所示。

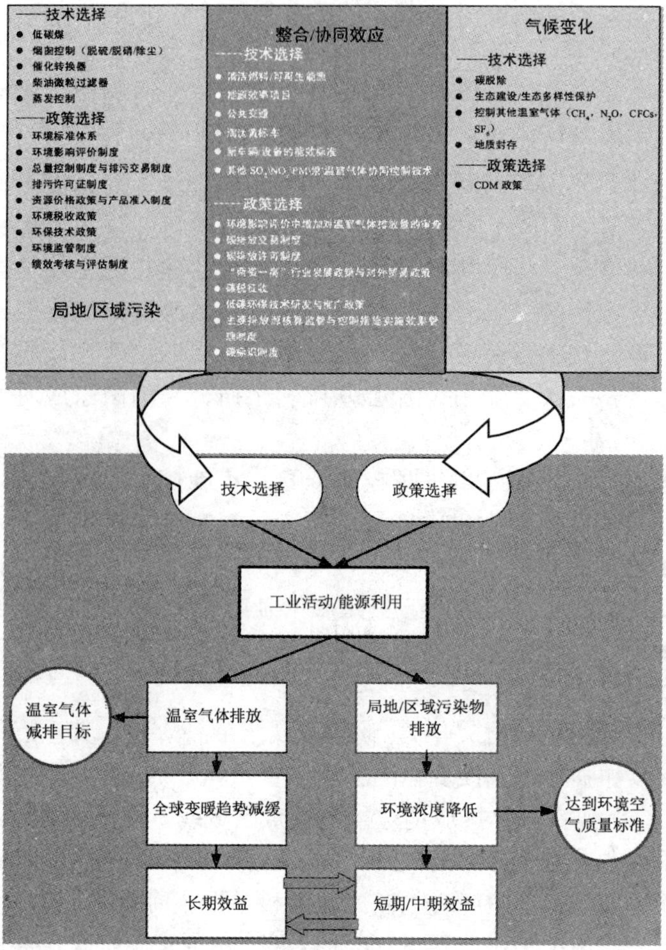

图 5　大气污染与气候变化协同控制框架

在上述思想指导下，作为我国大气污染防治工作抓手的五年规划编制思路也要随之调整，如图 6 所示。

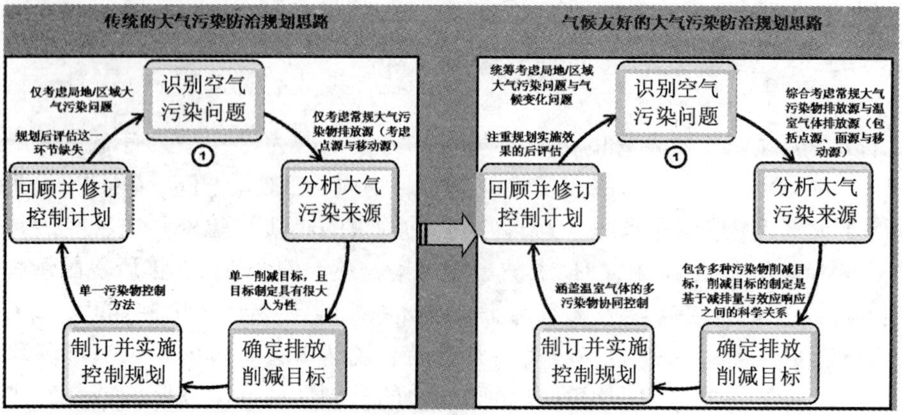

图 6　气候友好的大气污染防治规划框架

（1）对于空气污染问题的识别，要全面分析局地、区域以及全球环境问题。经过上百年的发展，空气质量管理重点已经历了从颗粒物与硫、可见排放与异味、标准污染物到有毒有害物质、平流层臭氧空洞、酸雨与区域可见度问题的演变。进入 21 世纪，全球气候变暖的问题逐渐凸显出来，中国也必须解决不断增长的气候变化问题。

（2）对于大气污染来源的分析，要综合考虑常规大气污染物排放源与温室气体排放源（虽然部分温室气体尚未列入污染物范围）。在此前提下，不仅要考虑电力、钢铁、有色、石化、建材等重点行业点源与机动车移动源的排放，还要重视工业锅炉等其他燃煤源、农业面源和无组织排放等多种大气污染源。

（3）对于排放削减目标的确定，应基于减排—效应响应关系制定多种污染物削减目标。“十一五”大气污染防治规划的主要控制指标是 SO_2，基本上属于单一污染物排放控制。而大气中各种污染物与温室气体通过化学反应紧密相关，因此，“十二五”大气污染防治规划应涵盖 SO_2、NO_x、PM_{10}、$PM_{2.5}$、有毒有害、O_3、水体酸化、区域霾以及温室气体等多项环境指标，确定与之对应的削减目标。这些削减指标值的选择应建立在科学评估体系之上，真正能够达到减少对人体健康与社会福利的影响，并且在所设立的时间范围内是可行的。

（4）对于控制规划的实施，应选择多污染物协同控制方法。目前的大气污染防治体系存在许多相冲突的地方，如推广使用车辆催化剂，降低了 NO_x 与 VOC 的排放，但增加了 N_2O 的排放，另外采用石灰石—石膏湿法脱硫，在去除 SO_2 的同时却排放了 CO_2。因此，在制订与实施控制规划时，必须考虑多种污染的协同控制，确保可以应对地方减排目标，同时也可以支持或者至少不会妨碍温室气体稳定或减排这个目标。

（5）对于控制计划的回顾与修订，应将其作为一个不可或缺的环节。只有不断回顾与修订规划，才可达到持续改善区域环境空气质量的目的。

3 “十二五”气候友好的大气污染防治规划的重点任务与措施

3.1 气候友好的大气污染防治规划的重点任务

3.1.1 重视黑炭气溶胶排放控制与管理

黑炭气溶胶对环境空气质量存在多个方面的负面影响：一是对可见光和红外线都能产生强烈的吸收作用，从而极大地减弱硫酸盐气溶胶对地球的冷却效果。二是表面吸附其他污染物（如多环芳烃、重金属等），通过呼吸作用进入人体，危害人类健康。此外，大量的黑炭气溶胶可明显地降低大气能见度，是导致灰霾天气产生的原因之一。由于燃煤是我国黑炭最主要的排放源，因此减少黑炭首先应当控制燃煤排放。基于此，“十二五”期间我国黑炭气溶胶排放控制的重点为城市面源与火电行业。

（1）控制城市面源黑炭气溶胶排放。对城区内的燃煤锅炉实施清洁能源改造，减少煤炭使用量；实施“煤改电”工程，减少民用燃煤的使用；严格锅炉烟气排放标准，促进各类燃煤锅炉的污染治理；提高机动车排放标准、加快淘汰和治理黄标车，减少交通过程中的黑碳排放；取消城乡结合部地区的原煤散烧等，实施型煤替代。

（2）控制火电行业黑炭气溶胶排放。开展新一轮的除尘技术改造，引导静电除尘器向袋式除尘器的改造。新建机组推广使用高效的布袋除尘器，其排放控制在 50 mg/Nm^{3}以内（以煤矸石等为主要燃料除外）。重点加强北方城市和区域（如京津冀地区）电力行业烟尘的控制，要求除尘设施全部改为袋式除尘器。

3.1.2 控制 N_2O 排放

N_2O 的潜在气候增暖作用为 CO_2 的 310 倍，是大气中重要的温室气体，同时又是破坏平流层臭氧的化学物质之一，具有双重环境负效应。因此，大气中 N_2O 浓度增加应引起高度重视。据初步测算，我国目前电力行业 N_2O 排放量约有 11 万 t，折合为 CO_2 排放当量约为 3 400 万 t。在“十二五”期间全面加强 NO_x 控制的同时，有效控制 N_2O 排放将对温室气体减排有重要协同效应。“十二五”期间 N_2O 控制的重点领域确定为电力行业、机动车与硝酸工业。

（1）电力行业 N_2O 排放控制以低氮燃烧为主，烟气脱硝为辅。烟气脱硝运行费用高昂，是脱硫运行费用的 2～3 倍。低氮燃烧技术虽然减排 NO_x 效果只有 20%～50%，但投资少，老锅炉改造成本大约是脱硝投资的 1/5，而新建锅炉则不需额外投资。更重要的是低氮燃烧不需要运行费用，也不用专门监督。因此，低氮燃烧技术应作为电力行业普遍采用的 NO_x 控制技术，在新建火电项目中作为必需的要求，并尽快在现役机组上限期完成改造。烟气脱硝技术应作为低氮燃烧技术的补充，在采用低氮燃烧技术后仍不能达标排放的和需要进一步减少 NO_x 排放的机组上采用。此外，电力行业 N_2O 排放控制不能搞“一刀切”，要分地区区别对待。我国电力行业 NO_x 排放最多的区域集中在东中部经济发达地区。这些地区火电厂比较集中，NO_x 控制已经起步，应作为 NO_x 控制的重点区域，在控制要求上严于其他地区。

（2）机动车 N_2O 排放控制以严格排放标准、加强排放控制管理为主。实施更严格的排放标准应作为“十二五”期间降低机动车 N_2O 排放的主要手段。加大对柴油车控制力度，尽快出台能满足国四排放标准的《车用柴油》标准。同时积极出台各项配套政策，推进车用燃油清洁化发展，保证排放标准的实施效果。加强在用车的监督管理，完善在用车检测/维护管理体系，有效控制在用车污染物排放；全国车辆在“十二五”前期全部贴标，通过环保标志进行分类管理。鼓励老旧车辆更新报废，建立交通源污染监测和评价体系。加强非道路内燃机排放控制，落实相关市场准入环保核准的监督管理配套政策。

（3）硝酸工业 N_2O 控制以引入 CDM 机制为主。N_2O 是目前普遍采用的氨接触氧化法制硝酸不可避免的副产物。近年来国际硝酸生产企业已考虑减少 N_2O，部分发达国家已对其采取限制措施。目前，我国虽然对硝酸工业 N_2O 的排放没有限制，但随着对其危害性的不断认识和可持续发展的需要，限制和采取措施只是时间问题。基于此，“十二五”期间对硝酸工业 N_2O 排放的控制，可以考虑按国际清洁发展机制（CDM）采用国外先进技术，将 N_2O 分解成 N_2 和 O_2 后排入大气。

3.1.3 在重点区域与重点行业试点 CH_4 排放控制

CH_4 是仅次于 CO_2 的重要温室气体及化学活性气体，但其相对增温潜力却为 CO_2 的 21 倍。甲烷的主要人为排放源包括石油、天然气开采过程的泄漏、自采煤及矿后活动、固体废弃物处理、污水处理等。因此，可以考虑在重点区域和国家重点能源基地，选择典型城市进行试验试点，制定“低碳经济示范区规划”。主要措施如下。

（1）控制重点区域油气工业甲烷排放。生产和使用天然气排放甲烷最多的环节是天然气的压缩，此外，管道吹扫、阀门泄漏及老管线密封处泄漏等排放的甲烷量也较大。石油工业排放甲烷的主要来源是未利用油田气的直接排放。因此，位于“低碳经济试验区”内的天然气生产、输送、使用企业可以使用新型塑料管线代替老式铸铁管线，采用新型阀门和密封技术；位于“低碳经济试验区”的油田，可以采取油田气回注地下或点燃火炬的方法来避免甲烷的直接排放。

（2）控制重点区域煤炭开采业甲烷排放。在煤炭开采、地表处理、选煤、运输，以及终端利用过程中，煤中吸附的甲烷将排放到大气中，而排放最多的环节是煤炭的地下采掘，这也是甲烷减排潜力最大的环节。根据我国已经具备的开采煤层气技术，“低碳试验区”可采取如下措施减排：①抽放的瓦斯可采用变压吸附技术提高其中甲烷的含量后并入送气系统；②回风巷当中抽出的低浓度瓦斯可用于辅助发电；③从煤矿床直接抽放出的甲烷可以直接输送到天然气配送系统、发电厂、供热站使用或出售。

（3）控制重点区域其他来源甲烷排放。其他排放量较大的人为源包括固体废弃物处理与污水处理等。一般都采取将甲烷收集、净化后重新利用的方式减少甲烷的排放。

3.1.4 在重点区域与重点行业试点 CO_2 排放控制

CO_2 是全球最重要的温室气体，是造成气候变暖的主要原因。现有的研究认为，大气中 CO_2 的迅速增长主要是由于化石燃料特别是燃煤造成的。我国因燃煤排放的 CO_2 量约占全国各类排放源总排放量的 80%。基于此，重点区域构建“低碳经济示范区”、减排 CO_2 可考虑以下 4 个方面的措施。

（1）优化能源消费结构，加快可再生清洁能源的开发利用。逐步加大对相关项目如大型风力发电项目、光伏发电项目、海洋温差发电项目的资金和人员投入力度，支持示范项目的开展与推广。

（2）开发节能技术，提高能源利用效率。在高耗能产业，加速节能技术改造，改造工业窑炉、锅炉以及其他旧的高耗能设备，采取先进的节能生产工艺，提高能源利用效率，降低单位产品和单位产值的能源消耗。在城市倡导公共交通，改善公路路况，提高车辆的实载率，促进交通运输节能。加强对建筑维护结构和采暖系统的改造，提高围护结构的保温隔热性能，提高采暖系统的热效率，降低采暖能耗。

（3）优化产业结构和产品结构。适当发展低能耗的第三产业，逐步提高技术密集型和知识密集型产业的比例，使产业结构得以不断优化，减少对能源的消耗。此外，在工业结构内部，应鼓励发展电子、医药等能耗低、附加值高的产业，对于冶金、化工、建材等高耗能企业，要发展适度规模经营，对于部分污染较重的小企业要实行关停并转，同时在这些能耗较高的企业中，鼓励相关节能型产品的开发，调整产品结构向高附加值和深加工产品方向发展，从而达到节能减排的目的。

（4）在“低碳经济发展区”建设一批燃煤火电厂 SO_2、NO_x、汞、二噁英、CO_2 协同控制示范工程，推动 CO_2 工程减排的发展。

3.2 气候友好的大气污染防治规划的保障措施

3.2.1 将温室气体纳入环境统计体系

在现有的环境监测站和监测网络体系的基础上，开展固定工业源的温室气体排放系数监测，建立固定排放源的数据上报系统，建立排放清单，全面掌握全国温室气体排放的数量、行业和地区分布，为我国控制温室气体排放奠定基础。

3.2.2 开展温室气体浓度监测

（1）形成温室气体排放的空间监测网络。充分发挥环境小卫星作用，密切与气象部门合作，监测大气中 CO_2 的来源和浓度，绘制 CO_2 排放和浓度地图。

（2）建立极端天气气候事件与环境保护监测网络。以省（自治区、直辖市）为监控单位，下设市、县监测点，对发生的极端天气气候事件所致的环境影响进行实时监测、分析和评估。

3.2.3 在试验试点城市建立气候友好的环保政策措施体系

（1）建立碳排放审计体系。推行节能减排与绩效评估体系，测算工业企业、政府机构、公用事业单位、服务业的单位碳排放强度。

（2）建立低碳的资源价格政策体系。建立阶梯式电价、水价、气价机制，推行污染者支付的消费模式和制度。推行强制和自愿政策相结合的资源节约、回收和循环利用的政策，制定强制性年度排放指标和绩效评估体系。

（3）创新低碳环保技术的管理制度。促进管理方式的转变，支持企业自主技术创新，鼓励中小企业开发、使用低碳环保技术。筛选重点行业的低碳控制和生产技术，特别是碳排放控制与污染物减排的协同技术，为控制碳排放提供技术支持。

（4）建立促进低碳环保技术和产品推广的市场激励机制。将碳排放指标纳入主要消费品领域，建立产品或技术的低碳标识和认证，综合运用财政税收、投资、信贷、价格等政策手段，调节和影响市场主体的行为，鼓励低碳环保技术与产品创新和商业化推广应用。

3.2.4 适时出台发展低碳经济的碳税政策

研究碳税并适时出台碳税政策，是落实科学发展观、调整经济结构、保障能源安全、发展低碳经济的重要政策选择，也是我国积极应对哥本哈根气候谈判、美国碳关税以及国际碳减排压力的战略举措。同时，以煤炭为主的能源结构造成我国碳排放和 SO_2、NO_x 等污染物排放“同根、同源、同步”，因此征收碳税有利于激励企业节能降耗和使用可再生能源，这必然极大推动我国资源节约型、环境友好型社会的建设。

国务院《节能减排综合性工作方案》明确提出“研究开征环境税”。根据国内研究机构完成的相关研究，碳税政策可以作为环境税的一个税目出台，也可以独立的碳税政策出台。碳税政策要坚持“低税率”、“宽税基”、“低影响”、“中性化”、“捆绑征”原则，采取碳税实施预告和时序渐进策略。具体方案建议：

（1）征收对象。使用化石燃料向大气中排放 CO_2 的单位。为了减少操作成本，现阶段也可以只对化石能源生产者征收。

（2）计税依据。对产生 CO_2 的煤、石油、天然气等化石燃料按含碳量测算排放量作为计税依据。如果实施 CO_2 排放强度制度，也可以对低于规定排放强度的企业免征。

（3）税率方案。税率方案遵循地税率起点、逐步提高、循序渐进的原则，2013 年开征，起征税率 20 元/t C，2020 年提高到 50 元/t C，2030 年 100 元/t C。折合成各种燃料的碳税税率如表 2 所示。

表 2　建议的碳税税率方案

时间	2013 年 1 月 1 日	2020 年 1 月 1 日	2030 年 1 月 1 日
碳税税率/（元/t C）	20	50	100
煤炭碳税/（元/t）	11	27	54
石油碳税/（元/t）	17	44	87
天然气碳税/（元 km^3）	12	29	59

（4）税收中性。在开征碳税的同时，降低其他税负，从而使整个税收收入相对保持不变，结合整个税制结构调整，按照“有增有减”的税制改革方案，使碳税不超过其他税种改革所形成的税负空间。

（5）税收使用。按照税率为 20 元/t C 计算，2013 年我国碳税收入约为 400 亿元，占我国 GDP 的 0.1%；当 2020 年碳税征收为 50 元/t C 时，碳税收入约为 1 800 亿元。国家可以利用碳税收入建立国家低碳经济基金，用于提高能源效率、研究节能新技术、开发低排放的新能源和可再生能源，并实施植树造林等增汇工程项目和加强应对气候变化的国际交流与合作。

（6）税收影响。碳税对 GDP 影响较小。以 2013 年起征收 20 元/t C 的碳税政策进行分析，与基准情景相比 GDP 损失不到 0.1%。如果考虑碳税对减少能源进口的经济作用、基于碳税的低碳经济基金对企业能效和可再生能源的支持，以及减少国内对能源产业的投资而增加对一些新兴产业投资所带来的正效果，征收碳税对 GDP 的损失将非常有限，甚至对 GDP 造成正面影响。

（7）捆绑出台。为了提高公众对碳税政策的支持和负责任的大国环境形象，碳税最好与环境税“捆绑”同步出台，把碳税作为环境税的一个重要税目。

3.2.5 开展温室气体自愿排放贸易试点

就我国而言，各个省市区的温室气体排放总量、万元 GDP 的排放强度、人均排放强度、单位国土面积的排放强度都存在巨大的差异。目前，国内已经确定了一批低碳经济试点城市，出现了 CO_2 自愿性减排案例，北京环境交易所、天津排污权交易所都开展了自愿排放交易。因此，可以选择那些排放量居于前列的地区和行业，开展自愿性的温室气体排放控制与贸易试点。

建议“十二五”期间温室气体自愿性排放贸易制度试点与目前的 SO_2 排放总量与交易试点、万元GDP能源消耗强度目标考核、“十二五”开展的 NO_x 总量控制、可能的 CO_2 排放强度制度等相结合。自愿性的 CO_2 排放总量控制可以选择多样化目标和形式，如排放增量控制、排放强度控制、排放速度控制、与能效挂钩的排放总量控制等，为“十三五”建立全国性的自愿排放贸易制度提供基础。

3.2.6 加强协同控制的基础科学研究

以完善温室气体核算体系和提高我国温室气体核算准确性、系统性为目标，全面研究温室气体排放趋势及其特征，分析主要温室气体排放源的分布和排放趋势，建立详细的工业过程和企业温室气体排放核算的方法、动态数据库、质量保证体系、温室气体排放清单；研究典型工业过程和企业减排潜力与成本效益，分析确定节能减排和污染控制协同效应及调控技术对策，建立温室气体排放控制方法体系与管理制度，构建区域和部门温室气体清单编制申报体系；确定低碳经济（低碳发展）发展途径，研究建立环保领域减缓气候变化的技术与政策。

以减缓气候变化影响和有效进行大气环境保护为目标，研究大气污染物气候变化影响及其反馈效应，建立大气污染物与全球气候变化之间的动态响应关系，分析确定大气污染物对气候变化的效应与反馈过程，研究大气污染物排放活动对全球气候变化影响效应，确定大气污染物治理对减缓气候变化的协同效应与技术对策；全面研究气候变化对典型区域大气污染物（包括酸雨、酸沉降和 O_3 等）和大气环境质量的潜在影响与发展趋势，分析提出适应技术体系与政策；研究气候变化对沙尘天气的影响与适应对策，研究气候变化对大气环境质量标准体系的影响及适应对策。

4 结语

应对气候变化是一个中长期国家战略，应当与大气环境保护结合起来，将应对气候变化纳入大气污染控制规划，把控制温室气体排放作为各级政府制订中长期大气污染防治规划的重要依据。当前虽然在全国推开气候友好的大气污染防治规划较为困难，但建议在重点区域或行业内探索性开展自愿性排放控制试验，制订和实施气候友好的大气污染防治规划，试行能源增效、温室气体减排、碳排放强度考核及碳排放交易制度，探索控制温室气体排放的体制机制，为未来的政策制度提供经验和基础。此外，重点区域、非重点区域都应加强对同属于温室气体与大气污染物的黑炭气溶胶及 N_2O 的协同控制；强化环境保护部门应对气候变化综合能力建设，制定气候友好的环境保护技术发展战略，加快建设相配套的法规和政策体系，制定相应的标准、监测、统计和考核规范，健全必要的管理体系和监督实施机制，同时加大资金投入力度，提高气候友好的大气污染防治政策措施的实施保障能力。

参考文献

[1] 何建坤. 能源发展与应对气候变化[R]. 北京：清华大学低碳研究院，2009.

[2] 董战峰，王金南，蒋洪强，等. 金融危机背景下中国环境保护的挑战与机遇[A]//中国环境科学学会2009年学术年会论文集（第四卷）.北京：北京航空航天大学出版社，2009.

[3] 张坤民, 潘家华, 崔大鹏主编. 低碳经济论[M]. 北京：中国环境科学出版社，2008.

[4] 国务院.中国应对气候变化国家方案[Z]，2007.

[5] 科学技术部，国家发展改革委，外交部，等. 中国应对气候变化科技专项行动[Z]，2007.

[6] 王金南，田仁生，等. 努力探索“十二五”污染物排放总量控制新模式[Z]. 中国环境规划院《重要环境信息参考》，2009（11）.

[7] 刘孜. 火电 NO_x 防治面面观[J]. 环境保护，2009，4：40-41.

[8] 王金南，严刚，姜克隽,等. 应对气候变化的中国碳税政策框架[A]//王金南主编：《中国环境政策》（第6卷）.北京：中国环境科学出版社，2009.

[9] Markus Amann, Kejung Jiang, Ritu Mathur. GAINS Asia:A Tool to Combat Air Pollution and Climate Change Simultaneously[A]. Better Air Quality. Banokok Thailand，2008-11-12.

[10] Johannes Bollen, Bob van der Zwaan, Corjan Brink. Local Air Pollution and Global Climate Change: A Combined Cost-benefit Analysis[J]. Resource and Energy Economics，2009，31：161-181.

重点流域水污染防治“十二五”规划编制的初步设想

Preliminary Design for National Twelfth Five-year Plan of Water Pollution Prevention and Control in Key River Basins

徐　敏　李云生　王　东　孙　娟

摘　要　本文回顾了重点流域“九五”、“十五”和“十一五”水污染防治规划的内容和特点，分析规划编制中存在的问题和我国面临的主要水环境问题，总结美国流域水质规划的经验，探讨全面建设小康社会对水环境的需求和“十二五”面临的压力与新形势，从规划体系、规划技术方法和政策、规划内容等方面，提出了重点流域水污染防治“十二五”规划编制的初步设想。
关键词　重点流域　水污染防治　“十二五”规划

Abstract　This paper reviews the content and features of “Ninth Five-year Plan”, “Tenth Five-year Plan” and “Twelfth Five-year Plan” of water pollution prevention and control in key river basins. Then the developing problems in the bypast plan and major water and environmental issues faced in future are analysed. On the basis of the experiences on American watershed water quality planning, the preliminary design for national Twelfth Five-year plan of water pollution prevention and control in key river basins are suggested from the planning system, planning technical methods and policies and contents.
Key words　Key River Basins　Water Pollution Prevention and Control　Twelfth Five-year Plan

1 重点流域水污染防治规划的回顾与分析

1.1 重点流域水污染防治规划的发展与回顾

1.1.1 “九五”计划

（1）规划背景。20 世纪八九十年代，随着社会经济的发展，特别是粗放型经济的快速增长——高能耗、高污染、高消费企业排污对水环境造成的压力不断加大，全国七大水系受到不同程度的污染；重点流域水污染事故频繁发生，对流域内工农业生产和城乡居民用水安全造成严重威胁。面对 1990 年代水环境所面临的严峻形势，《国民经济和社会发展“九五”计划和 2010 年远景目标纲要》将环境保护问题提到重要位置。我国规模空前的流域性水污染防治工作在“三河三湖”等重点流域全面展开。作为流域水污染防治工作的基础，《中华人民共和国水污染防治法》（1996 年修订）明确提出防治水污染应当按流域或者区域进行统一规划，水污染防治规划是防治水污染的基本依据。

（2）规划思路和特点。重点流域“九五”水污染防治计划按照“质量、总量、项目、投资”四位一体的治污思路，从流域水环境质量改善出发，反推水污染物总量控制目标，估算水污染治理项目和治理投资。在计划编制过程中，将各流域细划为数十个到上百个控制单元，分别确定水质目标和总量控制目标，并将总量目标分解到各省和各地市。“九五”总量控制具有一定的容量总量控制特征，在当时具有很大的超前性。

（3）规划目标。“九五”计划制订了分期规划目标，近期目标为 2000 年，远期目标为 2010 年。提出了 2000 年“淮河、太湖要实现水体变清，海河、辽河、滇池和巢湖的地表水水质应有明显改善”的目标。为实现水体变清目标，淮河流域为保护饮用水源地，控制跨省界河流断面水质和控制城镇排污，筛选了 82 个水质监督监测断面，作为评价和考核各省、市县污染控制任务完成情况的依据。

1.1.2 “十五”规划

（1）规划背景。国务院于 1998 年和 1999 年批复的“三河三湖”水污染防治计划在“九五”后期进入了实施阶段。期间国家通过污染物总量控制制度的推行、排污许可证制度的实施以及重点治理工程项目的建设，期望流域水污染物得到大幅度削减，水质得以明显改善。但重点流域“九五”规划目标未能实现。重点流域水污染防治“十五”计划，除了在规划范围和规划目标、规划项目等具体内容上略有调整外，规划思路和规划体系基本是“九五”计划的延续。因此，“十五”计划具有较强的过渡性特征。

（2）规划思路和特点。“十五”计划主要延用“九五”计划的治污思路，规划方法主要为目标总量控制模式，适当弱化了容量总量控制概念，但总量控制目标仍涉及污染物入河量指标。并在淮河、太湖等流域，增加了流域范围、控制单元和水质目标断面数量，规划实施以优先落实“九五”计划项目为主，同时根据当时的背景做了适当补充。

（3）规划目标。基于“九五”计划批复时已到了“九五”后期的客观事实，“十五”计划提出了继续执行“九五”计划的目标。如淮河流域“十五”水质目标为：在淮河干流和主要支流不断流的情况下，淮河干流水质进一步好转，南水北调东线工程水质达标。总量控制目标为：COD 排放总量控制在 64.3 万 t，COD 入河量控制在 46.6 万 t，COD 排放量在 2000 年基础上削减 39%；氨氮排放总量控制在 11.2 万 t/a，氨氮入河量控制在 8.7 万 t/a，氨氮排放量在 2000 年基础上削减 25.8%。

1.1.3 “十一五”规划

（1）规划背景。经过“九五”、“十五”计划的实施，尽管我国地表水污染加重的趋势得到遏制，“三河、三湖”水质改善较为明显，但非重点流域如黄河、松花江等流域的水质开始恶化，水环境保护形势不容乐观。“十一五”期间党和国家领导人高度重视水环境问题，并认识到我国已进入水污染防治的关键时期，加大了污染治理投资力度和环境监管力度，着重解决重大水环境问题，努力实现重要水体水质的改善，促进环境保护工作的3个“历史性转变”的早日实现。

（2）规划思路和特点。“十一五”规划提出了以科学发展观为指导的规划思想，注重目标与指标的可达性。以水环境质量改善为目标，分析流域水环境容量，核实现状排污量数据，预测规划目标年排污增量，论证达到水质目标所需的社会经济成本，依据流域的发展水平和技术经济可达性，提出阶段性水质改善目标，合理确定“十一五”期间可实现的污染治理任务。

（3）规划定位。就流域级规划而言，具有承上启下的作用。对上，需要贯彻落实国务院的政策方针，并与国家环境保护规划衔接；对下，需要指导各省编制本辖区的规划和实施计划。“十一五”规划提出了“规划到省、任务到省、目标到省、项目到省、责任到省”的原则，明确地方政府对当地水环境质量负责，是水污染治理的责任主体，中央政府仅对饮用水水源地和跨省界断面水质进行重点管控，并对水污染防治工作提出指导性要求。

（4）规划目标。针对“九五”和“十五”规划目标过于超前的现实，“十一五”提出了“基于区域经济发展水平和自身环境需求确定 5 年内的水污染物削减目标和重点河流（重要水体）的水质改善目标”，力争在有限的时间里完成有限目标，基于技术经济可行性，优先解决集中式饮用水水源地水质保护、跨省界水体水质恢复、城市重点水体水质改善等突出水环境问题。

1.2 规划编制与实施的问题分析

自“九五”以来，工业污染治理初见成效，城市污水处理水平有所提高，尤其是节能减排大大提高了污染治理设施的建设和运营水平，水污染加剧的趋势初步得到遏制，部分水体水质得到改善。但与此同时，重点流域水污染防治规划无论是编制还是实施均暴露了相应的问题。

（1）规划编制到批复的时间过长，规划资金到位慢，规划实施的时间不足。重点流域“十一五”水污染防治规划在 2005 年初正式启动，但《黄河、淮河、海河、辽河、巢湖、滇池、黄河中上游等重点流域水污染防治规划（2006—2010 年）》，国务院批复时间为 2008 年 4 月，5 年任务需要在 2～3 年时间内完成，增加了规划实施难度。

（2）规划目标与指标没有体现区域性特征或行业性特征。我国行政范围广，经济发展水平、工业污染源分布、产业结构组成、水环境质量现状等千差万别，重点流域规划目标和指标虽具宏观指导性，但面对不同区域、不同行业的不同水污染问题，显得针对性不强。

（3）规划设计了重点项目及其国家投资，但缺乏重点流域各级政府资金配套比例的规定。重点流域规划重点项目的投资，从“九五”仅有国债资金支持到“十一五”国家财政对管网建设实施“以奖代补”政策等，可以说重点项目的国家投融资体制逐渐完善，但对地方配套资金比例目前规划中还缺乏相应的规定，仅靠国家投资而缺乏地方资金的支持，规划的重点项目仍难实施。

（4）规划内容健全，但缺乏规范的规划技术方法体系。从“九五”、“十五”到“十一五”，我国流域水污染防治规划的内容主要包括：上一期规划的实施情况评估和水环境状况；指导思想与原则；规划目标；规划任务及规划项目；规划保障措施等。但对于规划目标的系统设计、可投入的水污染治理资金的测算等，缺乏一套科学、成熟的方法体系。尽管“十一五”规划基于经济和技术可行性提出了有限目标要求，但资金投入、污染物总量目标与水质改善之间的响应关系并没有真正建立。

（5）流域规划的定位已逐渐明晰，但仍缺乏与之配套的实施性规划和评估机制。我国的行政管理体系决定了流域水环境管理是按照“流域—省—市—县—污染源”模式进行管理，在流域规划下应有省、市、县等不同层次的规划或实施计划作为依托，落实中央政府意图，并与自身特点充分结合。但目前还缺乏这套规划体系，对各级规划或实施计划的技术指南、编制导则等技术性文件也尚未出台。

（6）流域水环境保护规划的编制和执行部门职能交叉、重叠，规划内容不一致。由于我国目前流域管理有多部门参与，相应地存在与流域水环境保护相关的多种规划。这些规划都是按照当前的法律，由相关部门编制，并按照程序得到上级部门的批准，具有自己所追求的特定目标和独立的内容、体系。各地区、各部门各自为政，彼此之间的规划缺乏统一协调，除了在规划的对象、范围等方面难以衔接之外，还存在着种种或明或暗的利益冲突，而且绝大多数专业规划都没有从流域整体的角度来考虑，而综合规划与专业规划、地方规划之间的矛盾广泛存在。

（7）信息公开程度不够，公众参与意识薄弱，不注重对公众意见的归纳论证。“九五”以来重点流域水污染防治规划似乎仅是政府部门的事，规划编制主要由有关政府部门和其选定的专家参与完成，公众对此知之甚少，更谈不上参与决策。

1.3 主要水环境问题总结

“九五”、“十五”、“十一五”以来，各级政府加大了污染治理力度。但由于社会经济的快速增长，产业结构调整和污染治理设施建设不能满足水环境保护的要求。截至 2007 年淮河流域“十一五”规划 COD 排放量比 2005 年削减了 2.66%，海河流域削减了 3.92%，黄河中上游流域削减了 2.06%，流域规划实施的总体情况未能达到中期目标，离“十一五”规划的总体目标还有较大差距。概括起来，流域水污染主要有 3 个方面原因。

（1） 工业污染经历了结构调整与产业进步，但整体治理水平仍然较低。工业废水排放量约占流域废水总量的 40%，造纸、化工、冶金、食品、制药、石油加工等行业污染严重。部分企业设备陈旧，工艺落后，污染治理欠账多，废水治理设施不完善，难以实现稳定达标排放。同时由于环境监测和环保执法监管能力不足，流域环境监测、预警、应急处置和环境执法能力薄弱，有法不依、执法不严的现象较为突出，环境违法处罚力度不够，企业偷排、超标排污、超总量排污的现象尚未得到有效遏制。

（2） 城镇污水处理设施建设加快，但由于城镇发展与处理设施运营等原因，城镇排污量持续增加。2007 年重点流域城镇污水处理率比 2005 年提高了约 15%。但由于城镇规模的不断扩大，城镇污水处理配套管网等设施不完善、污水处理收费不到位等问题，造成了处理量增加但排污量也在增加的局面。

（3）面源污染已成为影响水质的重要原因。各流域农业污染、畜禽养殖、水产养殖、水土流失等面源污染已经严重制约了水环境改善。以滇池为例，流域内面源污染产生的化学需氧量、总氮、总磷占流域污染物总量的 29%、21%、32%。面源污染已成为不容忽视的重要污染来源。

（4） 湖库内源污染日益加重，是导致湖库富营养化的主要影响因素之一。湖库内污染源（内源）主要包括湖内船舶、湖内养殖、污染底泥等。三峡库区持续不断的泥沙淤积，我国城市湖库中氮、磷等营养物质含量较高的底泥有可能成为水体重要的污染来源之一。据水利部太湖流域管理局编制的《太湖底泥疏浚规划报告》研究结果表明太湖中氮的内源释放贡献量约占全湖氮总负荷量的 22.5%，磷的内源释放贡献量约占全湖磷总负荷的 25.1%，可见严重的内源污染是太湖的富营养化的一个重要根源。

2 美国流域水质保护规划经验借鉴

2.1 美国流域水质保护规划编制原则

流域水质保护规划是 1994 年美国环保局在发现约 40%的水体没有达到指定用途且受污染的背景下提出的，该方法旨在解决水文地理单元内的流域水环境管理和预防水污染问题，在过去 20 年大大削减了入河流、湖泊、湿地、海洋和地下水体的污染负荷。美国流域水质保护规划一般应首先遵循以下原则：

（1）公众参与原则。公众主要是指有可能受环境管理决策影响的人，包括当地、区域、州和联邦机关代表、感兴趣的公众、企业代表、研究人员、相关市民和土地私有者等。环境管理决策很可能会影响他们的经济和生活，因此这些人应很好地了解和参与规划编制及规划的实施，共享信息，共同参与决策，保证公平性。

（2）规划决策过程应基于科学数据与方法的原则。在决策过程中应采用科学可靠的数据与方法，包括流域范围内的自然资源特征描述、基于资源约束条件和水生生态系统需求的环境目标设计、环境问题解决的优先次序、管理措施和实施计划的制定和实施、规划的有效性评估及必要的规划修订。

实践证明，流域水质保护规划在美国不仅产生环境效益，同时还节省了社会经济成本，并促进人们自主自发地参与流域环境保护，此外为获得最大的环境改善，加强了联邦和州的公共和私有部门的团队合作。

2.2 利益相关人参与流域水质保护规划的协调机制

美国环保局支持州和部落制定综合性的流域管理措施。美国的州和部落的各个部门有责任和义务执行流域规划中所描述的原则。最理想的是，负责湿地保护、饮用水水源保护、废物管理、点源和面源污染控制、空气污染、农药的管理和其他部门（如供水、农业、航运、交通运输等部门）可以提交在他们各自职责范围内应优先解决问题的名单，满足彼此和其他利益相关者的要求，并寻找机会利用有限的资源来达到共同的目标。流域规划不应忽视任何一个部门的需要，而应是协调和改进相关的程序和方法，提高效率和效能。

美国环保局要求有关部门携手合作，使有利于流域水环境保护的计划都有可能被流域管理人员所采纳，编制和实施流域规划时一般应包括以下 6 个方面：

（1）由有关部门共同制订监测计划、分析水生资源的问题和原因。监测信息应包含利益相关人关心的物理、化学、生物和水生生境等指标，有助于反映流域特征和分析流域特征问题。

（2）利益相关人可以参与规划目标的设计。水质标准是美国水体最基础的水质目标确定方法且可以确定水体的指定用途，但是如果与利益相关人达成协议并满足流域目标要求的话，在流域规划过程中美国的州和部落也可以采用新的或修订的水质标准。

（3）与利益相关人合作，共同确定应优先解决的问题。主要包括：地下水体和地表水体的饮用水源地保护、湿地和河（湖）滨带保护、非点源污染控制、点源污染控制和其他内容（如固体废物和农药管理、空气污染对水资源的影响等）。

（4）编制管理措施方案和流域水质保护规划。首先是确定符合适用的州、部落和联邦法规的环境目标，包括水质标准、饮用水最高污染水平、人体健康指标；其次是确定对国家指标进行补充监测的相关指标；再次是为实现目标而制订具体的实施计划，包括自愿性的、强制性的措施和有关的宣教工作；最后是分配责任并将实施计划落实责任到人，并落实现有的和潜在的资金来源。

（5）规划的实施。由于流域水质保护规划的公众参与特点，规划的实施应落实到利益相关的各部门。州和部落与水有关的规划和项目应最大限度地支持流域规划的实施，他们应尽其所能地进行水质保护、农药管理、固体废物管理、大气污染控制、自然资源保护、农业项目、供水、交通等，如在水质和自然资源保护中应包括：基于 TMDL 方法的水质许可证、非点源污染控制、栖息地保护、其他水资源保护和修复活动等；依据州或部落的流域管理程序签发许可证等。

（6）监测与评估。为评估流域规划的有效性，流域管理应开展监测，跟踪流域规划实施的环境和社会经济影响，向利益相关人提供流域规划实施进展情况报告和监测报告，以便指导规划的下一步实施。

2.3 美国流域水质保护规划编制步骤

2.3.1 美国流域水质保护规划编制和实施的过程

一般来说，美国流域水质保护规划过程，首先是从识别问题开始，其次是采取措施以实现既定目标。具体的可以分为以下 6 个步骤。

（1）建立公众参与机制。包括识别主要的利益相关人、识别相关的问题、初步设定目标、确定指标、开展公众服务。

（2）流域现状评估和问题分析。包括收集已有的数据、识别已有数据存在的问题并收集必要的其他分析数据、识别污染的来源和原因、估算污染负荷。

（3）确定最终目标和规划方案。包括确定综合的管理目标、单一指标的目标、污染物负荷削减目标、识别关键敏感区域、为实现目标制定管理措施。

（4）编制实施方案与计划。包括编制实施计划表、确定时间节点、跟踪落实管理措施、确定目标完成进展的衡量标准、编制监测计划、开展宣教工作、制定评估方法和评估程序、识别规划实施必要的技术和资金支持、规划审查和规划修订的责任落实。

（5）流域规划的实施。实施管理策略，并开展相应的监测和宣教工作。

（6）规划调整。调度规划实施进展，开展规划审查和评估。

2.3.2 受污染水体的流域规划与 TMDLs 的关系

美国环保局认为对于受非点源污染的水体，制定和实施流域规划来削减污染物负荷是必要的。美国的受污染水体可分为两种情况：一种是已经制定了 TMDLs 的水体，另一种是还没有制定 TMDLs 的水体。流域规划与 TMDLs 的关系具体如下。

（1）制定了 TMDLs 水体的流域规划。州政府可以使用《清洁水法》第 319 条 TMDLs 的部分资金用来编制和实施满足 TMDLs 要求的流域规划。如果受污染水体已经制定 TMDLs 或是正在制定 TMDLs，则流域规划应按照 TMDLs 要求以实现污染负荷的削减。

（2）没有制订 TMDLs 水体的流域规划。如果受污染水体的 TMDLs 还没有制定，则流域规划应致力于尽可能达到水质标准和其他的环境目标。如果流域规划能成功解决水质受污染问题，则该水体可以不必制定 TMDLs。美国环保局鼓励州政府在流域规划中说明水体受污染的原因和可能受污染的威胁。如果 TMDLs 相对较晚完成和批复，则应修订流域规划以达到 TMDLs 要求。

3 实现全面小康社会的水污染防治需求与压力态势分析

3.1 建设小康社会对水环境的需求分析

随着全面建设小康社会目标的临近，工业化、城市化进程将进一步加快，未来 5～10 年社会经济增长和变化的趋势，将直接影响到经济发展和人民生活对水环境的需求和压力。“十二五”是全面建设小康社会的关键时期，也是加强水环境保护、改善水环境质量的重要时期，在“十二五”期间对水环境实行有效保护，采取更加有力措施，以便为流域地区社会经济可持续发展提供良好的支撑与保障作用。

（1）城乡居民饮用水安全保障。饮水安全问题主要受到两个方面因素的影响：水资源短缺及时空分布不均，造成部分地区饮水困难；因水环境遭到破坏，造成水源枯竭。根据 2007 年对 1 783 个城市集中式饮用水源地调查，18.12%水源地水质不达标；在水质相对较好的长江流域，由于人口增长和经济的发展，水污染加重的现象没有得到有效遏制。

（2）持续上升的水资源安全需求。根据有关对水资源需求的预测分析，要达到未来 10

年社会经济发展的各项目标，全国总用水量（包括工业用水、农业用水和生活用水）到2020年将达到高峰值。目前北方地区的水资源开发利用程度大部分已超过了50%，已远远超出世界公认的40%极限；同时由于水污染的不断加剧，也导致了污染型缺水的水资源安全问题。在全国大部分城市，水质性缺水问题越来越突出，有效改善水环境质量是全面建设小康社会的重要指标。

（3）水污染治理的需求。根据对工业废水产生量、工业水污染物的预测与分析，工业废水和污染物排放强度虽然会逐年降低，但由于工业增加值的增速较快，工业废水及其污染物的产生量仍将呈逐年上升的趋势，工业结构需要进一步优化；同时城镇生活废水与污染物产生量也将随用水量的增加而增加，城镇污水处理基础设施建设需要进一步完善；而农业面源污染的防治则需要国家和地方出台引导性政策和补偿激励机制。因此未来10年的水污染治理任务相当艰巨。

（4）水环境监管的需求。环境监管能力是政府的“耳目”，只有做到耳聪目明，才能使环境质量变化得到及时反映、企业排污行为得到有效监控、政府及社会环保投资的效益正常发挥。环境监管能力建设不仅仅包括设备的补充和更新，人员的增加和培训，还包括管理技术的引进和吸收，以及对国家政策的理解和贯彻等，是污染物产生、治理、排放，污染源和水质监测、管理，违法排污行为的惩罚，环境友好企业的鼓励，清洁生产和循环经济工作的促进以及跨地区生态补偿等诸多环节有效掌控的集成。

3.2 “十二五”压力与新形势分析

（1）美国经济危机对我国水污染防治工作的深层次影响。受全球经济危机的影响，2008年第三季度我国GDP增长率明显下降。11月5日，国务院确定了当前进一步扩大内需、促进经济增长的十项措施，2010年年底前投资匡算为4万亿元。而各地政府公布的拉动内需投资计划高达18万亿元。环境保护部周生贤部长提出“环保部门应当紧紧抓住当前国家扩大内需、大幅增加环保投入的难得机遇，深入分析环保工作面临的新问题、新任务和新挑战，加强生态环境保护建设。”生态环境建设作为扩大内需的十项措施之一，环保工作遇到前所未有的机遇，但经济危机持续的时间、影响程度的大小以及我国经济结构变化、地方投资的走向对水污染防治工作的影响尚难预料。如何变被动为主动，引导经济社会与环境保护的协调发展，是环保部门当务之急，也是“十二五”需要回答和解决的问题。

（2）部门协调机制的有效建立具备了前提条件。第十一届全国人大一次会议决定组建环境保护部，环保总局“升格”工作完成，标志着环保工作进入了国家政治经济社会生活的主干线、主战场和大舞台。环境保护部的主要职能调整为拟订并组织实施环境保护规划、政策和标准，组织编制环境功能区划，监督管理环境污染防治，协调解决重大环境问题等。与此同时，国家发改委、住房和城乡建设部、水利部等与水污染防治工作密切相关的部门的部分职能也进行了相应调整。环保部门协调能力的提高及协调机制的建立，将有利于促进各部门在水污染防治工作中的有机衔接和密切配合。

（3）“水体污染控制与治理”重大科技专项成果对水污染防治工作的技术支撑。“水专项”是我国首次推出以科技创新为先导，旨在为国家水体污染控制与治理提供全面技术支撑的重大科技专项，是国家中长期规划纲要确定的 16 个国家科技重大专项之一，项目研究内容主要涉及湖泊、河流、饮用水、城市、监控预警、战略政策 6 大方面。专项研究将重点围绕“三河、三湖、一江、一库”，集中攻克一批节能减排迫切需要解决的水污染防治关键技术，为实现节能减排目标和改善重点流域水环境质量提供技术支撑，开展区域、流域水污染治理技术集成与示范，将全面推进水污染的防治工作。

4 “十二五”流域水污染防治规划的初步设想

4.1 构建流域水污染防治规划体系

（1）构建国家—流域—省—地市—小流域的水污染防治规划分级体系，明确不同层次规划的相互关系和规划重点。针对不同尺度和不同重要性的问题，需要有与之相应级别的规划进行规定和安排，保证水污染防治规划的可实施性，从而形成国家—流域—省—地市—小流域的具有清晰的结构层次的规划体系，并根据各级水污染防治规划的性质和作用确定不同层次规划的内容深度。水污染防治规划的层次性主要体现在规划目标、规划内容和规划重点的层次性。一般地，国家级和流域级规划充分体现政策引导性，确定全国和重点流域范围内水污染预防与控制方向，制定水污染防治政策，协调跨区域水环境问题，测算水污染治理资金的宏观需求等。省级规划充分体现承上启下性，根据国家要求，确定本省水污染防治指标、目标及任务；地市级规划和小流域充分体现实施性，进行水环境功能分区，计算水环境容量，设计具体的水环境保护项目等。

（2）确保流域水污染防治战略型规划、中长期规划与短期实施计划的协调统一。许多流域开发活动与污染行为对环境的影响具有长期性和滞后性，同样需要较长时间来控制和解决。因此有必要制定一个战略型的、长期性的规划能够贯穿和指导人类社会经济活动中长期战略规划。重点流域水污染防治规划是以五年为实施期限的短期规划。需要理顺中长期战略规划、流域水污染防治规划和各级政府制定的年度实施计划之间的关系，确保短期实施计划与中长期规划目标的统一。

（3）建立流域规划编制—实施—评估的长效机制。① 完善规划编制—实施—评估的相关制度，包括规划编制主体、规划编制程序、规划审批、规划实施监管与保障机制、规划评估机制等。② 在技术上，应制定与重点流域水污染防治规划编制、实施与评估相关的技术文件，包括不同尺度水污染防治规划编制的技术指南、实施计划编制技术指南、评估技术指南等，开展规划技术培训，实现以评估促进规划编制的改进和规划的实施。

4.2 加强规划技术方法和政策研究

（1）建立规范的规划技术方法体系。加强流域水污染防治规划理论体系研究，制定流域水污染防治规划编制技术规范，研究建立：水环境状况评估—水环境预测—基于社会经济发展水平的规划目标确定—规划方案设计与投资概算—费效分析—风险分析的规划技术方法体系，其中重点研究水环境模拟与预测方法、社会经济与水环境综合预测、结合水利部水资源三级分区合理调整重点流域的规划范围、规划方案的费效分析、在经济发达和水文水资源资料条件许可的区域开展基于 TMDLs 的总量分配方法试点应用、规划投资宏观测算等内容。

（2）污染物控制与水质改善之间的响应关系研究。污染排放与水质改善响应关系研究难点在于以下两方面：① 污染物入河系数准确测算的复杂性；② 在微观的小流域尺度可以用水质模型进行模拟研究，但对于宏观大尺度的大流域由于水文水力学、物理化学等特征参数难于获取而难于进行模拟和预测。“十二五”规划前期研究中，可以选择不同流域或区域具有代表性特征的小流域进行试验或模型研究，加强与各大流域委员会的切实合作，基于水域概化成果和水资源分区特征，调查汇水区域范围内的排污口、污染源的分布及其污染物排放状况，调查区域采取的污染控制措施，结合水质背景断面和目标断面的水质改善情况，在宏观上估算污染物排放总量与水质之间的响应关系，并尽可能开展水环境质量的模拟与预测分析，从而为“十二五”污染物总量控制目标和水质目标的确定提供依据。

（3）研究流域内跨区域协调的污染经济补偿政策。“十一五”规划的 11 个重点流域除滇池和巢湖外，其他 9 个都是跨省级行政区的规划范围。尤其是针对位于相对上游而被限制开发的区域，研究建立跨省界断面污染补偿制度，研究设计跨省流域污染防治补偿的标准设定办法及补偿标准核算办法，研究制定补偿标准核定的实施细则。

（4）继续探索排污权有偿使用和排污交易政策。水污染物有偿使用和交易是通过市场手段配置、保护水环境资源的重要经济政策之一，是以流域为管理单元，根据总量减排管理设定的阶段水质管理目标，限定水污染物排放总量，对流域内各排污单位进行初次分配后，各排污单位之间可以通过市场进行污染物排放权的再分配。研究制定交易的法律基础、交易平台、相关政策、交易规则和环境监管体制等，通过市场机制达到水污染物排放权的最优配置，达到水污染物排放管理的优化，降低管理成本。

4.3 继续完善流域水污染防治规划内容

（1）流域水污染防治规划指标研究。“十二五”流域水污染防治规划指标体系分为总量控制指标体系、水环境质量考核体系和水生态指标体系。① 总量控制指标体系，立足于水环境质量现状评价和趋势分析，研究全面建设小康社会面临的水环境质量改善需求的关键性因子，结合目前对各项污染指标的研究深度和掌控程度，建立由全国性污染控制指标和不同流域、不同类型水体的总量控制指标组成的总量控制指标体系，即建立国家—流域、国家—省、国家—行业的总量控制体系和河湖的总量控制指标体系，从污染排放标准和污染物控制技术工艺等方面，研究 COD、氨氮和其他特征性污染物因子作为总量控制指标的可行性。② 水环境质量考核指标体系，结合全国主体功能区划，借鉴美国和欧盟等发达国家水环境功能分区的方法，从我国水体使用功能需求出发，筛选特征性污染因子，以各级环境监测站点建设为工作支撑，研究体系的构建方案。③ 部分重点流域水生态指标体系，流域水环境保护目标应逐渐体现为水质保护和水生态系统保护，在指标上由过去单一的化学指标扩展到水化学、物理、生物和生境等方面。

（2）流域水污染防治规划方案设计。由饮用水源地保护、工业污染防治、城镇污水处理和农业面源污染控制四部分组成。① 饮用水源地保护。由城镇集中式饮用水源地向村镇分散型饮用水源地拓展，对污染控制和水量保证提出具体要求。同时综合考虑不同指标类型、污染程度和变化趋势等因素开展饮用水水源地水质安全评估及进行饮用水水源地水环境问题识别，筛选“十二五”期间的优先保护重点饮用水水源地清单，研究提出国家“十二五”饮用水源保护的具体行动方案。② 工业污染防治方案。以行业为研究重点，总结治理技术的现状及发展方向，结合社会经济宏观走势，分析重点行业的减排方案，提出重点行业的结构调整建议，按国家、流域和地区 3 个尺度制定重点行业的水污染防治方案。③ 城镇污水处理方案。以污水处理设施的优化布局为重点，按流域提出污水处理厂排放标准策略、不同情境下相应的污水处理厂建设布局及投资方案、近远期相结合的污泥处理处置方案、研究健全污水处理设施稳定运营的政策建议和管理措施。④ 农业面源污染控制措施。首先以摸清底数为前提，按照污染贡献率识别农业面源的重点类型，分析国内外农业面源污染政策的有效性，筛选和提出我国区域性农业面源污染控制建议。

（3）流域水环境基础能力建设。由国家水质监控体系、国家污染源排放监控体系和污染预警体系三部分组成。① 国家水质监控体系，将国家水质监控站点网分为国控常规水质功能站、水质背景功能站和科研参考功能站三大功能类型站，针对不同类型的功能站提出相应的站点建设方案。研究提出国家水质监控系统总体框架与功能需求。② 国家污染源排放监控体系，建立起由重点工业企业污染源、污水处理厂和排污口组成的污染源排放监控体系，并以排污口监测为桥梁，研究建立污染源与水体环境质量对应关系的方法和步骤。③ 污染预警体系，包括：根据敏感点分布、污染物特征和水环境功能区划要求等，筛选风险源；加强对敏感水体如集中式饮用水水源地的预警，保证饮用水安全；建立重点污染源与排污口之间的排查预警系统、排污口与水体水环境之间的预警系统。

4.4 加强与有关部门的协调和信息共享

美国流域水质保护规划是由环保部门牵头编制的流域水环境保护综合规划，基本上涉及与水相关的农业、交通等部门，各有关部门和利益相关人有责任参与流域规划方案的设计，而我国部门与部门各自为政，利益冲突频繁。流域污染问题不仅仅是环保部门的责任，也不仅仅是水利部的问题，而是应由多部门和公众共同参与决策。有关部门在编制与流域水环境相关的规划时，从信息的收集、信息的流动、信息的协同作用等各方面入手，建立统一的信息平台，尽可能收集和采用科学的数据，促进信息共享和不同部门之间的沟通已达到信息的有效利用和协调统一。通过广泛的信息共享和披露，避免流域内各地、各部门为获取有关信息而低水平重复建设、浪费资源，使流域各利益相关方能够更好地参与，并更好地理解和支持流域管理决策。

参考文献

[1] 国家环境保护总局. “三河、三湖”水污染防治计划及规划（简本）. 北京：中国环境科学出版社，

2000.

[2] 国家环境保护总局. “三河、三湖”水污染防治“十五”计划汇编（中英文版）. 北京：化学工业出版社，2004.

[3] www.epa.gov. Handbook for Developing Watershed Plans to Restore and Protect Our Waters.

[4] 王金南，王东，李云生，王晨. 国家“十一五”重点流域水污染防治战略规划. 水利水电技术，2008，39（1）：16-20.

[5] 张远，张明，王西琴. 中国流域水污染防治规划问题与对策研究. 环境污染与防治，2007，29（11）：870-875.

[6] 邹首民，王金南，洪亚雄. 国家“十一五”环境保护规划研究报告. 北京：中国环境科学出版社，2006.

[7] 李云生，王东，张晶. 淮河流域“十一五”水污染防治规划研究报告. 北京：中国环境科学出版社，2007.

[8] 李云生. 松辽流域“十一五”水污染防治规划研究报告. 北京：中国环境科学出版社，2007.

[9] 李云生，王东，张晶. 海河流域“十一五”水污染防治规划研究报告. 北京：中国环境科学出版社，2008.

我国经济环境形势的回顾、分析与展望①

Review, Analysis and Respect for Economy and Environment Situation in China

吴舜泽　贾杰林　逯元堂　朱建华

摘　要　为了更深入了解经济社会环境形势变化趋势，探寻影响污染物排放的内在驱动因素，中国环境规划院利用自主开发的分解分析模型（包括规模效应、结构效应和广义技术效应）和水环境形势预警模型（包括先行预警和同步诊断），对 2007—2009 年的经济环境形势进行了定量回顾、分析和展望。

关键词　形势分析　分解模型　预警模型

Abstract　In order to better understand the variation trend of the economic and social environment condition, and influence inner actuation factor of the discharge of pollutants, Chinese Academy for Environmental Planning use decomposition analysis model (include the scale, the structure and the generalized technical effect) and water environmental prediction model (include early warning and synchronous diagnosis) development activity to review, analysis and respect quantitatively by the years 2007—2009.

Key words　Situational Analysis　Decomposition Model　Prediction Model

1 2007 年：工业 COD 总量变化的驱动成因计量分析

借鉴国际经验和分解分析（Decomposition Analysis）模型（De Bruyn 分解模型），我院引入负的规模效应和正的结构效应、技术效应这三类效应来解释工业 COD 排放总量变化的驱动因素②，对 1992—2006 年研究期内工业 COD 减排的效应进行了分层次的计量分解。由于 1992 年我国国民经济行业分类做了较大的调整，因此研究期未跨越 1992 年。2007 年度各项统计数据出台后，我们补充进行了跟踪分析，以期形成长系列的对比数据、定

① 本研究受水专项战略政策主题中国水环保战略和行动方案研究课题、环境公益科研课题“十二五”约束性指标调整研究资助。

② 吴舜泽等，我国污染减排的效应分解实证分析研究报告，重要环境信息参考，2008 年第 4 卷第 27 期。

量刻画，将污染变化分解为经济规模扩大导致的规模效应、经济结构变化导致的结构效应，以及各部门污染强度变化导致的技术效应，分离了各种可能机制对污染物排放量变化的贡献率，以明确工业行业 COD 排放量变化的经济驱动成因，为分析污染变化的主要影响因素提供了实证依据和政策。

一般而言，经济增长过程中环境污染的变化方向是规模效应、结构效应和技术效应三者共同作用的结果，工业结构变化、技术进步、需求模式改变和更有效的法规等被认为是污染下降的主要原因。其中，规模效应 G_{sca} 用工业增加值的变化所产生的污染物量的变化表征，结构效应 G_{str} 用各行业工业增加值份额的变化所造成的污染物产生量的变化表征，广义的技术效应 G_{int} 则表示造成污染物排放强度变化的各种因素的综合贡献，并可以进一步将其分解为清洁技术效应 G_{tec} 和污染治理效应 G_{aba}，前者以单位工业增加值的污染物产生量的变化表示，是产生强度变化的各种因素的综合，而污染治理效应指造成污染物排放量变化的各种因素的综合，主要与产生量和排放量之间的差值部分相关。

本研究选取 COD 排放为分析对象，分析时间为 1992—2007 年，工业行业划分采用《中国统计年鉴 2007》所划分的 39 个工业行业，剔除不具有行业代表性的其他采矿业、工艺品及其他制造业和不具有 5 年连续数据的废弃资源和废旧材料回收加工业，因此分析的工业行业数为 36 个（$i = 1, 2, \cdots, 36$）。应说明，环境年报的工业行业的统计范围与统计年鉴的统计范围并不完全一致，工业增加值采用的是当年价。

COD 排放各效应随时间的变化情况见表 1。这些数据表明，我国工业在经济发展的同时，污染物排放量并没有同步增长，结构调整、技术进步、环境管制等因素已经取得了一定的成果。

表 1　1992—2006 年 COD 排放变化的各种效应值（%）

年份		总量（G_{tot}）	规模效应（G_{sca}）	结构效应（G_{str}）	广义技术效应（G_{int}）	清洁技术效应（G_{tec}）	污染治理效应（G_{aba}）
1992—1996		−4.8	44.3	21.3	−70.3	—	—
1996—2000		−3.7	30.6	−5.3	−29.0	—	—
2001—2007		−10.8	191.4	−5.5	−196.7	−176.1	−20.6
其中	2001—2005	−4.1	107.3	−2.4	−109.0	−103.6	−5.4
	2005—2006	−4.9	22.9	−1.9	−26.0	−21.8	−4.2
	2006—2007	−2.2	25.1	0.7	−27.9	−23.3	−4.6
	2005—2007	−7.0	48.8	−1.2	−54.6	−45.9	−8.7

由于 2000 年前的年份行业划分标准和 2001—2006 年的不一样，因此可能会对数据的连续性和可比性造成一定的影响，但通过比较 3 个时期的各大效应的变化，仍然能发现一些规律。

（1）规模效应逐年加大是造成工业污染减排压力增大的主要因素。比较不同阶段的规模效应可知，规模效应一直都是造成污染排放增加的主要因素。1992—1996 年、1996—2000 年、2001—2007 年规模效应的贡献率分别为 44.3%、30.6%、191.4%，“十五”期间我国工业规模效应是 1992—1996 年 2.4 倍，2001—2007 年期间的规模效应压力要明显大于 1992—2000 年，说明我国近年来经济的迅速发展给环境带来的压力越来越大。2006—2007

年较 2005—2006 年规模效应增加 2.2 个百分点，规模效应逐年加大（增加了 9.6%）。要实现“十一五”污染减排目标，削减经济发展带来的污染物排放量增量的难度更大、挑战更大。

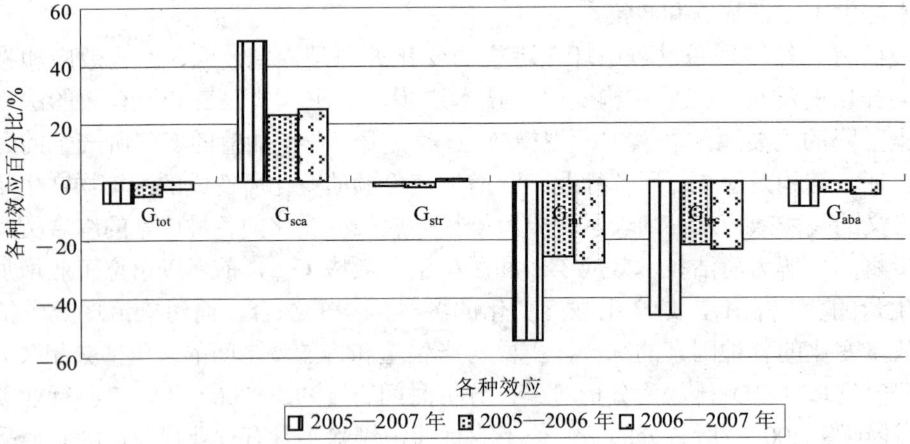

图 1　2005—2007 年不同阶段 COD 排放的效应分解

（2）结构效应整体偏低，2006 年度力度明显加大，2007 年宏观产业结构出现反弹。结构效应在 1992—1996 年为正值（21.3%），产业结构调整客观上对污染减排的效应为正，即结构调整的结果是工业 COD 排放量增加。1996—2000 年结构效应为较小的负值（−5.3%），这说明我国工业行业的结构变化正由使得污染增加转向污染减少，为−5.3%。2001—2005 年结构效应值尽管仍然为负，但仅为−2.4%，相对 1996—2000 年结构效应出现下降，说明“十五”期间环境因素并不是结构调整的主导方向，产业结构变化对工业污染减排的促进作用不如“九五”。而 2006 年一年的结构效应贡献达到了−1.9%，占“十五”五年结构效应总值的 79%，结构调整的力度明显加大。但 2006—2007 年结构效应为 0.7%，出现了反弹，表现为不利于 COD 减排的正效应，表明 2007 年经济结构并未进一步实行整体优化，造成污染减排的压力。

这表面上看起来有些反常，但实际上反映了经济结构变化的内在规律及其对污染减排的深远影响。计量分析采用的数据为行业整体工业增加值占全部工业行业的比重，因此，虽然通过结构减排措施关停部分污染严重的企业、上大压小，但该行业工业增加值比重趋高，大的产业结构并未实质性转变。近年来结构减排等一系列措施虽然力度很大，在行业内部企业大小、产品结构之间有所优化，但并未实现行业之间产业结构的整体优化。以造纸及纸制品业、农副食品加工业、化学原料及化学制品制造业、纺织业、饮料制造业五大 COD 排放行业为例，2001 年、2005 年、2006 年、2007 年其工业增加值占全国工业增加值比例分别为 18.1%、17.7%、17.4%、17.7%，也经历了先下降后上升的过程。当前我国仍然处于工业中后期，重化工等态势明显，经济增长对环境保护的压力将长期存在,产业结构调整需要一定的周期，且存在较大难度。结构效应先负值后正值也正是这种宏观产业结构特征的描述。

应说明的是，结构效应与污染减排三大措施的结构减排之间有密切相互关系，但并不具有直接对应关系。结构减排等措施的实施，虽然短期内未带来整体产业结构的明显优化，但通过上大压小、淘汰落后企业等以环境保护为主要目的的措施，推进了产业技术升级和规模经济的发展，实现了在现有产业结构下行业污染产生强度的降低，有利地推进了源头减排。但该部分作用在本模型中表现为清洁技术效应和治污效应，而不表现为结构效应，结构减排同时作用于结构效应、清洁技术效应和污染治理效应，具有“多重提升”作用。

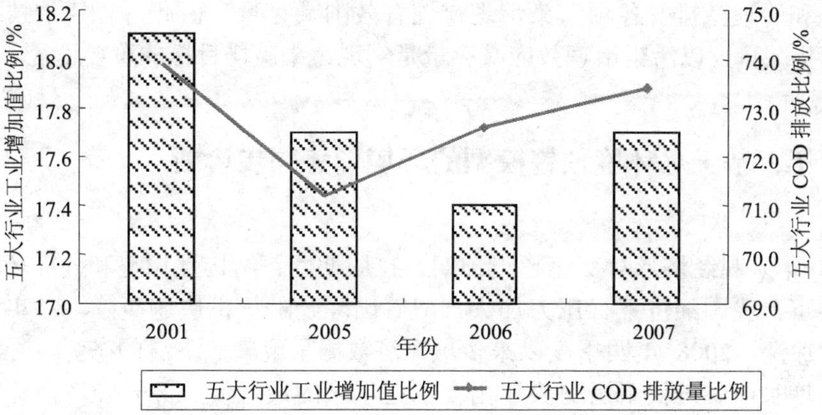

图 2　五大重污染行业工业增加值与 COD 排放量年度比较

（3）广义的技术效应逐年加大是污染排放降低的主要原因。广义技术效应综合反映了各种减污措施的效果，维持较强的广义技术效应意味着持续不断地提高生产技术的清洁度，或者扩大污染治理投资。1996—2000 年和 2001—2006 年，广义的技术效应，只能刚刚好抵消掉工业规模的影响，而在 1992—1996 年技术效应要远大于规模效应的影响，2005—2006 年、2006—2007 年广义技术效应也均超过了规模效应的影响，但基本与规模效应持平，2007 年略好于 2006 年。这说明广义技术效应是减少污染排放的主要贡献因子，目前导致排放量增加的规模效应因素正与广义技术效应基本处于相持阶段，规模效应和广义技术效应两者发展态势将决定我国包括污染减排在内的环境形势变化，需要密切关注。

（4）产业技术升级和规模经济发展对清洁技术效应贡献较大。清洁技术效应反映的是产业技术升级和规模经济的发展带来污染物产生强度的变化。清洁技术效应是广义技术效应的主要力量，从年度绝对值比较来看，清洁技术效应逐年增大，2007 年好于 2006 年。从 2006 年、2007 年来清洁技术效应与规模效应的比较来看，清洁技术效应均抵消了 93%以上的规模效应不利影响，亦即经济发展带来的新增污染物的削减主要通过清洁技术效应来实现。

（5）污染治理效应增加明显表明污染减排成效显著。污染治理效应反映的是工程治理等因素引起污染物排放量占产生量比例的变化。2001—2005 年污染治理效应为－5.4%，2006 年达到－4.2%，2007 年为－4.6%。2006—2007 年一年的污染治理效应贡献情况与“十五”期间基本相同，同时，污染治理效应占广义技术效应的比重，也从“十五”期间的 5%提高到 2007 年的 16.5%，这说明随着污染减排工作的大力开展，工业的污染治理能力和水平在稳步上升，这是 2006 年以来污染减排力度之大、成效之大的实证之一。

分析表明，2007 年工业规模压力增加 9.6%，规模效应仍然是新增污染物增加的主要原因，造成污染减排的压力上升；结构效应整体偏低，且 2007 年出现正效应，工业结构调整不利于减排，说明产业整体结构未取得明显转变；清洁技术效应是抵消经济增长引起新增污染物排放量增加的主要力量，加大产业技术升级和发展规模经济，淘汰、关闭落后企业能够有效缓解经济增长带来的环境压力，通过产业技术升级和规模经济发展降低污染物产生强度是实现污染减排目标的关键因素。在此基础之上，应通过工程减排、结构减排和管理减排等各项污染治理措施有效削减存量。由此，以清洁技术效应抵新增并实现源头减量，以污染治理效应减存量是实现污染减排目标的重要途径。

2 2008 年：基于水环境预警模型的环境形势同步诊断

2008 年宏观经济形势变化超出预期。在周期性、结构性调整和外部环境不断恶化的三重影响下，我国经济下行压力加大。随着国际金融危机快速蔓延，对实体经济的影响正进一步加深，2008 年四季度以来多项经济数据呈现骤然下滑的态势，经济增速大幅回落，经济增长面临过快下滑势头，出现了近年来的最低值，部分经济指标甚至出现近年罕见的负增长，外部需求明显收缩，出口实际增速大幅降低。工业生产萎缩，部分行业出现大面积亏损。

2008 年，宏观经济政策调整力度也超出预期。四季度，在一系列大幅滑坡的经济数据和众多中小企业停产半停产的严峻现实面前,中国的宏观调控基调出现了重大转变，从年初的双防（防通胀和经济过热）到年中的“一保一控”（保增长和控通胀），到 9 月的“保增长”，以及 11 月的“保增长、扩内需”，再到中央经济工作会议上，基调被完善为“保增长、扩内需、调结构”。“保增长”成为 2009 年宏观调控的首要任务，国家决定实行积极的财政政策和适度宽松的货币政策，出台了扩大内需的十条措施，并确定总额高达 4 万亿经济刺激方案，其中 2008 年四季度将增加安排中央投资 1 000 亿元。随后，各省市陆续公布的投资计划显示，各地投资总额已超过 18 万亿元，远超 4 万亿的预定目标。

环境规划院通过对相关统计指标的筛选和分析基础上，构建了包括同步指标和先行指标的年度（季度）水环境形势预警模型。先行指数反映的是根据历史经济社会发展情况来预测未来的环境形势，相对应而言，先行指数主要反映历史规律拟合趋势的预测情景，同步指数是当年经济社会实际发展数据，先行指数用于预警，反映规律性的趋势，同步指数用于诊断，用于分析评价当年实际状况，其实际发展状况与先行指数的差异，可以用来说明先行指数预警误差的原因。

在 2008 年年初进行的水环境形势分析预测表明，按照常规态势，2008 年先行指数表征的 2008 年水环境形势将比 2007 年好转 2.5%[①]。季度压力预警分析显示，2008 年第二季度的水环境压力最大，比一季度增加 14.2%，而三季度将比二季度压力下降 26.7%，第四季度将持续减缓。2008 年全国 COD 实际减排 4.42%，经济形势也是从第三季度快速下滑。上述数据仅仅是依据历史经济社会数据对 2008 年的水环境形势的预测，反映的是历史规律拟合趋势的预测情景。2008 年尤其是下半年以来，中国经济增长速度出现了较大

① 吴舜泽等. 2008 年度我国 COD 排放形势预警分析报告，重要环境信息参考，2008 年第 4 卷第 24 期。

幅度的调整，导致全年经济社会发展指标和年初与预测情况产生了很大的差异。多项社会经济指标的超预期变化导致依靠常规发展态势得到的先行指数和同步指数之间差异增大。

在对 2008 年的宏观经济形势进行系统分析，并参考国家统计局及有关机构统计数据的基础上，分别给出了 2008 年全年 5 项同步指标的值（部分数据将在统计数据发布后予以修正），力求通过同步指数变化，分析把握 2008 年水环境形势的变化趋势。

其中，国内生产总值增长率、重污染行业产品产量增长率、污水处理厂处理能力增长率三项指标数据来源于《中华人民共和国 2008 年国民经济和社会发展统计公报》和国家统计局统计数据，重点省份工业增加值占全国工业增加值比例增长率、“三同时”实际新增废水处理能力增长率两项指标数据为预测数据。（1）重点省份工业增加值占全国工业增加值比重增长率：2008 年全国规模以上工业增加值增速降至 12.9%，呈现明显下滑趋势，但是同期 10 个重点省份中，只有广东工业增加值增速 12.8%略低于全国增速。通过加权数据分析，2008 年一季度、上半年和 1—10 月份 10 个重点省份工业增加值加权平均增速分别为 17.4%、17.8%和 16.3%，分别高于全国增速 1.0 个、1.5 个和 1.9 个百分点。按照这一趋势分析，2008 年全年重点省份工业增加值占全国工业增加值的比重将继续小幅增加，约为 60.6%，比上年增幅为 1.66%左右。（2）“三同时”实际新增废水处理能力增长率：随着节能减排工作开展，环境监管能力不断加大，对于推动项目“三同时”执行情况和提高“三同时”投资力度有很大促进。从 2007 年和 2008 年主要污染行业城镇固定资产投资增长情况来看，2008 年下半年以来产能扩张势头得到很大程度抑制，但绝大部分行业如农副食品加工业、食品和饮料制造业、造纸及纸制品业、化学原料及化学制品制造业增速仍然基本保持在 20%以上。同时 2007 年投资建设的部分项目也将在 2008 年形成实际处理能力。因此初步预计 2008 年“三同时”实际新增废水处理能力增长率基本与 2007 年持平，全年“三同时”实际新增废水处理能力增长率仍将在 40%左右（表 2）。

表 2　2008 年各项同步指标数据

<table>
<tr><th></th><th>类别</th><th>指　标</th><th>指标性质</th><th>2008 年指标值/%</th></tr>
<tr><td rowspan="5">同步指标</td><td>总量指数</td><td>国内生产总值增长率</td><td>压力</td><td>9</td></tr>
<tr><td rowspan="2">行业地区指数</td><td>重污染行业产品产量增长率</td><td>压力</td><td>3.96</td></tr>
<tr><td>重点省份工业增加值占全国工业增加值比例增长率*</td><td>压力</td><td>1.66</td></tr>
<tr><td rowspan="2">污染治理指数</td><td>“三同时”实际新增废水处理能力增长率*</td><td>响应</td><td>40</td></tr>
<tr><td>污水处理厂处理能力增长率</td><td>响应</td><td>16.1</td></tr>
</table>

根据筛选的同步指标，计算得出了 2008 年同步指标权重和同步指标值。

表 3　2008 年各同步指标权重值

国内生产总值增长率	重污染行业产品产量增长率	重点省份工业增加值占全国工业增加值比例增长率	“三同时”实际新增废水处理能力增长率	污水处理厂处理能力增长率
0.198 0	0.185 9	0.180 1	0.222 6	0.213 4

表 4　2008 年各同步指标得分值和同步指数值

国内生产总值增长率 T_1	重污染行业产品产量增长率 T_2	重点省份工业增加值占全国工业增加值比例增长率 T_3	“三同时”实际新增废水处理能力增长率 T_4	污水处理厂处理能力增长率 T_5	同步指数 $T_{同}$
3.24	6.61	13.93	11.93	18.90	54.61

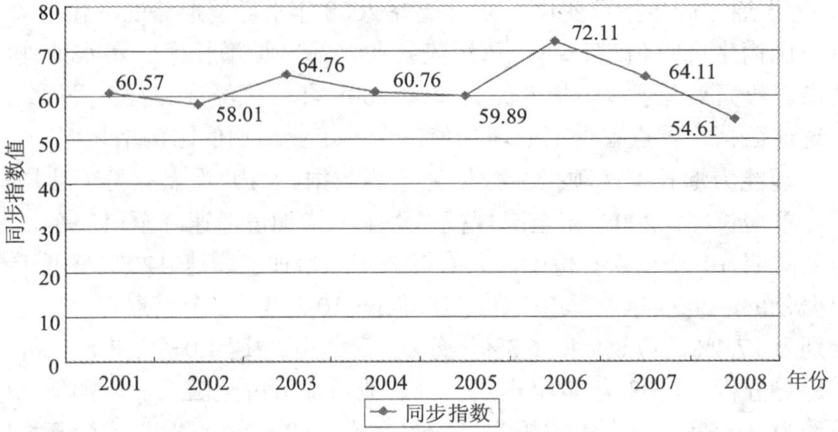

图 3　2001—2008 年水环境预警同步指数变化趋势图

从图 3 同步指数的变化趋势可以看出：

（1）2008 年同步指数值为 54.61，比 2007 年的 64.11 降低了 9.5，下降幅度为 14.8%。2008 年全国环境质量状况公报表明，2008 年全国地表水国控断面高锰酸盐指数年平均浓度为 5.7 mg/L，较上年降低 12.3%；与 2007 年相比，七大水系Ⅰ～Ⅲ类断面比例升高 5 个百分点，劣Ⅴ类断面比例下降 3 个百分点。2008 年度化学需氧量比 2007 年下降 4.4%以上，与 2005 年相比分别下降 6.6%，实现了任务完成进度赶上时间进度。水环境质量和化学需氧量变化形势与水环境预警指数、同步指数反映的规律基本一致（图 4）。

（2）2008 年计算结果显示，同步指数和先行预警指数变化率之间的比值明显增大，年度社会经济环境形势的波动较为异常，并在一定程度上增加了 2009 年度水环境形势敏感性。2008 年同步指数比上年下降 14.8%，远大于先行预警指数计算得到的下降 2.5%，二者变化率比值为 5.9，而 2002—2007 年的比值均在－1.5～2 之间。先行预警指数和同步指数产生如此大的差异说明 2008 年水环境形势变化超出年初预期，与水环境形势密切相关的某些因素在 2008 年出现了明显变化，从而使得按照常规发展趋势预测的先行预警指数与实际状态产生了比较大的误差。分析表明，这方面是由于 2008 年经济从高速增长快速滑落，经济实际运行态势对水环境的压力有所缓解，但更重要的是“十一五”以来污染减排工作的稳步推进，2008 年环境基础设施建设、淘汰落后产能、重点流域污染治理等方面都取得了积极成效。全年全国新增污水处理能力 1 149 万 t，污水处理率由 2007 年的 62%上升到了 2008 年的 66%；淘汰造纸、酒精、味精、柠檬酸等行业落后产能工作进展顺利。这些措施对于减少污染物排放，改善水环境质量发挥了显著作用。

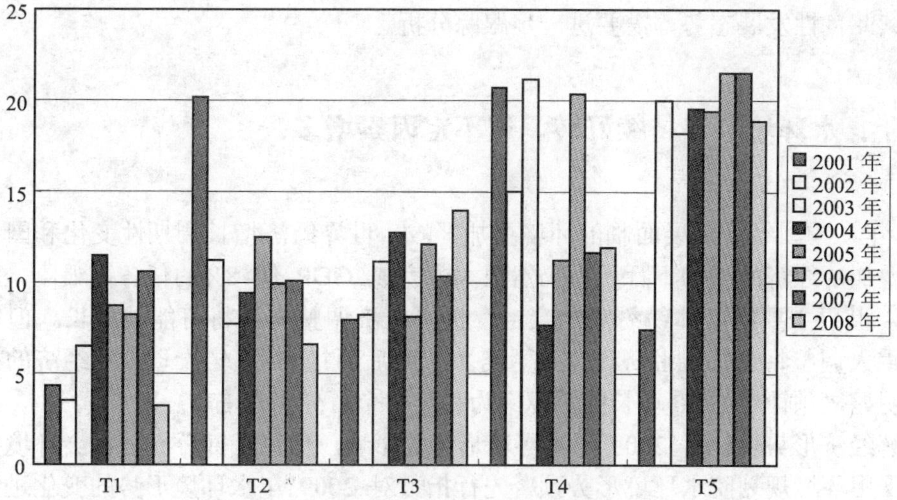

图 4 水环境预警同步指标变化趋势图

（3）同步指标显示，在总体压力有所减轻的同时，重点地区压力有上升态势。

2008 年实际经济运行对水环境形势的压力减小。2008 年国内生产总值增长率、重污染行业产品产量增长率和重点省份工业增加值占全国工业增加值比例增长率三项水环境压力指标值之和总体呈现较明显的下降趋势，3 个指标的得分值总和为 23.78，比 2007 年的 30.99 下降了 7.21，这表明 2008 年实际经济运行对水环境形势压力减小。

三项压力指标中国内生产总值增长率指标对 2008 年同步指数下降的贡献最大，该指标得分值由 2007 年的 10.59 回落为 3.24，下降幅度达到 69.4%，表明经济的规模效应给水环境形势造成的压力明显降低，但下降幅度如此大是对前两年的经济超常规高速发展对水环境形势的压力过大的一种舒缓，是相对的大幅下降。考虑到中国目前发展阶段和发展水平，经济发展对水环境形势的压力在未来一段时间内依然比较大。

重点地区特别是中西部地区经济快速增长对水环境形势的压力有所增大，并且有上升趋势。2008 年经济总量和重污染行业对水环境形势压力明显减小，但是重点地区水环境形势压力有所增加，接近 2001 年以来的最高值（最高值发生在 2006 年），贡献了同步指数中压力综合值的 2/3，也是各项指标中唯一表现为不利因素的指标项。数据显示，2008 年 10 个重点省份中绝大多数工业增速保持高于全国平均速度的增长水平，特别是位于中西部的 5 个省份工业增速仍然保持较快增长势头，在全国工业增速大幅下滑的情况下增速基本在 20%左右甚至高于 20%。在本轮经济调整和产业结构转型过程中，中西部发挥着后发优势并成为东部产业转移的主要承接地，工业增速快速增长下对水环境形势造成的压力增大并且呈现上升趋势。

（4）以污染减排为主的环境保护工作有效地推动了水环境形势的改善。从水环境形势的两个环境治理指标来看，均呈现有下降趋势，污水处理厂处理能力增长率指标下降更为明显。由于环境治理指标为水环境形势逆向指标，指标值越小对水环境形势越好。这也表明随着污染减排工作力度不断加大，污水处理能力不断提高，特别是污水处理厂对水环境形势的好转起到了十分积极的作用。同时，应注意到重污染行业产品产量对水环境形势的压力也有较大幅度的降低，与宏观调控期的 2002 年基本相同，2009 年是否仍然能够延续此良性发展态势，需要进一步跟踪分析。

3 2009 年：水环境形势持续好转，但不定因素增多

2009 年，中国经济发展面临的环境更加严峻，世界经济增长周期性变化和国内周期性因素相叠加，经济面临的下行压力仍然很大，完成 GDP 保 8%的任务很艰巨。从外部因素来看，世界主要经济体纷纷陷入衰退，世界经济调整周期将可能被拉长。但宏观经济政策的重大调整将会抑制经济过快下滑势头，明后两年 4 万亿投资，对经济的拉动作用将十分明显，预计对 GDP 增长的贡献率为每年 1 个百分点左右。

为了解经济形势变化对 2009 年水环境形势的影响，估算了部分经济社会环境指标的数据，并采用环境规划院水环境形势预警先行指数对 2009 年水环境形势的变化进行分析（具体指标见表 5）。其中，规模以上工业增加值增长率、城镇固定资产投资增长率、工业化率增长率和城镇化率指标的 2008 年数据均来源于《中华人民共和国 2008 年国民经济和社会发展统计公报》；重工业增加值占工业增加值比例增长率、工业污染源污水治理项目完成投资增长率两项指标与水环境形势的时差为 3 年①，因此选取这两项指标 2006 年数据进行 2009 年水环境形势预警分析；重污染行业利润占整个工业利润增长率、人均日生活用水量增长率两项指标为预测数据。① 2008 年中国大部分工业行业赢利能力明显下降，前 8 个月，工业企业实现利润 18 685 亿元，8 个重污染行业实现利润 5 657 亿元，占整个工业利润的比例分别为 30.36%、30.77%和 30.38%，与 2008 年的 36.31%相比出现较大下降，钢铁、电力、化工、纺织等行业出现大面积亏损，三季度以后，企业亏损面进一步扩大，重污染行业利润占整个工业利润的比例仍将继续下滑。预计 2008 年全年重污染行业利润占整个工业利润的比例不会高于 30%，重污染行业利润占整个工业利润增长率为－17%左右。② 从 2000 年开始，我国人均日生活用水量保持逐年下降趋势，由 2000 年的 220.2 L 下降至 2007 年的 186.2 L，年均减少 2%以上，随着节水工作的开展，初步预测 2008 年我国人均日生活用水量在 182 L 左右，仍将保持－2%左右的增长速度。

表 5 水环境形势预警先行指标数据

类别		指标	先行时间	指标性质	指标值/%
先行指标	总量指数	规模以上工业增加值增长率	1	压力	12.9
		城镇固定资产投资增长率	1	压力	26.1
	结构指数	重工业增加值占工业增加值比例增长率	3	压力	0.31
		工业化率增长率	1	压力	3.59
	行业地区指数	重污染行业利润占整个工业利润增长率	1	压力	－17
	生活指数	城镇化率	1	压力	45.7
		人均日生活用水量增长率	1	压力	－2
	污染治理指标	工业污染源污水治理项目完成投资增长率	3	响应	13

① 李键，杨玉楠，吴舜泽．水环境趋势预测指标体系的构建研究．环境保护，2008 年第 22 期。

根据筛选的先行指标，计算得出了 2009 年水环境形势先行指标权重和先行指标值，并得到了 2009 年水环境形势先行指数。

表 6　2009 年先行预警指标权重值

工业增加值增长率	城镇固定资产投资增长率	重工业增加值占工业增加值比例增长率	工业化率增长率	重污染行业利润占整个工业利润增长率	城镇化率	人均日生活用水量增长率	工业污染源污水治理项目完成投资增长率
0.119 1	0.142 7	0.129 7	0.127 0	0.127 1	0.135 6	0.105 7	0.113 1

表 7　2001—2009 年先行预警指标得分值和先行指数值

时间/a	工业增加值增长率 T_1	城镇固定资产投资增长率 T_2	重工业增加值占工业增加值比例增长率 T_3	工业化增长率 T_4	重污染行业利润占整个工业利润增长率 T_5	城镇化率 T_6	人均日生活用水量增长率 T_7	工业污染源污水治理项目完成投资增长率 T_8	先行指数 $T_{先}$
2001	7.09	2.51	6.45	13.05	4.53	4.14	10.41	8.83	57.02
2002	4.63	4.77	6.32	4.37	11.65	5.51	6.72	9.32	53.29
2003	6.46	6.23	7.50	6.60	6.77	6.86	7.96	0.00	48.36
2004	9.27	11.11	0.00	10.31	13.66	8.37	8.59	12.73	74.04
2005	10.57	12.39	6.49	11.13	3.39	9.27	8.97	7.85	70.06
2006	12.01	12.47	11.30	11.39	10.53	10.80	5.13	4.71	78.34
2007	10.78	10.26	12.13	8.73	7.20	11.30	0.00	4.46	64.84
2008	7.76	11.80	1.57	4.46	13.75	13.16	6.74	3.98	63.21
2009	5.60	13.01	6.70	5.92	0.00	13.56	5.86	5.64	56.29

2001—2009 年水环境预警先行指数有关数据及变化趋势表明（图 5）：

（1）水环境形势先行指数预警显示，在经济社会环境诸因素共同作用下，水环境形势比 2008 年将继续有所好转。按照常规态势，2009 年先行预警指数表征的水环境预警值为 56.29，比 2008 年下降 6.92，下降幅度为 10.9%，将比 2008 年水环境形势持续好转。同口径 2008 年年初进行的分析表明，2008 年先行指数表征的 2008 年水环境形势将比 2007 年好转 2.5%。比较来看，2009 年水环境形势将比 2008 年有较大幅度的改善。

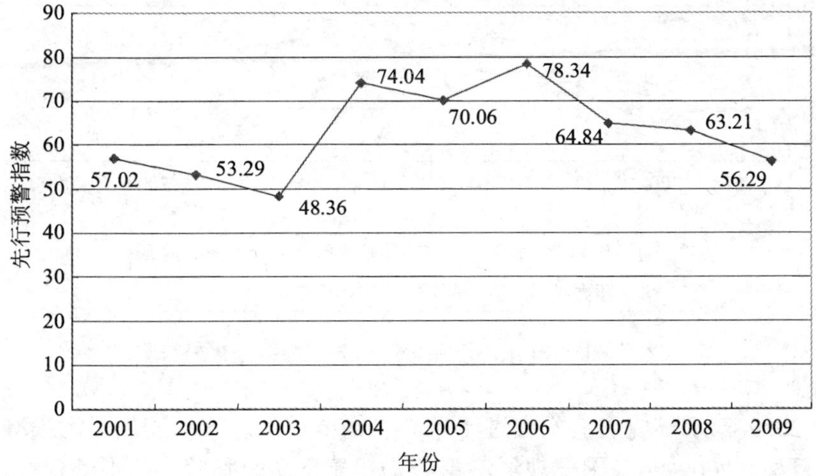

图 5　2001—2009 年水环境预警先行指数变化趋势图

（2）2009 年水环境形势预警指数中压力指标指数将有较大幅度的降低，但应密切关注“保增长”政策下各地投资和重工业增长对水环境形势影响的滞后效应，防止 2012 年前后的反弹和压力释放。

先行预警压力指数表明，2009 年水环境形势的压力指数为 50.65，比 2008 年的 59.24 下降了 8.59，压力下降幅度为 14.5%，大于水环境先行预警指数下降幅度，但小于 2007 年压力指数下降幅度。分项指标看，行业压力指标值下降 7.16，是 2009 年压力指标指数下降的最主要因素，显示 2006 年以来重污染行业调控政策对于水环境压力的持续好转起到了较为明显的推动作用。总量指数继续下降对水环境的改善也起到积极的作用。生活指标值比 2008 年略有下降但变化不大，显示随着城镇化水平的稳步提高，生活污染对水环境仍然保持较大的压力，但是随着城镇生活污水处理率的不断提高，生活 COD 排放对环境的压力将呈现趋缓的态势。

应特别注意目前固定资产投资和行业发展态势对水环境形势预警指数和形势的影响。指标时差序列分析表明，固定资产投资、工业增加值等都将对当年的水环境形势产生影响，而重工业发展对水环境形势影响最可能在 3 年后产生，因此，应密切关注 4 万亿元投资拉动下各地固定资产投资态势、工业增加值增长情况，尤其是中工业增加值占全部工业增加值的比例情况，严格环境准入，防止产生新的“结构性污染”。考虑到固定资产投资完成周期及对水环境影响的时滞性因素，尤其是 2008 年同步诊断分析来看，我国重点省份工业增加值已经对目前水环境影响造成一定的不利影响，我国水环境形势压力将在 2012 年左右集中体现出目前政策的综合影响，如何减缓不利影响、积极妥善应对是现阶段环境管理的重点。

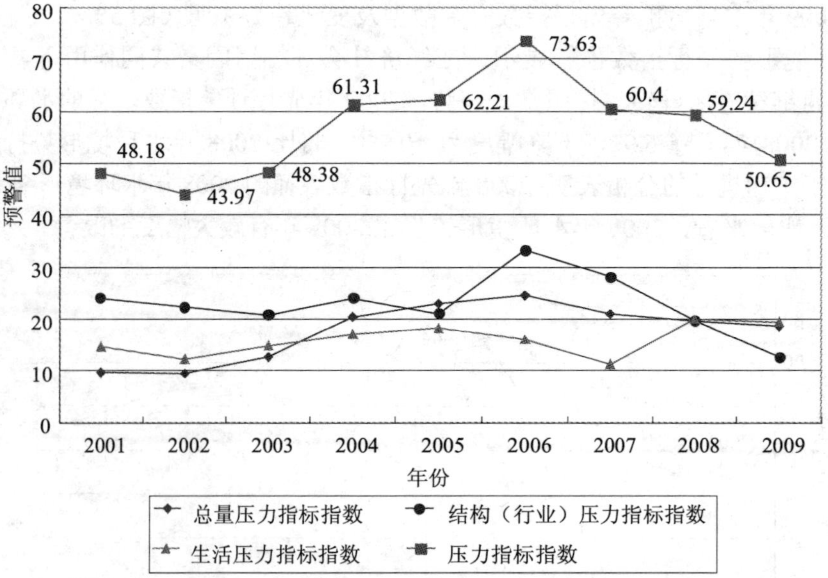

图 6　2001—2009 年水环境预警压力先行指数变化趋势图

（3）对于 2009 年水环境形势不宜过于乐观，需要进一步推动和加强污染减排工作，确保完成减排目标。2009 年我国宏观经济形势仍然复杂，面临较大的不确定性，2009 年也是“十一五”污染减排工作的冲刺年，但是污染减排的结构性矛盾和体制障碍仍然突出，经济危机又使环境保护面临许多新问题和挑战，2009 年经济环境因素超预期变化可能会导致预警先行指标值发生较大变化，2009 年水环境形势预警值的下降有一些因素是非常态、不可持续的，压力指标的任何微小波动都有可能对水环境预警度产生重大影响，当前水环境预警指数降低的基础并不稳固。

2008 年 11 月份以来，内蒙古最先决定下调工业用电电价，将铁合金、多晶硅等 7 种高耗能产业的生产用电在现行电价基础上每度下浮 0.08 元；黑色金属冶炼、有色冶金及深加工企业下浮 0.045 元。宁夏、云南省政府也纷纷效仿，在不久之后也相继下调了工业电价 0.03 元/度、0.06 元/度，以在经济增长放缓和下游需求萎缩的背景下，降低企业生产经营成本。这一行为打乱了国家节能减排、产业结构调整的连续性，也与国家反复强调把加快发展方式转变和结构调整作为保增长的主攻方向这一精神相悖。

压力指标指数中生活压力值的持续高位也要求充分重视生活污水处理设施的建设和运行，通过环保响应指标降低生活污染对水环境的压力，如何在现有建设基础上，积极推进区小规模、县级污水处理厂建设，发挥减排绩效，是 2009 年工作重点之一。2009 年仍然需要加大治污力度，进一步做好污染减排工作，充分发挥污染减排这一约束性指标的导向作用，调整经济结构，转变增长方式。只有根本改变经济结构不合理、增长方式粗放的发展模式，使经济增长建立在节约能源资源和保护环境的基础上，才能真正长效降低社会经济发展对水环境的压力，实现水环境形势的持续改善。

参考文献

[1] 李键，杨玉楠，吴舜泽．水环境趋势预测指标体系的构建研究．环境保护，2008（22）．

[2] 国家统计局，中华人民共和国 2008 年国民经济和社会发展统计公报.

[3] 王金南，吴舜泽. 2009 年污染减排形势及对策. 环境保护，2009（1）.

[4] Jian Li，Yunan Yang，Shunze Wu.The Research of Index System for Trend Forecasting on Water Environment—A case study of China [J]. Environmental Management（Submission）.

[5] 叶帆，吴舜泽，逯元堂，李键. 水资源消耗和 COD 排放的行业特征分析. 环境与可持续发展，2008 (5).

[6] 叶帆，吴舜泽，逯元堂，李键．基于水污染物排放的工业行业资源环境特征分析．2008 年中国环境科学学会学术年会优秀论文集.

[7] 中国环境与发展国际合作委员会政策报告《中国污染减排：战略与政策》. 北京：中国环境科学出版社，2008.

[8] 李键，中国水环境形势预警指标体系的研究,北京航空航天大学硕士论文.

[9] 吴舜泽，李键，贾杰林，等. 2008 年度我国 COD 排放形势预警分析报告. 重要环境信息参考，2008：4 (24).

[10] 吴舜泽，逯元堂，叶帆，等.我国污染减排的效应分解实证分析研究报告.重要环境信息参考，2008：4（27）.

[11] 李雁争. 从“双防”到全力保增长宏调基调发生重大转向.上海证券报，2008.12.16.

[12] 袁开福，高阳. 促进我国节能减排的策略研究. 宏观经济管理，2008（7）.

[13] 刘立峰. 新一轮积极财政政策：如何比 1998 年做得更好. 中国投资，2008（12）.

[14] 国务院发展研究中心课题组. 中国：加快结构调整和增长方式转变. 管理世界，2007（7）.

[15] 张立群. 2008—2009 年中国经济形势及产业发展分析与展望.中国证券报，2008.12.8.

环境政策

- 开发环保指数金融产品，促进证券市场绿色融资
- 关于开展环境损害评价鉴定与赔偿修复工作的思考
- 中国大气汞污染防治现状及控制对策分析
- 关于环境基本公共服务均等化问题的初步研究

开发环保指数金融产品，促进证券市场绿色融资

Developing an Environmental Protection Index of Listed Companies to Promote Green Financing of Securities Market

董战峰　王金南　葛察忠
单开佳[①]　倪韵婷[①]　高道德[①]

摘　要　随着国际社会对环境保护给予高度关注，环保企业的市场价值也在不断变化，特别是金融危机背景下，各国致力于加大绿色投资来拉动实体经济的增长，更是为环保产业发展带来了很大的机遇。在新形势下，开发环保指数来发掘环保上市公司的投资价值对于政府、上市企业、资本市场投资者各方均具有重要意义。本研究设计了环保指数，并对环保指数的运行状况和投资价值进行了分析。结果表明：环保指数抗跌超涨特征明显，且股价和流通市值结构集中，从投资价值来看，高行业平均市盈率反映了环保成长潜力，环保指数与主流指数呈现走势分化，环保指数成分股的交易相对较为活跃，但在稳定性方面有所欠缺。

关键词　环境经济政策　市场手段　环保指数　投资价值分析　绿色投融资

Abstract　With more emphasis was placed by the international to environmental protection work, market value of the environmental protection company changes accordingly, especially under the background of financial crisis that all countries increase the green investment to stimulate the economy, great opportunities of environmental industry ensued. In the new condition, developing the environmental index to explore the investment value of the listed environmental protection company could be better to the stakeholders. This work designed a environmental index, and analyzed the progress and its investment value. The results showed the environmental index has the resilient characteristic of resisting falling and more rising than the other index, and concentrated structure of the stock and the market Circulation value. from the view of investment value, high Price earning ratio reflected the increasing potential of environmental protection plate, the environmental protection index differed and diverged with the mainstream index, the constituent stocks of environmental protection index were relatively active, but lack of steadiness.

Key words　Environmental economic policy　Market based instruments　Environmental protection index　Policy design Investment value analysis　Green investment and financing

---

① 海通证券股份有限公司研究所，上海：2001.

1 新形势下开发环保指数的意义

与现有一般性指数相比，环保指数样本股的选择在股本规模、经营业绩等惯用标准之外增加了环保标准，通过定量指标，能直接反映中国环保企业的股价整体走势，从而为资本市场提供一个衡量中国环保概念公司的发展现状和趋势的“晴雨表”。不仅可促进市场深入挖掘环保类上市公司的投资价值，使资本市场的股民等投资者了解环保概念产业的运行轨迹，引导资本投资者实施“绿色”投资。也可从资本市场角度倒逼、引导、激励国内概念环保上市公司注重并持续改进其环境绩效，利用资本平台监视社会环保状况，从而对于促进资本市场落实科学发展观，实现良性、健康发展具有重要意义。

特别是在目前的金融危机、气候变化、环境恶化、资源稀缺等多重危机新形势下，开发、应用环保指数更具有特殊重要意义。为了有效应对多重危机复合体的影响，各国纷纷加大了包括新能源、环保产业、清洁生产等在内的绿色经济投资，甚至有人大胆预计人类的第四次科技革命将在此次危机中酝酿，而新能源将是关键的突破口。无论新能源能否带动第四次革命，应该看到节能环保概念上市公司也因此面临空前的发展机遇。发展绿色经济除了国家必须加大投资、出台利好政策外，股市作为企业融资的主要手段，应为推进我国绿色经济的发展作出贡献。当前迫切需要利用资本市场的融资优势来引导社会投资流的绿色走向，利用社会资本力量推进绿色经济的蓬勃发展。基于此，海通证券股份有限公司研究所、环境保护部环境规划院等单位共同开发了环保指数。

2 环保指数的设计和发布

2.1 环保产业的定义和分类

一般来说，环保产业上市公司是指其经营业务以环保产业为核心或其业务具有一定环保影响的上市公司。我们将环保产业上市公司分为三类。

环保上市公司（Ⅰ）：指上市公司的主营业务包括：① 生产用于防治污染、保护生态环境的设备、药剂和材料、环境监测专用仪器，包括水污染治理设备、空气污染治理设备、固体废物处理处置与回收利用设备、噪声与振动控制设备、放射性与电磁波污染防护设备、污染治理专用药剂和材料、环境监测仪器等；② 与环境相关的服务贸易活动，包括饮水安全和流域水污染防治，城市环境基础设施建设中的污水处理、城市垃圾及危险废物处理处置、噪声与振动污染防治、大气污染防治、土壤污染防治，生态保护，核与辐射环境安全，环境技术开发、环境咨询、环境信息、环境工程建设、污染治理设施运营、环境监测、环境审核、环境贸易、培训与教育等环境服务。

环保上市公司（Ⅱ）：指上市公司的主营业务涉及节能、清洁生产机制（CDM）、循环经济等经济活动，主要包括在生产过程中使用清洁能源，对生产过程中产生的废渣、

废水（液）、废气、余热、余压等进行回收和合理利用等并且上市公司将此作为其主营业务。

环保上市公司（Ⅲ）：指上市公司在其生产过程中采取了有环保效果的措施，例如更新环保设备，减少环境污染，节约资源能源等，但并不是主营业务。

2.2 环保指数筛选标准和步骤

纳入环保指数的每只证券必须满足下列所有筛选条件：①主营业务不得含有以下产品（剔除条件不仅仅局限于以下这些条件）：钢铁、有色金属等高耗能、高污染行业，采掘业（煤炭），主营业务为环境保护部发布的高污染、高环境风险产品（如重铬酸钠、含砷的动物饲料添加剂）。②主营业务中包含以下几类环保业务的，且该环保业务收入占比超过其主营业务 25%的。包括：资源开发保护、生态平衡恢复、风力、水力或者垃圾等新兴能源发电（减少火力发电对于空气的污染）、太阳能等可再生能源、低毒农药（CFC替代品、环氧乙烷）、生物燃料（燃烧后的气体危害较小）、生物乙醇、天然气、污水处理、污水处理设备生产企业、电除尘设备等一系列环保设备、脱硫处理（减少温室效应）。③ 近 3 年中未出现连续两年的亏损。④ 报告期流通市值大于 13 亿元人民币的。⑤ 剔除暂停上市的股票。⑥ 剔除被交易所实行退市风险警示即公司股票简称前冠以“*ST”字样的上市公司股票，以及公司股票简称前冠以“ST”的上市公司股票。⑦ 每个调整日前推 12 个月的平均单月换手率大于 0.5%。

在基日成份股即为上述规则筛选得到的股票。在每个权重调整日，指数计算者根据满足上述筛选标准编制成股票列表，将所有入选的股票作为样本股。样本股的数量必须等于或者超过最小指数成份股数目。指数成份股根据下列筛选步骤进行筛选：① 将备选样本股与上期成份股进行比较，根据“环保业务占比优先、流通市值排名优先、流通性优先、业绩优先”的原则，进一步确定本期入选的成份股；② 确保成份股市值对市场的覆盖率和指数的稳定性，允许成份股调整范围的最大幅度（剔出或调入的个数）在上期成份股个数的 10%以内。

2.3 环保指数计算以及修正规则

指数计算者在指数基日、每个权重调整日根据以下方法计算指数价值：① 将所有符合条件的成份股数目记成 X；② 根据 X 的大小确定每一个成份股的权重，如股票 i 是成份股，则 i 的权重为 $1/X$，如果 i 不是成份股，则其权重为 0；③ 在每个交易日指数计算公式为：指数点数 $V(t)$ =∑成份股 i 的股数×成份股 i 股价；④ 指数计算者将在每个交易日决定对于每只指数的成份股而言是否发生摘牌、剔除、法律限制或需要修正的情况。具体情况为：A.凡有成份股除息（分红派息），指数不予修正，任其自然回落；B. 凡有成份股送股或配股，在成份股的除权基准日前收盘后修正指数；C. 当某一成份股停牌，取其最后成交价计算指数，直至复牌；D. 凡有成份股摘牌（终止交易），在其摘牌日前收盘后进行指数修正；E. 部分成份股停市时，指数照常计算；全部成份股停市时，指数停止计算。

2.4 环保指数的发布

指数联合编制方为海通证券研究所、苏格兰皇家银行/荷兰银行、环保部环境规划院3家单位，设计初衷：① 为了引起社会公众在投资时关注中国的环保问题，培养大家的环保意识；② 社会投资者也可通过该指数观察具有环保概念的证券表现。这些证券都是根据指数计算者合理谨慎的考虑，通过筛选决定的（筛选标准见环保指数筛选标准和筛选步骤部分），指数计算者根据前述的筛选标准决定是否将证券纳入指数，并且决定纳入指数的证券数量。此外，在指数计算公式和方法（见环保指数计算以及修正规则）的基础上，指数计算者根据下列的标准计算和发布指数：① 指数成份股在基期以及每个权重调整日都将被赋予相等的权重。② 指数在任何时候都应该包括最小指数成份股数，当成份股少于4只时，指数停止计算。③ 指数基期为2007年11月1日。指数发布日为2008年10月10日。④ 指数编制人为负责指数计算的公司，参照本指数说明中描述、修改、更换以及替代样本股，并按规则进行计算。本指数原始计算者为海通证券研究所。⑤ 权重调整日：指从2008年开始，每年的5月和11月最后一个交易日。如出现由于监管或者法律的原因，需要变动调整权重日的情况，指数计算者应当在指数支持商事先书面同意的情况下，独立且酌情处理。权重 i 是指对于在指数基日以及每个权重调整日的股票 i 的权重，权重 i =1/X，其中 X 为指数成份股的总数，股票数目 i 是就每股 i 而言的，在指数基日为股票 i 的权重×基值/股票 i 的股价。在每个成份股调整日，为股票 i 的权重×指数值（成分调整前）/股票 i 的股价。在非权重调整日，剔除由于退市、停牌或技术原因暂停交易的成份股 j。如果成份股 j 被成份股 k 替代，则新的股票 k 的数目=新的股票 j 的数目×股票 j 的股价/股票 k 的股价；如果成份股 j 没有被替代，对于所有指数中的成份股 i：新的股票 i 的数目=旧的股票 i 的数目+旧的股票 j 的数目×（股票 j 的股价/股票 i 的股价）×（旧的股票 i 的数目×股票 i 的股价）/$\sum n$ 不等于 j（旧的股票 n 的数量×股票 n 的股价）。

3 环保指数运行状况及分析

3.1 抗跌超涨特征明显

环保指数于2008年10月10日起公开发布，我们将环保指数从发布至今的表现与其他主要指数做了一个比较。2008年11月开始，A股市场处于一轮幅度较大的反弹中，因此所有可比指数均出现了较大幅度的上涨，但从图1可以清楚地看到，环保指数从发布至今走势远远强于其他可比指数，从发布之日至2009年3月31日，环保指数上涨幅度高达78.92%，而上证指数、沪深300、海通综指以及深证成指上涨幅度分别为18.63%、31.51%、40.71%以及47.54%，即使是表现最好的深证成指涨幅也仅仅为环保指数同期涨幅的60%（图1）。

究其原因，在这一轮反弹中小盘股表现明显强于大盘蓝筹，因此这也使得大盘蓝筹集中的沪市表现明显落后于深市，代表大盘蓝筹的沪深 300 也表现欠佳，而环保指数由于主要成份股均为小盘股，因此在这一轮的反弹中很好地分享了收益，同时，环保指数中拥有众多具有新能源概念的成份股，而新能源概念在本轮反弹中被反复热炒，也直接推动了环保指数的大幅上涨。

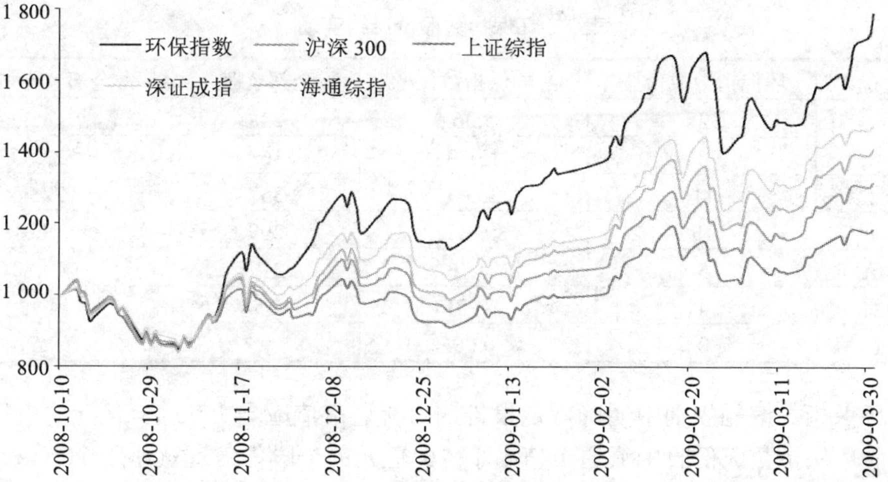

图 1　环保指数与主要指数走势比较

事实上，不仅仅是在这轮新能源热炒的行情中环保指数表现出众，从环保指数设立（2007 年 11 月 1 日）至今，环保指数的表现同样可圈可点。我们将 2007 年 11 月至今的市场按照市场趋势划分为了单边下跌市（2007/11/01—2008/10/31）以及大幅反弹市（2008/11/01—2009/03/31），我们发现无论是在单边下跌的市场或者是大幅反弹的市场，环保指数的平均月度收益率都远远高于其他可比指数，尤其是在本轮的反弹行情中，短短 5 个月内，环保指数的累计涨幅已经超过 100%，远远领先于同期市场 37.28%的涨幅，表现出下跌有支撑，上涨有动力的特点（表 1）。

表 1　环保指数与可比指数在不同市场环境中的收益（%）

指数	2007/11/01—2008/10/31（单边下跌）		2008/11/01—2009/03/31（大幅反弹）	
	平均月度收益率	区间总收益率	平均月度收益率	区间总收益率
环保指数	−6.98	−62.73	16.16	107.60
上证综合指数	−9.12	−70.77	6.69	37.28
深证综合指数	−8.03	−67.02	10.87	66.50
沪深 300	−8.94	−70.32	8.72	50.74
海通综指	−8.55	−69.19	10.53	63.69

3.2 股价、流通市值结构相对集中

截至 2009 年 3 月 31 日，我们统计了下环保指数成份股的股价结构，与全市场相比，

环保指数成份股的股价相对较为集中，股价位于 7～15 元的成份股占比达到 55.27%，而同价格区间的全市场股票占比仅为四成；环保指数成份股中没有股价超过 50 元的高价股，同时股价小于 7 元的中低价股占比也明显低于市场水平。超过八成的成份股集中在了股价位于 5～25 的价格区间内，呈现出了较高的股价集中度（表 2）。

表 2　环保指数股价结构变动

股价分布	环保指数成份股	占环保指数比/%	全部 A 股	占全部 A 股比例/%
＜5 元	2	5.26	258	16.40
5～7 元	6	15.79	368	23.39
7～10 元	11	28.95	357	22.70
10～15 元	10	26.32	299	19.01
15～25 元	5	13.16	217	13.80
25～50 元	4	10.53	65	4.13
＞50 元	0	0.00	9	0.57

由于环保指数编制规则中明确规定报告期内流通市值应当大于 13 亿元的成份股方能入选，因而环保指数成份股中流通市值小于 10 亿元的个股占比远远小于全市场比例，环保指数成份股流通市值要超过 13 亿元的规定主要是为了保证指数的可投资性以及流通性；与股价结构类似，环保指数的流通市值结构也相对集中，主要集中与流通市值位于 10 亿～100 亿元的区间，由于环保指数中不包含金融类企业，因而没有流通市值超过 500 亿元的成份股（表 3）。

表 3　环保指数流通市值结构变动

流通市值	环保指数成股	占环保指数比/%	全部 A 股	占全部 A 股比例/%
＜10 亿元	1	2.63	488	31.02
10 亿～20 亿元	8	21.05	429	27.27
20 亿～50 亿元	16	42.11	405	25.75
50 亿～100 亿元	7	18.42	136	8.65
100 亿～500 亿元	6	15.79	100	6.36
＞500 亿元	0	0.00	15	0.95

4 环保指数投资价值分析

环保指数究竟投资价值如何？可通过市盈率（Price Earning Ratio，PE）、市场相关性以及市场波动率几个指标来进行比较分析。

4.1 高 PE 反映环保有较好的成长潜力

我们计算了从 2008 年年初至 2009 年 3 月末各指数的 PE，PE 计算的方法往往有很多种，这里采用的是前推 4 个季度的报表值并取每周最后一个交易日的收盘价来计算，这里只有具备完整的 4 个季度报表的公司才参与 PE 的计算。计算发现从 2008 年年初开始由于市场大幅下挫，因而各指数 PE 都大幅下跌，从 2008 年 11 月份市场开始反弹，各指数 PE 也随之上扬（图 2）。

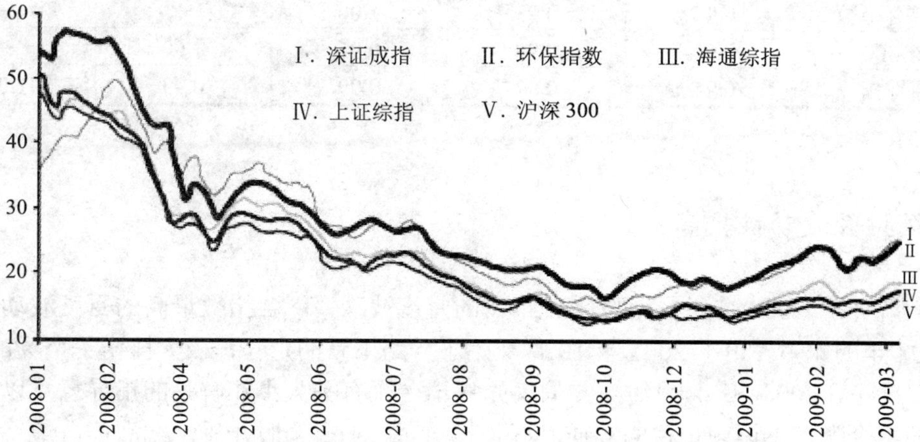

图 2　环保指数与各可比指数的 PE 变化

相比各可比指数，环保指数的 PE 最高，环保指数在编制规则中遵循了环保业务比重优先、业绩优先原则，采用等权重编制方法，而上证综指、深证成指以及海通综指采用总股本加权或流通股本加权方法，采用股本加权的方法使得大盘股对于指数的影响较大，而大盘蓝筹的 PE 相比中小盘股票来得要低，因而使得这几个指数的 PE 比环保指数低，此外环保指数的抗跌助涨的特征也使得其 PE 较高。事实上，随着环保概念的逐步推广，具备环保概念的个股越来越为投资者所重视以及看好，高的 PE 在某种程度上反映了投资者对于环保概念公司成长潜力的认同。

4.2 环保指数——与主流指数走势分化

虽然各个指数编制规则不同，但是由于所有成份股均来自 A 股市场，加之市场又不提供卖空机制，因此目前市场上的主流指数相关性非常高，我们计算了从环保指数设立以来（2007 年 11 月 1 日）各指数的相关性，从下表可以看出，上证综指、深证成指、沪深 300 以及海通综指的相关性均达到了 0.93 以上，其中海通综指与沪深 300 以及深证成指的相关性更是达到了 0.99 以上，从某种意义上说，从 2007 年 11 月 1 日至今，投资海通综指与投资沪深 300 或者深证成指的收益几乎是一样的（表 4）。

我们都知道，两个指数的相关性越低，就说明其走势分化越明显，当两个指数相关性呈现为负时，就可以用来对冲风险，但由于 A 股市场没有卖空机制，因此市场上任何指数不可能呈现负相关。那么在这种情况下，如果能有一个指数与市场相关性相对较低，就说明其与市场走势有所分化，可以作为把握不同投资节奏的参照。从下表的统计中可以明显看出，环保指数与市场上其他主流指数相关性明显较低，其中环保指数与深证成指的相关性仅为 0.87，表明了这两个指数的走势分化较明显。

表4　指数相关性分析

指数	环保指数	上证综合指数	深证综合指数	沪深300	海通综指
环保指数	1.00	—	—	—	—
上证综合指数	0.92	1.00	—	—	—
深证综合指数	0.87	0.93	1.00	—	—
沪深300	0.96	0.98	0.97	1.00	—
海通综指	0.94	0.97	0.99	0.99	1.00

4.3 环保指数波动性较高

我们统计了2007年11月以来各指数的月度波动率，各指数最高的月度波动率均出现在2008年的4月，由于2007年10月开始了一路下跌的走势，极大挫伤了市场的信心，在这种情况下，2008年4月短短一周内先后出台了有关大小非解禁的指导意见以及下调印花税的组合拳，下调印花税的实质利好使得4月24日个股几乎全线涨停，最终大盘上涨9.29%，创出13年来最大单日涨幅，因此2008年4月波动明显较其他月份大。而波动最小的月份出现在2007年的12月份，彼时市场尚处于胶着状态中，因此波动较小。

从各个指数波动率之间的差异来看，上证综指相对波动最小，由于采用总股本加权的计算方法，因此大盘蓝筹对于指数的主导性较大，而大盘蓝筹相对于小盘股波动较小，因而上证综指在所有指数中波动最小。与其他可比指数相比，环保指数波动偏高，尤其是在出现重大利好的2008年4月以及这轮反弹行情中，波动明显高于其他指数，我们认为这与环保指数抗跌助涨的特性有关，因此在市场出现上涨时，环保指数成份股上涨相对更多，因而波动也越大，同时高波动率也反映了环保指数成份股的交易相对较为活跃，但在稳定性方面有所欠缺（图3）。

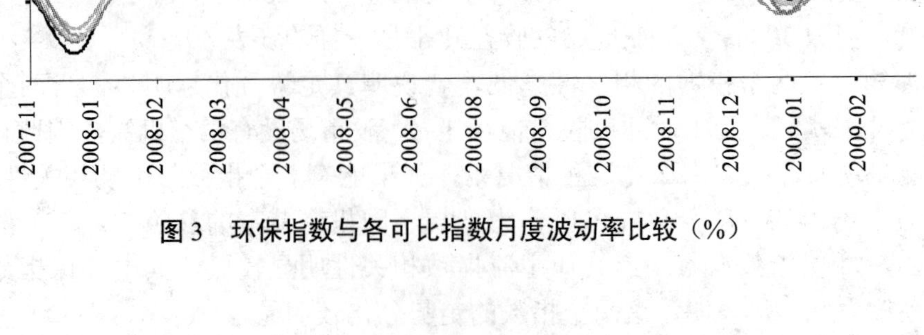

图3　环保指数与各可比指数月度波动率比较（%）

5 结论与建议

通过本研究设计的环保指数在分析时间段内运行的情况看，其市场表现具有不同于一般有可比指数的特征，主要呈现出抗跌超涨、股价流通市值结构集中、高 PE、与主流指数呈现一定的走势分化、波动性较高等特征，指数为资本市场的运行提供了一个绿色标杆。环保指数反映的是股市概念性环保的变化，表明了国家对环保和节能减排扶持的政策利好可得到资本市场的较好的反映，本研究设计的环保指数可为社会各界对环保概念性投资提供很好的参考。

为了更为合理地反映资本市场环保概念股的变化走势，今后将根据新情况适当动态调整成份股，逐步扩大样本企业的范围和数量，加快和上市企业环境信息公开和绩效评估工作的联动，为社会各界提供一个了解中国环保产业发展现状和趋势的有效窗口。国家也应该出台政策扶持、规范环保指数的应用，搭建资本证券市场相关方合作平台，利用好社会力量和资本力量共同推进环保新道路的深入探索。相信在国家对绿色经济的大力扶持下，环保概念将成为未来资本市场耀眼的风景。

参考文献（略）

关于开展环境损害评价鉴定与赔偿修复工作的思考

Consideration about Environmental Damage Assessment, Certification, Compensation and Remediation

王金南 於 方 曹 东 张红振 谢光轩
刘 倩 王灿发[①] 冯 嘉[①] 杜光秋[①]

摘 要 近年来，我国出现了突发性环境污染事故和累积型环境污染事故此起彼伏的爆发态势。由于目前国内缺乏一套科学的环境损害评价方法和相应的法律保障和相关制度体系，致使污染事故的后评估和环境资源的修复工作难以开展，环境污染案件的刑事量刑和民事赔偿缺乏依据。本文通过分析比较国内外环境污染损害评价与赔偿工作的开展情况，提出我国应全面启动环境损害评价与赔偿研究以及相关能力建设工作的现实必要性，并从设立专业的环境损害评估与管理机构、健全法律体系以及加强司法体系与加强能力建设3个方面提出具体建议。

关键词 环境损害 评估 鉴定 赔偿

Abstract China faces a serious situation that sudden and accumulative environmental pollution accidents break out in high frequency in recent years, causing enormous loss of human health, properties and natural resources. However, for lack of environmental damage assessment methodology, corresponding legal and institutional system, environmental damage assessment and natural resources remediation work is in front of difficulty, and the foundation of civil compensation and judgment identification in environmental pollution cases is also of shortage. In this paper, on the basis of necessity analysis of launching environmental damage assessment and compensation research and pertinent capability enhancement, specific suggestions were put forward in three aspects of establishment of professional environmental damage assessment organization and management agencies, relative legislation formulation, and judicial capacity building.

Key words Environmental damage Assessment Certification Compensation

① 中国政法大学，北京，100083.

近 10 年来，我国出现了突发性环境污染事故和累积型环境污染事故此起彼伏的爆发态势，发达国家上百年出现的污染问题，在我国经历了 30 年经济快速增长期后集中出现，不仅给国家人民财产和群众健康造成巨大威胁，许多环境污染事件处理不当还给社会带来不安定因素，环境保护工作面临极大挑战，国家环境安全面临潜在威胁。目前国内还没有针对环境污染损害及其造成的经济损失开展过专项工作，缺乏一套科学的环境损害评价方法和相应的法律保障和相关制度体系，使污染事故的后评估和环境资源的修复工作难以开展，环境污染案件的刑事量刑和民事赔偿缺乏依据。侵权责任法（草案）设专章对环境污染责任做了规定，随着这项法案正式颁布，有关环境民事赔偿的诉讼案件可能剧增，对环境损害评估鉴定与赔偿修复的技术、行政和法律需求有着非常迫切的需求。本文通过分析比较国内外环境污染损害评价与赔偿工作的开展情况，提出我国应全面启动环境损害评价与赔偿研究以及相关能力建设工作的现实必要性，并从设立专业的环境损害评估与管理机构、健全法律体系以及加强司法体系与加强能力建设 3 个方面提出具体建议。

1 我国开展环境损害评估与赔偿的情况

1.1 环境损害评估与赔偿的政策法规要求

我国政府高度重视环境污染损害事件给人民群众和生态环境带来的巨大影响，为了保障人民群众的人身财产以及生态环境安全，有关政府部门出台了相关政策和措施。早在 2005 年 12 月，国务院在《关于落实科学发展观加强环境保护的决定》中就明确指出："要抓紧拟定生态保护、生物安全和环境损害赔偿等方面的法律法规，研究环境保护法等法律法规的修订。司法机关要加强各类环境案件的审理，充分发挥惩治环境犯罪和化解环境纠纷的作用。国家为污染受害者提供环境法律援助。通过修改和完善相关法律，建立环境民事和行政公诉制度，明确民事和行政公诉的相应程序。"同时，我国《民法通则》和大量的环境立法都对环境污染损害赔偿民事责任作了规定。但从已有的相关法律条文来看，关于环境损害评估与赔偿的法规条例仅涉及人身和财产等传统损害，未涉及环境资源；同时，还存在立法和司法体系相互矛盾、环境纠纷处理和赔偿立法缺失等问题。

环保部就环境损害评估和赔偿出台过相关政策并组织开展环境责任保险试点工作，2008 年原国家环保总局与中国保监会联合发布了《关于环境污染责任保险的指导意见》，正式确立了中国"绿色保险"制度的路线图。同时，组织有关单位开展了研究性的工作，如环境规划院围绕环境污染事故损害评估鉴定与赔偿机制的建立，学习国际经验，与 5 个试点地方合作评估了 10 多个环境污染事故经济损失，提出了环境污染事故损失计算标准和技术规范，建立了初步的赔偿机制；环保产业协会通过对近 3 年环境污染事故的基本情况调查编制了《企业环境风险等级划分技术导则（征求意见稿）》；环保部政研中心和环境科学学会分别对环境责任保险和环境损害评估技术方法体系开展了研究。但总体来看，目前在环境污染损害与经济损失评估方面的工作还处于起步阶段，同时以上项目或课题的研究深度和广度不够、力量分散，在环境损害评估鉴定和赔偿工作方面没有对环保部起到应有的技术支撑作用。

1.2 环境损害评估技术能力与赔偿法律制度

从上述分析来看，目前我国的环境污染损害评估和赔偿工作在技术、组织和制度体系建设方面才刚刚起步。从已有的相关法律条文来看，关于环境损害评估与赔偿的法规条例仅涉及人身和财产等传统损害，未涉及环境资源；同时，还存在立法和司法体系相互矛盾、环境纠纷处理和赔偿立法缺失等问题。从评估方法和工作组织来看，基本上还是空白。而且值得注意的是，目前国内关于环境损害评估鉴定与赔偿的研究与实践工作，表现出“重理念引导，轻基础工作”的倾向，关于赔偿责任认定、环境责任保险、社会化赔偿途径的研究论文以及具体实践层出不穷，但关于环境损害责任如何认定、损害或损失如何计算等基础性问题，学术界没有给予足够关注，相关政府与司法部门也缺乏必要的指导，导致基层司法与环保部门在案件的处理与判决中无据可查、无法可依、无钱可赔。

总体来看，我国环境污染损害评估与赔偿工作所面临的问题主要表现在以下 5 个方面：① 关于环境资源的赔偿修复缺乏明确的政府职能界定，环保部无法组织开展环境赔偿与修复工作，国家的环境权益没有得到保障；② 关于污染损失和赔偿数额的计算没有明确的技术规范，环境损害无法量化，人民群众的人身财产和环境权益无法得到保障；③ 关于环境损害的评估鉴定没有统一的工作规范，环境损害评估基本没有开展，环境纠纷无法得到有效处置；④ 关于环境资源损害以及赔偿修复和责任认定缺乏明确的法律规定，环境违法行为没有得到应有惩处；⑤ 关于环境损害评估鉴定与赔偿司法保障机制的建立缺乏通盘考虑，专业人员机构和资金的匮乏将对未来环境损害评估鉴定与赔偿修复工作的开展构成严重的制约。因此，重新审视环保职能和环保立法，加强环境损害评估等基础性工作以及环境损害赔偿的法律效力，已经成为环保和相关立法司法部门的重要任务。

1.3 环境损害评估与赔偿行政立法存在的问题

从行政立法制度体系来看，存在以下 3 个问题：① 立法模式不能体现环境损害赔偿的特殊性，环境污染事故发生后造成了巨大的环境生态损害，但起诉时因囿于传统私权理论的限制，难以确定起诉主体；环境污染事件因果关系的证明难度大。② 立法体系内部存在着矛盾冲突，《民法通则》与《环境保护法》关于行为人责任的规定不一致，不仅导致立法体系内部的不协调、不统一，而且导致实践中法律适用的混乱甚至无所适从，不利于对受害人的救济。③ 侵权责任法的制定不能从根本上弥补环境损害赔偿法律体系的缺陷，大量体现环境损害赔偿特征的详细规定不可能体现在侵权责任法中，难以真正完全有效地解决环境损害赔偿及其纠纷处理中的具体问题。从实体规定来看，第一，损害赔偿责任的构成要件规定相互矛盾；第二，赔偿范围规定还不明确；第三，现行立法没有关于赔偿原则的规定；第四，现行法律没有关于环境污染事故责任保险和赔偿基金的规定。从程序规定来看：① 对环境公益诉讼缺乏明确规定；② 立法有关环境污染事故损害赔偿的行政处理方式存在不足；③ 现行立法对跨行政区的环境污染事故缺乏通过司法途径解决的规定；④ 环境污染事故损害评估鉴定机制亟待完善；⑤ 因果关系推定和举证责任倒置等程序规则还不健全；⑥ 其他方面的程序问题，如诉讼有效期、诉讼费用减免、诉讼保全担保、支持诉讼制度和法律援助制度等缺乏具体的程序规定。

2 环境污染损害评估与赔偿的国际经验

欧美和日本等发达国家在经历了“二战”之后的高速经济增长期后，从 20 世纪六七十年代到 21 世纪初遭遇了与目前我国情况类似的污染事故高发期，目前又面临着严峻的土壤污染修复问题。因此，这些国家从环境评估鉴定与赔偿的立法到具体实践操作积累了比较丰富和成功的经验，形成了一套比较成熟的做法和体系。

2.1 严谨的法律体系保障经济和环境权益得到保护

美国是最先关注环境污染事件中环境损害修复和赔偿的国家。欧盟学习美国经验于 2004 年颁布指令对以前没有引起重视的环境损害给予明确规定，要求对受损的环境资源予以修复，并对完全修复之前环境服务功能的丧失或部分丧失给予赔偿。意大利于 2006 年根据欧盟指令对本国的旧环境法进行了修改，提出环境部可以直接制止企业污染行为的发生，要求企业进行赔偿，而不需要通过法院。西方法律体系对环境损害事件发生后传统损害的赔偿和环境损害的修复给予高度重视，体现在 4 个方面：① 对环境资源受损和修复（如资源环境损害、基线状态、期间损失、修复等基本概念）给予明确定义；② 对环境损害评估程序、评估方法以及评估机构和评估管理机构给予明确的法律解释说明；③ 对环境损害发生后应该采取的修复行动加以明确，提供环境修复推荐方案，并对修复全过程进行跟踪监测；④ 制定损害赔偿的严格和过失赔偿责任标准，保护受害方的经济利益。

2.2 规范化的评估程序保证环境污染事件得到有效处理

欧美等发达国家对环境污染损害评估与后续赔偿修复工作形成了一套比较成熟的工作和制度体系。从环境损害评估鉴定机构的管理机制来看，表现出以下 3 个特点：① 从鉴定机构的管理模式来看，政府管理和行业自律管理相互作用。在英美法系国家，以自律管理为主，政府管理为辅；在大陆法系国家，主要是政府管理，如意大利，环境部负责全国环境损害案件的处理，意大利环境科学研究院是环保部指定的环境损害评估机构，其主要工作是为环境部提供相应的技术支持，编写环境污染损害技术评估报告，同时负责协调相关专家，参与法庭辩护等工作，其技术评估报告可作为法官审判依据，但法院可根据自身的判断进行裁决。我国属于大陆法系国家。② 从主体架构来看，一般有管理政策制定者、主管机关和统一评估认定机构。③ 从管理内容上来看，有鉴定人资格推荐制、公告制、注册制；有鉴定机构的评估认证制；有统一的技术标准和数据库等。

从评估鉴定的操作程序来看，美国的《超级基金法》《清洁水法》和《油污染法》分别针对不同类型的污染事件做出规定。例如，针对五大湖和海岸带的小型环境污染事故，开发了简化快速评价程序和计算机判定模型，针对大型污染事件制定了一套完整的评估程序，包括预评估、评估规划、评估和后评估 4 个阶段。同时，根据评估结果，制订详细的修复行动计划，包括主要修复行动和补充性修复行动，欧盟还规定除这两项行动外另外采取补偿性修复行动以赔偿期间损失。意大利是欧盟国家中率先关注环境损害的国家，通过长期的实践也形成了本国的环境损害评估程序，保证了环境损害案件得到有效处理。

2.3 先进的评估方法保证受损环境资源得到全面修复或补偿

环境资源价值评估是环境经济学的一个难点，虽然环境经济价值评估方法早在 1970 年代就已经比较成熟，但由于这些方法存在评价结果不确定性大、可操作性差等问题，在实际环境损害事件中利用这些方法往往难以得到令人信服的评估结果，对于环境、特别是生态资源的评估，长期以来没有得到有效解决。由于环境损害后最重要的是加以修复，恢复其生态环境服务功能。因此，美国在具体解决环境损害修复的实际案例过程中，提出了采用非货币度量的方法对环境资源进行修复或赔偿，其核心思想是首先对环境资源损害的实物量进行评估，然后从一系列修复方案中选择一种适用方案，选用原则是通过修复措施获得的资源（服务）收益等于环境损害造成的资源（服务）损失；当对类似栖息地或资源的修复措施不可行或难以实施时再进行环境资源价值评估。其中，非货币化度量方法包括资源对等法和服务对等法，货币化度量方法包括价值—价值法和价值—成本法。这些方法已经在美国的具体环境损害案例中得到成功应用，目前欧盟也在其成员国国家中推广使用。

我国在下一步污染损害评估能力建设工作中，应该借鉴欧美国家所积累的先进经验，在环境资源损害评估方法的研究中着重实物量恢复手段的研究和标准化工作。

2.4 较完善的赔偿与修复制度保证环境损害得到妥善解决

环境污染事件不仅会对传统意义上的人身和财产权益造成伤害，还对环境资源造成损害，人身和财产权益受到损害后，受害主体非常明确，侵权行为法对此类损害给予了明确界定；而环境资源由于其具有明显的社会性和公共性特征，受害主体不明确，也就缺乏相应的环境损害诉讼主体，依据民事侵权法对环境资源几乎无法进行赔偿或修复工作。从欧美等国家的环境污染损害赔偿立法进程来看，环境损害也是从 1970 年代才逐渐进入立法和司法体系的，其中，美国是世界上最早具有环境侵权法律或法规的国家。但欧、美、日等国家的早期立法仅处理传统损害，即环境污染破坏导致的人身伤害和财产损失，环境损害并没有纳入赔偿范围。这类立法的代表有美国的《联邦侵权赔偿法》《日本公害纠纷处理法》和《瑞典环境损害赔偿法》。美国是世界上工业化发展最快的国家之一，同时，也是意识到环境潜在危害并采取措施最早的国家。为了以法治的手段解决环境损害的赔偿与修复问题，美国从 1970 年代起相继颁布了三部联邦法律对环境损害赔偿恢复做出了明确规定——《清洁水法》（CWA）、《综合环境反应、赔偿和责任法》（CERCLA）和《油污法案》（OPA）。《清洁水法》是美国第一部正式提出对自然资源损害予以保护的法案。欧盟于 2004 年通过的预防和修复环境损害的《环境责任指令》规定对环境损害要予以赔偿或修复，同时还在开发标准化的赔偿修复程序。

总体来看，目前西方发达国家有关环境损害赔偿与修复的立法已经发展到一个新阶段，不但要对人身和财产损害承担法律责任，也要对直接环境污染与破坏后果承担法律责任。此外，欧美日等国家为了更有效地解决环境损害的赔偿和修复问题，还建立了环境污染责任保险、环境赔偿基金、企业互助基金、事先存款和行政给付等一系列社会化分担制度，例如，美国为了解决大量的责任方难以确定的历史污染遗留问题，提出建立超级基金，该基金的主要资金来源为环境税收和污染赔偿金；意大利也建立了类似的基金制度，基金的主要资金来源为以往环境污染事件的经济赔偿，该基金也主要用于土壤污染场所的修复。在我国已经发生的很多环境污染突发事故和累积污染导致的环境事件中，由于责任方无力承担赔偿或责任方无法确定，人民群众的健康和经济财产利益无法得到赔偿和保障。随着我国污染风险场所排查和评估工作的开展，历史性遗留污染问题的解决将很快提上议事日程，因此，学习国外先进经验，建立有效的责任认定与社会化赔偿制度将是此类问题得到解决的有效途径之一。

2.5 成立环保法庭或行政机构内设特别法庭是大势所趋

随着环境案件的大量涌现，各国为了更有效地解决由于环境污染事件和环境行政管理不当等情况所引发的环境纠纷，有些国家建立了专门的环保法庭（Environmental Courts），有些国家在环境行政机构内设立特别法庭（Tribunals），此类机构简称 ECTs，专门负责环境纠纷案件的行政调解或司法裁决。根据专项调查，由于专业环保法庭具有诉讼成本低、处理效率高、诉讼主体资格宽泛、判决或处理具有连贯性、公众参与度高、解决问题有效等优点，目前全球已经有 41 个国家建立了大约 270 个环保法庭，其中，不仅有美国、澳大利亚、荷兰和瑞典这样的发达国家，印度、肯尼亚、巴西、菲律宾和泰国等发展中国家近年也建立了大量的环保法庭。不同国家环保法庭的司法准入和实施方式有所不同，但此类法庭获得成功的关键要素在于：① 法庭类型根据各国或当地情况设立，既可以在法院系统设立独立的环保法庭，也可以在法院内部设立“绿色合议庭”或有专门从事环境案件审理的“绿色法官”；在环保部门内部设立特别法庭的形式也很多样，日本、印度、美国部分州采用了这种方式；② 有专门的适用法律条文可循；③ 有严格的司法审查级别；④ 地域覆盖范围适中；⑤ 有足够的案件量，调查发现，案件量与经济发展水平和判决执行力度呈正相关，即经济水平高、执行有力的地区案件量较多；⑥ 诉讼资格主体广泛；⑦ 诉讼成本较低，环保法庭通过免除立案费用、败诉方付费、诉讼奖励、NGO 代理、律师无偿公益服务、政府提供法律援助以及公共环境检察官等经济或制度手段保证环境损害弱势群体能够提起诉讼；⑧ 具备专业知识，不但有专业的损害评估机构或专业顾问委员会以及专家能够提供技术支持，法官也需要具备一定的相关业务知识；⑨ 救济或修复措施有效；⑩ 具有可替代的纠纷解决机制，调查发现 25%～90%的案件都是通过调解、庭外和解等方式得到解决的；⑪ 法官或相关决策人员具备较强的能力，必须具有严格的执业资格规定和足够高的酬金，同时对继续培训和职业发展规划也有长远考虑；⑫ 案件管理程序完备，有计算机管理信息系统和专门网站提供服务。

由于环境纠纷案件具有影响范围广泛、诉讼主体不明确、案件特异性较强等特点，案件的处理充满复杂性，预计未来环境案件的处理中各种行政和司法手段将更加融合，世界范围内的 ECTs 数量也将大幅增长并不断革新；不同国家的 ECTs 决策者之间的合作将不断扩大，ECTs 也将更加依赖可替代纠纷解决机制；环境司法的能力建设（包括政府和 NGOs）将不断加强，评估方法将更加严谨，ECTs 将会被广泛用于解决跨国问题和全球问题，ECTs 的国际化趋势不可阻挡。

3 我国全面启动环境损害评估与赔偿工作的必要性

温家宝总理在 2006 年全国环境保护大会上指出，如果再不重视保护环境，今后治理的成本会更高，付出的代价会更大，环境将更难以恢复，我们就可能犯难以改正的历史性错误。国务院在 2005 年颁布的《关于落实科学发展观加强环境保护的决定》中明确提出要抓紧拟定生态保护、生物安全和环境损害赔偿等方面的法律法规，研究环境保护法等法律法规的修订。国家为污染受害者提供环境法律援助。但从目前环境污染损害赔偿工作的开展和执行情况来看，却面临行政职能没有界定、环境损害修复立法缺失、环境损害评估无人开展、环境纠纷处理无据可依、环境污染损害难以赔付的窘境。由于政府部门缺乏对环境损害评估鉴定与赔偿政策和司法保障制度的通盘考虑，环境损害评估鉴定和赔偿的技术、法律、组织和资金保障体系远远滞后于处理环境损害案件的实际要求。因此，重新审视环保职能和环保立法，加强环境损害评估等基础性工作以及环境损害赔偿的法律效力，已经成为环保和相关司法部门的重要任务。其中，从法律上明确环保部开展环境损害评估和赔偿修复的职能，并依法行使这一职能，建立专业的环境损害评估与赔偿的技术支撑与管理机构是当务之急。

3.1 环境损害纠纷案件日益增多，管理部门的现实需求强烈

由于目前国内还没有针对环境污染损害造成的经济损失以及因果关系的确定开展过专项工作，缺乏一套科学的环境污染经济损失评价方法和相应的法律保障和相关制度体系，使污染事件的后评估和环境资源的修复工作难以开展，环境污染刑事案件的量刑和赔偿缺乏依据。从近年我国环境污染事件的发展趋势来看，经过 30 多年“三高一低”粗放型的高速经济增长期，我国目前已进入环境污染事件的高发期。同时，从我们与基层环保法庭、环保部门以及法律援助等非政府组织的交流和反馈的信息来看，由此所引发的环境污染民事赔偿诉求案件也日益增加，各级环保和司法部门对环境污染损害评估方法、工作程序、权威的评估机构、相关立法具有强烈的现实需求。

2008 年原国家环保总局与中国保监会联合发布了《关于环境污染责任保险的指导意

见》，但由于环境损害评估技术的缺乏使该《意见》仅停留在“指导”阶段；侵权责任法（草案）设专章对环境污染责任做了规定，预计随着侵权责任法案的正式颁布，有关环境民事赔偿的诉讼案件可能剧增，对环境污染损失评估鉴定与赔偿修复的技术、行政和法律需求非常急迫，环保和司法部门将面临巨大的压力。

3.2 损害评估鉴定能力薄弱，技术与工作体系亟待建立

环境损害评估鉴定能力薄弱表现在 5 个方面：① 技术体系尚未建立，包括范围认定规则、损失计算指南、数额计算标准等在内的系列技术规范需要一一制定并逐步完善。② 评估鉴定工作组织体系没有形成，国家没有赋予环保部开展环境损害评估和赔偿修复的职能，导致地方环境损害评估工作无从开展。③ 没有专业的环境损害评估鉴定机构和资金人员保障，由于对于开展环境损害评价的责任主体没有明确规定，各地在实际工作中可以委托相关的行政主管部门、物价部门、有资格的中介机构等进行评估，鉴定结论五花八门、真伪难辨，评估结果缺乏科学依据，受害方利益不能得到保障。更多的情况是由于没有资金和专业技术人员，根本就不开展环境损害评估。④ 环境损害风险评估尚未列入工作日程，环境损害风险评估是开展环境损害评估和制定环境修复赔偿方案的基础性工作，随着未来污染场所问题的大量出现，制定环境损害风险评估标准、建立专业的环境损害风险评估机构将成为一项非常重要的工作。⑤ 缺乏开展环境损害评估、鉴定和处理的专业技术和司法人员队伍，应该着手建立国家和省两级环境污染损害评估鉴定培训制度，为这项工作的开展奠定最基本的人力资源基础。

能力建设工作千头万绪，必须稳扎稳打，从长计议。目前应率先成立国家级的环境损害评估技术研发与管理机构，负责环境损害评估与鉴定赔偿技术、工作与制度体系的研究与建立，争取在 4 年的时间内在发达地区成立相应的省级技术机构，6 年内建立全国的环境污染损害评估技术与管理网络体系。

3.3 损害评估技术体系繁杂，需要专业技术机构予以指导开展

环境污染事件的特点是影响范围广、因果关系难确定、损害评估难度大，特别是非经济损失和对环境资源本身的损害。虽然从 1970 年代环境经济学家针对环境资源价值评估，提出了直接市场价值法、揭示支付意愿法和陈述支付意愿法等多种方法评价环境资源，在欧美国家也得到了认可和应用。但总体而言，由于环境类“准公共物品”直接市场价值的缺失，导致以机会成本、防护成本作为环境替代价值和通过人群调查获得的环境支付意愿价值等作为环境损害评判标准难以得到广泛接受，特别是作为赔偿判定依据时，由于评价方法存在一定的不确定性，往往引起较大争议。我国目前还处于社会主义初级阶段，环境资源有价的概念还没有得到广泛认可，比较前沿的评价方法还不适宜推广使用。

因此，成立专业的环境损害评估技术研发机构，逐步建立一套环境损害因果关系鉴定与损害评估技术方法体系，开发相应的环境污染损害评估工具、建立基于环境风险的环境管理体系，并指导全国环境污染损害评估、鉴定以及后续赔偿工作的开展，是当前

极为迫切的一项任务。因此，率先成立的国家级环境损害评估技术研发机构，应以“内引外联、扎实推进、逐步完善”为工作原则，利用理论与实践相结合、实践与培训同步开展的研究与工作方法，尽快建立一套比较完善的、符合国情的环境损害因果关系鉴定与损害评估技术方法体系，并同步开展技术培训工作，为国家培养一批能够从事环境损害评估与鉴定的人才与队伍。

3.4 损害赔偿和修复工作近乎空白，尽快建立制度保障体系

开展环境损害评估的最终目的是使国家和人民群众的人身财产损失得到赔偿，受损的环境资源得到补救或恢复，使国家、社会和公众的环境权益得到保障。目前除了狭义的经济损失在相关法律中得到体现外，环境损失的赔偿、纠纷的处理、责任的认定、环境资源的修复既没有明确的管理机构，也缺乏相应的法律制度规范，从职能界定、组织体系、人员队伍、制度规范到法律体系和赔偿修复资金筹集等保障制度和措施近乎空白，从而导致人民财产和人身安全受到侵害、环境违法行为无法得到应有的惩处、环境纠纷案件处理不当引发社会动荡、受损的生态环境资源难以修复、国家环境安全受到严重威胁。

因此，目前环境保护部需要成立专门的环境污染损害评估与鉴定的技术研发与管理机构，从环境损害评估技术方法规范的制定、环境损害评估鉴定工作体系的建立、环境损害赔偿与修复制度的构建、相关司法和资金组织保障体系的建设等方面对这项系统性的工作给予全面考虑，协助环保部处理好当前的环境污染突发事件，为今后环境污染损害事件有序、高效、满意地解决打下基础，为环境友好型社会和社会主义和谐社会的创建以及生态文明与环境可持续发展目标的实现提供技术和制度保障。

4 开展环境损害评价鉴定与赔偿修复工作的具体建议

通过上述分析可以看出，目前我国的环境污染损害评估和赔偿工作在技术、组织和制度体系建设方面才刚刚起步。从已有的相关法律条文来看，关于环境损害评估与赔偿的法规条例仅涉及人身和财产等传统损害，未涉及环境资源；同时，还存在立法和司法体系相互矛盾、环境纠纷处理和赔偿立法缺失等问题。从评估方法和工作组织来看，基本上还是空白。为了从根本上改变目前环境损害评估与赔偿工作的不足，本文从建立机构、制度完善和能力建设 3 个方面对今后我国环境污染损害评估与赔偿工作的全面推进提出具体建议。

4.1 设立环境污染损害评价管理机构

目前各级环保部门的主要任务是对环境污染损害事故进行处置和协调，环境污染损害评价职能没有明确建立，也缺少相应的人员和资金开展这方面的工作，更没有专门从事环境污染损害原因鉴定的技术机构。由于环境污染损害的成因较为复杂，涉及环境科

学、环境经济、财务评价、农业、林业、医疗卫生、劳动保障等多个学科门类，因此，有些相关部门及机构不同程度地开展了环境污染损害成因的技术鉴定工作，但是，由于没有统一的原则、方法和标准，鉴定结论差异较大。同时，在处理环境污染纠纷案件中，对于环境污染损害赔偿数额的评估，各地在实际工作中可以委托相关的行政主管部门、物价部门、有资格的中介机构等进行评估，造成评估结果缺乏科学依据，受害方利益不能得到保障，环境资源损害不能得到修复或赔偿。

4.1.1 评价管理机构的组织结构

环境污染损害评价管理机构的设立是保证环境污染损害评价工作合法、客观、中立进行和行业健康稳定发展的必要措施。环境污染损害评价是一个较新的领域，通过借鉴国外类似机构的运作和管理模式，结合我国国情，建议我国建立国家级和省级环境保护主管部门上下联动的管理模式——“一元两级”的管理模式。即环境保护部和省环保部门分别设立环境污染损害鉴定和评价方面的专门技术中介机构，由环境保护部制定并发布相应的鉴定标准和技术规范，并由国务院授权环保部负责评估机构的资质管理。从业单位及个人都需要相应的专业技术及资质要求。

4.1.2 评价管理机构的职责与工作范围

根据评价管理机构的组织结构，国家级的评价管理机构主要负责全国环境损害评价与鉴定机构的统一管理、资质审核、技术规范制定、执业资格培训以及重大和跨区域环境损害案件评估与恢复措施制定的咨询服务。主要职责与工作范围包括：① 为环境污染损害事件的评估和处理提供政策制度支持：包括协助环保部制定与环境污染损害鉴定评估与赔偿恢复相关的技术文件和管理办法，组织制定环境风险管理的相关标准与导则。② 建立环境污染事件预防、损害评估和修复规划工作平台；建立全国重大环境污染事件与重点区域数据信息平台。研发并建立环境损害评估与风险管理决策支持平台，制定全国和区域流域范围的环境修复规划。③ 开展环境污染损害评估鉴定与赔偿修复管理理论体系与技术方法研究：突发性环境污染事故损害和累积性环境污染健康与生态风险的鉴定、评估与赔偿的技术方法与管理制度研究，环境污染防治与修复规划理论方法研究，基于风险的环境管理政策研究等。④ 面向社会开展重大环境污染事件的损害评估及恢复咨询：组织制定环境风险评价与环境修复计划技术标准，对重大环境事件提供评估与修复计划制定咨询工作。⑤ 行业发展规划与环境损害鉴定评估资质认定和管理：制定行业发展规划和从业标准，进行环境损害鉴定评估资质认定和管理，组织开展全国性的技术培训，建立并管理全国性的环境污染损害评估与鉴定专业网络体系。

省级环境损害评价与鉴定机构具体负责本省内环境污染事件的损害评价与鉴定工作，主要职责与工作范围包括：① 开展本省辖区内环境污染事件的损害评估与鉴定工作，主要依据行政处理或司法裁决委托书开展相关工作；② 制定环境污染事件的环境损害修复方案；③ 开展环境修复全过程的跟踪监测，编写修复评估报告；④ 参加国家环境损害评价管理机构组织开展的相关培训与会议，及时掌握最新的损害评价与修复方法。

4.1.3 评价管理机构的筹建与未来发展

环境污染损害评价机构应当具有独立性、中立性和服务性，在我国，评价工作机构宜实行“动态社会化的模式”。鉴于环境资源的准公共物品特性以及当前环境管理的实际需求，国家一级的环境损害评估与鉴定管理机构应以公立形式建立为宜，资金主要来源于国家行政拨款与科研项目经费；同时，考虑到环境污染损失评估的专业性较强，要求具有环境保护方面的专业知识，因此建议先从环境监测、环境科研机构中产生这方面的机构，在这项工作的起步阶段，省级环境损害评价与鉴定机构也以公立形式为宜。

随着工作的逐步推进与市场机制的成熟化，应逐步使行政机关与评价机关脱离利益关系，建立环境损害评价与鉴定收费制度，根据案件情况，评价与鉴定费用由事故责任主体单位或政府承担。同时，通过建立行政监管、司法监管、自律监管和社会监督多元化监管机制有效促进评价工作合法、客观、中立地进行和评价行业健康、稳定地发展。

4.2 健全并完善环境污染损害评价和赔偿立法

环境污染损害赔偿机制必须依靠健全的法律体系作保障。我国虽然建立了以宪法为指导，民事基本法和环境保护法为原则，环境单行法为主体，部门规章、地方性立法和相关司法解释相配套的环境污染损害赔偿法律体系。但是，无论从宏观的视角来观察整个法律体系，还是从微观的视角考察实体法和程序法的规定，都发现还存在许多亟待完善的地方。

4.2.1 完善法律体系

目前关于环境损害评价与鉴定工作基本无立法可循，同时，现行有关环境损害赔偿及其纠纷解决的立法也采取分散立法的模式，有关规定大量分散在民法、民事诉讼法和环境立法等各种不同性质的法律当中，不但立法体系零散，立法模式也不能体现环境损害赔偿的特殊性，而且立法体系内部还存在着矛盾冲突。因此，完善相关立法体系就成为首要任务。

完善立法体系有两种思路：第一是在民事立法或环境立法体系内予以完善，在环境立法体系内部完善又分为两种模式：一种模式是实体法与程序法分别立法，实体法上，制定《环境损害赔偿法》，明确立法的基本目的、基本原则，损害赔偿的范围、主体、方式和程序等内容；出台配套立法（行政法规或规章），明确支付赔偿费的项目内容、对污染受害者的具体赔偿标准、赔偿费的来源和支付办法等。程序法上，制定《环境污染损害赔偿纠纷处理法》，出台配套规范，建立公益诉讼制度，增加污染损害赔偿纠纷的解决渠道，提高处理污染损害赔偿纠纷的效率，及时维护污染受害者的合法权益。与此同时，在民事诉讼法、行政诉讼法和相关司法解释中完善公益诉讼的具体程序。另一种是实体和程序一体规定的立法模式。即将上述有关实体的规定与有关程序的规定有机统一，合并在一部法律中加以规定。

由于民法的修改并不能从根本上弥补环境损害赔偿法律体系的缺陷，因此在民事立法体系内完善环境损害相关立法体系的思路不可取。我们建议在环境立法体系内完善环境损害赔偿及其纠纷处理的法律制度，并且采用实体和程序一体规定的专门立法模式，法律名称可以为《环境损害赔偿法》，该法主要解决在实践中最难解决、在立法上也最有特点的环境纠纷处理和损害赔偿问题，而不应当是一个全面的环境责任法。采用这种立法模式的基于以下4个理由：① 可以充分体现环境损害赔偿及其纠纷处理的特殊性；② 有关损害赔偿及其处理的一般规定在民法、民事诉讼法和其他环境立法中已经存在，不一定要规定在该法中；③ 国外已有成功的立法例，在这一实体法中可以将解决损害赔偿的程序性问题一并加以规定；④《环境损害赔偿法》的名称比较通俗简明，容易为立法者和一般公众所接受，同时也抓住了这一立法的要点。

4.2.2 近期立法建议

在拟编制的《环境损害赔偿法》中，除整合其他相关立法中有关环境损害赔偿及其纠纷处理的规定外，还需要在以下方面对现行立法予以修改和完善。

4.2.2.1 关于实体规定的完善

（1）关于环境污损害定义。立法应当明确环境损害的定义，由于人类的环境利用行为导致环境污染和生态破坏，进而造成人体健康、公私财产以及区域生态功能和自然资源等环境权益的损害。这一定义的最大突破在于，通过立法将自然资源和环境损害纳进了赔偿范围。

（2）关于环境损害评价范围。立法应当明确，环境污染损害包括人身损害、财产损害、事故应急评估费用、事故影响损失、生态环境恢复费用、环境资源损害。

（3）关于赔偿责任的构成要件。修改《民法通则》第 124 条的规定，按照《环境保护法》的规定，统一环境污染损害赔偿责任的构成要件，即污染行为、损害后果和因果关系。实行无过错责任原则，不以存在主观过错和超标排污为责任前提。

（4）关于赔偿原则。立法应当确定全面赔偿、有效赔偿、及时赔偿以及人身损害优先赔偿等赔偿原则。

（5）关于赔偿范围。从我国目前的社会、经济和制度环境来看，要求责任方承担影响损失和环境损害的条件尚不成熟。建议首先将人身损害、财产损害、应急评估费用以及生态恢复费用 4 项内容纳入赔偿范围，待条件成熟后再将影响损失和生态环境资源损害纳入赔偿范围。

（6）关于赔偿主体。除规定一般的赔偿主体外，法律还应明确特殊情形下的赔偿主体，具体包括：有意识联络的共同致害行为，各主体共同作为赔偿主体；无意识联络的共同致害行为，应根据行为性质不同分别确定赔偿主体；承包经营造成污染事故的，发包方和承包方作为连带赔偿主体；合伙企业造成污染事故的，各合伙人作为连带赔偿主体。

（7）关于赔偿方式。环境污染损害法律责任的承担方式应当以停止侵害、排除妨碍、消除危险等预防或事前处置的手段为主，兼以损害赔偿作为重要的承担方式。立法应当建立环境污染事故责任保险制度，明确责任保险的性质（强制性）、缴纳保险的主体、投保范围等事项。另外还应建立赔偿基金制度，规定赔偿基金的来源、管理、使用和监督。

4.2.2.2 关于程序规定的完善

（1）拓宽赔偿途径，建立环境公益诉讼。明确提起环境公益诉讼的主体包括：依法行使环境监督管理权的部门、检察机关、公益性社会团体和自然人。明确环境公益诉讼的被告包括：产生环境污染的个人、企业事业单位和监督管理失职的政府或其有关部门。

（2）完善污染事故纠纷的行政和司法处理方式，提高纠纷解决的效率。建议细化行政处理的基本程序和规则，明确行政裁决的法律效力，具体应当规定行政处理程序为必经程序，并赋予环保部门的处理决定以强制执行力。同时规定，对环保部门的处理决定不服的，可以向法院提起诉讼。鼓励在环保部门内设环保专业法庭或在法院成立环保法庭，提高环境纠纷案件的处理与执行效率。

（3）完善跨行政区的环境污染事故损害赔偿纠纷处理，规定更具体的处理程序。建议增设"通过诉讼解决跨行政区环境污染事故损害赔偿纠纷"的规定。

（4）规定评估鉴定机构的职责和义务、评估鉴定的基本程序、评估鉴定结果的法律效力和对结果不服的救济途径等事项。其中应当明确规定评估鉴定机构必须接受委托和如实提供评估鉴定报告的义务，同时规定法院应当根据当事人的申请向有关机构调取证据的义务。

（5）规定举证责任倒置规则，明确原被告举证责任的范围。让被告对是否排污、能否造成污染、排污与损害之间是否有因果关系、能否依法免责（免责事由）提供证据，让原告对损害的事实和损失的大小负举证责任。同时，立法应当规定在环境污染损害赔偿案件审理中实行因果关系推定原则，即对于危害后果，只要污染者不能排除其污染行为作为污染原因的可能性，就应当推定其污染行为是危害后果的原因，并承担相应的责任。

（6）完善诉讼时效制度。我国虽然在环境保护法中规定环境侵权诉讼的短期消灭时效比一般侵权诉讼时效长 1 年，但长期消灭时效仍然沿用民法通则中 20 年的规定。从环境事故的特点考虑，参考国外的立法例，《环境损害赔偿法》对环境污染事故损害赔偿案件应当规定更长的消灭时效，如 30 年。

（7）完善诉讼保障机制。在环境污染事故损害赔偿及其纠纷处理的立法中，应当进一步完善支持诉讼、法律援助、诉讼费用的减免等保障性措施，规定这些保障性措施的一般程序、具体内容、受害者获得保障性措施的条件等，从而方便受害人诉讼，降低受害人的诉讼成本，切实维护受害人的合法权益。

4.2.3 出台相关规范和标准

研究表明，缺乏法律体系支撑是中国环境污染损害评估工作迟迟不能开展的重要原因，也是建立污染损害评估机制面临的重要问题。在环境损害评估和责任认定的立法进程中，应该遵循的 3 条基本原则是：① 坚持学习借鉴国外先进经验与适应国情相结合的原则，既学习国外先进经验，又避免走其他国家走过的弯路；② 坚持分步进行与有序推进的原则，立法的首先目标是解决社会迫切需要而又容易解决的问题，在实践中逐步完善；③ 坚持通过政策引导向法律规制的逐步过渡。

考虑到国家立法规划的安排，《环境损害赔偿法》从纳入国家立法规划到具体立法的颁布实施不可能一蹴而就；同时，环境污染损害评估在我国还是一个新生事物，在环境损害评估和赔偿制度建立初期，由于处于探索阶段，不可避免地会遇到纷繁复杂的问题，而法律具有僵硬性的缺陷，不可能对相关问题做出有效解决。因此，在具体操作中就需要拓宽思路，可以考虑通过政策引导逐步向法律规制过渡，在这项工作开展的初期，需要及时调整已有或颁布新政策，以发挥其灵活性的优势有针对性的解决问题，从而为污染损害评价机制的建立消除障碍。在环境污染损害评价机制发展到一定阶段时，再通过立法对实践总结出来的规则予以确认和升华，为损害评价的运作和实施提供有效的法律保障。当然，作为一种折中的办法，也可以考虑在现行既有立法的框架内完善相关制度。

具体来看，目前应尽快以行政政策手段出台的相关规范和标准应涉及：① 关于环境损害评价范围与环境损害评价方法的规定或标准；② 关于环境污染损害评价方法的规定或说明，使环境损失评价有据可依；③ 关于行使“环境损害”救济权主体的规定，明确政府相关公共部门开展环境损害评估与修复的行政监管和执行职能以及具有环境公益诉讼资格的主体；④ 关于环境损害评估管理的规定或办法，对评价程序、临时性评价机构的设置及其法律地位及工作人员的任职条件等作出指导性规定；⑤ 关于环境损害评估工作监督机制和责任追究机制的相关规定；⑥ 关于环境损害风险评估的技术规范与标准体系；⑦ 关于开展环境损害修复工作的技术规范与后评估标准体系以及指导国家这项工作开展的指导性意见等。

4.3 加强环境污染损害评估与赔偿工作的能力建设

环境损害的评估鉴定与赔偿修复是一项非常复杂的系统工程，而我国在这方面又非常缺乏工作基础。因此，这项工作的开展千头万绪，需要系统谋划、统一组织，有序推进。从科学技术角度来看，这项工作涉及环境科学、环境经济、环境法学、财务评价、生态恢复、农业、林业、医疗卫生、劳动保障、社会学等多个学科门类，需要不同学科的交叉融汇；同时，环境损害的评估与鉴定又是一项不断发展的前沿技术，对专业技术人员提出了较高的要求，不但要具备扎实的专业技术能力，还要具有知难而上、融会贯通、持续学习的优良素质和品质；从工作组织角度来看，这项工作不仅涉及环保部、最高人民法院、全国人大法工委、证监会等多个国家机关部门，同时还需要指导地方各级环保和司法部门开展环境损害评估鉴定工作。因此，当务之急是加强环境污染损害评估与赔偿工作的能力建设。

4.3.1 技术支撑

从发达国家的发展历程来看，经历了一个先污染、后治理的过程，关于环境损害问题也是逐步认识、逐步发展、逐步成熟，其间包括环境损害评价与赔偿制度的提出与完善、专业环保法庭的兴起与发展、专业环境损害评价机构与人员的配置以及污染场地的评估与修复。从技术体系的发展来看，这些国家也经历了从无到有、逐步完善的过程。与环境损害评估鉴定与赔偿修复的工作和法律体系现状类似，我国在这方面的技术支撑也几乎是一片空白，而技术体系又是损害评价与修复这项工作的最基础性工作，没有技术方法后续所有工作都无法开展，因此，加强基础方法与技术体系的研究，是相关工作的重中之重。

从狭义的技术体系来看，主要涉及损害评价方法、风险评估以及修复方案制定等基础性技术方法，具体包括环境损害鉴定与评估技术方法体系、环境修复计划与标准体系以及环境风险评价与标准体系等项研究；从广义的技术体系来看，机构与制度建设上述两项涉及的内容也属于技术体系范畴，具体包括相关法律和政策制度的设计研究以及环境损害评估与鉴定工作体系的研究，其中前者涉及制定并出台有关环境损害评估与赔偿修复的技术规范、管理办法与政策性指导意见以及相关的法律法规或政策制度；后者包括确定我国的环境污染损害评估管理模式，研究建立评估机构的资质管理体系，制定行业标准与从业单位及个人的专业技术及资质要求，编制行业发展与人才培训规划和开展行业技术培训等诸多内容。

从技术支撑体系的建设来看，当前应该抓好三项工作：① 以技术支撑部门为依托，建立松散的多部门联席工作机制。如前所述，这项工作是一项复杂的系统工程，涉及环保部、最高人民法院、全国人大法工委、证监会等多个国家机关部门，同时还需要指导地方各级环保和司法部门开展工作，根据我国目前的行政管理模式，为一项工作建立多部门联合工作机制是非常困难的。为此，建议尽快成立环境污染事故损失评价管理机构或技术研究中心，以该机构为载体，一方面从技术层面广泛联合相关研究机构和大专院校，改变各自为政的局面，形成合力开展专项研究；另一方面，以该机构为媒介，定期邀请相关部门的领导与专家召开工作会议，尽快实现研究成果的应用转化。② 开展专项研究，确保环境损害评估与鉴定工作取得较快进展。目前相关部门还未就环境损害评估鉴定与赔偿修复开展过系统深入的专项研究，有关研究课题的深度和广度不够，各自为政、信息不畅、重复工作的问题屡有发生。为此，呼吁财政和科技部应分别就环境损害评估鉴定与赔偿修复的能力建设与基础科学问题设立专项，争取利用 10 年的时间，建立一套完整的环境污染损害评估技术方法体系、环境污染损害风险等级评定方法、环境损害修复标准，以及相关的法律和工作制度体系。③ 充分利用国际合作平台，确保技术和工作体系的先进性。经过五六十年的发展，发达国家已经在环境损害评价与修复技术方法、工作组织程序、法律制度体系、赔偿修复机制等方面形成了一套比较成熟的做法，很多发展中国家也成立了专门的环保法庭，我国这项工作的开展完全可以通过先进经验的总结学习，从更高的起点统筹规划，科学、有序、全面地推进这项工作的开展。环保部门具备广泛的国际合作组织网络，我们应该充分利用这种良好的国际合作平台，把环境损害评价鉴定与赔偿修复的基础研究工作做好做实，建立一套既与国际接轨，又适应国情的技术和工作制度体系。

4.3.2 人员培训

由于环境污染纠纷的科学技术性和专业性很强，为及时、有效、公正处理好环境污染纠纷诉讼案件，需要加强对行政管理人员、法官和律师进行环境专业知识的系统学习和培训。我国的环境污染损失评估工作刚刚起步，许多评估方法和技术还处于开发阶段。我国区域经济发展水平差异大，各地方的执法人员专业素质也参差不齐，各个地方的实践均证明，在未对相关人员进行培训的情况下，无法保证评估方法和评估技术得到合理应用。因此，为了促进环境污染损害评估工作的有序开展，以及相关技术作用的充分发挥，在形成一套比较完整的环境污染损失评估方法和技术后，应当及时启动专项技术培训工作，以提高地方环境损失的评估能力。培训工作的开展，应针对行政司法和技术评估这两类人员分别制定培训计划及培训教材，做到因地编教、因地施教、因材施教。

同时，鉴于环境污染损害评估和修复技术在不断提高和完善，评估人员对先进技术和标准的掌握尤为重要，因此，环境保护部应当联合司法部门制定环境污染损失评估人员的继续教育规划，形成国家开展专项技术培训，省级相关部门具体开展损失评估和市级技术人员培训的持续评估和教育体系。

4.3.3 资金支持

从开展环境损害评估鉴定与赔偿修复工作的需要来看，3 个方面需要大量的资金支持：① 科研经费支持；② 能力建设经费支持；③ 赔偿修复经费筹措。从资金渠道来看，科研和能力建设应该主要依靠国家和地方财政或科研经费支持，技术制度体系研究以及培训等能力建设工作也可以通过技术能力援助或国际合作的方式申请国际援助项目，环境修复的资金来源渠道可以更加广泛，特别是老污染源的修复经费无法完全依据“污染者付费”原则筹集，这部分经费将更多依靠社会化模式予以解决，具体包括环境责任保险、行政给付、企业互助基金、专业化赔偿修复基金等多种模式，不同模式其资金渠道和支付主体不同；从资金安排来看，作为基础性工作，科研和能力建设经费国家应优先考虑安排，同时积极争取国际合作项目支持；对于行政给付和专业化赔偿修复基金这两种社会化模式，其主体资金也需要国家和地方财政给予考虑，同时，辅之以其他社会化投融资方式。

需要注意的是，在当前实践中，无论是责任保险、赔偿基金还是行政给付，都着眼于环境污染造成的受害人人身损害、财产损害和精神损害的经济赔偿，补偿范围大都限定在财产范围。目前的环境污染损害赔偿修复的社会化制度，特别是责任保险和赔偿基金，依然没有跳出这个范围，对于环境和生态系统的赔偿修复基本未予考虑，这必将阻碍未来环境损害修复工作的开展。因此，对社会化赔偿修复方式的政策与制度的制定应未雨绸缪，尽快列上工作日程，为我国环境侵权损害的社会化救济体系的建立以及补充和完善奠定基础。

参考文献

[1] Kenshi Itaoka, Alan Krupnick, and Makoto Akai with Anna Alberini, Maureen Cropper, and Nathalie Simon， Age, Health, and the Willingness to Pay for Mortality Risk Reductions—A Contingent Valuation Survey in Japan，August 2005 (updated September 2005) RFF Discussion Paper 05-34.

[2] Alan Krupnick, Anna Alberini, Maureen Cropper,Nathalie Simon, Bernie O'Brien, Ron Goeree, and Martin Heintzelman，Age, Health, and the Willingness to Pay for Mortality Risk Reductions：A Contingent Valuation Survey of Ontario Residents，September 2000 • RFF Discussion Paper 00–37.

[3] 刘芳，杨海霞. 比较法视野下中国的生态损害责任——从国外的生态损害补偿谈起. 载环境法治与建设和谐社会——2007 年全国环境资源法学研讨会（年会）论文集，1065.

[4] 於方，过孝民，王金南. 中国水环境污染经济损失核算体系的建立. 建立中国绿色国民经济核算体系国际研讨会论文集. 北京：中国环境科学出版社，2004.

[5] 过孝民，於方，赵越. 环境污染价值评估技术理论与方法. 北京：中国环境科学出版社，2009.

[6] 王立杰，等. 事故经济损失评估理论与方法研究. 中国安全科学学报，2002 ，12（1）.

[7] 胥卫平，赵晓华. 环境污染损失的经济评估方法研究. 环境保护，2007（4A）.
[8] 王灿发. 环境损害赔偿立法框架和内容的思考. 法学论坛，2005（5）.
[9] 蔡守秋. 关于处理环境纠纷和追究环境责任的政策框架. 环境损害赔偿立法国际研讨会论文集，2004.
[10] 孙佑海. 我国污染损害赔偿立法并非从零起步——谈完善污染损害赔偿制度、促进和谐社会(上). 中国环境报，2006.09.06.

中国大气汞污染防治现状及控制对策分析

Prevention and Countermeasure of Atmospheric Mercury Pollution in China

杨金田 严 刚 郑 伟 程伟雪 王书肖* 郝吉明*

摘 要 汞是环境中毒性最强的重金属元素之一，具有持久性、生物累积性和生物放大作用。汞能够通过大气进行跨国界传输，是继温室气体后又一种全球性污染物。目前大气汞污染已成为当今国际社会普遍关注的重大全球性问题。本文分析了我国大气汞污染现状，提出了我国大气汞污染防治的对策和建议。

关键词 汞 大气 污染 控制对策 中国

Abstract Mercury is one of the most toxic heavy metal elements in the environment, with the properties of persistency, bioaccumulation and bio-magnification. It can transport across the national borders through atmosphere and is another global pollutant following the greenhouse gases. Atmospheric mercury pollution has now become the major global issue which aroused common concerns by international society. The current situation of atmospheric mercury pollution in China is discussed and some countermeasures are proposed in this paper.

Key words Mercury Atmosphere Pollution Countermeasure China

1 引言

汞（Hg）是一种对环境和人体健康都会产生严重危害的重金属，具有高毒性、难降解性、生物富集性等特性。1950 年代的日本“水俣病”事件引起人们对汞污染的广泛关注。1980 年代末和 1990 年代，科学家出人预料地在北欧、北美，甚至北极圈等很多没有汞污染源的地区陆续发现某些鱼体内甲基汞（MeHg）含量非常高，并证实人类活动排放

* 王书肖、郝吉明：清华大学环境科学与工程系。

的汞经过大气长距离迁移沉降是产生此类汞污染的主要原因。这一发现使汞污染备受关注，使大气汞污染和控制研究成为国际环境热点问题之一。我国是汞的生产、使用和排放大国。发达国家一直强调我国汞排放通过长距离传输对全球汞循环产生重大影响，使我国在控制汞排放上面临着越来越大的国际压力。因此，切实开展汞污染排放调查、加强汞排放控制已成为我国缓解国际环境外交压力、进一步落实科学发展观、维护人体健康的紧迫需要。

2 大气汞污染

大气中的汞按物理化学形态主要分为气态元素汞（Hg^0）、活性气态汞（Hg^{2+}）和颗粒态汞（Hg^P）。气态元素汞是大气汞的主要存在形态，占大气中各种形态汞的 90%以上，在大气中的停留时间较长（0.5～2 年），可远距离传输。活性气态汞占气态总汞的 3%以下，在大气中的停留时间较短（几小时到几星期）。颗粒态汞占大气汞的 10%以下，在大气中的停留时间取决于颗粒物的粒径、气象条件和地表覆盖条件，略大于活性气态汞。一般来说，活性气态汞和颗粒态汞在大气中的停留时间较短，易于通过干、湿沉降从大气中去除，在大气中迁移的距离相对较短。

2.1 全球大气汞污染状况

1977—1980 年、1990 年和 1994 年对大西洋的大气气态总汞监测显示，气态总汞浓度在 1990 年之前逐年增加，而在 1990 年后略有下降。另外，对欧洲、北美和极地的监测也显示，自 1990 年后气态总汞浓度整体上呈下降趋势。目前大气中气态总汞的背景浓度北半球维持在 1.5～1.7 ng/m^3，南半球维持在 1.1～1.3 ng/m^3。和气态总汞相比，活性气态汞和颗粒态汞的浓度波动较大，受人为释放及自然环境的影响较大。通常大气中活性气态汞和颗粒态汞的背景浓度范围在 0～50 pg/m^3。尽管已有的工作显示全球大气汞浓度的升高现象已经基本得到控制，但是受全球人为活动直接汞释放和再释放强度不断增加的影响，目前大气汞浓度较工业革命前约提高了 3 倍、沉降速率增加了 1～3 倍，大气及其引发的其他生态系统的汞污染问题依然突出，特别是大气汞沉降所造成的偏远地区汞负荷与汞甲基化风险的升高。为了维护生态系统平衡和减少人体汞暴露，需进一步完善大气汞污染控制措施。

2.2 中国大气汞污染状况

我国大气汞分布的区域性差异十分显著。目前，一些大城市中大气汞污染已相当严重。在贵阳，采暖期大气汞浓度高达 565.8 ng/m^3，超过我国规定的居住区 300 ng/m^3 的标准，降水中汞浓度为 0.116 μg/L，超过了 GHZB1—1999《地面水环境质量标准》中的III类标准。沈阳市大多数监测点的大气汞浓度超过或接近居住区大气汞标准 300 ng/m^3。在北京、上海、重庆和兰州大气汞的监测研究表明这几个城市的汞污染已经十分严重，大气汞污染主要来自燃煤排放。另外我国一些无明显汞污染源地区，陆地生态系统中的汞污染也十分严重，土壤含汞量比背景值高 3～10 倍，相应的蔬菜作物、田间杂草汞含量亦超过卫生标准 20～30 倍，这可能是汞的大气传输沉降造成的。

3 大气汞排放现状

3.1 全球大气汞排放

大气汞的来源分为自然源与人为源。工业革命前，大气汞排放的来源主要是自然源，包括地壳除气、土壤与水体表面挥发、植物表面蒸腾、森林火灾以及火山与地热活动等。大气汞的自然源多元化，且受自然气候条件控制较为显著。因此，目前对全球自然源释汞量的估算仍存在很大偏差，初步估计为 1 000～4 000 t/a 不等，其释汞形态以气态元素汞为主。工业革命以来，人为源逐渐成为大气汞排放的主要来源，包括化石燃料和生物质的燃烧（煤和油类产品）、矿产资源的开采与冶炼（铅、锌、生铁与钢、汞、金）、工业生产（水泥和苛性钠）以及垃圾处理等。人为源向大气排放大量气态元素汞的同时，也排放相当数量的活性气态汞和颗粒态汞。据估算，目前每年全球人为源大气汞排放量为 2 100 t，其中包括气态单质汞 1 480 t、活性气态汞 480 t 和颗粒态汞 140 t。实际上很难严格区分大气中的汞是来自人为源还是自然源。研究发现，人为活动或自然过程排放到大气中的汞其沉降后的再释放同样也是大气汞排放的一个重要来源，大气汞的再释放每年可向大气排放约 2 000 t 汞，约占汞沉降总量的 50%。

从全球人为源汞排放的历史趋势来看，工业化初期在欧美发达国家大量的汞被排放到大气环境中，但近年来由于各类污染物控制设备（例如电除尘器和烟气脱硫设备）大规模地安装运行，而且民用和工业能源从煤炭转向石油、天然气等更加清洁的燃料，欧洲和北美洲的大气汞排放呈现出逐年递减的趋势。虽然亚洲和非洲等发展中国家工业化起步较晚，但工业化发展十分迅速。近年来由于煤炭消费总量逐年增加，以及金属冶炼等汞排放量较高行业的强劲发展，这些地区大气汞排放呈现出快速增长的态势。目前每年仅亚洲人为活动的大气汞排放超过 1 000 t，占全球大气汞排放总量的 50%以上，是全球人为大气汞排放量最多的地区。

3.2 中国大气汞排放

一直以来，我国一次能源消费结构以煤为主，在煤炭的生产和利用过程中向大气中排放了大量汞，对公众健康和生态环境构成了严重威胁。目前我国被认为是全球人为活动向大气排放汞最多的国家。据估算，每年我国人为源的大气汞排放量在 500～700 t。其中，燃煤和有色金属冶炼是两个最主要的排放源，约占总排放量的 80%。另外，我国自然源的汞释放也是一个不容忽视的问题。我国西南及东南地区正好分布在环太平洋汞矿化带上，而土壤汞相对富集区域的汞释放是非常重要的大气汞来源。此外，我国大量的汞排放势必会导致大气汞沉降的增加，而沉降后汞的再释放也可能是大气汞的重要来源。

3.2.1 中国燃煤大气汞排放概况

煤炭是我国的主要能源，分别占一次能源生产和消费总量的 76%和 69%。我国燃煤造成的汞污染已从 1970 年代的点源污染转变为今天的面源污染，煤烟型污染是我国大气汞污染的重要特征。

虽然近年来我国燃煤电厂加大烟尘和 SO_2 治理力度，燃煤电厂安装 ESP 和 FGD 比例逐年增长，燃煤电厂汞排放量通过除尘和脱硫的协同效应也同时在一定程度上被削减。但燃煤电厂仍是我国主要的大气汞排放源，目前每年排放量超过 100 t，约占燃煤大气汞排放量的 40%，占我国大气汞排放量 16%左右。目前我国没有针对燃煤电厂制定相关汞排放标准。考虑到在未来相当长的时期内我国一次能源结构仍然以煤为主。我国面临由于燃煤大气汞排放带来的巨大环境挑战和环境外交压力，需要尽早筹划控制燃煤电厂大气汞排放，防止由其引起的环境污染和危害。

3.2.1.1 原煤中汞的含量及分布特征

我国大多数煤中汞的浓度范围是 0.1～0.3 mg/kg，算术平均值为 0.19 mg/kg，是世界 0.1 mg/kg 平均水平的 1.9 倍，与美国 0.17 mg/kg 的平均浓度接近。我国煤中汞的分布特征总体上为：西北以及中部的部分煤田相对较低，东北的部分地区以及西南地区的煤田相对较高；最高值出现在贵州省，其部分煤田由于低温热液流体侵入，煤中汞含量高达 1.14 mg/kg，约是我国平均含量的 6 倍。不同煤种煤中的汞含量差异较大，一般表现为无烟煤（0.84 mg/kg）＞焦煤（0.54 mg/kg）＞烟煤（0.30 mg/kg）＞石煤（0.17 mg/kg）＞褐煤（0.09 mg/kg）。另外，煤中汞的赋存状态也是多种多样：高硫煤中汞与硫化物关系密切，主要赋存在黄铁矿中；低硫煤中硫化物结合态和有机结合态汞通常共同占支配地位。

3.2.1.2 燃煤汞排放现状

2003 年我国人为源大气汞排放量为 696 t，其中燃煤排放的大气汞为 278.4 t，约占人为源大气汞排放量的 40%，1995—2003 年期间燃煤大气汞排放量的年均增长率为 3.0%。

3.2.1.3 燃煤电厂汞排放现状及发展趋势

（1）排放现状。2003 年燃煤电厂大气汞排放量为 100.1 t，约占全国燃煤大气汞排放的 36%（图 1）。1995—2003 年期间燃煤电厂大气汞排放量的年均增长率为 5.9%。其中，福建的增长率约为 14%，广西、宁夏和黑龙江的增长率＜2%；北京呈现负增长，这归功于静电除尘器（ESP）和湿法脱硫装置（WFGD）等控制技术的实施。2005 年燃煤电厂大气汞排放量约是 2003 年的 1.2 倍。

（2）发展趋势。“十五”期间，火电行业加大了烟尘治理力度，火力发电机组采用 ESP 的比例逐年增长。除尘效率不断提高的同时燃煤电厂也实现了汞排放的削减，如 2003 年去除汞 42 t。“十一五”期间，火电行业是 SO_2 减排的“主战场”。燃煤发电机组为满足 SO_2 削减要求而安装的脱硫设施（如 FGD）将会减少大气汞排放量。随着传统污染物排放逐步得到有效控制，大气中新型污染物、有毒污染物等环境污染问题，例如汞问题，将越来越突出，这要求“十二五”期间必须加强这些工作的研究和控制，以保障人体健康与环境安全。

与 2005 年相比，考虑到“十一五”期间燃煤发电机组安装的控制措施对汞的协同去除作用，预测2010年的排放量将降至119 t，河南、山东、内蒙古、贵州和江苏是排放量最大的5个省区，其中河南仍超过10 t。

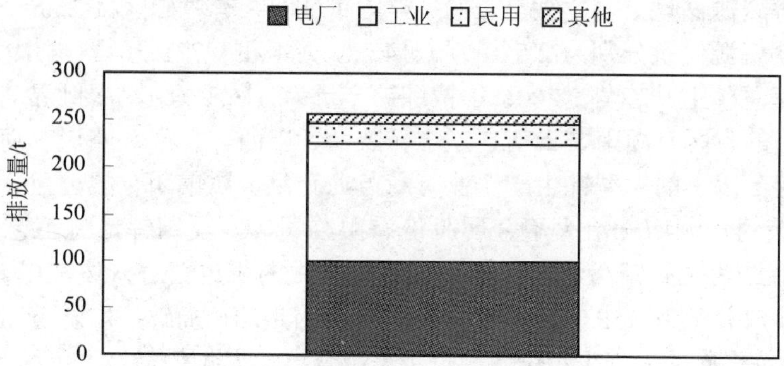

图1 2003年我国燃煤大气汞排放情况

3.2.2 非燃煤大气汞排放概况

非燃煤汞排放是我国人为源大气汞排放的重要来源。2003 年我国非燃煤大气汞排放量为393 t，约占总人为源排放量的60%（图2）。有色金属工业是我国非燃煤大气汞排放的主要排放源。2003年有色金属冶炼大气汞排放量约为330 t，占我国非燃煤大气汞排放量中有 84%。其中锌冶炼、铅冶炼、铜冶炼和黄金冶炼分别占总排放的 51%、18%、4%和11%。排放量超过30 t的省区主要是有色金属冶炼行业发达的湖南、河南、云南3省，这些地区的锌、铅和黄金产量分别占全国总产量的 44%、63%和 35%，其大气汞排放量占到全国总排放量的 40%。另外，生活垃圾焚烧产生的大气汞排放量也是我国非燃煤大气汞排放的大户，并且年增速非常快。据统计，1995—2003 年我国生活垃圾焚烧大气汞排放量的年均增长率为42%，显著超过非燃煤总排放9%的年均增长率。

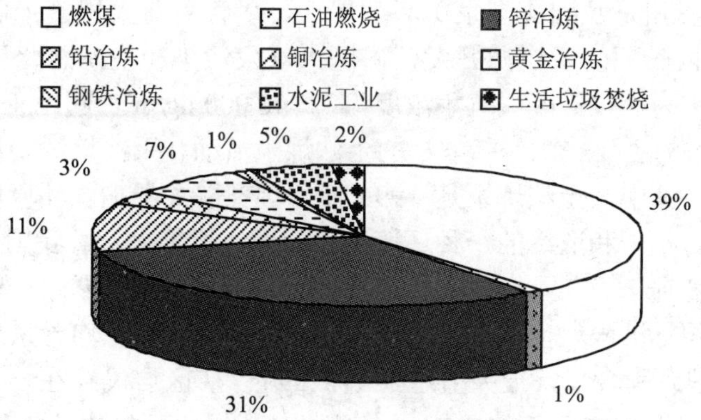

图2 2003年我国大气汞排放的部门分布

3.2.2.1 有色金属冶炼汞排放

有色金属矿物在采矿、选矿、冶炼和加工过程中均有大量废气、废水和固体废物产生及排放，汞也随着“三废”一起进入环境，极易对人体健康和生态环境造成严重危害。有色金属工业是我国非燃煤大气汞排放的大户，锌工业又是有色金属行业中大气汞排放的大户。我国锌资源储量丰富，截至 2006 年年底全国共有锌矿区 1 266 个，锌矿储量、基础储量和查明资源储量分别为 2 510 万 t、4 227 万 t 和 9 711 万 t。自 1990—2006 年我国精炼锌产量呈总体上升趋势，2006 年精炼锌产量为 316.3 万 t，居世界第一位，全国产量超过 10 万 t 的省区有湖南、云南、辽宁、陕西、广西、甘肃、四川、河南、广西、贵州，年产 10 万 t 以上的大型锌生产企业有葫芦岛有色金属集团有限公司、济源豫光金铅集团有限责任公司、湖南株冶火炬金属股份有限公司等。我国锌冶炼工艺是火法和湿法工艺并存，以湿法为主。锌冶炼过程中，和锌矿伴生的汞也会进入废气中。2000 年我国锌冶炼大气汞排放总量为 159.0 t，其中排放量最大的是葫芦岛锌厂。随着对锌产量需求的增长，我国锌冶炼引起的大气汞污染问题也越来越突出。以葫芦岛锌厂为例，仅 1983—1989 年间生产锌 5.89×10^5 t，约向大气排放 51 t 汞；厂区表层土壤中的汞主要来自大气沉降，其含量为 4.759 mg/kg，高出辽宁土壤汞背景值 40 倍；当地木本植物中的汞主要来源于大气，木本植物汞含量以冶炼厂为中心向外围降低，而且，种植在厂区周边的蔬菜中有 37.1% 的叶菜类蔬菜、9%的瓜类蔬菜和 4%的豆类蔬菜的汞含量超过国家食品卫生标准限制值。鉴于锌冶炼汞排放对人体健康和生态环境的影响，有必要对其加大环保执法力度来有效控制大气汞污染趋势，严格按照《工业炉窑大气污染物排放标准》（GB 9078—1996）和《大气污染物综合排放标准》（GB 16297—1996）有关要求进行督察，待发布的《铅、锌工业污染物排放标准》中并没有专门制定烟气汞排放限值而按烟（粉）尘的排放标准来执行；加大环保投入，淘汰落后工艺而推动冶炼工艺水平升级，提高汞污染控制能力。

另外，我国是世界上汞矿资源比较丰富的国家之一，总保有储量汞 8.14 万 t，仅次于西班牙和俄罗斯，居世界第 3 位。已探明汞产地 103 处、分布于 13 个省（区），主要分属川鄂湘桂成矿带、陕甘青成矿带和川滇藏成矿带，尤以川鄂湘桂黔及陕西、青海较集中，贵州更占首位，其汞矿保存储量占全国总储量的 65%。主要汞矿有贵州省的万山、务川、丹寨、铜仁，湖南省的新晃等。年产汞在 100 t 以上的企业有贵州万山汞矿、务川汞矿和铜仁汞矿。贵州是我国典型汞矿活动地区，尽管目前大规模汞矿开采、冶炼活动均已停止，但是境内长期的汞资源开发，矿区大气汞污染和生态恶化已经到了相当严重的程度。以务川汞矿为例，矿区大气汞浓度为 7～40 000 ng/m³，超出正常大气汞浓度 1～4 个数量级，大气汞的主要来源包括非法的土法炼汞活动、汞冶炼活动遗留的大量冶炼炉渣和自然富汞土壤（其中，土法炼汞是 1996 年《国务院关于加强环境保护若干问题的决定》中规定必须严厉打击和取缔的一种环境违法行为，近年来随着我国 PVC 塑料生产的爆炸性增长而急剧膨胀）；矿区土法炼汞工人遭受严重的汞蒸气暴露，95%的工人尿汞含量超过世界卫生组织标准限制值；矿区大米总汞 26.8 ng/g 的平均含量超过国家食品卫生标准中 20 ng/g 的粮食汞含量，最大值达到 113 ng/g，矿区居民存在一定的健康风险。鉴于汞工业对人体健康和生态环境的影响，有必要对其加大环保执法力度，尤其是在片面追求经济增长、社会环境意识不高的地方，严格按照《工业炉窑大气污染物排放标准》（GB 9078—1996）和《大气污染物综合排放标准》（GB 16297—1996）有关要求进行督察，待《锡、锑、汞工业污染物排放标准》发布后按其执行，整治土法炼汞等环境违法行为，依法淘汰落后生产能力，促进汞的减排；并且，通过环境教育、环境宣传等手段提高公众的环境意识，依靠公众力量加强环境法的执行。

3.2.2.2 生活垃圾焚烧汞排放

城市生活垃圾又称城市固体废弃物，主要包括食品垃圾、普通垃圾、医院垃圾、清扫垃圾、建筑垃圾以及危险垃圾等。成分比较复杂，其构成主要受居民生活水平、能源结构、城市建设、绿化面积以及季节变化的影响。焚烧法不仅能达到垃圾处理的减容化、资源化和无害化目标，而且具有占地面积小，运行稳定，处理时间短等多种优点，在许多国家和地区已经成为城市生活垃圾处理的首选方案。我国从 1988 年开始采用焚烧技术来处理生活垃圾，起步相对较晚。但随着我国城市生活垃圾产量的日益增加，占用耕地极为严重，高效的焚烧工艺发展十分迅速。截止到 2008 年 9 月统计，全国共建设生活垃圾焚烧厂 100 座，其中建成 56 座、在建 44 座。72%的焚烧厂集中在东部地区，广东、浙江和江苏位居前三名，三地合计占全国总量的 45%。其中 80%以上的生活垃圾焚烧厂是在近 5 年建设的。

我国生活垃圾焚烧处理技术主要可分为三类：炉排炉技术、流化床技术以及其他焚烧技术（小型立式炉、小型链条炉和热解炉等），在未来几年内炉排炉与流化床仍有一段时间的共占焚烧市场局面。生活垃圾焚烧厂烟气的处理方法通常有 3 种，即干法、湿法和半干法。我国 2000 年颁布的《城市生活垃圾处理及污染防治技术政策》中明确指出“烟气处理宜采用半干法加布袋除尘工艺”；随着干法工艺的提升和进步，近年国内采用干法处理工艺的比例有所增加。

随着我国垃圾焚烧处理比重的不断提高也增加了由此对大气汞的贡献以及对人体健康和生态环境的影响。1995—2003 年我国生活垃圾焚烧大气汞排放量的年均增长率为 42%，显著超过非燃煤总排放 9%的年均增长率。以浦东生活垃圾焚烧厂为例，焚烧厂下风口处大气汞浓度为 10.6 ng/m^3，高于上风口、厂区两倍；受垃圾焚烧大气汞排放的影响，厂区周边土壤和农作物的汞含量在焚烧厂运行两年来呈上升趋势，其中大部分蔬菜的叶汞含量都超过国家食品卫生标准限制值。

随着我国城市化水平的进一步提高，垃圾焚烧产生的大气汞排放量将会随着生活垃圾数量的快速增长而进一步增加。对垃圾中汞问题的研究与环境保护监管就显得十分重要，应严格执行《生活垃圾焚烧污染控制标准》(GB 18485—2001)、《城市生活垃圾处理及污染防治技术政策》（建成[2000]120 号）等国家发布的标准；加大基础研究力度，寻求最佳可行技术来控制垃圾焚烧的烟气汞排放。

4 国际汞污染控制进程与主要行动

自 2001 年以来，在欧美发达国家及一些非政府组织的大力推动下，国际社会对汞的环境问题的讨论和关注逐渐升温，使之成为一个新的全球环境热点问题。联合国环境规划署理事会（UNEP GC）在这一过程中起到了重要的领导作用。政府间化学品安全论坛（IFCS），欧盟委员会（European Commission）等重要政府间论坛也将汞问题作为一项重要的议事日程。

2001—2002 年联合国环境署和组织间化学品无害管理计划（IOMC）组织了全球汞

评估。2003年环境署第22届理事会充分肯定全球汞评估的一些结论是：由于其长距离大气传输的特性，汞被认为是一种全球意义的化学物质；而且，有足够证据说明，汞一旦被人为释放到环境中，会持久存在；特别是汞在生态系统中的生物积累会造成严重的人体健康和环境危害；因而，需要尽快在国家、区域和全球采取进一步的行动，包括考虑制定具有法律约束力国际文书的办法来对汞污染问题进行管制。为此，UNEP在其化学品工作计划下加强了汞的工作计划。

2007年2月，环境署理事会第24届会议在其24/3号决定中确定了全球汞污染防治的7个优先领域，涵盖了汞问题的各个方面，包括：减少人为源大气汞排放；寻求有益于环境的含汞废物和化合物的管理办法；减少用于产品和工艺的汞的全球需求；减少全球汞的供应，包括考虑限制原生矿生产及供应源分级；寻求有益于环境的汞的储存办法；危害公众健康和环境的现有场地污染补救问题；提高诸如人体和环境暴露、环境监测以及社会经济影响等方面的知识。会议还决定成立一个汞问题不限成员名额特设工作组，在未来两年内召开两次会议，主要审议和评估针对汞问题7个优先领域的各种备选措施，以及实施这些措施的手段，包括自愿性措施和建立具有法律约束力的国际文书的办法，工作组讨论的结果，将提交环境署理事会25届会议审议，以便理事会就全球汞问题采取进一步行动作出决定。

工作组于2007年11月和2008年10月分别在曼谷和内罗毕召开了第一次和第二次会议。在工作组会议的讨论中，各方显示了对汞污染问题的高度重视，普遍认为应针对理事会确定的汞问题的优先领域在全球、区域和国家层面上积极采取具体措施来加以解决，并在每一优先领域下提出了一系列具体行动/措施建议。在工作组最后基本达成一致的汞问题综合框架中列举的具体措施，除按上述7个优先领域列出外，还新增加了针对汞、汞化合物和含汞产品国际贸易的措施。

工作组会议上，对采取什么手段来落实上述措施的问题上未能取得共识，形成了两大基本立场。支持制定具有约束力的国际法律文书的一方占多数，包括欧盟、非洲国家、中东欧国家、大部分拉美国家、部分亚太国家以及挪威、瑞士和日本等国。支持采取增强的自愿性方法的一方明显处于少数地位，包括美国、中国、印度、巴基斯坦、阿根廷、墨西哥等。前者进一步缩小了在工作组第一次会议期间的选择范围，即放弃了在斯德哥尔摩公约和巴塞尔公约或鹿特丹公约下制定议定书的主张，转而全部支持制定一个新的、独立的汞公约。后者支持通过加强UNEP汞项目，特别是全球汞伙伴关系活动，国际化学品管理战略方法（SAICM）来帮助各国在自愿的基础上实施各项针对汞的措施。

在2009年2月召开的UNEP理事会第25届会议上，汞问题作为一个重要的议程事项，受到了参会各方的高度重视和积极参与。理事会要解决在汞问题特设工作组上没能解决的难题，决定今后几年内推进全球汞的环境管理的具体进程，特别是要对是否尽快成立政府间谈判委员会，以启动汞公约的谈判做出决定。会前，UNEP秘书处已为汞的问题起草了一个决定草案，而瑞士、挪威和日本等国则对该草案提出了更为激进的修改建议，要求UNEP执行主任筹备和举行有关汞的国际法律文书的政府间谈判委员会，并在2009年年底开始工作；不晚于2012年召开外交大会通过和签署汞的国际法律文书。瑞士等国的修改建议得到了欧盟的完全支持。

第25届理事会会议期间除瑞士、北欧国家、欧盟和非洲国家极力推动此事外，美国在总统奥巴马当选上任后，在此问题的立场发生了急剧变化，高调明确表示要全力支持谈判制定一项具有约束力的汞的国际法律文书。因而，在本次会议上同意成立政府间谈判委员会并尽快开始汞公约谈判进程的声音显示了压倒性的优势。会前，我代表团完全预计到了这种形势，适当调整了我方立场并做好了充分的应对方案。会上，我代表团根据对案精神，在汞问题决定草案案文的谈判中，力争使我方关切在决定最终案文中得到反映，为我今后谈判争取主动。

经过艰苦的谈判，本届理事会最后通过的关于汞问题的决定包括了：应考虑共同但有区别的责任，以一种有效的、可行的和一致的方式来管理汞；发展中国家及经济转轨国家对国际法律文书下的一些法律义务的有效履行取决于能力建设、技术和资金方面的援助；国际法律文书中的各项行动，应包括约束性和自愿性两种手段；政府间谈判委员会在谈判文书时应考虑一些条款的灵活性，以便各缔约方有履约的自主性等。该决定要求 UNEP 执行主任召集政府间谈判委员会（INC）来准备汞的国际法律文书，该政府间谈判委员会在 2010 年开始工作，2013 年 UNEP 理事会/全球部长级环境论坛第 27 届常会前完成；2009 年下半年将组织召开一次全球汞问题不限成员名额特设工作组会议，准备 INC 工作，讨论 INC 谈判的重点内容、时间表和组织事宜。这一进程安排比瑞士等国的激进时间表延迟了一年，是我国与印度等国代表团力争的结果，为我参加谈判争取了更多的准备时间。

该决定授权汞问题政府间谈判委员会制定一项包括以下 9 方面条款的文书：

- 确定文书的目标。
- 减少汞的供应，增强无害环境的汞的储存能力。
- 减少产品和工艺中汞的需求。
- 减少汞的国际贸易。
- 减少汞的大气排放。
- 含汞废物的处理和污染场地的补救。
- 通过提高意识和科学信息的交换来加强认识。
- 明确能力建设以及技术和财政援助的安排，承认发展中国家和经济转轨国家对约束性法律文书下某些法律义务有效履行的能力取决于能力建设以及技术和财政援助的可获得程度。
- 履约问题。

本届理事会会议有关汞问题的决定，特别是决定召开 INC 以谈判制定汞的法律文书是国际社会采取的一个具有里程碑意义的行动，必将对今后全球、区域和各国汞污染的防治产生重大影响。我国是汞生产和使用大国，在开采、使用、贸易、排放等领域都在全球占有重要地位，INC 拟进行谈判的文书中的主要内容都与我国有重大利害关系。面对这种形势，我们一方面要针对 INC 谈判的内容充分做好谈判的准备工作，另一方面要主动重视汞污染防治问题，在“十二五”期间将汞的污染防治放到应有的高度，着手考虑制订中国汞污染防治战略和计划，包括与汞问题有关的各个领域的长期战略和行动计划。其中突出的是燃煤电厂、有色金属冶炼、水泥等行业人为源大气汞的排放，主要出口含汞产品制造（含汞体温计、血压计、电池、电光源等），用汞生产工艺（乙炔法 PVC 生产）。

目前，我国亟须开展各涉汞行业基本情况，汞的生产、使用、排放清单调查，以及替代产品和工艺的研发和推广应用、减排技术的应用的调查。这既是未来谈判工作的需要，也是开展汞的环境管理的一项最基础的工作。

5 国外汞控制经验

欧美对燃煤电厂大气汞排放的监测和控制技术研究较多，其在控制燃煤电厂汞排放的成功经验可以为我国汞的减排政策体系建设提供信息参考。

5.1 美国燃煤汞排放控制经验

5.1.1 燃煤汞排放现状

在 1990 年代，美国要求医疗垃圾和市政垃圾焚烧采取最佳可获技术控制汞排放，取得了比较明显的效果，来自医疗垃圾和市政垃圾焚烧排放的汞分别从 1990 年的 49.73 t 和 56.73 t 减少到 1999 年的 1.6 t 和 4.9 t，医疗垃圾和市政垃圾焚烧汞排放问题基本得到解决。但燃煤电厂仍然是美国汞排放大户，目前，每年从美国将近 1 300 个燃煤火电厂排放的汞大约 48 t，占美国汞排放量的 40%，全球汞排放的 1%。

5.1.2 美国控制行动

1990 年，美国《清洁大气法（修正案）》把汞列入 189 中“有害气体污染物”中。1997 年美国完成了全国大气汞污染源调查及其影响评估，并采取了一些控制措施，计划把人为源汞排放削减到 1990 年的 50%。美国国家环保局于 2000 年 12 月公开了一项为期五年的汞研究计划，内容涉及汞在环境中的迁移和归宿、燃烧源与非燃烧的风险管理、汞对生态和人群健康的影响以及危险性信息交流等。2002 年 2 月美国政府又把汞和温室气体一道列为计划削减的污染物，计划到 2010 年和 2018 年电厂大气汞排放量分别削减为 1999 年的 54%和 31%。具体行动为：

- 1990 年美国《清洁空气法》修正案把汞列入 189 种“有害气体污染物”之中。
- 1997 年美国完成全国大气汞污染源调查及其影响评估，并采取一些控制措施，计划把人为源汞排放量削减到 1990 年的 50%。
- 2000 年美国环保局（EPA）公开了一项为期五年的汞研究计划，内容涉及汞在环境中的迁移和归宿、燃烧源与非燃烧源的风险管理、汞对生态和人体健康的影响以及危险性信息交流等。
- 2002 年美国政府的“清洁天空”计划书将汞和 SO_2、NO_x 一道列为计划削减的大气污染物。
- 2005 年美国 EPA 颁布《清洁空气汞法案》（Clean Air Mercury Rule，CAMR），对燃煤电厂的大气汞排放进行总量控制。
- 2008 年美国国会通过汞出口禁令法案，其实施步骤为：① 2013 年禁止美国的商业性汞出口。② 除了转为永久储存的汞，禁止商业性出售或转让美国能源部和国防部以任何目的储存的汞。③ 为能源部提供收集汞的长期贮藏处。

- 2009 年美国呼吁制定汞的约束性法律文书。

5.1.3 美国经验总结

（1）注重基础研究，为立法控制燃煤电厂汞排放提供科学依据。美国与燃煤电厂汞排放相关的法律，包括《清洁空气法》修正案、《资源节约和清洁法案》、《控制钢铁铸造行业排放条例》、《清洁空气汞法案》、《电炉有毒物质排放国家标准》等，它们的出台都有着良好的科学研究基础。例如，美国 EPA 在颁布《清洁空气汞法案》之前，就汞进行了长达十年的基础研究，1997 年向美国国会提交的汞研究报告其内容涉及：① 汞排放清单；② 人为源汞排放清单；③ 汞在环境中的传输和归宿；④ 汞暴露风险评估；⑤ 汞及其化合物对人体健康和生态影响评估；⑥ 汞控制技术和成本评估等。

（2）注重环境经济手段，利用排污交易机制控制燃煤电厂汞排放。美国已将总量控制和排污交易制度成功用于酸雨计划（Acid Rain Program–ARP）和 NO_x 预算计划（NO_x Budget Program，NBP），在低成本削减 SO_2 和 NO_x 上取得了显著的成效。2005 年，美国环保局颁布了《清洁空气汞法案》（Clean Air Mercury Rule，CAMR），在世界上首次利用总量控制和排污交易制度来削减主要燃煤电厂的汞排放量。汞排污交易计划分两个阶段实施：第一阶段从 2010 年开始，汞总量目标为 38 t；第二阶段从 2018 年开始，汞总量目标为 15 t。根据 CAMR 的要求，美国 50 个州和华盛顿特区以及两个地方部落必须控制燃煤机组的汞排放量。CAMR 中建立了“发电绩效标准”和汞总量控制目标来限制新建和现役燃煤电厂的汞排放。虽然美国 EPA 允许各州可以自愿加入全国的汞排污交易计划或采取其他措施满足州的汞排放预算，但大多数州都选择加入全国计划。

（3）注重在多种污染物综合控制中实现大气汞排放的控制。美国燃煤电厂每年汞排放总量大约是 75 t，其中约 48 t 进入到大气中，其余则通过现役燃煤发电机组已安装的除尘、脱硫、脱硝设备被去除（这些控制措施大部分是燃煤发电机组为了满足 ARP 和 NBP 削减要求而安装的）。2005 年 3 月美国 EPA 颁布了《清洁空气州际法案》（Clean Air Interstate Rule–CAIR），随着 CAIR 的全面实施，燃煤发电机组安装的脱硫、脱硝比例将大幅度提高，SO_2 和 NO_x 削减效率提高的同时也会进一步削减燃煤汞排放。

另外，CAIR 与 CAMR 对控制燃煤电厂汞排放具有较好的兼容性。由于 CAMR 汞排污交易计划的第二阶段总量控制目标低，市场对于未来汞排放配额的价格会有较高的预期。这样，一些燃煤电厂将尽量地利用遵守 CAIR 而安装的控制措施来削减更多的汞排放，以便在 CAMR 第二阶段总量控制期处于一个比较优势的地位。

（4）注重研发排汞控制新技术，为进一步消减汞排放做好技术准备。美国能源部（DOE）为燃煤电厂选择了 8 项新的排汞控制技术试验项目，以便实现到 2018 年将汞排放减少 69%的政府要求。8 项新试验的内容如下：

- 吸附剂喷入控制汞技术。结合电厂现有的污染控制设备，采用喷入吸附剂的办法，消除燃煤烟气中的汞。
- 调制硅酸盐控制汞。该项试验在 75 MW 机组上进行，采用一种新型的非碳吸附剂——调制硅酸盐，可以达到较高的清除汞效果，同时避免对飞灰的影响。

- 采用吸附剂喷入法控制小型静电除尘器中的汞。在小收集区静电除尘器前喷入吸附剂，再通过湿式洗涤器处理，该试验旨在评估长期的排汞控制性能和副产品的质量。
- 湿式烟气脱硫系统前汞氧化催化剂试验。该试验规模较大，涉及蜂窝式催化剂系统，它已经被证明对单质汞氧化很有效，因而在湿式氧化钙或石灰石烟气脱硫系统中可以去除汞。
- 电厂汞控制评估。URS 集团公司试验了美国电科院（EPRI）的汞控制吸收工艺技术，该技术是将可以再生的固定结构吸附剂置入煤的烟气流中，达到清除汞的目的，由于吸附剂在捕捉和隔离汞并进行处理的同时定期再生，因而汞不会夹裹在煤燃烧所产生的副产品中。
- 提高褐煤燃烧系统汞控制排放中碳的吸附性。试验的重点在于提高燃烧低级褐煤电厂中捕捉汞的活性炭的效能，可采用喷入氯基添加剂和使用经化学处理的吸附剂 2 种方法。
- 静电除尘器前汞氧化处理，该试验目的在于评估使用氯基添加剂提高汞的氧化效果。通过试验测量现有静电除尘器和烟气脱硫装置中汞的氧化程度及汞的清除率，核定与此相关的成本，调研把空气污染控制装置作为控制多种污染物装置使用的可能性，并定量评价因控制排汞而对检修造成的影响。
- 电厂用新型汞吸附剂现场试验计划。活性炭喷入法的排汞控制效果已被肯定，希望经过进一步的开发这种活性炭喷入法在控制现有燃煤锅炉排汞方面能够发挥重要的作用。该技术成本相对较低，改造时停机时间短甚至无需停机，适合于各种燃煤及运行条件。

（5）注重点源汞排放监测能力建设，保障控制措施对汞的去除效率。美国 EPA 颁布的 CAMR 要求所有受管束排放源无论是否参与汞排污交易计划都要对汞进行连续排放监测和数据上报，而且所有监测设备都需经过 EPA 严格的质量认证和质量保证审查。

（6）注重加强超排处罚力度，确保汞排放控制措施的有效执行。美国 EPA 颁布的 CAMR 对超排汞的燃煤电厂有明确的处罚措施。每个排放源在交易年度末期都要拥有足够的配额来为自己的汞排放埋单；若出现超排情况，在下一年度扣除该点源 3 倍于超排量的配额当做处罚。

5.2 欧洲燃煤汞排放控制经验

5.2.1 燃煤汞排放现状

欧洲近 20 年来在控制燃煤电厂汞排放方面取得了明显效果，但是目前燃煤汞排放仍是其大气汞的主要来源。2000 年欧洲大型燃煤电厂（大于 50 MW）的汞排放量约为 38.38 t，占欧洲总人为源排放量的 38%；小型燃煤电厂（小于 50 MW）和居民生活用煤的汞排放量约为 34.97 t，占欧洲总人为源排放量的 35%（图 3）。

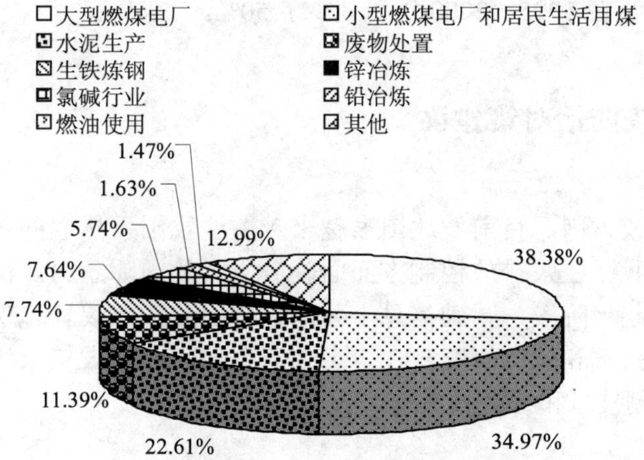

图 3　2000 年欧洲大气汞排放的部门分布

5.2.2 欧洲汞污染控制政策体系

欧洲在控制大气汞污染方面的政策可以分 3 个层次：欧洲，成员国和地方层次政策。欧洲委员会已经制定了《欧洲汞共同战略》（EU Mercury Common Strategy）来全面控制汞污染，包括减少向大气排放汞、减少汞的使用和需求，淘汰用汞工艺，汞产品的管理、替代和回收处理等，最近还颁布了法令禁止元素汞的出口。欧洲各成员国也颁布了相关的控制汞污染法案，如丹麦主要通过了两个法案来控制汞污染：《环境保护法案》（1974）控制向大气、水体、土壤排放会对人体健康和环境造成危害的化学物质；《化学物质和产品法案》（1980）则加大了对化学品的销售、消费和处理的管理的力度。德国则根据《联邦排放控制法案》来制定技术导则预防工业向大气中排放的大气污染物排放限值。另外，虽然欧洲委员会对一些汞排放源没有控制要求，但成员国采取相应的控制措施。例如，欧洲委员会对火葬场的汞排放没有相应的要求，但法国、英国、瑞典、荷兰、德国等国家要求火葬场也要安装最佳可获技术（Best Available Technology，BAT）到达汞排放率要求。在控制燃煤汞排放方面，欧洲委员会颁布了《综合污染防治和控制指令》（Integrated Pollution Prevention and Control，IPPC）和《大型燃煤电厂指令》对大型燃煤电厂汞排放有控制技术和排放限值要求。

5.2.3 欧洲控制燃煤汞排放主要措施

（1）减少煤的使用量。1960 年代，欧洲电力供应有 50%来自火电行业，到 2001 年只有 27%的电力供应来自火电行业，根据《2020 年欧洲能源发展展望》，到 2010 年前欧洲煤炭使用量还会继续下降。另外，欧洲也在积极促进低汞煤使用和进行高汞煤的洗选，从源头控制燃煤大气汞排放。

（2）采取综合污染防治指令综合控制燃煤电厂汞排放。欧洲委员会颁布了《综合污染防治和控制指令》（Integrated Pollution Prevention and Control，IPPC）和《大型燃煤电厂指令》，要求大型燃煤电厂（大于 50 MW）采取综合控制措施到达以安装最佳可获技术（Best Available Technology，BAT）为基础的汞排放率要求。大型的燃煤发电机组（大于 50 MW）汞排放量在 1995—2000 年间减少了 50%。

6 中国大气汞污染防治对策建议

我国是汞的排放大国，目前发达国家越来越关注我国汞排放的长距离传输对全球汞循环的影响，因此我国在汞排放控制方面面临着巨大的国际压力。但是，我国的汞排放及控制研究还处于起步阶段，基础信息十分缺乏。因此，建议环境保护部紧密跟踪国际动态，加强汞污染技术和政策研究，在“十二五”期间启动大气汞污染治理技术示范，建立大气汞污染控制技术和经济政策。

6.1 加强大气汞污染控制基础研究和能力建设

我国目前尚未针对汞问题进行过全面、系统的调研，对于燃煤汞排放的基数仍不清楚。这种状况易导致我国在应对国际压力方面处于被动局面，难于为我国争取最大利益。因此，建议通过部门协调机制，加强对现状信息的收集和汇总。工作内容包括：①加快建立大气汞排放清单。研究制定详细、准确的汞排放清单，以全面掌握我国的汞排放状况，特别是省级和行业层面的排放清单，为制定汞污染防治规划提供基础。②加快建立汞污染监测网络。加强大气汞污染监测，建立汞污染监测网，监测大气汞污染和汞的干湿沉降状况。进一步研究分析大气中汞的化学反应和传输特征，建立我国大气汞化学反应和传输模型，以确定重要汞排放源对局地、区域大气汞浓度和沉降的贡献。③加快建立相应标准体系。建议立即启动研究制定大气汞污染物排放标准，建立我国大气汞污染物的标准体系。

6.2 开发推广大气汞污染治理技术，加大重点排放源的治理力度

（1）减少燃煤的汞排放。我国能源 70%左右来自燃煤，引起的大气汞污染十分严重。因此，应开展对燃煤大气汞的排放研究，逐步制定相应的控制政策、法规和标准。逐步开展如下的工作：加大燃煤电厂脱硫脱硝的力度，并研究如何充分提高电厂已有污染控制设备的脱汞率，以期在不增加额外设备的条件下，达到多种污染物联合脱除的目的；减少高汞煤的使用量，提高煤炭洗选比例，减少烟气排放中的汞含量；开展电厂烟气排放治理设施脱汞的试点工作；在对现有污染控制装置协同除汞效果综合评估的基础上，开展燃煤大气汞排放的控制技术研究，开发燃煤脱汞技术，为我国中长期的汞污染控制的实施提供技术储备。

（2）减少工艺过程的汞排放。对于有色金属冶炼、使用汞催化剂的氯乙烯生产等排汞的工艺过程，要充分利用现有的控制技术和设备来减少生产过程中的大气汞排放；使用低含汞量的原材料；加强汞回收方法和技术的研究。

6.3 制定中国汞污染控制政策，逐步建立汞污染防治体系

鉴于汞污染控制的重要性和急迫性，应及早制定相关的汞排放控制技术政策和经济政策。一方面，结合经济发展目标及排放控制技术发展状况，对现有和未来可能的汞排放控制技术经济成本及其减排效果进行分析和筛选，以确定未来汞污染控制的可能控制技术方案库。另一方面，对国际汞污染控制管理体系进行研究，对我国今后建立相应的汞污染管理体系和响应体系提出建议。

（1）在相关环境保护法律中增加汞污染控制的内容。我国现行大气污染防治法中尚缺乏汞污染相关规定，因此在大气污染防治法新一轮修订过程中应该加强这方面内容，如提出鼓励企业采用先进的汞减排技术等，使我国今后的汞污染防治具有法律依据。一些汞污染严重的地方可以结合本地实际情况在相关地方性法规中增加相应的内容。

（2）加快制定相关行业汞排放标准。我国目前仅在《大气污染物综合排放标准》和《工业炉窑大气污染物排放标准》中规定了大气汞排放限值，且未有效执行。应着手开展这方面的研究，尽快制定相关标准，为今后将汞污染纳入我国环境保护日常管理作好准备。可以考虑首先在燃煤电厂大气污染物排放标准中增加汞排放浓度限值。

（3）开展典型地区大气汞污染综合管理示范。选择大气汞污染源集中、汞污染严重的若干地区，在局部地区首先开展大气汞污染综合管理示范。大气汞污染综合管理示范可以考虑将汞污染纳入到总量控制、排污许可证管理以及环境影响评价、达标排放和限期治理等环境保护基本制度中，为今后全国范围的大气汞污染管理积累经验。

6.4 注重多污染物综合控制，充分发挥减排协同效益

多污染物控制技术是能够脱除烟气中 SO_2、NO_x、C_xH_y、Hg 以及粉尘等多种污染物的气体净化技术，包括电催化氧化技术、改进的干式脱硫技术等。目前有多种方法可用于燃煤电厂的汞控制，但还没有任何一种非常成熟的技术得到广泛应用。综观发达国家的除汞技术，大多是在传统污染物控制的基础上，有效削减汞排放。表 1 充分说明了烟气除尘脱硫过程中对汞去除的协同效应。因此，开发汞与这些污染物的综合控制技术来实现我国汞减排是最具成本效益的一种方法。

表 1　主要大气污染控制技术的除汞效果

控制技术		汞去除率/%
煤洗选加工	浮选法	21～37
	热处理	80
静电除尘器（ESP）		10
布袋除尘器（FF）		29
ESP/ FF＋湿法脱硫		85
喷雾干燥法脱硫（SDA）＋ESP		67
ESP＋炭过滤床		90～95
活性炭吸附剂＋FF		50～＞90

6.5 加强国际合作，积极应对国际社会对我国汞污染的压力

当前，国际社会对汞污染高度重视，近 30 年中国经济高速发展、能源消耗急剧增加导致燃煤大气汞排放的快速增长，而引起国际社会尤其是美国、日本、韩国等国的高度关注。我国在加强汞污染相关基础研究、制定汞污染相关政策、法规和标准的同时，应积极参与国际上有关汞污染学术会议和联合国等国际机构的相关会议，密切跟踪国际社会有关汞的治理技术、政策法规和标准等方面的最新动态，通过加强国际交流，增进外国政府和国际组织对中国汞污染问题的正确认识，深入了解我国汞污染防治政策，同时学习和借鉴国外的汞污染控制技术和管理经验，以积极的态度应对国际社会对中国的汞污染压力。

参考文献

[1] Chen L, Duan Y, Zhuo Y, Yang L, Zhang L, Yang X, Yao Q, Jiang Y, Xu X, Mercury transformation across particulate control devices in six power plants of China： The co-effect of chlorine and ash composition. Fuel，2007，86, 603-610.

[2] Feng X, Mercury pollution in China—an overview//Dynamics of Mercury Pollution on Regional and Global Scales：Atmospheric Processes, Human Exposure Around the World, N. Pirrone and K. Mahaffey（Editors）, Springer Publishers, Norwell, MA, USA., 2005, 657-678.

[3] Friedli H R, Radke L F, Prescott R, Li P, Woo J.-H, Carmichael G.R. 2004. Mercury in the atmosphere around Japan, Korea, and China as observed during the 2001 ACE-Asia field campaign：measurements, distributions, sources, and implications. J. Geophys. Res. 109, D19S25, doi：10.1029/2003 JD004244.

[4] Jaffe D, Prestbo E, Swartzendruber P, Weiss-Penzias P, Kato S, Takami A, Hatakeyama S, Kajii Y, Export of atmospheric mercury from Asia. Atmos. Environ, 2005, 39, 3029-3038.

[5] Jiang G, Shi J, Feng X, 2006. Mercury pollution in China. Environ. Sci. Technol. 40, 3672-3678.

[6] Pan L, Woo J.-H, Carmichael G.R, Tang Y, Friedli H.R, Radke L.F, 2006. Regional distribution and emissions of mercury in east Asia：A modeling analysis of Asian Pacific Regional Aerosol Characterization Experiment（ACE-Asia） observations. J. Geophys. Res. 111, D07109, doi：10.1029/2005JD006381.

[7] Sinton J.E, Fridley D.G, What goes up： Recent trends in China's energy consumption. Energy Policy, 2008, 28, 671-687.

[8] Streets D.G, Hao J.M, Wu Y, Jiang J.K, Chan M, Tian H.Z, Feng X.B. Anthropogenic mercury emissions in China. Atmos. Environ, 2005, 39, 7789-7806.

[9] Tang S, Feng X, Qiu J, Yin G, Yang Z, Mercury speciation and emissions from coal combustion in Guiyang, southwest China. Environ. Res, 2007, 105, 175-182.

[10] US Environmental Protection Agency. Control of mercury emissions from coal-fired electric utility boilers： interim report. EPA-600/R-01-109. Washington DC： USEPA, 2002.

[11] Wang Q, Shen W, Ma Z, Estimation of mercury emission from coal combustion in China, Environ. Sci. Technol, 2000, 34, 2711-2713.

[12] Wu Y, Wang S, Streets D.G, Hao J, Chan M, Jiang J, Trends in anthropogenic mercury emissions in China from 1995 to 2003. Environ. Sci. Technol, 2006, 40, 5312-5318.

[13] Zhou J, Luo Z, Hu C, Cen K, Factors impacting gaseous mercury speciation in postcombustion. Energy & Fuels, 2007, 21, 491-495.

[14] 李平. 贵州省典型土法炼汞地区汞的生物地球化学循环和人体汞暴露评价. 博士学位论文. 贵阳：中国科学院地球化学研究所，2008.

[15] 瞿丽雅. 贵州汞污染防治研究. 贵阳： 贵州人民出版社，2004.

[16] 瞿丽雅. 贵州省汞污染防治与生态恢复. 贵州师范大学学报，2002，20（3）：56-59.

[17] 汤庆合，丁振华，江家骅，等. 大型垃圾焚烧厂周边环境汞影响的初步调查. 环境科学，2005，26（1）：196-199.

[18] 郑冬梅，王起超，郑 娜，张少庆. 葫芦岛市有色冶金——化工区土壤与植物汞污染. 生态环境，2007，16（3）：822-824.

[19] 郑刘根，刘桂建，齐翠翠，等. 中国煤中汞的环境地球化学研究. 中国科学技术大学学报，2007，37（8）：953-963.

关于环境基本公共服务均等化问题的初步研究

吴舜泽 李红祥 朱建华 葛察忠 逯元堂 李 娜

摘 要 2005年10月，讨论“十一五”规划建议的十六届五中全会提出要逐步实现“公共服务均等化”。4年来，卫生、教育、医疗等公共服务部门纷纷展开了相关探索，并大幅度带动了相关工作。环境保护作为公共服务的重要组成部分却没有纳入基本公共服务的范围，本研究开创性地提出了环境基本公共服务均等化的概念，认为在现阶段推行环境基本公共服务均等化具有重要意义，符合环保民生的战略思想，我国已经初步具备了推行环境基本公共服务均等化的条件，环保部门应该高举努力实现环境基本公共服务均等化的旗帜，力争机制政策创新，加大中央财政投入力度，为2020年全面小康社会建设奠定环境保障基础。

关键词 环境保护 公共服务 均等化

Abstract Otc.2005, the Fifth Plenary Sessions of 16th Central Committee of the Communist Party-discussing the suggestion of “11th five year” planning-proposed gradually achieve “Equalization of public services”. In recent 4 years, sanitation,education, medical service and other public service departments start to explore related study and drive related working, but environmental protection as one of important part of public service are not included in the basic public service. This research gave a pioneering concept of equalization of environmental basic public service and held that in the present stage equalization of environmental basic public service has an important meaning which is in accordance with strategic position of environmental protection. There are initially basic factor for China to be implemented the equalization of environmental basic public service, the environmental protect departments should hold high the banner of equalization of environmental basic public service, shoot for the innovation of policy and mechanism and increase the input of central finance to lay a foundation of environmental protection of building Well-off Society.

Key words Environmental protection Basic public service Equalization

党的十六届五中全会通过的《中共中央关于制定国民经济和社会发展第十一个五年规划的建议》要求，要“按照公共服务均等化原则，加大国家对欠发达地区的支持力度，加快革命老区、民族地区、边疆地区和贫困地区经济社会发展”。党的十七大报告把实现基本公共服务的均等化放在更加突出的位置，两次阐述了这个问题，基本服务均等化成为了一个热点问题。一些公共服务部门如卫生、教育、医疗等纷纷提出了基本公共服务均等化内涵、目标和措施。环境保护作为公共服务的重要组成部分却没有纳入基本公共服务范围，也没有进行系统的研究。本报告研究了基本公共服务均等化的概念、内容、理论基础和国际经验，开创性地提出环境基本公共服务的范畴和实现环境基本服务均等化的路线图。

1 基本公共服务均等化的概念和内涵

1.1 概念

虽然基本公共服务均等化已经成为当前大家关注的热点问题，但其中的一些关键性的概念问题并没有得到清晰一致的界定，从而导致基本公共服务均等化问题的研究对象不具体、范围不确定，影响了对这一问题的深入研究。

1.1.1 公共服务的概念

公共服务是基本公共服务均等化中最为基础的一个概念，有代表性的主要有以下几种观点：① 张馨、高培勇、江明融等认为，公共服务是与公共产品相同的概念。② 国家发展改革委宏观经济研究院课题组认为公共服务是政府在市场失灵的领域发挥作用，并实现社会公平的重要途径。公共服务具有公共服务或公物品的基本特性，包括非排他性和非竞争性，除此之外，“每个社会都会根据自己的经济实力、市场和制度环境，以及实际的公共需求，来做出合理的选择”。③ 陈昌盛、蔡跃洲（2007）认为所谓公共服务，是指建立在一定社会共识基础上，一国全体公民不论其种族、收入和地位差距如何，都应公平、普遍享有的服务，从范围上看，公共服务不仅包括通常所说的公共产品，而且也包括那些市场供应不足的产品和服务，广义的公共服务还包括制度安排、法律、产权保护、宏观经济社会政策等。④ 刘尚希（2007）则从公共服务消费性质和风险的角度把公共服务定义为政府利用公共权力或公共资源，为促进居民基本消费的平等化，通过分担居民消费风险而进行的一系列公共行为。⑤ 安体富从服务和公共产品两个角度定义公共服务的内容包括国家机关通过直接提供劳务为社会公共需要服务，也包括政府通过财政支出向居民提供教育、卫生、文化、社会保障、生态环境等方面的服务。⑥ 吕炜、王伟同等总结说公共服务包含两类：一是大部分学者对于公共服务的概念界定，都是基于经济学中非排他、非竞争的公共产品概念引申而来，其差别仅在于公共服务概念范围的大小不同，其核心是物化的产品或服务；二是从行动方式的角度来界定，其核心是旨在满足均等化的政府行为。

为了更了解公共服务的概念，首先我们来了解一下公共物品的概念。纯公共物品是这样的产品或劳务，即每个人消费这种物品或劳务不会导致别人对该种产品或劳务的减少（萨缪尔森在《公共支出的纯理论》中的经典定义）。公共物品具有 3 个典型特征——效用的不可分割性、消费的非竞争性与受益的非排他性。① 效用的不可分割性。指公共服务是面向全体公众的，其效用为整个社会成员所共享，不能分割，限定为某个个人或群体单独享用。② 消费的非竞争性。指某群体对公共服务的使用不影响、不排斥另一群体对同样公共服务的使用，即公共服务的边际生产成本和边际拥挤成本为零。③ 受益的非排他性。即在技术上无法将拒绝为公共服务付款的个人或群体排除在公共服务的收益范围之外，任何人既不能排斥他人对该公共服务的消费也不能拒绝本身对该公共服务的消费。

本研究认为公共服务是与公共产品大体对等的概念，但我们认为公共服务的范围应该扩展，不仅包括纯公共服务，即每个人消费但不影响别人消费的服务，也应该包括部分准公共服务，即只具备公共服务 3 个典型特征之一，但外溢性较大的服务。即公共服务是指由政府提供或主要由政府提供的纯公共服务和准公共服务。

1.1.2 基本公共服务的概念

目前对于基本公共服务还没有一个统一的理解，对于基本公共服务应该涵盖的范围也众说纷纭，其中比较有代表性的有以下几种。① 中共十六届六中全会《关于构建社会主义和谐社会若干重大问题的决定》中，把教育、卫生、文化、就业再就业服务、社会保障、生态环境、公共基础设施、社会治安等直接与民生问题密切相关的公共服务列为基本公共服务。② 国家发展改革委宏观经济研究院课题组认为基本公共服务是指在市场失灵的情况下，政府通过税收、担保、补贴等方式确保社会成员人人都能享有的，与公民基本权利和基本需求相关的公共服务。③ 宋迎法、包兴荣等将公共服务分为制度性或维持性（主要包括一般行政管理、法律、司法与国防等）、经济性（主要是生产性的基础设施）、社会性（主要包括公共教育、公共医疗和社会保障等） 三类，并认为社会性的公共服务具有公民权利的性质，具有较强烈的再分配功能，因而应主要将此类公共服务纳入均等分配的范围。④ 常修泽认为公共服务均等化的范围要适中，既不能过宽也不能过窄，他认为应该纳入均等化范围的公共服务主要包括四类：一是就业服务和社会保障等基本民生性服务；二是包括义务教育、公共卫生与基本医疗、公共文化等在内的公共事业性服务；三是包括公益性基础设施与生态环境保护等在内的公益基础性公共服务；四是生产安全、消费安全、社会安全、国防安全等公共安全性服务。⑤ 陈昌盛等认为应该以“平等”的哲学思想来指导公共服务均等化的客体选择，在确定哪些公共服务应纳入均等分配时，首先应遵循阿马蒂·森的“基本能力平等说”，其次是罗尔斯和大卫·米勒二者混合的资源平等说，最后是实质机会平等说。并由此得出：国防、基础教育、公共卫生、社会保障、公共安全、环境保护、基础设施、科学技术、一般公共服务等九类公共服务应优先纳入均等化范畴。⑥ 郭琪、刘新建等认为纳入均等化目标的公共服务应该是那些具有公民基本权利性质、不能因客观因素的差别而被剥夺的公共服务（包括有关生存的公共服务，如基本医疗保障、供水、供暖、住房等）、有关发展的公共服务（如义务教育、就业培训、公共博物馆、图书馆、文化馆等）、在保证有关生存和发展的公共服务供给平等的前提下，也适当提供有关享受的公共服务（如公园、公共电影院等）。⑦ 安体富则认为，基本公共服务是指与民生密切相关的纯公共服务。虽然大家的观点有所不同，但综合主要的观点可以看出来，大家基本认为：基本公共服务就是指与民生问题密切相关的，为维持本国经济社会稳定、基本的社会正义和凝聚力，对维护民众最基本生存权和发展权具有基础作用的公共服务，并大多将环境保护纳入基本公共服务范畴，基本公共服务范围的逐步合理回归是社会发展的体现，也是老百姓对服务内涵理解和追求层次性的体现。

本研究认为，基本公共服务是指由政府提供的与民生密切相关的，在一定发展阶段，对社会公众的生存和发展具有基础性作用的最低标准的公共服务，包括两个层面：一是最小范围；二是最低标准。其中，最小范围是指基本公共服务是在一定发展阶段覆盖最小范围和边界的公共服务，根据我国的具体国情、经济发展状况以及当前面人民群众最关心、最迫切、最需要解决的问题，宜将与民生密切相关的最低社会保障、公共卫生、义务教育和环境保护等纳入基本公共服务范围；最低标准是指基本公共服务是一种低水平的公共服务，是一种一般化、保障性的服务，而高档的服务则不是基本公共服务，是不由政府负责提供的。如政府负责九年义务教育，但不保证人人都接受高等教育；政府负责提供最低生活保障金，但不保证你衣食无忧；政府负责提供基本公共卫生项目，但不负担高档的医疗项目。

1.1.3 均等化的含义及标准

（1）均等化的含义。均等也就是指均衡相等，包括两个方面，一是机会均等，二是结果相等。机会均等是指人人都有享受基本公共服务的机会，只要他愿意享受就可以享受，如人人都有接受义务教育的权利，但有钱人也可以放弃，送孩子到收费高的私立学校就读。结果均等是指不分区域、不分城乡、不分阶层的公众都能享受在数量和质量上大体相等的公共服务，如人人都应该看得起病、上得起学等。

均等还包括绝对均等和大体均等。绝对均等是指全国范围内大家享受整齐划一的没有差别的公共服务。大体均等是指大家享受的公共服务大体上是相等的，但允许在一定尺度内存在差别。绝对均等是一种“一刀切”的平均主义模式，很容易只顾公平而丧失效率，影响各地发展的积极性。由于社会经济发展水平、国家的财力状况、公共服务地域特点和人们对公共服务偏好的差异，人们对基本公共服务的需求也是存在差异的，因此应该因地制宜地提供均等但有差异的公共服务，不能搞平均化的“一刀切”。大体均等是指根据公众所处地域、个体需求等的差异，允许享受的公共服务存在部分差异，但在数量和质量上大体相等，这是一种兼顾公平和效率的模式。因此，基本公共服务的均等化并不是简单、绝对的平均化。

（2）均等化的社会维度划分。基本公共服务均等化还包括 3 个维度，分别为区域均等、城乡均等、人人均等。其中城乡均等是我国的一个“特色”，也是一个难点。

区域均等是国际的普遍做法，西方国家普遍把区域均等作为基本公共服务均等化的目标。如德国建立了“全国一致生活标准”，将各州作为均等化的终点，通过纵向和横向转移支付努力缩小区域差距。加拿大和澳大利亚均将各省作为均等化的终点，在实施地区人均财力均等化的基础上，建立基本公共服务国家标准。目前我国也实施了“西部大开发”和“中部崛起”战略，但这些战略主要是侧重经济发展层面的，对公共服务等社会层面关注较少。

城乡均等是我国面临的一个独特困难。由于我国长期实行城乡分割的二元化结构，公共服务的投资和建设一直重视城市而忽略农村，大量的人力物力投入到城市中，导致城市和农村发展差距巨大，农村多种基本公共服务处于缺位状态，农民的基本生存权和发展权得不到有效保障。所以城乡均等是我国服务均等化的重要方面，要统筹城乡发展，优化农村公共服务体制，推动城乡基本公共服务均等，逐步使 8 亿农民都享受到改革发展的成果。

人人均等是基本公共服务均等的最终目标，但是目前对于实现人人均等还任重而道远。目前只能通过区域均等和城乡均等，努力缓解人们日益增长的物质文化等公共服务需要与政府提供服务能力不足的矛盾，逐步实现人人均等。

（3）均等化的标准。基本公共服务均等化标准是推进基本公共服务均等化的基础。这种标准是指我们应当在一个什么样的服务水平上，实现全国范围内的基本公共服务均等化，也就是一个单位公民应当享受的标准公共服务的数量及质量。其标准具有相对的、动态的、阶段性的特征。

均等化的标准包括 3 种：一种是最低标准，另一种是中等标准，还有就是高级标准。最低标准是指政府提供的公共服务应该满足公众最基本的、最关心、最迫切的问题，如实施义务教育、让百姓一般的病能看得起、有最低的保障金能有饭吃。中等标准是指政府提供的公共服务能达到中等平均水平。高等标准是指在处在不同区域、不同城乡、不同阶层之间的公众享受到的公共服务大体均等。

这 3 种标准本质上是一样的，因为受限于一个国家的经济发展水平、政府管理能力及公众的公共服务需求等因素，均等化是一个动态的过程，是因国制宜、因时制宜的。从时间维度来说，均等化的标准和水平呈现从低级向高级变动的趋势，首先应该实现最低标准，然后随着国家财力的雄厚，达到中等标准，最后达到高级标准。鉴于我国还处于社会主义初级阶段，经济发展水平还有待提高且人口众多，所以我国采用的是最低标准，即国家和地方政府只负责提供维持基本民生需求的底线公平，允许各地根据自身的经济状况和财政能力在国家基本公共服务标准的基础上提高基本公共服务的水平，但是该标准不能偏离国家标准太多。

国际上基本公共服务均等化标准主要包括最低公共服务标准和转移支付的计算标准。最低公共服务标准是各国政府对有关公共服务的最低要求。转移支付的计算标准为了确定转移支付的资金额度而设定的公共服务水平，常常是一国公共服务的平均水平。如德国、加拿大和法国等国家通常将全国平均公共服务的水平，作为计算转移支付的标准。国外公共服务标准一般都是完整的体系，既包括规范的指标，也包括定性和定量的描述，如欧洲等国公共服务评价指标既包括投入、产出、结果、能力、效率和生产力等定量指标，也包括公平、民主、服务质量、公众的满意度等定性指标。例如，教育公共服务均等化标准不仅包括生均教育经费等财务指标，还应包括班容量、区域间教育均衡化程度，教授文化课、数学课的时间要求，单位面积接送学生的小车的数量等。

考虑到我国基本公共服务长期投入不足，总体水平不高，区域、城乡、个体差异巨大这一现实，为了提高现实操作性，短期内均等化指标重点应该放在“投入”类指标上，同时加快完善相关程序控制措施，确保均等化资金不被挪作他用和提高资金使用效率，随着公共服务投入体制的逐步改善，指标重点逐步向“产出”和“效果”转变。

均等化标准的确定主要有 3 种方法：① 平均水平法，即根据平均水平的一定比例来确定均等化标准；② 预期递推法，即根据公共服务水平的增长预测来确定均等化标准；③ 综合调查法，即全面综合各方面的因素，通过专家咨询、部门座谈、问卷调查、横向比较等方法，汇总多方面的信息确定均等化的标准。不同的均等化指标可以灵活采用不同的确定方法。

1.2 理论基础

1.2.1 庇古的旧福利经济学思想

1920 年代，英国经济学家庇古开创了旧福利经济学。庇古认为人性的本质就是追求福利的最大化。为了摆脱社会贫困，实现福利最大化的目标，庇古考虑到两个问题：① 个人实际收入的增加会使其满足程度增大；② 转移富人的货币收入给穷人会使社会总体满足程度增大。据此，他提出了两个基本命题：国民收入总量越大，社会经济福利就越大；国民收入分配越是均等化，社会经济福利也就越大。庇古首次将社会福利问题与国家干预收入分配问题结合起来加以研究，这对公共服务均等化起到了基础性的影响，而其他福利经济学思想的影响对这一基础性影响进行了补充。

1.2.2 帕累托最优

帕累托最优是新福利经济学的核心命题。新福利经济学认为，达到帕累托最优就意味着达到了社会经济福利最大化。帕累托最优定理是指在满足交换的帕累托最优、生产的帕累托最优、交换和生产的帕累托最优三项帕累托最优条件基础上，分别在消费者之间、生产者之间、消费者和生产者之间实现资源最优分配，使消费者的效用、生产者的产量、整个社会福利均达到最大化。帕累托最优定理的本质就是将优化资源配置作为增进社会福利的措施，强调从效率的角度对社会公平程度加以改进，这对实行公共服务均等化有较强的借鉴意义。

1.2.3 公共财政理论

公共财政理论认为公共财政是为了弥补市场失灵，提供公共产品的政府分配行为。在市场经济条件下，公共财政主要有 3 个主要职能：① 资源配置职能，通过本身的收支活动为政府提供公共物品提供财力，引导资源的流向，弥补市场的缺陷，最终实现全社会资源配置的最优效率状态；② 收入分配职能，财政通过自身的收支活动进行全社会范围的再分配，以实现社会分配的相对公平；③ 经济稳定职能，由于市场在自发运行中必然产生经济周期问题，政府必须推行宏观经济政策以实现宏观经济的相对稳定。通过这 3 个职能可以看出，基本公共服务均等化是公共财政各项职能的延伸，是公共财政实施的一个重要目标。

2 基本公共服务均等化的国际实践及经验

2.1 国际实践

2.1.1 德国

德国属于联邦制国家，由 16 个联邦州组成，实行联邦与州分权、地方自治的三级政府管理体制。德国通过宪法对政府间提供基本公共服务的责任进行了原则性划分。德国《基本法》规定："为了普遍的利益必须统一进行处理的事务"由联邦政府负责，其他事务原则上由各州和地方政府负责，同时根据任务的性质和特点，确定一些任务由两级以上政府共同承担。联邦政府的主要精力放在公共服务的立法上，通过立法来管理和调节各州和地方政府的公共服务供给责任，并通过转移支付来加以保障。这种权限划分以后虽有调整，但是其中央政府较为集权的基本框架一直未变，充分调动了各级政府的主动性和积极性，同时也减少了很多矛盾，避免相互扯皮现象。联邦政府负责国防、外交、海关、铁路、航空、高速公路、邮政、联邦财政等涉及主权和全国性的事务。州政府主要负责中小学教育、绝大部分的高等教育、国内安全（其中包括警察事务）、短途公共交通、地方道路建设、水电及煤气供应、废水处理和城市建设规划等事务。县、小城市（社区）政府负责承担联邦政府和州政府委托处理的社会公共事务以及地方社会公共事务。

德国的公共服务均等化始于 1950 年代，原因是德国的 16 个州政府之间存在着严重的财政横向不均衡。早在两德统一前，前联邦德国就是欧洲地区差距较为突出的国家之一，1970 年仅占其总面积 7%的 24 个西部主要城市聚集区集中了全国 46%的人口和 50%的就业人数。两德统一后，东西德的经济差距更为突出。为了弥补横向缺口，实现在整个联邦范围内保证为公民提供基本相同的公共服务能力，德国从 1950 年代开始建立均等化转移支付制度，并不断修订完善，逐渐形成了"财权集中、共享分税为主、横向均衡"的转移支付模式，通过这种规范的转移支付制度，有效地处理了两德统一带来的东西部地区间经济差异以及相关的政治问题。

德国规范彻底的转移支付制度有效运转的基础是其宪法和"社会市场经济"体制。1949 年制定的德意志联邦基本法强调整个国家生存条件的一致（Uniformity of the Standard of Living Within the Federal Republic of Germany），规定了"实行均衡发展作为德国区域发展战略"的重要原则。1991 年《改善地区经济结构共同任务法》进行了修改，将东德地区包括进来，并在两德统一后的几年内，将整个东部地区作为受援地区。为了进一步拉平东西德地区的不同生活水平，德国专门制定了《团结附加税法》，用于促进东部地区重建和发展。

德国的公共服务均等化是在明确划分各级政府事权、财权的基础上，通过纵向均衡和横向均衡相结合的复合模式来实现各地政府的财力平衡，以保证在全国范围内提供大体均等的公共服务。在各州经济发展水平有较大差异的条件下，为了确保实现整个联邦范围内公共服务均等化的目标，德国的转移支付分为以下 3 个阶段进行：

（1）以共享税为主要手段的联邦对州的纵向转移支付。共享税是联邦和各州财政收入的主要部分，分别占联邦全部收入的 75%以上和各州平均收入的 85%左右。它是税收体系中唯一能够调整联邦与州之间及州与地方之间收入关系的税种，在具体分配形式上带有明显的均等化色彩。因此，共享税是纵向财政平衡的第一步，由 16 个州按人均标准均等分配 75%的增值税收入（约占财政收入的 47.8%），剩余的 25%作为对弱势州的财政补贴，通过第一次转移支付使那些贫困州的财政能力达到全国平均水平的 92%。

（2）州与州之间的横向转移支付。正式建立财政均等化项目，富裕的州通过累进税向均等化项目提供资金（45%～72.5%），弱势州从均等化项目获得补贴，弱势州的财政能力达到平均财政能力的 95%。这种横向平衡的具体操作过程为：测定各州居民人数；联邦与各州计算确定下一年度州际财政平衡数额；测算财政平衡指数；把财政收入能力指数和财政平衡指数相比较，确定接受转移支付和实行转移支付的州及转移支付金额；实行横向平衡的资金划拨。划拨的具体数额和原则是，穷州至多补贴到占全国人均税收额的 95%；而富州在横向财政转移后的财力不高于全国人均税收额 104.4%，两者相差不超过 10 个百分点。

（3）联邦补充拨款。基本上属于一种无条件拨款，即一般性转移支付，它不规定资金的具体用途，是对增值税共享和州际横向平衡的补充。联邦补充拨款不采用公式化的办法，而是根据一些特殊的需求来确定补助额，如对于政治性负担高于平均水平的州、财政困难的州（指财政能力不足全国平均水平的 90%）和一些存在特殊困难的州等。

两德统一后，为了进一步缩小东西部的差距，拉平东西德地区的不同生活水平，联邦政府除了横向财政转移支付外，还采取了优惠的资本折旧率、优惠贷款、贷款担保和税收优惠等一系列优惠政策为东部地区的发展提供资金支持。通过转移支付和一系列的资金支持，两德在统一后短短 5 年内，东西部地区经济发展差距缩小了 1/3 左右。

同时为了进一步减小东西部的公共服务差距，德国还从 1995 年 1 月 1 日专门制定实施了《团结附加税法》，该法律规定，在整个德国地区，以个人所得税和企业所得税为税基，征收 5.5%的团结附加税。此项收入全部上缴联邦政府，用于促进东部地区重建和发展。据统计，从 1995—2004 年，联邦政府给予东部地区特殊附加补助，总额达 140 亿德国马克。通过以公共服务为重点的财政转移支付，德国基本上实现了公共服务的均等化。目前，尽管东部地区的经济发展水平与西部各州仍有相当大的差距，但人均享受的公共服务基本相同。

2.1.2 加拿大

加拿大是一个联邦制国家，其政府由联邦、省和地方三级构成。加拿大宪法确认联邦和省政府的法律地位，而没有规定地方政府的权力和职责。加拿大 10 个省级政府要各自承担省内的教育、卫生和社会服务等基本公共服务的供给。

加拿大是实行公共服务均等化比较早也比较彻底的国家，率先将基本公共服务均等化作为联邦主义的基本原则。加拿大的财政收入主要来源于自然资源，由于自然资源分布不均匀导致各省财政能力差异很大。为了维护联邦的统一，解决各地居民公共服务水平差距很大的问题，让各省居民都享受到合理的、大体均等的公共服务，加拿大开始通过转移支付来均衡各省政府的财政收入，以保障各省政府具备提供均等的公共服务的均衡财政能力。加拿大把教育、医疗卫生和社会服务（主要是社会福利）作为联邦政府基本公共服务均等化的主要项目。

加拿大的基本公共服务均等化萌芽于1930年代，1930年代出现的世界经济危机导致加拿大一些省份财政陷入困境，没有足够的财政能力来确保法定的基本公共服务供给，于是，欠发达省份只好求助于联邦政府。加拿大政府为了帮助这些欠发达省份应对危机，1937年建立了处理各省关系的委员会，对那些没有能力为本省居民提供基本公共服务的省份给予财政援助。二战后伴随着此起彼伏的社会矛盾，加拿大于1957年建立了财政均等化项目，把教育、医疗卫生和社会福利作为联邦政府财政均等化的主要项目，并在1982年将其纳入宪法。在加拿大宪法中，均等化包括3层含义：居民福祉机会平等；通过经济发展减少机会差别；基本公共服务享受结果均等。也就是说，不管人们居住在哪里，都可以享受联邦政府的均等化项目（Equalization Program）。

为了实现基本公共服务的均等化，加拿大宪法承诺联邦政府确保各省财政均等化。为了确保各省政府的财政均等化，加拿大联邦对各省政府实行纵向转移支付，转移支付均等化转移支付的资金来源是联邦政府的经常性财政收入。均等化转移支付资金由联邦直接补助到省级政府，用公式决定均等化转移支付的水平和分配。均等化转移支付是无条件的，接受的各省可以根据自己的需要在公共服务上花费资金。联邦政府确保省级政府有均等的财政能力提供基本公共服务。省级政府负担提供基本公共服务。

均等化转移支付的计算包括：① 测算财政收入能力。第一步收集全部10个省33个税基的财政收入征收情况；第二步对税基进行标准化测算；第三步计算33种税基的全国平均税率；第四步计算财政收入能力；第五步计算人均财政收入能力。② 确定均等化标准。采用5个收入处于中游水平的样本省份的平均人均收入能力，而把收入最高的省和其他4个收入水平偏低的省份排除在外。③ 确定均等化转移支付金额。联邦政府对政府收入能力低于5个样本省标准的省份实施均等化转移支付，均等化转移支付金额就是其低于样本省份的部分。

2.1.3 澳大利亚

澳大利亚是实施公共服务均等化最早的国家。澳大利亚联邦成立后不久，由于各省间受自然资源条件和经济发展水平限制，社会经济发展差距太大，东南沿海城市的财政收入占到全国总财政收入的75%左右，使得西部相对贫困的几个省对联邦政府十分不满，以至于在1930年代发生了脱离澳大利亚联邦的运动。正是为了解决这一棘手的问题，澳大利亚在1933年率先启动了财政均等化制度。澳大利亚的《个人所得税共享法案》规定："保证每个州在其课税和收费的水平与其他州没有明显区别的情况下，提供政府服务的标准不能明显不同于其他州提供的标准。"这跟我们强调的公共服务均等化是一致的，即政府应该给生活在不同区域、不同城乡的人民提供大致均等的公共服务。

澳大利亚实行的是联邦对州、地方实行纵向转移支付。转移支付分为一般性转移支付（即不限定用途的转移支付）和特殊用途拨款（即按照特定目的实施的转移支付）。

澳大利亚的转移支付是按照因素法进行的。首先进行标准预算，即以全国的总人口、财政总收入、土地面积、公共设施等现有资源总量为基础，加以平均化，建立一个以全国平均水平的公共服务均等化标准。第二将各州的公共服务水平与标准比较计算差距。第三确定各州转移支付的规模。

2.2 国际经验总结

（1）提供均等化的基本公共服务是政府的重要职能。世界上许多国家把提供均等化的基本公共服务作为政府的重要职能之一，看做是维护人类生存和发展等基本人权的重要内容和措施。第二次世界大战后，西方国家社会矛盾开始加剧，为了有效缓解社会矛盾，实现社会稳定和国家统一，西方国家在发展经济的同时，逐步将政府职能向公共服务和社会管理转变，开始陆续实施一系列促进基本公共服务均等化的措施。如加拿大宪法规定“居民福祉机会平等；通过经济发展减少机会差别；基本公共服务享受结果均等。不管人们居住在哪里，都可以享受联邦政府的均等化项目（Equalization Program）”。德国的基本法强调“整个国家生存条件的一致”（Uniformity of the Standard of Living Within the Federal Republic of Germany），规定了“实行均衡发展作为德国区域发展战略”的重要原则。澳大利亚的《个人所得税共享法案》规定：“保证每个州在其课税和收费的水平与其他州没有明显区别的情况下，提供政府服务的标准不能明显不同于其他州提供的标准。”

（2）因国制宜确定基本公共服务的范围和标准。建立基本公共服务均等化的国家标准是实现均等化的前提，各国都根据自己的综合实力和人们基本公共服务需求的差异确定了适合本国实际的基本公共服务均等化项目和范围，但均等化的项目毫无例外都是与民生密切相关的。例如，加拿大把教育、医疗卫生和社会服务（主要是社会福利）作为联邦政府基本公共服务均等化的主要项目；印度尼西亚把初等教育和公路设施列为政府财政均等化的内容；巴西的基本公共服务均等化主要集中在教育和医疗卫生；哥伦比亚和智利把教育列为转移支付；智利实行教育券政策。不但不同国家的基本公共服务项目存在很大差异，即使同一国家不同历史阶段的基本公共服务范围也是不一样的，这是因为基本公共服务范围和标准是与基本公共服务能力相对等的，所以基本公共服务范围和标准具有动态性和阶段性。如美国“进步时代”以前，食品、药品并没有纳入公共服务的范围，进步时代以后食品和药品标准成为政府公共服务的重要内容。但各国建立的均等化标准都是低水平的标准，强调的是底线公平，由政府付费的教育、医疗、保险等公共服务都是一般化、保障性服务，特殊化、较高层次的需求只能通过市场或其他途径去获得。

（3）明晰事权，建立与事权相匹配的财权均衡制度。明晰的事权划分是实现基本公共服务均等化的前提。国外各国的法律基本上都明确的划分了各级政府的公共服务事权，如德国《基本法》规定：“为了普遍的利益必须统一进行处理的事务”由联邦政府负责，其他事务原则上由各州和地方政府负责，同时根据任务的性质和特点，确定一些任务由两级以上政府共同承担。加拿大宪法确认了联邦和省政府的法律地位和事权职责。为了保障各省（州）有能力提供均等化的基本公共服务，各国联邦政府都承诺保证各省（州）政府的财政能力均等化。加拿大宪法承诺为了实现基本公共服务的均等化，联邦政府确保各省财政均等化，对各省实施纵向转移支付。德国通过纵向均衡和横向均衡相结合的复合模式来实现各地政府的财力平衡，以保证在全国范围内提供大体均等的公共服务。

3 基本公共服务均等化的国内实践

3.1 九年制义务教育

3.1.1 概况

义务教育[①]是国家用法律形式规定对一定年龄儿童免费实施的某种程度的学校教育，又称强迫教育、免费教育或普及义务教育。义务教育具有强制性、免费性、普及性的特点。中华人民共和国成立后，初期起临时宪法作用的《中国人民政治协商会议共同纲领》及以后正式颁行的国家宪法中，都明确规定公民有受教育的权利和义务。1985 年 5 月 27 日《中共中央关于教育体制改革的决定》指出，义务教育，即依法律规定适龄儿童和青少年都必须接受，国家、社会、家庭必须予以保证的国民教育，为现代生产发展和现代生活所必需，是现代文明的一个标志。1986 年4 月我国颁布了《中华人民共和国义务教育法》。这是我国首次把免费的义务的教育用法律的形式固定下来，也就是说适龄的“儿童和少年”必须接受 9 年的义务教育。义务教育法的制定标志着我国基础教育发展到一个新阶段。最新的《中华人民共和国义务教育法》已由中华人民共和国第十届全国人民代表大会常务委员会第二十二次会议于 2006 年 6 月 29 日修订通过，自 2006 年 9 月 1 日起施行。

我国义务教育的管理体制经历了一个发展变化的过程。1986 年的《义务教育法》规定，“义务教育事业，在国务院领导下，实行地方负责，分级管理”。2001 年，为适应农村经济体制改革的不断深化，特别是农村税费改革全面推进的新形势，国务院颁布的《关于基础教育改革与发展的决定》确立了农村义务教育的管理“实行国务院领导，由地方政府负责、分级管理、以县为主的体制”。这一体制的变革有利于确保教师工资按时发放和在县域内进行教育资源的有效配置。但在实行过程中由于存在着认识上的偏差，混淆了管理体制和投入体制，影响了政策的实施效果。新的《义务教育法》对管理体制有了更为准确的表述：“义务教育实行国务院领导，省、自治区、直辖市人民政府统筹规划实施，县级人民政府为主管理的体制。”这一新体制突出了两个特点：① 强调了省级政府的统筹作用；② 明确了管理以县为主。

省级政府是地方最高的行政机关，对包括义务教育在内的各项地方公共事业负有首要责任，省级政府一要统筹落实辖区内农村义务教育经费，二要统筹省域内义务教育的组织协调工作。县级政府对本地区义务教育发展负有主要责任，强调管理以县为主是非常必要的，管理以县为主表现在两个方面：① 管好经费；② 具体负责义务教育实施工作。

近两年，我国财政教育投入占 GDP 的比重已达 3%。2007—2009 年全国财政新增 470

---

① 资料来源：网址：http://baike.baidu.com/view/29450.htm.

亿元完善农村义务教育经费保障机制。自 2006 年起，我国开始逐步将农村义务教育全面纳入公共财政保障范围，从制度上保证农村孩子享有接受义务教育的机会。2006 年首先在西部地区全面推行农村义务教育经费保障机制改革，已有近 4 900 万名农村中小学生受益，平均每名小学生减负 140 元，初中生减负 180 元。2008 年，我国受教育年龄的九年义务教育率达到 95%以上。

2008 年，浙江省投入 74.56 亿元用于“教育公平工程”，其中省财政投入 16.38 亿元，今年省财政的投入将增加到 19.4 亿元。义务教育经费保障机制改革也不断深化，今年小学、初中生均公用经费已分别达到 350 元、550 元；全面实施义务教育教科书免费制度，去年各级财政共支出免费教科书资金 11 亿元（不含宁波）；全面启动农村小规模小学调整改造和校舍（危旧教师宿舍）改造工程，改善农村教学环境；率先出台农村教师任教津贴政策，17 万余名教师人均月增加收入 230 元，提高农村教师待遇；大力推进农村中小学“书香校园”工程，启动第二轮“农村中小学远程教育工程”，让城乡孩子共享优质教育资源；免除符合条件的外来民工子女义务教育借读费，加大特殊教育投入，改善弱势群体享受同等教育机会。

3.1.2 农村义务教育经费保障机制变迁

长期以来，国家教育经费投入明显向城镇倾斜，城乡教育资源分布差距较大，教育不公平的问题未能有效解决。农村学校的师生比、生均经费、升学率等与城市相差甚远。特别在义务教育投入上，城乡间存在明显差距。农村义务教育实行“以县为主”的管理体制，由乡财政或县财政负担。在县乡财政普遍困难情况下，大部分农村教育供给不足。在城乡教育经费不均衡的情况下，农村义务教育在师资、教学设施等方面，与城市相比差距非常明显。在相关教学器材配备率上，城乡差距也比较大，导致农民受教育程度低，农村整体劳动力素质差。有关研究表明，教育在城乡差距中的作用占到 30%～40%。城乡教育分配严重失衡，不仅影响农民现期的增收能力，而且对其收入的持续增长也将产生消极影响。

2005 年 12 月，国务院下发了《关于深化农村义务教育经费保障机制改革的通知》，逐步将农村义务教育全面纳入公共财政保障范围，建立中央和地方分项目、按比例分担的农村义务教育经费保障新机制。新修订的义务教育法中最终明确：“国家将义务教育全面纳入财政保障范围，义务教育经费由国务院和地方各级人民政府依照本法规定予以保障。”

2005 年，中央和地方财政安排“两免一补”（免学杂费、免课本费、补生活费）资金 70 多亿元，共资助中西部贫困家庭学生 3 400 万人。

2006 年，西部地区农村义务教育阶段中小学生全部免除学杂费；中央财政同时对西部地区农村义务教育阶段中小学安排公用经费补助资金，提高公用经费保障水平；启动全国农村义务教育阶段中小学校校舍维修改造资金保障新机制。

2007 年，中部地区和东部地区农村义务教育阶段中小学生全部免除学杂费；中央财政同时对中部地区和东部部分地区农村义务教育阶段中小学安排公用经费补助资金，提高公用经费保障水平。

2008 年，各地农村义务教育阶段中小学生均公用经费全部达到该省（区、市）2005 年秋季学期开学前颁布的生均公用经费基本标准；中央财政安排资金扩大免费教科书覆盖范围。

2009 年，中央出台农村义务教育阶段中小学公用经费基准定额。各省（区、市）制定的生均公用经费基本标准低于基准定额的差额部分，当年安排 50%，所需资金由中央财政和地方财政按照免学杂费的分担比例共同承担。

预计 2010 年，农村义务教育阶段中小学公用经费基准定额全部落实到位。

3.2 公共卫生和基本医疗

3.2.1 概况

国家相继公布了《中共中央、国务院关于深化医药卫生体制改革的意见》和《医药卫生体制改革近期重点实施方案（2009—2011）》，明确将基本医疗卫生制度作为公共产品向全民提供，并在医疗卫生领域明确和强调了政府的公共支出责任，强调逐步实现人人享有基本医疗卫生服务的远大目标。卫生部、财政部及国家人口和计划生育委员会 2009 年 7 月 14 日联合发布了《关于促进基本公共卫生服务逐步均等化的意见》[①]。《意见》确定的目标为，到 2011 年，国家基本公共卫生服务项目得到普及，城乡和地区间公共卫生服务差距明显缩小；到 2020 年，基本公共卫生服务逐步均等化的机制基本完善，重大疾病和主要健康危险因素得到有效控制，城乡居民健康水平得到进一步提高。主要任务包括制定和实施基本公共卫生服务项目、实施重大公共卫生服务项目。

（1）制定和实施基本公共卫生服务项目。现阶段，国家基本公共卫生服务项目主要包括：建立居民健康档案，健康教育，预防接种，传染病防治，高血压、糖尿病等慢性病和重性精神疾病管理，儿童保健，孕产妇保健，老年人保健等。基本公共卫生服务按项目为城乡居民免费提供，经费标准按单位服务综合成本核定，所需经费由政府预算安排。2009 年人均基本公共卫生服务经费标准不低于 15 元，2011 年不低于 20 元。地方政府切实负起支出责任，中央通过一般性转移支付和专项转移支付对困难地区给予补助。

（2）制定和实施重大公共卫生服务项目。从 2009 年开始继续实施结核病、艾滋病等重大疾病防控、国家免疫规划、农村孕产妇住院分娩、贫困白内障患者复明、农村改水改厕、消除燃煤型氟中毒危害等重大公共卫生服务项目；新增 15 岁以下人群补种乙肝疫苗、农村妇女孕前和孕早期增补叶酸预防神经管缺陷、农村妇女乳腺癌、宫颈癌检查等项目。人口和计划生育部门继续组织开展计划生育技术服务，主要包括避孕节育、优生优育科普宣传，避孕方法咨询指导，发放避孕药具，实施避孕节育和恢复生育力手术，随访服务，开展计划生育手术并发症及避孕药具不良反应诊治等。

另外，现在我国初步形成了公费医疗、医疗保险、医疗救助、健康保险、新农村合作医疗等医疗保障的制度体系。除了公费医疗外，其他医疗保障水平还是比较低的。新农村合作医疗刚刚形成。新型农村合作医疗制度，是政府、集体、个人出资，以大病统筹为重点的合作医疗制度。截至 2007 年第三季度，全国开展新型农村合作医疗的县（市、

---

① 资料来源：卫生部、财政部、国家人口计生委联合印发《关于促进基本公共卫生服务逐步均等化的意见》，网址：http://www.moh.gov.cn/publicfiles/business/htmlfiles/mohbgt/s3582/200907/41746.htm.

区）达 2 448 个，占全国总县（市、区）的 85.53%，参加新农合人口 7.26 亿人，参合率为 85.9%。新农村合作医疗制度的建立，初步地解决了看病难、看不起病的问题。尽管新农村合作医疗制度的医疗保障水平很低，但重要的是农村医疗保障制度的建立，标志着沿着城乡医疗保障均等化方向迈出了坚实的一步。

我国健全基层医疗卫生服务体系的主要内容包括：加快农村乡镇卫生院、村卫生室和城市社区卫生服务机构建设，实现基层医疗卫生服务网络的全面覆盖，加强基层医疗卫生人才队伍建设，特别是全科医生培养培训，着力提高基层医疗卫生机构服务水平和质量，农村居民小病不出乡，城市居民享有便捷有效的社区卫生服务。转变基层医疗卫生机构运行机制和服务模式，完善投入机制，逐步建立分级诊疗和双向转诊制度，城乡居民基本医疗卫生服务费用负担减轻，利用基层医疗卫生服务量明显增加。因此，国务院决定分阶段推进公立医院改革，当前主要是抓好改革试点，具体步骤是：2009 年，制定试点方案，选择若干城市和公立医院开展试点，及时进行总结评估，形成公立医院改革的总体思路和主要政策，2011 年逐步推开。

2009 年，国家首次确立基本公共卫生服务均等化目标。即从 2009 年起，逐步向城乡居民统一提供疾病预防控制、妇幼保健、健康教育等基本公共卫生服务，2009 年人均基本公共卫生服务经费标准不低于 15 元，到 2011 年不低于 20 元。

2009 年，中央财政下拨基本公共卫生服务补助资金 104 亿元，支持按规定项目免费为全体城乡居民提供基本公共卫生服务。此举标志着我国基本公共卫生服务逐步均等化工作的全面推开。根据部署，基本公共卫生服务均等化工作主要实现两个转变：服务对象由城市居民转变为全体城乡居民；中央财政从对中、西部地区分别按人均 3 元、4 元的标准安排专项补助资金，转变为按人均 15 元的标准，对西部地区、中部地区和东部地区按不同的补助比例补助。此外，对目前财力状况比较困难的西部地区，中央财政按 80%的比例补助，人均补助标准为 12 元；中部地区按 60%的比例补助，人均补助标准 9 元；对东部福建、山东、辽宁、江苏、浙江、广东 6 省以及北京、天津、上海 3 个直辖市，根据财力情况分别按不同的补助比例补助。中央财政的专项转移支付，对各地开展基本公共卫生服务是个有力的支持。

浙江省积极推进基本医疗卫生服务向“人人享有”方向快步迈进。一些地区对社区卫生服务中心的医疗卫生资源实行统一管理和调度，提供“一条龙”服务，居民在家门口就能看病，医疗卫生资源在共享中实现效应最大化。2009 年，全省 85%的县（市、区）完成社区卫生服务建设规划，中心和站的设置率分别达 90%和 60%以上，新改建社区卫生服务站 1 800 余个；实施农民健康工程，新型农村合作医疗制度进一步完善，新农合参保率达 90%，人均筹资水平达 135.9 元；开展“基层卫技人员素质提升工程”，累计有 2.8 万余名基层卫生人员参加了全科医学系列培训。

3.2.2 案例—海南

2009 年，海南省人民政府印发了《海南省深化医药卫生体制改革近期重点工作实施方案》①。方案要求，加快公共卫生服务机构建设、强化公共卫生项目规范管理、加快区域卫生信息共享平台建设，促进基本公共卫生服务实现均等化。

---

① 资料来源：海南：基本公共卫生服务将实现均等化，网址：http://www.xinhuanet.com/chinanews/2009-08/12/content_17371366.htm.

《方案》明确要求，海南要加快制定和实施全省公共卫生服务体系建设规划，进一步完善疾病预防控制、健康教育、卫生监督、妇幼保健、应急救治、采供血和计划生育等专业公共卫生服务机构的建设，包括机构设置、房屋基本建设、人员编制、专业队伍建设和仪器装备等。力争 2011 年建立起职责定位清晰、信息资源共享、区域协调发展的公共卫生体系，夯实基础，为促进基本公共卫生服务逐步均等化提供能力支撑。

根据《方案》要求，海南省将建立居民健康档案、健康教育、预防接种、传染病防治、孕妇儿童保健、老年人保健等国家基本公共卫生服务项目，并认真实施国家重大公共卫生服务项目。其中，补种乙肝疫苗，降低 15 岁以下人群乙肝病毒感染率和乙肝表面抗原携带率；开展农村妇女常见病（乳腺癌、宫颈癌）检查项目，降低病死率；为农村妇女孕前和孕早期进行免费补服叶酸，提高出生人口素质；继续实施白内障患者复明工程和农村改水改厕项目；组织实施重大传染病防控项目，保障城乡公共卫生安全。

海南各级政府将牵头建设重点区域卫生信息化项目，加快建设全省区域卫生信息共享平台。完善以疾病控制网络为主体的公共卫生信息系统，提高疫情分析报告、预测预警和快速反应能力。利用网络信息技术，促进城市医院与社区卫生服务机构的合作，提升区域卫生整体服务的能力，建设覆盖基本药物生产、流通、使用和支付报销全过程的信息监测网络管理系统。

按照省级、市县级属地管理、分级负担的原则，《方案》要求各级政府保障本级专业公共卫生机构人员经费、发展建设经费、公用经费和业务经费。服务性收费上缴财政专户或纳入预算管理。各级政府要按项目为城乡居民免费提供基本公共卫生服务，提高公共卫生服务经费标准。2009 年人均基本公共卫生服务标准不低于 15 元，2011 年不低于 20 元。中央、省级财政通过转移支付对困难市、县给予补助。

3.3 社会保障

3.3.1 概况

社会保障[①]是国家和社会通过立法对国民收入进行分配和再分配，对社会成员特别是生活有特殊困难的人们的基本生活权利给予保障的社会安全制度。《中华人民共和国宪法》规定："中华人民共和国公民在年老、疾病，或者丧失劳动能力的情况下，有从国家和社会获得物质帮助的权利。"

中国的社会保障制度是中央政府和各级地方政府共同负责的。中央政府的职责是，制定全国统一的法规、政策和标准，对困难地区提供资金帮助；地方政府的职责是，根据中央的统一政策制定本地法规、政策和标准，筹集社会保障基金，支付社会保障待遇。

一般来说，社会保障由社会保险、社会救济、社会福利、优抚安置等组成。目前我国的社会保障制度，属于社会共济模式，即由国家、单位（企事业）、个人 3 方共同为社会保障计划融资，而且这是未来相当长一段时期的改革趋势。社会保障工作直接关系到坚持党的全心全意为人民服务的宗旨，关系到维护人民群众的切身利益，关系到保证改

① 资料来源：网址：http://www.baike.baidu.com/view/101434.htm.

革开放和经济建设稳定发展的大局。

我国社会保障制度建设的目标和任务是：① 坚持社会统筹和个人账户相结合，完善职工基本养老保险制度；② 进一步推进医疗保险制度改革；③ 继续做好城市居民最低生活保障的落实工作，全面实施农村居民最低生活保障制度；④ 完善社会救助制度；⑤ 加快建立农村养老保险、医疗保险和最低生活保障制度；⑥ 进一步增强社会保险费征缴力度。

2008 年，浙江省公共就业服务向乡镇、农村延伸。通过大力加强职业培训，农村低保家庭中劳动年龄段内有劳动能力和就业愿望的人员已有 50%实现就业。随着《关于建立健全覆盖城乡居民的养老保障制度的意见》的出台，浙江省养老保障基本实现制度全覆盖；全省各统筹地区全部建立城镇居民医疗保险制度，将大学生纳入参保范围；完善被征地农民基本生活保障，新增的被征地农民实现"即征即保"；杭州等 26 个市县积极探索建立新型农民养老保险制度；新型农村合作医疗制度不断完善；社会保障水平稳步提高，养老金待遇居各省区第一。同时，将符合条件的城乡低收入群众全部纳入全省城乡低保制度，并努力提高城乡居民最低生活保障标准。支持残疾人康复工程和残疾人基本生活保障工程深入实施，4.2 万名贫困残疾人享受免费助听助行助明，贫困持证重度残疾人得到全额低保补助金，新型社会救助体系得到不断夯实，真正实现了"困有所济"。

3.3.2 新农保的制度

我国农村实行社会养老保险制度，起步于 1980 年代。到 2006 年末，全国已有 1 900 个县（市）开展了农村社会养老保障工作，5 374 万人参加农村养老保险，农村养老保险基金累计结存 354 亿元。农村特困老年人的生活救助工作也逐步展开，全国有 1 200 多个县（市）建立了农村最低生活保障制度，享受农村低保的人数达到 445 万。然而，从总体上看，农村社会保障制度的人口覆盖范围有限，保障水平低。已有的保障措施具有应急性，缺乏制度化，与构建和谐社会的需要相比，与农村居民发展的需要相比，与农村市场经济体制改革的需要相比，还有很大差距，需要建立新农保制度。

新农保制度①主要有两个方面：① 实行基础养老金和个人账户养老金相结合的养老待遇，国家财政全额支付最低标准基础养老金；② 实行个人缴费、集体补助、政府补贴相结合的筹资办法，地方财政对农民缴费实行补贴。

国家财政支付最低标准基础养老金，是实现"保基本"目标的基础。中央财政对中西部地区最低标准基础养老金给予全额补助，对东部地区补助 50%。这样，体现了新农保制度的基本性、公平性和普惠性。地方财政对农民缴费实行补贴，是实现"广覆盖"目标的支撑。由地方财政对所有参保农民给予缴费补贴，对农村重度残疾人等困难群体代缴部分或全部最低标准保险费，对选择较高档次标准缴费的农民给予适当鼓励，有利于调动农民参保积极性，有利于帮助困难群众参保，也有利于增加个人账户积累。个人账户养老金依据本人缴费多少和年限长短，有高有低，多缴多得、长缴多得，反映了个人收入、地区发展、集体组织实力等方面的差距，体现了权利与义务相对应的原则。

---

① 资料来源：网址：http://www.ce.cn/cysc/agriculture/gdxw/200909/09/t20090909_19667648.shtml.

4 推行环境基本公共服务均等化的必要性和可行性

4.1 环境保护是基本公共服务的有机组成部分

4.1.1 环境保护是公共服务典型领域

环境保护属于公共服务的范畴。公共服务具有 3 个典型特征：效用的不可分割性、消费的非竞争性和收益的非排他性。环境保护具有很强的正外部效应，是一种为社会提供集体利益的公共服务，环境保护所带来的生态环境效益是面向整个社会公众的，是不可分割的。这种效益一旦产生出来，没有哪个公众可以被排除在这种收益之外，同时这种收益也是人人都可以享受到的，不会因为某个人的消费而减少。由于市场失灵的存在，再加上环境保护具有消费的非竞争性和收益的非排他性，使得人们存在“搭便车”动机，导致市场机制不愿意提供污染治理等环境基本公共服务，但环境污染存在巨大的负外部性，容易造成公共的悲剧，是社会公众生存和发展所必需的，所以政府有责任和义务提供环境基本公共服务。

4.1.2 环境保护是当前最大的民生之一

环境保护已经成为超过公共安全、超过教育、超过医疗的前五位的热点民生问题。前不久，中央政治局常委、国务院副总理李克强在中国环境宏观战略研究座谈会上做出了“环境保护是发展问题，也是民生问题”的重要指示。生存权和发展权是公民最基本的人权，让百姓喝上干净的水、呼吸清洁的空气、吃上放心的食物是民生的基本要求，但目前我国经济增长方式粗放，环境污染严重，人民群众的生命与健康权得不到有效保障。据联合国环境规划署《2002 全球环境展望》，仅我国 11 个最大的城市中，烟尘和细颗粒物每年使 5 万多人夭折，40 万人感染慢性支气管炎。由水污染引发的肝癌、胃癌等相关癌症的死亡率逐年增高，在淮河流域，从上游、中游到下游，消化道肿瘤的死亡率也“呈梯度上升趋势”。镉、铅等重金属污染严重威胁人们的身体健康。环境保护是一种功在当今，利在后代的事情，不仅关系到当代人的生存福祉，而且关系到后代子孙的切身福祉。

4.2 现阶段推行环境保护基本公共服务均等化必须且可行

4.2.1 基本公共环境服务地区差异化和城乡差异化加大

环境基本服务区域发展不均衡。以城市污水处理为例，各省的城镇生活污水处理率差别较大（见图 1），截止到 2007 年，北京、天津、上海、山东 4 个省市的城镇生活污水处理率在 70%以上，而广西壮族自治区还不足 20%，另有吉林、江西、湖南、贵州、青海等省份城镇生活污水处理率在 30%以下，最高值为最低值的 6.7 倍。生活 COD 削减方面，北京、天津、上海、山东等省份高于 70%，而吉林、江西、湖南、广西等省份不足 30%，其中，生活 COD 去除率最高的北京为最低的广西 15 倍，且最低省份仅为全国平均水平的 15%（见图 2）。从城市层面来看，北京、郑州、海口、厦门等城市的污水处理率已经超过 80%，而同为重点城市的南宁、贵阳、哈尔滨、兰州、宁波等城市污水处理率还不到 40%。

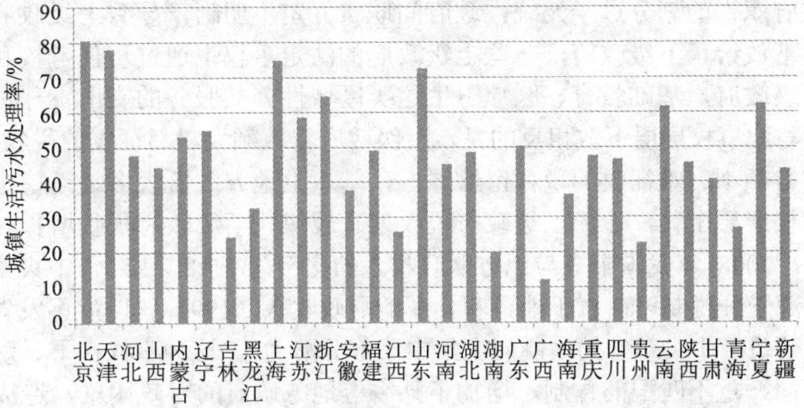

图 1　各省城镇生活污水处理率对比图

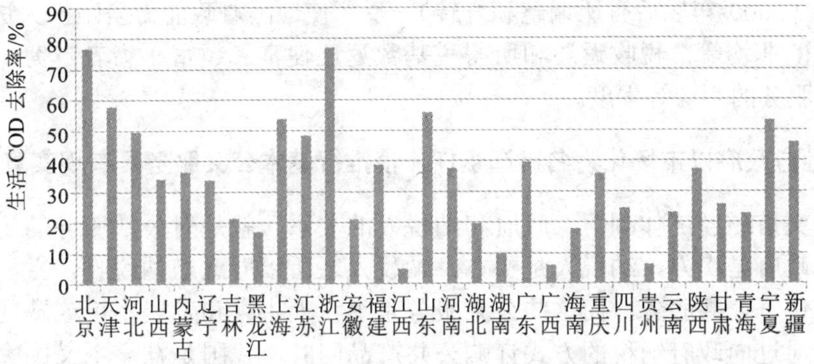

图 2　各省生活 COD 去除率对比图

环境基本服务城乡差异较大。由于经济条件、技术水平和管理模式等方面的原因，我国的污水处理、垃圾处理设施主要集中在城市，而针对小城镇和农村的污水处理工作进展十分缓慢。根据《2007 年城市、县城和村镇建设统计公报》显示，截止到 2007 年底，全国共有县 1 635 个，全国县城共有污水处理厂 323 座，污水日处理能力 727 万 m^3，排水管道 7.68 万 km，县城污水年处理总量 13.6 亿 m^3，县城污水处理率 22.6%，其中污水处理厂集中处理率为 17.6%。而同期全国共有设市城市 655 个，城市共有污水处理厂 883 座，污水日处理能力 7 138 万 m^3，排水管道 29.2 万 km，城市污水年处理总量 227 亿 m^3，城市污水处理率 62.8%，其中污水处理厂集中处理率为 49.6%。县城污水处理率仅为城市污水处理率的 1/3，排水管网长度不足城市的 1/4。另外，大量的城市污染转移到农村，农村环境欠债较多，在一些地方农民往往成为环境的弱势群体。

4.2.2 分税制改革导致地方提供环境基本公共服务的难度加大

财政是政府提供公共服务的重要手段，清晰的事权划分是财政间支出体制划分的依据，也是实现财政分配均等化目标的前提。只有事权财权匹配，各级政府承担的支出责任与其财政收入相对称，基本公共服务均等化才能很好地实现。1994 年分税制改革以后，我国政府层级之间出现了明显的事权重心下移，而财权重心上移的情况。我国宪法对中央与地方政府职责的划分过于笼统，政府间职责界定不明晰，导致上级政府将一些界定不清的职责下放给了下级政府，一些上级政府的法定事权也通过责任考核和一票否决等分解给了下级政府，基础教育、医疗卫生这类区域性公共服务的支出责任过多地由基层政府承担。与此事权层层下放相反的是，上级政府将数额大、易征收的税收上收或共享，将较分散、数额小、难征收的税种留给地方，基本上地方政府大多缺乏稳定、大额的主体税种。财权层层上移，造成上级政府税收增长较快、下级政府税收增长较慢，下级政府财政困难。2008 年我国中央与地方财政收入的比例为 67.8∶32.2，中央集中的财政收入大部分来源于分税制以前属于地市和县乡的财政收入（1994 年以后不发省级政府也在一定程度上效仿了中央对省的体制向上集中了部分财力）。这种事权在下、财权在上的事权与财权纵向严重不匹配的体制，增加了县乡等地方政府的财政困难，造成下级政府特别是落后地区的基层政府不具备提供全国均等的环境基本服务的财政能力。同时，作为分税制组成部分的财政转移支付制度，由于对既得利益的维护成分较大，一般性转移支付规模过小（2000 年以后有所调整和好转），反而使地区财政能力差距扩大进而强化了地区公共服务的非均等，税收返还和所得税基数返还使富者越富、穷者越穷，增加了地区间环境基本服务的不均等程度。

4.2.3 一些地方政府以市场化为名推卸责任，使推行基本公共服务具有现实意义

社会主义市场经济体制下，政府和纳税人的关系，就是对公共服务的生产和消费关系，其中，政府是卖方，纳税人是买方。纳税人之所以同意缴纳税收，主要是因为政府为纳税人提供了公共服务，而这些公共服务是纳税人生存和发展不可或缺的，作为整体的纳税人，通过向政府纳税的方式订购公共产品同时，我国是社会主义国家，人民是国家的主人，政府执政为民，为公众提供生存和发展所必需的环境基本公共服务是政府的重要职责之一。

但现阶段有一种错误思潮，许多政府在推行市场化的过程中，考虑更多的是解决财政与投资问题以及减少政府管理职能，放弃了向社会公众提供公共服务的责任，片面地将一些提供公共服务的责任推给市场，政府缺乏宏观调控和管理，造成公共责任空白，引发公共部门的责任危机，损害公共利益。一些地方政府以市场化名义，把污水垃圾处理等环境基本公共服务向市场“一推了之”，“自动”放弃了部分本属政府责任的组织、建设和引导性投资（筹资或融资）责任，将环境基础设施或环境基本公共服务等同于其他领域“招商引资”、疏于监管，并通过向居民收取过高的收费等方式将政府责任转嫁给社会、居民和下届政府。在环境基本公共服务推行市场化的过程中，必须明确的是，环境基本公共服务不管是由政府还是市场提供，政府都必须要对公共服务的提供承担主要责任和组织责任，基本公共服务的主体地位不能改变，必须对市场机制提供基本公共服务进行监督和评估，方式方法可以采用市场化、专业化的方式予以解决。

4.2.4 现阶段基本具备推行环境基本公共服务均等化的客观条件

国民经济的快速增长为推进环境基本服务均等化提供了资金保障。经过近 30 年的经济快速增长，目前我国的经济实力、财政能力、宏观调控能力都得到了快速提高，2008 年我国 GDP 总量达到 300 670 亿元，占全球经济总量的 6.4%，位居世界第 3 位，人均 GDP 达到 2 770 美元，中央财政收入为 61 330 亿元。根据国际经验，西方国家是在实现工业化和人均 GDP 达到 3 000 美元之后，开始逐步提高公共服务均等化的水平，所以我国初步具备了公共服务均等化的财政实力。

公共财政政策的实施为推进环境基本服务均等化提供了政策支持。党的十七大明确要求，要“围绕推进基本公共服务均等化和主体功能区建设，完善公共财政体系，增强政府提供基本公共服务能力，把更多财政资金投向公共服务领域，以发展社会事业和解决民生问题为重点，优化公共资源配置，注重向农村、基层、欠发达地区倾斜，逐步形成惠及全民的基本公共服务体系”。满足公共需要是公共财政的出发点。要着力改变目前基本公共服务差距较大的状况，必须大力调整财政支出结构，更加关注民生，将财政更多投向义务教育、基本医疗与公共卫生、基本社会保障及环境保护等长期“短腿”的公共服务行业，更多地投向西部不发达地区以及乡村等基本公共服务薄弱的地区。公共财政要促进和保障主体功能区建设，要增加对限制开发区和禁止开发区的生态补偿转移支付规模，保障这些地区的居民享有均等化的基本公共服务。

服务型政府建设为推进环境基本服务均等化提供了体制保证。党的十七大提出要“加快行政管理体制改革，建设服务型政府”，政府职能要逐渐由“经济建设型”政府向“公共服务型”政府的转变，要同时履行经济调节、市场监管、社会管理和公共服务四大职能，改变政府职能“越位”“缺位”“错位”严重的问题，消除我国政府在提供基本公共服务方面的“短腿”现象。要按照建设公共服务型政府的要求，强化公共服务职能，强化对西部落后地区、对广大农村地区的公共服务扶持力度，改革城乡之间公共服务制度，推动各地公共服务均等化的进程，使经济发展和环境基本公共服务能力提升进入良性互动轨道。

各地环境基本公共服务水平的提升为推进环境基本服务均等化提供了物质基础。1997 年，我国污水处理厂仅为 307 座，日处理能力 1 292 万 t，污水处理率为 25.6%，此时提出环境基本公共服务均等化是不合时宜的。而截止到 2007 年，我国共建成污水处理厂 883 座，处理能力达到 7 146 万 m^3/d，污水处理率为 62.87%。城市生活垃圾处理率从 1997 年的 16.2%提高到 2007 年的 62%，我国已经具备推行环境基本公共服务均等化的基础条件。

浙江等开展的基本服务均等化实践为推进环境基本服务提供了实践基础。浙江省于 2008 年 8 月 7 日下发了《浙江省人民政府关于印发基本公共服务均等化行动计划的通知（浙政发[2008]51 号）》，启动了全国首个基本公共服务均等化行动计划。行动计划提出了通过 5 年努力，建立健全多层次、全覆盖的社会保障体系，配置公平、发展均衡的社会事业体系，布局合理、城乡共享的公用设施体系的总体目标及提高就业、社会保险、住房、社会救助、社会福利、教育、公共卫生、公共文化、全民健身、计生服务、公共交通、供水供电、邮政通信、污水和垃圾处理 14 项基本公共服务均等化程度的 14 项分项目标。涉及环境保护的污水及垃圾处理的目标为：基本实现城乡污水和垃圾处理一体化。80%以上的建制镇建成污水处理设施，80%左右的行政村开展农村生活污水处理；城乡卫生厕所普及率达到 90%以上；城市生活垃圾无害化处理率达 90%以上，农村生活垃圾集中收集行政村覆盖率达到 95%以上，无害化处理率达到 40%以上。为实现这一目标，行动计划预计在未来 5 年投资 2 170 余亿元，安排项目 81 个推动十大工程建设，分别是就业促进工程、社会保障工程、教育公平工程、全民健康工程、文体普及工程、社会福利工程、社区服务工程、惠民安居工程、公用设施工程、民工关爱工程。

4.3 推行环境基本公共服务均等化的重要意义

（1）以人为本、保障民生的必然途径。科学发展观的实质是以人为本，坚持发展为了人民、发展依靠人民、发展成果由人民共享，就要尊重人民主体地位，保障人民各项权益，切实把解决民生问题放在首位，解决广大人民群众最关心、最直接、最现实的利益问题。党的十七大以来，党中央、国务院把环境保护作为惠及当代、造福子孙的重大战略和民生问题，给予了高度重视。胡锦涛总书记强调，环境保护工作，要着眼于人民喝上干净的水、呼吸清洁的空气、吃上放心的食物，在良好的环境中生产生活。前不久，中共中央政治局常委、国务院副总理李克强在中国环境宏观战略研究座谈会上做出了“环境保护是发展问题，也是民生问题”的重要指示。

环境污染威胁着人们的生存和发展。生存权和发展权是公民最基本的人权，而环境污染对人们的生存和发展构成了巨大的威胁。长期以来，一些地方政府片面强调经济发展，不惜以牺牲环境为代价换取经济增长，企图通过高污染、高耗能的粗放发展增长方式解决生存与发展问题，结果粗放方式带来的环境污染不但破坏了人们赖以生存的水、大气、土壤、生态环境等基本生产要素，而且制约了经济的可持续发展，陷入污染与贫困循环的怪圈。同时大规模的环境污染也严重侵蚀着人们的健康，使人民群众的生命与健康权得不到有效保障。推行环境基本公共服务均等化可以优化经济增长方式，改善人们的生存环境，保障群众的身心健康，维护群众的环境权益，改善民生，增加人民福祉。

（2）执政为民、建设服务型政府的有机内容。深化行政管理体制改革的核心是要加快转变政府职能，转变政府职能关键就是要由“经济建设型”政府逐步向“公共服务型”政府转变，长时间以来，我国一直以 GDP 增长论英雄，干部责任考核主要侧重于经济性发展指标，导致政府职能专注于经济发展，没有实现由经济管理向社会管理的转型，财政也没有实现由经济建设型财政向公共财政转型，经济建设费支出在政府财政总支出中比重一直居高不下，在政府职能上“缺位”“越位”和“错位”严重，造成我国基本环境服务总量严重不足，区域、城乡等公共服务差距较大，各种矛盾层出不穷。鉴于这种严峻形势，党的十七大提出“加快行政管理体制改革，建设服务型政府”，强调政府要履行经济调节、市场监管、社会管理和公共服务四大职能。服务型政府是以公共利益为目标，以公共客观需求为尺度，努力实现为全社会提供高质量的公共产品和公共服务的现代政府。公共财政是服务型政府在财政领域的集中体现，基本公共服务均等化是公共财政的重要组成部分。推进基本公共服务均等化实质是政府为全体社会成员提供基本而又有保障的公共服务。逐步实现基本公共服务的均等化就是要建立和完善公共财政体系，政府财政要从“生产建设型财政”向市场经济体制下“公共财政”转变，公共财政应缩减用于经济建设的支出，转而用于公共服务方面的支出，让人民的钱更好地为人民谋利益，使公共财政更好地进行经济结构调整和促进经济发展方式转变，更好地改善民生和改善生态环境。

（3）夯实发展基础、拉动内需的必然需要。发展是执政兴国的第一要义，但我们需要的是一条资源节约、环境友好的又好又快的可持续发展道路，以往我们走的是一条先污染后治理、以环境换取增长的粗放型道路，发达国家的教训已经告诉我们先污染后治理的老路在我国是行不通的，迫切需要从重经济增长轻环境保护转变为保护环境与经济增长并重，推动环境基本公共服务均等化，不欠新账，多还旧账，提高我国环境基本公共服务总体水平，改变先污染后治理、边治理边破坏的状况，把加强环境保护作为调整经济结构、转变经济增长方式的重要手段。

推进基本公共服务均等化有利于扩大内需。推动环境基本公共服务均等化必然伴随着大规模的环境保护投入，建设一大批污水处理厂、垃圾填埋场等环境基础设施，带动其他行业和产业的发展。同时，推进基本公共服务均等化有利于优化国家产业布局，推动主体功能区建设，通过增加对限制开发区域和禁止开发区域用于公共服务和生态补偿的财政转移支付力度，使当地居民与其他地区的居民共同享有均等化基本公共服务，从而避免过度开发，实现人与自然和谐，经济的可持续发展。

（4）构建和谐社会、实现区域协调发展的重要举措。环境污染威胁社会的稳定，将环境融入基本公共服务，可以实现群体之间、区域之间、城乡之间的环境公平与正义。环境污染正在逐渐成为社会关注的热点问题，成为影响社会稳定的隐患。全国“两会”的议案和提案，环境保护作为热门已经超过公共安全、超过教育、超过医疗，成为前五位的热点聚焦问题。在北京、上海、广州等大城市已成前三位热点关注问题。由环境引起的纠纷和群体性事件呈高发态势，平均每两天就发生 1 起，环境污染投诉以每年 30% 的速度递增，严重影响社会稳定。东北松花江、四川沱江、太湖蓝藻危机、湖南省浏阳市镉污染事件、陕西省凤翔县发生铅污染事件等一次次考验着我们的神经，一次次向我们发出强烈的警告。当前，改革和发展进入关键时期，同时也是社会矛盾的高发期。环境污染已成为导致社会不公、诱发矛盾冲突的重要隐患，处理不好将严重影响社会稳定、削弱政府权威和公信力、抵消改革开放和经济社会建设取得的成果。

推行环境基本公共服务均等化有利于遏制污染转移。由于目前我国环境基本公共服务总体水平较低，环境监管相对不力，使得我国处在新一轮结构调整的下游，国外许多能源集中型和污染密集型产业转移到国内，让发展中国家为发达国家的环境和资源成本埋单。同时由于我国环境基本服务不均等，中西部地区环境标准低和环境监管不严，以及长期对农村环境保护的忽视，造成污染产业有向中西部及农村地区转移的趋势，威胁我国的可持续发展。推行环境基本公共服务均等化有利于我国环境管理水平的整体提高和均衡发展，从而防止国外的污染转移和向西部和农村的污染转移。

5 环境基本公共服务均等化的内涵

5.1 环境基本公共服务的概念和范围

5.1.1 环境基本公共服务的概念

根据第 1 章对基本公共服务的界定，基本公共服务是指由政府提供的，与民生密切相关的，在一定发展阶段，对社会公众的生存和发展具有基础性作用的最低标准的公共服务。

与此相对应，环境基本公共服务是指由政府提供的，在一定发展阶段，保障公众基本环境权益的最小范围、最低标准的公共服务。它主要包含两个方面的意思，一是环境基本公共服务应该保障公民最基本的环境权益，另一方面是指最小范围和最低标准，是一个阶段性概念，具有动态性。

（1）环境基本公共服务应该保障公民最基本环境权益。公民的环境权一般包括程序性权利和实体性权利两方面的主要内容。实体性权利包括生态性权利和经济性权利。生态性权利即良好环境享有权，人们享有清洁、健康的环境的权利，体现为公民对一定质量水平环境的享有并于其中生活、生存、繁衍，公民享有在良好、适宜、健康环境中生活的权利。这是保障公民身体健康的首要条件，也是公民环境权内容的基本组成部分。具体包括：① 清洁水权，指公民享有饮用清洁、卫生的水的权利；② 清洁空气权，指公民有呼吸新鲜、清洁空气的权利；③ 宁静权，指公民有不受噪声、振动污染的权利；④ 优美环境享受权，指公民享有对风景名胜区等具有特殊文化价值的环境观赏游玩的权利，等等。经济性权利表现为环境法律关系主体对环境资源的开发和利用，其具体可分为环境资源拥有权、开发、利用环境资源权（环境使用权）、环境处理权等。程序性权利是指公民有参与国家环境管理的权利，参与政府有关环境的行动的决策过程，要求政府听取公民的意见和建议的权利。具体包括环境知情权（又称为环境信息权，是国民对自身的环境状况以及国家的环境管理状况等有关信息获得的权利）、环境立法参与权、环境行政执法参与权、环境诉讼参与权、环境监督权（即公民有对污染破坏环境的政策和行为进行监督、检举和控告的权利）等。

（2）环境基本公共服务范围和标准具有阶段性。环境基本公共服务主要是由国家财政支出来提供的，所以受限于国家的经济发展水平和财政能力，在一定发展阶段所提供的环境基本公共服务的范围和水平是有差别的，没有一成不变或放之四海而皆准的环境基本公共服务清单和标准。随着经济发展水平的不断提高，社会制度的成熟，历史文化理念的不断进步，环境基本公共服务的涵盖范围会越来越广，标准也会越来越高。

5.1.2 环境基本公共服务的范围

根据定义，我们知道环境基本公共服务是指由政府提供的，与公众的环境权益密切相关的一种公共服务。所以要确定环境基本公共服务的范围，必须科学、合理地把握公众的基本环境服务需求。

环境基础设施理论上是一种准公共服务，可以由政府和市场共同提供，但由于人们的“搭便车”心理和容易造成“公地悲剧”，所以政府还是应该负主体责任。长期以来，我国环境保护投资不足，环境基础设施建设历史旧账较多，特别是中西部偏远地区及广大的农村地区环境基础设施更是匮乏，甚至是空白，导致我国污染物排放总量严重超过环境容量。环境基础设施是一种能够消除环境污染巨大负外部性的有效手段和工具，是一种为了保障民生必须主要由政府提供的基本公共服务。所以建设污水处理厂、垃圾填埋场等环境基础设施，消除环境污染的环境基础性服务是环境基本公共服务的核心构成。

干净的水、清洁的空气和放心的食物是事关公众生存的根本问题，是最基本、最低层次的民生要求，是政府必须提供和保障的最基本公共服务。但是当前我国环境污染严重，2008 年衡量水环境整体质量水平的劣Ⅴ类水体比例为 24.4%，2.52 亿人饮用水不安全，1.9 亿人饮用水有害物质超标。113 个环保重点城市未达到空气质量二级标准的城市比例仍占 51.5%，其中空气质量为三级标准的城市占 41.6%，劣于三级的占 0.9%，公众的基本生存和发展都得不到保障。因此，对水、大气等环境质量变化进行监测和评估以及对造成水、大气等环境质量变化的污染行为进行监管，保障公众清洁水权、清洁空气权及宁静权等基本民生性服务是环境基本公共服务的主要内容。

按照马斯洛的层次需求理论，安全需求是公众的基本需求之一，环境安全事关公众的生命财产和国家的整体利益，政府有责任提供基本的环境安全服务。但目前我国处于环境安全事故高发期，环境安全形势严峻，东北松花江、四川沱江、太湖蓝藻危机、湖南省浏阳市镉污染、陕西省凤翔铅污染等突发环境事件层出不穷，影响范围广，危害大，对建设和谐社会，维护社会稳定具有较大的影响。所以健全环境事故应急机制，防范环境突发事故的环境安全性服务也成为环境基本公共服务的重要组成。

我国是人民当家做主的社会主义国家，人民是国家的主人，人民有参与国家环境管理的权利，有获得自身的环境状况以及国家环境管理状况等有关信息的权利，政府要保障人们这种最基本的环境知情权，提供环境信息知情服务。所以环境信息知情服务也是环境基本公共服务的有益部分。

根据上面的分析和总结，我们把环境基本公共服务分为 4 个方面（不同阶段有不同的重点领域）：① 建设污水处理厂、垃圾填埋场等环境基础设施，消除环境污染的环境基础性服务；② 对环境质量变化进行监测和评估以及对造成水、大气等环境质量变化的污染行为进行环境监管，保障公众清洁水权、清洁空气权及宁静权等生存的基本民生性服务；③ 健全环境事故应急机制，防范环境突发事故的环境安全性服务；④ 保障参与国家环境管理的环境信息服务。

5.1.3 环境基本公共服务的标准

目前环境基本公共服务均等化概念为首次提出，还处于理论探索阶段，关于环境基本公共服务标准的制定将是下阶段的工作研究重点，有必要在借鉴国外经验及国内其他各行业经验的基础上建立健全我国的环境基本公共服务标准。建立健全我国的环境基本公共服务标准应该遵循以下几个原则。

（1）可行性原则。制定我国的基本公共服务标准必须考虑我国的基本国情和财政负担能力，要宽严适度，标准既不能太高，难以实现，也不能太低，否则难以达到缩小区域、城乡差距，推进均等享受环境基本公共服务的目的。

（2）动态性原则。环境基本公共服务均等化的实质是让每个公民在同一标准上实现环境基本公共服务的机会均等和结果均等。随着经济和社会发展条件的变化，公众环境基本公共服务需求也会随之变化，公共服务标准也要适时调整，形成环境基本公共服务标准与均等化的良性互动。

（3）国际性原则。要借鉴国外先进国家制定环境基本公共服务标准的经验，尽量实现与国际接轨。

5.2 推行环境基本公共服务需要辩证分析的三个问题

5.2.1 政府主导责任与市场手段运用的关系

在推行环境基本公共服务均等化的过程中需要把握和辩证理解政府和市场的关系，以及政府承担提供基本公共服务职责与提供服务手段的差异两者之间的关系。政府承担职责和提供服务手段可以理解为目标和手段的关系，政府为了达到提供均等化环境基本公共服务的目的，必须发挥主体（主导）作用，也可以在方式方法上引入市场机制、多元参与，但即使是多元化提供机制，政府也不能一推了之，市场机制只能作为一种手段，责任主体在于政府。

环境基本公共服务的出现主要是由于存在“失灵市场”，使得市场机制在一些领域难以达到“帕累托最优”，特别是由于环境基本公共服务具有消费的非竞争性与受益的非排他性两个特征，使得在公共服务消费中人们存在一种“搭便车”动机，每个人都想不付或少付成本享受环境基本公共服务，导致市场机制不愿意提供这种服务。但环境公共服务由于对社会公众的生存和发展具有基础性作用，不可或缺的，这时就需要政府出面来提供公共服务。发达国家的经验和我国改革开放的实践证明，在提供私人物品和私人服务方面，市场机制的作用不可替代，但在提供公共服务方面，市场机制却存在失灵或局限性。因此，需要通过政府提供公共产品和建立基本公共服务均等化的机制，来有效地解决市场公共品供给的失灵问题。

虽然环境基本公共服务的性质决定了政府要承担提供环境基本公共服务的责任，但限于财力、效率等原因，基本公共服务均等化并不等于“政府完全埋单”，可以存在政府完全付费、政府和个人分担付费，消费者独立付费等多种付费机制。同时环境基本服务并不意味着政府要“大包干”，要完全靠政府自身来提供环境基本公共服务，也可以根据不同环境基本公共服务具有的非竞争性和非排他性程度的不同，部分通过市场机制来提供，以补充政府公共服务的不足。除了直接生产和供给外基本公共服务外，政府还可以通过委托授权、特许经营、公私合作及购买服务等多种方式，鼓励引导民间组织和企业，特别是非营利组织提供环境公共服务，扩大环境基本公共服务的供给能力，同时也提高环境基本公共服务的供给效率。政府在这个过程中既可以是生产者，也是提供者，也可以只是提供者（购买者），抑或仅仅是监管人。但在推行市场机制的过程中政府必须要加强协调和监督力度，使市场机制真正成为政府环境基本公共服务的重要助手，不能片面地将一些提供公共服务的责任推给了市场，造成公共责任空白，引发公共部门的责任危机，最终损害公共利益。

5.2.2 环境基本公共服务范围和标准具有动态性和阶段性

基本公共服务主要是由国家和地方财政支出来提供的，受限于国家的经济发展水平和财政能力，政府只能提供最基本的公共服务，而且在一定发展阶段所提供的基本公共服务的范围和标准是不断变化的，首先是最低标准，然后是中级标准，最后是高级标准。例如，如美国“进步时代”以前，食品、药品标准并没有纳入公共服务的范围，进步时代以后食品和药品标准成为政府公共服务的重要内容。由于各国国情的不同，不同国家之间的基本公共服务范围也是不同的，是因国制宜的。但福利国家的基本公共服务范围通常比非福利国家的范围大，发达国家的基本公共服务范围一般又比发展中国家大。总的趋势是，随着经济发展水平的不断提高，社会制度的成熟，历史文化理念的不断进步，基本公共服务的涵盖范围会越来越广，标准也会越来越高。

环境基本公共服务也不例外，环境基本公共服务的范围和标准也是具有阶段性的，是动态变化的，需要在环境基本公共服务均等化推进过程中区分出轻重缓急，确立行动的优先顺序。环境基本公共服务中，第一层次包括基本民生性服务和环境基础性服务，是确保人基本生存和发展需要的。第二层次包括环境安全服务，是确保人们在满足生存需求后，满足公众的安全、舒适和发展需求。第三层次包括环境信息服务，是为了满足公众参与政治生活，受到尊重和实现自我的需求。

5.2.3 环境基本公共服务均等化与环境质量均等化

提到环境基本公共服务均等化，人们很容易与环境质量均等化相混淆。需要指出的是，环境基本公共服务首先是一个环境服务的概念，并不等同于环境质量，正如提供养老、医疗等公共服务并不等同于健康、寿命一样。环境质量均等化是环境基本公共服务均等化的终极目标（局部地区可以先行先试），环境基本公共服务均等是手段，要实现环境质量均等化必须首先要建立均等化的环境基本公共服务体系。

另外，应矫正环境质量现状良好的区域不需要推行环境基本服务的错误概念。现状生态环境良好不是剥夺当地居民享受污水、垃圾、环境知情权等基本公共服务的理由。环境基本公共服务是夯实区域发展基础、提升区域发展潜力的必要。现有环境质量好的地区基本都是经济不发达的偏远地区，而且大部分是我国的重要生态功能区，如果不建立均等化的环境基本公共服务体系，外部的污染会逐渐向该地区转移，最终影响该地区的环境质量，或者该地区的人们由于生存压力也会过度开发使用环境资源，最终使现有的良好环境质量得到破坏。

5.3 推行环境基本公共服务均等化对于环保工作的重大带动作用

环境基本公共服务均等化可以作为农村环境保护的抓手，通过推动环境基本公共服务均等化，可以明确各级政府的农村环境责任，扩大“以奖促治”和“以奖代补”等使用方式的农村环境保护资金规模，强化农村污水处理厂及垃圾收集处置等环境基础设施建设，完善农村环境保护制度建设，提高环境监测及环境监管等能力水平，加大对畜禽养殖污染防治的力度，强化农业环境监管工作，推动环境管理和污染防治重点向农村地区转移。通过环境管理和污染防治向农村地区转移，实现城乡环境基本公共服务均等化，改善农村“脏、乱、差”局面，遏制工业污染向农村转移的趋势，控制面源污染，全面实现新农村环境建设目标。

通过环境基本公共服务均等化可以强化环境监测与评估和环境监管等能力建设，显著提升全国的环境监管能力，为实现公众喝干净水、呼吸新鲜的空气等基本民生性服务提供能力保障，与“十二五”以人为本、质量切入、夯实民生的工作重点一致，同时提供基本民生性服务也有助于监管减排和防范环境安全隐患。

通过环境基本公共服务均等化可以推动污水处理厂、垃圾填埋场等环境基础设施建设，有助于实现工程减排，也可以达到控制农村面源污染的目的，带动土壤防治、水污染控制和固废控制，为全面改善环境质量奠定基础。

通过环境基本公共服务均等化可以健全环境应急机制，遏制环境突发事故居高不下的困境，提高环境风险管理能力，保障公众的环境安全，维护社会的和谐和稳定。

通过环境基本公共服务均等化可以推动生态保护和约束矿产资源开发行为，从根源上解决生态破坏问题，推动生态保护工作开展，同时也维护公众基本的环境享受权和环境资源使用权。

通过环境基本公共服务均等化可以提高环境保护中的公众参与度，保障公众的环境保护知情权，可以充分发挥社会公众保护环境的作用，提高我国的环境管理水平。

6 推进环境基本公共服务均等化的设想和建议

6.1 研究提出推进环境基本公共服务路线图设想

环境基本公共服务均等化在我国尚处于起步阶段，在理论层面探讨得都很少，在实践层面更是一片空白，所以推动环境基本公共服务均等化必须分步实施、循序渐进，不能一蹴而就。尽快着手在全国范围内制定环境基本公共服务均等化的战略规划和实施策略，统筹安排、系统规划，分步骤地推进。

第一步（从现在到 2010 年），研究明确环境基本公共服务的概念、范围，建立环境基本公共服务的标准，研究提出环境基本公共服务的相关政策保障措施。借鉴国际经验结合国内实践准确定义环境基本公共服务的概念。从基础性、广泛性、迫切性、可行性方面考虑采用公众调查、专家咨询及政府部门协商等确定环境基本公共服务的范围。在确定环境基本公共服务范围的基础上建立国家环境基本公共服务标准，包括设施、设备、人员、经费等指标。尽快将基本环境公共服务纳入国家“十二五”规划，出台相关法规政策。

第二步（2011—2015 年），在实现环境基本公共服务标准统一的基础上，完善中央与地方的事权责任关系，加大政府体制改革力度，统筹考虑城乡均衡发展。根据环境基本公共服务的范围和标准，进一步明确中央政府与地方政府的事权责任。中央政府通过标准实施、转移支付等，着力提高对基本公共服务的调控能力，地方政府应当通过培育社会组织和企业组织，提高公共服务的供给能力。财权与事权相匹配的财税体制使得负责提供基本公共服务的各级政府财政能力进一步得到加强。加大政府环境基本公共服务的投入力度，建立一般转移支付增长机制，并规范化、法制化，通过法律法规手段规定一定比例的环境基本公共服务投入比例，确保地方政府具有支付基本公共服务的均等财政能力。加快推进资源税改革，为实现环境基本公共服务均等化提供稳定资金来源。

第三步（2015—2020 年），基本实现城乡一体化，缩小城乡差距，进一步统筹东、中、西部经济发展，发展的同时实现经济、社会、环境的和谐发展，基本实现环境友好型社会。在前述第一步和第二步的基础上，统筹区域、城乡发展，保障我国的基本环境公共服务体系能够基本建立起来，基本实现环境友好型社会。

环境基本公共服务均等化的实现是一个长期历史性的过程，要根据国情和均等化实现的阶段性，分步骤、逐步实施环境管理。切入点是制度政策建设，突破口应该是加强环境监测监察等基础工作，核心是提升环境基本公共服务能力，强化对环境工程项目的监督管理，提高环境绩效。

6.2 推进环境基本公共服务均等化的建议

6.2.1 建立环境基本公共服务的制度、政策体系

（1）明确政府是环境基本公共服务提供的责任主体。根据事权与财权划分原则，政府行使职能需要相应分配财权和财力，为政府履行其职责提供物质保障。所以，进一步明确中央政府与地方各级政府在提供环境基本公共服务方面的事权。要考虑环境基本公共服务具有的性质和特点，由于其涉及面广且具有更大的外部性，主要应由中央政府和省级政府提供，由县级政府管理。明确事权划分后，应通过法律制度固定下来，从而规范中央和地方的职能和权限。在合理划分事权和财权的基础之上，法制化明确政府提供环境基本公共服务职责，是责任的主体。

（2）建立政府环境基本公共服务绩效评价体系。构建政府基本公共服务绩效评价体系，将环境基本公共服务纳入绩效评价体系，进而对公共部门的行为起到约束作用，提高公共部门在基本公共服务供给方面的效率。目前亟须构建环境基本公共服务评价体系，包括目标制定、执行、评估等环节的规范，建立相应的制度框架，保证评价体系发挥其应有的作用。要引入多元化评价机制，严格问责机制，加强对环境基本公共服务责任主体的监督。

（3）建立环境基本公共服务的配套政策。加大研究和宣传力度，将环境保护纳入基本公共服务体系。分析研究其他领域基本公共服务均等化实践的经验、教训、做法，形成环境基本公共服务均等化的政策体系，建立分类等区域定量标准。以公民拥有的基本环境权益为依据，围绕环境基本公共服务内涵形成比较完善的政策体系，包括环境基础设施建设保障机制、环境质量监测和评估、环境监管、环境事故应急处理机制，以及环

境管理信息服务等，逐步形成与基本公共服务均等化相适应的投入、评价、考核等关联、配套政策制度。

6.2.2 将环境基本公共服务纳入公共财政重点保障领域

（1）将环境基本公共服务纳入公共财政体制改革进程，着力增强政府尤其是县级政府环境基本公共服务能力。

为保证环境基本公共服务均等化目标的实现，在公共财政体制改革过程中，将环境基本公共服务均等化发展总体战略融入公共财政制度改革，明确公共财政的发展目标之一是保障公民的基本环境权益。以基本公共服务均等化为导向，进一步增强基层财政保障能力为重点，完善和规范转移支付制度，保障环境基本公共服务供给部门的资金来源。同时还要转变政府职能，关键就是要由全能型政府逐步向公共服务型政府转变，以公共利益为目标，以公共客观需求为尺度，推进环境基本公共服务均等化，不断增强提供基本环境公共产品和服务的能力。

（2）继续加大环境基本公共服务领域支出，统筹财政资金支出。当前，在国家财力迅速增强的情况下，已经具备把更多的财政收入投向公共服务领域的经济实力，实现环境基本公共服务均等化条件基本成熟。应进一步调整公共支出结构，加大公共服务支出比重，压缩经营性投资，更多地增加包括教育、医疗、社会保障、环境保护等社会公共支出，通过基本公共服务缓解分配差距扩大的趋势，并使社会不同阶层或群体都能分享经济社会发展的成果。

对于不以营利为目标而是以提供公共服务为目标的基础设施建设，如饮用水安全、农村环境保护、土壤污染防治等涉及人民群众生命健康领域的基础设施建设，以及环境执法、环境监察等，政府应全力予以投资并加强管理。政府环境基本公共服务投资可以参考财政对教育部门支出的硬性规定，规定每年的新增财力向环境基本公共服务支出的增长比例。与此同时，还须统筹财政资金区域支出，进一步加大对农村地区环境基本公共服务建设的扶持力度，加强中央财政对农村、中西部老少边区、贫困地区的扶持力度，缩小城乡和地区之间环境基本公共服务水平的差距。

（3）完善转移支付制度，保障新增财力向环境基本公共服务均等化领域倾斜。转移支付制度是实现环境基本公共服务均等化的最重要手段之一，对均等化的公平和效率目标的实现有着重要的影响。我国中央对地方的转移支付分为财力性转移支付和专项转移支付两类。财力性转移支付又称均等化转移支付，是促进地方政府公共服务能力均等化的主要手段。专项转移支付是按照政府支出责任划分，对承办委托事务、公共事务或从事上级政府鼓励性事务的地方政府的一种拨款。

环境基本公共服务均等化是未来公共财政的基本目标之一，政府要为社会公众提供基本的、在不同阶段具有不同标准的、最终大致均等的环境公共产品和公共服务，这就要依靠完善转移支付制度，逐步加大一般性转移支付的比重，规范专项转移支付，以保障政府环境基本公共服务责任与财力的均衡。要科学界定专项转移支付标准，控制准入条件和规模，用“因素法”取代“基数法”，将环境基本公共服务均等化列入财政转移支付的支持重点，建立新增财力向环境保护方向的倾斜机制。在统筹城乡、统筹区域的背景下进行整体考虑，根据我国经济社会发展的不同阶段，应制定阶段性的环境基本公共服务均等化目标，通过财政转移支付逐步实现均等化目标。

6.2.3 按照环境基本服务均等化思路设计和实施环境管理

树立环境服务理念，从环境监管逐步转移到提供环境服务，加快建设公共服务型政府，进一步加强环保部门与其他部门之间的合作，有效地发挥政府在环境基本公共服务中的主体地位和主导作用。把首先提供和保障环境基本公共服务、最终提供保障性的环境质量服务作为环境保护目标的核心目标，坚持环保为民的思路，实施分类指导，逐步补齐“地区短板”，大力动员公众参与，大幅度增加老百姓感知性的环境指标，以人为本，把老百姓的幸福感、满意感作为环保工作考核标准之一，使老百姓享受发展实惠。

参考文献

[1] 夏杰长，张晓欣. 我国公共服务供给不足的财政因素分析与对策探讨[J]. 经济研究参考，2007（ 5）：40-41.

[2] 迟福林，方栓喜，匡贤明，王瑞芬. 常英伟[J]. 经济研究参考，2008（3）：21-25.

[3] 国家发展改革委宏观经济研究院课题组. 促进我国的基本公共服务均等化[J]. 宏观经济研究，2008（5）：7-12.

[4] 中国财政学会“公共服务均等化问题研究”课题组. 公共服务均等化问题研究[J]. 经济研究参考，2008（8）：26-28.

[5] 吕炜，王伟同. 我国基本公共服务提供均等化问题研究[J]. 经济研究参考， 2008（34）：2-12.

[6] 支持公共服务均等化的财政制度建设[J]. 经济研究参考，2009（34）：12-29.

[7] 袁倩瑜. 我国基本公共服务均等化的财政体制分析[J]. 广西财经学院学报，2009，22（3）：45-46.

[8] 丁元竹. 基本公共服务均等化“路线图”[J]. 中国社会保障，2008（8）：26-28.

[9] 安体富，任强. 公共服务均等化：理论、问题与对策[J]. 财贸经济，2007（8）：48-53.

[10] 刘德吉. 公共服务均等化的理念、制度因素及实现途径：文献综述[J]. 上海经济研究，2008（4）：12-20.

[11] 李洺，孟春，李晓玉. 公共服务均等化中的服务标准：各国理论和实践[J]. 财政研究，2008（10）：79-81.

[12] 刘薇. 财政分权的经济与社会发展影响研究. 北京：经济科学出版社，2009.

节能减排

- 美国 EPA2009—2014 年环境战略规划概要
- 2009—2020 年中国节能减排重点行业环境经济形势分析与预测（报告摘要）
- “十一五”水泥工业二氧化硫总量减排形势分析
- 从我国大气环境污染形势看“十二五”氮氧化物控制对策

美国 EPA 2009—2014 年环境战略规划概要

田仁生　葛察忠　刘兰翠　管鹤卿

摘　要　美国 EPA 2009—2014 年环境战略规划确定了公众期望在未来五年内可衡量的环境和人体健康的绩效，并阐述了将如何实现这些绩效。同以往规划一样，仍然保留了 5 个目标，它们是：清洁空气及全球气候变化，清洁安全的水，土地保护与恢复，健康社区和生态系统，守法与环境管理所不同的是本次规划 5 个目标中都特别强调了减少温室气体的排放，另外以往规划中可测量的子目标在 2009—2014 年的框架中被转化为战略措施。

关键词　美国　环境战略规划　目标

Abstract　The 2009—2014 EPA Strategic Plans identified the measurable environmental and human health outcomes the public can expect over the next five years and described how we intend to achieve those results. As in prior EPA Strategic Plans，it also maintains five goals, those are Clean Air and Global Climate Change, Clean and Safe Water, Land Preservation and Restoration ,Healthy Communities and Ecosystems, Compliance and Environmental Stewardship. The difference is that all the goals highlight reduction of greenhouse gas emissions, another is that any sub-objectives that were measurable in the past have been converted into strategic measures for the 2009-2014 framework.

Key words　United States　Environment Strategic Plan　Goal

1 引言

1.1 EPA 2009—2014 年战略规划更新过程

1993 年的美国《政府绩效评估法案》（GPRA）要求联邦部门和机构每 3 年更新其战略规划。根据这一要求，美国环保局将于 2009 年 9 月 30 日之前向国会与管理和预算办公室提供最后修订的 2009—2014 年战略规划。正如以前的战略规划，2009—2014 年战略规划为政府制订年度计划、预算和问责制提供了一个框架，确定了公众期望在未来 5 年内可衡量的环境和人体健康的绩效，并说明我们将如何实现这些绩效。

EPA 2009—2014 年战略规划更新不同于修订以往的规划。2009—2014 年战略规划提交给美国国会截止日期是 2009 年 9 月 30 日，根据这一最后期限要求，战略规划跨两届政府，于上届政府开始修订到本届政府完成。因此，环保局集中力量将规划的修订重点放在有限数量的有针对性的领域，本次提交的 EPA 2009—2014 年战略规划供审查和评论用的征求意见稿就是这样。

1.2 2009—2014 年战略规划征求意见稿概述

为了响应美国环保局合作伙伴和利益相关方的建议，环保局提交的这次文本提供了更好的最新战略绩效衡量框架，包括目标、子目标和战略措施。

文本的第二部分，针对 EPA 的五项战略目标，着重提出相关领域内新的或显著不同的战略方向。

文本的第三部分，概述了关于环保局的战略措施框架的最重要修改建议。还列表比较了当前规划文本（2006—2011）和未来文本（2009—2014）战略措施框架。

1.3 重点领域的改善

环保局的 2009—2014 年战略规划把注意力集中在有限数目的有针对性的领域，我们认为这些领域战略绩效的变化可帮助更好地实现和衡量环境与人体健康绩效改善的成果。这些有针对性的领域包括：

- 减少温室气体（GHG）排放量。
- 可持续农业。
- 全球气候变化影响。
- 污染物。
- 进口安全。
- 在印第安部落改进计划执行情况。
- 执法/守法衡量方法。
- 研究战略方向和目标。
- 环境指标、监测和相关信息。

其中大部分涉及跨计划的活动，其绩效也将涉及一个以上的战略目标。在制定这一套重点领域过程中，环保局考虑到从多个方面进行数据收集和分析，包括计划的优先事项、趋势分析与科学的数据和报告。一个重要的信息源是美国环保局 2008 年度环境报告（ROE），环境报告中的环境指标信息对许多重点领域有支持，例如：

- 不利条件下的温室气体排放量和浓度。
- 环境条件退化的许多指标与农业和化肥的使用相关。
- 年度环境报告确定了美国和全球大气温度、海面温度、降水和海平面方面的不良趋势。
- 湖泊和海洋鱼体污染物和沿海沉积物质量表明，传统的化学品仍然是一个问题。
- 食品中的农药残留量从 2003—2005 年一直在增加。

➢ 年度环境报告表明我们在污染物和疾病、温室气体排放、湿地条件、土地利用对环境和人体健康影响的相关性方面存在着局限或差距。

除了支持重点领域，年度报告中的数据还支持着美国环保局 2006—2011 年战略规划的 33 个方面的绩效测量。

1.4 评论和反馈

2009—2014 年战略规划征求意见稿可通过美国环境保护局的互联网网站上查询 http://www.epa.gov/ocfo/plan/plan.htm。该网站链接了为公众提供反馈意见和建议的通道。

1.5 下一步

对收到的意见进行汇总并与新政府人员讨论后，形成 2009—2014 年战略规划完整文本草案，在 2009 年春末再次供公众审查和评论，美国环保局将最终修改稿于 2009 年 9 月 30 日前提交国会。

2 拟修改的战略规划概要

下面简要地针对五个目标，重点提出在 2009—2014 年间新的或显著不同的战略。

2.1 目标 1：洁净的空气和全球气候变化

2.1.1 减少温室气体排放

在 2009 年及以后年度，环保局将推行两个新的战略，扩大环保局的自愿计划，减少温室气体排放。

一个战略将加快采用新的气候友好技术，巩固能源之星的工作。通过能源之星，鼓励消费者购买节能产品和参与节能和环保行动，达到省钱和保护环境的目的，随着“绿色”先进技术的需求不断增长，环保局正在探索识别还没有在市场上很好地认定但有可能显著减少温室气体排放的技术。这些技术的早期例子包括先进的建筑技术和住宅热电联产。

第二个战略将促进现有可再生能源技术的应用，如作住宅用的太阳能电池板及其他技术。有越来越多的州和地方计划促进可再生能源应用如太阳能、风能、地热能和其他消费者感兴趣的能源。美国环保局正在探索与州、地方政府、商业和工业企业建立一个技术援助/识别计划，促进可再生能源的投资。这一努力将补充 EPA 的绿色电力和热电联产部分。

环保局目前正在征求意见，收集资料，并确定是否和（或）如何修订清洁空气法案中关于温室气体的规定。随着情况的变化，在 2009—2014 年战略规划的更新过程中环保局将再次讨论这个问题。

2.1.2 全球气候变化影响

全球气候变化对美国区域空气质量的影响评估工作将到 2012 年完成，届时要搞清气候变化的影响与现行法律、规章规定和计划执行的冲突所在。

环保局将重点研究和确定适应战略，以在减少温室气体排放方面达到“共赢”，既减少了空气污染物的排放，又改善了空气质量。环保局的空气计划将审查政策和管理办法，以对气候变化的经济影响和适应气候变化的好处进行针对性分析和评估。开发决策支持工具，提供给州和地方社区的利益相关者，以协助他们实施适应战略，将气候变化因素纳入其日常业务。

2.2 目标 2：清洁和安全用水

2.2.1 全球气候变化影响

环保局将开始执行《国家水规划战略：应对气候变化》。这一战略提供了一个平台，以了解气候变化对水规划的影响和确定相应行动。该战略确定了 5 个主要目标：① 减少温室气体排放的用水计划；② 执行核心水规划（如国家河口计划的“气候适应河口”），以维护和改善气候变化的适应效果；③ 加强环保局水计划项目和气候变化研究之间的联系；④ 培训水规划专业人员和利益相关者，让其了解气候变化对水资源和项目的影响；⑤ 建立应对气候变化挑战的可持续管理能力。该战略还介绍了 44 个具体的反应行动，将从 2009 财政年度开始。针对这 5 个目标，环保局将更新 2010—2011 年及以后的具体实施行动。

2.2.2 污染物

在 2010 年年底或 2011 年年初，环保局将在地下注入控制计划（UIC）中制定一项最终规则，以保护地下饮用水源的方式确保二氧化碳地质封存。此外，美国环保局将承担起与州和部落一起颁发地质隔离设施许可证，审查这些受关注地点的财务机制，并编制培训教材，分析地质特征，建立模型和进行数据监测。

环保局将采用四管齐下的办法来处理新出现的污染问题，如药品、个人护理用品以及发现于水生环境的纳米材料：① 加强这些新出现污染物对健康和环境影响的科学研究；② 加强风险防范与公众沟通；③ 防止进入我们的水道，促进良好管理；④ 酌情采取管制行动。

环保局将充分利用由环保局、州、部落和其他联邦机构合作伙伴一起进行的全国水产资源调查结果，能够更好地评估不同水体类型新出现的污染程度。

环保局 2007 年 4 月发起了一项重大举措，推广使用“绿色基础设施”，旨在使绿色基础设施的技术和方法应用于暴雨径流和下水道溢出管理。2008 年 1 月，美国环保局和 5 个其他国家级组织出版了“管理潮湿天气与绿色基础设施：2008 年行动战略”。最大规模地保护和恢复自然景观的功能（如森林、洪泛平原和湿地）是绿色雨水基础设施的重要组成部分。规模较小的绿色基础设施的行动还包括雨花园、透水路面、屋顶绿化、渗透种植、树木和树木盒、雨水收集用于厕所冲洗和景观灌溉。

在水基础设施的安全性方面，美国环保局将集中在：

➢ 发布重要指导材料，并制订相关的推广计划，以促进全国范围内污染预警系统的应用，并协助公共供水系统发现和应对饮用水污染事件。
➢ 建立一个全国性的网络，将能够分析饮用水中化学、生物和放射性污染物的联邦、州、部落、地方和商业实验室进行联网，以应对恐怖袭击、其他有意的行为、自然灾害和其他灾害。
➢ 与供水部门的行业协会合作，以鼓励各州建立关于饮用水和废水公用事业的州际互助和援助协议，被称为水/废水应急响应网络（WARN）。WARNs 采用利益驱动模式，以促进出现紧急情况后人员和资源的有序高效流通。
➢ 实施与水行业协调委员会和政府协调理事会合作制定的消除污染战略的建议，包括制定关于遏制和处理大范围被污染水体的新的指南。

2.2.3 环境指标、监测和相关信息

环保局将继续与州、部落和其他合作伙伴以获取污染物发生的必要信息，以支持饮用水卫生措施的评估。具体来说，这两项措施是：① 加强地表水处理规则中为减少孢子虫病流行的微生物措施；② 第一阶段和第二阶段消毒副产品规则下为减少膀胱癌病例的化学措施。这种合作将有助于评估环保局到 2014 年是否实现了预期的健康效应。

环保局在 2009—2014 年战略规划中将对水计划加大投资，以取得环境的不断改善。一些地区正在寻求内部和外部的合作开展试点工作。第 3 区域举行了大范围的多个州参加的研讨会，讨论环保局的一套水质改善的措施，并计划采取涉及受到影响的一些州的区域措施。第 4 区域还计划在试点成功的基础上加以提高。这些努力和试点的成果将用于 2012—2017 年的战略规划。

环保局正在努力提高环境绩效改善的测定技巧。具体来说，环保局将扩大跟踪范围，将受污染的溪流水质状态跟踪到相关两个水体类型河流和湖泊。2010 年将建立湖泊基线，2012 年将建立河流基线。这两个水体类型的全国水质评价结果将在 2015 年和 2017 年分别报告。湖泊和河流的改善措施将被列入 2012—2017 年战略规划。

2.3 目标 3：土地保护和恢复

2.3.1 减少温室气体排放

大多数美国的温室气体（GHG）排放量本质上是与我们如何管理土地以及生产、消费和废物处置过程密切相关。环保局通过资源保护与土地清理和再用能够实现大幅度减少温室气体排放量。

环保局与各州合作伙伴一起，采取定量、生命周期的办法，正在从废物管理转向可持续的原材料管理。这一转变强调从原料提取到产品的报废整个生命周期中减少或消除废物，使用更少的能源，生产材料再生利用，导致生产过程中大量减少温室气体排放量。

实现减少温室气体排放的策略包括：① 最大限度地减少原材料的投入，采用高效率的生产流程；② 产品设计中使用更少的材料，使用再生原料，而不是原始材料，延长产品寿命，并促进产品拆卸回收方便。

环保局将与州、地方和部落政府、其他联邦机构、私营部门合作伙伴和非政府组织一起，加强国家的回收收集和处理的基础设施建设，提高有效利用材料，进行可持续材料管理，并在适当的时候将促进废物转化为能源。这些努力将在很大程度上是通过自愿合作计划来实现。

环保局正在探索制定绿色补救办法，鼓励在清理受污染的场所时提高能源效率和节能。环保局也正在评估生物燃料对地下储罐清理场地的影响和评价清除技术在这些地点的有效性。

环保局鼓励污染土地再用和采矿遗址地点作为可再生能源生产设施场所，以及使用这些地点的现有基础设施作为娱乐区、艺术家活动地、市场和餐馆，或其他有想象力的使用，或绿色建筑技术的实际利用。污染土地的再用可以减少绿地的占用，从而保护重要的碳汇不受干扰。

2.3.2 污染物

环保局正在多角度考虑生物燃料运输和储存的相关问题。环保局将评价这些燃料的相容性，这些燃料引入现有的基础设施是否可能造成生物燃料泄漏释放到环境中。

环保局的超级基金补救计划将对环保局区域补救项目管理者提供新出现的环境纳米技术的相关信息。纳米技术有希望更经济地恢复超级基金资助的污染地和解决具有挑战性的污染地，如存在致密非水相液体溶剂，如三氯乙烯的地方。

2.3.3 改进印第安部落计划执行情况

对于固体和危险废物，环保局将重点从计划往行动上转移，使各部落可更好地实施可持续的废物管理计划。为配套部落综合固体废物管理计划的制定和实施，环保局将越来越多的提供支持，如配套资金来实施计划，提供技术援助，守法培训等。

2.3.4 环境指标、监测和相关信息

EPA 的清理计划在受污染的场址得以长期可持续地再用于生产中发挥着重要作用。为了更好地衡量进展情况，环保局正在考虑一套措施，这些措施包括以前受污染的场所：① 根据目前的场地条件，污染令人无法接受，人体不能接触；② 所有清理的目标已经实现，当前和未来的土地使用不会有不可接受的风险，以及③ 确定作为应急的所有控制行动到位，以确保长期得到保护。环保局预计，到 2014 年大约一百万英亩可确定为储备用地。

2.4 目标 4：健康的社区环境和生态系统

2.4.1 全球气候变化影响

全球气候变化研究将针对性地设计和开发决策支持工具，以帮助环保局、国内利益

相关者（即州、地方社区和其他司法管辖区）和国际利益相关方应对气候变化的影响，实施适应战略并将气候变化纳入其日常业务。

2.4.2 可持续农业

环保局将与美国国家标准协会制定新标准来界定可持续农业。这一新标准将有助于美国环保局制定一项长期战略，以指导各机构朝可持续农业努力。环保局也将与机构的农场、牧场和农村地区的联邦咨询委员会制定关于具体农业生产体系可持续发展的框架。

环保局将探索新的农业政策，以促进生产清洁又便宜的生物燃料，同时避免造成对环境和人体健康的影响。环保局将监测农药的使用，评价其用于制造生物燃料的农作物生长中的环境影响和趋势。

2.4.3 污染物

内分泌干扰物筛选程序（EDSP）一直在进行试验验证。现在，根据联邦食品、药品和化妆品法（FFDCA）的授权，EDSP 就会开始要求对农药化学品进行工业测试，以确定可能有潜在的内分泌干扰物质。对由此产生的试验数据进行评估和审议。

环保局通过 2008 年 3 月实施的化学品评估和管理程序（CHAMP），从根本上保护人体和环境免受化学品的风险。根据 CHAMP，在 2005 年生产量达到或超过 25 000 磅的化学品将迅速评估并确定优先性。被认定为特别关注的化学品将迅速得到监管。

针对纳米材料的新用途和技术的不断发展，美国环保局开展了一项内部研究项目，对纳米技术的应用和纳米材料接触的潜在影响进行研究。

环保局将实施新的战略，消除数以百万计的儿童铅中毒。美国环保局最近颁布的改造、维修、油漆（RRP）规则，就要求家装行业遵守具体的培训、认证，并做好铅防护安全。环保局也将推出一个新的战略宣传运动，旨在促进公众认识和行业遵守规则，提高公众对铅中毒后果的意识以及如何防止铅中毒。

环保局将探索更积极的办法来解决遗留的风险，并逐步淘汰目前使用的多氯联苯（PCBs），美国环保局正在制定一项关于继续使用多氯联苯的预先通知法规。

环保局将重新审视目前的战略，继续努力尽可能减少产品中和制造过程中汞的使用。环保局将在照明、教育、采矿业、制造业以及医疗领域制定和促进创新做法，通过国内和国际努力，以减少汞的使用和安全地管理现有库存。

环保局将制订新的战略和创新教育推广工作，以解决产品中越来越多的使用石棉所引起的公共健康问题。

环保局正在探索办法，以防止复合木材和其他产品中的甲醛风险。通过事先通知，环保局正在考虑将会采取何种措施以及什么样的监管行动来减少甲醛风险是适当的。

环保局将研究化学品的累积效应，开发计算工具，以支持化学品的毒性测试和风险评估。 为了解决具体地理区域的污染物，环保局将采取以下战略：

环保局将推动五大湖保护和恢复，通过：① 监测新化学品和执行 2008 年中的汞产品逐步减少战略；② 新水产品种入侵的快速反应；③ 大力带头呼吁生境保护、改善和恢复；④ 提高沙滩卫生管理和开发预测模型；⑤ 制订近海监测计划，将有助于解决富营养化、赤潮发生、鱼类和野生动物死亡和饮用水取水口的问题。

在墨西哥湾，环保局将探索新的办法，以减缓密西西比河/墨西哥湾流域因缺氧造成的“死亡区”，创新方式包括制定整个密西西比—阿查法拉亚河流域 TMDLs（每日最大负荷总量）。环保局正与美国国家科学院制定有效的负荷分配办法，将有助于 TMDLs 的完成，实施以市场为基础的方法，如水质交易。

环保局将重点放在密西西比河上游流域。将与多个联邦、州和部落机构以及非政府组织建立和实现河流生态系统健康的共同目标。EPA 通过促进可持续农业的做法和创新以市场为基础的办法将减少养分和沉积物中的负荷，以保护流域水质，同时确保农业继续保持活力。

环保局及其合作伙伴将共同评价美墨边境计划和更新 2012 年的边境战略文本，以更好地处理边境地区出现的环境和公共健康问题。

2.4.4 进口安全

进口产品必须满足美国环保局的人体健康和环境标准。美国环保局正在加强全局系统的协调，更密切地与其他联邦机构和部门实施一个更具凝聚力和互补的办法，确保进口安全。环保局将建立与美国海关和边境保护局（CBP）提供的实时产品信息之间的联系，判断是否可以被允许进入美国。此外，环保局充分利用现有的农药和化学品法规，以防止新问题的风险和实施风险缓解控制措施，以确保产品、化学品和食品的进口，保护人体健康和环境。

2.4.5 改进印第安部落计划执行情况

为了扩大我们保护印第安部落人体健康和环境的能力，制定农药使用与评估准则，以帮助识别最优先考虑的事项。

环保局将制定战略，以帮助部落将棕色土地、固体废物、危险废物、应急反应、地下和地上储罐和超级基金项目进行整合。这将可能使部落加强应急响应计划，并充分利用资金，以解决其特定的需求。

2.4.6 研究战略方向和目标

环保局将从生态条件的评估和指标的制定过渡到改善生态系统价值和服务功能，包括他们对人类福祉的贡献，了解政策和管理措施的影响。

2.5 目标 5：守法和环境管理

2.5.1 减少温室气体排放和污染物

2009—2014 年，为了减少温室气体排放，保护自然资源，并改善计划效率，新修订的污染防治计划战略将集中在以下 6 个领域：推动绿色建筑设计与施工；开发环境友好的电子产品；开发更安全的化学品和制造工艺；推进可持续农业生产；减少城市和机构的环境足迹以及推动绿色旅游。环保局还将削减优先化学品的使用和生产。

2.5.2 进口安全

最近高频发生的进口安全问题已引起公众的关注。美国环保局正在寻求国际合作促进法律制定、法律援助以及要求国外针对美国市场生产的产品使用更安全的化学品和更安全的制造工艺。同时，环保局也加强执法行动，打击非法进口以保护消费者和环境。

2.5.3 改进印第安部落计划执行情况

环保局保持对印第安部落直接执法的权力，将致力于加强印第安部落守法和执法。EPA 的执法和守法计划的重点是：① 提高饮用水系统的守法；② 在学生中加强守法教育；③ 提高固体废物管理和调查非法倾倒地点，以确定相关方的责任。

2.5.4 执法/守法测量方法

环保局正在调整其执法和守法计划测量系统，由一个以工具为基础的方法向以问题为基础的做法转变，更详细的讨论见"战略措施框架的修订建议"。以问题为基础的绩效测定将逐步走向特征污染物负荷，最终目标是提供生态和人体健康的数据。环保局将继续进一步完善这一系统。

2.5.5 研究战略方向和目标

可持续研究将重点关注生物燃料的生产，从而实现环境的可持续发展。

3 战略措施框架改变的要点

EPA 的战略措施框架（即战略架构）中的总目标、目标、子目标和战略措施描述了环保局期望实现的人体健康和环境的绩效。要注意的是，与以前规划一样，总体框架的总目标和目标不变。然而，在拟修改的框架中，所有可衡量结果的描述只在战略措施这一层次提到。子目标将作为战略措施支持的目标。这意味着任何可测量的子目标在 2009—2014 年的框架中被转化为战略措施。

战略架构中的所有目标，EPA 的研究与发展计划建议在管理和预算办公室的（OMB）项目评估等级工具（PART）评估过程中要考虑新的战略措施与长期措施的一致性。这些措施建立在科学顾问委员会（BOSC）的业绩评级上，根据独立专家小组的评估，衡量每一个研究计划的成功与否关键看是否实现其长期目标。

3.1 目标 1：洁净的空气和全球气候变化

子目标 1.1.1 减少污染物和区域霾　2009—2014 年这一子目标的战略措施提出是依据清洁空气州际规划（CAIR）的实施。随着情况的变化，环保局将再次讨论这个问题，在本战略计划更新过程中调整。

子目标 1.4.1 监测环境辐射　有关 RadNet 辐射监测计划已经发生改变，从监测土地

辐射面积向监测覆盖人群转变，出现辐射紧急情况监测暴露人群。

子目标 1.6.1 清洁空气研究 增加了对空气的研究计划，支持一个新的子目标和战略措施。

3.2 目标 2：清洁和安全用水

子目标 2.1.2 鱼类和贝类安全食用 环保局取消了跟踪贝类生长区水质改善的战略性措施，因为日常数据不足以支持这一措施。州际贝类卫生协会（ISSC）中央数据库没有建立，EPA 无权要求数据报告。美国环保局正在寻求一个潜在的替代措施。

子目标 2.2.2 提高沿海和海洋水质 环保局增加了两项战略措施，以跟踪夏威夷和阿拉斯加中南沿海水生生态系统健康，将依据国家海洋状况报告，该报告由环保局、各州、国家海洋与大气管理局、美国地质调查局、美国鱼类和野生生物服务机构共同完成。

子目标 2.3.1 饮用水和子目标 2.3.2 水质研究 环保局增加了有关饮用水和水质研究的两个子目标和战略措施。

3.3 目标 3：土地保护与修复

子目标 3.1.1 废物产生及回收 建筑及拆卸碎片——环保局对有关建造及拆卸材料的回收利用进行了广泛的调查。由于每年可用的数据缺乏，本战略规划修订正在考虑删除拆建物料循环利用率的战略举措。

城市固体废物——新的战略措施拟通过教育和延伸合作伙伴，支持扩大回收计划。这项新措施的重点是关注美国环保局的行动以及由此产生的结果，而不仅仅是控制量的大小。

子目标 3.2.1 化学品泄漏和响应 国土安全——作为国土安全战略的一部分，环保局将集中并确保有效地利用所有应急响应资产应对国内发生的重大事件。环保局已修订的战略措施将反映这一变化，包括应对处理多个同时发生的重大事件。

溢油控制——在溢油控制项目评估等级工具（PART）评估过程中与管理和预算办公室的（OMB）商定，环保局在 2009 年至 2014 年战略计划中正在取代两项措施，将重点放在监管设施使用方面。

子目标 3.3.1 耕地保护研究 环保局增加了一个新的子目标和战略措施，以进行土地保护和恢复的研究。

3.4 目标 4：健康社区和生态系统

子目标 4.1.1 减少化学品风险

- 化学品评估与管理计划（CHAMP）：在新发布的化学品评估和管理计划（CHAMP）中对特别关注的化学品进行风险管理跟踪，确定为特别关注的化学品将进行风险管理的后续行动。
- 生产量化学品：环保局增加了新的战略措施，以减少大生产量化学品的释放对人体健康的慢性危害。

➢ 汞：环保局增加了新的战略措施，努力减少国际上汞的排放。

子目标 4.1.2 减少设施和社区内的化学品风险 环保局正在向前推进 3 个现有风险管理计划（RMP）战略措施中的一个。其他两个措施将做修改，但把重点放在检查和审计处理设施，以减少事故发生和社区"敏感区域"。

环保局将在这次修订中取消地方应急规划委员会（LEPC）的战略措施，因为这是当地的活动和责任。

子目标 4.1.3 保护人体健康免受农药风险 环保局有一个新的战略措施，筛选和测试农药化学品的潜在内分泌干扰作用。

子目标 4.2.4 维持和恢复美国与墨西哥边境地区环境健康 2008 年秋冬正在制定一个新的战略措施，以取代现有的措施改善边界水质。这项新措施可减少使用生化需氧量或其他参数，以评估水质的改善。

子目标 4.3.1 增加湿地 美国环保局提议改变"无净损失"湿地的计算测量，由"湿地面积"转到"湿地面积和河流长度"。

子目标 4.3.3 改善五大湖水质 一种新的战略措施是消除五大湖的使用障碍。

目标 4.4 加强科学研究 根据这一目标增加了 7 个子目标和战略措施，研究内容包括人体健康、生态系统、人体健康风险评估、全球气候变化、干扰内分泌的化学品、农药品以及国土安全。

3.5 目标 5：守法和环境管理

目标 5.1 通过更好地守法做好环境保护 美国环境保护局的执法和守法计划的测量系统调整为由手段工具为基础的方法到由问题为基础的方法。环境保护执法和守法手段紧紧与环境问题连在一起。计划提出的新的子目标和战略措施反映了这一变化的办法。还提出了一个关于刑事执法的新的子目标，以支持战略措施。环保局在这一战略计划的更新过程中将继续改进战略措施。

子目标 5.2.1 防止污染和促进环境管理工作 通过污染预防和其他办法，跟踪受到特别关注的优先化学品。

子目标 5.4.1 加强科学和技术研究，促进可持续发展 增加了一个新的子目标和战略措施，支持可持续发展的研究。

2009—2020年中国节能减排重点行业环境经济形势分析与预测①（报告摘要）

China's Environmental Economic Situation Analysis and Prediction for the Key Industries of Energy Saving and Pollution Reduction in 2009—2020*

摘　要　本报告回顾分析2003—2008年中国宏观环境经济形势、工业环境经济形势和电力、钢铁、有色、化工、造纸、纺织、建材等七大重点行业的环境与发展形势的基础上，运用国家中长期环境经济预测模拟系统，对2009—2020年期间国家宏观经济和七大重点行业的产业发展趋势、资源能源消耗压力等进行了预测，对各行业的主要特征污染物的产生及排放趋势、工业污染治理投入需求等进行了预测与分析，提出了未来这七大重点行业在节能减排工作中需注意的若干问题和政策建议。

关键词　节能减排　七大行业　环境经济　形势分析　预测

Abstract　This report reviews and analyzes China's macroscopic environmental economic situation, industrial environmental economic situation and the environmental development situation of fire-power industry, steel-iron industry, chemical industry, paper making industry, fabric industry, construction material industry in 2003—2008 and uses the national medium and long-term environmental economic prediction simulation system to predict China's economic development trend and the seven key industries development trend, energy consumption pressure and water demand pressure in 2009—2020 and, scientifically judge and analyze the characteristic environmental problems of every industry including atmospheric pollutants emission trend, solid waste discharge trend, pollution abatement investment and operation cost demand in 2009—2020 and propose several problems and policy suggestions that need to be noted in the future medium- and long-term environmental protection work.

---

① 报告总顾问：王金南，过孝民

报告负责人：曹　东，祝宝良，蒋洪强

报告执笔人：环境保护部环境规划院（蒋洪强，於方，刘兰翠，周颖，张战胜，曹国志，牛坤玉，刘正广，阎璐，谢光轩等）；国家信息中心（祝宝良，陈强，祁京梅，张峰，王硕，董月鲜等）。

*General advisors for the report: Wang Jinnan, Guo Xiaomin; Report principals: Cao Dong, Zhu Baoliang (State Information Center), Jiang Hongqiang; Report writers: Jiang Hongqiang, Yu Fang, Liu Lancui, Zhou Ying, Zhang Zhangsheng, Cao Guozhi, Niu Kunyu, Liu Zhengguang, Qi Jingmei (State Information Center),Chen Qiang (State Information Center). For details of this report, refer to the "China Environmental Economic Prediction Report for the Key Industries of Energy Saving and Pollution Reduction: 2009-2020" published by China Environmental Sciences Press in 2009.

Key words energy saving and pollution reduction seven industries environmental economy situation analysis prediction

《2009—2020 年中国节能减排重点行业环境经济形势分析与预测报告》（以下简称《报告》）是中国环境规划院环境预测研究中心和国家信息中心经济预测部继 2008 年推出第一份环境经济预测报告以来，又联合推出的第二份环境经济预测报告。《报告》在当前国家实施节能减排战略和应对全球金融危机大背景下，特别选择了节能减排重点关注的七大重点行业——电力、钢铁、有色、化工、造纸、纺织和建材等进行研究。在回顾分析近 5 年来（2003—2008 年）中国宏观环境经济形势、工业环境经济形势和七大重点行业的环境与发展形势的基础上，运用国家中长期环境经济预测模型与方法，对 2009—2020 年期间（重点是“十一五”关键年 2009 年、“十二五”中期 2012 年、“十二五”末期 2015 年、“十三五”末期 2020 年）国家宏观经济和七大重点行业的产业发展趋势、资源能源消耗压力等进行了预测，对各行业的主要特征污染物的产生及排放趋势、工业污染治理投入需求等进行了预测与分析，提出了未来这七大重点行业在节能减排工作中需注意的若干问题和政策建议。

1 预测结论

1.1 总体趋势

通过对国家宏观环境经济和节能减排重点行业 2003—2008 年的环境经济形势回顾分析及其 2009—2020 年的环境经济发展趋势预测，对节能减排重点行业环境与发展趋势的基本判断是：

趋势 1 “十一五”后期（2009—2010），受全球金融危机影响，我国经济将处于调整期，经济将低位增长，“保八”的经济增长目标基本可以实现，2009—2010 年 GDP 增长速度分别为 8%和 8.5%左右，各行业资源能源消耗与污染物排放将低速增加，节能减排压力将有一定程度缓解。但由于经济反弹的力量非常大，经济发展、资源消耗与污染产生状态尚不稳定，节能减排压力的缓解十分脆弱。

趋势 2 “十二五”初期（2011—2012），随着全球经济危机影响减弱，我国经济将稳步走出调整阶段，经济开始企稳回升，这期间 GDP 增速在 9%左右，由于各地对追求 GDP 增长的愿望十分强烈，各重点行业在投资的强劲“拉动”下，可能产生逆转复归旧态，资源能源消耗与污染物排放都将增加，节能减排面临新的压力。

趋势 3 “十二五”中后期（2013—2015），我国经济增长速度趋于平稳，这期间 GDP 增速在 8.5%左右，各重点行业高速增长期开始结束，在技术、结构和政策等因素的共同作用下，资源能源消耗与污染物排放虽继续增加，但增加速度有所降低，经济发展与环境压力处于相持阶段，但这个相持具有很大的不平衡性。

趋势 4 “十三五”时期（2016—2020），我国将基本实现工业化和全面建设小康社

会的目标，这期间 GDP 增速在 7%左右，工业在经济中的比重将逐步回调，各重点行业在工业中所占比重呈现下降态势，经过长期的节能减排“攻坚战”，环境保护优化经济增长的效果凸显，国家整体环境与发展形势将出现重要转折点。

1.2 具体表现

表现 1 宏观经济——将从低迷中逐步恢复活力，呈现出“调整—回暖—平稳”的发展态势。

预测结果表明，2009 年全球经济还将面临前所未有的考验，受世界经济短期内难以恢复、中国经济结构性调整、出口需求锐减等因素的影响，我国经济运行将进入调整期，预计 2009 年、2010 年经济低位增长，分别增长 8%和 8.5%左右，GDP 总量将分别达到 32.5 万亿元和 35.2 万亿元。2009 年，第二产业增加值将达到 15.9 万亿元，占 GDP 的比重约为 47.8%，比 2008 年下降约 0.8 个百分点。2009—2010 年，我国经济增长仍将以投资拉动为主的需求结构，固定资产投资率将保持在 25%左右。

2011 年之后，随着世界经济危机影响减弱，经济开始企稳回升，2011—2012 年经济增长重新回到 9%～10%的较快增长区间，到 2012 年，GDP 总量将达到 42.2 万亿元，第二产业增加值将达到 21.1 万亿元，占 GDP 的比重约为 49.2%，比 2009 年提高约 1.4 个百分点。这期间，固定资产投资将保持在 20%以上的较快增长速度。

2013 年之后，中国经济继续保持平稳增长，但受环境资源约束、经济增长基数大、产业结构轻型化的影响，这一阶段经济总量年均增长保持在 7%～8%。到 2015 年，GDP 总量将达到 54.6 万亿元，到 2020 年，GDP 总量将达到 78.9 万亿元。第二产业比重呈先升后降走势，2015 年二产占 GDP 比重达到 50.1%的高峰值，之后二产比重逐年下降，到 2020 年，二产比重约为 49%。在工业内部，轻工业比重逐步小幅下降，重工业比重不断提高，特别是高加工度制造业比重不断上升，其中能源原材料工业占工业比重在 2020 年左右达到高峰。这期间，固定资产投资呈逐年下降趋势，到 2015 年，固定资产投资率约为 17%，到 2020 年，固定资产投资率约为 15%。

表现 2 电力工业——用电需求与能源消耗增速将在回落后逐步反弹，火电行业二氧化硫减排压力有望缓解，但氮氧化物和二氧化碳排放压力仍然较大。

（1）电力经济。预测结果表明，2009 年，受工业生产和 GDP 增速回落的影响，全国用电需求增速将继续回落，预计 2007—2009 年发电量年均增速为 5.3%左右，其中火电增速为 4.3%。此后，随着经济增长的恢复，电力需求将在 2009—2012 年出现反弹，发电量年均增速将升至 7.2%。在预测期后 5 年，即 2015—2020 年中，虽然电力需求仍将保持比较高的增速，但是随着高耗能产品产量的饱和，占终端消费 60%～70%的工业用电将大幅度减速，而服务业和居民生活用电增速仍将保持在相当高的水平，预计 2015—2020 年发电量年均增长率将降至 3.3%，其中火电增速下降为 2.8%。2007 年发电量为 3.28 万亿 kW·h，预计 2020 年达到 6 万亿 kW·h[①]。

到 2009 年，火电发电量达到 2.96 万亿 kW·h，占整个发电量的比重为 81.3%，比 2007

① 据中国电力联合会预测，我国发电量 2020 年可能达到 7.5 万亿 kW·h。

年降低 1.7 个百分点。到 2012 年，火电发电量达到 3.6 万亿 kW·h，占整个发电量的比重为 80.3%。到 2015 年，火电发电量达到 4.00 万亿 kW·h，占整个发电量的比重为 78%。到 2020 年，火电发电量达到 4.58 万亿 kW·h，占整个发电量的比重为 76%[①]。由此可见，未来很长一段时期内，火电仍将是我国主要的发电方式。

（2）资源能源。预测结果表明，未来我国火力发电的能耗强度和水资源消耗强度都将呈明显的下降趋势。2009 年发电煤耗为 324 g 标煤/kW·h，比 2007 年下降 10 g 标煤/kW·h；发电水耗为 57 kg/kW·h，比 2007 年下降了 3.96 kg/kW·h。到 2020 年，发电煤耗降到 295 g 标煤/kW·h，比 2007 年下降 39 g 标煤/kW·h；发电水耗降到 45 kg/kW·h，相对 2007 年降低了 26.2%。由于火力发电量的增速超过了发电煤耗和水耗的下降速度，未来火力发电的煤炭和水资源需求量将进一步增加。2009—2010 年，由于经济还在低位运行，增长率并不明显。2009 年火力发电的煤炭需求为 9.59 亿 t 标煤，比 2007 年增加了约 8.73%；水资源需求为 1 687 亿 m^3，相对于 2007 年（1 644 亿 m^3）增速并不明显。2011—2012 年，由于经济逐步恢复，发电煤耗和水资源需求都有较大幅度增长，到 2012 年，发电煤耗为 11.30 亿 t 标煤，比 2007 年增长 21.3%；发电水耗为 1 980 亿 m^3，比 2007 年增加了约 20.4%。2015 年后，经济增长平稳，发电煤耗和水资源需求增长趋势放缓，到 2015 年，发电煤耗为 12.16 亿 t 标煤，比 2007 年增长 30.5%；到 2020 年，发电煤耗为 13.51 亿 t 标煤，比 2007 年增加了 45%；到 2020 年，水资源需求为 2 198 亿 m^3，比 2007 年增加了约 33.7%。

（3）主要污染物。由于火力发电量和火电煤炭需求量的不断增加，未来火电行业的 SO_2 和 NO_x 产生量将明显增加。假设在现有的污染物处理水平正常提高情景下，新增 SO_2 排放量并不明显，但 NO_x 的新增排放量将较大。

- SO_2：2009 年，火电行业 SO_2 产生量为 2194 万 t，比 2007 年增加 208 万 t。到 2012 年，SO_2 产生量为 2 638 万 t，比 2009 年增加 444 万 t。2015 年为 3 011 万 t，比 2012 年增加 373 万 t，增长趋势有所放缓。2020 年为 3 664 万 t，比 2015 年增加 653 万 t。由此可见，未来我国火电行业的 SO_2 产生压力仍十分巨大，面临巨大的减排压力。如果在现有处理水平正常提高情景下，同时，考虑近年来火电脱硫设施建设力度的加大和技术水平的提升，到 2009 年，SO_2 排放量为 1097 万 t，与 2007 年相比，排放量减少 50 万 t。由于电力行业经济进一步增长，2012 年 SO_2 排放量有所增加，达到 1 187 万 t；随着火电行业结构的调整和 SO_2 去除率的上升，与 2012 年排放量相比，2015 年排放量变化不大，为 1 204 万 t，达到最高点；到 2020 年，火电行业 SO_2 排放量持续下降，为 1 099.3 万 t，比 2007 年减少 48 万 t。由此可见，如果继续加大火电行业的脱硫设施建设，提高脱硫处理水平，SO_2 排放量将进一步减少。
- NO_x：2009 年，火力发电的 NO_x 产生量为 1 188 万 t，比 2007 年增加了 374 万 t；2012 年为 1 400 万 t，比 2007 年增长了约 72%；2015 年为 1 507 万 t；2020 年为 1 674 万 t，比 2007 年增加了近一倍。由此可见，未来我国火电行业的 NO_x 产生压力较大，是继 SO_2 之后面临的又一巨大减排任务。假定在现有处理水平正常提高下，2009 年 NO_x 排放量为 891 万 t；2012 年为 840 万 t，比 2009 年减少 51 万 t；

① 据中国电力联合会预测，我国火电发电量 2020 年比例可能下降为 60%左右。

2015年为753万t，比2012年减少87万t；2020年为670万t，在2015年基础上再减少83万t。由此可见，由于火电行业的结构调整和NO_x去除率的提高，NO_x排放量将逐年下降，但仍然较大，需要进一步加大治理力度。

➢ CO_2：我国火电行业的CO_2排放量巨大，是减缓CO_2排放的重点部门。尽管未来单位发电量的碳排放量有所下降，但CO_2排放总量将明显增加。2009年火力发电的CO_2排放量约为26亿t，由于经济处于调整期，仅比2007年增加了2.1%，增加幅度不大；到2012年，增长为31亿t，比2009年增加了4.7亿t；到2015年，增长为33亿t，在2012年基础上又增加了2.3亿t；到2020年，增长为37亿t，比2015年增加了3.7亿t。

（4）治理投入。预测结果表明，如果大气污染治理水平保持正常提高，电力行业总的大气污染治理投入将不断上升。到2009年，大气污染治理投入为1 365亿元；到2012年，为2 030亿元；到2015年，为2 060亿元；到2020年，为2 503亿元。在“2007—2009年”“2010—2012年”“2013—2015年”和“十三五”时期电力行业大气污染治理投入合计分别为2 941亿元、3 829亿元、4 254亿元和7 561亿元，占当期行业增加值的比例在13.9%～16.8%之间。

如果采取更为严格的污染控制措施，达到既定控制目标，无论是治理投资，还是运行费用，与正常处理水平提高相比，都有所增加（额外增加的投入在140亿～488亿元之间），总的污染治理投入占行业增加值的比例也将增至16.8%～19.3%之间。由此可见，未来电力行业的大气污染治理投入十分巨大，治理任务十分艰巨。

表现3 钢铁工业——短期的冲击不会改变钢铁消费的中长期增长态势，能源消耗不断增长，SO_2减排压力仍然较大，CO_2排放量不断增加，固体废物处置任务十分艰巨，节能减排拐点有望在2015年出现。

（1）钢铁经济。预测结果显示，2009年由于受经济危机的影响，在国际经济形势预期短期内难以好转的情况下，钢铁产销还将维持在低速增长水平，增长预计将仅在2%左右，粗钢产量约为5.1亿t。2012年和2015年国内粗钢产量约分别为6.2亿t和7亿t，相应期间增长率分别为6.72%和4.13%左右。2020年，国内钢铁消费将达到峰值，此时全国粗钢需求约为8亿t，进一步考虑技术进步因素以及其他材料替代因素，峰值水平在7.6亿t左右。由此可见，外部国际金融危机对国内钢铁行业的短期冲击，不会改变中长期我国钢铁行业仍具有较大增长空间的潜力，2009—2020年期间全社会钢铁消费强度仍将保持不断上升的趋势。

（2）资源能源。预测结果表明，在2020年之前，由于全社会的钢铁消费强度仍将保持不断上升的趋势，虽然吨钢能源消耗系数不断降低（由2007年的0.98 t标煤/t钢，分别下降到2009年、2012年、2015年和2020年的0.97、0.95、0.93和0.91），但钢铁行业的能源消耗总量仍将不断增长。2009年钢铁行业的能源消耗总量约为4.95亿t标煤，比2007年增长0.17亿t标煤，增加趋势并不明显；到2012年，能源消耗总量约为5.89亿t标煤，在2009年基础上增长0.94亿t标煤；到2015年，能源消耗总量约为6.51亿t标煤，在2012年基础上增长0.62亿t标煤；到2020年，能源消耗总量达到6.92亿t标煤，比2007年增长近50%。

预测结果表明，2009—2020年间，尽管吨钢新鲜用水量不断下降，工业用水重复利用率不断提高，但由于钢铁产量增长较快，钢铁行业在 2020 年前用水总量还将进一步上升，新鲜用水量将在 2015 年左右达到峰值，以后逐年下降。与国际先进企业相比，我国钢铁行业的工业用水重复利用率还有差距，新鲜用水量仍然偏高，因此，在全行业内，尤其是在中小企业内增强节水意识，降低吨钢新鲜用水量将是一个长期的任务。

（3）主要污染物。废水和水污染物：预测结果表明，到 2009 年、2012 年、2015 年和 2020 年钢铁行业的废水产生量将分别达到 33.83 亿 m^3、33.34 亿 m^3、32.33 亿 m^3、28.98 亿 m^3，由于吨钢新鲜用水量不断减少以及工业用水重复利用率不断提高，钢铁行业的废水产生量和排放量显示出逐年下降的趋势，在 2015 年以后下降趋势更为明显。但 COD 的产生量仍然随着钢铁产量的增加而呈现不断增长的态势，2007 年为 40.96 t/万 t，到 2009 年、2012 年、2015 年和 2020 年分别达到了 41.06 t/万 t、44.89 t/万 t、46.83 t/万 t、46.13 t/万 t，在 2015 年左右达到峰值，并在此后出现下降趋势。

- SO_2：预测结果表明，到 2009 年、2012 年、2015 年和 2020 年钢铁行业的 SO_2 产生量将分别达到 212 万 t，251 万 t、279 万 t、290 万 t，相对于 2007 年，2007 年到 2009 年这三年间 SO_2 产生量变化不大。之后有较大幅度的增长，2012 年、2015 年和 2020 年相对于 2007 年分别增加了 18.40%、31.67%、36.49%。由此可见，SO_2 的产生量将在预测年内不断增加，面临较大的减排压力，其中主要来源于工艺过程，燃烧过程中产生的 SO_2 将在 2015 年左右达到拐点，然后逐步降低。假设在现有处理技术水平正常提高下，SO_2 的治理率不断提高，到 2009 年、2012 年、2015 年和 2020 年钢铁行业的 SO_2 排放量将分别达到 160 万 t、185 万 t、202 万 t、203 万 t，除 2009 年相对于 2007 年呈现小幅下降外，2012 年、2015 年和 2020 年排放量都呈现增长趋势，这为未来钢铁行业 SO_2 减排提出了严峻的挑战，必须加大钢铁行业烟气脱硫设施建设力度。
- 固体废物：钢铁行业固体废物（冶炼废渣、炉渣和粉煤灰）的产生量与粗钢产量密切相关，由于 2020 年前钢铁的产量不断增长，因此固体废物的产生量也随之增长。预测结果表明，到 2009 年、2012 年、2015 年和 2020 年，钢铁行业的固体废物产生量将分别达到 4.24 亿 t、5.14 亿 t、5.70 亿 t、6.08 亿 t，相对于 2007 年，呈现较大幅度的增加，分别增加了 42.28%、72.48%、91.28%以及 104.03%。由此可见，钢铁行业的固体废物处置任务十分艰巨，需要大力发展循环经济。
- CO_2：我国钢铁行业是仅次于火电行业的 CO_2 排放量较大的行业，也是 CO_2 减排的重点部门。预测表明，尽管吨钢 CO_2 排放量呈下降趋势，但由于钢铁行业的能源使用量不断上升，CO_2 排放量将在预测年内不断增加。到 2009 年、2012 年、2015 年和 2020 年钢铁行业的 CO_2 的排放量将分别达到 13.70 亿 t、16.24 亿 t、18.27 亿 t 以及 19.28 亿 t，分别比 2007 年增加约 1.17 亿 t、3.71 亿 t、5.74 亿 t 和 6.75 亿 t。

（4）治理投入。预测结果表明，如果钢铁行业污染治理水平保持正常提高，总的污染治理投入将不断上升。2009 年、2012 年、2015 年和 2020 年，我国钢铁行业总的污染治理投入将分别达到 106.83 亿元、136.66 亿元、142.59 亿元和 140.35 亿元，占行业增加值的比例在 1.1%～1.3%。如果采取更为严格的污染控制措施，达到既定控制目标，与正常处理水平提高相比，污染治理投入都将有所增加，但增加额度不大，总的污染治理投入占行业增加值的比例在 1.2%～1.4%之间。

表现 4 有色金属工业——行业景气度在下滑中逐渐回升，废水、重金属、SO_2、固体废物等污染物排放面临较大的不确定性和反复性，污染减排任务十分艰巨，污染处理水平必须由“平稳”向“跳跃”，再向“跨越”提升。

（1）有色金属①经济。2009 年，受需求逐步回落及出口受阻导致供应压力继续加重的影响，我国有色金属行业的景气度将持续下滑，有色金属工业增加值将增长 6%，增幅比上年下降 6.3 个百分点，10 种有色金属产品产量增速将达到 5%左右，比上年减缓 3.2 个百分点。2010—2012 年，我国有色金属行业的景气程度将有所回升，有色金属工业增加值年均增长速度将达到 10%，比 2009 年上升 4 个百分点，10 种有色金属产品产量年均增速将达到 8%左右，比 2009 年提高 3 个百分点。2013—2015 年，我国有色金属行业将保持稳定增长，有色金属工业增加值年均增长速度将达到 8%，比 2010—2012 年下降两个百分点，10 种有色金属产品产量年均增速将达到 5%左右，比 2010—2012 年下降 3 个百分点。2016—2020 年，我国工业在 GDP 中的比重将逐步回调，能源原材料工业占比呈现下降态势，有色金属工业增加值年均增长速度将达到 5%，10 种有色金属产品产量年均增速将达到 3%左右。

（2）资源能源。预测结果表明，有色金属工业的资源能源消耗与经济增长成正比。到 2009 年，有色金属工业的总能源消耗约为 1.17 亿 t 标煤，仅比 2007 年增加 0.02 亿 t 标煤。在 2010—2012 年期间，我国有色金属行业的景气程度将有所回升，能源消耗也将有所增加，到 2012 年，总能源消耗约为 1.34 亿 t 标煤。在 2013—2015 年期间，我国有色金属行业仍将保持稳定增长，但增长速度有所下降，能源消耗继续增长，但增长速度也有所降低，到 2015 年，总能源消耗约为 1.44 亿 t 标煤。在 2016—2020 年期间，有色金属行业虽将增长，但增长速度明显下降，能源消耗继续增长，但增长速度明显降低，到 2020 年，总能源消耗约为 1.57 亿 t 标煤，比 2015 年增加约 0.13 亿 t 标煤。

从能源消耗结构看，有色金属冶炼业的能源消耗明显大于有色金属矿采选业，有色金属冶炼业的能耗所占比例在 90%左右，是需要重点关注的行业。从能源消耗强度看，尽管有色金属工业总的能源消耗在上升，但随着节能措施的进一步推行，能源消耗增加的速度都慢于增加值的增长速度，因此，有色金属工业能源消耗强度均逐年降低，每年降低 5%左右，但总体上能耗强度仍高于发达国家水平。需要指出的是，有色金属工业能源消耗的这种特征在水资源消耗中同样明显。

（3）主要污染物。

➢ 废水：预测结果表明，由于有色金属工业的经济规模不断扩大，用水量的不断增加，尽管废水产生系数在不断降低，但其废水产生压力不断增大，需要加大废水处理力度，减少废水排放量。到 2009 年，有色金属工业的总废水产生量约为 50 亿 m^3，比 2007 年增加约 6 亿 m^3。在 2010—2012 年期间，由于我国有色金属行业经济规模有所回升，用水量也有所增加，到 2012 年，总的废水产生量约为 62.8 亿 m^3，比 2009 年增加约 13 亿 m^3。在 2013—2015 年期间，我国有色金属行业仍将保持稳定增长，但增长速度有所降低，到 2015 年，总的废水产生量约为 75

① 这里有色金属行业包括有色金属矿采选业和有色金属冶炼及压延加工业。

亿 m^3，比 2012 年增加约 12 亿 m^3。在 2016—2020 年期间，有色金属行业虽继续增长，但增长速度明显下降，到 2020 年，总的废水产生量约为 88.8 亿 m^3，比 2015 年增加约 13 亿 m^3。

- 如果有色金属工业的废水处理率和废水回用率在现有水平下稳步提高，不实行废水处理率和回用率的“跳跃式”提升，废水排放量将持续上升，2009 年，废水排放量约为 8.21 亿 t，比 2007 年增加 0.7 亿 t；到 2012 年，废水排放量将增加至 9.9 亿 t，比 2007 年增加 2.4 亿 t；到 2020 年，废水排放量将增加至 12.15 亿 t，比 2007 年增加约 4.6 亿 t。由此可见，要减轻有色金属行业的废水排放压力，必须大大提高有色金属矿采选业和冶炼业的废水处理和废水回用力度，特别是废水回用率水平。
- 重金属：有色金属行业废水中含有大量有害元素和重金属，毒性较大，其重金属污染是我国环境保护工作中需要特别关注的。预测结果表明，随着有色金属工业经济规模的增长，尽管加强了有色金属工业废水处理和污染物去除力度，但重金属排放量仍将持续上升，对环境污染造成严重威胁。2007 年，有色金属工业的重金属排放量约为 400 t，到 2009 年，将增加至 462 t，比 2007 年增长约 15.6%；到 2020 年，有色金属工业的重金属排放量约为 671 t，比 2007 年增长约 68%。有色金属工业废水中重金属排放量占工业废水中此类污染物排放的比重仍十分高。
- SO_2：由于有色金属工业的经济规模不断扩大，能源消耗量的不断增加，尽管单位增加值 SO_2 产生系数在不断降低，但其 SO_2 产生压力不断增大。到 2009 年，SO_2 产生量约为 775 万 t，比 2007 年增加约 8.5%。到 2012 年，SO_2 产生量约为 946 万 t，比 2009 年增加约 22%。在 2013—2015 年期间，有色金属行业能源消耗量继续增长，但增长速度也有所降低，到 2015 年，SO_2 产生量约为 1 104 万 t，比 2012 年增加约 16.9%。到 2020 年，SO_2 产生量约为 1 273 万 t，比 2015 年增加约 15%。

在现有处理水平正常提高下，尽管有色金属工业 SO_2 去除率有所提高，但由于能源消费的增加，SO_2 产生量大大增加，导致排放量仍居高不下，直到 2020 年才可能有所转机，给大气环境造成相当大的压力。到 2009 年，SO_2 排放量约为 90.4 万 t，比 2007 年多出约 4 万 t。到 2012 年，SO_2 排放量将达到 99.4 万 t，比 2007 年增加 13 万 t 左右，SO_2 减排压力增大。到 2020 年，SO_2 排放量有所下降，将达到 98 万 t，尽管比 2015 年减少 6 万 t，但比 2007 年仍增加 11 万 t，SO_2 减排压力仍然很大，需要采取工程技术、经济、行政等综合措施切实加大力度进行控制。

固体废物①：预测结果表明，随着有色金属工业的经济规模不断扩大，其固体废物产生压力将不断增大。2009 年，有色金属工业的总固体废物产生量约为 23 933 万 t，比 2007 年增加约 12.4%。到 2012 年，总的固体废物产生量约为 32 470 万 t，比 2009 年增加约 35.7%。到 2015 年，总的固体废物产生量约为 40 903 t，比 2012 年增加约 30%。到 2020 年，总的固体废物产生量约为 52 203 万 t，比 2015 年增加约 27.6%，其中，尾矿产生量占 90%

---

① 有色金属工业的固体废物产生量主要包括：一是有色金属矿采选业的尾矿产生量；二是有色金属冶炼业的废渣产生量。

左右，冶炼废渣产生量占 10%左右。由于固体废物产生量大，未来有色金属工业固体废物堆放量将逐年提高，需要切实提高有色金属固体废物综合处置利用水平。

（4）治理投入。预测结果表明，如果污染处理技术水平在现有基础上正常提高，即使不能达到既定的污染控制目标，我国有色金属工业未来污染治理投入仍将很大。2009 年、2012 年、2015 年和 2020 年，我国有色金属工业总的污染治理投入将分别达到 314 亿元、510 亿元、566 亿元和 680 亿元，占行业增加值的比例在 5.28%～6.44%之间。

如果采取更为严格的污染控制措施，达到既定控制目标，无论是治理投资，还是运行费用，与正常处理水平提高相比，都将有所增加。2009 年、2012 年、2015 年和 2020 年，我国有色金属工业总的污染治理投入将分别达到 354 亿元、555 亿元、604 亿元和 696 亿元，占行业增加值的比例在 5.46%～7.01%之间。

表现 5 化工行业——经济增长将在短期放缓后稳步提升，能耗与水耗仍将保持在较高水平，废水排放增幅较小，COD 与氨氮排放呈现持续下降的态势，污染减排形势较为乐观，但 SO_2 减排面临较大的不确定性。

（1）化工行业①经济。近 5 年来，我国化学原料及化学制品制造业增长迅速，工业增加值的平均增长速度将近 14%（按可比价格），2007 年达到了 19.8%。2008 年以来，受全球金融危机的影响，化工行业增速有所放缓。预测表明，"十一五"中后期，化工行业工业增加值增长率将在 10%左右，比 2007 年下降约 10 个百分点，到 2009 年，化工行业的工业增加值约为 8 073.23 亿元；"十二五"工业增加值平均增长速度为 9%左右，到 2012 年和 2015 年，工业增加值分别为 10 455.06 亿元和 13 539.61 亿元；"十三五"期间工业增加值平均增长速度为 8%左右，到 2020 年，工业增加值将达到 19 894.13 亿元。

（2）资源能源。预测结果表明，随着工业增加值的增长，化工行业的总能耗将依然保持在较高的水平，同时，国家宏观调控政策的相继出台将促进产业结构的调整，行业总的能耗增速逐步放缓。经预测，2009 年，行业的总能耗约为 3.20 亿 t 标煤，比 2007 年增长 15%左右；2012 年约为 3.96 亿 t 标煤，比 2009 年增长 19%左右；到"十二五"末期 2015 年，行业总能耗将达到 4.43 亿 t 标煤，比 2012 年增长 10.6%；到 2020 年，总能耗将达 5.12 亿 t 标煤，比 2015 年增长约 13.5%。同时，随着化工行业技术水平的提高，能源利用效率将会显著地提高，能源消耗强度逐步降低，2009 年，万元工业增加值能耗为 3.96 t 标煤，2012 年为 3.79 t 标煤，2015 年为 3.27 t 标煤，到 2020 年降至 2.57 t 标煤。

按照此预测结果，到 2010 年，能够实现化工行业"十一五"发展循环经济中关于"全行业万元 GDP 能耗比 2005 年（5.6 t 标煤）下降 15%～20%"的目标。

根据预测，化工行业的总用水量仍将保持在较高水平，2009 年，化工行业总用水量约为 605.96 亿 m^3，2012 年约为 677.08 亿 m^3。"十二五""十三五"期间，总用水量继续增加，年平均增长率约为 3%，到 2015 年、2020 年，总用水量将分别达到 748.20 亿 m^3 和 854.05 亿 m^3。由于化工行业用水重复利用率的提高，其新鲜水耗较为稳定，增幅低于总水耗增幅。2009 年新鲜水耗约为 53.30 亿 m^3，2012 年约为 54.17 亿 m^3，2020 年达到 58.08 亿 m^3。随着工业用水效率的提高，万元工业增加值的新鲜水耗强度将逐步降低，由 2009 年的 66.01 m^3/万元，降至 2020 年的 29.19 m^3/万元。

① 这里只选择了化学原料及化学制品制造业进行研究，简称化工行业。

（3）主要污染物。

- 废水：预测结果表明，未来十几年内，我国化工行业将保持较高的发展速度，总用水量不断增加，废水产生量也相应增加。2009年废水产生量为274.16亿t，2012年约为338.40亿t，比2009年增长23.4%；2015年为420.97亿t，比2012年增长24.4%，到2020年将达到585.33亿t，比2015年增长39.0%。在预测期内，假定化工行业废水处理技术水平按正常趋势提高，虽然废水产生量持续增加，但由于废水处理技术的进步，废水回用量也将逐步增加，因此，废水排放量增幅较小。按照方案一，预计2009年的废水排放量约为47.98亿t，比2007年上升25.7%；到“十二五”末期约为49.25亿t，比2009年增加2.7%；到2020年，总的废水排放量约为52.09亿t，比2015年增加5.8%。
- COD：预测结果表明，“十一五”末期及“十二五”和“十三五”期间，化工行业的COD产生量将继续增长，2009年，COD产生量约为170.55万t，比2007年增长8.9%；2012年，COD产生量约为182.92万t，比2009年增长7.3%；2015年，COD产生量约为198.94万t，比2012年增长8.8%；2020年将达到231.93万t，比2015年增长16.6%。假定化工行业废水处理技术水平按正常趋势提高，预测显示，尽管COD的产生量保持一定速度的增长，但由于去除率的逐步提高，COD的排放量将呈现出稳定的下降趋势，可望完成行业“十一五”发展循环经济主要污染物排放总量降低10%的目标。2009年COD排放量约为54.36万t，2012年约为53.28万t，2015年约为52.48万t，2020年约为50.57万t。到2012年，COD的去除率将达到70%左右，2020年接近80%。
- 氨氮：化工行业的氨氮产生量和排放量都高于其他工业行业，因此，氨氮的减排重点也在化工行业，受“节能减排”政策的影响，“十一五”期间化工行业的氨氮减排已初见成效，氨氮的产生量和排放量相对2005年均出现了较为明显的下降趋势。“十二五”以及“十三五”时期，氨氮的产生量将延续“十一五”期间的下降趋势，2009年氨氮产生量约为40.62万t，比2005年降低约8.4%；到2012年约为39.31万t，比2005年降低约21.4%；2020年约为34.16万t，比2005年降低约31.7%。由于化工行业技术水平的提升，氨氮的去除率也逐步提高，氨氮的排放量也将出现较为明显的下降趋势。在废水处理技术水平按正常趋势提高下，2009年，氨氮排放量约为14.22万t，比2007年降低17.7%。2012年约为12.58万t，比2009年降低11.5%。2015年约为10.91万t，2020年约为9.56万t，比2015年降低12.4%。如果采取更为严格的措施，化工行业氨氮排放量下降趋势更为明显。
- SO_2：化工行业也是SO_2产生和排放量较大的行业，是排在电力、非金属矿物制品和黑色金属冶炼业后位居第4位的行业。2005年是化工行业SO_2产生和排放的高峰期，此后，SO_2产生量出现了一些波动，但整体上看，SO_2的产生量仍将保持增长的趋势。2009年SO_2的产生量约为214.29万t，相比2005年的SO_2产生高峰降低10.4%，到“十二五”末期，SO_2的产生量将达到260.44万t，比2009年增长21.5%，到2020年，行业总的SO_2产生量将达到314.09万t，比2015年增长20.6%。在现有处理技术水平正常提高下，化工行业SO_2排放量将出现一定程度的下降。2009 年 SO_2 的排放量约为 121.07 万 t，比 2005 年降低 5.3%，2012 年约为 118.37 万 t，2015 年约为 116.16 万 t，2020 年约为 113.07 万 t，比 2015 年降低 2.7%。由此可见，如果不采取更为严格的处理措施，化工行业 SO_2 将无法达到 10%的减排目标。

（4）治理投入。预测结果表明，如果污染治理水平保持正常提高，即使不能达到既定的污染控制目标，但我国化工行业未来污染治理投入仍将很大。2009 年、2012 年、2015 年和 2020 年，化工行业总的污染治理投入将分别达到 156 亿元、199 亿元、244 亿元和 300 亿元，占同期行业增加值的比例 1.5%～2.0%。

如果采取更为严格的污染控制措施，达到既定的污染控制目标，无论是治理投资，还是运行费用，与正常处理水平提高相比，都将有所增加。2009 年、2012 年、2015 年和 2020 年，总的污染治理投入将分别达到 178 亿元、221 亿元、270 亿元和 339 亿元，占同期行业增加值的比例在 1.7%～2.2%，污染治理投入缺口分别为 22 亿元、21 亿元、26 亿元和 39 亿元。由此可见，未来化工行业的污染治理投入仍然较高，治理任务十分艰巨。

表现 6 纺织工业——经济增长面临较大的不确定性，受经济景气回升的影响，废水、COD 和氨氮产生压力将持续增长，COD 排放量拐点可望在 2015 年出现，废水与氨氮排放量一直到 2020 年前后才可能出现好转。

（1）纺织工业①经济。预测结果表明，2009 年，影响纺织行业发展的不确定性因素增多，但同时，纺织业国内需求将保持稳定增长，促进纺织业发展的政策效果也将逐渐显现，预计 2009 年纺织工业增加值将增长 6%，增幅比上年下降 4.5 个百分点；主要产品产量中，纱产量同比增长 3%，增幅比上年下降 5.1 个百分点，化学纤维保持增长，增幅比上年下降 1.5 个百分点；出口仍将保持一定增长，但增速将进一步回落。2010—2012 年，我国纺织工业的景气程度将有所回升，工业增加值年均增长速度将达到 10%，比 2009 年上升 4 个百分点。2013—2015 年我国纺织工业将保持稳定增长，纺织工业增加值年均增长速度将达到 8%，比 2010—2012 年平均增速下降两个百分点。到 2020 年，我国将实现党的十七大提出的人均 GDP 年翻两番的预期目标，我国纺织工业的总体水平将达到同期国际先进，初步实现纺织强国的目标，2016—2020 年我国纺织工业增加值年均增长速度将达到 5%。

（2）用水消耗。纺织行业的用水量较大，其新鲜水用量占总工业新鲜水用量的 0.99%～1.06%，是除电力、黑色冶金、化工和造纸 4 个行业之外的第 5 个用水大户。预测结果表明，由于纺织业的工业增加值增加较快，在取水强度下降 40%的情况下，纺织业的新鲜水用量仍然保持较快增长，到 2009 年、2012 年、2015 年和 2020 年纺织业的新鲜水用量将分别达到 40.7 亿 m^3、51.3 亿 m^3、62.8 亿 m^3、78.6 亿 m^3，比 2007 年分别增长 14.0%、43.7%、75.9%和 120.2%。根据预测，到 2009 年、2012 年、2015 年和 2020 年，纺织业的新鲜水用水强度将分别下降到 49.3 m^3/万元、40.8 m^3/万元、37.2 m^3/万元、34.8 m^3/万元，比 2007 年分别下降 14.6%、29.3%、35.5%和 39.7%；其中 2010 年的新鲜水用水强度为 45.7 m^3/万元，比 2005 年的 58.4 m^3/万元下降 22%，与节水“十一五”规划中提出的纺织

① 这里的纺织工业仅指国民经济行业分类中的纺织业，不含纺织服装、鞋、帽制造业和皮革毛皮羽毛（绒）及其制品业。

业的节水目标基本吻合。

（3）主要污染物。

- 废水：预测结果表明，到2009年、2012年、2015年和2020年，尽管纺织业的废水产生系数，将分别下降为64.8 t/万元、60.5 t/万元、58.1 t/万元和55.6 t/万元，分别比2007年下降3.4%、9.8%、13.4%和17.1 %，但由于纺织业工业增加值增长较快，废水产生量将呈上升趋势。与2007年比较，2009年由于经济增速进一步回落，表现在废水产生量上只有小幅增长，产生量为34.2亿t，比2007年增加4亿t；2012年，纺织业景气程度回升，废水产生量上升为42.5亿t，比2009年增加8.3亿t；到2015年和2020年，纺织业经济继续保护稳定增长，废水产生量进一步增加，增长幅度进一步加大，分别达到51.4亿t和62.9亿t。在处理水平正常提高情景下，到2009年、2012年、2015年和2020年纺织业废水排放量将分别达到22.2亿t、23.5亿t、25.5亿t和27.1亿t，2009年比2007年略有下降，以后几年逐年增加，分别比2007年增加4.4%、13.2%和20.3%，虽然废水排放强度保持持续下降，但由于纺织业增加值保持高速增长，废水排放量到2020年还保持小幅增加，减排压力较大。只有进一步加大废水处理力度，才能使纺织业废水排放量在2020年前出现下降趋势。
- COD：2009年，纺织行业COD产生量为168.9万t，比2007年增加11.3%，增长趋势并不明显。但到2012年，COD产生量为220万t，比2007年增加45%。2015年为273万t，比2007年增加80%。2020年为339万t，比2007年增加123%。由此可见，未来我国纺织行业的COD产生压力十分巨大，面临巨大的减排压力。如果在现有处理水平正常提高情景下，到2009年、2012年、2015年和2020年纺织业COD排放量将分别达到29.2万t、32.6万t、34.9万t和33.9万t，表现为先降后升，然后再下降的趋势，在2015年左右排放量达到高峰，此后逐步下降。只有进一步加大污染物去除率，才可实现污染物排放量的持续下降。
- 氨氮：预测表明，纺织业氨氮与COD产生量增长趋势基本相同。到2009年、2012年、2015年和2020年纺织业氨氮产生量将分别达到4.43万t、5.76万t、7.17万t和8.81万t，分别比2007年增加11.0%、44.4%、79.7%和120.8%，未来我国纺织行业的氨氮产生压力同样十分巨大。在现有处理水平正常提高情景下，到2009年、2012年、2015年和2020年，纺织业氨氮排放量将分别达到1.55万t、1.69万t、1.74万t和1.76万t，表现为先降后升的趋势，在2020年左右排放量才能有所转折。只有进一步加大污染物去除率，才可实现污染物排放量的持续下降。

（4）治理投入。预测结果表明，如果废水治理水平保持正常提高，纺织行业总的污染治理投入将不断上升。在2008—2009年、2010—2012年、2013—2015年和2016—2020年期间，纺织业的废水治理投入合计将分别达到192.4亿元、316.7亿元、373.3亿元和618.7亿元，约占同期增加值的1.2%～1.9%；如果采取更为严格的污染控制措施，4个时期的治理投入合计将分别达到214.3亿元、334.3亿元、395.4亿元和665.9亿元，比正常情景约高出6.6%，占同期增加值的1.3%～2.1%。由此可见，未来纺织行业的废水污染治理投入十分巨大，治理任务十分艰巨。

表现7 造纸工业——在短暂萎缩后将持续扩张，耗水量仍保持上升趋势，废水、COD

和氨氮产生压力仍然很大，"污染大户"的帽子在短期内难以摘掉，"十一五"后期与"十二五"期间是污染减排最为关键时期。

（1）造纸工业经济。预测结果表明，2009 年，影响造纸行业发展的不确定性因素增多，三大纸品需求都将进一步萎缩，预计 2009 年造纸工业增加值将增长 4.5%，增幅比上年下降 5 个百分点；产品产量达到 8 900 万 t，同比增长 6%。2010—2012 年，我国造纸工业的景气程度将有所回升，工业增加值年均增长速度将达到 7.7%，比 2009 年上升 3.2 个百分点；产品产量达到 1.1 亿 t，同比增长 7%。2013—2015 年我国造纸工业将保持稳定增长，工业增加值年均增长速度将达到 7.2%，比 2010—2012 年平均增速下降 0.5 个百分点；产品产量达到 1.33 亿 t，同比增长 6.8%。到 2020 年，我国造纸工业的总体水平将达到同期国际先进水平，2016—2020 年我国造纸工业增加值年均增长速度将达到 5.9%，比 2013—2015 年平均增速下降 1.3 个百分点；产品产量达到 1.45 亿 t[①]，同比增长 4.8%。

（2）用水消耗。造纸行业的用水量较大，其新鲜水用量约占总工业新鲜水用量的 2.4%～2.8%，是除电力、黑色冶金和化工 3 个行业之外的第 4 个用水大户。预测结果表明，由于造纸业的工业增加值增加较快，在取水强度下降 30%的情况下，造纸业的新鲜水用量仍然保持较快增长，到 2009 年、2012 年、2015 年和 2020 年造纸业的新鲜水用量将分别达到 123.6 亿 m^3、151.3 亿 m^3、184.1 亿 m^3、243.3 亿 m^3，比 2007 年分别增长 23.1%、50.7%、83.4%和 142.3%。根据预测，到 2009 年、2012 年、2015 年和 2020 年，造纸业的新鲜水用水强度将分别下降到 262.0 m^3/万元、230.3 m^3/万元、215.3 m^3/万元和 202.9 m^3/万元，比 2007 年分别下降 14.2%、24.6%、29.5%和 33.6%；其中 2010 年的新鲜水用水强度为 248.3 m^3/万元，比 2005 年的 346.5 m^3/万元下降 30%，高于节水"十一五"规划中提出的造纸业的节水目标。

（3）主要污染物。

- 废水：预测结果表明，到 2009 年、2012 年、2015 年和 2020 年，尽管造纸业的废水产生系数，将分别下降为 402.9 t/万元、387.7 t/万元、376.6 t/万元、362.3 t/万元，分别比 2007 年下降 5.0%、8.6%、11.2%和 14.6%，但由于造纸业工业增加值增长较快，废水产生量将呈上升趋势，废水产生量将分别达到 82.5 亿 t、99.2 亿 t、118.6 亿 t、152.1 亿 t，但废水产生量的增长幅度要低于增加值的增长幅度。在处理水平正常提高情景下，到 2009 年、2012 年、2015 年和 2020 年造纸业废水排放量将分别达到 46.7 亿 t、49.1 亿 t、51.6 亿 t 和 51.5 亿 t，分别比 2007 年增加 9.9%、15.5%、21.4%和 21.2%，虽然废水排放强度持续下降，但由于造纸业增加值保持高速增长，废水排放量在 2020 年才能有所转折，"十一五"及"十二五"期间减排压力较大。如果进一步加大废水处理力度，造纸业废水排放量将在 2015 年前后出现下降趋势。
- COD：在我国，造纸行业的 COD 排放量约占总工业 COD 排放量的 1/5，是严重的水污染源。预测结果表明，2009 年，造纸行业 COD 产生量为 688.9 万 t，比 2007 年增加 21%。到 2012 年，COD 产生量为 759 万 t，比 2007 年增加 33.4%。2015 年为 842 万 t，比 2007 年增加 48%。2020 年为 973 万 t，比 2007 年增加 71%。

① 据中国造纸协会有关专家预测，到 2020 年，我国造纸产品产量为 1.1 亿～1.3 亿 t。

由此可见，未来我国造纸行业的 COD 产生压力十分巨大，面临巨大的减排压力。如果在现有处理水平正常提高下，到 2009 年、2012 年、2015 年和 2020 年，造纸业 COD 排放量将分别达到 175.0 万 t、162.5 万 t、154.0 万 t 和 145.9 万 t，即 2012 年前略高于 2007 年，此后逐年略有下降，但下降幅度不大。只有进一步加大污染物去除率，才可实现 COD 排放量的大幅度下降。

➢ 氨氮：预测表明，造纸业氨氮与 COD 产生量增长趋势基本相同。到 2009 年、2012 年、2015 年和 2020 年造纸业氨氮产生量将分别达到 5.9 万 t、6.7 万 t、7.6 万 t、9.2 万 t，分别比 2007 年增加 18.0%、34.0%、52.0%、84.0%，未来我国造纸行业的氨氮产生压力同样严重。在现有处理水平正常提高情景下，到 2009 年、2012 年、2015 年和 2020 年，造纸业氨氮排放量将分别为 3.17 万 t、3.07 万 t、2.96 万 t 和 2.77 万 t，表现为逐年下降，到 2020 年氨氮排放量基本与 2007 年持平。只有进一步加大污染物去除率，才可实现氨氮排放量的较大幅度下降。

（4）治理投入。预测结果表明，如果废水治理水平保持正常提高，造纸行业总的污染治理投入将不断上升。在 2008—2009 年、2010—2012 年、2013—2015 年和 2016—2020 年期间，造纸业的废水治理投入合计将分别达到 329.3 亿元、392.5 亿元、472.2 亿元和 894.3 亿元，占同期增加值的 4.8%～8.2%；如果采取更为严格的污染控制措施，4 个时期的治理投入合计将分别达到 360.0 亿元、415.1 亿元、493.8 亿元和 934.2 亿元，比正常情景约高出 4.6%，占同期增加值的 5.0%～9.0%。由此可见，未来造纸行业的废水污染治理投入十分巨大，治理任务十分艰巨。

表现 8 建材工业——政府逐步加大基础设施投资，行业发展在触底后逐渐复苏，能耗总量稳步增加，二氧化硫、粉尘的产生和排放量不断提高，温室气体排放不断加大，水泥、玻璃、陶瓷等行业节能减排任务仍十分艰巨。

（1）建材工业[①]经济。预测结果表明，2009 年，影响建材行业发展的不确定性因素增多，特别是房地产业进入调整时期，从而使得建材行业增速出现一定下滑，但由于政府加大了投资力度，这对建材特别是水泥行业形成了有力的支撑，这使得 2009 年水泥需求将保持稳定增长，预计 2009 年建材工业增加值将增长 7%；水泥产量达到 14.9 亿 t，同比增长 3.7%。2010—2012 年，我国建材工业的景气程度将有所回升，工业增加值年均增长速度将达到 11%，比 2009 年上升 4 个百分点；水泥产量达到 17.7 亿 t，同比增长 5.5%。2013—2015 年我国建材工业将保持稳定增长，工业增加值年均增长速度将达到 8%左右，比 2010—2012 年平均增速下降 3 个百分点；水泥产品产量达到 20 亿 t，同比增长 3.7%。2016—2020 年，整体上国民经济增长对建材的消耗水平将逐渐下降，建材工业增加值年均增长速度将在 3%左右；到 2020 年，水泥产品产量达到 21.4 亿 t，首次呈现负增长。

（2）资源能源。预测结果表明，建材工业的资源能源消耗与经济增长成正比。到 2009 年，建材工业能源消耗为 2.67 亿 t 标煤，比 2007 年增加 0.43 亿 t 标煤。在 2010—2012 年期间，建材行业的景气程度将进一步回升，能源消耗呈现较快增长，到 2012 年，能源消耗为 3.08 亿 t 标煤，比 2009 年增加 0.4 亿 t 标煤。在 2013—2015 年期间，建材行业仍

① 建材行业包括非金属矿采选业和非金属矿物制品业，由于非金属矿采选业资源能源消耗量比例很小，因此在下面的分析中，建材行业主要指非金属矿物制品业，其中对水泥行业进行了重点研究。

将保持稳定增长，能源消耗继续增长，但增长速度也有所降低，到 2015 年，能源消耗为 3.56 亿 t 标煤，比 2012 年增加 0.48 亿 t 标煤。在 2016—2020 年期间，非金属矿物制品业和水泥行业虽将增长，但增长速度明显下降，能源消耗继续增长，但增长速度明显降低，到 2020 年，总能源消耗约为 3.36 亿 t 标煤，仅比 2015 年增加约 0.2 亿 t 标煤。

从能源消耗结构看，水泥行业的能源消耗超过 60%，尽管随着产业结构的调整和能源利用效率的进一步提升，水泥行业的能源消耗占非金属矿物制品行业的比重逐步降低，但仍然较高，由 2007 年的 61.8%降低到 2020 年的 61.3%，因此水泥行业是非金属矿物制品业的能源消耗关键部门，也是节能重点行业。从能源消耗强度看，尽管建材工业总的能源消耗在上升，但随着节能措施的进一步推行，能源消耗增加的速度都慢于增加值的增长速度，因此，建材工业能源消耗强度逐年降低，但总体上能耗强度仍高于发达国家水平，特别是水泥行业的单位增加值的能耗仍然很高。需要指出的是，建材工业能源消耗的这种特征在水资源消耗中同样明显。

（3）主要污染物。

- SO_2：由于建材工业的经济规模不断扩大，生产工艺过程 SO_2 排放不断增大，能源消耗量的不断增加，尽管单位增加值 SO_2 产生系数在不断降低，但其 SO_2 产生压力不断增大。到 2009 年，SO_2 产生量约为 276t，比 2007 年增加约 9.2 万 t。到 2012 年，SO_2 产生量约为 305 万 t，比 2009 年增加约 29 万 t。在 2013—2015 年期间，建材行业能源消耗量继续增长，但增长速度也有所降低，到 2015 年，SO_2 产生量约为 334 万 t，比 2012 年增加约 30 万 t。到 2020 年，SO_2 产生量约为 356 万 t，比 2015 年增加约 22 万 t。根据预测，水泥行业 SO_2 产生量占整个非金属矿物制品业的一半以上，因此做好水泥行业的减排工作是首要任务。
- 在现有处理水平正常提高下，尽管由于 SO_2 去除率有所提高，但由于能源消费的增加，SO_2 产生量呈上升态势，导致排放量不断提高，给大气环境造成一定的压力。到 2009 年，建材行业 SO_2 排放量为 208 万 t，比 2007 年增加 2.9%；到 2012 年，SO_2 排放量为 229 万 t，比 2009 年增加 9.9%；到 2015 年，二氧化硫排放量为 250 万 t，比 2012 年增加 9.2%；到 2020 年，SO_2 排放量为 265 万 t，比 2015 年增加 5.7%。从行业排放结构来说，水泥行业仍然是建材行业 SO_2 的排放大户，比例一直维持在 40%以上，但随着技术进步和处理效率的提高，加上水泥产业结构的调整，水泥行业 SO_2 排放量在建材行业的比重逐年降低。由此可见，做好建材行业的节能减排工作，首要是抓好水泥行业的减排工作，采取结构调整，推动技术进步等技术、经济、行政等综合措施切实加大力度进行控制。
- 粉尘：预测结果表明，随着建材行业经济规模不断增加，粉尘产生压力进一步加大。到 2009 年，建材行业总粉尘产生量约为 5 970 万 t，比 2007 年增加约 3.3%。在 2010—2012 年期间，由于经济危机的恢复，我国建材行业产量迅速回升，到 2012 年，粉尘产生量分别约为 6 328 万 t，比 2009 年增加约 6%。在 2013—2015 年期间，我国建材行业仍将保持稳定增长，但增长速度也有所降低，到 2015 年，粉尘产生量约为 6 772 万 t，比 2012 年增加约 7%。在 2016—2020 年期间，建材行业增长速度进一步下降，到 2020 年，粉尘产生量约为 7 219 万 t，比 2009 年增加约 6.5%。

➢ 2009—2020 年期间，由于建材行业增加值不断增加，粉尘产生量有所增加，在现有处理水平正常提高下，粉尘排放量在 2007 年基础上仅有微弱增加，但排放总量仍然很大，是工业行业粉尘治理的首要目标行业。从建材行业内排放结构来说，水泥行业仍然是建材行业粉尘的排放大户，比例一直维持在 90%以上，是重点控制对象。

➢ CO_2：预测结果显示，随着建材行业产值的增加，尽管行业能源煤炭结构系数逐渐降低，但总的 CO_2 排放量仍逐年增加，2009 年、2012 年、2015 年、2020 年建材行业（仅能源消耗）CO_2 排放量将分别达到 4.36 亿 t、4.97 亿 t、5.25 亿 t、5.62 亿 t。从结构上看，水泥行业 CO_2 排放量占整个建材行业的 50%以上，与水泥能源消耗占建材行业的比例基本吻合。由此可见，建材行业是 CO_2 排放的重点行业，其中水泥行业又是建材行业中排放的重点，需要重点加强控制。

（4）治理投入。预测结果表明，如果污染处理技术水平在现有基础上正常提高，即使不能达到既定的污染控制目标，我国建材工业未来污染治理投入仍将很大。2009 年、2012 年、2015 年和 2020 年，我国建材工业总的污染治理投入将分别达到 390 亿元、417 亿元、450 亿元和 484 亿元，占行业增加值的比例在 4.43%～7.01%之间。其中，水泥行业的污染治理投入将分别达到 349 亿元、360 亿元、374 亿元和 393 亿元，占建材工业的污染治理投入的 81%～91%。如果采取更为严格的污染控制措施，达到既定控制目标，无论是治理投资，还是运行费用，与正常处理水平提高相比，都将有所增加，这与满足控制目标的污染物削减情况相符。

2 问题识别

通过对近几年来节能减排七大重点行业的环境经济形势回顾分析和对其未来环境与发展趋势预测，在未来 5～10 年内，我国节能减排七大重点行业的环境与发展还存在许多矛盾和问题，节能减排任务仍十分艰巨。

2.1 经济快速发展对环境压力的风险仍然较大

受全球金融危机影响，我国经济在经历 2008—2009 年的调整期后，仍将处于工业化和城市化“双快速”发展阶段，仍存在高发展速度的可能。以住房、汽车为主的居民消费结构升级带动产业结构优化升级，工业化快速发展带动城市化快速推进。经济总量仍将快速增长，工业尤其是重工业占国内生产总值的比重不断提高；重化工业由于产业迂回链条长，增速或减速的惯性大，调整所需要的时间更长，负面影响也更大；能源原材料工业占工业比重在 2020 年左右达到高峰，高加工度制造业比重不断上升；同时，城市化仍以较快速度推进。因此，在 2020 年前，由于经济社会发展带来的资源能源消耗、环境污染压力的风险仍较大，必须防患于未然。

2.2 工业行业结构性污染特征仍十分明显

据统计分析，2007 年，在 39 个工业行业中，废水排放量居前五位的行业依次是造纸、化工、纺织、电力和钢铁，这 5 个行业排放的废水占统计的工业行业废水排放量的 59.1%；从 COD 排放看，造纸行业排放的 COD 约占全国工业 COD 排放量的 34.7%。2007 年，火力发电、非金属矿物制品业、黑色金属冶炼及压延加工业、化学原料及化学制品业、石油加工及炼焦业、有色金属冶炼及压延加工业占到工业 SO_2 排放总量的 85.9%左右。固体废物污染方面，2007 年工业固体废物排放量超过 100 万 t 的行业依次为煤炭采选业、有色金属矿采选业、黑色金属矿采选业，3 个行业工业固体废物排放量占重点统计工业行业固废排放总量的 65.9%。预测结果表明，在 2009—2020 年期间，无论是水污染排放、大气污染排放还是固体废物排放，主要集中在电力、钢铁、有色、化工、建材、造纸、纺织等少数几个高耗能、高污染行业，行业分布仍非常集中，结构性污染特征仍十分明显。

2.3 中小企业节能减排任务仍十分繁重

据统计，2007 年，我国中、小型企业单位数占总的企业单位数的 99.14%、工业产值占工业总产值的 65.24%。由此可见，我国中小企业、非国有企业的数量庞大，占了绝大多数。由于这些中小企业经营分散，规模小、档次低、工艺落后，环保意识低，社会责任感不强，污染治理投入不足，污染治理技术落后，环境管理水平低。加上长期以来，政府部门放松了对这些小企业的环境管理，环境政策和监管不到位，使得这些小的落后企业，浪费资源、污染环境的问题相当突出，是当前环境污染的主要“贡献者”。近年来，尽管随着节能减排力度的不断加大，淘汰落后产能，“上大压小”，限期治理，提高清洁生产技术水平等政策和手段的实施，有力地促进了中小企业和非国有企业的污染防治，但未来污染防治任务仍十分艰巨，特别是纺织业、造纸业、建材业等一些小企业、乡镇私营企业分散经营，监管任务仍十分繁重。

2.4 新的环境问题日益凸显，治理难度逐步加大

随着我国工业的快速增长，在面临着严重的常规性工业污染的同时，一些新的环境问题或一些隐性环境问题逐步显现，如在纺织印染行业、有色金属行业、化工行业等产生的非常规污染物（新型污染物）的种类、数量越来越多，包括危险废物、微量有机污染物、持久性有机污染物、有毒污染物、电子垃圾、重金属、CO_2 等，严重威胁着环境质量、生态平衡和人身健康，在新的污染阶段，尚未得到控制的传统污染物和新型污染物并存，不仅治理技术难度更大，而且处理成本更高、管理也更加错综复杂。

2.5 污染产业由发达地区向落后地区转移的趋势更为明显

由于区域之间发展不平衡，导致发达地区一些污染严重的产业向欠发达地区转移，

由此造成经济欠发达地区生态环境破坏有加重趋势，而且这一问题越来越严重。经济发达地区经历了大规模发展时期，在获得巨大的经济成果的同时，也品尝到了环境污染的苦果。伴随着产业结构调整和产业升级，普遍制定并实施了较为严格的环境政策和措施，产能落后的污染企业逐步失去了生存空间。在经济落后地区，发展的要求和愿望依然强烈，与所处的发展阶段相适应，在引进资本和产业方面相对宽容。再加上政绩观的推动，使得在发达地区难以生存的高污染企业在这里找到新的机会。近年来，产业转移呈现一些新的特征，许多污染企业从城市向农村搬迁的现象日益严重，使得城市产业的每次升级都伴随着农村工业的立即跃进，如果这些搬迁企业不能很好地结合技术升级，这种做法在减轻城市环境污染的同时，只能造成新的农村污染。

2.6 各行业面临的节能减排压力仍十分巨大

2.6.1 电力行业

（1）火电比重过大，增加了生态环境的压力。目前我国燃煤机组发电量占全国总发电量的 80%以上，燃煤发电比例在世界上最高。从目前在建规模的结构来看，火电比重过大的局面短期内难有改观。

（2）火电煤炭需求量继续上升，大气环境污染压力增大。预计到 2020 年，火电煤炭需求为 13.5 亿 t 标准煤，火电行业 SO_2 产生量将达到 3 664.33 万 t，NO_x 产生量将达到 1 673.86 万 t，烟尘产生量达到 18 913.62 万 t，CO_2 排放量达到 37 亿 t，火电行业面临巨大的大气污染治理和应对气候变化压力。

（3）燃煤电厂脱硫仍存在较多问题，火电企业 SO_2 减排压力仍较大。

（4）要达到预定的污染控制目标，电力行业的大气污染治理投入将进一步加大，占同期行业增加值的比例在 13%～16%之间。

2.6.2 钢铁行业

我国钢铁工业经过了 10 多年的高速发展，高速发展的同时造成了产能的重复扩张，能源消耗高，污染物排放量大，污染治理欠账较多。预测结果表明，如果按目前消耗和治理水平的趋势发展下去，到 2020 年，我国钢铁行业的粗钢产量将会达到 7.6 亿 t 以上，钢铁工业的能源消耗将超过 7 亿 t 标准煤/a，SO_2 产生量将超过 290 万 t/a，温室气体排放量将超过 20 亿 t/a，固体废物产生量将超过 6 亿 t，这将大大加剧我国资源和能源紧张的局势，环境污染压力仍十分严峻，应对气候变化工作十分艰巨。

2.6.3 有色金属行业

当前，我国有色金属冶炼规模持续扩张，已经超出国内资源、能源、环境的支撑能力，同时，由于产业退出机制不完善，高能耗的落后生产能力淘汰难度大。目前，我国有色金属工业产品单位平均能耗比国际先进水平高 15%左右。未来 5～10 年，随着有色金属工业的进一步发展，不论是废水产生量、重金属产生量、大气污染物产生量，还是固体废物产生量，都将持续上升，特别是在 2010—2015 年期间，我国有色金属行业的污染产生量所占比例都较高。为了减轻对环境的压力，达到污染控制目标，需要进一步加大有色金属行业污染治理投入，占同期行业增加值的比例需在55%～6%之间。

2.6.4 化工行业

近几年，伴随固定资产投资的高速增长，我国化工行业产能增长迅速，产能过剩问题突出，短期内扭转高耗能、高污染产品产能增长过快的势头存在相当的难度。预测结果表明，未来5～10年内，化工行业的废水、COD和SO_2产生量都将持续增长。作为化工行业减排的重点，氨氮产生量虽然有所下降，但排放量仍很高，远高于其他工业行业。另外，化工行业门类繁多、工艺复杂、产品多样，排放的污染物种类多、数量大，节能减排基础工作（统计、监测和考核体系）仍存在很多困难。

2.6.5 纺织行业

纺织业是高污染行业，对整个工业废水排放量的贡献十分巨大，废水排放量比例一直呈上升趋势，从2003年的7.4%提高到2007年的10.2%。纺织工业废水成分非常复杂，主要是有机污染，并且含有大量的有毒化学物质，对水体的影响非常严重，且处理难度高。预测结果表明，未来5～10年内，纺织行业的废水、COD和氨氮产生量和排放量都将持续增长，一直到2020年前后才可能出现转机。为了减轻对水环境污染的压力，需要切实加大纺织行业污染治理投入，占同期增加值的1.2%～1.9%。同时，我国纺织企业规模小，生产方式落后，增长方式粗放；一些地方环境准入标准不严，治理投入不足；企业环保法制观念淡薄，重经济效益、轻环境效益；产业向落后地区、农村地区转移现象突出等问题也十分普遍。

2.6.6 造纸行业

造纸行业是我国工业污染的主要产业之一，虽然近年来在国家“节能减排、源头治理、防治结合；关闭小型造纸厂，合并大型造纸厂；调整产品结构；兴建集中治浆大型企业；营造用于造纸的速生经济林等”相关政策思想的指导下，造纸行业的环境污染问题得到了一定程度的缓解，但是总体来讲，造纸行业仍然是污染“大户”，未来5～10年内，无论从废水产生和排放总量，还是从COD和氨氮的产生排放来看，造纸业都“名列前茅”，但与其相对应的是其治理水平却低于工业平均水平，污染减排任务依然任重而道远。

2.6.7 建材行业

尽管近年来通过技术改造，关停落后工艺等，污染治理力度不断加大，但建材行业的能源消耗仍然十分严重，且仍然保持增长势头。建材行业的大气环境污染问题仍然较为突出，尤其是分散各地的小水泥等造成的污染问题还将在一定时期内存在，据预测，未来5～10年，随着非金属矿物制品业和水泥行业的进一步发展，大气污染物产生量将持续上升，特别是在2010—2015年期间，随着经济危机造成的整个经济触底复苏，非金属矿物制品业和水泥行业将重新步入稳定快速发展阶段，其传统主要大气污染物产生量仍居工业行业前列，同时作为二氧化碳的主要排放行业，将对温室气体带来巨大挑战，也是温室气体减排应重点关注的行业。

3 政策建议

3.1 继续加大工业结构调整力度，促进节能减排

（1）抓住经济危机带来的当前全国范围内电力生产和消费增速明显回落，电力供需总体平衡，有些地区已供大于求的有利时机，加快推进能源产业结构调整，加大电力工业“上大压小”力度，加快大型、高效、清洁燃煤机组的建设，大力发展清洁能源和可再生能源。

（2）建立落后淘汰机制，使“两高一资”行业向集中化、大型化方向发展。继续深入做好小钢铁、小造纸、小有色金属等“五小”企业淘汰工作，防止落后产能经济环境变好后重新抬头，做好监管审批工作，避免落后产能在西部地区上马。

（3）加强重点行业节能减排分类指导和准入管理，狠抓重点企业节能减排；加大节能减排重点工程实施力度，加快设备更新改造和技术开发推广；大力发展循环经济，加快推行清洁生产；积极推行资源综合利用，切实加强工业废气、废水和废渣的污染防治；加快环保部门的高污染高环境风险名录等相关名录的制定工作，明确限制对象。

3.2 严格环境准入标准，避免“两高一资”项目盲目上马

无论经济形势发生怎样的变化，都不能放松污染减排要求。必须把好新上项目关，严格环境准入标准，确保固定资产投资坚持高起点、高标准，符合新型工业化的要求，符合国家产业政策和行业发展需求，优化投资方向和结构。在此基础上，优化新项目的生产力布局，推进产业结构转变，使新项目的选址布局与环境容量、资源要素、基础设施等相匹配。防止通过保护“两高一资”（高能耗、高污染、资源性）企业的发展保持经济增长。对中央政策措施支持符合扩大内需要求的建设项目要加快审批，为拉动内需开辟“绿色通道”；对高耗能、高排放、高污染的建设项目严格把关，增强经济发展的协调性。要强化督察，避免一些地方借扩大内需之机片面强调加快审批速度引发的环境问题。要防止企业为降低生产成本等因素，形成向中西部地区、不发达地区、农村转移的现象，避免造成“污染转移”。

3.3 加强节能减排技术创新，提升传统产业水平

传统产业是我国经济的主体，也是资源消耗和环境污染的主体。在现阶段经济调整时期，要广泛应用高新技术和先进适用技术来改造提升传统产业，促使经济发展由主要依靠资金和物质要素投入带动向主要依靠科技进步和人力资本带动转变，改变以往大量依靠要素投入来推进工业化的做法，注重投入向技术创新和产业优化方向发展。注重传统制造业的技术更新和设备改造，大力开发和使用经济上合理、资源消耗低、污染排放

少、生态环境友好的先进技术，使技术创新成为推动产业结构优化升级的强大力量。要大力发展可持续能源、绿色交通、绿色建筑、环保产业等绿色经济，使绿色经济成为当前经济的一个新的增长点。

3.4 建立和完善新型工业污染防治激励机制

就目前工业污染防治来说，在规范环境执法的同时，政府要加强与企业的合作，加强沟通和引导，改变过去那种“管”与“被管”的传统管理模式，与企业建立一种新型的伙伴关系，激励企业自觉控制工业污染，并把这样的关系作为现阶段工业污染防治改革的切入点，实现环境与经济的协调发展。通过开展创建国家环境友好企业活动、自愿协议、企业环境信息公开等激励措施，在大型企业排污者和环保部门之间形成新型伙伴关系，让大型企业真正认识到治理污染不仅仅是他们的责任和义务，而且可以提高市场竞争力，换取自身更大的发展。这样，企业才会自愿更多地削减污染物排放，提高污染防治效果，而且还可以降低环境管理成本。

3.5 提高全社会对工业环境污染问题的认知水平

要提高各级地方政府和企业界决策者与管理者对协调环境与经济社会发展的认识水平和决策技能，使决策者和管理者正视和重视工业污染控制。针对区域工业污染的现状，各级政府应制定区域节能减排规划，建立节能减排指标优先的地方政府政绩考核体系。同时，企业应将节能减排目标提高到战略地位，制订计划和实施方案，对企业职工进行宣传和培训，建立节能减排责任制，营造持久的节能减排氛围，提升企业文化。要提高全体公众参与工业污染控制行动的意识，监督工业污染控制的水平。强化社会监督，对不同规模，不同类型企业的工业污染控制标准进行监督，严厉惩罚不合格企业，增强公众监督的信心，增加公众环境福利。

3.6 调整国际贸易与污染控制的关系，增加技术引进和减少生产型污染输入

逐步转变贸易增长模式，减少工业污染。充分利用中国的贸易顺差，进口高能源资源含量的产品和技术，减少高污染等相关产品出口。鼓励研发高能耗产品的替代品。将贸易增长从主要依赖价格竞争、数量扩张转向主要依靠质量、高附加值和优化结构的模式。扩大服务贸易出口，提升国际竞争力。进一步优化产品制造与贸易的国内区域结构。对东部工业产业全面进行环境升级，充分利用中西部人力资源丰富的优势，引导环境友好型生产工艺进入这些地区。抓紧制定鼓励引进国外适用节能环保技术和设备的政策措施，促进节能减排，建立新的经济增长点。

3.7 结构调整、技术创新与政策保障齐头并进，切实抓好重点行业的节能减排

3.7.1 电力行业

（1）积极推进电力结构调整，着力提高可再生能源、清洁能源和新能源在整个电力装机当中所占的比例。要严格执行国家产业政策，继续加大小火电机组关停工作力度，与热电联产改造相结合，淘汰污染严重的小火电机组，坚持将“关小”作为“上大”的前提。

（2）以削减 SO_2 和 NO_x 排放量为重点，强化脱硫产业管理，保证脱硫设施的建设质量和运行效果，新建燃煤电厂要采用低氮燃烧方式，要尽快制定并发布火电厂 NO_x 污染防治技术政策。

（3）进一步完善节能减排机制，通过市场经济手段促进电力行业节能减排，继续落实已有的有利于脱硫减排的价格政策，探索并不断完善发电节能调度电价补偿机制，继续完善脱硫电价补偿机制，加快实施电力企业 SO_2 排污权交易政策的推进；改革现行的排污收费制度，按照“排污费高于污染治理成本”的原则，尽快提高电力行业 SO_2 排污费标准。

3.7.2 钢铁行业

结合钢铁产量总量调控和结构调整，加快淘汰落后生产能力，继续加大取缔小土焦、小钢铁等小企业，淘汰平炉、倒焰式焙烧炉、小高炉、小烧结、小转炉、化铁炼钢等落后工艺和装备，大力推动以清洁生产为中心的技术改造，积极采用干熄焦、炉外精炼、高效连铸等先进技术，全面推广余能、余压、余热和废气、废水、废渣的综合利用。逐步调整钢铁工业的地区布局，落实《钢铁产业发展政策》中关于提高产业集中度的目标要求，避免高水平重复建设。把节能降耗、改善环保作为企业生存发展的前提，加大技改资金的投入，研究和开发具有自主知识产权的钢铁节能减排新技术，使我国从“钢铁大国”向“钢铁强国”转变。

3.7.3 有色金属行业

继续关停土冶炼，淘汰落后工艺和落后企业。鼓励企业采用新技术装备，进行高技术起点的技术改造和清洁生产，提高工艺废气、废水、废渣综合利用率。除有重点地开发中西部地区有色金属矿资源外，严格限制新上有色金属冶炼和加工项目；东中部地区大中城市内的有色金属冶炼企业，要按照城市环保要求，大幅度削减污染物排放量。坚持从源头加强有色金属行业的重金属污染防治力度，促进有色金属固体废物循环利用。按照布局区域化、发展产业化、生产规模化、经营集约化的要求，推进有色金属产业战略重组、产品结构优化，加快产业结构调整步伐，抓好重要有色金属生态工业园区示范建设，实现经济增长方式的转变。

3.7.4 化工行业

以结构调整和清洁生产为重点，关闭污染严重的小化工企业，逐步淘汰高毒高污染的甲胺磷、久效磷、对硫磷、磷胺等有机磷农药，淘汰工艺落后、污染严重、附加值低的化工原料品种，整治“多、小、散、乱”的产业结构和格局。采用“园区化、基地化、大型化、一体化、专业化”的发展模式；积极探索综合运用价格、财税、信贷等的经济手段，完善“退出机制”，推广重点实用节能减排技术。加快技术创新和科技投入，推行清洁生产，优先研究和突破一批制约化工行业节能减排的关键共性技术和前沿技术，积极组织重大节能减排技术在全行业的推广应用。按照履行国际公约进程，逐步禁止生产和使用持久性有机污染物质，淘汰臭氧层耗损物质，发展替代品。

3.7.5 纺织行业

（1）进一步加强纺织企业结构和产品结构调整，加大淘汰落后产能和技术改造力度，开发新产品，采用新技术、新工艺，生产出附加值高、资源消耗少、绿色环保的纺织产品。

（2）建立健全相关的环境法律法规体系，加大环境执法力度，对纺织企业的偷排超排行为依法进行处罚，对污染问题严重的企业果断予以关闭，对环境友好的产品和企业大力扶持。

（3）采取多种措施推进纺织行业污染治理。国家应发挥自己的政策指导、宏观调控职能，运用经济手段对推行环保纺织产品的企业给予政策上的优惠和资金上的支持。

（4）增强企业的技术创新能力，淘汰落后工艺和落后设备，引进先进技术，开发高效低耗的节能环保设备，采取有效措施减少燃煤锅炉的比重。

（5）树立“绿色纺织”意识，强化环境保护观念。纺织企业应用国际先进标准和技术来规范自己的生产行为，自觉淘汰落后工艺和设备生产的非绿色产品。

3.7.6 造纸行业

提高造纸行业污染物排放标准，坚决淘汰小造纸落后生产能力，“关、停、转、并”中小企业，尤其是技术落后、污染严重的中小型化学草浆企业，进行必要的原料结构调整。大力发展循环经济，提高造纸行业废物利用率，实现资源的可持续利用，提高废纸作为原材料的替代率。实行清洁生产，促进造纸业“经济效益、环境效益、社会效益”的统一。积极实现“林纸一体化”， 结合我国森林资源的特征，在充分考虑生态保护的前提下，增加国产木浆的比例，通过资本纽带和经济利益将制浆造纸企业与造纸林基地有机结合，建设造纸企业和原料林基地。

3.7.7 建材行业

把握好近两年水泥结构调整的机遇期，做好企业组织结构调整，按照一定条件和标准，着力培育龙头企业。建立好淘汰落后水泥有效机制，促进水泥工业健康发展，加快淘汰机立窑、立波尔窑、中空窑等落后工艺，禁止新建、扩建立窑生产线，鼓励发展新型干法窑外分解大型水泥项目。大力发展循环经济，开展建材行业废弃物资源综合利用，抓紧完善现行资源综合利用政策中有关税收优惠规定。

附表：节能减排七大重点行业资源环境与经济主要指标预测结果

附表1　电力工业环境经济主要指标预测

指标 \ 年份		2007	2009	2012	2015	2020
发电量/万亿 kW·h		3.28	3.64	4.48	5.13	6.03
煤炭消耗/亿 t 标煤		9.32	9.59	11.30	12.16	13.51
用水量/亿 m^3		1 644	1 687	1 980	2 080	2 198
SO_2/万 t	产生量	1 986	2 194	2 638	3 011	3 664
	排放量（情景1）	1 051	1 097	1 187	1 204	1 099
	排放量（情景2）	1 051	1 050	950	900	700
NO_x/万 t	产生量	814	1 188	1 400	1 507	1 674
	排放量（情景1）	748	891	840	753	669
	排放量（情景2）	748	850	800	700	600
烟尘/万 t	产生量	21 602	22 152	26 102	26 812	28 370
	排放量（情景1）		775	914	804	709
	排放量（情景2）		700	600	500	400
CO_2 排放量/亿 t		25.5	26	31	33	37

附表2　钢铁工业资源环境主要指标预测

指标 \ 年份		2007	2009	2012	2015	2020
粗钢产量/亿 t		4.9	5.1	6.2	7	7.6
能源消耗/亿 t 标煤		4.78	4.95	5.89	6.51	6.92
新鲜水消耗/亿 m^3		40.40	37.59	38.69	38.64	36.10
SO_2/万 t	产生量	212.22	212.16	251.27	279.44	289.68
	排放量（情景1）	162.47	160.26	185.32	201.73	203
	排放量（情景2）	162.47	139.5	122.89	115.21	102.41
废水/亿 t	产生量	34.21	33.83	33.34	32.33	28.98
	排放量	15.56	14.28	14.07	13.65	12.24
固废/亿 t	产生量	2.91	4.24	5.14	5.7	6.08
CO_2 排放量/亿 t		12.53	13.70	16.24	18.27	19.28

附表3　有色金属工业资源环境主要指标预测

指标 \ 年份		2007	2009	2012	2015	2020
增加值/亿元		5 000.08	5 951.99	7 922.1	9 979.57	12 736.8
能源消耗/亿 t 标煤		1.15	1.17	1.34	1.44	1.57
用水量/亿 m^3		68.58	69.8	79.65	86.03	93.88
废水/亿 t	产生量	44.12	49.98	62.8	75	88.78
	排放量（情景1）	7.52	8.21	9.9	11.1	12.15
	排放量（情景2）	7.52	7.39	6.72	5.97	4.38

指标 \ 年份		2007	2009	2012	2015	2020
SO_2/万 t	产生量	714.7	775.1	945.8	1 104.7	1 273
	排放量（情景 1）	86.6	90.43	99.35	103.94	97.69
	排放量（情景 2）	86.6	82.27	78.16	74.25	66.82
粉尘/万 t	产生量	507.7	543.9	651.5	722.2	783.5
	排放量（情景 1）	10.7	10.72	12.2	12.81	12.36
	排放量（情景 2）	10.7	10.06	9.15	8.33	7.5
固体废物/万 t	产生量	21 293	23 933	32 470	40 903	52 203
	排放量（情景 1）	8 686	8 524	9 172	9 617	9 755
	排放量（情景 2）	8 686	6 757	6 125	5 777	4 763
重金属/t	排放量（情景 1）	399.93	462.31	546.84	613.57	671.42
	排放量（情景 2）	399.93	416.27	371.38	330.01	241.89

附表 4　化学原料工业资源环境主要指标预测

指标 \ 年份		2007	2009	2012	2015	2020
增加值/亿元		6 733.30	8 073.23	10 455.06	13 539.61	19 894.13
能源消耗/亿 t 标煤		2.72	3.20	3.96	4.43	5.12
用水量/亿 m^3		497.14	605.96	677.08	748.20	854.05
废水/亿 t	产生量	237.54	274.16	338.40	420.97	585.33
	排放量（情景 1）	36.20	47.98	48.39	49.25	52.09
	排放量（情景 2）	36.20	46.06	42.64	37.05	29.85
COD/万 t	产生量	156.56	170.55	182.92	198.94	231.93
	排放量（情景 1）	52.77	54.36	53.28	52.48	50.57
	排放量（情景 2）	52.77	49.68	43.34	35.72	25.27
氨氮/万 t	产生量	37.46	40.62	39.31	37.63	34.16
	排放量（情景 1）	14.47	14.22	12.58	10.91	9.56
	排放量（情景 2）	14.47	13.00	11.40	10.54	5.12
SO_2/万 t	产生量	205.64	214.29	234.40	260.44	314.09
	排放量（情景 1）	121.11	121.07	118.37	116.16	113.07
	排放量（情景 2）	121.11	117.86	110.17	104.18	94.23

附表 5　纺织工业资源环境主要指标预测

指标 \ 年份		2007	2009	2012	2015	2020
增加值/亿元		4 507.5	5 279.6	7 027.2	8 852.2	11 297.9
用水量/亿 m^3		35.7	40.7	51.3	62.8	78.6
废水/亿 t	产生量	30.2	34.2	42.5	51.4	62.9
	排放量（情景 1）	22.5	22.2	23.5	25.5	27.1
	排放量（情景 2）	22.5	21.9	22.1	22.3	19.5
COD/万 t	产生量	151.7	168.9	220	272.6	338.9
	排放量（情景 1）	34.5	29.2	32.6	34.9	33.9
	排放量（情景 2）	34.5	27.7	27.9	25.9	17

指标 \ 年份		2007	2009	2012	2015	2020
氨氮/万 t	产生量	3.99	4.43	5.76	7.17	8.81
	排放量（情景 1）	1.65	1.55	1.69	1.74	1.76
	排放量（情景 2）	1.65	1.57	1.58	1.46	1.32

附表 6　造纸工业资源环境主要指标预测

指标 \ 年份		2007	2009	2012	2015	2020
增加值/亿元		1 598.9	2 047.4	2 559.8	3 149.9	4 197.5
新鲜水耗量/亿 m^3		48.8	53.6	59	67.8	85.2
废水/亿 t	产生量	67.8	82.5	99.2	118.6	152.1
	排放量（情景 1）	42.5	46.7	49.1	51.6	51.5
	排放量（情景 2）	42.5	46	46.6	46.2	37.9
COD/万 t	产生量	569.2	688.9	759.2	841.7	973
	排放量（情景 1）	157.4	175	162.5	154	145.9
	排放量（情景 2）	157.4	168.8	148.8	128.8	97.3
氨氮/万 t	产生量	5	5.9	6.7	7.6	9.2
	排放量（情景 1）	2.98	3.17	3.07	2.96	2.77
	排放量（情景 2）	2.98	2.94	2.73	2.48	1.85

附表 7　建材工业资源环境主要指标预测

指标 \ 年份		2007	2009	2012	2015	2020
增加值/亿元		4 448	5 563	7 692	9 703	10 918
能源消耗/万 t 标煤		22 373	26 702	30 768	35 610	33 627
用水量/亿 m^3		36.45	38.04	38.74	44.57	45.74
SO_2/万 t	产生量	266.48	275.69	304.64	334.42	356.48
	排放量（情景 1）	202.43	208.48	229.12	250.42	264.83
	排放量（情景 2）	202.43	177.52	167.07	156.76	141.08
粉尘/万 t	产生量	5 778	5 970	6 328	6 772	7 219
	排放量（情景 1）	523.56	524.16	529.04	539.09	535.68
	排放量（情景 2）	523.56	524.16	529.04	532.44	465.88
CO_2 排放量/万 t		44 408	43 693	49 782	52 506	52 674

“十一五”水泥工业二氧化硫总量减排形势分析

Analysis of Sulfur Dioxide Emissions Reduction Situation in Cement Industry During the "Eleventh Five-Year"

薛文博　陈潇君　杨金田

摘　要　我国 SO_2 减排高度依赖火电机组脱硫，建材等高耗能、高排放行业的减排力度相对薄弱，非电行业 SO_2 排放甚至呈现增加趋势，为确保完成“十一五” SO_2 减排目标，推进建材等高排放行业 SO_2 减排已势在必行。建材行业 SO_2 排放量仅次于电力行业，约占工业 SO_2 排放总量的10%左右，其中水泥工业占建材行业 SO_2 排放量的40%左右。本文结合我国水泥工业的发展特征、产业政策、排放特点及减排措施等，对“十一五”水泥工业 SO_2 总量减排形势进行了深入分析，所得结论及建议如下：水泥企业 SO_2 排放浓度低，安装脱硫设施经济性较差，“淘汰落后产能”是水泥工业 SO_2 减排最有效途径；依照目前淘汰落后产能的力度，预计到“十一五”末水泥工业 SO_2 排放量不会明显下降；将水泥工业所有落后产能全部淘汰，以新型干法工艺替代，约可减排 SO_2 17.18 万 t；《主要污染物总量减排核算细则（试行）》相比《第一次污染源普查》采用的 SO_2 产排污系数明显偏大。

关键词　水泥　二氧化硫　总量减排　结构调整

Abstract　China’s sulfur dioxide emission reduction is highly dependent on thermal power desulphurization. The emission reduction of high energy-consuming industries, high emission industries like building material industry are relatively weak. Besides, the sulfur dioxide emissions in Non-electric industry even show an increasing trend. Therefore, in order to ensure the completion of the emission reduction targets in “Eleventh Five-Year”, promoting the sulfur dioxide emissions reduction of building materials and other high emission industries is imperative. Sulfur dioxide emissions in building materials industry are next to that in power industry, which accounts for about 10% of industrial sulfur dioxide emissions, among that, emissions in cement industry are about 40% or more. This paper combines the developing characteristics, industrial policy, emission characteristics and emission reduction measures of China's cement industry, aiming to deeply analyze the situation of the sulfur dioxide total amount emission reduction in cement industry during the eleventh five-year. The conclusions and recommendations are as follows: Firstly, the sulfur dioxide emission concentration in cement industry is low, the economical efficiency of desulphurization facilities installation is poor, and thus, “elimination of backward capacity” is the most effective way to sulfur dioxide emission reduction in cement industry. Secondly, according to the current efforts of eliminating backward capacity, it is predicted that there is no significantly decrease of sulfur dioxide emission in cement industry at the end of "Eleventh Five-Year". Thirdly, eliminating all backward capacity and using the new dry process instead is probably to reduce 171,800 tons of sulfur dioxide emissions. Finally, the emissions factor in "Emission Reduction Accounting Rules of Major Pollutants (Trial)" comparing to "First china pollution source census" is clearly large.

Key words Cement Sulfur Dioxide Emission Reduction Industrial Structure Adjustment

我国 SO_2 排放量位于前三位的行业依次为电力行业、非金属矿物制品业、黑色金属冶炼业，这三类重污染行业 SO_2 排放量已占到统计工业行业排放总量的 75%左右。近几年非金属矿物制品业、黑色金属冶炼业的 SO_2 排放量呈现逐年增加的趋势，这已给"十一五" SO_2 减排目标提出了严峻的挑战，重点行业 SO_2 减排已势在必行。

非金属矿物制品业多以窑炉生产为主，是资源和能源依赖度高、环境影响大的产业。由于目前落后生产技术在水泥、平板玻璃、建筑陶瓷等高能耗、高排放行业仍占较大比例，虽然近年来随着结构调整、技术进步的不断推进以及环保治理的进一步开展，排放强度有所下降，但由于行业发展速度较快，排放总量仍居高不下。2007 年非金属矿物制品业排放 SO_2 高达 182.62 万 t，仅次于电力行业，其中水泥工业 SO_2 排放量约占非金属矿物制品业的 40%，是该行业的排放大户，因此应将水泥工业作为非金属矿物制品行业 SO_2 减排的主要对象。

1 水泥工业发展特征

1.1 历年总体情况

改革开放以来，随着经济建设规模扩大，我国水泥工业发展很快，水泥产量由 1978 年的 6 524 万 t 迅速增加到 2008 年的 13.88 亿 t，年产量净增 13.23 亿 t，自 1985 年起已连续 22 年居世界第一位，目前已占世界总产量的 50%左右。水泥产量在 2000—2007 年之间一直保持在 10%以上的增长速度，"十一五"前两年水泥产量平均增速高达 12.85%，2008 年由于受金融危机的影响增长速度明显放缓，增速仅为 1.98%。随着我国经济的进一步发展，预计水泥需求还将保持较高的增长速度。

截至 2006 年年底，我国持有生产许可证的水泥企业已达到 7 101 家。依据"十一五"《水泥工业发展专项规划》[1]，到 2010 年水泥企业数量将由目前的 7 000 家左右减少到 2 000 家左右，生产规模 3 000 万 t 以上的达到 10 家，500 万 t 以上的达到 40 家。我国水泥产量及企业数目的发展趋势见图 1、图 2。

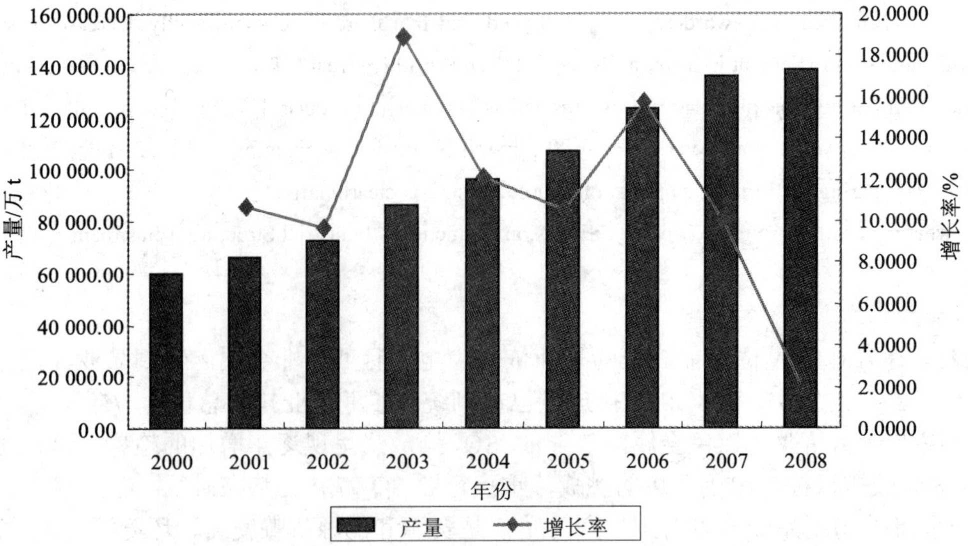

图 1　2000—2007 年以后我国水泥产量及增长率

数据来源：中国统计年鉴，2008 年数据源于工信部

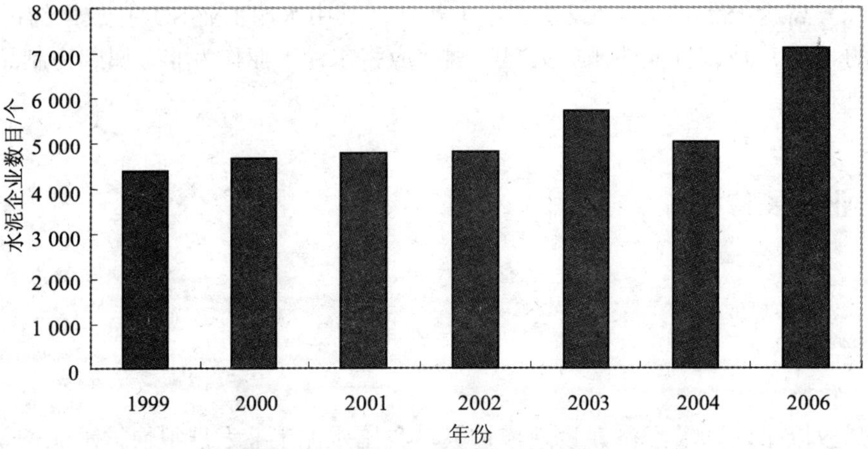

图 2　1999—2006 年水泥企业数目变化

数据来源：建材工业协会

1.2 重点地区分析

目前，我国 31 个省、自治区、直辖市都建有水泥厂，水泥产量主要产区在华东和中南地区，占全国水泥产量 66%的份额；其次为华北和西南地区，分别占 12%和 11%；东北和西北地区的水泥产量偏小，两地区合计为水泥总产量的 11%，详细见表 1。

（1）华北地区。该区域石灰石资源主要分布在河北省和山西省，能源条件好，靠近经济中心，是水泥工业发展和调整的重点地区。

（2）东北地区。该地区是我国的老工业基地，大型石灰石矿区主要分布在辽宁大连、本溪、辽阳、凌源、朝阳以及吉林双阳、磐石、辉南等地。东北地区新型干法水泥比重偏低。

表 1 2007 年全国各大区的水泥产量及比例

地区	产量/亿 t	占全国的比重/%
全国	13.600	100.00
华北	1.618	11.95
东北	0.848	6.27
华东	5.398	39.86
中南	3.503	25.87
西南	1.452	10.72
西北	0.722	5.33

（3）华东地区。该地区是我国经济发展水平较高的区域，市场容量大，石灰石资源丰富，大型石灰石矿区广泛分布在安徽怀宁、枞阳、贵池、铜陵、含山、繁昌、芜湖等沿长江两岸地区以及山东济宁、枣庄、潍坊等地区。山东、江苏、浙江、安徽已成为我国水泥的主要产地。

（4）中南地区。该地区石灰石资源丰富，大型石灰石矿区主要分布在广西沿西江流域及西部地区、广东英德、广州及东部地区、河南南阳、洛阳、焦作等地区以及湖北沿长江流域。广东省经济发展水平高，但水泥工业结构不合理。

（5）西南地区

该地区经济基础相对薄弱，大型石灰石矿区主要分布在四川中南部的峨眉山、攀枝花一带以及重庆的涪陵、丰都、忠县等沿长江流域。目前新型干法水泥比重仍很小。

（6）西北地区。该地区经济发展相对落后，水泥消费水平低。甘肃、陕西石灰石资源丰富，水泥企业相对较为集中[2]。

1.3 产业技术水平

水泥生产工艺可分“立窑生产”和“旋窑生产”两种生产工艺。“立窑”又分为“普通立窑”和“机械化立窑”；“旋窑水泥”分为干法窑和湿法窑，其中干法窑又分为中空式窑、余热锅炉窑、悬浮预热器窑、窑外预分解窑、立波尔窑（半干法）等。

目前，我国水泥生产工艺主要以新型干法和立窑为主，其中新型干法工艺是一种节能、环保的水泥生产工艺，是我国大力推广的生产工艺。新型干法水泥是以悬浮预热器和窑外分解技术为核心，采用新型的烘干、粉磨、原料、燃料均化工艺及装备，以计算机集散自动控制手段所生产的水泥。由于该工艺能大幅度减少单位产品煤耗，且二氧化硫自净能力明显提高，因此与传统的湿法、干法、半干法旋窑水泥及立窑生产工艺相比，二氧化硫排放强度大幅度降低。

从 1970 年代开始，我国水泥产业结构调整步伐不断加快。1995 年新型干法水泥产量仅为 2 853 万 t，占总产量的 6%，而 2005 年新型干法水泥产量已达到 4.28 亿 t，占到总产量的 40%，“九五”和“十五”期间新型干法工艺分别增加了 6 个百分点和 28 个百分点，截止到 2008 年底新型干法水泥产量达到 8.58 亿 t，已占水泥总产量的 61%。依据我国“十一五”《水泥工业发展专项规划》，预计 2010 年新型干法水泥产量比重将达到 70% 以上。“九五”到“十一五”初新型干法工艺增幅如图 3 所示。

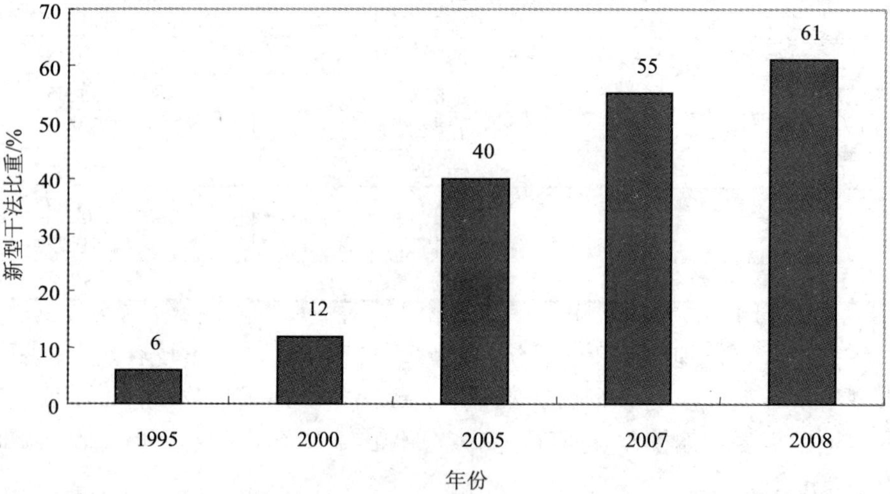

图 3 “九五”初到“十一五”初新型干法增长趋势

数据来源：国家发改委，2008 年数据源于工信部

我国 2006 年各省水泥生产工艺构成如图 4 所示。从图中可以看出，我国新型干法水泥主要集中在东部地区，如山东、江苏、浙江、北京、上海等经济发达地区的新型干法水泥比例明显高于西部落后省份。

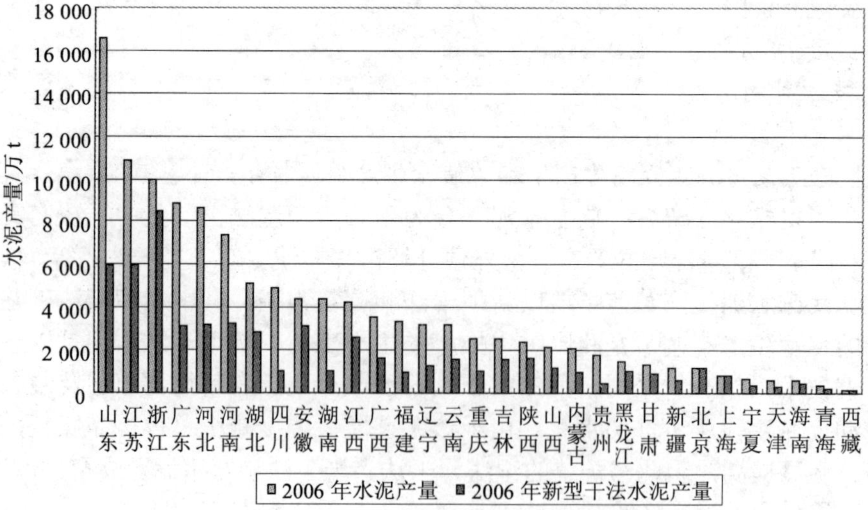

图 4 2006 年各省水泥及新型干法水泥产量

数据来源：国家发改委

2 水泥工业二氧化硫排放情况

2.1 全国总体情况

依据环发[2007]183 号文件《主要污染物减排核算细则（试行）》[3]（下文简称：核算细则），利用公式（1）估算 2007 年水泥工业的平均 SO_2 排污系数为 0.46 kg/t。以此推算我国 2007 年水泥工业 SO_2 的排放量约为 62.61 万 t。

$$E = \sum_{i=1}^{n} E_i W_i \tag{1}$$

式中：E_i——各水泥生产工艺对应的排污系数（依据核算细则新型干法工艺排污系数取 0.311 kg/t，立窑水泥排污系数取 0.635 kg/t）；

W_i——2007 年各水泥生产工艺所占比重；

n——生产工艺类别（目前我国绝大多数生产工艺为新型干法、立窑，因此只考虑了新型干法、立窑两种工艺）。

若按照第一次污染源普查系数，新型干法、立窑工艺分别取所给区间的最大值 0.158 kg/t 及 0.470 kg/t，采用式（1）估算 2007 年水泥工业的平均 SO_2 排污系数为 0.30 kg/t，仍远低于依据核算细则所得 SO_2 平均排污系数，以 0.30 kg/t 推算我国 2007 年水泥工业 SO_2 的排放量约为 40.84 万 t。

2.2 重点区域分析

采用式（1）的计算方法，计算出全国水泥工业平均 SO_2 排放系数为 0.46 kg/t，结合各省水泥产量可计算出 2007 年各省水泥工业的 SO_2 排放量如图 5 所示。

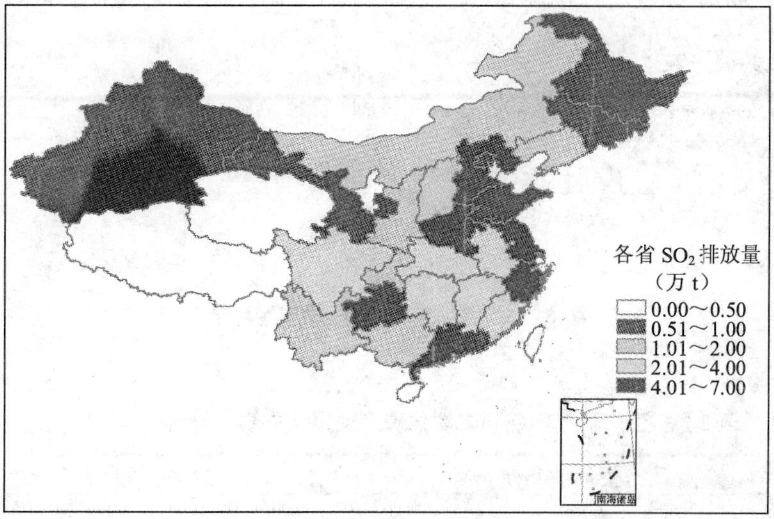

图 5　2007 年水泥工业各省 SO_2 排放分布图

从图 5 可以看出，我国的水泥工业 SO_2 排放主要集中在山东、江苏、浙江、广东等经济发展水平较高的省市，这些区域市场容量大，石灰石资源丰富，已逐渐成为我国水泥的主要产地。建议这些地区应在适当控制产能及 SO_2 排放总量，在进行等量淘汰的前提下，加快结构调整，大力发展大型新型干法水泥，为实现全国“十一五”节能减排目标作出应有的贡献。

2.3 主要排放特点

（1）SO_2 排放环节。水泥生产过程中，需要经过矿山开采、原料破碎、黏土烘干、生料粉磨、熟料煅烧、熟料冷却、水泥粉磨、成品包装等多道工序。由于水泥生产过程中烘干物料和煅烧水泥环节所使用的燃料均是原煤，因此水泥生产过程中的 SO_2 主要产生于烘干物料和煅烧水泥阶段，各产污环节如图 6 所示。

以立窑为例，水泥生产过程约耗燃煤 245 kg/t 熟料，其中水泥原料煅烧环节耗原料煤 210 kg/t 燃料，烘干环节耗燃煤 35 kg/t。水泥原料煅烧时石灰石产生的氧化钙可吸收生产过程中产生的大部分 SO_2，形成硫酸钙，所以 SO_2 实际排放量较少，不同的窑型对 SO_2 的吸收率不同，据测定平均吸收率约为 85%。以此推算：若煤炭含硫率为 1%时，生产 1 t 水泥熟料产生的 SO_2 约为 1.06 kg/t 熟料；煤炭含硫率为 0.8%时，生产 1 t 水泥熟料产生的 SO_2 约为 0.80 kg/t 熟料。生产过程各环节 SO_2 排放强度如表 2 所示，虽然煅烧阶段的煤耗量大，但由于自净功能较强，SO_2 排放强度小。

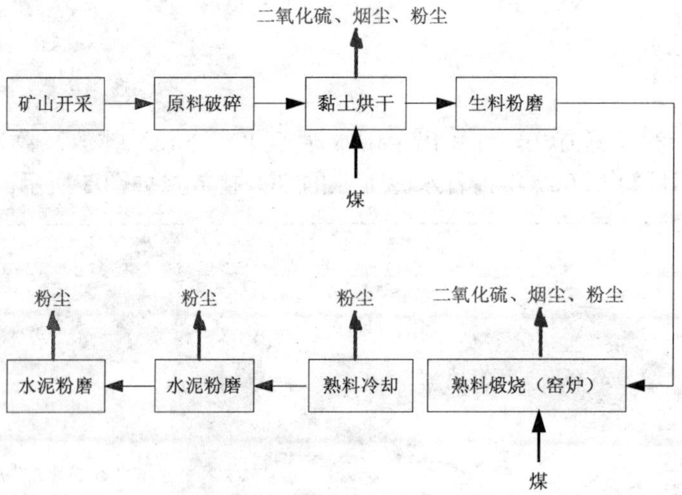

图 6 水泥制品制造过程的产污环节

表 2 各生产环节吨熟料二氧化硫产生量（立窑、煤含硫率 1%）

生产环节	二氧化硫产生量/（kg/t 熟料）	合计/（kg/t 熟料）	合计/（kg/t 产品）
烘干	0.56	1.06	0.76
煅烧	0.50		

（2）SO_2 排放特点。水泥厂的 SO_2 排放主要取决于原料、燃料中挥发分硫含量及水泥生产工艺（窑型）。① 煤炭含硫率的影响。使用低硫原燃料的新型干法工艺在不采取任何净化措施的情况下，SO_2 排放浓度甚至可以低于 10 mg/m³。② 窑型的影响。以新型干法窑为例，由于水泥煅烧阶段有高度活性的氧化钙存在，与 SO_2 气固接触好，可大量吸收 SO_2，减少 SO_2 的排放量，作用类似于干法洗涤。《水泥工业排放标准编制说明》所调查的 20 个新型干法窑样本中，80%的排放质量浓度在 200 mg/m³ 以下。湿法窑对 SO_2 的吸收效果相对较差，SO_2 排放质量浓度略高于干法窑。

各窑型对应"能耗""脱硫性能"及"排放质量浓度"的差异如表 3 所示。从表 3 可以看出新型干法窑能耗强度明显小于其他窑型，加之对 SO_2 的吸收率高达 90%以上，其排放质量浓度仅为 100 mg/m³ 左右，排放质量浓度远低于其他窑型。

表 3　各窑型能耗及 SO_2 排放现状对比

窑型	新型干法	机立窑	湿法窑	干法中空窑
吨熟料消耗标煤/kg①	115	160	208	243
工艺对 SO_2 吸收率/%②	90～95	80～90	75～85	80～90
排放质量浓度/（mg/m³）②	116.7	133.2	301.1	—

注：①《水泥工业发展专项规划》；②《水泥工业排放标准编制说明》调查样本平均值。

3 水泥工业 SO_2 减排措施分析

3.1 淘汰落后产能是减排最有效途径

《国家酸雨和 SO_2 污染防治"十一五"规划》[4]中提出水泥工业在"十一五"期间应通过淘汰落后产能方式减排 SO_2 20 万 t 的目标。依据《国务院关于印发节能减排综合性工作方案的通知》[6]《关于加快水泥工业结构调整的若干意见》[5]《水泥工业产业发展政策》[2]《水泥工业发展专项规划》等文件要求，2008 年年底前各地要淘汰各种规格的干法中空窑、湿法窑等落后工艺技术装备，进一步削减机立窑生产能力，有条件的地区要淘汰全部机立窑；要依法关停并转规模小于 20 万 t 环保或水泥质量不达标的企业；到 2010 年年末，全国完成淘汰小水泥产能 2.50 亿 t。《国家发展改革委员会办公厅关于做好淘汰落后水泥生产能力有关工作的通知》[7]已列入"十一五"淘汰计划的水泥落后产能共计 2.85 亿 t。

通过上述分析可知：到 2008 年年底各种规格的干法中空窑、湿法窑等高耗能、高排放的产能已基本被淘汰；到 2010 年年底新型干法工艺的产量将达到 70%以上，其余 30%产能以机立窑为主，考虑到机立窑未来也势必被全部淘汰，因此不需再安装脱硫设施；新建的企业大多为新型干法工艺，该工艺自身具有脱硫效力，SO_2 排放浓度较小，安装脱硫设施经济性差，加之水泥窑炉尾气治理一直遵循"烟粉尘治理为主，SO_2 治理为辅"的思路，烟粉尘污染目前仍然是水泥企业最主要的环境问题，因此对于水泥工业减排 SO_2

的主要措施即："加快淘汰干法中空窑、湿法窑、立窑等高耗能、高排放的落后产能，继而大力推广新型干法水泥工艺"。

3.2 淘汰落后产能减排潜力分析

虽然2008年全国新型干法水泥生产工艺产能达61%，但是落后产能仍具有较大的淘汰空间。若将剩余39%的产能5.30亿t全部淘汰并以新型干法等量替换，利用《核算细则》中推荐的排污系数估算，全国水泥工业通过淘汰落后产能方式净减排 SO_2 的最大量约为17.18万t(其中：淘汰落后产能减排量33.66万t，等量替代为新型干法新增量为16.48万t)。

由于尚未公布各省2007年、2008年新型干法工艺的比例，采用2006年数据对各省淘汰落后产能的减排潜能进行分析，分析结果如图7所示。从图7中可以看出山东、广东、河北及江苏等省非新型干法水泥产量较高，淘汰落后产能的减排潜能最大。

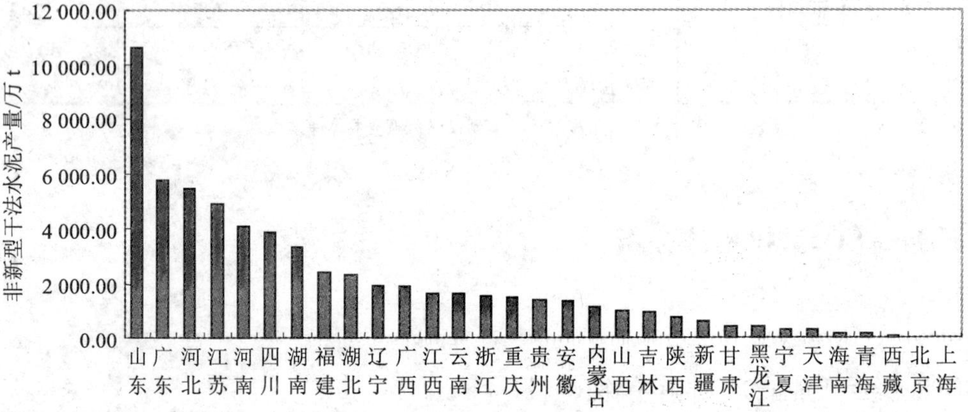

图7 2006年各省淘汰落后产能的潜力分析

3.3 淘汰落后产能的进展

国家发展改革委2008年1月7日公布了《2007年应予淘汰落后水泥产能企业名单》，据国家发改委公布数据，截至2007年底全国通过拆除生产线淘汰机立窑等落后水泥产能5 200多万t，约减排 SO_2 3.30万t；工业信息化部2008年10月发布了《2008年应予淘汰落后水泥产能的企业名单》公示稿，现正在征求各省意见。淘汰水泥落后产能工作正在有条不紊地进行。

4 水泥工业"十一五" SO_2 减排形势分析

按照《核算细则》计算 SO_2 新增量时，SO_2 排污系数取0.311 kg/t（本报告若未明确注明计算增量时均采用该系数）；计算新增削减量时，SO_2 排污系数取0.635 kg/t（由于淘汰的落后产能绝大多数为立窑，因此本报告若未明确注明计算削减量时均采用该系数）。

按照第一次污染源普查计算 SO_2 新增量时，SO_2 排污系数取 0.112 kg/t（新增产能绝大多数为新型干法工艺）；计算新增削减量时，SO_2 排污系数取 0.352 kg/t（淘汰的落后产能绝大多数为立窑）。

4.1 "十一五"期间新增量测算

（1）方案 1：高速增长情景。"十一五"前两年我国经济处于高速发展期，2005—2007 年水泥工业年产量的平均增速达 12.85%，以此发展速度预测 2010 年的水泥产量应为 19.56 亿 t，相比 2005 年增产 8.87 亿 t，同时考虑淘汰落后产能等量替代量 2.85 亿 t，合计"十一五"期间增加产能约 11.72 亿 t。依据《核算细则》中推荐的排污系数计算，估算水泥工业 SO_2 排放量将增加 36.45 万 t；按照第一次污染源普查系数计算，估算 SO_2 增量约为 13.13 万 t。

表 4　按照 2005—2007 年增长率预测 2010 年

年份	2005	2006	2007	平均增长率/%
水泥产量/亿 t	10.7	12.4	13.6	12.85
2010 年水泥产量/亿 t	19.56			
"十一五"水泥产量增量/亿 t	8.87			
落后产能等替代量/亿 t	2.85			
合计增加产能/亿 t	11.72			
"十一五"SO_2 排放增量/万 t	36.45			

（2）方案 2：考虑金融危机影响。2008 年下半年由于受全球金融危机的影响，我国经济发展速度也随之放缓，特别是房地产市场的持续冷淡致使全国水泥产量增速明显下降。据初步统计 2008 年全国水泥产量 13.88 亿 t，比去年增长 1.98%，增长速率明显下滑。依照 2008 年的发展速度 2010 年水泥产量为 14.44 亿 t，相对 2005 年增加 3.74 亿 t，同时考虑淘汰落后产能等量替代量 2.85 亿 t，合计"十一五"期间增加产能约 6.59 万 t。依据《核算细则》中推荐的排污系数估算，水泥工业 SO_2 排放量将增加 20.48 万 t；按照第一次污染源普查系数计算，估算 SO_2 增量约为 7.38 万 t。

4.2 "十一五"期间新增削减量测算

依据水泥工业产业政策，计划到 2010 年全国淘汰落后产能 2.50 亿 t，《国家发展改革委员会办公厅关于做好淘汰落后水泥生产能力有关工作的通知》"十一五"期间已纳入淘汰计划的落后产能约 2.85 亿 t。依据《核算细则》中推荐的排污系数估算，水泥工业 SO_2 排放量可削减约 18.10 万 t；按照第一次污染源普查系数计算，估算 SO_2 排放量可削减约 10.03 万 t。

表 5　考虑金融危机的影响

年份	2007	2008	2007—2008 增速/%
水泥产量/亿 t	13.61	13.88	1.98
2010 年水泥产量/亿 t	14.44		
“十一五”水泥产量增量/亿 t	3.74		
落后产能等替代量/亿 t	2.85		
合计增加产能/亿 t	6.59		
“十一五” SO_2 排放增量/万 t	20.48		

4.3　“十一五”期间减排量测算

由于全球金融危机可能仍将持续，直接影响“十一五”后两年的经济发展，因此对 SO_2 新增量预测选用方案 2 结果。从上文测算结果可以看出：“十一五”期间水泥工业 SO_2 新增量约为 20.48 万 t，新增削减量约为 18.10 万 t，合计净减排量−2.38 万 t，SO_2 不减少反而增加，详细如图 8 所示；按照第一次污染源普查推荐的排污系数可估算出“十一五”期间水泥工业 SO_2 新增量约 7.38 万 t，新增削减量约为 10.03 万 t，合计净减排量 2.65 万 t，详见图 9。

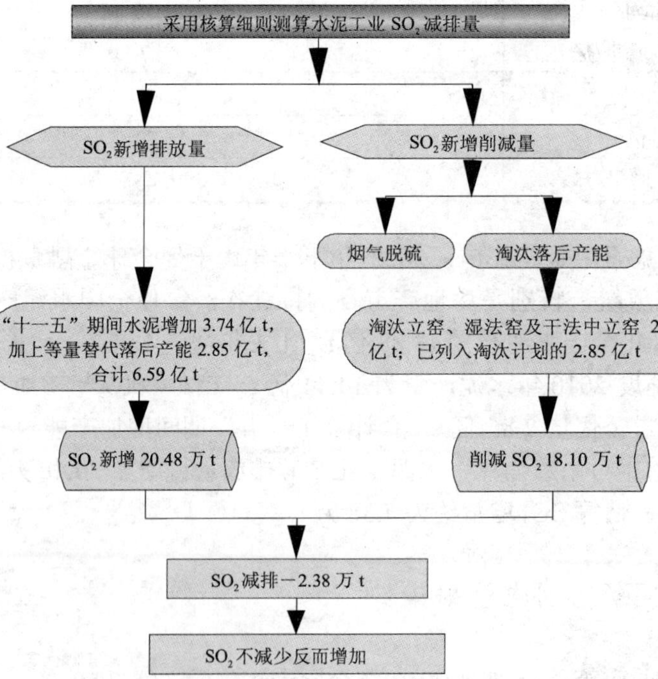

图 8　采用核算细则中的系数测算“十一五”水泥工业 SO_2 减排

通过测算可知：由于选用不同的增量、减量计算系数 SO_2 净减排量的估算结果差异较大，但无论是采用《核算细则》推荐的排污系数，还是采用污染源普查推荐的排污系数，测算的 SO_2 减排效果均不显著，远未能达到全国 10%的平均水平，因此必须进一步加快淘汰落后水泥产能的进度。另一方面由于水泥工业 SO_2 排放量仅占全国 SO_2 排放总量的3%左右，因此对全国"十一五"期间254.9万t的 SO_2 减排任务影响较小。

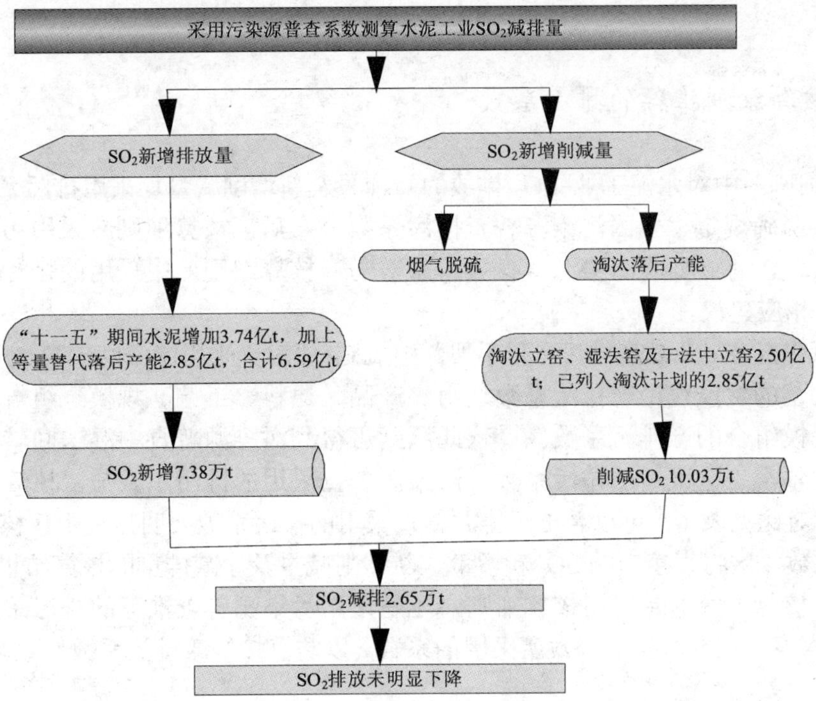

图9 采用污染源普查中的系数测算"十一五"水泥工业 SO_2 减排

《国家发展改革委员会办公厅关于做好淘汰落后水泥生产能力有关工作的通知》中不但明确提出了全国淘汰落后产能2.85亿t的目标，同时分时段给各省下达了淘汰落后产能的任务，并与各省签订《淘汰落后水泥生产能力责任书》，以此可以估算出"十一五"期间各省通过淘汰落后产能方式可减排 SO_2 的量，详细如图10所示。

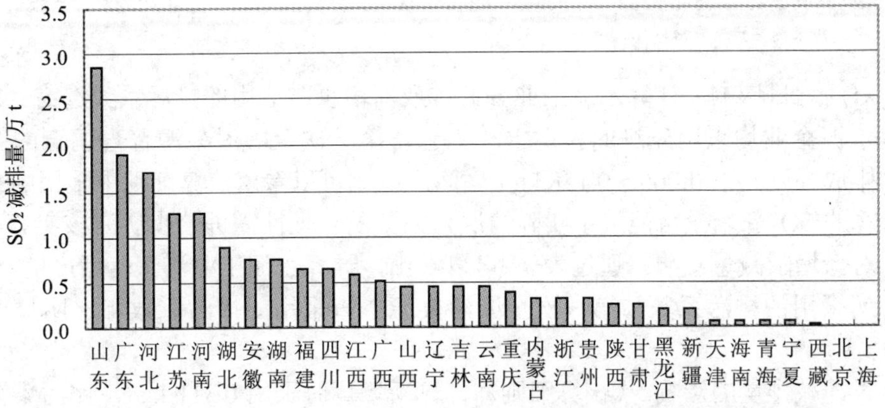

图10 "十一五"期间淘汰落后产能各省 SO_2 减排量

5 水泥工业 SO_2 减排相关建议

5.1 核实核算细则推荐的排污系数

《核算细则》中对水泥工业 SO_2 排放的新增量及新增削减量均采用排污系数的方法进行核算，并明确规定“全国污染源普查排污系数公布后，核算细则应采用污染源普查中的排污系数”，有必要将污染源普查排污系数与《核算细则》中采用的排污系数进行比较，并提出相应建议。

污染源普查《工业源产排污系数手册》中规定：“对于采用湿法回转窑、干法中空窑、立波尔窑工艺的生产线，产排污系数选用‘产品、原料、工艺、规模’组合中新型干法工艺、小规模组合的产排污系数”，依此原则可得到污染源普查中湿法回转窑、干法中空窑、立波尔窑工艺采用的排污系数。污染源普查采用的排污系数与《核算细则》采用的排污系数对比见表 6，可以看出污染源普查采用的排污系数要明显小于《核算细则》采用的排污系数，这将直接影响 SO_2 新增量、新增削减量及净减排量的核算结果。

在实际核算中究竟是采用核算细则，还是采用污染源普查推荐的排污系数，还需考虑 2005 年水泥工业 SO_2 排放基数所采用的系数，以防直接修改排放系数导致减排量变化，造成系统性误差。

表 6　核算细则与污染源普查系数比较

工艺	核算细则/（kg/t）	污染源普查/（kg/t）
新型干法	0.311（窑外分解窑）	0.066～0.158
立窑	0.635	0.234～0.470
干法中空窑	3.449（带余热发电）	0.079～0.158
湿法窑	2.638	0.079～0.158
立波尔窑	0.379	0.079～0.158

注：带余热发电，污染源普查系数乘以 1.1。

（1）对新增量影响。计算水泥工业 SO_2 排放新增量时选用的排污系数选为 0.311 kg/t；目前新建水泥企业均采用先进的新型干法工艺，第一次全国污染源普查调查的新型干法工艺 SO_2 排放强度介于 0.066～0.158 kg/t 之间。相比可以看出核算细则中采用的系数明显偏大，计算的 SO_2 新增量可能大于实际情况，系数的合理性需进一步研究核实。

（2）对新增削减量影响。通过表 6 可以看出，计算水泥工业淘汰落后产能 SO_2 新增削减量时所采用的排污系数与第一次全国污染源普查采用的排污系数相比明显偏大，建议核实。

（3）对净减排量的影响。《核算细则》计算新增量时采用 0.311 kg/t，比污染源普查系数 0.066～0.158 kg/t 的平均值 0.112 kg/t 高 0.199 kg/t；计算新增削减量时采用 0.635 kg/t（我国落后产能大多为立窑），比污染源普查系数 0.234～0.470 kg/t 的平均值 0.352 kg/t 高

0.283 kg/t；在新增产能与关停产能相同的条件下，依据《核算细则》计算的净削减量要明显大于利用《第一次全国污染源普查》产排污系数计算的量。

5.2 减排监管方式建议

水泥生产过程中 SO_2 的产生和排放，主要集中在熟料的烧制阶段，用旋窑窑尾和立窑排放口的监测数据计算排放量是比较准确的。在没有监测数据的情况下，可采用水泥行业污染物产排系数计算，但不能用耗煤量直接物料衡算来计算 SO_2 的排放量。这是由于在熟料烧制过程中，煤在燃烧后产生的 SO_2 在窑内与生料（含钙）进行混合反应，而煤中的大部分硫分混合后成为熟料的组成部分，随废气排放出硫分相对较少。由于原料中活性钙的含量差异较大，且水泥生产工艺复杂多样，因此很难用物料衡算的方法准确计算水泥工业的 SO_2 排放量。

建议对于水泥工业的减排监管采用在线监测与产排污系数相结合的核算方法。同时考虑到水泥工业烟粉尘污染的严重性，应依据国务院 2007 年发布的《主要污染物总量减排监测办法》规定，"国控重点污染源必须在 2008 年底前完成污染源自动监测设备的安装和验收；监测数据必须与省级政府环境保护主管部门联网，并直接传输上报国务院环境保护主管部门"，强制产能大、污染严重的水泥企业安装 CEM 系统；对于暂不能安装 CEM 系统的企业可通过产排污系数核算 SO_2 排放量。

5.3 配套政策建议

依据"十一五"水泥产业发展政策，建议新建新型干法水泥项目时，要坚持上大压小、等量淘汰落后水泥原则，否则不得核准新建水泥项目；优先安排被关停水泥厂作为新建水泥厂的业主或股东，有条件的被淘汰的小水泥厂可作为粉磨站，有财力的省份可适当进行补贴，确保关停落后水泥企业工作顺利进行。

参考文献

[1] 国家发展和改革委员会. 水泥工业发展专项规划.

[2] 国家发展和改革委员会. 水泥工业产业发展政策.

[3] 国家环境保护总局. 主要污染物总量减排核算细则（试行）.

[4] 国家环境保护总局. 国家酸雨和二氧化硫污染防治"十一五"规划.

[5] 国家发展和改革委员会. 关于加快水泥工业结构调整的若干意见.

[6] 国务院办公厅. 国务院关于印发节能减排综合性工作方案的通知.

[7] 国家发展和改革委员会. 国家发展改革委员会办公厅关于做好淘汰落后水泥生产能力有关工作的通知.

从我国大气环境污染形势看“十二五”氮氧化物控制对策

View of “Twelfth Five Years”Nitrogen oxides total amount control countermeasures from China's air pollution situation

薛文博　蒋春来

摘　要　我国大气环境污染形势异常严峻，大气环境污染总体上已进入多污染物共存、多污染源叠加、多尺度关联、多过程演化、多介质影响的复合性大气污染阶段，呈现出明显的时间压缩型、空间区域性、构成复合型及经济胁迫型的特征。NO_x 作为复合型大气污染的关键污染物，可引起 O_3、NO_2、酸沉降及 $PM_{2.5}$ 等多种环境问题，因此“十二五”期间必须对 NO_x 实施严格的总量控制。为确保“十二五”NO_x 总量控制能更有效地服务于环境质量改善，系统总结了国外关于 NO_x 控制的经验，并从我国当前面临的大气环境污染形势及 NO_x 的环境污染特征出发，基于环境影响提出“十二五”NO_x 控制策略，具体控制策略及建议为：尽快完善大气环境质量评价体系，增加 O_3、$PM_{2.5}$ 两项评价指标，为构建基于环境影响的 NO_x 污染防治机制奠定基础；建立 NO_x 控制的环境质量效益预评估机制，将“总量目标”与“质量目标”有机结合起来；综合考虑 NO_x 引起的各种环境问题的行业差异性及区域差异性，NO_x 控制应坚持“分行业、分区域”区别对待的原则，走重点行业控制与重点区域控制相结合的道路。通过“统筹区域、统筹行业”，努力构建“以火电行业 NO_x 控制为核心的工业 NO_x 防治体系和以机动车 NO_x 控制为核心的区域及城市 NO_x 防治体系”，力争在“十二五”末实现“重点行业 NO_x 排放总量控制、重点区域空气质量改善”的双重目标。

关键词　氮氧化物　环境质量　环境影响　“十二五”　总量控制

Abstract　China's air pollution situation is increasingly severe, air environmental pollution in general has entered a composite air pollution phase with multi-pollutant coexistence, superposition of multi-polluting sources, multi-scale correlation, multi-process evolution, multi-medium effects, showing obvious features of time compressing type, spatial regional type, constitutes composite type, and economic coercion type. As a key pollutant of composite air pollution, NO_x can cause a variety of environmental issues like O_3, NO_2, Acid Deposition and $PM_{2.5}$. Therefore, it must be strict on the total amount control of NO_x during the “Twelfth five years”. To ensure that the “Twelfth five years” NO_x total amount control will service more effectively to improve the air quality, this paper systemic summarizes the foreign relevant experience of NO_x pollution control, with the current air pollution situation in our country and the environmental pollution characteristics of NO_x, this paper advances a China's “Twelfth five years” NO_x pollution control strategy based on the environmental impact. The specific control strategies and recommendations are as follows: Firstly, quickly improve the air environment quality evaluation system, increase two evaluation index that are O_3, $PM_{2.5}$, which will lay the foundation for NO_x pollution control mechanism based on environmental impact. Secondly, establish the environmental quality and efficiency pre-assessment mechanism of NO_x total amount control, organically combine the “emission control goal” and the “quality improving goal”. Thirdly, comprehensive considering environmental problem differences caused by NO_x in each industry and regional, NO_x total amount control should adhere to the distinction principle of different industry and regional, and insist on the combined control in key industries and key areas. Through the “Overall Area and Overall Industry”, it must be strived to build the industrial NO_x total amount control system centering on the thermal power and the regional and city NO_x total amount control system centering on motor vehicle. That is in pursuit of achieving the dual target for NO_x total amount control in key industries and the improvement of air quality in key district at the end of the “Twelfth five years”.

Key words Nitrogen Oxides Environmental Quality Environmental Impact Twelfth Five Years Total Amount Control

“十一五”期间我国煤烟型大气污染趋势得到初步遏制，部分地区环境质量得到明显改善，但随着 NO_x 排放量的持续增加，随之导致和加重了一系列的城市和区域环境问题，如光化学烟雾、城市细粒子污染、酸沉降等，大气污染特征已逐渐由传统的煤烟型污染向复合型污染转变，污染特征日趋复杂化，具有时间压缩型、经济胁迫型、构成复合型和空间区域性的特征。NO_x 除作为一次污染物会对人体健康产生危害之外，还会产生多种二次污染物。首先，NO_x 是生成臭氧的重要前体物；其次，NO_x 是城市细颗粒物污染的来源之一；另外，NO_x 排放对酸沉降的贡献呈逐年上升趋势，酸性降水已由硫酸型向硫酸硝酸复合型转变。如不严格控制，NO_x 对人体健康和生态环境构成的威胁将会越来越大，不仅将显著抵消 SO_2 减排带来的环境效益，还使大气复合型污染不断加剧。因此，在“十二五”规划前期对我国大气环境污染形势进行宏观分析，基于环境质量特征提出 NO_x 控制对策显得非常必要。

1 我国大气环境污染问题面临前所未有的压力，大气复合型污染形势日益严峻

我国大气环境问题极为复杂，大气环境质量改善面临巨大的压力。大气环境问题的复杂性主要体现在：“污染类型的地域差异性、污染现象的多样化、污染阶段的集中化”3 个方面，各种大气污染问题在时间及空间上“纵横交错”，大气环境形势总体上进入了多污染物共存、多污染源叠加、多尺度关联、多过程演化、多介质影响为特征的复合性大气污染阶段，并呈逐渐加重趋势。另一方面，大气环境污染已给公众健康造成极大的威胁，生态系统面临大范围退化的风险，舆论及国际压力日益加大，改善大气环境质量已刻不容缓。

1.1 发达国家历经近百年的环境问题在我国集中出现

发达国家大气环境问题大致依次经历了“烟粉尘、SO_2、NO_x”3 个污染阶段。第一阶段污染以煤烟型污染为代表，大气污染物以工业产生的烟粉尘为主，煤烟型污染集中发生在 19 世纪工业化初期；第二阶段是以“伦敦硫酸烟雾”为代表的还原型污染，污染物以燃煤引起的 SO_2、酸雨及硫酸盐为主；而第三阶段则是以“洛杉矶光化学烟雾”为代表的氧化型污染，其污染物主要包括 NO_x、VOC、O_3 及 $PM_{2.5}$ 4 种。回顾世界各国的大气污染历程，大多数发达国家历经几十年甚至上百年，才逐渐由煤烟型污染阶段过渡到复合型污染阶段。但是，随着我国国民经济的持续快速、跨越式发展，能源消费量急剧攀升，致使发达国家在上百年工业化过程中分阶段出现的环境问题，近二十多年来在我国部分城市群集中出现，大气环境质量与监测现状评估研究表明，我国典型城市群臭氧、区域灰霾的污染形势已相当严峻[1]。我国大气污染问题在尚未解决烟粉尘、SO_2 等煤烟型污染问题的情况下，部分地区又加速进入到了复合型污染阶段，老的环境问题尚未完全解决，新的环境问题又接踵而来，大气环境质量改善面临前所未有的压力。

表 1 中国大气污染的阶段特征

污染阶段 / 污染尺度	第一阶段 1970 年代以后 （烟粉尘诱发型）	第二阶段 1980 年代以后 （SO_2 诱发型）	第三阶段 2000 年以后 （NO_x 诱发型）
全国范围	全国大部分城市的首要污染物为 PM_{10}	华北及西南地区部分城市以 SO_2 污染为主；华南及华东地区以酸雨污染为主	NO_x 造成的大气污染现象主要集中在东部地区
重点区域	长三角、珠三角及京津冀首要污染物同样为 PM_{10}	长三角、珠三角为重度酸雨区	长三角、珠三角及京津冀地区 $PM_{2.5}$、臭氧问题异常突出
典型特征	时间、空间及污染类型相互叠加呈现出明显的压缩型、区域性、复合型污染特征		

1.2 大气环境污染对人体健康及生态环境构成严重威胁

我国大气环境质量虽然呈现总体好转的趋势，但环境污染问题仍然没有得到根本性改变，严重的大气污染对人体健康、生态环境造成了巨大的危害，甚至影响到社会稳定和环境安全。据初步统计，我国严重大气污染导致癌症、呼吸道疾病、心脏病等发病率大幅增加，每年由于空气污染造成过早死亡人数达 30 万～40 万人；另一方面，酸雨对陆地生态系统的影响已造成的巨大经济损失，并成为制约我国农林业生产和社会经济发展的重要因素之一。此外，日益严重的臭氧对农作物的毒害及对森林害虫的正向作用也给我国造成了巨大的经济损失。根据中国研究者的调查，仅长江三角洲地区，1999 年臭氧污染造成水稻减产近 5%，小麦减产超过 10%，两项作物共减产 126 万 t，经济损失 15 亿元[2]。全国大气污染每年对环境破坏造成的经济损失高达 3 000 多亿元。

1.3 大气环境污染面临着巨大的国际压力

大气污染物的跨界输送给我国与周边国家的环境外交带来了巨大的压力，其中 NO_x 引起的二次污染问题，如酸雨、细粒子、臭氧等都存在跨国界“长距离输送”的特点，使得我国 NO_x 的排放问题引起国际上的关注。另外，温室气体和汞污染问题已成为国际社会关注的焦点，成为或将要成为国际公约控制的对象。随着国际社会对温室气体排放和汞等大气污染物控制的逐步加强，将对我国大气环境保护、经济发展乃至国际形象产生重大影响。

1.4 “十一五”期间大气质量有所改善，但环境形势依然十分严峻

“十一五”期间我国环境保护工作取得了积极进展，局部地区大气环境质量有所改善，但环境形势依然十分严峻。截至 2008 年，全国酸雨污染仍然较重，酸雨污染面积高达 150 万 km^2，约占国土面积的 1/6；全国 23.2%的城市空气质量仍未达到国家二级标准；113 个重点城市中，有 48 个城市空气质量达不到二级标准；城市空气中的可吸入颗粒物、SO_2 浓度依然维持在较高水平，且首要污染物依然为可吸入颗粒物[5]。

1.4.1 酸雨污染未得到有效控制

全国酸雨污染形势依然严峻，酸雨污染尚未得到有效控制。具体表现在：2005—2008 年，全国开展降水监测城市的降水 pH 总体平均值介于 5.02～5.05 之间，降水酸度未得到明显改善；全国酸雨城市数（降水 pH 年均值低于 5.6）略有降低，而重酸雨城市数（降水 pH 年均值低于 4.5）则略有增加；2008 年酸雨面积约为 150 万 km^2，与 2005 年基本持平，重酸雨发生面积 60 万 km^2，比 2005 年略有增加，酸雨区域依然集中分布于长江以南，四川、云南以东地区，见图 1；NO_x 排放对酸雨的贡献逐年增强，硝酸根与硫酸根离子当量浓度比值已由 2005 年的 0.21 升高到 2008 年的 0.26。

1.4.2 空气中常规污染物浓度依然维持在较高水平

城市空气中的可吸入颗粒物、SO_2 浓度明显降低，但依然维持在较高水平。截至 2008 年，全国城市空气质量达到国家二级标准的比例由 2005 年的 60.3%提高到 76.8%，提高了 16.5 个百分点，其中 SO_2 浓度较 2005 年下降 13.3%，NO_2 年均浓度未发生明显变化，可吸入颗粒物年均浓度较 2005 年下降 14.9%；95.6%的环保重点城市空气质量优良天数超过 292 天，超过“十一五”规划目标 20.6 个百分点，环保重点城市 SO_2 浓度较 2005 年下降 15.8%，NO_2 年均浓度较 2005 年降低了 2.8 个百分点，可吸入颗粒物年均浓度较 2005 年降低了 11 个百分点；113 个环保重点城市中，可吸入颗粒物为首要污染物的占 89.6%，SO_2 为首要污染物的占 9.6%，NO_2 为首要污染物的占 0.6%。各污染物浓度的空间分布见图 2 至图 4。

从监测数据可以看出，我国城市空气中 SO_2、可吸入颗粒物浓度较 2005 年均明显降低，环境质量总体有所改善，但各污染物的绝对浓度仍处于高位，传统的煤烟型污染并

未得到根本性控制，大气环境污染形势依然非常严峻。

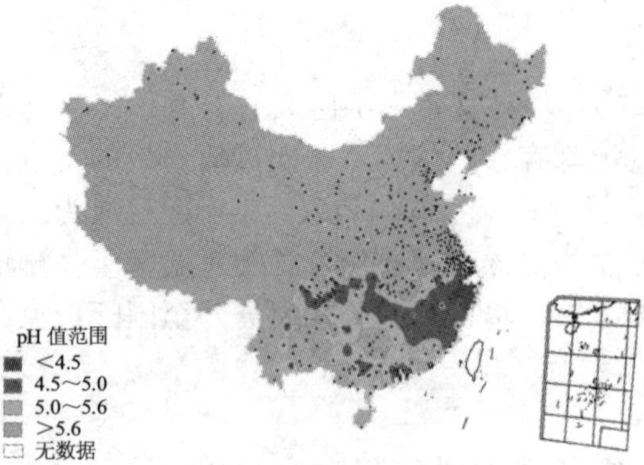

图 1　2008 年全国酸雨污染分布

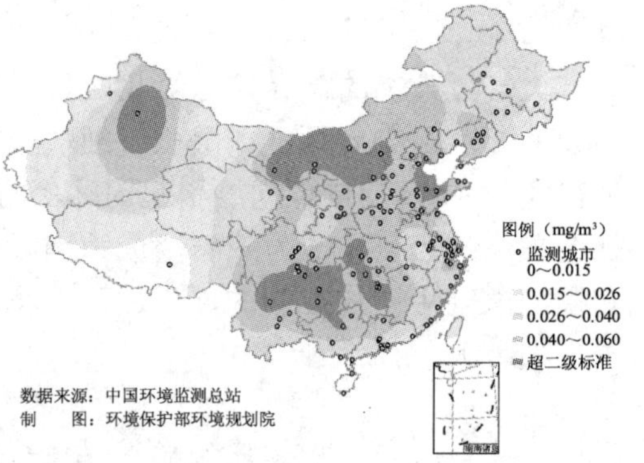

图 2　2008 年全国 SO_2 污染分布

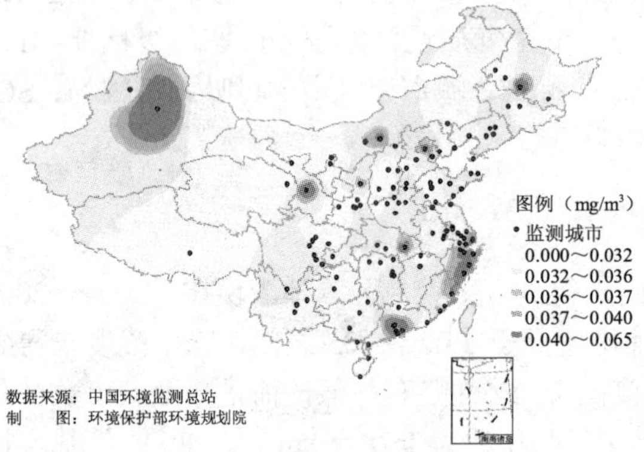

图 3　2008 年全国 NO_2 污染分布

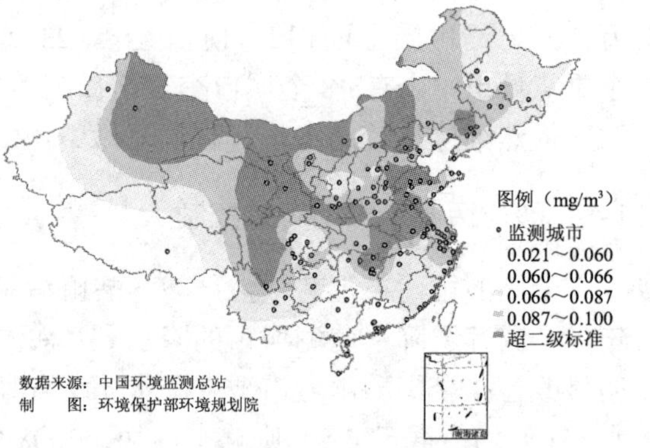

图 4　2008 年全国 PM_{10} 污染分布

2 NO_x 是导致我国复合型大气污染的关键污染物

NO_x 作为一次污染物本身会对人体健康产生危害，同时它的大气化学性质十分活泼，在一定条件下与大气中其他物质发生反应，生成硝酸根离子、臭氧和细颗粒物等多种二次污染物，导致酸沉降、近地面臭氧、区域灰霾、富营养化等二次污染问题，并将污染范围扩大到离源排放较远的地区，它是导致我国大气复合型污染的关键污染物之一。

2.1 东部地区已成为全球 NO_2 污染最为严重的地区之一

污染源排放的 NO_x 约 95%为 NO，NO 在空气中不稳定，可被氧化为 NO_2，空气中 NO_2 与 NO_x 的比值约为 0.7，且 NO_2/NO_x 呈现郊区高于市区的特点。2000 年以后，国家环境质量公报改报为 NO_2，同时把标准值放宽了一倍，即现在的 NO_2 的二级标准等于原来 NO_2

的三级标准，新标准中 NO_2 的年均浓度平均值（0.08 mg/m^3）远高于世界卫生组织（WHO）最近提出的推荐标准值（0.04 mg/m^3）。执行新标准后，所有统计城市的 NO_2 浓度均未超过国家空气质量的二级标准，但北京、上海、广州、重庆等大城市 NO_2 的日均浓度有不同程度的超标现象。

2005 年，《Nature》杂志公布 NASA 卫星遥感测数表明，在各国对流层 NO_2 浓度普遍降低的情况下，我国 NO_2 浓度急剧增长，特别是京津冀、长三角和珠三角等东部地区 NO_2 浓度值增加量明显高于其他地区。另外，北京到上海之间的工业密集地区已成为全球对流层内 NO_2 污染最为严重的地区。全球及我国 NO_2 浓度分布见图 5 及图 6。

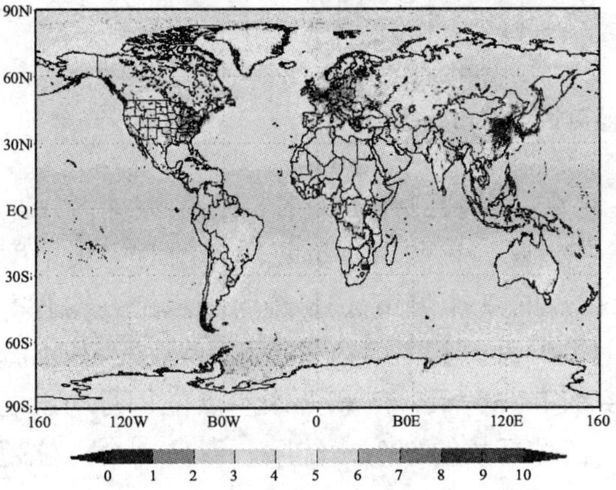

图 5　2008 年全球 NO_2 污染（NASA）

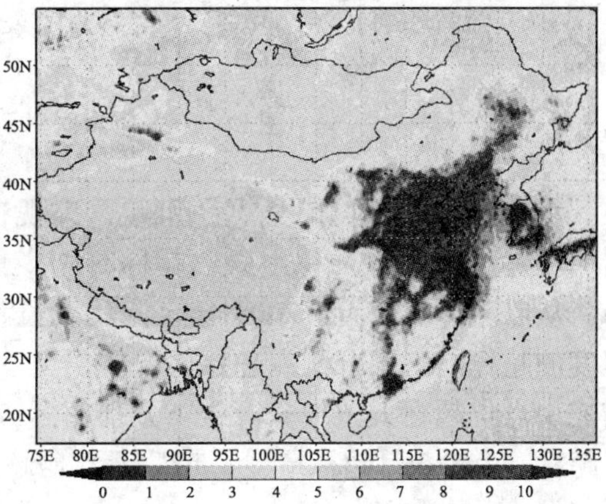

图 6　2008 年全国 NO_2 污染（NASA）

2.2 臭氧污染日益严重

臭氧是光化学烟雾的代表性污染物，城市臭氧主要是由挥发性有机气体（VOCs）与氮氧化物（NO_x）经过一系列复杂的光化学反应所形成。机动车作为 NO_x 与 VOC 共同的排放大户，是城市特别是市区臭氧污染的主要来源。臭氧污染可使空气氧化性增强，不仅对人体健康造成威胁，同时能加速次生 $PM_{2.5}$ 的形成，环境危害极大。

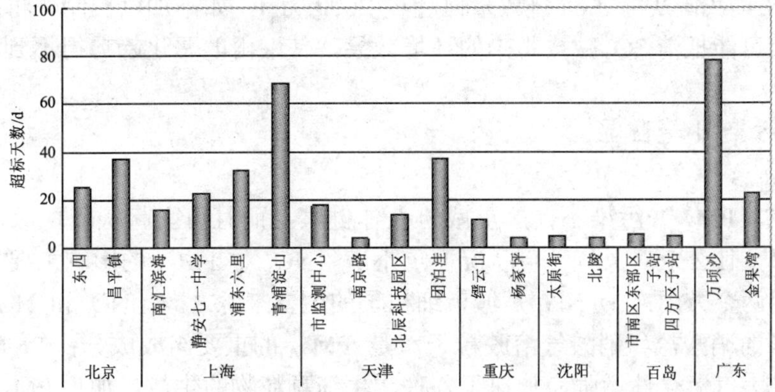

图 7　2008 年全国臭氧监测试点城市超标天数

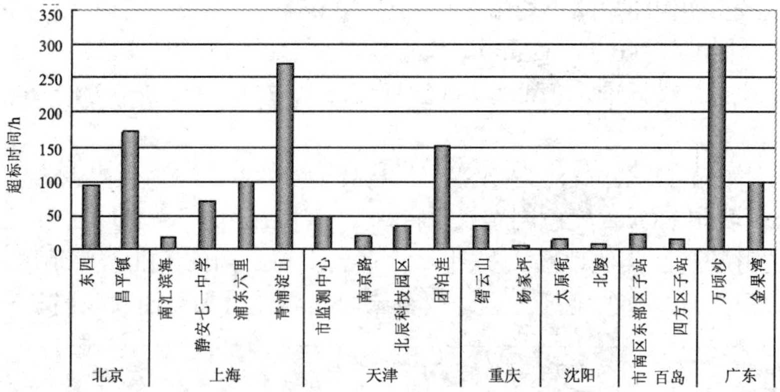

图 8　2008 年全国臭氧监测试点城市超标小时数

近些年，高浓度的臭氧污染频繁出现在北京、珠江三角洲及长江三角洲地区，呈现出明显的区域性大面积污染，超标时间多集中在夏、秋两季，臭氧污染的时空集中度较高。从监测情况来看，2008 年全国臭氧监测试点的 7 个城市（18 个监测点位）均有不同程度的超标，大部分测点超标情况多出现在 4～9 月，其中广东省广州市万顷沙和上海青浦淀山点位超标天数最多，全年分别超标 78 天和 69 天，广东万顷沙点位每月均出现臭氧超标，9～10 月超标最多，超标天数均超过当月天数的 50%；沈阳、青岛 4 个点位超标时间较少，全年超标 4～6 天。

2.3 酸沉降污染仍然严重

NO_x 是导致我国酸沉降的重要因素之一，对降水酸度的贡献仅次于 SO_2。近些年，我国酸雨区域分布格局基本不变，但局部地区的酸雨有所加重，由于 NO_x 排放量的持续增加，降水中硝酸根离子浓度快速升高，致使降水离子结构发生显著变化。监测数据显示我国 2008 年降水中硝酸根离子平均浓度为 3.1 mg/L，较 2005 年（2.6 mg/L）增加了 19.2%。硝酸根与硫酸根离子当量浓度比值已由 2005 年的 0.205 升高到 2008 年的 0.258，呈现快速递增的趋势，酸雨类型已加速由硫酸型向硫酸硝酸复合型过渡，如图 9 所示。相关研究表明，2008 年我国实际 NO_x 排放量已超过 2000 万 t，如不加以控制，将很快超过 SO_2 排放量，并有可能抵消 SO_2 减排带来的环境效果，使酸雨的恶化趋势得不到根本控制。

2.4 细粒子污染日趋凸显

细颗粒物（$PM_{2.5}$）污染不仅严重威胁人体健康，而且可引起灰霾现象，导致大气能见度显著下降，使公众对大气环境状况严重不满。NO_x 对 $PM_{2.5}$ 的影响主要体现在直接作用和间接作用两个方面：① NO_x 是城市细粒子的主要来源之一，NO 和 NO_2 在大气中反应生成亚微米的硝酸盐和硝酸气溶胶粒子，是 $PM_{2.5}$ 的重要组成成分；② NO_x 引起的臭氧污染，致使大气氧化性增强，加速了各种次生细颗粒物的生成，加重 $PM_{2.5}$ 污染。

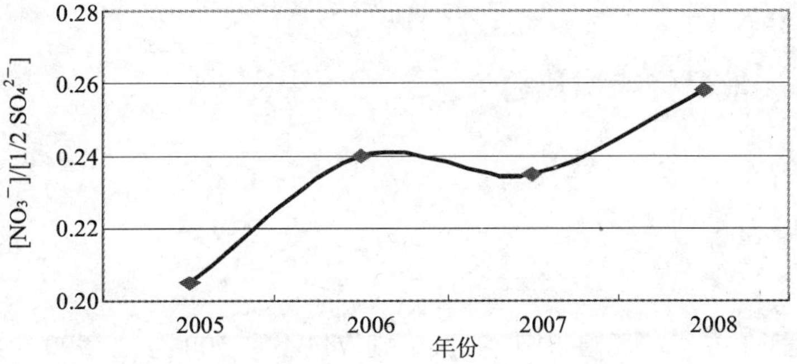

图 9　2005—2008 年硫酸根及硝酸根离子当量浓度比值变化

从 $PM_{2.5}$ 构成来看，$PM_{2.5}$ 包括原生细粒子（一次污染物）、次生细粒子（二次污染物）两部分。原生细粒子主要来源于地壳成分（尘污染）及燃料燃烧产生（挥发性物质、水蒸气凝聚）的一次细粒子；次生细粒子多为 SO_2、NO_x 经化学转化所形成的硫酸盐（硫酸铵）、硝酸盐等二次细粒子。$PM_{2.5}$ 的构成极为复杂，不同地区、不同时间其主要成分差异极大，但大多数城市硝酸盐占 $PM_{2.5}$ 的平均比例约在 7%。一些研究预测，至 2020 年，我国细粒子中硝酸根的质量浓度及分布与 2005 年相比基本保持不变，但随着 $PM_{2.5}$ 质量浓度的下降，硝酸根在细粒子中的比例将显著升高。江西大部分地区硝酸根在细粒子中的质量百分比将超过 30%，部分地区甚至超过 35%，未来十余年时间里将对大气环境中细粒子浓度进一步得到降低造成显著阻碍。另外，相关研究结果表明 $PM_{2.5}$ 占到 PM_{10} 的 60%～80%。

从监测情况来看，2008 年全国灰霾监测试点地区为天津、上海、重庆、广东省、广州市、深圳市、江苏省、南京市 8 个省市。试点省市中以上海、深圳及广州灰霾现象最为突出，灰霾天数均超过 100 天。其中上海 2006 年、2007 年出现灰霾的天数分别为 167 和 143 天，分别占全年天数的 45.6%和 39.1%；深圳市 2008 年灰霾天数为 154 天，占全年天数的 42.1%；广州市 2008 年灰霾天数为 110 天，占全年天数的 30.1%；天津 2008 年出现灰霾的天数为 81 天，占全年总天数的 22.1%。卫星图片显示，我国华东地区已成为全球 $PM_{2.5}$ 污染最为严重的地区。

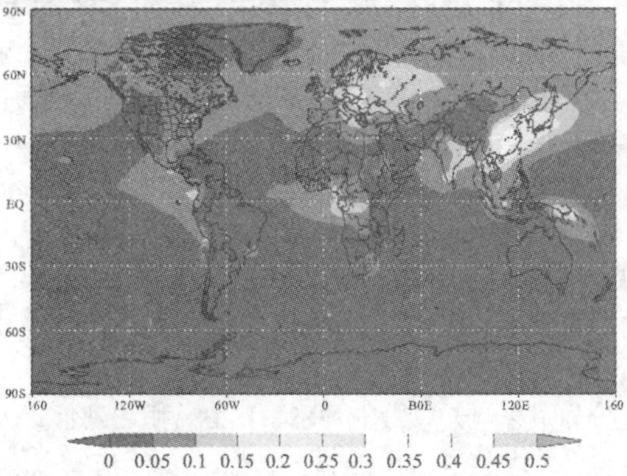

图 10　2008 年全球 $PM_{2.5}$ 污染（NASA）

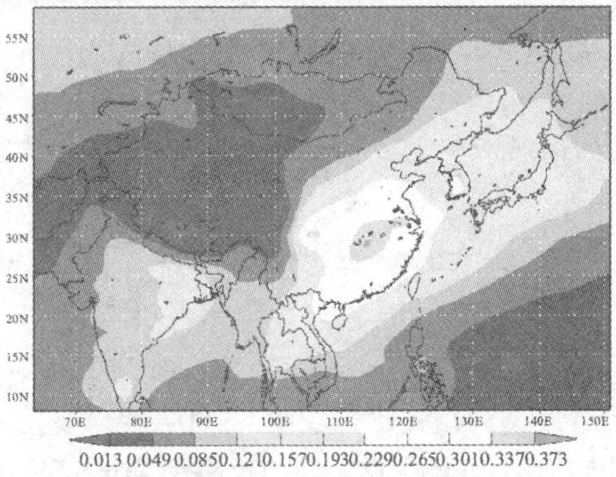

图 11　2008 年全国 $PM_{2.5}$ 污染（NASA）

3 我国 NO_x 排放量呈持续增长趋势

3.1 排放总量呈增加态势

据国内相关研究估算，我国 1980 年 NO_x 排放量不到 500 万 t，1990 年约 850 万 t，2000 年将近 1 200 万 t，2008 年达到约 2 300 万 t，排放总量呈继续增加态势。中国 NO_x 排放发展趋势的情景分析也表明，随着中国人口的不断增加、国民经济的持续稳定增长和人民物质文化生活水平的不断提高，未来 30 年我国 NO_x 排放量将呈现持续增长的趋势。

如果不采取进一步的控制措施，NO_x 排放量在 2020 年将超过 3 000 万 t，有可能成为 NO_x 排放第一大国，如图 13 所示。

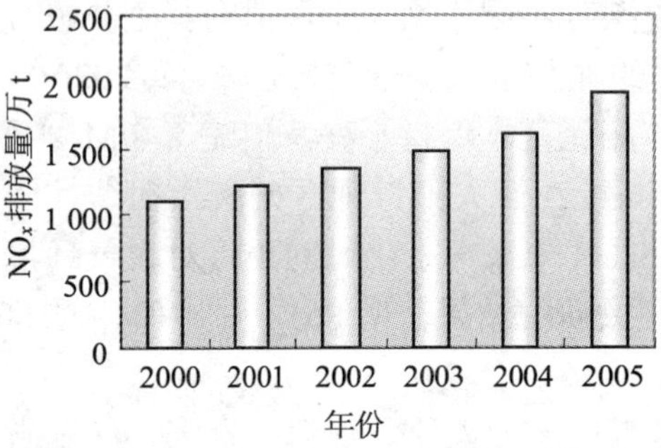

图 12　2000—2005 年全国 NO_x 排放量变化

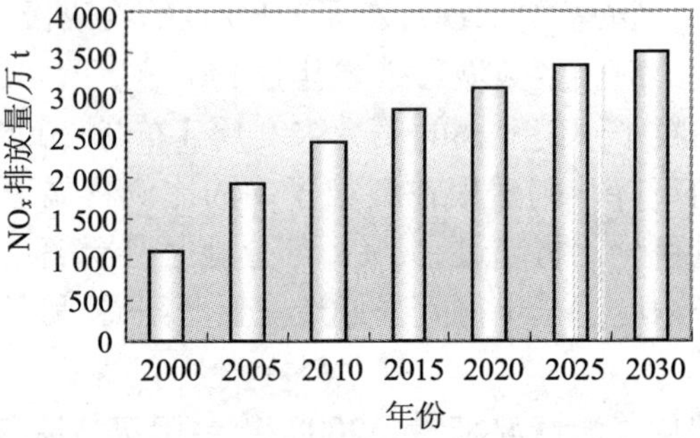

图 13　现有控制措施下未来 NO_x 排放趋势

3.2 NO_x 排放主要集中在中东部地区

我国 NO_x 排放量的地区分布极其不平衡，主要集中在人口密集、工业集中和经济发展较快的中东部地区。中东部地区的面积为 273.67 万 km^2，仅占国土面积的 28%，但 NO_x 的排放量超过 80%，2007 年中东部地区 NO_x 的单位排放强度为 4.51 t/km^2，是西部的 7.6 倍。排放大省包括广东、山东、河北、江苏和河南，这 5 个省份的 NO_x 排放量均超过 100 万 t，5 省的排放总量占全国排放量的 43.5%。

3.3 排放具有行业集中的特点

我国 NO_x 排放量具有行业集中的特点，火电行业，工业和交通运输业对 NO_x 排放量的贡献最大。相关研究表明，2007 年三个行业分别占排放总量的 38%，20%和 32%，三者之和对中国 NO_x 排放总量的贡献率高达 85%以上。2007 年我国火电行业 NO_x 的排放量为 840 万 t。总体上，火电行业 NO_x 排放量随着火电行业的发展呈不断增长的趋势。2003—2007 年五年间，火电厂装机容量增长 92%，发电量增长 72%，煤耗量增长了 69%，2007 年我

国火电行业 NO_x 排放量比 2003 年的 597.3 万 t 增加约 40%。受低氮燃烧技术逐步应用影响，我国火电单位发电量的 NO_x 排放水平总体呈逐步下降趋势，2007 年为 3.1 g/kW 时，同 2005 年相比下降了 16%，与 1985 年美国、德国、英国单位发电量 NO_x 排放水平相当，但远高于 1999 年美国、英国、德国和日本的排放水平。

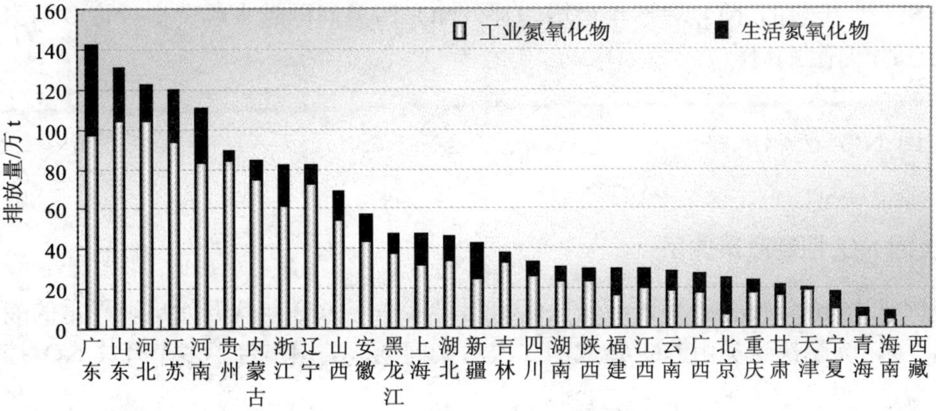

图 14　2007 年各区域 NO_x 排放量

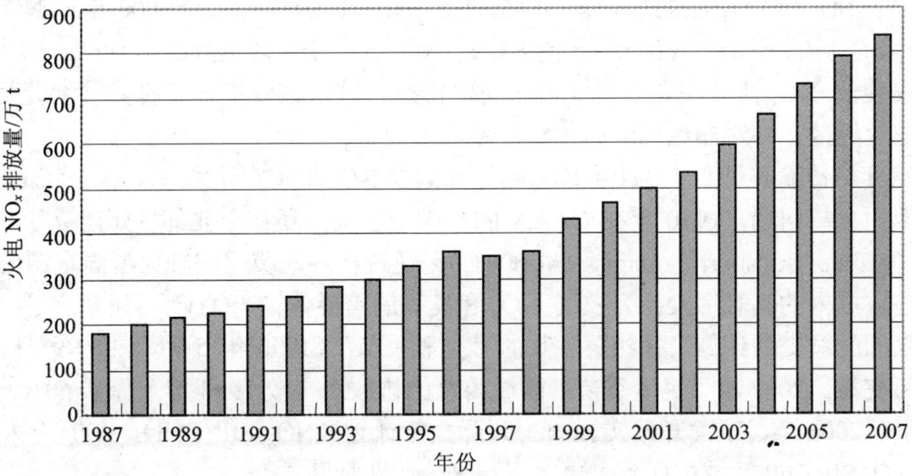

图 15　火电行业 NO_x 排放变化情况

2007 年我国机动车排放的 NO_x 约为 500 万 t。根据车型划分，保有量占 15%的大型载客车和重型货车（其中 70%为柴油车）排放了总量的 70%左右；根据燃料划分，柴油车排放 NO_x 约占总量的 62%，汽油车排放约占 36%，柴油车已经成为我国机动车 NO_x 排放的主要贡献者。另据测算，我国非道路车辆和机械 NO_x 的排放量约为 200 万 t，也已经成为 NO_x 的重要排放源。随着火力发电和机动车保有量的进一步增长，NO_x 在这两个行业集中排放的现象将进一步凸显。

4 国外 NO_x 控制策略

国外经历了从 SO_2、颗粒物控制，再到 NO_x 控制的过程。随着经济和工业的快速发展，全球人为排放的 NO_x 有逐年递增趋势，NO_x 污染问题越来越突出，许多国家实施了严格的立法以限制其排放。

4.1 美国 NO_x 控制策略

4.1.1 美国 NO_x 控制政策体系

美国于 1940 年代开始频繁出现光化学烟雾事件，1950 年代开始出现严重的酸雨，最低值达 3.2，为解决这类由 NO_x 造成的二次污染问题，美国出台了多个有关 NO_x 控制的政策和法规。

（1）《清洁空气法修正案》（CAAA）及酸雨计划（ARP）。1990 年《清洁空气法》修正案（CAAA）在第四章提出了 NO_x 的削减控制要求，并在全国范围内执行酸雨减排计划，设定了 SO_2 和 NO_x 的排放限值（0.45～0.5 lb/mmBtu），要求到 2000 年将 NO_x 排放量在 1980 年的基础上削减 200 万 t，使火电厂 NO_x 分两个阶段达到削减目标。燃煤电厂的锅炉要安装低 NO_x 排放装置并且要遵守新的排放标准。该修正案还将美国划分为臭氧达标区和非达标区，并对非达标区的达标期限做出规定。

（2）臭氧传输委员会（OTC）NO_x 配额计划及 NO_x 州实施计划（NO_x SIP Call）。为了解决近地面臭氧问题，1990 年在 CAAA 的基础上，美国还在东北部各州建立了臭氧传输委员会（Ozone Transport Commission，OTC），通过在各成员州削减大型固定源的 NO_x 排放减少该区域内的臭氧污染。为控制 NO_x 和臭氧的跨界传输，OTC 各州建立了一个涉及多管辖权的配额交易计划，在相关各州的“臭氧季节”（1990 年 5 月 1 日—9 月 30 日）实施排污交易。2002 年“臭氧季节”区域内总的排放水平较 1990 年下降了 60%，远低于目标水平。2003 年，EPA 开始实施 NO_x 州际执行计划（NO_x SIP Call），2004 年将减排目标通过 NO_x SIP Call 区域扩展到了更多州和哥伦比亚特区。

（3）清洁空气州际法规（CAIR）。随着细粒子问题的出现，2005 年，美国 EPA 又发布了州际清洁空气法案（Clean Air Interstate Rule，CAIR），该法案旨在通过同时削减 SO_2 和 NO_x 帮助各州的近地面臭氧和细颗粒物达到大气环境质量标准。

4.1.2 美国 NO_x 控制效果

通过一系列的控制措施，美国电力工业 NO_x 排放量近 20 年来已大幅度下降，从 1990—2004 年美国电力行业每年排放 NO_x 的总量不断减少，减少分 3 个阶段：第一阶段从 1990—1995 年，每年排放量在 850 万 t 左右。第二阶段由于 SCR 技术的推广，大大降低了 NO_x 的排放，1994—1995 年，减少了 200 万 t 左右。第三阶段从 1995 年开始呈逐年递减的趋势，到 2004 年，NO_x 排放递减到 500 万 t 左右。电力行业的 NO_x

排放与 NO_x 排放总量趋势相同（图 16）[3]。未来 CAIR 实施后有望继续大幅下降。

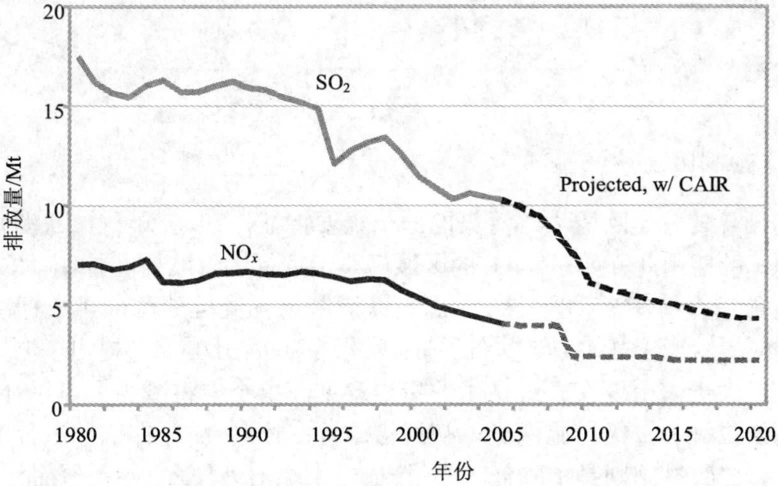

图 16　美国电力行业 SO_2 和 NO_x 变化趋势

美国各个地区酸雨状况也有所改变。除了美国东北部，大部分地区降水 pH 值达到了 5 以上，硝酸盐沉降量低于 3 kg/hm²（图 17、图 18）[3]。此外，酸雨计划的实施手段 NO_x 的排污交易开展后，已经取得了显著成效，空气中臭氧的含量明显减少。到 2006 年，4～5 个空气中臭氧含量未达标地区，达到了空气质量标准。

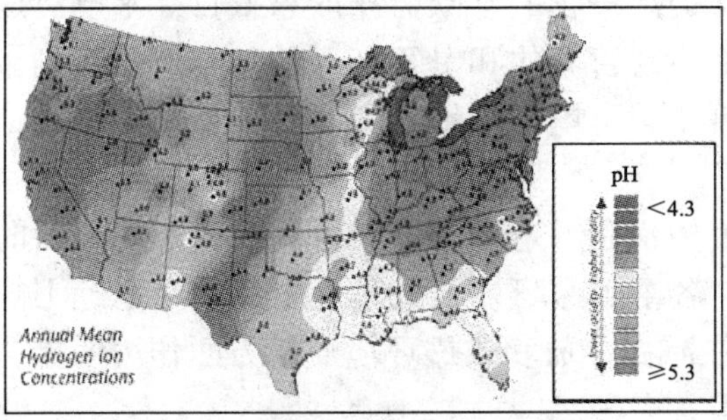

图 17　美国地区 pH 值分布

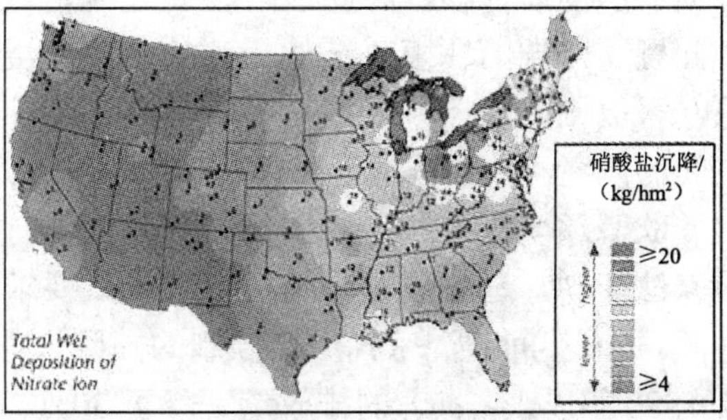

图 18　美国地区硝酸盐沉降

4.1.3 美国 NO_x 控制经验

（1）采取命令控制型政策手段的同时，将市场机制引入 NO_x 区域削减政策体系。既体现了政策实施的强制性，同时给予企业选择减排手段的灵活性，使得控制政策在实现 NO_x 削减的同时，大大降低了减排的成本。

（2）基于最佳示范技术（BDT）制定合理、切实可行的排放标准。

（3）NO_x 的控制政策以减少其二次污染的环境损害为目标。不仅要求各排放源达到相应的排放标准，还根据二次污染的削减目标来制定区域的 NO_x 排放总量，并将总量分配到地区，从而达到有效减少二次污染的目的。

（4）在解决 NO_x 及其二次污染的长距离传输问题时，美国制定了区域污染控制策略，建立了地区间协调和合作机制。

4.2 欧洲 NO_x 控制策略

4.2.1 欧洲 NO_x 控制历程

污染物跨国界转移是欧盟大气污染的一个重要特征，1960 年代，欧洲开始出现大范围的酸雨问题，欧盟由此开始了 NO_x 的区域污染治理行动。欧盟在控制 NO_x 污染时，更多依赖于传统的命令控制型手段。一方面，欧盟制定各类排放源的排放标准以实现对单个排放源的控制。欧盟于 1996 年发布了 61 号指令（96/61/EC），提出了燃烧设备污染防治的综合方案及关于采用现有先进技术的指导意见，指令中将减少火电厂 NO_x 排放的技术措施列为初级措施和二级措施两类。初级措施旨在控制 NO_x 在锅炉运行中的形成并已得到广泛应用，二级措施则是指降低 NO_x 排放的末端治理技术。另一方面，为解决 NO_x 及其二次污染物的长距离输送问题，欧盟各成员国通过签署各类国际公约，提交国家削减计划等方式来达到控制 NO_x 区域污染的目标。欧盟于 1979 年签署了长距离大气污染公约，1988 年，缔约国制定了该公约之下的旨在控制 NO_x 排放和输送的索菲亚协议。1999 年签署的《控制酸沉降，富营养化和臭氧协议》制定了各签署国到 2010 年的 NO_x 排放限制目标。欧盟还于 1997 年通过了一项酸雨防治战略，旨在同时解决欧盟范围内的酸沉降、富营养化以及近地面臭氧问题。由于 SO_2、NO_x、挥发性有机污染物和氨气是这三类二次污染问题的前体物，因此该战略通过制定这四类污染物的全欧盟排放总量目标来解决这些问题。欧洲的酸雨政策从一开始则将酸沉降、富营养化和臭氧问题纳入同一个控制体系，采取同一套控制政策。多目标的污染控制政策可以有效地避免多个单目标控制政策之间的冲突，并且更易于执行。

欧盟环境保护的主要和共同手段是把有关指示在一定时间框架内写入各个成员国的国家法律中，这些规定明确规定了最低要求，各个国家可以在此基础上提高，但绝不能降低。20 年间欧洲空气污染控制的国际合作在减少排放和改进环境质量方面作用明显，自 1980 年以来，NO_x 的排放量下降了 30%。

4.2.2 欧洲 NO_x 控制经验

（1）NO_x 控制是以减少环境损害为目标。引进了“临界符合”这一概念，使政策制定更能减少排放的生态影响。

（2）基于最佳可行技术（BAT）能够达到的削减水平制定合理而严格的污染源排放标准。这些标准考虑了环境要求和相关控制技术的经济性、可行性和费用有效性，因此能够兼顾环境效益实现企业达标的可行性。

（3）通过各类国际公约，建立地区间协调和合作机制，减少区域 NO_x 排放。

（4）采取多目标的污染控制政策，将酸沉降、富营养化、臭氧和大气细粒子纳入同一控制体系，有效避免多个目标控制政策间的冲突，并且易于执行。

4.3 日本 NO_x 控制策略

4.3.1 日本 NO_x 控制历程

日本从 1960 年代进入了能源高消费时代，大气污染从单一的燃煤污染物污染向多种污染物的协同污染转化，并成为一些城市的社会问题。日本控制大气污染的历程与我国相似，即第一阶段控制烟尘，第二阶段控制 SO_2，第三阶段控制 NO_x。日本于 1973 年制定了有关 NO_2 的排放标准，1974 年日本《大气污染防治法》再次修订时，正式导入总量控制策略，并于 1981 年在工业集中的指定地区对 NO_x 实施了总量控制，日本 NO_x 的污染得到了一定的控制，但大都市的 NO_2 空气质量标准达标率仍旧较低，且汽车尾气监测站的超标率远高于一般环境大气监测站，汽车尾气的污染问题是日本大城市 NO_x 污染难以改善的原因。为此 1992 年日本制定了汽车 NO_x 法，要求在特定地区采取削减机动车 NO_x 排放量的措施，并在 2001 年制定了汽车 NO_x·PM 法，进一步强化了汽车尾气排放标准，到 2005 年总量控制区内 NO_x 的排放量比 1997 年下降了 32%，空气质量得到了明显的改善。

4.3.2 日本 NO_x 控制经验

（1）从法律、法规和标准多个方面同时控制 NO_x 排放，并及时进行动态更新和改进。

（2）排放标准针对不同的行业或各类污染源的具体特点有所不同，时间上都体现了新源比旧源严格的思想，且日本的排放标准非常详细具体，保证了标准的针对性、科学性和可行性。

（3）划定特别控制区，并对区域内的机动车实行区域总量削减。

5 基于环境影响的“十二五”NO_x 控制策略

我国大气环境形势总体上已进入“多污染问题共存、多污染源叠加、多尺度关联、多过程演化、多介质影响”的复合型大气污染阶段，特别是 NO_x 排放量的持续增加已导致我国部分地区大气环境污染特征发生了本质性变化，适时地将 NO_x 指标纳入“十二五”总量控制范围已成为应对复合型大气污染的必然选择。

5.1 完善大气环境质量评价体系，为构建基于环境影响的 NO_x 控制机制奠定基础

环境质量评价体系包括环境质量监测指标、环境质量评价方法及环境质量标准 3 个方面。目前我国空气环境质量评价体系所采用的评价方法为空气污染指数法（Air Pollution Index，API），API 指数在我国于 1997 年 6 月 5 日开始逐步推行，当时根据城市空气污染的特点，只考虑了 SO_2、NO_2 和 PM_{10} 这三项指标，而 NO_x 引起的 O_3 及与灰霾天气密切相关的 $PM_{2.5}$ 细颗粒和等指标并未包含在内，这种评价方法一直沿用至今。但随着 NO_x 排放

量的急剧增加，目前我国大气污染特征已发生了巨大的变化，仅依据“老三样”（SO_2、NO_2、PM_{10}）对空气质量进行评价已难以全面、真实、客观地反映空气污染水平，评价结论往往与公众直观感受存在较大差距。

以广州市、上海市为例，2008 年广州市全年空气质量优良天数 345 天，优良率达到 94.3%，而广州市 2008 年灰霾天数则高达 110 天，占到全年总天数的 30.1%，臭氧超标天数达 78 天，占全年总天数的 21.3%；2008 年上海市环境空气质量优良的天数为 328 天，优良率达到 89.6%，但上海市近几年出现灰霾的天数约为 150 天，已占全年总天数的 40% 以上，平均 2～3 天出现一次灰霾天气。上海青浦淀山点位臭氧超标天数高达 69 天，占到全年总天数的 18.8%。若考虑臭氧污染，2008 年上海市空气质量达标率不足 70%，考虑 $PM_{2.5}$ 污染（参照美国标准），达标率则不足 50%。

5.1.1 增加空气质量污染物监测指标

《环境空气质量监测规范（试行）》规定“环境空气质量常规监测项目应从环境空气质量标准规定的污染物中选取。国家环境空气质量监测网的测点，必须开展 PM_{10}、SO_2、NO_2、CO、O_3 六项指标的监测”。《规范》中对于导致灰霾天气的细粒子 $PM_{2.5}$ 并未要求监测。从实际监测情况来看，我国各城市的监测项目基本只包含 PM_{10}、SO_2、NO_2，对 O_3 指标监测较少，对 $PM_{2.5}$ 指标的监测基本属于空白。因此，应尽快在空气质量常规监测项目中增加 O_3、$PM_{2.5}$ 两项指标。

5.1.2 优化空气质量评价方法

国际上常用的空气质量评价指数包括 PSI 指数（Pollutant Standard Index）和 API 指数（Air Pollution Index）两种，PSI 和 API 指数大同小异，在污染物监测项目和评价标准方面稍有不同。美国、英国和中国台湾地区均采用的是 PSI 指数，而我国大陆及香港则采用的是 API 指数。PSI 指数是美国 1976 年公布的主要用于评价大气质量逐日变化的大气质量指数，考虑 NO_2、SO_2、CO、O_3、颗粒物质及 SO_2 与颗粒物质浓度的乘积六项指标，不仅突出了单一污染因子的作用，同时也反映了 SO_2 与颗粒物质之间的协同污染作用。我国目前使用的空气污染指数（API）同样是按照 PSI 原理建立的空气质量指数，该指数所选用的参数为 PM_{10}、SO_2、NO_2、CO、O_3，其中 PM_{10}、SO_2、NO_2 为必选项。API 指数相比 PSI 指数，不能反映各污染物之间的协同污染效应。

分析可以看出：国际上环境空气质量评价体系（API 指数）所评价的指标包括：SO_2、NO_2、O_3、CO、PM_{10}、$PM_{2.5}$ 六项指标，而我国采用的 API 指数评价的指标仅有 SO_2、NO_2、PM_{10} 三项，难以反映 NO_x 排放造成的 O_3、细颗粒物（$PM_{2.5}$）污染。为客观评价 NO_x 引起的 O_3、细颗粒物（$PM_{2.5}$）污染水平，应尽快优化现行的空气质量评价方法。

5.1.3 完善空气质量评价标准

空气质量标准作为空气污染水平的评价基准，直接决定了空气质量的评价结论。我国现行空气环境质量标准颁布于 1996 年，已使用 10 年以上，与美国及世界卫生组织标准相比存在“污染指标不完善、限值总体偏松”等不足，如在臭氧标准方面，我国标准过于宽松，只有 1 h 标准，而世界卫生组织、美国、欧盟均制定了 8 h 质量标准；在细粒子标准方面，我国仅有 PM_{10} 标准，无 $PM_{2.5}$ 标准；在 NO_2 标准方面，相对于世界卫生组织的推荐值及发达国家的标准值，我国浓度限值相对偏高或过于宽松。针对我国当前的大气污染特征，应加快构建科学的空气质量标准体系，研究制定 $PM_{2.5}$ 环境质量标准，制定 8 h 臭氧环境质量标准，加严 NO_2 空气质量标准。

5.2 NO_x 控制应走重点行业控制与重点区域控制相结合的道路

5.2.1 不同行业排放的“污染贡献”决定了最有效的减排行业

“十二五”NO_x 控制首先应理顺“排放大户”与“污染大户”的关系，“排放大户”与“污染大户”或“总量排放”与“环境质量”的响应关系可视为“源”与“汇”的关系。NO_x 作为一次污染物本身会对人体健康产生危害，同时也是臭氧、酸沉降和细粒子等二次污染的重要前体物。NO_x 排放引起的环境问题概括起来主要包括“臭氧、NO_2、酸雨及细粒子”污染 4 个方面。从 NO_x 排放引起的环境问题来看，控制 NO_x 的首要原因是要控制臭氧污染，其次是 NO_2 污染，再次是酸沉降、细粒子污染。因此首先必须弄清楚各行业（火电、机动车等）NO_x 排放分别对臭氧、NO_2、酸沉降、细粒子的贡献率，摸清“排放”与“污染”之间的响应关系，综合考虑技术、经济等制约因素，从最能有效缓解或解决臭氧、NO_2、酸沉降及细粒子等污染问题的行业入手，通过有限的减排量实现“环境效益最大化”，促使总量控制能更有效地服务于环境质量改善。

从各行业 NO_x 排放对各种环境问题的影响来看，不同行业 NO_x 排放对臭氧、NO_2、酸沉降及细颗粒物污染的贡献率存在着较大差异，如臭氧污染主要由机动车尾气排放所引起，机动车作为 NO_x 与 VOC 共同的排放大户（重点区域及城市臭氧污染主要取决于 VOC 排放），对臭氧生成的贡献率约在 40%以上[6]；NO_2 污染主要由机动车等低矮源排放的 NO_x 所引起；酸雨问题主要由火电厂 SO_2 及 NO_x 排放引起（我国酸雨以硫酸型酸雨为主）；细颗粒物污染则是原生细粒子与次生细粒子混合型污染，是多行业、多污染物排放经物理、化学转化所引起的综合结果，NO_x 排放直接生成的硝酸盐是细颗粒物的重要组成成分，硝酸盐约占细颗粒物的 7%，另一方面 NO_x 可增加大气氧化性，间接加速了细颗粒物的生成。为有针对性地缓解或解决各种环境问题，考虑到不同行业 NO_x 排放对各种环境问题贡献的差异性，“十二五”NO_x 控制应将火电、机动车作为重点控制行业。由于火电行业 NO_x 排放量最大，且属于高架源，NO_x 排放污染影响范围广，存在跨界污染问题，引起的酸雨问题也为全国性的问题，因此对火电行业应实施全国范围的总量控制。另外，为有效控制臭氧污染，在重点控制电力、机动车行业 NO_x 排放的同时必须加大其他行业 VOC 排放的协同控制力度。

表 2 不同环境问题与 NO_x 排放的关系

环境问题	酸沉降	臭氧	细颗粒物	NO_2
首要影响行业	火电行业	机动车	多行业、多污染物共同影响	机动车等低矮源

5.2.2 不同环境问题的“污染尺度”决定了分区域控制的策略

我国大气环境问题的空间差异性较大，各地区由于能源结构、经济结构及发展水平的不同，所面临的主要环境压力各不相同。从全国范围来看，目前我国东、西部地区的大气环境问题尚处于不同的污染阶段。西部地区目前仍然以煤烟型污染为主，颗粒物、SO_2污染仍是西部地区的首要环境问题，NO_x排放引起的臭氧、细颗粒物及NO_2等新的环境问题在我国西部绝大部分地区并不突出，甚至尚未显现；而东部地区尤其是长三角、珠三角及京津冀等城市群区域目前已由煤烟型污染阶段过渡到复合型污染阶段，臭氧、NO_2及颗粒物等污染问题异常突出。因此，对于NO_x总量控制应避免“全国一刀切”，须充分考虑各地区差异，将臭氧、NO_2、酸沉降及细颗粒物等污染问题突出的地区作为重点控制区域。

从臭氧、NO_2、酸沉降及细颗粒物污染的尺度上来看，NO_x排放引起的各种环境问题在空间尺度上存在较大的差异。如臭氧及细颗粒物是区域尺度的环境问题，集中分布于京津冀、长三角及珠三角等城市群区域，非全国性的普遍问题；NO_2污染同样为区域尺度的环境问题，我国东部地区NO_2浓度增长速度迅速，已成为全球NO_2污染最严重的区域；酸雨则是全国尺度（除西藏外，全国各省均已监测到酸雨现象）的环境问题，酸雨高发区集中分布于长江以南，四川、云南以东地区。因此，NO_x控制应将长三角、珠三角及京津冀等环境问题突出的城市群地区作为重点控制区域，在全国重点行业（火电）总量控制之下，进一步推行重点区域总量控制。另一方面，为从根源上保证“总量控制”与“质量改善”紧密衔接，体现基于环境影响的NO_x控制思路，可鼓励环境污染严重的重点区域尝试采用基于环境容量的总量控制方法，“自下而上”确定区域及区域内各城市总量控制目标，以重点区域为突破口做到在“十一五”总量控制的基础上“既有继承，又有创新”。[4]

表3 不同环境问题对应的污染尺度

环境问题	酸沉降	细颗粒物	臭氧	NO_2
污染尺度	全国性	重点区域	重点区域	大中型城市

5.2.3 行业总量控制与区域总量控制应有机结合起来

基于臭氧、NO_2、酸沉降及细颗粒物等环境问题的空间差异性及行业差异性，可将NO_x控制策略归结为“在充分考虑区域差异性的基础上，在全国范围对火电行业NO_x排放实施总量控制，以缓解日趋严重的酸雨及细颗粒物污染问题；同时在重点区域及城市对机动车等其他污染源NO_x排放实施总量控制，以缓解重点区域日趋严重的臭氧、细颗粒物及NO_2污染问题”。通过“统筹区域、统筹行业”，努力构建“以火电行业NO_x控制为核心的工业NO_x防治体系和以机动车NO_x控制为核心的区域及城市NO_x防治体系”，力争在“十二五”末实现“重点行业NO_x排放总量控制、重点区域空气质量改善”的双重目标。

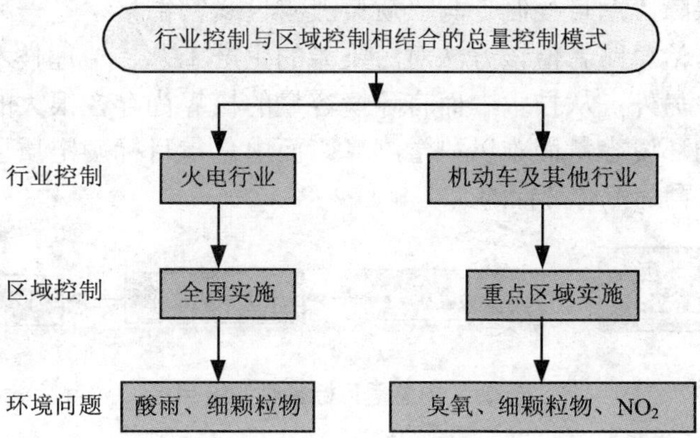

图 19　NO_x总量控制模式

5.3 确定“十二五”NO_x“总量控制目标”与“环境质量目标”之间的关系，建立NO_x控制的环境质量效益预评估机制

从具体实践来看，确定“总量控制目标”与“环境质量目标”之间的定量化关系主要包括“由质量目标确定总量目标”和“由总量目标确定质量目标”两种方法。由质量目标确定总量目标，即基于环境容量的总量控制，如图 20 所示。具体过程为：“预先设定环境质量改善目标，以环境质量改善目标作为约束性条件，通过空气质量模型、运筹规划等手段反演出污染物的年最大容许排放量，并将年最大允许排放量作为总量控制目标”。

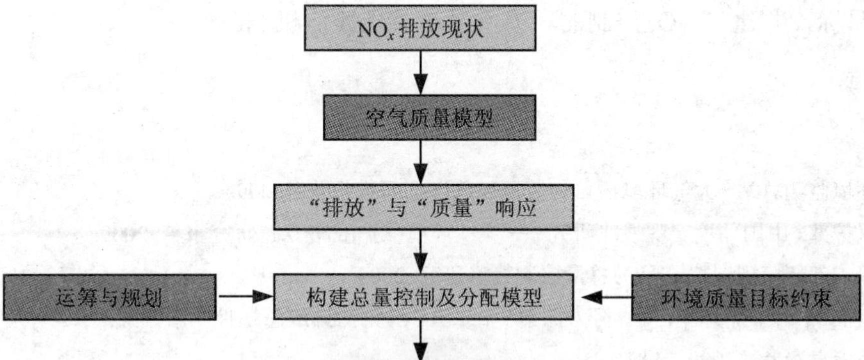

图 20　由质量目标反演总量目标

由总量目标确定质量目标，即对总量减排的环境效益进行评价。具体过程（图 21）为：综合考虑环境、经济、技术、政治意愿等因素，首先确定总量控制目标，再利用空气质量模型对总量控制的环境效益进行预测、评估，定量分析总量控制所能取得的各种环境质量效益，科学提出与总量控制目标相对应的环境质量目标。

由质量目标确定总量目标能够客观地反映不同地区的污染源排放和环境质量的关

系，可从根源上保障“总量控制”与“质量改善”紧密衔接，是一种纯粹意义上的基于环境影响的污染防治思路。但该方法对污染源的生产工艺、治理技术及经济可行性基本上没有予以考虑。另外，从技术上而言环境容量的核算尚存在很大的不确定性，特别是大范围或全国性的环境容量尚难以科学测算。而由总量目标确定质量目标从当前的技术水平及具体实践来看是相对可行的。

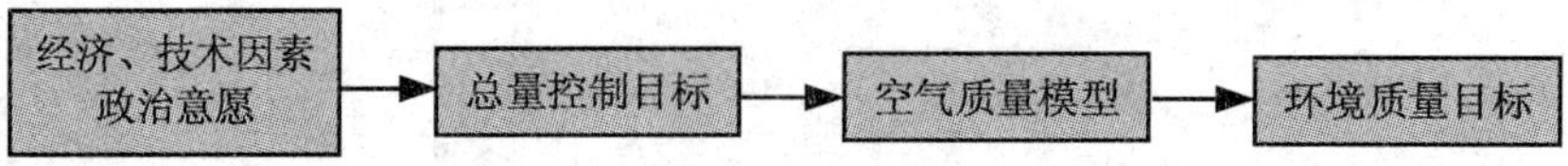

图 21　由总量目标预测质量目标

对于“十二五”NO_x 总量控制，应将两种方法有效结合，具体过程（图 22）为：首先通过空气质量模型模拟 NO_x 排放对各种环境问题的影响，同时考虑经济、技术及政治意愿等因素制定多种总量控制情景，再利用空气质量模型对不同控制情景对应的环境效益进行预测，基于预测结果反馈、优化总量控制策略，确定出最优总量控制模式。

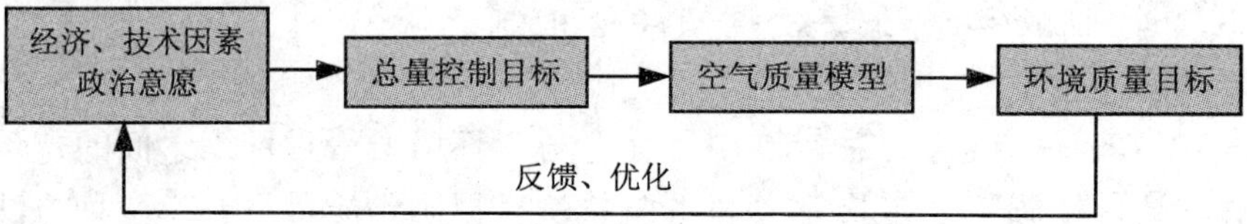

图 22　两种方法的有效结合

因此，“十二五”NO_x 总量控制可通过空气质量模型确定“总量控制目标”与“环境质量目标”之间的响应关系，基于环境质量目标优化总量控制策略，提出与之对应的 NO_x 总量控制目标，并建立 NO_x 控制的环境质量效益预评估机制。

参考文献

[1] 中国环境监测总站. 大气环境质量与监测现状评估研究报告 .2009.

[2] 环境保护部. 中国环境宏观战略研究——大气环境保护战略专题研究报告. 2009.

[3] 环境保护部环境规划院. NO_x 总量控制战略研究. 2009.

[4] 王金南，田仁生，吴舜泽，等. 努力探索“十二五”污染物排放总量控制新模式. 中国环境规划院. 重要环境信息参考，2009（11）.

[5] 环境保护部环境规划院. 国家酸雨和 SO_2 污染防治“十一五”规划. 中期评估报告，2009.

[6] 程艳丽，白郁华，李金龙，等. 不同人为源排放对珠江三角洲地区 O_3 生成贡献的数值模拟[J]. 环境科学学报，2008（4）.

附表　从环境质量问题分析 NO_x 控制对策

环境问题	酸沉降（酸雨、水体富营养化）	NO_2（一次污染物）	臭氧（二次污染物）	细粒子 $PM_{2.5}$（灰霾）（一次及二次污染混合物）
污染尺度	全国性环境问题	局地性环境问题	区域性环境问题	区域性环境问题
形成过程	火电厂等高架源排放的 SO_2、NO_x 在长距离传输过程经干、湿沉降到地面所形成	污染源排放的 NO_x 初始约95%为NO，NO在空气中不稳定，可被氧化为 NO_2。空气中 NO_2 与 NO_x 比值约为0.7，且 NO_2/NO_x 郊区高于市区	NO_x 与VOC经一系列光化学反应所形成。一般郊区浓度高于市区	$PM_{2.5}$ 包括原生细粒子（一次污染物）、次生细粒子（二次污染物）两类；原生细粒子主要来源于地壳成分（尘污染）及燃料燃烧产生（挥发性物质、水蒸气凝聚）的一次细粒子；次生细粒子多为 SO_2、NO_x 经化学转化所形成的硫酸盐、硝酸盐等二次细粒子
环境危害	破坏生态系统；每年损失至少1 000亿元	危害人体健康，是 O_3、$PM_{2.5}$、酸沉降的前体物	危害人体健康；大气氧化性增强，加速次生 $PM_{2.5}$ 形成	$PM_{2.5}$ 是致癌物质、病毒、细菌的传播载体，健康危害极大；另一方面对气候产生巨大影响
主要污染源	火电厂等高架源	一般而言，火电厂对近地面 NO_2 浓度的贡献率为其排放量所占比例的1/4～1/3，若火电排放量占当地 NO_x 排放总量的40%左右，则其对近地面浓度贡献率约为15%。因此，机动车及工业锅炉等低矮排放源是 NO_2 污染的主要源头	火电厂排放的 NO_x 可经长距离传输在郊区与植物排放的VOC反应形成臭氧高值区，导致区域性的臭氧污染；在市区机动车作为 NO_x 与VOC共同的排放大户，是 O_3 污染的最主要源头	$PM_{2.5}$ 约占 PM_{10} 的60%，$PM_{2.5}$ 的构成极为复杂，不同地区、不同时间其主要成分差异极大 $PM_{2.5}$ 成分分析结果表明：大多数城市硝酸盐占 $PM_{2.5}$ 的比例不足10%，因此仅控制 NO_x 排放对于降低 $PM_{2.5}$ 浓度的效果有限 一般可认为，火电厂排放的原生及次生细粒子（硫酸盐、硝酸盐等）是区域范围 $PM_{2.5}$ 污染的主要来源；机动车及中小工业锅炉排放形成的原生及次生细粒子（硫酸盐、硝酸盐等）是城市范围 $PM_{2.5}$ 污染的主要来源
控制策略	我国酸雨为硫酸型酸雨，控制酸雨的关键是控制火电厂的 SO_2。虽然火电厂 NO_x 排放对酸雨及水体富营养化的影响呈逐年上升趋势，但 NO_x 减排对酸雨的敏感程度尚难以确定	控制 NO_2 关键是控制机动车及工业锅炉等低矮源 NO_x 排放	控制区域性的臭氧污染应加强火电厂 NO_x 控制；控制城市范围的臭氧污染关键是控制机动车 NO_x 排放	降低 $PM_{2.5}$ 浓度不仅需要控制次生细粒子（硫酸盐、硝酸盐等），同时须加大原生细粒子的控制力度。另外，$PM_{2.5}$ 的控制是非常复杂的，电力、机动车行业 NO_x 减排均有利于降低 $PM_{2.5}$ 浓度、降低大气氧化性，但对 $PM_{2.5}$ 的改善效果尚存在不确定性

环境核算与评估

- 中国环境经济核算研究报告 2007（公众版）
- 关于进一步加强和推动“十二五”环境统计工作的建议
- 环境信息的发展趋势：环境核算和可持续发展指标
- OECD 环境指标体系及其对中国的借鉴意义
- OECD 农业环境绩效评估及其对我国的启示
- 主要国际组织和国家的环境信息统计
- 国家环境监管能力建设“十一五”规划中期评估报告
- “211 环境保护”预算支出科目实施情况调查分析
- 四川灾后《规划》实施调研和环境基础设施受损评估报告

中国环境经济核算研究报告 2007
（公众版）

China Environmental and Economic Accounting in 2007

於　方　王金南　赵学涛　张红振
谢光轩　彭　菲　赵　越　潘　文

摘　要　本文以环境统计和其他相关统计数据为依据，从虚拟治理成本和环境退化成本两种货币化评价角度，对 2007 年全国 31 个省市和各产业部门的水污染、大气污染和固体废物污染进行了全面核算。研究结果表明：①2007 年的环境污染虚拟治理成本和环境退化成本为 4 355.6 亿元和 7 334.1 亿元，分别占 GDP 的 1.7%和 2.7%，比上年分别下降 0.3%和 0.1%，但其绝对值呈上升趋势，说明 2007 年我国环境污染总体形势依然随经济的发展同步恶化。②从行业来看，造纸、电力、采矿、饮料制造、食品加工与制造、化工、冶金等高污染、高消耗行业的污染扣减指数仍高居不下。③从空间格局看，我国环境退化成本是东部>中部>西部，但环境退化指数却是西部>中部>东部，说明西部地区经济发展的环境代价高。

关键词　环境经济核算　虚拟成本　退化成本　2007

Abstract　Based on the environmental and other relevant data in 2007, the water pollution, air pollution and solid waste pollution on the province-level and sector-level are calculated respectively, using two monetary indexes, which include imputed abatement costs index and environmental degradation costs index. The main results are as follows: i. The two former referred indexes are 435.56 billion yuan and 733.41 billion yuan, accounting for 1.7% and 2.7% of GDP in 2007. The ratio of them decreases about 0.3% and 0.1% in 2007 compared with those in 2006, but the absolute value tends to go upward, indicating that the overall environmental situation deteriorates along with the rapid economic development. ii. Environmental cost to GDP shows high cost in high pollution, high consumption sectors, such as paper, power, mining, beverage, food-processing, chemical and metallurgical industry. iii. The environmental degradation shows an imbalance spatial pattern. The east of China has the highest environmental degradation cost, while the middle and west part follows after. On the other hand, such as environmental degradation index, the spatial pattern has a totally different distribution. The west has a lowest environmental degradation cost and the highest environmental degradation index, representing to a high environmental cost to the economic development in the west.

Key words Environmental and economic accounting Imputed cost Degradation cost 2007

胡锦涛总书记早在 2004 年中央人口资源环境工作座谈会上就指出："要研究绿色国民经济核算方法，探索将发展过程中的资源消耗、环境损失和环境效益纳入经济发展水平的评价体系，建立和维护人与自然相对平衡的关系"。2007 年，胡锦涛总书记在中国共产党的十七大报告中再次指出，我国社会经济发展中面临的突出问题就是"经济增长的资源环境代价过大"。环境保护部（原国家环境保护总局）和国家统计局于 2004 年 3 月联合启动了《中国绿色国民经济核算（简称绿色 GDP 核算）研究》项目，并于 2006 年 9 月 7 日联合发布了《中国绿色国民经济核算研究报告 2004》新闻发布会，标志着中国绿色国民经济核算研究取得了阶段性和突破性的成果。目前，以环境保护部环境规划院为代表的技术组已经完成了 2004 年到 2007 年期间共四年的全国环境经济核算研究报告，标志着基于环境污染的绿色国民经济年度核算报告制度已经初步形成。4 年的核算结果表明我国经济发展造成的环境污染代价持续提高，环境污染治理压力也日益增大，4 年间环境污染代价从 5 118.2 亿元提高到 7 334.1 亿元，增长了 43.3%，低于同期按当年价格计算的地区合计 GDP 增长幅度 64.5%；环境污染虚拟治理成本增长了 51.5%，低于同期按当年价格计算的行业合计 GDP 增长幅度 56.1%。

需要注意的是，为了充分保证核算结果的科学性，在核算方法上不够成熟以及基础数据不具备的环境污染损失项没有计算在内，目前的核算结果是不完整的环境污染损失代价。完整的环境经济核算包括环境污染损失核算和生态破坏损失核算两部分，本研究报告仅涉及环境污染损失核算，主要包括环境污染实物量和价值量核算，价值量核算采用治理成本法和污染损失法分别得到环境污染虚拟治理成本和环境退化成本。其中，环境退化成本存在核算范围不全面、核算结果偏低的问题，如果计算全面，环境污染代价将大于同期经济增长速度，我国经济的高速增长态势必然将大打折扣。

1 核算方法与内容

2007 年环境经济核算的内容仍然沿用近期环境经济核算框架中确定的内容，包括三部分：① 环境实物量核算。运用实物单位建立不同层次的实物量账户，描述与经济活动对应的各类污染物的产生量、去除量（处理量）、排放量等，具体分为水污染、大气污染和固体废物实物量核算。在 2007 年的实物量账户中，增加了环境质量和环保投入账户。② 环境价值量核算。在环境实物量核算的基础上，运用两种方法估算各种污染排放造成的环境退化价值。③ 经环境污染调整的 GDP 核算。

环境实物量核算是以环境统计为基础，综合核算全口径的主要污染物产生量、削减量和排放量。核算口径较目前的统计数据更加全面，更能全面地反映主要环境污染物的排放情况。2007 年新增加的环境质量和环保投入账户，主要采用环境统计数据。

采用治理成本法核算虚拟治理成本。虚拟治理成本是指目前排放到环境中的污染物按照现行的治理技术和水平全部治理所需要的支出。治理成本法核算虚拟治理成本的思路是：假设所有污染物都得到治理，则当年的环境退化不会发生。从数值上看，虚拟治理成本可以认为是环境退化价值的一种下限核算。

采用污染损失法核算环境退化成本。环境退化成本是指环境污染所带来的各种损害，如对农产品产量、人体健康、生态服务功能等的损害。这些损害需采用一定的定价技术，进行污染经济损失评估。与治理成本法相比，基于损害的污染损失估价方法更具合理性，是对污染损失成本更加科学和客观的评价。

与 2004 年相比，2005—2007 年的环境经济核算在核算范围和核算方法上每年有所微调。从核算范围来看，近 3 年的核算增加了两项内容：① 公路交通运输行业的污染物实物量核算和虚拟治理成本核算；② 在环境退化成本的核算中，增加了大气污染引起的额外清洁费用损失的核算。从核算方法来看，根据最新的文献研究和相关调查成果，2006 年对种植业废水及污染物排放量核算方法进行了调整，2007 年对农村生活和散养畜禽的废水与污染物排放量、固体废弃物堆放占用土地造成的污染损失进行了调整。因此，从局部来看，部分核算结果不可比，但从总体来看，近四年的核算思路、核算范围、核算内容以及核算方法基本相同，全面核算结果具有可比性。而且经过 5 年的试点以及核算工作的开展，环境经济核算方法与技术体系正在日趋完善，年度环境经济核算制度初步形成。

2007 年的核算以环境统计和其他相关统计为依据，就 2007 年全国 31 个省市和各产业部门的水污染、大气污染和固体废物污染的实物量和虚拟治理成本进行了全面核算，得出了经环境污染调整的 GDP 核算结果以及全国 30 个省市①的环境退化成本及其占 GDP 的比例。本报告核算数据来源包括《中国环境统计年报 2007》《中国统计年鉴 2008》《中国城市建设统计年鉴 2007》《中国能源统计年鉴 2008》《中国卫生统计年鉴 2008》《中国乡镇企业年鉴 2008》《中国卫生服务调查研究——第三次国家卫生服务调查分析报告》和《中国畜牧业年鉴 2008》以及 30 个省市的 2007 年度统计年鉴，环境质量数据和环境统计基表数据由中国环境监测总站提供，农产品价格数据由国家发改委价格监测中心提供。

2 实物量核算

核算结果表明，2007 年全国废水排放量为 769.2 亿 t，COD 排放量为 2 223.7 万 t，氨氮排放量为 2 41.7 万 t；SO_2、烟尘、粉尘和氮氧化物排放总量分别为 2 434.3 万 t、986.6 万 t、698.7 万 t 和 2 374.6 万 t；工业固体废物的贮存排放量为 25 178.9 万 t，新增城镇生活垃圾堆放量 6 927.4 万 t。

2.1 水污染实物量

（1）全国废水排放量比上年略有增加，COD 排放量出现下降。2007 年，全国废水排

① 由于西藏自治区统计数据不全面，未对西藏自治区的环境退化成本进行核算；同时，由于环境统计基础薄弱，西藏自治区的虚拟治理成本核算结果仅供参考。

放量 769.2 亿 t，比上年增加 6.3%，增速比上年（11.1%）有所减缓。其中，工业废水排放量 246.7 亿 t，比上年增加 2.7%；城市生活废水排放量 310.2 亿 t，比上年增加 4.6%；第一产业废水排放量 212.4 亿 t，由于核算方法有所调整，与上年相比增长较快。

2007 年，全国 COD 排放量 2 222.6 万 t，比上年降低 5.2%，其中，工业降幅较大，达 11.3%，城市生活 COD 排放量比上年减少 1.8%，第一产业 COD 排放比上年降低 2.3%。

2007 年，全国氨氮排放量比上年也有所下降。氨氮排放总量 241.6 万 t，比上年减少 2.7%，其中，工业氨氮排放量继续保持下降势头，比上年减少 5.4%，城市生活氨氮排放量比上年减少 0.6%，第一产业氨氮排放量比上年减少 3.4%。

（2）城市生活废水排放量居于三产之首，工业 COD 排放量退居末位。2007 年，城市生活废水排放量 310.2 亿 t，占全国废水排放量的 40.3%，同时，城市生活废水的 COD 和氨氮排放量也超过第一和第二产业，分别占 COD 和氨氮总排放量的 39.2%和 40.7%。与 2006 年相比，第二产业 COD 排放量由第二位降低到第三位，第一产业和第二产业 COD 排放量分别占总排放量的 30.9%和 29.9%。氨氮排放量位居第二的仍是第一产业，占总排放量的 39.5%。

（3）城市生活废水排放达标率显著提高，中西部地区的废水处理水平亟待提高。2007 年，全国城市生活污水平均排放达标率 42.9%，比 2006 年的 36.3%有显著增长，相对增幅达 18.2%；工业废水排放达标率继续提高，达到 78.5%。从各地区来看，2007 年各省市废水排放达标率平均水平为 42.7%，东部地区废水排放达标率达 49.6%，高于平均水平；中部和西部废水排放达标率水平差距不大，分别为 35.4%和 36.2%，均低于平均水平。从省市之间的差距来看，废水排放达标率高于 50%的城市共有 8 个，其中有 6 个位于东部地区。废水排放达标率低于 30%的省份有 7 个，其中有 6 个位于中西部地区，分别是江西、湖南、贵州、西藏、青海和新疆。

2.2 大气污染实物量

（1）SO_2、烟尘和粉尘排放量出现下降趋势，NO_x 排放量持续上升。根据核算，近 3 年来全国 SO_2 排放量持续增长，2007 年首次出现下降，全国 SO_2 排放量 2 434.3 万 t，比上年减少 246.3 万 t，下降了 9.2%；其中，第二产业 SO_2 排放量 2 214.4 万 t，比上年下降 9.0%；城市生活 SO_2 排放量 79.7 万 t，比上年下降 22.0%；第一产业 SO_2 排放量 140.2 万 t，比上年下降 2.4%。

根据核算，近 3 年来全国烟尘和粉尘排放量呈持续下降趋势，2007 年，全国烟尘排放量 986.6 万 t，比上年减少 102.2 万 t，下降了 9.4%。其中，工业烟尘排放量 780.3 万 t，比上年下降了 10.7%；城市生活烟尘排放量 74.8 万 t，比上年减少了 16.2%；第一产业烟尘排放量 131.6 万 t，比上年增长了 4.9%。2007 年工业粉尘排放量 698.7 万 t，比上年减少 13.6%。

值得注意的是，根据核算近年来全国 NO_x 排放量呈持续增长趋势，2007 年全国 NO_x 排放量 2 374.6 万 t，比上年增加 201.4 万 t，增长 9.3%。其中，第二产业 NO_x 排放量 1 749.0 万 t，比上年增长 7.4%；城市生活 NO_x 排放量 594.3 万 t，增幅达到 15.7%；第一产业 NO_x 排放量 31.2 万 t，与上年基本持平。

（2）大气污染物排放主要集中在第二产业，电力行业仍是主要排放源。2007 年，第二产业 SO_2 排放量 2 214.4 万 t，占全国排放量的 91.0%；第一产业和城镇生活 SO_2 排放量分别占全国排放量的 5.8%和 3.3%；第二产业的烟尘排放量占全国烟尘总排放量的 79.1%，第二产业 NO_x 的排放量占全国 NO_x 总排放量的 73.7%，各产业排放量所占份额与去年基本持平。

2007 年电力行业的 SO_2 去除效率明显提高，达到 39.4%，比上年提高 15.7%。但电力行业依然是大气污染物的主要来源，2007 年，电力行业的 SO_2、烟尘和 NO_x 排放量分别占第二产业 SO_2、烟尘和 NO_x 排放量的 58.4%、42.3%和 65.5%

（3）SO_2 去除率显著提高，但大气污染治理任务依然艰巨。2007 年，全国 SO_2 去除率 44.1%，与 2006 年 37.8%相比，有显著提高。SO_2 排放量最大的 5 个省依次为山东、河南、河北、内蒙古和山西，与 2006 年基本相同，SO_2 去除率分别为 47.1%、38.7%、50.1%、42.1%和 45.6%，河南和内蒙古的治理水平低于全国平均水平。烟尘排放量最大的 5 个省依次为山西、辽宁、河南、内蒙古和河北，都集中在北方地区；NO_x 排放量最大的 5 个省分别是山东、河北、江苏、广东和河南，去除率仅为 2.8%、1.3%、5.7%、3.4%和 2.5%。总体来看，虽然 SO_2 治理水平有所提高，但排放量依然较大，而 NO_x 几乎没有治理，未来大气污染治理任务依然非常艰巨。

2.3 固体废物实物量

（1）工业固废产生量持续增加，处置利用率略有下降。根据核算，近年来工业固废产生量持续增加，2007 年全国一般工业固废产生量 17.6 亿 t，比上年增加 2.4 亿 t，增长了 13.6%。2007 年一般工业固废的处置利用率为 86.4%，比上年下降 3%，主要原因是 2007 年燃气生产和供应业、其他采矿业、非金属矿采选业和文教体育用品制造业的一般工业固废处置利用率较 2006 年的处置利用率均有 20%以上的下降。2007 年一般工业固废利用量 11.0 亿 t，处置量 4.1 亿 t，贮存量 2.4 亿 t，排放量 0.12 亿 t。

一般工业固废贮存排放量列前 5 位的行业仍然为黑色和有色矿采选业、电力、煤炭采选和化工行业，这 5 个行业的贮存排放量占总贮存排放量的 86.7%。东部地区的一般工业固废产生量最大，占全国总产生量的 39.6%，东部地区的一般工业固废的处置利用率 92.4%，高于中部地区的 88.7%和西部地区的 76.2%；一般工业固废贮存排放量列前 5 位的省市依次为内蒙古、辽宁、河北、四川和云南，这 5 个省的贮存排放量占总贮存排放量的 49.5%。

（2）危险废物贮存排放量下降，处置利用率提高。2007 年，全国危险废物产生量 1 077.0 万 t，比上年减少 7.0 万 t，减少了 0.65%。2007 年危险废物处置利用率明显提高，达到 92.5%，比上年增加 13.6%。2007 年危险废物利用量 651.0 万 t，其中利用当年废物量为 577.4 万 t；处置量 345.6 万 t，比上年增加 56.3 万 t；贮存排放量 154.0 万 t，比上年减少 132.8 万 t，降低 46.3%，主要原因是 2007 年贵州省有色矿采业的危险废物排放量迅速下降。

危险废物贮存排放量列前五位的行业为有色矿采选业、化工行业、有色冶金业、非金属矿采业和煤炭采选业，这 5 个行业的贮存排放量占总贮存排放量的 94.5%；东部地区危险废物产生量高于西部地区和中部地区，占全国总量的 55.7%；西部地区危险废物处置利用率为 64.3%，低于东部地区和西部地区；危险废物贮存排放量列前 5 位的省市依次为青海、贵州、云南、新疆和四川，这 5 个省的贮存排放量占总贮存排放量的 83.6%，其中青海省危险废物处置率仅为 1.4%，青海省在危废处理处置上尚需加大治理投入。

（3）生活垃圾处理率明显提高，中部省份生活垃圾处理水平亟待提高。2007 年，我国的城市生活垃圾产生总量为 1.92 亿 t，其中，清运量 1.52 亿 t，处理量 1.23 亿 t，新增堆放量 0.69 亿 t，较 2006 年减少 0.1 亿 t。2007 年城市生活垃圾平均无害化处理率①49.1%，处理率 64.0%，分别比上年提高 7.3%和 5.8%。

中部地区新增城市生活垃圾堆放量占全国总量的 68.8%，明显高于西部和东部地区，同时中部地区城市垃圾无害化处理率仅为 32.6%，明显低于东部地区的 61.3%和西部地区的 44.0%，说明中部地区的垃圾无害化处理水平需要提高。与 2006 年相比，多数省市的城市生活垃圾堆放量呈现下降趋势，降低最多的 5 个省分别是广东、安徽、西藏、辽宁和湖北，而增长较大的省份是山西、河北和河南，这 3 个省的生活垃圾处理率和无害化处理率均低于全国平均水平，其生活垃圾处理率有待提高。城市生活垃圾无害化处理率最高的是北京市，达到了 95.7%，其次为浙江、上海和江苏，均在 70%以上；新疆、安徽、黑龙江、山西和甘肃的无害化处理率低于 30%。

2.4 环境质量账户

中国环境经济核算体系从能够基本反映我国环境质量状况、具有比较连续监测数据的环境指标中选取了具有代表性的指标，建立了环境质量账户。除了直接反映环境质量的指标外，还选取了部分反映治理水平的指标，从治理层面体现环境质量变动的原因。表 1 为 1998—2007 年我国的环境质量变化趋势，从表中数据来看，我国近年来环境质量有一定程度的改善，总体趋于好转，但部分指标仍有所波动。

表 1 1998—2007 年环境质量账户

指标		单位	1998 年	2004 年	2005 年	2006 年	2007 年
水环境	全国地表水监测断面劣于Ⅴ类的比例	%	37.7	29.7	27.0	26.0	23.6
	近岸海域水质监测点位劣于Ⅳ类的比例	%	31.5[1)]	21.5	18.4	17.0	18.3
	工业废水 COD 去除率	%	48.3	58.9[1)]	58.9[1)]	60.3[1)]	66.2[1)]
	城镇污水处理率	%	29.6	45.7	52.0	55.7	62.9
大气环境	好于Ⅱ级以上城市的比例	%	27.6	41.7	60.3	62.4	60.5
	工业废气二氧化硫（SO_2）去除率	%	18.1	29.2[2)]	32.4[2)]	37.4[2)]	44.1[2)]
	工业废气氮氧化物（NO_x）去除率[2)]	%	—	0.03	2.0	2.0	6.52
固体废物	工业固体废物综合利用率[2)]	%	41.7	55.8	56.1	60.9	62.8
	城镇生活垃圾无害化处理率	%	60.0	42.0[2)]	43.3[2)]	41.8[2)]	49.1[2)]

注：1）1999 年数据；2）中国环境经济核算结果。

其他数据来源：中国环境统计年报、全国环境质量年报书和中国城市建设统计年鉴。

① 本报告无害化处理率指城市生活垃圾无害化处理量与产生量的百分比。

水环境　地表水水环境质量堪忧，污染覆盖面较广，从对全国地表水监测断面的监测数据来看（图 1），近年劣Ⅴ类断面的比例虽逐年下降，但其比例仍接近全国的 1/4 左右，好于Ⅲ类的比例较上年有所提高，达到 49.9%，接近监测断面的一半，黄河、海河和“三湖”等重污染流域的水质没有好转；近岸海域水质良好，总体上看近海大部分海域相对清洁，就劣Ⅳ类水的监测点比例而言，总体呈下降态势，但 2007 年较上年略有升高；随着我国城市基础设施建设的展开，城镇污水处理能力逐年提高，城镇污水处理率在 2004—2007 年期间，年均增幅达到 10%以上，到 2007 年，城镇污水处理率已达到 62.9%，其中部分城镇已接近甚至达到 90%。

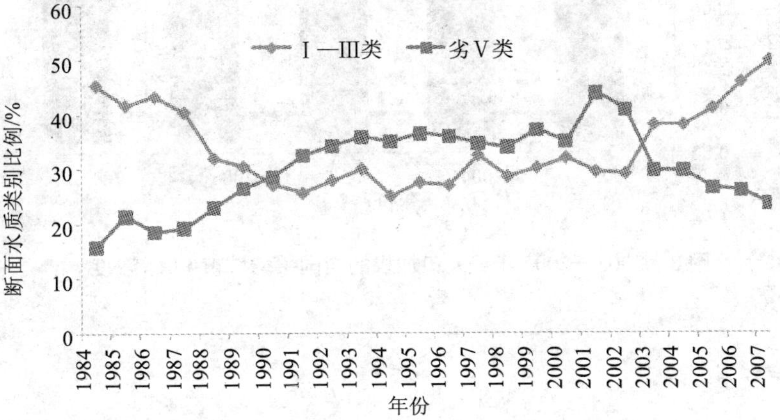

图 1　1984—2007 年地表水水质变化趋势

大气环境　从总体上看，全国城市空气质量总体良好且趋于改善，2007 年全国空气质量好于Ⅱ级以上城市的比例是 60.5%，基本与 2005 年、2006 年持平，较 1997 年几乎翻了两番，达到三级的比例较上年也有较大提高（图 2）；但从经人口加权的全国平均城市 PM_{10} 浓度来看，大气环境质量的改善程度还不能令人满意（图 3）。城市空气质量的改善得益于大气污染物治理水平的有效提高，近 4 年 SO_2 的治理水平显著提高，提高幅度达到 14.9%，高于 1998 年到 2004 年之间 6 年的增长幅度 11.1%。

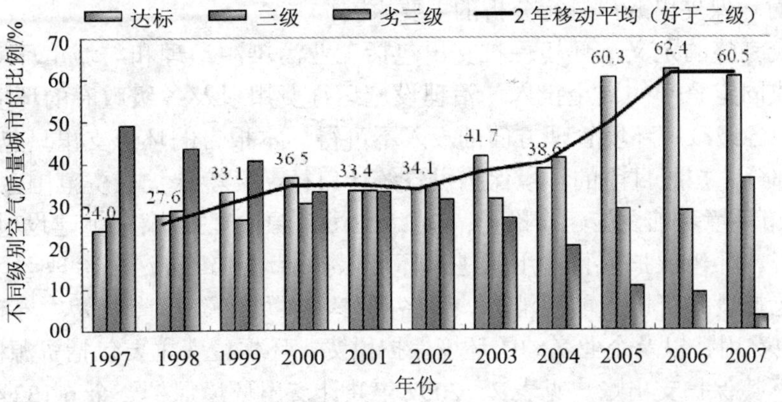

图 2　1997—2007 年不同级别空气质量城市的比例变化情况

固体废物 近年来，我国加强了对工业固体废物和生活垃圾的管理力度，提倡固体废物的综合利用。工业固废综合利用率不断提高，从 1998 年的 41.7%上升到 2007 年的 62.8%，提升了 21 个百分点；2003—2006 年城镇生活垃圾无害化处理率基本保持在 42.0%左右，但 2007 年出现明显提高，2007 年的城镇生活垃圾无害化处理率已经接近 50.0%。

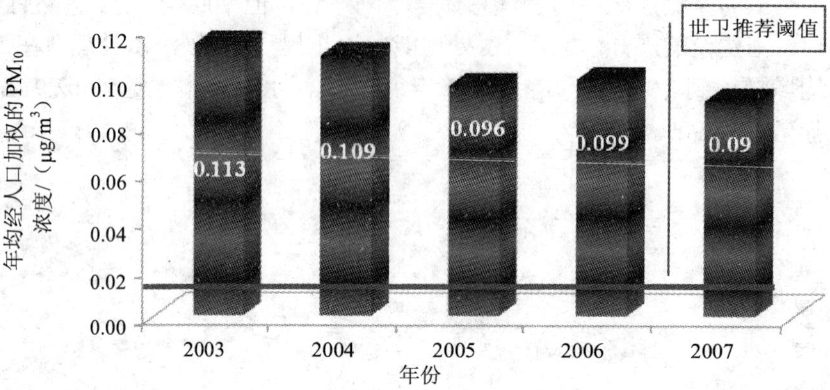

图 3　2003—2007 年经人口加权的全国平均城市 PM_{10} 浓度

2.5 环境保护支出

2.5.1 环境保护支出账户

环境保护支出核算是对现实经济活动为保护环境而花费的经济成本，即环境保护支出的核算，包括经常性支出（运行费）和投资性支出两部分。在我国，环境保护支出一般包括环境保护投资和环境保护设施运行费用两部分。对环境保护活动支出进行核算，可以反映国家环境保护投入的规模、结构、方向和对环境保护的重视程度。由于目前我国的环境保护投资范围不明确，环境保护投资的定义不统一，治理设施运行费用的涵盖范围不全面，且信息渠道不畅通，给环境保护支出账户的建立带来很大困难，这也是 2004—2006 年没有对环保支出账户进行分析的主要原因。

按照比较完整的定义，环境保护支出包括工业污染源治理和与城市环境建设直接相关的用于形成固定资产的资金投入、治理设施运行费用以及各级政府的环境管理方面的支出。其中，各级政府环境管理方面的投入不可得，本报告的环保支出只包括环保投资、运行费用两部分。按照目前的环境保护投资统计口径，环境保护投资范围主要包括 3 个方面：① 城市环境基础设施建设投资；② 工业污染源治理投资；③ 建设项目“三同时”环境保护投资。环境保护运行费用指进行环境保护活动或维持污染治理运行所发生的经常性费用，包括设备折旧、能源消耗、设备维修、人员工资、管理费、药剂费及设施运行有关的其他费用，以及企业交纳的环境保护税费。环保税费主要包括资源税和排污费。

2007 年环境保护支出账户见表 2。2007 年共计支出环境保护资金 6 132.4 亿元，GDP 环保支出指数为 2.5%。其中，环保投资 3 387.6 亿元，占总资金的 55.2%；环境保护运行费用 2 744.8 亿元，占总资金的 44.8%。在 2007 年的环境保护运行费用中，治理设施的运行费用为 2 305.3 亿元，环境保护税费 439.5 亿元，分别占运行费用的 84.0%和 16.0%。在治理设施的运行费中，企业因生产活动而支出的污染治理设施运行费用，即内部环境保护支出为 1 886.7 亿元，是城市污水处理和垃圾处理等外部环境保护活动的 5.2 倍。在内部环保支出中，第二产业是环保支出最大的产业。

表 2 2007 年按活动主体分的环境保护支出核算表 单位：亿元

核算对象＼核算主体	外部环境保护				内部环境保护				总计
	城市污水处理	城市垃圾处理	其他外部环保活动	合计	第一产业	第二产业	第三产业	产业总计	
运行费用：									
中间消耗和工资等	101.7	97.5	219.3	418.5	96.0	1 249.8	540.9	1 886.7	2 305.3
环境保护税费									439.5
资源税									261.2
排污费等									178.3
运行费用合计									2 744.8
投资性支出：	—	—	—	1 467.8	—	—	—	1 919.8	3 387.6
环境保护支出总计	—	—	—	—	—	—	—	—	6 132.4

注：1）按活动主体分的中间消耗和工资等运行费的数据根据核算得到；2）资源税和排污费数据没有按活动主体分的数据，仅列出合计数据；3）外部环境保护的投资性支出数据为环境统计年报中的城市环境基础设施建设投资，内部环境保护的投资性支出数据为环境统计年报中的工业污染源治理投资和建设项目“三同时”环保投资之和。

在 3 387.6 亿元环境污染治理投资中，城市环境基础设施建设投资（1 467.8 亿元）和建设项目“三同时”环保投资（1 367.4 亿元）是重点，分别占治理投资的 43.3%和 40.4%，老工业污染源治理投资 552.4 亿元，仅占总治理投资的 16.3%。

在征收的 439.5 亿元环境保护税费中，资源税 261.2 亿元，排污费 178.3 亿元。解缴入库的排污费 173.6 亿元，主要来自废气污染物的征收，占总排污费的 73.1%，废水、噪声和危险废物分别占 20.1%、5.2%和 1.6%。

2.5.2 环保治理投资

为改善我国环境质量，提升环境保护管理水平，环境质量治理的资金投入日趋增多，无论是从环保投资还是污染治理运行费用来看，都呈不断增长的趋势，而且增幅也逐年增长，环保财源保障能力不断增强。

回顾我国历年的环保投资（表 3），可以看出环保投资总量逐年增加，“九五”和“十五”期间成倍增长。据不完全统计，1973—1981 年，国家财政共安排污染治理资金 5.04 亿元，约占同期 GDP 的 0.51%，同环保投资需求相差甚远。改革开放以来，环保投资绝对量逐年增加。“七五”期间全国环保投资 476.42 亿元；到 1980 年代末期，年投资总额超过 100 亿元，占同期国民生产总值的 0.60%左右；“八五”期间达到 1 306.57 亿元，是“七五”期间的 2.7 倍；而“九五”期间的投资又是“八五”期间的 2.7 倍，达到 3 516.4 亿元。1999 年占同期 GDP 比例首次突破 1.0%，“十五”期间环境保护投资达到了 8 399.1 亿元，占同期 GDP 的比例为 1.31%。根据“十一五”环境保护规划，全国“十一五”期间环保投资预期 15 300 亿元（约占同期 GDP 的 1.35%）。2007 年，全国环境污染治理投资总额达 3 387 亿元，是 1981 年 25 亿元的 135 倍；占同期国内生产总值的比重为 1.37%。

表 3　中国环境保护投资状况

年份和区间	环保投资总量/亿元，当年价	占同期 GDP 比例/%	占社会固定资产投资的比例/%	环保投资增长率/%	同期当年 GDP 增长率/%
1973—1981 年	5.04	—	—	—	—
“六五”期间（1981—1985）	170	0.52	—	—	—
“七五”期间（1986—1990）	476.42	0.69	2.41	—	—
1991	170.12	0.84	3.09	—	—
1992	205.56	0.86	2.62	20.83	23.22
1993	268.83	0.86	2.16	30.78	30.02
1994	307.20	0.68	1.88	14.27	35.01
1995	354.86	0.62	1.77	15.51	25.06
“八五”期间（1991—1995）	1 306.57	0.73	2.10	174.25	159.31
1996	408.21	0.60	1.78	15.03	16.09
1997	502.49	0.68	2.01	23.10	9.69
1998	721.8	0.92	2.30	43.64	5.21
1999	823.2	1.00	2.76	14.05	4.75
2000	1 060.7	1.19	3.22	28.85	9.02
“九五”期间（1996—2000）	3 516.4	0.89	2.48	169.13	108.49
2001	1 106.6	1.15	2.97	4.33	8.77
2002	1 367.2	1.30	3.14	23.55	8.07
2003	1 627.7	1.39	2.93	19.02	11.62
2004	1 909.8	1.40	2.71	17.36	16.60
2005	2 388	1.30	2.69	25.04	33.18
“十五”期间（2001—2005）	8 399.1	1.31	2.84	138.86	62.93
2006	2 566	1.22	2.33	7.45	15.68
2007	3 387	1.37	2.47	32.00	11.4

注：本表环保投资占 GDP 的比例按当年价 GDP 计算获得。

图 4 为 1995—2007 年环保投资与国内生产总值、固定资产投资的相对变化情况，从环保投资占同期社会固定资产投资比例以及环保投资弹性系数的变化规律来看，环保投入相对仍很不足，而且缺乏稳定性，环保投入的有效性不高。

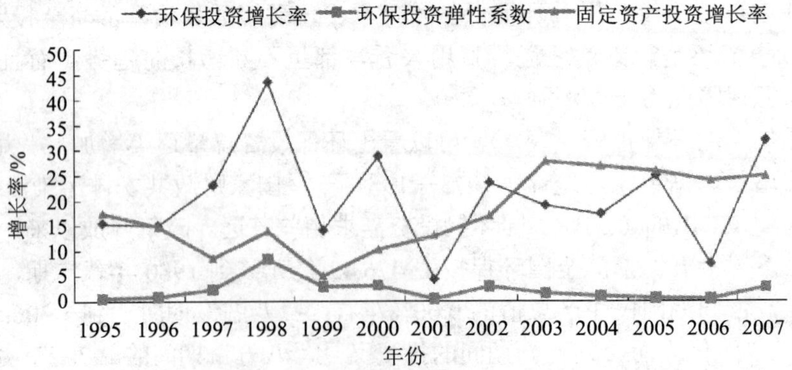

图 4　1995—2007 年环保投资与国内生产总值、固定资产投资变化情况[①]

① 图中环保投资和固定资产投资增长率按当年价计算，环保投资弹性系数＝环保投资增长率/同期 GDP 增长率×100%。

2.5.3 环保治理运行费用

随着环保投入的增长，环境污染治理能力和环保设施的治理运行费用也不断提高。根据核算结果，2007 年环境污染实际治理成本共计 2 305.3 亿元，其中，废水治理 653.7 亿元、废气治理 1 369.7 亿元、固废 281.9 亿元。由于缺乏统计数据，畜禽养殖、农村生活、工业固废的实际治理成本根据核算得到，分别为 80.4 亿元、15.6 亿元和 184.4 亿元。

2007 年，工业废水、废气、危险废物和城市污水 4 项有实际统计数据的污染治理运行费用合计达到 1 129.8 亿元（图 5），是 1991 年 34.3 亿元的近 33 倍，其中，工业废水所占比例从 2001 年的 58.9%降低到 2007 年的 37.9%，城市污水所占比例相应从 7.1%提高到 11.5%，城市污水处理能力明显不足；工业废气所占比例上升较快，特别是近 2 年从 2005 年的 40.2%上升到 2007 年的 49.1%，说明近 3 年安装的脱硫设施运转较正常。

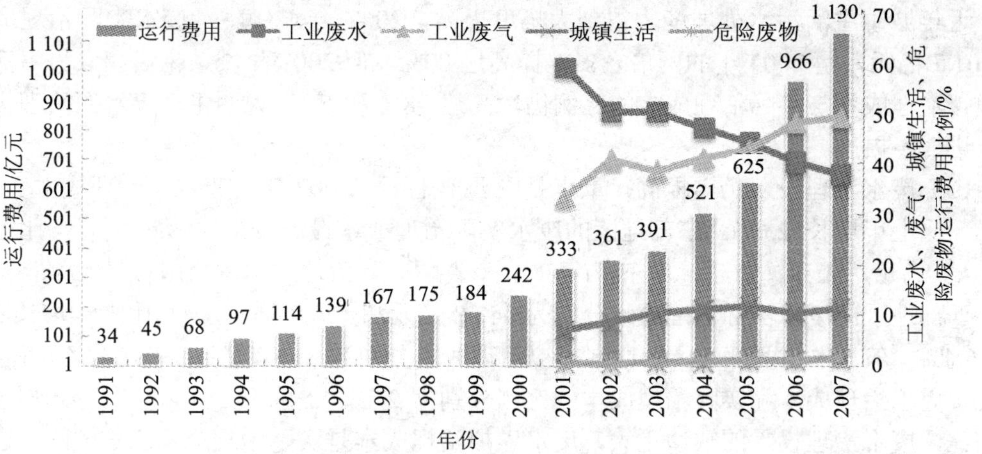

图 5 1991—2007 年我国工业废水、废气治理设施和城市污水处理设施运行费用

3 虚拟治理成本核算

2007 年，全国环境污染虚拟治理成本 4 355.6 亿元，比 2006 年增加了 243.0 亿元。其中，水污染、大气污染、固体废物污染虚拟治理成本分别为 2 121.1 亿元、2 104.8 亿元和 129.8 亿元，其中，大气污染比 2006 年增加了 15.6%，水和固废污染分别比 2006 年降低了 1.1%和 11.9%。2007 年全国虚拟治理成本占全国行业合计 GDP 的比例为 1.7%，比上年降低 0.3%。

3.1 水污染治理成本

（1）近年废水治理投入增大，虚拟与实际治理成本的比例持续下降。2007 年，全国废水实际治理成本达到 653.7 亿元，比 2006 年增加 16.3%，占行业合计 GDP（生产法）的比重为 0.26%。全国废水虚拟治理成本为 2 121.1 亿元，比 2006 年下降 1.1%，占 GDP 的 0.85%，与

2006 年的 1.02%相比有较大幅度的下降。随着废水治理投入的不断增大，废水虚拟治理成本与实际治理成本的比例近年持续下降，由 2004 年的 5.3 倍下降到了 2007 年的 3.2 倍。

（2）食品加工和造纸等行业治理投入严重不足，生活废水治理投入需加强。2007 年，工业废水实际治理成本约占总废水实际治理成本的 69.8%，工业废水虚拟治理成本占总废水虚拟治理成本的 52.1%；城镇生活废水实际治理成本约占总废水实际治理成本的 15.6%，城镇生活废水虚拟治理成本占总废水虚拟治理成本的 28.2%。在 38 个工业行业中，实际治理成本列前五位的分别是化工、黑色冶金、造纸、纺织和石化行业，五个行业的实际治理成本为 243.8 亿元，占工业废水总实际治理成本的 53.5%；虚拟治理成本列前五位的分别是造纸、食品加工、化工、纺织和饮料制造业，五个行业的虚拟治理成本约占工业废水虚拟治理成本的 73.15%，其中，食品加工和造纸业的治理投入严重不足，这两个行业虚拟治理成本与实际治理成本的比例高达 14.9 和 7.4。

近年城镇生活污水处理能力得到大幅度提高，2007 年城镇生活废水实际治理成本达到 101.7 亿元，是 2004 年的两倍之多，提高近 80%。但 2007 年城镇生活和农村生活废水的虚拟治理成本与实际治理成本的比例仍然高达 18.1 和 5.9，说明生活废水的治理投入还有待进一步提高。

（3）废水治理投入仍需提高，重点是中西部地区。2007 年，废水总治理成本 2 774.8 亿元，比上年增长 2.6%。东部地区的废水实际治理成本最高，为 379.0 亿元，比上年增长 14.3 亿元，江苏、浙江、山东和广东 4 个省的实际治理成本占全国总量的 36.8%。中部和西部地区的废水实际治理成本分别为 147.8 亿元和 126.9 亿元，分别比上年增长 21.7%和 16.4%。东、中和西部地区的废水虚拟治理成本分别为 810.0 亿元、667.4 亿元和 643.7 亿元，虚拟治理成本和实际治理成本的比例分别为 2.1、4.5 和 5.1。总体来看，与废气治理相比，废水治理投入的缺口更大，废水虚拟治理成本是实际治理成本的 3.6 倍，远大于废气的 2.0 倍。同时，与东部地区相比，中西部地区的废水污染治理投入更加不足。

3.2 大气污染治理成本

（1）脱硫设施运行渐趋稳定，废气实际治理成本显著提高。2007 年，全国的废气实际治理成本为 1 369.7 亿元，比上年提高 30.9%，占当年行业合计 GDP 的 0.55%，比上年提高 0.05%。2007 年，全国废气的实际治理成本仍然远高于废水实际治理成本，是废水实际治理成本的 1.57 倍。其中，生活和工业废气实际治理成本分别为 760.2 亿元和 609.5 亿元，均高于 2006 年的 546.2 亿元和 500.0 亿元。这从一个侧面反映出近两年脱硫设施不但安装到位而且运行也较稳定，2007 年 SO_2 去除率达到 47.1%，远高于 2006 年的 37.8%。

（2）废气污染治理的缺口仍然很大，电力行业仍然是工业治理重点。2007 年，全国废气虚拟治理成本为 2 104.8 亿元，占当年行业合计 GDP 的 0.84%，是实际治理成本的 1.5 倍。城市生活和几乎所有工业行业的大气虚拟治理成本都高于实际处理成本，说明废气污染治理的缺口仍然很大。在废气虚拟治理成本中，2007 年工业废气污染虚拟治理成本 982.7 亿元，其中电力行业虚拟治理成本为 629.2 亿元，而电力行业的实际治理成本仅为 334.8 亿元，仅为虚拟治理成本的 53.2%，其中，治理 SO_2 和 NO_x 的虚拟治理成本分别为 209.2 亿元和 416.0 亿元，未来电力行业 NO_x 的治理任务相当艰巨。

（3）东部地区的大气实际和虚拟治理成本高于中西部，治理任务依然艰巨。2007 年，大气污染总治理成本 3 474.5 亿元；东、中、西部三个地区的大气实际治理成本分别为 757.4 亿元、321.5 亿元和 290.8 亿元，虚拟治理成本分别为 965.6 亿元、594.6 亿元和 544.6 亿元，分别是实际治理成本的 1.27、1.85 和 1.87 倍。东部地区的大气污染实际治理成本和虚拟治理成本分别占全国的 55.3%和 45.9%，明显高于中西部地区。虚拟治理成本超过总废气治理成本 65%的省份有安徽、江西、河南、湖南、内蒙古、广西、四川、贵州、陕西、青海，这 10 个省的生活废气治理水平比较低，城市燃气普及率水平需要进一步提高。

3.3 固体废物治理成本

2007 年，全国固废治理成本 411.7 亿元，其中，实际治理成本为 281.9 亿元，比 2006 年提高 44.5%，占当年合计 GDP 的 0.11%；虚拟治理成本为 129.8 亿元，占 GDP 的 0.05%。固体废物虚拟治理成本占实际治理成本的比例进一步下降，仅为实际治理成本的 0.46 倍，比上年降低 22.0%，说明固废的治理投入逐年提高。2007 年，东、中、西部 3 个地区的实际治理成本分别为 139.4 亿元、69.3 亿元和 73.3 亿元，辽宁省的固废实际治理成本最高 23.9 亿元，占全国总量的 8.48%；东、中、西部 3 个地区的虚拟治理成本分别为 33.4 亿元、33.4 亿元和 63.0 亿元，分别占全国总虚拟治理成本的 25.7%、25.7%和 48.5%，西部相对投入不足。

2007 年，全国工业固体废物实际治理成本为 184.4 亿元，比上年提高 8.2%，占总治理成本的 69.4%；虚拟治理成本 81.1 亿元，占总治理成本的 30.6%，比上年下降 5.7%。2007 年，全国工业固体废物总治理成本列前 5 位的行业为有色矿采选、黑色矿采选、电力、化工和有色冶金业，这 5 个行业的治理成本占全国总治理成本的 71.2%；另外，2007 年非金属矿采选业、其他矿采选业、食品制造业和燃气业的工业固体废物虚拟治理成本分别是实际治理成本的 5.88 倍、1.38 倍、1.26 倍和 1.78 倍，说明这 4 个行业的工业固体废物的治理投入还存在很大的缺口。

2007 年，全国城市生活垃圾实际治理成本为 97.5 亿元，占总成本的 66.7%；虚拟治理成本为 48.6 亿元，占总成本的 33.3%，比上年下降 5.5%。2007 年东、中、西部 3 个地区生活垃圾的虚拟治理成本分别是实际治理成本的 0.31 倍、0.91 倍和 0.70 倍，分别比 2006 年下降 29.6%、8.25%和 20.6%，说明东、中、西部 3 个地区生活垃圾治理工作均得到了加强。

3.4 虚拟治理成本综合分析

（1）环境污染治理水平逐年提高，但治理投资缺口逐年增大。近年来，环境污染实际和虚拟治理总成本从 2004 年的 3 879.7 亿元上升到 2007 年的 6 337.5 亿元；实际治理成本在 4 年中增幅达到 63.4%，占总成本的比例从 2004 年的 25.9%上升到 2007 年的 31.3%，环境污染的总体治理水平也逐年提高。但需要注意的是，在实际治理成本大幅增加的同时，虚拟治理成本也在同步增加，从 2004 年的 2 874.4 亿元增长至 2007 年的 4 355.6 亿元。表明随着经济的快速发展，污染产生量也在增加，治理投资缺口并没有随着实际治理投入的提高而减少，反而也呈逐年增大的趋势。

2007 年，虚拟治理成本为 4 355.6 亿元，其中，水污染、大气污染和固体废物污染虚拟治理成本分别为 2 121.1 亿元、2 104.8 亿元和 129.8 亿元，分别占总虚拟治理成本的 48.7%、48.3%和 3.0%。与 2006 年相比，废水所占比例降低 3.4%，废气所占比例提高 4.0%，固废所占比例降低 0.6%；废水治理成本缺口降低 22.7 亿元，废气治理成本缺口增加 283.3 亿元，固废治理成本缺口降低 17.5 亿元，总治理成本缺口增大 243.0 亿元。

（2）第二产业污染治理成本所占比重降低，城市生活所占比重增加。2007 年，第二产业实际废水治理成本 455.9 亿元，虚拟废水治理成本 1 105.9 亿元，分别占总实际治理成本和虚拟治理成本的 69.8%和 52.1%，比 2006 年分别降低 3.7%和 3.6%；第二产业实际废气治理成本 609.5 亿元，虚拟废气治理成本 982.7 亿元，分别占总实际治理成本和虚拟治理成本的 44.5%和 46.7%，比 2006 年分别降低 3.3%和 5.2%。总体来看，无论是实际治理成本还是虚拟治理成本，第二产业所占比重有所降低。

2007 年，城市生活废水实际治理成本 101.7 亿元，虚拟治理成本 598.3 亿元，分别占总实际治理成本和虚拟治理成本的 15.6%和 28.2%，比 2006 年分别提高 1.5%和 1.0%；城市生活实际废气治理成本 760.2 亿元，虚拟废气治理成本 1 122.1 亿元，所占比重分别为 55.5%和 53.3%，比 2006 年分别提高 3.3%和 5.2%。由此可见，2007 年城市生活污染治理成本所占比例有一定幅度的提高。但需要注意的是，虽然 2007 年城市生活废水的实际治理成本比 2006 年增加 128.4%，但能力不足的问题仍然严重，实际治理成本仅为虚拟治理成本的 17%。较工业污染治理，生活污染的治理投入更显不足。

（3）电力行业治理投入大，主要废水排放行业的治理缺口大于废气行业。2007 年，在 39 个工业行业中，虚拟治理成本最高的仍然是电力行业，达到 653.7 亿元，仍然高于 2006 年的 604.5 亿元，说明虽然电力行业的脱硫效率已有较大幅度提高，但由于 NO_x 的治理水平仍然较低，其虚拟治理成本仍然处于高位。该行业虚拟治理成本占工业虚拟治理成本的 30.1%，与 2006 年相比，提高 1.3%；同时电力行业的实际治理成本也列各行业之首，占工业实际治理成本的 29.9%。

废水治理总成本列前 5 位的行业是造纸、化工、食品加工、纺织和饮料制造业，其中造纸业和食品加工业的虚拟治理成本与实际治理成本的比例高达 7.4 和 14.9。此外，化工、纺织和饮料制造业的该比例也分别达到 1.9、2.2 和 2.6，主要废水排放行业的治理缺口远大于主要废气排放行业，电力、黑色冶金、非金属制造业和有色冶金行业虚拟治理成本与实际治理成本的比例仅为 1.9、2.0、1.3 和 0.3。

（4）中西部地区污染治理投入不断加大，东部地区治理投入缺口依然最大。2007 年，东中西 3 个地区的实际治理成本分别为 1 275.8 亿元、538.5 亿元和 491.0 亿元，分别比上年增加 21.2%、28.3%和 27.5%，中西部地区的污染治理投入明显高于东部地区。

东中西 3 个地区的虚拟治理成本分别为 1 809.0 亿元、1 295.5 亿元和 1 251.2 亿元，3 个地区虚拟治理成本与实际治理成本的比例分别由 2006 年的 1.6、2.9 和 3.2 下降至 1.4、2.4 和 2.5，西部地区的下降幅度高于东部和中部地区。从各地区虚拟治理成本占总虚拟治理成本的比例来看，东、中、西部 3 个地区分别占 41.5%、29.7%和 28.7%，与 2006 年相比，西部降低 0.9%，东部地区的污染治理投入缺口绝对量仍然最大。3 个地区环境污染实际和虚拟治理成本如图 6 所示。

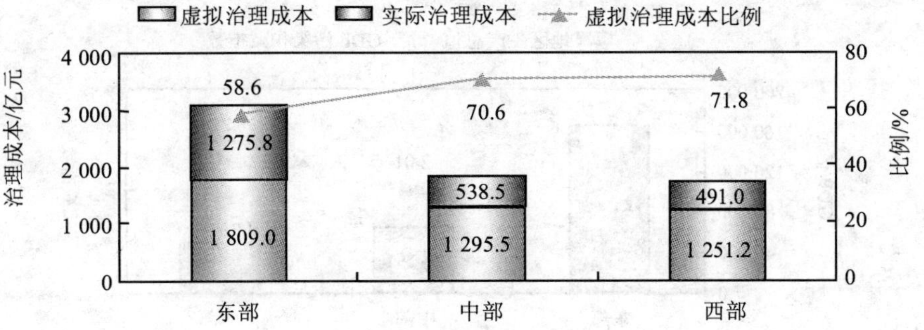

图 6　地区污染实际和虚拟治理成本比较

4 GDP 污染扣减指数核算

4.1 经污染调整的 GDP 总量

2007 年，全国行业合计 GDP（生产法）为 249 529.8 亿元，比上年增加 18.3%，全国虚拟治理成本为 4 355.6 亿元，比上年增加 5.9%，GDP 污染扣减指数为 1.7%，即虚拟治理成本占全国 GDP 的比例为 1.7%，与 2006 年的污染扣减指数 2.0%相比，下降了 0.3 个百分点。

4.2 经污染调整的地区生产总值

2007 年核算结果表明，东、中、西部 3 个地区的 GDP 污染扣减指数分别为 1.11%、2.01%和 2.61%，与上年相比，分别下降 0.11%、0.26%和 0.47%。西部地区的经济水平和污染治理水平比 2006 年有一定提高，但总体来看仍然较低。在 30 个省市中，GDP 污染扣减指数列前五位的分别是宁夏（5.57%）、青海（5.01%）、广西（3.82%）、山西（3.06%）和贵州（2.78%），列后位的 5 个省市依次是上海（0.48%）、北京（0.59%）、天津（0.87%）、广东（0.89%）和浙江（0.92%），与上年相比基本没有变化。各地区 GDP 和 GDP 污染扣减指数如图 7 所示。

4.3 经污染调整的行业增加值

（1）三大产业部门。从经环境污染调整的 GDP 产业部门核算结果来看，2007 年第一产业部门虚拟治理成本为 416.9 亿元，增加值污染扣减指数为 1.48%，与上年持平；第二产业虚拟治理成本为 2 169.7 亿元，增加值污染扣减指数为 1.79%，比上年减少 0.38%；第三产业虚拟治理成本为 1 769.05 亿元，增加值污染扣减指数为 1.77%，比上年下降 0.05%。

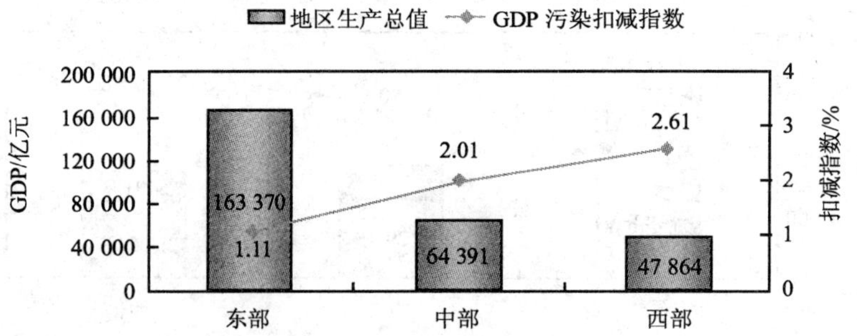

图 7 各地区的 GDP 及其 GDP 污染扣减指数

（2）39 个工业行业。核算结果表明，2007 年增加值污染扣减指数最高的行业仍然是造纸和电力等行业，两个行业的污染扣减指数分别为 24.2%和 8.1%，其中虽然造纸和电力行业分别比上年降低 4.4%和 1.0%，但这些行业经济与环境效益比低、污染严重的状况并没有改善。造纸、电力、采矿、饮料制造、食品加工与制造、化工、冶金等高污染、高消耗行业依然在持续增长，高居污染扣减指数的前列。

从各工业行业来看，增加值污染扣减指数最低的行业是烟草制品业，扣减指数为 0.04%；其次为电气机械业、自来水生产供应业和通信计算机设备制造业，扣减指数分别为 0.05%、0.06%和 0.07%，这些行业的环境污染程度相对较小。39 个行业的污染扣减指数如图 8 所示。

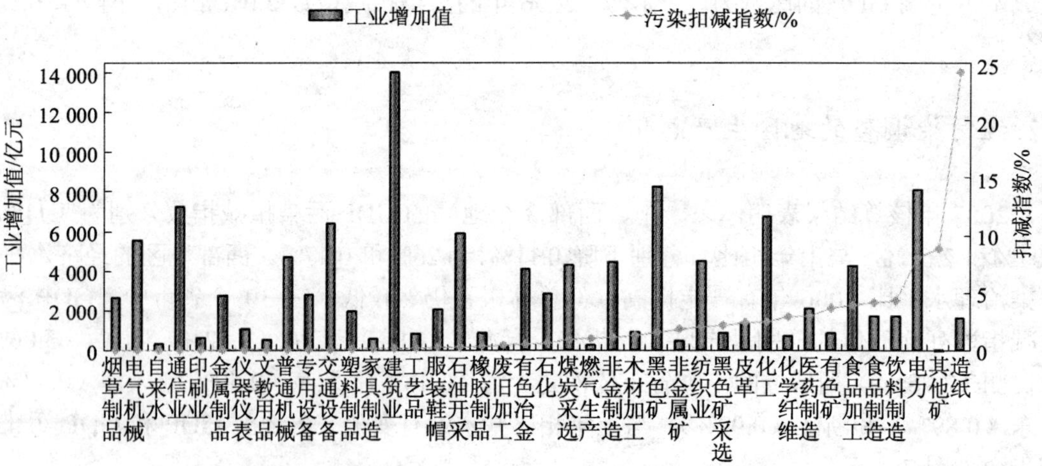

图 8 39 个工业行业增加值及其污染扣减指数

5 GDP 环境退化指数核算

2007 年，利用污染损失法核算的环境退化成本 7 334.1 亿元，分别占地区合计 GDP

和行业合计 GDP 的 2.7%和 2.9%，即 GDP 环境退化指数为 2.7%。在环境退化成本中，水污染、大气污染、固废污染和污染事故造成的环境退化成本分别为 3 595.1 亿元、3 616.7 亿元、65.1 亿元和 57.2 亿元，分别占总退化成本的 49.0%、49.3%、0.9%和 0.8%。

5.1 水环境退化成本

2007 年，水污染造成的环境退化成本为 3 595.1 亿元，占总环境退化成本的 49.0%，比上年增加 6.1%，GDP 水环境退化指数为 1.3%，其中，水污染对农村居民健康造成的损失为 220.3 亿元，污染型缺水造成的损失为 2 000.8 亿元，水污染造成的工业用水额外治理成本为 393.4 亿元，水污染对农业生产造成的损失为 572.7 亿元，水污染造成的城市生活用水额外治理和防护成本为 393.4 亿元。各省的污染型缺水量与地表水Ⅴ类和劣Ⅴ类断面的比例见图 9。

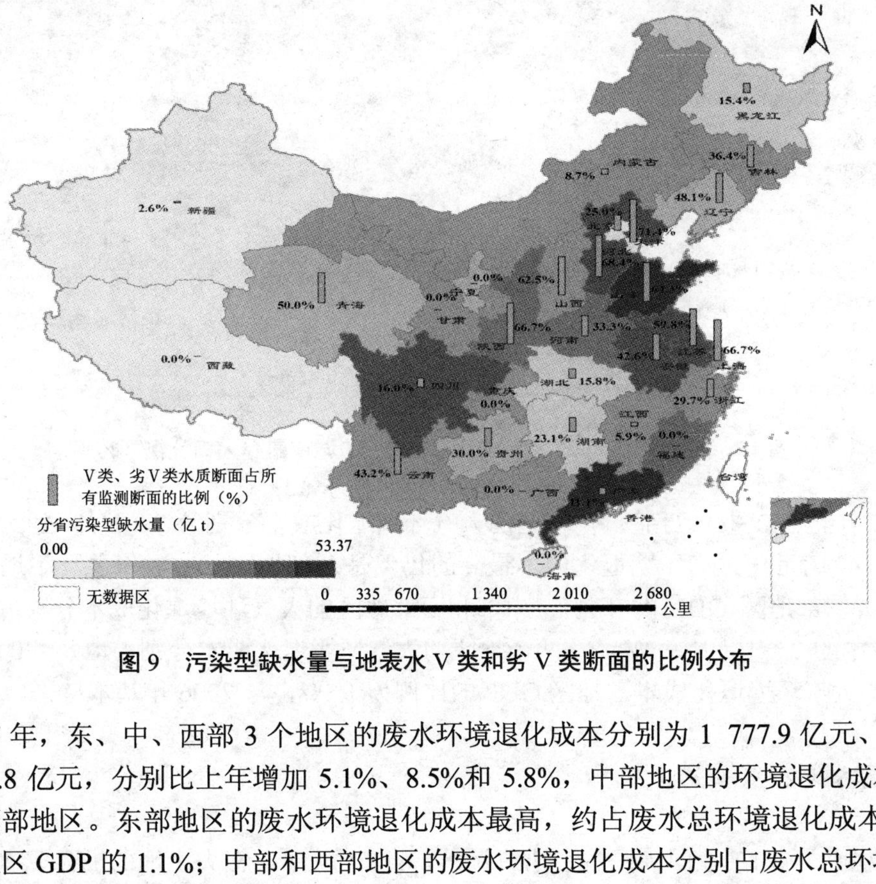

图 9 污染型缺水量与地表水Ⅴ类和劣Ⅴ类断面的比例分布

2007 年，东、中、西部 3 个地区的废水环境退化成本分别为 1 777.9 亿元、956.4 亿元和 860.8 亿元，分别比上年增加 5.1%、8.5%和 5.8%，中部地区的环境退化成本增幅略高于东西部地区。东部地区的废水环境退化成本最高，约占废水总环境退化成本的一半，占东部地区 GDP 的 1.1%；中部和西部地区的废水环境退化成本分别占废水总环境退化成本的 26.6%和 23.9%，占地区 GDP 的 1.5%和 1.8%，东、中、西部地区水环境退化成本占地区 GDP 的比例比上年略有下降，分别下降 0.1%、0.1%和 0.2%。

5.2 大气环境退化成本

2007 年，大气污染造成的环境退化成本为 3 616.7 亿元，占总环境退化成本的 49.3%，

GDP 大气环境退化指数为 1.6%，其中，大气污染造成的城市居民健康损失为 2 327.5 亿元，农业减产损失为 678.5 亿元，材料损失为 173.0 亿元，造成的额外清洁费用为 437.7 亿元，各项损失均较上年有所增加，其中，大气健康损失增幅较大，达到 24.3%，主要原因是 2007 年全病因死亡率较 2006 年有较大幅度的提高。各省的城市人口数量与暴露于 PM_{10} 年均浓度二级标准以上城市人口的比例见图 10。

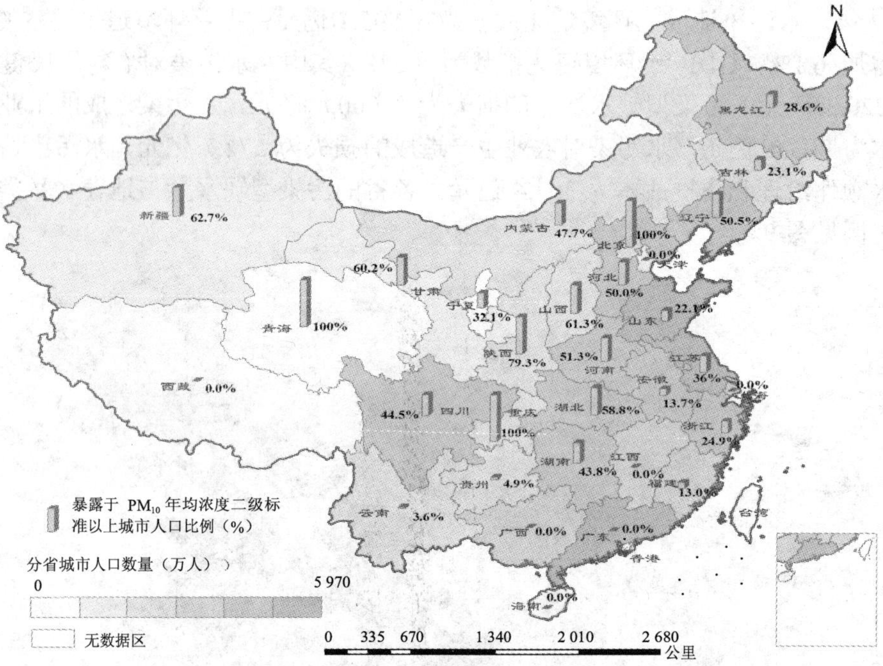

图 10　超过 PM_{10} 年均浓度二级标准以上的城市暴露人口比例（%）

2007 年，东、中、西部 3 个地区的大气环境退化成本分别为 2 011.4 亿元、908.9 亿元和 696.4 亿元。大气环境退化成本最高的仍然是东部地区，占大气总环境退化成本的 55.6%，占东部地区 GDP 的 1.2%；中部和西部地区的大气环境退化成本分别占大气总环境退化成本的 25.1%和 19.3%，这两个地区的大气环境退化成本分别占地区 GDP 的 1.4%和 1.5%。大气环境退化成本占地区 GDP 的比例为 1.3%，与 2006 年基本持平。

5.3 固废污染损失成本

2007 年，全国工业固废侵占土地约新增 8 642.9 万 m^2，丧失土地的机会成本约为 46.3 亿元。生活垃圾侵占土地约新增 2 741.9 万 m^2，丧失的土地机会成本约为 18.8 亿元。两项合计，2007 年全国固体废物污染造成的环境退化成本为 65.1 亿元，占总环境退化成本的 0.89%，占当年地区合计 GDP 的比例也为 0.89%。

2007 年，东、中、西部 3 个地区的固废环境退化成本分别为 26.9 亿元、17.5 亿元和 20.8 亿元。2007 年东部地区取代西部地区成为固废环境退化成本最高的地区，占总固废环境退化成本的 41.3%，其次为西部和中部地区，分别占总固废环境退化成本的 31.9%和

26.8%，东、中、西部 3 个地区的固废环境退化成本分别占地区 GDP 的 0.02%、0.03%和 0.04%。

5.4 环境污染事故经济损失

2007 年，全国共发生环境污染与破坏事故 462 起，污染事故造成的直接经济损失为 0.30 亿元，事故数量和损失比上年骤减，造成的损失比上年减少 77.6%。根据 2007 年《中国渔业生态环境状况公报》，2007 年全国共发生渔业污染事故 1 442 次，造成直接经济损失 3.0 亿元，环境污染事故造成的天然渔业资源经济损失 53.9 亿元。两项合计，2007 年全国环境污染事故造成的损失成本为 57.2 亿元，比上年增加 17.0 亿元。环境污染事故退化成本占总环境退化成本的 0.78%，占当年地区合计 GDP 的 0.78%。

5.5 环境退化成本综合分析

（1）环境退化成本总量分析。2007 年，利用污染损失法核算的环境退化成本为 7 334.1 亿元，比上年增加 826.4 亿元，增长了 12.7%，2007 年 GDP 环境退化指数 2.7%，退化成本占行业合计 GDP 的 2.94%。在环境退化成本中，水污染、大气污染、固废污染和污染事故造成的环境退化成本分别为 3 595.1 亿元、3 616.7 亿元、65.1 亿元和 57.2 亿元，分别占总退化成本的 49.0%、49.3%、0.9%和 0.8%。

（2）地区环境退化成本分析。2007 年，不计污染事故损失的环境退化成本为 7 278.2 亿元。东、中、西部 3 个地区的环境退化成本分别为 3 816.5 亿元、1 883.0 亿元和 1 578.7 亿元，分别占总环境退化成本的 52.4%、25.9%和 21.7%。各地区的环境退化成本及其 GDP 环境退化指数如图 11 所示。从图中可以看出，中部和西部地区的 GDP 环境退化指数高于东部地区。

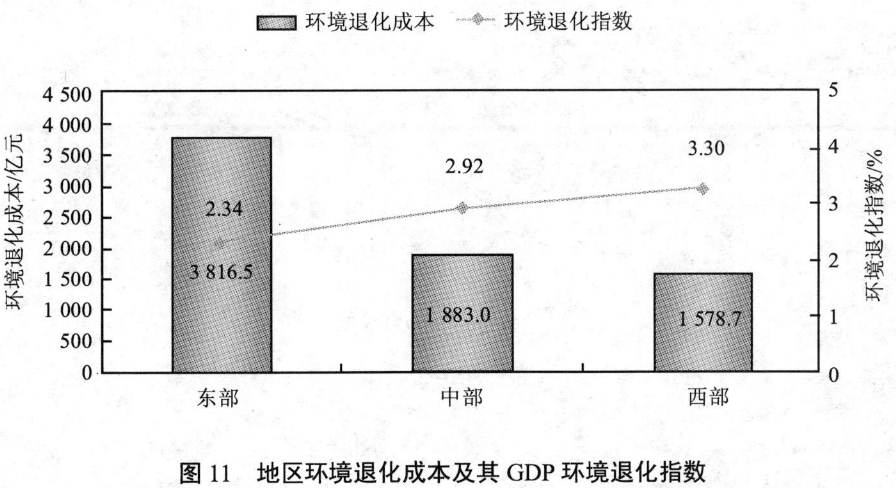

图 11 地区环境退化成本及其 GDP 环境退化指数

2007 年，GDP 环境退化指数最高的前 4 个省市与上年相同，分别为宁夏（9.14%）、青海（8.27%）、甘肃（4.74%）、河北（3.80%），安徽取代陕西位列环境退化成本的第五位（3.58%），最低的 5 个省市依次是海南（1.35%）、山东（1.83%）、福建（1.93%）、湖北（2.0%）和新疆（2.09%）。与上年相比，宁夏等位列 GDP 环境退化指数前列省份的比例较 2006 年稍有下降，海南等位列 GDP 环境退化指数后位省份的比例较 2006 年稍有提高，各省之间的差距略有缩小。总体上来看，各省环境退化的形势与经济总量的增长趋势基本趋同，与上年相比，西部地区的环境退化形势稍有好转，GDP 环境退化指数从 2006 年的 3.56%下降到 3.30%，高于总体降幅。但需要注意的是，中西部地区与东部地区经济总量与环境退化之间的“剪刀差”依然十分显著，在国家 4 万亿投资需求的带动下，我国各地区 2008 年投资建设规模和速度空前高涨，在这种情况下应该密切关注东部企业受生产成本和环保高门槛等因素影响将高耗能、高污染产业向中西部地区转移，造成中西部地区环境退化进一步加重。

附录 1　2004—2007 年核算结果比较

项目＼年度			单位	2004 年	2005 年	2006 年	2007 年
实物量核算	水	废水	亿 t	607.2	651.3	723.9	769.2
		COD	万 t	2 109.3	2 195.0	2 345	2 223
		氨氮	万 t	223.2	242.5	248.3	241.7
	大气	SO_2	万 t	2 450.2	2 568.5	2 680.6	2 434.3
		烟尘	万 t	1 095.5	1 182.5	1 088.8	986.6
		工业粉尘	万 t	905.1	911.2	808.4	698.7
		NO_x	万 t	1 646.6	1 937.1	2 173.2	2 374.6
	固废	一般工业固废	万 t	27 428.5	27 108.2	23 414.3	25 024.9
		危险废物	万 t	344.4	337.9	286.8	154.01
		生活垃圾	万 t	6 667.5	6 029.6	7 896.1	6 927.4
治理成本	实际治理成本	废水	亿元	344.4	400.7	562.0	653.7
		废气	亿元	478.2	835.0	1 046.2	1 369.7
		固废	亿元	182.7	217.3	195.1	281.9
		合计	亿元	1 005.3	1 453.0	1 803.4	2 305.3
	虚拟治理成本	废水	亿元	1 808.7	2 084.0	2 143.8	2 121.1
		废气	亿元	922.3	1 610.9	1 821.5	2 104.8
		固废	亿元	143.5	148.7	147.3	129.8
		合计	亿元	2 874.4	3 843.7	4 112.6	4 355.6
环境退化成本		水	亿元	2 862.8	2 836.0	3 387	3 595.1
		废气	亿元	2 198.0	2 869.0	3 051	3 616.7
		固废	亿元	6.5	29.6	29.6	65.1
		污染事故	亿元	50.9	53.4	40.2	57.2
		合计	亿元	5 118.2	5 787.9	6 507.7	7 334.1
国内生产总值		行业合计	亿元	159 878.0	183 084.8	210 871	249 529.8
		地区合计	亿元	167 587.2	197 789.1	231 053.3	275 624.6
污染扣减指数		行业合计	%	1.80	2.10	2.00	1.7
		地区合计	%	1.72	1.94	1.78	1.58
环境退化成本占地区合计 GDP 的比例			%	3.05	2.93	2.82	2.66

注：（1）本表实物量核算除一般工业固废和危险废物指贮存量和排放量之和外，其他均指排放量；（2）由于 2005 年核算范围和核算基数有变化，本表 NO_x 和生活垃圾 2005 年核算结果与 2004 年不可比；（3）表中治理成本、环境退化成本、国内生产总值采用当年价格；（4）2005 年核算范围、基数和口径与 2004 年相比有所变化，本表 2005 和 2006 年分项治理成本和环境退化成本与 2004 年不可比；2006 年种植业废水核算方法有所变化，2007 年农村生活废水与污染物排放量的核算方法有调整，相关核算结果不可比。

附录2　2007年各地区核算结果

地区	项目	地区生产总值/亿元	虚拟治理成本/亿元	污染扣减指数/%	环境退化成本/亿元	环境退化指数/%
东部	北京	9 353.3	55.4	0.59	200.0	2.14
	天津	5 050.4	43.8	0.87	120.0	2.38
	河北	13 709.5	275.7	2.01	521.0	3.80
	辽宁	11 023.5	199.4	1.81	306.1	2.78
	上海	12 188.9	58.0	0.48	328.1	2.69
	江苏	25 741.2	244.2	0.95	590.5	2.29
	浙江	18 780.4	173.3	0.92	410.4	2.19
	福建	9 249.1	93.6	1.01	178.3	1.93
	山东	25 965.9	371.1	1.43	475.5	1.83
	广东	31 084.4	276.2	0.89	670.2	2.16
	海南	1 223.3	18.2	1.49	16.5	1.35
	小计	163 369.9	1 809.0	1.11	3 816.5	2.34
	占全国比例/%	59.3	41.5	—	52.4	—
中部	山西	5 733.4	175.3	3.06	179.5	3.13
	吉林	5 284.7	114.7	2.17	171.0	3.24
	黑龙江	7 065.0	145.8	2.06	204.9	2.90
	安徽	7 364.2	131.1	1.78	263.6	3.58
	江西	5 500.3	101.5	1.85	152.1	2.77
	河南	15 012.5	290.7	1.94	468.2	3.12
	湖北	9 230.7	148.3	1.61	184.7	2.00
	湖南	9 200.0	188.0	2.04	258.9	2.81
	小计	64 390.6	1 295.5	2.01	1 883.0	2.92
	占全国比例/%	23.4	29.7	—	25.9	—
西部	内蒙古	6 091.1	144.9	2.38	190.1	3.12
	广西	5 955.7	227.4	3.82	159.8	2.68
	重庆	4 122.5	79.2	1.92	146.2	3.55
	四川	10 505.3	228.4	2.17	317.2	3.02
	贵州	2 741.9	76.4	2.78	84.0	3.06
	云南	4 741.3	97.0	2.05	127.0	2.68
	西藏	342.2	4.9	1.43	11.4	3.32
	陕西	5 465.8	136.0	2.49	195.2	3.57
	甘肃	2 702.4	73.0	2.70	128.1	4.74
	青海	783.6	39.3	5.01	64.8	8.27
	宁夏	889.2	49.6	5.57	81.3	9.14
	新疆	3 523.2	95.1	2.70	73.7	2.09
	小计	47 864.1	1 251.2	2.61	1 578.7	3.30
	占全国比例/%	17.4	28.7	—	21.7	—
全国		275 624.6	4 355.6		7 334.1*	2.66

注：渔业事故经济损失没有分地区数据，因此，全国合计数大于各地区加和数。

附录 3 相关术语解释

1. 实物量核算

就环境主题来说，绿色国民经济核算包含两个层次：一是实物量核算，二是价值量核算。所谓实物量核算，是在国民经济核算框架基础上，运用实物单位（物理量单位）建立不同层次的实物量账户，描述与经济活动对应的各类污染物的产生量、去除量（处理量）、排放量等。

2. 价值量核算

价值量核算是在实物量核算的基础上，估算各种环境污染和生态破坏造成的货币价值损失。环境污染价值量核算包括污染物虚拟治理成本和环境退化成本核算，分别采用治理成本法和污染损失法。主要包括以下方面：各地区的水污染、大气污染、工业固体废物污染、城市生活垃圾污染和污染事故经济损失核算；各部门的水污染、大气污染、工业固体废物污染和污染事故经济损失核算。

3. 治理成本法

污染治理成本法与污染损失法是计算环境价值量的两种方法。在 SEEA 框架中，治理成本法主要是指基于成本的估价方法，从“防护”的角度，计算为避免环境污染所支付的成本。污染治理成本法核算虚拟治理成本的思路相对简单，即如果所有污染物都得到治理，则环境退化不会发生，因此，已经发生的环境退化的经济价值应为治理所有污染物所需的成本。污染治理成本法的特点在于其价值核算过程简洁、容易理解并具有较强的实际操作性。污染治理成本法核算的环境价值包括两部分，一是环境污染实际治理成本，二是环境污染虚拟治理成本。

4. 污染损失法

在 SEEA 框架中，污染损失法是指基于损害的环境价值评估方法。这种方法借助一定的技术手段和污染损失调查，计算环境污染带来的种种损害，如对农产品产量和人体健康等的影响，采用一定的定价技术，进行污染经济损失评估。目前定价方法主要有人力资本法、旅行费用法、支付意愿法等。与治理成本法相比，基于损害的估价方法（污染损失法）更具合理性，体现了污染的危害性。

5. 实际治理成本

污染实际治理成本是指目前已经发生的治理成本，包括污染治理过程中的固定资产折旧、药剂费、人工费、电费等运行费用。

6. 虚拟治理成本

虚拟治理成本是指目前排放到环境中的污染物按照现行的治理技术和水平全部治理所需要的支出。虚拟治理成本不同于环境污染治理投资，是当年环境污染治理设施运行费用的概念，可以从 GDP 中扣减。采用治理成本法计算获得。

7. 环境退化成本

通过污染损失法核算的环境退化价值称为环境退化成本，它是指在目前的治理水平下，生产和消费过程中所排放的污染物对环境功能、人体健康、作物产量等造成的种种损害。环境退化成本又被称为污染损失成本。

8. 绿色国民经济核算

绿色国民经济核算，通常所说的绿色 GDP 核算，包括资源核算和环境核算，旨在以原有国民经济核算体系为基础，将资源环境因素纳入其中，通过核算描述资源环境与经济之间的关系，提供系统的核算数据，为可持续发展的分析、决策和评价提供依据。

9. 绿色国民经济核算体系

绿色国民经济核算体系，又称资源环境经济核算体系、综合环境经济核算体系，是在现有国民经济核算体系中附加资源和环境核算体系而建立的一套新核算体系。联合国统计署在 SNA—1993 中心框架基础上建立了综合环境经济核算体系（SEEA）作为 SNA 的附属账户（又称卫星账户）。于 1993 年公布了 SEEA 临时版本，2000 年公布了 SEEA 操作手册，目前 SEEA—2003 版本是最新版本。

10. 环境污染核算

环境污染核算（Environmental Pollution Accounting, EPC）是绿色国民经济核算的一部分。绿色国民经济核算包括自然资源核算与环境核算，其中环境核算又包括环境污染核算和生态破坏核算。环境污染核算，主要包括废水、废气和固体废物污染的实物量核算与价值量核算。

11. 经环境污染调整的 GDP 核算

经环境调整的 GDP 核算是指把经济活动的环境成本从 GDP 中予以扣除，进行调整得到的一组以“经环境调整的国内产出”（Environmentally Adjusted Domestic Product，EDP）为中心指标的核算，是对 GDP 总量指标的直接调整。本报告核算的环境成本主要包括环境退化成本和生态破坏成本，而且又以环境退化成本核算为主。

12. 绿色 GDP

联合国统计署正式出版的《综合环境经济核算手册（SEEA）》首次正式提出了“绿色 GDP”的概念。在理论上，绿色 GDP=GDP－固定资产折旧－资源环境成本=NDP－资源环境成本，其中，NDP 是国内生产净值。由此看出，绿色 GDP 是与 NDP 相对应的概念，而不是与 GDP 相对应的概念。在本研究报告中，考虑到在实际应用方面，GDP 远比 NDP 更为普及，因此采用了绿色 GDP 与 GDP 相对应的总值概念，而没有采用净值的概念，即绿色 GDP=GDP－环境成本－资源消耗成本。简单地说，绿色 GDP 就是传统 GDP 扣减掉资源消耗成本和环境损失成本以后的 GDP。绿色 GDP 是一种大众性的提法，较容易被政府官员、公众和媒体接受。

13. 环境保护支出

环境保护支出（Pollution Abatement Expenditure, PAE）是衡量年度全社会用于环境保护支出的指标。按照比较完整的定义，环境保护支出包括全社会当年用于环境保护的固定资产投入、环境保护运行管理费用（包括企业的环境税费支出）等。狭义的环境保护支出就是环境治理支出，包括工业污染源治理和城市环境建设直接相关的用于形成固定资产的资金投入、治理设施运行费用、企业缴纳的环境税费以及各级政府的环境管理方面的支出。本报告的环境保护支出只包括环境治理投资、运行费用以及环境税费三部分，其中各级政府环境管理方面的支出不可得。按照支出的性质划分，环境保护支出主要包括经常性支出（运行费）和投资性支出两大部分。

14. GDP 污染扣减指数

GDP 污染扣减指数（Pollution Reduction Index to GDP，PRI_{GDP}）是指虚拟治理成本占当年行业合计 GDP 的百分比，即 GDP 污染扣减指数 = 虚拟治理成本/当年行业合计 GDP×100%。由于虚拟治理成本是基本上根据市场价格核算的环境治理成本，因此可以作为“中间消耗成本”直接在 GDP 中扣减。

15. GDP 环境退化指数

GDP 环境退化指数（Environmental Degradation Index to GDP，EDI_{GDP}）是指环境退化成本占当年地区合计 GDP 的百分比，即 GDP 环境退化指数=环境退化成本/当年地区合计 GDP×100%。由于环境退化成本中的一些成本核算采用的是非直接市场价格方法得出的，统计部门认为这些成本不能简单地从 GDP 总量中扣除，因此 GDP 环境退化指数也称为环境污染损失占 GDP 的比例，或者环境污染损失相当于 GDP 的份额比例。

16. GDP 环境保护支出指数

GDP 环境保护支出指数（Environmental Protection Expenditure Index to GDP，$EPEI_{GDP}$）是指环境保护支出占当年行业合计 GDP 的百分比，即 GDP 环保支出指数=环境保护支出/当年行业合计 GDP×100%。本报告采用狭义的环境保护支出指数，GDP 环境治理支出指数=环境治理支出/当年行业合计 GDP×100%。

关于进一步加强和推动“十二五”环境统计工作的建议

Proposals for Further Strengthening and Promoting the 12th Five Year Environment Statistics

赵学涛 於 方 曹 东 彭 菲 潘 文

摘　要　经济社会发展和宏观综合经济决策对环境统计工作的需求不断加大，现行环境统计工作中的不足之处日渐显现，特别是随着总量减排工作的深入开展，以及第一次全国污染源普查工作的顺利完成，环境统计工作中存在的深层次问题也逐渐暴露，最直接的表现就是环境统计数据质量不高，可信度受到质疑。本文总结环境保护部组织的有关环境统计调研情况，针对上述问题，从提高环境统计质量、不同源数据衔接方法、“十二五”环境统计制度建立、基层环境统计能力建设等方面提出具体的对策建议。

关键词　加强　推动　环境统计　“十二五”

Abstract　The demand from economic and social development and the comprehensive macro-economic decision-making on the environment statistical work is gradually increased, especially with the practical implementation of total emission control policy and the complementing of the first national sources census work, the deep-seated problems and weakness of the current environmental statistics is exposed. The most outstanding problem may be the low quality of environmental statistic data, which result in incredibility of environmental statistical work. In response to these problems, the Ministry of Environmental Protection organized a survey to different local environmental protection bureaus. This paper summarized the survey results and give suggestions for improvement of 12th five year environmental statistic work. The suggestions are focused on development of date convergence method for different data source, establishment for 12th five year environmental statistical institution and enhancement of local environmental statistic capacity-building, and so on.

Key words　Strengthen　Promote　Environmental statistics　12th Five Year

环境统计是环境保护和管理工作的重要基础，通过环境统计数据的具体应用，能够真实反映环境质量的变化，有效监督和考核各级政府的环境保护工作成效，客观评价科学发展进程和成果。随着我国经济社会发展和资源环境之间矛盾的逐渐加深，宏观调控和综合经济决策对环境统计数据的需求越来越高。从国家的长期经济运转趋势来看，宏观经济仍将保持持续快速增长势头，尽管短期内受金融危机影响，经济发展有放缓趋势，但总体增长势头仍没有改变，因宏观经济发展而带来的污染物排放总量增长趋势短期内仍难以改变，环境压力居高不下。而且，随着经济结构调整和社会需求、消费结构的变化，尤其是农业和农村现代化进程的加快，污染物产生机理和排放结构也日趋复杂多变，如何通过加强和改进现有环境统计工作，使之适应目前和“十二五”期间面临的新形势、新问题、新情况，通过合理的环境统计制度改革创新，科学、全面、及时、准确地反映经济发展对环境带来的影响，成为当前环境统计和管理工作面临的重大问题。迫切需要我们立足当前、着眼未来、统筹安排、长远规划“十二五”环境统计工作。

早在 1950 年代，我国已有的国土、水利、气象、矿产等方面的统计中已经包含了环境统计的少许内容。1979 年，国务院环境保护领导办公室组织了全国首次 3 500 多个大中型企业环境情况基本调查。1980 年代初，我国针对县及县以上工业污染物排放及其治理情况开展了环境统计，正式建立了环境统计报表制度，标志着我国环境统计制度的正式建立。经过 20 多年的实践和发展完善，已经建立了较为规范的环境统计指标体系和企业、县级、地市级、省级和国家级的统计数据逐级上报汇总体系，形成了一套以定期调查为基准、抽样调查和科学估算相结合、专项调查有效补充的调查统计方法。总体来看，目前的环境统计基本能够反映我国工业污染与城市生活污染与防治、环境管理以及环保系统自身建设的情况，在一定程度上适应了我国环境保护管理与决策的需要。但是，随着经济社会发展和宏观、综合经济决策对环境统计工作需求的不断加大，现行环境统计工作中的不足之处日渐显现，特别是随着总量减排工作的深入开展，以及 2007 年开展的第一次全国污染源普查工作的顺利结束，环境统计工作中存在的深层次问题也逐渐暴露，突出表现在如下几个方面：① 环境统计数据、排污申报收费数据、总量减排数据和污染源普查数据多套不同来源数据并存，对外影响环保部门的公信力，对内增加基层工作负担；② 企业填报数据缺乏可靠基础，上报数据缺乏有效审核手段，环统数据质量难以得到有效保障；③ 环境统计程序和技术手段落后，难以实现数据的快速上报及短期环境形势分析的需要；④ 整齐划一的环境统计指标体系不能有效反映不同地区的污染与治理状况，难以适应各地区环境管理的实际需要；⑤ 环境统计数据的应用和综合分析薄弱，不能对环境保护规划、环境经济预测预警以及环境政策制定形成有效支撑。

针对目前环境统计工作中存在的主要问题，2009 年 9 月环保部污染物排放总量控制司组织监测总站和环境规划院相关人员先后赴浙江、沈阳、北京、河北等地就环境统计能力建设情况进行了调研，主要目的是了解地方统计部门以及相关业务部门对环境统计管理和工作的需求，结合总量减排和污染源普查工作，为不同来源数据的衔接和“十二五”环境统计制度建立提供借鉴和参考，推动“十一五”环境保护五年规划目标的顺利实现，为“十二五”环境统计工作的构架奠定基础。根据地方调研情况，结合全国第一次污染源普查工作，提出关于加强和改进“十二五”环境统计工作的思考和建议。

1 环境统计工作现状分析

1.1 从工作组织看，各省基本建立健全了环境统计体系工作体系和运行机制

环境统计工作已成为地方各级环保部门的重要职能。从工作组织来看，全国各省基本建立了以省级、地市级、县区级和企业级为主体的纵向网络环境统计工作体系，除企业级外，每一级还有环保部门与各有关部门组成的横向网络。各级环保部门同时还接受同级政府统计部门的业务指导和监督。各级环保部门根据工作需要规定有关机构承担统计任务，并配备专职或兼职环境统计人员。有些大中型企业在环保机构中配备了环境统计专干。部分行业主管部门也配备了环境统计人员，如冶金、有色、石化、铁道等部门。纵横交织的环境统计工作网络是开展环境统计工作的组织保障，也是信息交流与传输的通道。

1.2 从服务对象看，环境统计在一定程度上满足了管理需求

从服务对象来看，对环境统计的最直接需求来自于环境管理，在立足于全面反映环境质量状况的基础上，环境统计指标体系的设置和相应的管理措施还应考虑环境保护各业务部门对环境统计数据的需求。总体上看，环保部门对环境统计工作的需求主要来自如下 4 个方面：① 总量减排核算工作，包括总量的确定和总量指标的分配等；② 业务部门的日常管理需求，如重点行业整治，需要环境统计能够提供特征污染物和关联企业状况；③ 环境质量分析，主要为了解环境状况、制定综合环境经济政策提供数据基础；④ 其他一些管理工作，如“创建国家环保模范城市”等，需要从环境统计中获取有关指标。现行环境统计在以上四个方面发挥了重要作用，但是，必须指出：由于制度和法律缺位，现行环境统计的服务职能出现“错位”现象，不能真实反映环境质量变化和各项管理工作成效。

1.3 从能力建设方面看，人员、设备和经费投入有一定保障，但区域差异明显

环境统计能力建设是建立环境统计工作体系和运行机制的重要基础，各地方环保局普遍比较重视环境统计建设。随着经济发展和各级政府对环境保护问题重视程度的不断提高，环境统计能力建设与过去相比有了较大提高。① 注重加强信息自动化建设。为提高环境统计信息的及时性、可靠性和广泛性，各地环保局普遍加强了统计信息的自动化采集能力，许多省市都为地市或区县级环保统计人员配置了统计专用电脑、传真打印一体机等设备。② 加强了环境统计队伍建设，采用年年培训、层层培训、以会代训等方式，统计人员的业务素质不断提高；某些地方专门选聘政治素质好、计算机应用能力强、熟悉环境统计业务、具备大专以上学历的专业技术人员到环境统计工作岗位，努力保持环

境统计干部队伍的相对稳定。③ 以提高环境统计数据质量为核心，强化污染源在线监测体系建设。一些地方已经按照国家统一要求，建设了环境监测数据传输系统和污染源数据仓库，实现了国控重点污染源数据的实时监测上报。但是，从调研情况来看，各省之间尤其是县级环境统计能力建设情况仍存在较大差异，设备和经费得不到保障，人员流动性大的现象普遍存在，影响了环境统计工作的稳定性，难以有效保障数据质量。

1.4 从数据质量保障体系看，对环境统计数据质量重视程度有所提高

目前的环境统计数据质量控制主要是采用分级审核制度，在具体方法上主要根据环境统计上报软件的逻辑校验功能实现。在此基础上，各地区结合实际情况，建立和完善了数据质量联合会审制度。如北京市根据环保局内部职能分工，明确污染物排放总量控制处牵头负责环境统计综合年报工作，大气处、水和生态处、固体噪声处、机动车处、辐射处等业务部门配合进行数据审核。在与市相关部门的数据会审方面，建立了环保部门与发展改革、统计、水务、卫生的数据交换和数据会审机制，确保环境统计数据的质量。

2 环境统计中存在的主要问题

2.1 不同“源”数据相互矛盾，严重影响环保部门公信力

环保部门排污总量数据“数出多门”，即污染减排办公室的宏观核算总量、统计部门的环境统计总量和监察部门的排污申报总量相互矛盾，是基层环境统计工作人员反映最强烈、讨论也最热烈的话题，其中，减排核定工作与环境统计工作之间的矛盾已经取代环境统计数据与排污申报数据不一致这一痼疾，上升为当前统计工作的主要矛盾。同时，随着污染源普查工作的完成，如何实现环境统计数据与污染源普查数据的衔接又成为当前环境统计工作的重点。

关于总量减排和环统数据的矛盾，各地普遍反映：① 总量减排是对现有环统体系的重大冲击。总量减排采用的是自上而下的数据控制体系，借助宏观经济数据来估算污染物排放量和新增量；而环境统计是一种自下而上的数据采集体系，其基础是企业上报数据，相对于借助外部手段估算污染物排放量和新增量的做法来说，环境统计数据更为真实可靠。但现实中，受总量减排工作的刚性制约，环境统计数据的基础性地位没有得到重视，实践中出现环统数据向总量核算数据靠拢、人为调整环境统计数据的现象，本末倒置，造成实际操作中的矛盾。一些地方无奈采用将减排量纳入非重点调查企业，造成环统数据审核中出现明显的逻辑性错误；而一些事实上已经关停的企业又得不到总量减排体系的认可，造成总量减排数据和统计数据的不一致。② 环境统计在实际工作中正在被边缘化。目前各级环保部门和政府部门对污染减排工作高度重视，在工作程序上存在“先减排、再统计”的错误思想和做法，在实践中往往是根据减排数据来调整环境统计数

据，基层环境统计人员普遍认为在目前的形势下，环境统计工作显得可有可无，环境统计工作的地位不但没有得到加强，反而被极大削弱，基层人员的工作积极性受到了严重打击。③ 数据不统一影响环保部门公信力。排污总量是环保及其他相关政府部门编写环境规划、制定环境政策、开展环境管理的重要依据，由于数出多门，排污总量数据被轻易改变，既不利于环境管理决策，也严重影响了环保部门的公共形象。

关于环境统计数据与污染源普查数据的衔接问题，普遍认为全国污染源普查是一项重要的国情调查，目的是摸清“家底”，了解各类企事业单位与环境有关的基本信息，建立健全各类重点污染源档案和各级污染源信息数据库，为制定经济社会政策提供依据。普查数据具有法律地位，实现环境统计数据与普查数据的衔接十分必要，分歧主要是如何衔接的问题，有地方认为环境统计是一项常规性的统计工作，统计范围、统计方法、指标定义等方面与普查存在一定差异。有调研单位认为污染源普查数据从数据采集到数据汇总全过程都采用了较为科学的核查方法体系，污染源普查数据质量较高。但也有同志提出质疑，认为不同来源数据的指标定义不同，实现数据衔接和统一比较困难。基于此，建议环保部总量司通过制定一套标准的数据指标认定方法，构建一套标准的数据系统，解决多源数据的混杂问题。

2.2 环境统计与调查方法有待进一步完善

突出表现在如下 5 个方面：① 环境统计调查范围过窄，已经不能全面反映环境质量状况。目前的环境统计主要对工业企业进行重点调查，事实上，生活和农业农村污染近几年的比重急剧上升，一些重要污染物的排放量已占总量的 50%以上，如不对这部分污染源进行重点监控，或者仍然延续简单推算的方法，已经不能适应环境管理工作的需求。② 重点污染企业的筛选滞后于环境统计要求，无法及时反映污染排放的动态变化。这种滞后来源于两个方面：第一，市级环保部门没有建立起及时有效的污染源监控体系，新建企业不能快速进入污染源监控和统计体系，转关停企业和污染治理水平提高的企业也不能得到及时反映；第二，国家和省级环保部门对国控和省控污染企业的筛选核定时间较长，不仅给基层布表造成不便，也可能造成新的重点企业无法配置安装在线监测设备。③ 国家没有制定系统的产排污系数研究和更新核定制度。目前所采用的排污系数还是 1980 年代的研究成果，未能随工艺和技术进步及时更新调整，严重影响了排污系数法的准确性。④ 数据填报审核制度尚未真正建立。目前环境统计采用的是企业自报、区县、市、省、国家级环保部门由下自上、逐级汇总审核的工作制度和体系，目前这套体系的最大症结在于企业填报数据不准确、基层环保部门审核能力不足、相关制度不健全，由此造成环境统计数据质量难以保证，数据权威性不高。其中，企业自我监管能力差、基表不准确是关键。⑤ 环境统计软件缺乏数据校核和动态管理功能，难以适应环境统计对准确性和时效性的要求。

2.3 排污总量测算方法需要认真研究

排污总量测算方法不一，无法准确确定企业污染物排放量，是造成环统数据数出多门的原因之一。由于缺乏科学方法，无法掌握企业准确的排放量数据，而根据现行环统中规定的方法计算的排污量存在较大差异，企业自主申报排污量时就会根据自身需求来选取污染物排放量测算方法。环境统计数据质量和稳定性难以得到有效保障。

对于工业企业污染源，现行的环境统计数据采集方法主要有 3 种，即实测法、排污系数法和物料衡算法。在实际操作中，由于安装在线监测装置的企业少、环境部门定期监测频次低，有限的 1～2 次监测数据很难反映企业的实际生产状况，而对于安装在线自动监测设备的企业来说，在线监测数据和监督性监测数据之间往往存在较大差距，企业填报数据无所适从，因此，在实践中实测法难以得到广泛应用。而排污系数法由于系数陈旧，无法反映目前生产工艺和技术水平下的排污状况。据个案分析，采用技术导则推荐排污系数核算得出的排污量与实际排污量相差几倍到几十倍，产生了数量级的系统误差；而物料衡算法主要应用于火电厂和污水处理厂，适用范围极为有限。因此，基层环境统计人员在填报数据时，更多的是以上年数据为基准，根据实际生产状况和技术水平粗略地进行同比估算，在基准年数据已经失真、误差逐年累积的情况下，基表数据质量难以保证。因此，提高监测频次、更新排污系数已经成为工业企业环境统计方法改革的当务之急。

对于生活污染源，目前的环境统计主要利用排污系数法进行宏观测算，但由于城镇人口和燃煤量两项基础数据在统计口径和统计范围上的不连续性和不一致性，给宏观测算总量带来较大的不确定性，其中，城镇人口主要影响废水及其污染物产生排放量的测算，燃煤量主要影响生活源 SO_2 和烟尘的测算。随着近年来我国城镇化步伐的不断加快，某些地方出现城镇人口突然大幅增加、城市生活污水和污染物也随之大幅增加的现象，有些地方还反映目前技术导则推荐的生活排污系数过高。此外，环境统计耗煤量普遍低于经济部门统计耗煤量、而经济部门统计数据的公开时间滞后于环境统计数据的汇总时间，给燃煤 SO_2 和烟尘的测算带来极大的不便和麻烦。

2.4 现行环境统计指标体系仍存在诸多问题

主要表现在如下几个方面：① 现行指标体系的设置略显复杂，重点不突出，有调查单位认为现行环统基表中有 1/3 左右为不常用指标或通过推理能够得到的指标；② 现行环境统计的统计范围没有包括农业面源污染；③ 现行环境统计软件的功能设置和可操作性方面尚存不足，各地反映目前的软件界面复杂、逻辑校验容易出错，数据的导入导出也存在一些问题。在具体应用上，软件的数据审核和分析功能较弱；④ 统计指标定义不够明确和细致，基层统计人员难以理解，影响数据填报质量。

2.5 基层环境统计能力建设滞后，影响环境统计工作效率和质量

环境统计能力建设滞后是影响环境统计管理和环境统计数据质量的一个重要因素，调研发现普遍存在的问题是：① 环统人员多为兼职，人员流动性较大，难以保证统计工作的连续性；② 现有基层环境统计人员普遍都有一种就事办事、随意应付、尽快换岗的心理，工作没有积极性、缺乏责任心，再加上企业和其他基层部门不配合，工作难度大，

数据不能产生明显的经济效益，导致统计工作人员多为兼职或借调人员，严重影响了工作的连续性；③ 经济欠发达市县的环境统计队伍建设和装备配备情况较差，环境统计装备如服务器、笔记本电脑和专用存储设备缺乏，影响了环境统计工作的效率。调研发现，部分区县的环境统计人员没有配备专用计算机，需要到网吧上报数据，外出调查也缺少交通工具。

3 对环境统计改革工作的建议

3.1 以“数据归真”为近两年环境统计工作的核心，妥善处理好不同源数据的衔接问题

不同源数据并存不仅增加基层环境统计和管理部门工作压力，同时也严重影响环保部门的社会公信力。而之所以出现多源数据并存现象，主要原因在于现行环统数据质量不理想，不能满足各项管理工作需求。污染源普查工作的顺利开展和完成为改革和完善现行环统制度、提高环境统计数据质量提供了机遇，借鉴污染源普查的经验和做法，以“数据归真”为“十一五”后两年环境统计工作的核心和重点工作，既是加强和完善环境统计工作自身的需求，也是夯实“十二五”环境统计和管理工作的重要基础。而要实现数据归真，必须理顺环境统计数据、污染源普查数据、总量减排和排污申报收费数据之间的关系。

关于环统数据与普查数据的衔接：第一次全国污染源普查为环境统计改革提供了历史机遇和平台，开展第一次全国污染源普查的根本目的就是建立健全各类重点污染源档案和各级污染源信息数据库，为建立科学的环境统计制度，为改革环境统计调查体系，提高统计数据质量创造条件。国务院办公厅印发的《第一次全国污染源普查方案》在工作目标中明确要求，“根据普查结果，建立新的‘十二五’环境统计平台”。由此可见，完善现行环境统计方法和制度正是污染源普查的初衷之一。

综合来看，污染源普查对于环境统计工作的借鉴意义主要体现在两个方面，① 普查方法，包括污染源调查统计方法、污染物排放量核定方法、数据审核方法及普查软件开发技术等；② 普查结果。相对于现行的以重点调查为主的环境统计工作来说，污染源普查是一次全面的国情调查，调查范围远远大于现行环统，调查结果与现行环统结果可能存在差异。因此，如何从上述两个方面深刻认识和理解环境统计与污染源普查工作的关系，解决好环境统计与污染源普查的工作衔接问题，实现普查成果向环境统计结果的平稳过渡，并在充分借鉴和利用普查成果，建立“十二五”环境统计平台，为“十二五”环境规划的编制以及污染物总量减排提供技术支撑，是目前面临的首要问题。

具体来看，环境统计与污染源普查的衔接可以概括为 6 个方面的衔接问题：即普查数据与环境统计数据衔接、普查与环境统计调查范围的衔接、普查与环境统计调查和统计方法的衔接、普查与环境统计数据采集方法的衔接、普查与环境统计指标衔接以及数据申报处理方式的衔接。从近期看，普查数据与统计数据的衔接将是环境统计工作最为

紧迫的任务；建议重点开展如下工作：① 根据普查结果，对比环统数据筛选重点调查企业，确定环统中重点调查企业名录。② 根据普查所采用的系数，经过比较甄选，更新环统中工业和生活污染源产排污系数，提出污染物排放量确定方法。③ 根据普查中农业面源调查结果，选取指标纳入环境统计范畴。由于农业源点多面广，从统计和管理需求出发，建议未来纳入"十二五"的指标至少应满足如下 3 个条件，一是可统计，即可以并且能够获得与污染源有关的数据；二是可监测，保证所获得数据的质量；三是有明确可靠的减排手段，便于后续监管和减排工作推进。依据上述原则，初步建议将规模化畜禽养殖纳入环境统计范围，但具体规模的确定需要根据全国的实际情况和环境管理能力和需求来确定。④ 进一步完善重点源调查与非重点污染源总量核算（估算）方法，核心是对现行环统中不合理的系数和估算比例进行调整。⑤ 根据普查中所采用的数据质量控制手段，建立和完善环境统计数据审核手段和工具。⑥ 在以上 5 项工作基础上，结合"十二五"环境统计体系的建设工作，开展地方试点。从远期看，应该重点研究几个问题：① 建立污染源动态调查方法与制度。② 建立产排污系数动态调查方法与制度。③ 立足国情，结合国外经验，建立比较完善的农业面源污染物核算方法与调查制度。④ 建立科学的污染源调查与污染物产生排放核算方法与工作制度。⑤ 建立完善的数据质量审核办法并开发审核工具，切实保证数据质量，为污染减排提供坚实可信的基础数据。⑥ 开发包括宏观经济和环境质量等信息在内的综合环境管理指标体系，为环境管理决策提供更加全面有力的数据支持。⑦ 开发综合环境信息决策支持平台，为宏观决策提供高效可靠的技术支持工具。⑧ 建立完善而有针对性的长期培训和上下联动工作机制，加强地方环境信息的应用分析能力，促进环境统计工作的有效开展。

关于环境统计与总量减排工作的关系：环境统计工作既是总量减排工作的基础，同时，环境统计结果又反映总量减排工作成果。但是，由于现行环统数据质量不高、可信度备受争议，总量减排"无基可依"不得不"另辟蹊径"，通过自上而下的宏观测算方法来核定企业污染源排放情况，造成总量核定结果与环境统计数据"打架"现象。一些基层环境统计人员认为是总量减排工作打乱了现行环境统计体系，事实上这种"打乱"正是由环境统计数据自身质量不高所致。解决现行环境统计与总量减排工作矛盾的核心在于提高环境统计数据质量，环境统计工作一方面要借鉴污染源普查成果，完善调查方法和排放量核定手段，提高环境统计数据质量，为"十二五"减排工作提供科学基础；另一方面要借鉴总量减排所采用的一系列污染物排放、削减量计算方法，完善环境统计数据审核体系，保证环境统计数据质量。

关于环境统计和排污申报收费数据的关系：环境统计和排污申报收费数据都是反映环境现状、体现环境变化、有效开展总量控制、深化环境监管的重要基础工作。目前申报收费数据和统计数据存在差异的主要原因来自于 3 个方面：① 涵盖企业范围不完全一致，大部分地方是排污申报大于环境统计；② 统计调查方法不完全一致，申报收费数据以实测数据为主，统计数据以物料衡算和同比类推为主；③ 两项工作受到的干扰因素不同，申报收费数据主要受"人情收费"影响，数据偏低，而统计数据受各种管理需求影响，成为"证实"各方面成绩的工具。

环境统计和排污申报收费两套数据并存暴露出环境统计工作的另一个问题，即企业排污量的核定问题。为什么针对同一个主体会出现两个不同的排污量，主要原因在于缺乏明确可靠的排污量核定方法。现行环境统计规定了实测法、物料衡算法和排放系数法 3 种方法，但在操作中这 3 个方面计算结果并不一致，导致在排污量申报上，企业根据自身需求来填报排污量，对不同管理部门或同一管理部门的不同机构上报不同的数据，以满足管理需求。这也是现行环境统计数据质量不高的主要原因之一。而且，没有明确的排污量核定方法，数据审核工作不能落到实处，无法对企业上报数据质量进行有效审核。因此，解决不同源数据衔接问题的一个最基本的出发点，在于确定科学合理的排污量核定方法，即使是技术和机制上难以实现，也应规定以哪套数据为主。

除此之外，还应重点加强 3 个方面的工作：① 从源头上加强监测工作，不仅仅要加大设备和人员投入，更重要的是保证这些投入的有效运转，进而确保监测申报数据对环境统计数据的支持作用；② 要制定完善的数据审核体系，加强对申报数据各环节的质量控制；③ 在后续环节加强数据的分析应用。

3.2 加强和完善环境统计相关法律法规和制度措施建设

环境统计工作和环境统计数据质量长期得不到重视的两个根本原因：① 无法可依，难以对各个环节形成有效制约；② 领导不重视。而环境统计工作和数据质量之所以得不到领导重视，重要原因就在于没有法律和制度的保障，工作开展缺乏有效的约束机制。

所谓无法可依，并不是指环境统计工作缺乏法律法规基础。事实上，关于环境统计工作的法律地位，统计法、环境保护法等都做了明确规定，如统计法规定“部门统计调查计划和统计调查方案，由该部门的统计机构组织本部门有关职能机构编制，其中，统计调查对象属于本部门管辖系统内的，由本部门领导人审批，报国家统计局或者本级地方人民政府统计机构备案”；环境保护法规定，“县级以上人民政府环境保护行政主管部门，应当会同有关部门对管辖范围内的环境状况进行调查和评价，……”；国务院批准的“三定”方案中关于环保部职能的界定中也做了类似要求。无法可依是指环境统计法律体系不完备，缺乏完善的法制体系的支持，造成事实上的包括执法、司法、守法、法律监督体系在内的环境统计法律体系的缺位和错位。实践中出现环境统计数据的法律地位不明确、统计工作得不到重视、统计数据质量得不到有效保障的问题。

因此，构建“十二五”环境统计体系、提高和稳定环境统计数据质量必须从加强和完善环境统计相关法律法规体系和制度措施建设入手，① 要加强立法体系建设，尤其是省级及以下环境统计立法体系建设，依据统计法和环境保护法，明确环境统计工作和环境统计数据的法律地位；② 要加强环境统计执法体系建设，将环境统计数据审核和质量保障作为执法的重点环节；③ 要加强环境统计法律监督体系建设，设立专门机构或委托专业机构对统计执法守法情况进行监督和评估，确保相关法律和制度措施落到实处。

另外，统计法律法制体系的建设是一项系统性、基础性工作，新的法律法制体系建设和相关制度的完善必须结合地方实际情况，确保其落到实处、产生实效。建议分三个步骤推进环境统计立法、制度体系建设工作：① 对基层环境统计立法执法体系进行调研，明确地方对立法和制度体系的需求；② 对现行环境统计法律体系和相关制度进行梳理和评估，分析哪些制度行之有效，哪些有待加强；③ 在前两项工作基础上，建立和完善现行环境统计法律和制度体系。

3.3 建立和完善“十二五”环境统计指标体系

以污染源普查数据为基础，按照“指标要少，数据要实，体系要精”的原则，结合国家“十二五”规划以及国家资源环境统计指标体系建立研究等工作，尤其是结合污染物总量减排工作需要和全国污染源普查工作成果，开展环境统计指标体系研究，目前：① 根据调研结果对现行指标体系进行梳理，把不常用的指标去掉，或者减少统计和发布频次，部分指标可以考虑 3 年或 5 年统计发布一次。② 对基表中的指标做分类处理，经济、产品类指标可以考虑由统计部门负责；一些管理类指标，主要由基层环保部门填报，可以由相关业务部门负责。③ 指标体系的设置上，充分征求业务部门和行业协会的意见，使环境统计与管理需求和企业实际相结合。④ 结合污染源普查，进一步明确和细化指标定义和计算方法。⑤ 考虑今后环境问题发展趋势和管理重点，对温室气体和机动车污染等方面的指标要提前考虑，对于一些具有可操作性的指标，可以考虑提前纳入。⑥ 建立分级环境指标体系，即国家分别提出全面环境指标体系和核心环境指标体系，其中，全面环境指标体系用来指导地方环境统计工作的开展，地方可以结合自身环境问题从全面环境指标体系中选用相关指标，也可自创指标；核心环境指标体系为各级环境部门都需要填报的指标，保证国家从宏观层面把握全局。建议针对相关领域开展专题研究，尽快拿出实施方案。

3.4 加强环境统计数据的分析应用

从目前来看，由于环境统计数据存在时效上的滞后性和报送频次上的局限性，环境统计分析只能针对上年度的数据做事后评述和趋势分析，难以及时参与宏观经济分析，难以及时为环境管理提供定量化的依据。从数据应用深度上看，环境统计数据分析处在较低的水平，缺乏专业的研究开发，综合应用能力有待加强。为提高环统数据应用广度和深度，发挥环境统计在综合协调、宏观调控、监督执法和公共服务方面的基础作用，应在不断提高统计数据质量的同时，积极研究把握国家和地区经济运行情况，围绕经济发展和环境保护的热点、难点问题以及环境管理关注的问题，有针对性地加强环境统计分析，加强环境统计资料的开发应用，增强环境统计的引导功能、决策支撑功能。重点推进如下工作：

（1）推动和建立综合环境信息管理系统，实现环境质量、环境污染、人体健康、环境管理和相关经济和社会信息的综合管理，通过对现有基础数据的整合，提高环境信息管理的效率和效果，为政府决策、科学研究和公众服务构建数据平台。

（2）构建以环境经济核算为核心的数据应用体系，将发展过程中的资源消耗、环境损失和环境效益逐步纳入经济发展的评价体系。为宏观调控和环境管理决策提供基础支持。

（3）初步构建综合环境与经济绩效评估方法和指标体系框架，开展综合环境与经济绩效评估，为客观评价我国环境形势、环境管理效率提供依据；构建初步的环境政策评估技术方法体系，并尝试采用比较成熟的环境政策分析模型对试点地区的典型环境政策进行评估，为宏观环境经济政策的制定和调整提供依据。

（4）开发建立中长期环境经济预测模拟系统，开展社会经济与污染排放情景模拟预测，设计“十二五”环境战略行动方案，并提出相应的政策建议。

3.5 加强环境统计能力建设

环境统计能力和工作基础主要体现在 4 个方面：① 专门的环境统计机构；② 稳定的专业队伍；③ 完善的技术装备；④ 规范的业务培训。结合调研发现问题，环境统计队伍建设的薄弱环节在基层，考虑“十二五”环境统计管理工作需求，建议加强 4 个方面工作：首先，在体制上保证国家、省、市、区县级环保部门和重点污染企业设立专门的环境统计机构，技术支持单位同时设立专门的环境统计室；其次，建立稳定的环境统计专业队伍，这项工作是决定环境统计能力的关键，具体措施可以从以下几方面考虑：提高专职环境统计人员的行政待遇、设立环境统计特殊岗位津贴、定期定点组织环境统计人员轮训、环境统计人员必须持证上岗、分组分片进行环境统计检查与交流；再次，积极申报环境统计能力建设项目，各级政府财政都设立环境统计预算科目，保证市、县两级环保部门配备环境统计专用电脑和数据存储设备和必要的工作经费。最后，建立环境统计轮训制度。为了将环境统计人员培训工作尽快开展起来，从根本上转变长期以来“运动式”培训造成的基层环境统计人员培训不系统、不全面和不专业的问题，提高环境统计基础数据的质量，建立环境统计轮训制度，建议制定详细的全国环境统计系统培训计划，培训可以采用定期滚动式培训与不定期重点培训两种方式开展，其中前者培训内容主要是环境统计和分析基本知识，后者的主要培训内容是宏观经济和环境形势预测分析、重点污染源信息采集、统计数据核查，同时辅以经验交流。定期培训对象包括全国省（自治区、直辖市、全军、新疆生产建设兵团）、地（市、自治州、盟）、县级环保局环境统计人员，各级环保部门统计技术支持单位工作人员和重点排污企业环境统计人员，培训课程包括统计学、环境学、环境统计学、环境统计数据分析和环境统计职业道德。不定期重点培训对象主要是省级和重点城市的环境统计人员、技术支持单位人员和重点排污企业环境统计人员。

环境信息的发展趋势：环境核算和可持续发展指标

Development of Environmental Information: Environmental Accounting and Sustainable Development Indicators

谢光轩　於　方　赵学涛　曹　东　陈　默[①]

摘　要　本文介绍了主要国际组织和主要国家的环境核算和可持续发展指标研究情况，通过分析研究，发现主要 OECD 成员国家在环境核算方面均有一定基础，大多开展了物质流核算；环境数据采用专项调查与总量核算相结合的方式获得，很多污染物排放数据都基于核算得到；各国普遍重视环境可持续发展的研究和应用，制定了可持续发展国家战略。

关键词　环境信息　环境核算　可持续发展　指标

Abstract　This article describes research on the environmental accounting and sustainable development indicators of the major international organizations and countries, according to analysis and research, it is found that the major OECD member countries have some basic foundation on environmental accounting, while most of them carry out material flow accounting. Generally, special investigation combined with total pollutants accounting are used to obtain environmental data, most of the pollutants emission data is based on accounting; at the same time, universal emphasis on environmental research and application of sustainable development are developed by countries over the world, and make national strategies for sustainable development.

Key words　Environmental information　Environmental accounting　Sustainable development　Indicator

利用自然资源核算作为自然资源可持续管理的工具、利用物质流账户衡量物质资源利用效率和生产力、利用环境污染和防护支出核算来进行环境污染管理和真实衡量经济发展成果，利用可持续发展指标来反映可持续发展水平和国民经济福利，已经成为国际上环境信息的应用发展趋势。

---

① 环境保护部污染物排放总量控制司，北京：100083.

1 环境核算

自20世纪末以来，资源问题、环境问题引起了世界各国普遍关注，许多专家、学者、政府部门和国际组织都致力于此问题的解决，对资源环境进行核算并将其纳入国民经济核算体系就是诸多实践之一。从国际研究进展看，资源环境经济核算开始于局部核算，或者着眼于特定资源类型，或者着眼于特定环境问题。国际组织中的统计机构及时对这些局部核算经验予以总结，上升到理论方法的系统研究，形成了整体意义上的环境经济核算体系，反过来，整体核算体系又对各局部核算提供方法性指导。

国际上很多国家开展了资源与环境核算的研究和应用，如挪威早在1978年就开始了资源环境的核算，1997年开始执行的经济和环境核算项目（NOREEA）涵盖了3个内容：① 将环境统计纳入到了经济统计中，建立了NAMEA账户；② 将已经包括在经济统计中与环境相关的信息分离出来；③ 对重要自然资源进行评估。此后，荷兰、德国等北欧国家相继开展了类似的工作，美国和加拿大亦非常重视资源环境与核算的工作，其中美国虽然不进行名义上的资源环境核算，但相关部门针对自然资源、污染防治和排放建立了非常详尽的数据库，许多污染损失评估方法在实践中得到充分应用，美国所有环境相关政策的出台和工程项目的实施均需经过费用效益分析对比。发展中国家如墨西哥和菲律宾等，率先开展了绿色国民经济核算研究和实施，随后印度尼西亚、泰国、巴布亚新几内亚等国也纷纷仿效。表1总结了目前应用较广的4种资源与环境核算体系的主导机构、编制范围与主要核算内容。

表1 资源与环境核算体系比较

系统	SEEA2003	ENRAP	SERIEE	NAMEA
提出	1993年出版第一本SEEA手册 2000年出版操作手册 2003年出版SEEA2003	由经济学家Peskin提出在菲律宾实施	欧盟统计局1994年出版	概念和方法由荷兰统计局提出 荷兰最早在1991年编制了大气排放物账户
主要内容	非生产性资产实物账户 环境保护支出账户 环境经济综合账户 自然资源损耗和退化 计算绿色国民经济指标（eaGDP）	将自然环境视为生产部门，可生产非市场的环境服务价值 将包括污染对人体健康损害在内的环境污染损失价值作为生产部门的负产出 净环境利益指标	环境保护支出账户 自然资源使用和管理账户 基本资料收集和处理系统	排放物账户 国家环境主题 全球环境主题（温室效应、臭氧层破坏）
编制范围	以净价格法、现值法或使用者成本法计算自然资源耗减 建议以维护成本法或损失估算法计算环境退化	计算环境社会损失成本 计算环境服务价值	仅计算环境保护支出，不计算各种污染损害成本	与环境有关部分仅计算实物账，未进行货币化
说明	采用SEEA进行绿色核算的国家并非完全按SEEA架构编制表，据自身实际情况对其经济活动有影响力的环境主题进行编制调整。	包括了天然环境提供的非市场服务，如观光旅游 污染对人体健康损害	系统核心重点在于环境保护支出账户，故其环保支出账较SEEA详细	系统中除传统的国民经济核算系统外，其余均用数量单位表示实物账户

资料来源：《台湾地区绿色国民所得账理论体系及编算模式研究报告》。

1.1 主要国际组织的资源环境核算

国际上最具影响力的资源环境核算当属联合国统计署主持下发布的《综合环境经济核算体系》，自 1992 年联合国环境发展大会《21 世纪议程》中提出要发掘更好方法来计量自然资源价值及由环境提供的其他贡献价值，建立环境与经济一体化体系后，联合国先后出版发布了临时版本（1993 年）、操作手册（2000 年）以及《综合环境经济核算—2003》，临时版本初步确定了环境经济核算的基础和有关基本概念，给出了环境经济核算的基本框架和内容；操作手册说明如何去做，为如何具体实施环境经济核算，提供了更加具有可操作性的指示；2003 年版本则系统总结了环境经济核算实践，依托国民经济核算体系，提出了核算中具体应用的分类和更加具体的核算原理，并系统检验了不同核算内容的可行性及其应用价值。世界银行于 1995 年颁布了更加准确估算国家真实财富和可持续发展能力的国家财富和真实储蓄率的定义和计算办法，欧盟统计局建立了 SERIEE（System for the collection of economic information on the environment），其核心是环境保护支出账户（Environmental Protection Expenditure Account），辅以自然资源使用管理账户（Natural Resource Use and Management Account）、生态产业登记系统（Eco-Industries Recording System）、物质流账户（Material Flow Account）。

欧盟的环境核算工作主要有 2008 年中期出版的《欧洲消费和生产的环境压力——环境审核视角》，联合国环境规划署通过与 UNSD 和其他组织在环境核算方面的合作，开展了 IEEA 的可持续发展、认识提高和能力建设的工作，如加入 UNSD 和 EEA 环境核算工作的计划有《欧洲生态系统评估 2012》。

1.2 主要国家的资源环境核算开展情况

在 OECD 国家中，环境核算工作大多涉及实物量核算中的物质流（Material Flow，MF）与资源生产力（Resource Productivity，RP）统计核算，已开展物质流核算的国家有奥地利、德国、意大利、日本、韩国、挪威和斯洛伐克等。物质流与资源生产力核算是 OECD 成员国未来的工作重点，该项工作首先由 G8 首脑于 2003 年提出，OECD 咨询委员会从 2004 年 4 月开始开展这项工作，到目前为止出版了 OECD 物质流与资源生产力统计核算指南、核算框架（将系统分析和综合环境与经济核算体系概念联系起来的核算框架）与国家行动清单等 3 册丛书，设计了国家和国际两级物质流和物质流分析指标，建立了基础数据库。已完成的工作主要致力于信息报告和指标应用，方法研究和政策应用不够，未来将进一步开展信息分析、就指标开展政策对话、完善方法和技术指南，并与 UNEP、欧盟统计局等国际组织加强该领域的合作。在美国，尽管由于国会的反对，政府自 1995 年起就未进行官方的资源环境经济核算，但其仍有不少可供借鉴之处。例如，美国 EPA 特别针对污染防治及污染数量建立了完备的数据库，可随时提供编算国民经济或其他政策分析的需要；另一方面，美国的账户体系在自然与环境资源的定义与范围方面做了更多的细分，并提供了更多的细节资料，而这与美国长久以来投注大笔研究经费在各项资料的分析搜集上有关。

表 2 和表 3 总结了 OECD 和非 OECD 国家开展资源环境核算的研究实践情况，从表中可以总结出资源环境核算的 4 个总体趋势：① 自然资源和环境污染核算并重；② 大多数国家偏重于实物核算；③ 与环境服务功能定价相比，森林、矿产等不可再生资源的定价与核算相对成熟；④ 国家的核算工作大都由政府部门主导开展。非 OECD 国家中俄罗斯联邦目前还未开展环境核算工作，表 4 列出了开展资源环境核算主要国家的核算内容与方法。

表 2　资源环境核算情况（OECD 国家）

国家	环境核算负责机构	核算情况
美国	美国经济分析局（BEA）	1972 年即开始编制“污染防治支出”（pollution abatement and control expenditure），1994 年 4 月根据 SEEA 的架构进一步发展出综合经济与环境卫星账（Integrated Economic and Environmental Satellite Accounts，IEESA），IEESA 除了并入原来的“污染防制支出”，也包括自然资源的市场价值，以及生产、消费的过程中对其产生的影响
日本	环境部	国家物质流核算在每一个财政年度对“建立良好的物质循环社会的基础规划”所取得的进步进行监测；环境核算指导方针为商业部门介绍和实施环境核算系统提供支撑
澳大利亚	统计局、气候变化部、气象局分别负责不同的核算	澳大利亚水资源核算、水资源财富核算、能源核算、澳大利亚全国温室气体核算
奥地利	农业、森林和水资源管理部，参与机构有澳大利亚统计局、公共法律下的联邦机构	物质流核算；经济模型研究：研究进入经济系统的经过整合的物质流数据；原材料当量研究：IFF 社会均衡系统
加拿大	加拿大统计局	1.加拿大自然资源容量及其对国家财富的贡献，2.商业部门、生活部门、政府和世界其他地区自然资源的利用方法和分布，3.工业、生活和政府部门各种废弃物的产生及其管理，4.商业、生活和政府部门环境保护支出；5.能源使用和温室气体排放季度估算
捷克	捷克环境部，参与机构有捷克统计办公室、大学	2002 年环境保护部发布了环境核算实施指导；2005 年期间针对公司环境管理开展了更深入的研究，开展公司环境成本监测和评估工作；2006 年公司层面环境核算，环境成本和效益以及更多指标的监测和评估工作逐步实施，该项工作支持了环境—经济有效性从定义到公司实践的突破，环境核算在环境管理中的核心地位得到有效体现
芬兰	芬兰统计局，参与机构有 Oulu 大学 Thule 机构	环境和能源税收、工业行业环境保护支出、森林核算和公共部门环境保护支出 4 个方面
德国	联邦统计办公室	实物量核算，其包括能源和大气排放核算、物质流核算和原物质当量三部分；土地核算；环境保护支出核算；部门报告模块，针对专门经济活动部门（如农业、交通、居民），尽可能建立完整的经济—环境部门核算系统，反映了部门政策中的环境影响需求

国家	环境核算负责机构	核算情况
韩国	环境保护部，参与机构有韩国国家统计办公室、韩国银行	2007 年根据欧盟统计署的方法指导计算了一些经济范围内物质流核算的指标；2007 年编写了 NAMEA 空气核算，分析了主要行业的生态有效性；2008 年根据欧盟统计署 SERIEE 编写指南编制了韩国环境保护支出核算账户
匈牙利	统计中心办公室，参与机构有环境与水资源部、农业与农村发展部、经济与交通部	NAMEA 空气（2007—2010）和废弃物（2009—2010）核算，目的为环境保护以及与其相关的经济和政策领域的专家研究工作提供帮助
意大利	意大利国家统计局，参与机构有环境保护和研究机构	经济范围内的物质流核算，国家核算矩阵中的环境核算，环境保护支出核算，森林综合环境和经济核算，地下资产核算
墨西哥	国家统计及地理信息机构，参与机构有 Semarnat	墨西哥环境核算由国家统计、地理和计算机构领导执行，公开出版物为《墨西哥经济与生态核算系统》；墨西哥环境核算根据国家核算系统中的 GDP、消费量、投资和经自然资源及环境退化造成的损失调整量获得绿色净国内总产出
荷兰	荷兰统计局,参与机构有内陆水管理和废水处理机构	包含环境核算的 NAMEA 核算
新西兰	新西兰统计局负责国家层面的环境核算，新西兰环境保护部是温室报告的领导机构，参与机构有地区各级政府机构、Crown 研究机构	从 2001 年开始，应用 SEEA 框架对自然资源（森林、水、能源和渔业）进行核算，该核算针对特定自然资源揭示了经济和环境之间的联系，并对环境压力和经济效益之间的联系进行描述；环境部是《京都议定书》和《联合国气候变化框架合约》下唯一一个指定的国家机构，环境部准备并提交温室气体排放清单，计划未来排放情况
挪威	挪威统计局	经济与环境核算，是挪威经济和环境数据的综合性核算，包括国家核算和大气排放物核算；物质流核算包括国内物质消耗方面经济范围内的物质流指标试验性计算、国内物质输入和物质贸易平衡；环保产品及服务行业报告
波兰	环境保护部、统计办公室，参与机构有经济部	2006 年开展的“在可利用的国家数据基础上物质流指标可能性评估”研究包括直接物质流数据分析、物质流指标可能性评估和波兰政府权力的建立的内容；另外，波兰统计局已进行物质流核算的数据收集工作
瑞士	联邦统计办公室，参与机构有联邦环境办公室、经济事务秘书处	联邦统计办公室建立的环境核算系统由经济账户核算（环境税收和支出）、实物账户核算（物质流核算）和综合性核算

国家	环境核算负责机构	核算情况
西班牙	国家统计机构	西班牙国家统计机构实施的环境核算包括水资源核算、大气排放物核算、环境保护支出核算、环境税收、物质流核算和森林核算。目前，通过环境统计数据的固定收集，环境核算的评估正在实验研究阶段，将来将根据更进一步的需求来准备西班牙的统计系统，目的是与欧洲统计体系统一
斯洛伐克	统计办公室，参与机构有环境部	斯洛伐克环境核算关注于物质流核算，斯洛伐克从 1993 年开始将物质流核算作为国家政府统计的一部分，主要关注于单物质核算（能源和水资源）和物质流分析。2005 年开展的经济范围内的物质流核算主要目的是提高国家层面上物质流数据、方法和实施系统。2006 年“斯洛伐克物质流核算——分析和评估国内物质流输入统计数据”项目的目的是根据宏观物质流核算方法评估 1992 年至 2002 年国内物质流，项目报告包括原物质开采统计数据、生物数量统计数据和国内开采分析报告
英国	国家统计办公室，参与机构有环境、食品和乡村事业部，其他政府部门	应用于政府政策目标的农业环境核算的目的是提高环境效益，降低农业环境的影响；国家环境统计办公室每两年公布一次环境核算纲要

表 3 环境核算情况（非 OECD 国家）

国家	环境核算负责机构	核算情况
智利	智利央行国家核算部、环委会环境经济部门和智利 Pontificada 教会大学自然资源系	矿业、渔业和林业相关资源情况，阿空加瓜河盆水资源核算；发表了《国内森林环境核算》《智利基本矿产资源定量评价》《智利水资源环境核算发展》
爱沙尼亚	统计办公室	建立卫星账户：NAMEA 空气账户、渔业账户、森林经济账户
以色列	中央统计局	公有企业的环境支出核算
斯洛文尼亚	统计办公室	目前活动：NAMEA 空气排放、物质流账户； 2009 年计划项目：环保支出账户、水资源核算、森林核算

2 可持续发展指标

为了解决经济、人口和环境的可持续发展问题，欧洲所有国家均已开展或准备开展可持续发展指标的研究、制定和发布工作，多数国家已将可持续发展定为国家战略，但各国在可持续发展研究方面存在一定的差距，有些国家如加拿大、瑞士、芬兰、新西兰和荷兰等国家开展可持续发展指标工作较早，已经形成了一定的研究基础，其中加拿大拥有 150 多个可持续发展指标，瑞士则分为全面指标体系和核心指标体系；另外，有些国家可持续发展指标工作还在起步阶段，如西班牙国家统计机构研究的可持续发展指标仍在实验阶段，匈牙利 2009 年应用欧盟的方法开发国家层面的可持续发展指标体系；同时，各国可持续发展报告发布频率也有一定差别，如荷兰 5 年公布一次，卢森堡、韩国两年评估一次，而加拿大每年发布一次。

表 4　主要国家的资源环境核算内容

国家	编制系统	自然资源耗减	环境退化			固体废弃物	附注
			水	大气	土壤		
美国	SEEA	将石油、天然气、木材、煤、水和渔业资源等纳入计算	污染物为 P、N 和 BOD	将污染源分为固定和移动两种，污染物包括 CO、SO_2、VOC 等	利用维护土地休闲功能的成本和相关维护费用评估土地退化	仅纳入一般废弃物	1. 采用净价格法估算自然资源价值；2. 环境退化采用维护成本法
日本	SEEA	包括矿产（煤、锌）、土地和森林等资源	污染物为 COD 和 BOD	选择 SO_2 和 NO_2 作为衡量污染物	估算经济活动对土壤造成的损失		1. 土地及森林均采用平均单位成本估计；2. 矿产采用使用者成本法；3. 环境退化采用维护成本法
韩国	SEEA	记录了森林、渔业、土地和矿产（煤矿、铜等）等资源	污染物为 BOD	将污染物分为固定和移动两种，污染物包括 CO、SO_2 等		纳入一般家庭废弃物并计算填埋成本	1. 森林及矿产采用净价格法；2. 土地采用平均市场价格；3. 渔业资源未评估；4. 环境退化采用维护成本法
加拿大	CSESR	以实物和价值账户记录森林、土壤	仅记录污水的排放实物量，未计算价值	包含温室气体			记录了政府家庭和产业的环保支出
荷兰	NAMEA	记录原油和天然气	记录废水数量	CO_2、N_2O、CH_4、CFCs、NO_x、SO_2、NH_3、P、N	造成土壤酸化的 NO_x、SO_2 和 NH_3	记录排放量	以实物量为主，不计算价值
挪威	NAMEA	森林、水资源、原油、天然气和土地等资源	工业和生活废水	CO_2, N_2O, CH_4, CO, SO_2 等		固体废物	1. 政府和部门的环保支出，环境税收；2. 废物仅有实物量数据
墨西哥		在生产资本基础上增加了非生产经济资产和非生产环境资产，前者包括石油储量和各种用地，而水、空气、土壤和森林则作为环境资产	地下水使用和水污染	包括 CO_2、NO、CO 和悬浮物		仅有实物量数据	1. 采用净价格法对矿产和森林资源进行核算；2. 环境退化采用避免成本法估算
德国	SEEA	编制原料和能源及水资源使用实物账户，具体包括煤、矿、天然气、油、木材、砂石及动植物等。不计算价值	记录家庭和产业的废水排放量，未计算价值	将 CO_2、N_2O 和 CH_4 依据其对环境的相同影响转换成相同的计算单位，以 CO_2 排放量表示，特别重视跨国 CO_2 排放量比较，但不计算价值。此外还记录 CO、SO_2、NH_3 和粉尘等数量		编制排放量，但不计算价值	1. 记录政府和产业环保支出及环境相关税收；2. 强调跨国 CO_2 排放比较

表 5 为主要国际组织围绕可持续发展指标开展的研究工作，表 6 和表 7 为 OECD 和非 OECD 国家开展的可持续发展指标工作情况和有关出版物。

表 5 可持续发展指标情况（主要国际组织）

组织机构	负责机构	工作情况和出版物
欧盟	欧盟环境署	支持一系列更新的度量可持续发展战略进程的指标
联合国欧洲经济委员会	UNECE 欧洲统计协商会（CES）	形成一个广泛的度量可持续发展的概念性框架，该框架在国家和国际政府设计可持续发展指标集和形成该方面官方统计报告方面提供帮助；出版物为 UNECE /OECD/Eurostat 联合工作组的可持续发展统计
联合国环境规划署/早期预警和评价部	SCOPE、查尔斯大学、EEA、IHDP	《可持续性指标评估（ASI）》

表 6 可持续发展指标情况（OECD 国家）

国家	负责机构	工作情况和出版物
美国	美国总统可持续发展理事会	在诸多可持续发展原则中，把“必须增加工作职位、生产能力、薪金、获取信息、知识和教育的机会，同时减少环境污染、废弃物和贫困”放在第一位，说明可持续发展的首要问题还是经济发展，达到经济、社会和环境的共同目标需要完善综合调控的政策，可持续发展必须依靠科技进步
澳大利亚	环境、水资源、遗产与艺术保护部、统计局，参与机构有地区政府机构	《澳大利亚进步性测量：概括性指标》出版物在自然地形、空气和大气以及海洋和河口环境 3 个方面测度环境进步
加拿大	环境部、健康部、统计局，参与机构有加拿大农业和农产品部	环境部、统计局和健康部门合作开发并跟踪研究了对加拿大人民重要环境问题的指标体系，每年公布一次，目的是更好地了解经济、环境和人类健康及居住环境间的关系，关注的重点有空气质量、温室气体排放和新鲜水水质方面的问题，该指标体系对传统的社会及经济核算（如 GDP）进行了补充
芬兰	环境部及其机构，参与机构有统计局、国家财富和健康研究与发展中心、政府经济研究机构	芬兰可持续发展指标体系工作最早从 2000 年开始，在 2002 年和 2003 年分别对该体系进行修订，2006 年制定了最新可持续发展的国家战略，该战略指标体系通过 34 个指标对可持续发展的进步进行监测和评估
比利时	比利时联邦规划局	比利时联邦规划局设计的持续发展指标包括 44 个具体指标，这些指标被用来描述可持续发展现状和检验可持续发展政策的实施情况
奥地利	农业、森林和水资源管理部，参与机构有统计局、公共法律下的联邦机构、所有部门的可持续发展协会	奥地利可持续发展指标报告
捷克	可持续发展政府委员会，参与机构有环境信息机构、布拉格 Charles 大学环境中心	可持续发展政府委员会定期举行可持续发展指标工作组会议和可持续发展战略委员会工作，并参与欧盟可持续发展新指标体系工作；其主要报告有捷克可持续发展战略实施情况第二阶段评估报告；地区可持续发展指标报告；捷克健康城市可持续发展报告

国家	负责机构	工作情况和出版物
匈牙利	统计中心办公室，参与机构有环境与水资源部、农业与农村发展部、经济与交通部	计划2009年应用欧盟的方法开发国家层面的可持续发展指标
意大利	国家统计局，参与机构有环境保护和研究机构	意大利环境可持续发展战略确定了150多个指标，包括实物量数据、社会数据、综合信息（例如生态足迹和绿色GDP）；环境保护和研究机构提出用可持续发展指标用来检验国家可持续发展政策，其指标涉及气候变化、交通、公共健康和自然资源管理4个方面
韩国	环境保护部，参与机构有国家统计办公室、韩国银行	国家可持续发展战略包括77个指标，指标按社会、环境和经济3个部门分类，部门下进行主题和子主题的分类，指标评估每两年评估一次，根据评估结果对国家可持续发展战略进行补充和修改
卢森堡	环境保护部，参与机构有国家统计机构	可持续发展法律中指出新的可持续发展指标体系将会在可持续发展委员会的帮助下完成，法律规定每两年发布一份关于卢森堡可持续发展状况的指标报告
墨西哥	国家统计及地理信息机构，参与机构有环境与自然资源部（Semarnat）	2000年出版了《墨西哥可持续发展指标》，2006年开展的拉丁美洲及加勒比海地区可持续发展行动包括35个与墨西哥环境、经济、社会和制度特点有关的方面
英国	国家统计办公室，参与机构有环境、食品和乡村事业部，其他政府部门	可持续发展指标年度报告（纸质版和网络版）、地区可持续发展指标（网络版）、国际可比性环境指标报告（网络版）
西班牙	国家统计机构	目前，国家统计机构研究的可持续发展指标仍在实验阶段，国家统计机构参加欧洲可持续发展指标的研究工作与西班牙环境统计项目同时进行，另外西班牙统计机构与可持续发展机构合作，公共执行机构和学术界参与，共同出版了可持续发展报告。同时，西班牙可持续发展战略在专业指标报告的基础上建立了一个监测系统
荷兰	统计局，参与机构有内陆水管理和废水处理机构	五年一次的可持续发展报告、可持续发展调查
新西兰	环境部、社会发展部、经济发展部、财政部和国际事务部、Crown研究机构	新西兰环境可持续发展指标报告从2002年开始出版，由多个政府部门共同完成的“监测进步”报告是新西兰可持续发展指标的开端。在2006—2008年新西兰统计局参与了国际可持续发展统计工作组，该工作组目的是针对国际可持续发展评估开展调查，开发评估框架并提出可用于国际比较的指标体系
挪威	统计局	2005年由挪威统计局领导的专家协会提出了可持续发展国家指标体系，该指标在挪威统计局的杂志上公布，同时也在挪威财政部出版的《国家预算》中公布，挪威统计局按年公布最新的指标
斯洛伐克	统计办公室，参与机构有环境部	斯洛伐克核准并采取国家可持续发展战略，并为可持续发展指标的实施和发展提供条件
瑞士	联邦统计办公室、环境办公室和空间发展办公室、经济事务秘书处	建立了可持续发展监测指标体系，该指标体系包括全面指标、17个核心指标和可持续发展的基本条件；主要报告有瑞士生态环境足迹报告，该项研究的首要目的是进行国际数据基础上足迹研究与瑞士官方统计数据基础上足迹研究之间的比较

表7 可持续发展指标情况（非OECD国家）

国家	负责机构	工作情况和出版物
智利	环境委员会、经济发展局、铜业委员会	国家和地区层面先行，在各区设计可控数量（10～15）指标加以监测，优先监测与国际报告相关的指标
俄联邦	环境与自然资源保护部门、联邦统计服务局等机构	依联合国可持续发展委员会的环境状况指标调查，主要包括：臭氧消耗、城市居住区空气质量、温室气体排放、清洁水引入、河水中 BOD 和氨氮积聚量、森林及其他木材用地、矿物和有机肥料处理、旅客周转量、废物产生处理及循环利用
爱沙尼亚	国家总理战略局、统计局	过去十年发布了三份基于联合国可持续发展委员会的可持续发展指标书，这些分析性的出版物列举了超过60项社会、环境、经济和制度指标，包括社会公平、健康、教育、居住环境、安全、福利、大气、土地利用、海岸带、淡水、生物多样性、经济结构、消费和生产模式、环境经济等领域；其中，《可持续发展 爱沙尼亚21世纪》和基于联合国可持续发展委员会的可持续发展指标书是主要出版物
以色列	中央统计局、环境部和耶路撒冷以色列研究学院	中央统计局发布的指标包括：沿海地区人口密度、森林面积、城市化、人均 CO_2 排放、山区地表水和沿海地下水盐度、汽车使用率、人均能耗、濒危脊椎物种、温室气体排放、GDP外债率、人类发展指数
斯洛文尼亚	统计办公室	可持续发展指标手册

3 主要结论

综合上述分析，国际环境信息数据发展及保障工作特点总结如下：

（1）各国在环境核算方面均有一定基础，大多涉及物质流核算。总体来看，OECD国家普遍注重环境资源账户，特别是实物量账户的开发和应用，各国均结合本国特点着手建立了本国的环境核算体系，目前应用较多且有代表性的核算体系有：以荷兰和挪威为代表的 NAMENA 账户体系，以及以德国、韩国为代表的 SEEA 账户体系，此外，还有欧盟提出的 SERIEE（System for the collection of economic information on the environment）账户体系。环境核算研究基础较好的国家针对专门的环境主题进行核算，如加拿大开展的环境核算涉及自然资源容量和国家财富、各部门的能源、自然资源和废弃物等方面的核算；意大利开展环境保护支出、森林综合环境和经济和地下资产核算；瑞士建立了经济账户核算、实物账户核算和综合性核算的环境核算系统。美国早在1990年代就开始编制污染排放账户，1990 年代初期建立了综合经济与环境卫星账户，尽管由于国会的反对，自 1995 年起未再进行官方的资源环境经济核算，但相关工作并未停止，资源环境部门对自然与环境资源的定义与范围方面做了更多的细分，美国 EPA 特别针对污染防治及污染数量建立了完备的数据库，可随时提供编算国民经济或其他政策分析的需要。美国是目前环境政策和经济分析领域较先进的国家，相关数据得到了充分应用。

目前，以 OECD 为代表的国际组织十分重视物质流核算，编写了物质流与资源生产力统计核算指南、核算框架与国家行动清单等三册丛书，设计了国家和国际两级物质流和物质流分析指标，建立了基础数据库。部分国家开展了包括经济范围内的国内物质消耗方面的物质流指标以及国内物质输入和物质贸易平衡的试验性计算，主要代表国家有德国、日本、意大利、韩国、挪威和奥地利等。

（2）专项调查与总量核算结合，污染物排放数据多基于核算获得。国际环境统计采用专项调查与总量核算相结合的方法开展，污染物产生、处理和排放量多基于核算体系获得。以挪威、德国和荷兰为代表的欧洲国家主要基于 NAMENA（包含环境账户的国家核算矩阵, National Accounting Matrix including Environmental Accounts）和 SEEA（综合环境经济核算体系, Integrated System of Environmental and Economic Accounting）核算体系来构建本国的资源环境账户。OECD 国家对于固体废物的统计核算工作非常重视，定期开展住户和工业垃圾专项调查，有些建立了年报统计制度，在调查的基础上对废物来源、处理和排放的整个物质流过程进行全面核算。与大气和固体废物的统计工作相比，国外关于废水的统计相对滞后，这可能与废水核算的难度更大有关。国外对废水的统计主要集中于污水处理企业，统计氮、磷、有机物和污泥等指标。在 NAMENA 账户中，主要关注氮、磷两项指标，最终通过“富营养化”指标来反映水环境负荷，即以营养物当量为计算单位，磷和氮的转换系数分别为 10 和 1。在已经建立的水资源核算体系中，水存量账户一般利用流量数据建模估算得到，流量数据主要利用地方用水调查和行业用水调查获得，未调查行业通过建立模型来估算。

（3）各国重视环境可持续发展的研究和应用。目前多数国家依据 OECD 提出的压力—状态—响应（PSR，Pressure-Status-Response）框架或驱动力—压力—状态—影响—响应（DPSIR，Driving forces-Pressures-State-Impacts-Response）设计国家或区域层次上的环境指标。OECD 成员国环境信息的涉及领域广泛，其中，可持续发展指标是各国环境指标工作的主要发展方向，多数国家已将可持续发展定为国家战略，如芬兰从 2000 年开始可持续发展指标工作，意大利可持续发展战略确定了 150 多个指标，韩国的可持续发展战略提出了 77 个指标；西班牙、匈牙利等国家的可持续发展指标工作也已经起步。

联合国欧洲经济委员会欧洲统计会议制定了一个可以度量可持续发展情况的广义上的概念性框架，即《UNECE/OECD/Eurostat 联合工作组在衡量可持续发展情况方面的统计报告》，该框架对于各国政府和国际组织设计可持续发展指标集和形成官方统计报告提供了帮助。

参考文献

[1] OECD. Overview of Activities Related to Environmental Information (Selected Contributions 2008). 2008，11.

[2] 周国梅，等. 环境经济核算国际经验. 见王金南，等. 环境经济核算丛书. 北京：中国环境科学出版社，2009.

OECD 环境指标体系及其对中国的借鉴意义

OECD Environmental Indicators System and Its Reference to China

潘 文 於 方 赵学涛 曹 东 陈 默[①]

摘 要 本文主要对 OECD 基于压力—状态—响应框架基础上提出的全面环境指标、核心环境指标、部门环境指标和缓解指标等 4 种综合指标体系进行了全面介绍，并将 OECD 环境指标体系与我国现行环境统计体系进行了比对分析，客观分析了目前我国环境统计体系存在的优势和不足，并提出了完善环境统计指标体系、建立资源环境统计指标体系和增加环境质量与强度指标等建议。

关键词 环境核算 指标体系 缓解指标 核心指标

Abstract The paper comprehensively presents the core environmental indicators, the key environmental indicators, the sector environmental indicators, and the decoupling environmental indicators which based on the OECD Pressure - State - Response framework. Through compare on the OECD environmental indicators system and the current China environment Statistical system, there have some advantages and disadvantages in current system of environmental statistics in China. It is suggested that the environmental statistics index system should be improved, the resources and the environmental statistics should be established and the environmental quality and strength indicators should be increased.

Key words Environmental accounting Indicators system Decoupling indicators Key indicators

自从 1990 年代以来，经济合作与发展组织（以下简称 OECD）在其成员国支持之下，环境指标获得了不断的完善，在环境指标领域长期保持着领先地位。它制定并发布了第一个国际环境指标体系，并将该体系运用到国家环境绩效评估和其他政策分析工作中。长期以来，OECD 一直是其成员国在污染、自然资源、能源、交通、工业与农业等方面环境数据和指标的权威来源。这些数据为制定环境规划工作提供了强有力的事实及量化根据。

本文对 OECD 的环境指标体系进行了全面系统的介绍，并对 OECD 基于 PSR（pressure-state-response）框架的基础上而提出的全面环境指标（CEI，Core Environmental

---

① 环境保护部污染物排放总量控制司，北京：100083。

Indicators)、核心环境指标（KEI，Key Environmental Indicators）、部门环境指标（SEI，Sector Environmental Indicators）和缓解指标（DEI，Decoupling Environmental Indicators）4 种综合指标体系进行了全面介绍，并对 OECD 环境指标体系和我国的环境统计体系进行了比对分析，客观分析了目前我国环境统计体系存在的优势和不足，提出了完善我国环境统计体系的意见和建议。

1 OECD 环境指标体系介绍

早在 1980 年代，OECD 就着手开发环境指标，用压力—状态—响应框架组织有关环境问题的指标。其中，环境压力反映环境的因素和自然资源的利用（按部门分类），为了全面说明人类活动、过程和模式对环境的正负两方面影响，在某些情况下，用“驱动力”（Driving Force）替代“压力”。其中，“驱动力（压力）”指作用于环境的人类活动、过程和模式；“状态”指环境的状况，反映经过人类活动和自然现象后的人们赖以生存的自然环境状况（按自然类型和环境媒介）；“响应”指环境变化引起的政策选择和其他反应，例如对自然和环境的保护等；其基本结构见图 1 和图 2。

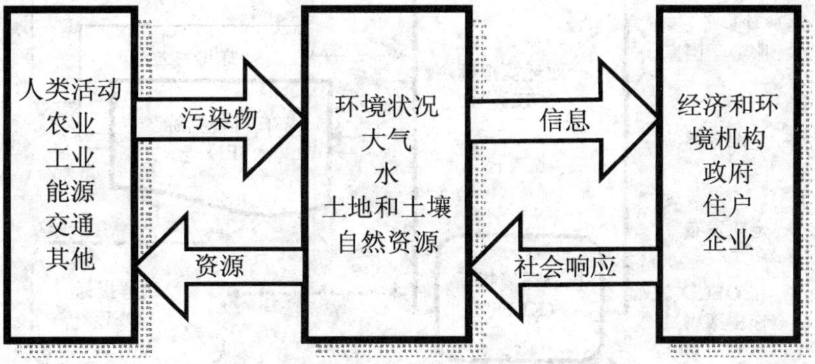

图 1 PSR 环境统计编制的基本结构

此后，OECD 在 PSR 框架的基础上提出了以全面环境指标（CEI，Core Environmental Indicators，用于政策分析）、核心环境指标（KEI，Key Environmental Indicators，用于沟通交流）、部门环境指标（SEI，Sector Environmental Indicators，用于综合分析）和缓解指标（DEI，Decoupling Environmental Indicators，用于可持续发展分析）4 个体系为中心的指标体系。这四类环境指标体系的功能各有侧重，四类指标之间的关系和作用如图 3 所示。如图中所示，OECD 的工作重点是利用包含于 OECD 全面环境指标体系中的关键环境指标来评价环境进程。并结合其他部门的环境指标，把环境问题纳入部门决策。更进一步的指标从环境核算中得来，并用来衡量环境压力与经济增长的缓解程度。目前许多 OECD 国家更趋向于从现有的庞大环境指标体系中选择有限数量的指标即核心环境指标向社会公布，增强与社会公众的交流。每一类环境指标体系都对应着一个明确的目的和框架，下面章节将对这四类环境指标体系进行详细介绍。

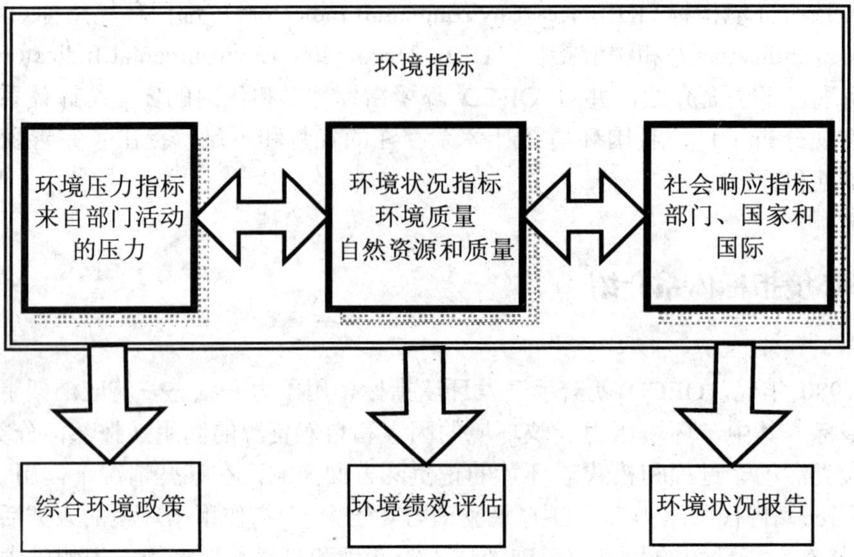

图 2　PSR 框架环境指标

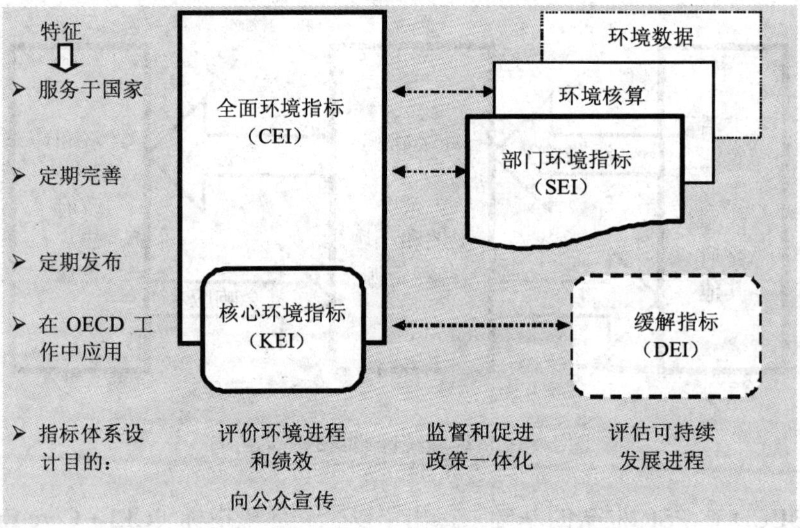

图 3　OECD 现阶段的环境指标体系

OECD 建立环境指标体系的 3 个主要功能是：

- 衡量环境进程和绩效。
- 监督和促进政策一体化，特别是确保其他部门（如交通、能源、农业等）在政策制定和实施时能考虑对环境造成的影响。
- 通过环境压力与经济增长的缓解程度来衡量可持续发展进程。

2 OECD 全面环境指标体系

2.1 全面环境指标体系的目的及特征

OECD 全面环境指标基于压力—状态—响应（PSR）模型分类，用于跟踪环境进展和所涉及的主要因素，并在指标分析的基础上开展相应的环境政策分析。OECD 全面环境指标体系从气候变化、臭氧层破坏、大气质量、固体废弃物、水资源质量、水资源、森林资源、鱼类资源和生物多样性 9 个方面进行统计，共涉及 200～300 个具体指标，涵盖了 OECD 国家所出现的主要环境问题。OECD 全面环境指标主要来源于部门数据体系和环境核算。它们包括在 OECD 全面环境指标体系中，普遍为 OECD 成员国所接受和采纳，并定期出版。

2.2 全面环境指标

2.2.1 气候变化

气候变化指标体系主要分为 CO_2 排放强度、温室气体排放、温室气体浓度 3 个统计大类，各统计大类包括的统计指标如下。

CO_2 排放强度的统计指标主要包括：单位 GDPCO_2 排放量，人均 CO_2 排放量，CO_2 排放总量，OECD 国家排放量占世界总的排放量的比例，OECD 国家 CO_2 排放结构（分交通、工业、能源和其他），能源消耗产生 CO_2 排放量变化趋势（1980—200_[①]），单位 GDPCO_2 排放量变化趋势（1980—200_），OECD 国家能源供应中化石燃料的份额，单位 GDP 化石燃料利用量。

温室气体排放的统计指标主要包括：OECD 国家温室气体排放总量及变化趋势（1990—200_），单位 GDP 温室气体排放量及变化趋势（1990—200_），人均温室气体排放量及变化趋势（1990—200_）。

温室气体浓度的统计指标主要包括：气候变化框架公约下的气体控制情况，蒙特利尔议定书下的气体控制情况（消耗臭氧层物质）。

2.2.2 臭氧层破坏

臭氧层破坏指标体系主要分为破坏臭氧层物质、平流层臭氧两个统计大类，各统计大类包括的统计指标如下。

破坏臭氧层物质的统计指标主要包括：氯氟烃（CFCs）和哈龙（halos）的消耗量（1986—200_），氟氯烃（HCFCs）和甲基溴（methyl bromide）的消耗量（1986—200_），

① 200-表示统计截至年份。

氯氟烃消耗量及变化趋势（1989—200_），哈龙消耗量及变化趋势（1989—200_），氟氯烃消耗量及变化趋势（1989—200_），甲基溴消耗量及变化趋势（1989—200_），总的破坏臭氧层物质消耗量，人均破坏臭氧层物质消耗量，总的破坏臭氧层物质产生量，人均破坏臭氧层物质产生量。

平流层臭氧的统计指标主要包括：选定城市中臭氧柱总量变化趋势（1979—200_）。

2.2.3 大气质量

大气质量指标体系主要分为大气污染物排放强度和城市空气质量两个统计大类，各统计大类包括的统计指标如下。

大气污染物排放强度的统计指标主要包括：单位 GDP 硫氧化物（SO_x）排放量，人均 SO_x 排放量，SO_x 排放总量及变化情况（与 1990 年相比），化石燃料供应变化（与 1990 年相比），GDP 变化（与 1990 年相比），SO_x 排放量变化趋势（1990—200_），单位 GDP 氮氧化物（NO_x）排放量，人均 NO_x 排放量，NO_x 排放总量及变化情况（与 1990 年相比），NO_x 排放量变化趋势（1990—200_）。

城市空气质量的统计指标主要包括：选定城市中 SO_2 和 NO_2 浓度年平均值变化趋势（1990—200_）。

2.2.4 固体废弃物

固体废弃物指标体系主要分为废弃物产生和废弃物回收两个统计大类，各统计大类包括的统计指标如下。

废弃物产生的统计指标主要包括：人均市政废物产生量，垃圾填埋场处置比例，单位 GDP 工业固体废物产生量，人均核废弃物产生量，单位 GDP 危险废物产生量，人均市政废物产生量变化情况（与 1990 年相比）以及其中人均居民家庭产生量，人均私人最终消费支出及变化情况（与 1990 年相比），市政垃圾处置方式比例（分回收、焚烧、填埋），制造业固体废物产生量及单位 GDP 产生量，核废弃物产生总量，危险废物产生总量，危险废物跨境流动量（出口—进口），国家管理的危险废弃物总量。

废弃物回收的统计指标主要包括：纸制品回收率及绝对变化率（与 1990 年相比），玻璃制品回收率及绝对变化率（与 1990 年相比）。

2.2.5 水资源质量

水资源质量指标体系主要分为河流水质和废水处理两个统计大类，各统计大类包括的统计指标如下。

（1）河流水质的统计指标。主要包括 OECD 国家重要河流溶解氧年平均含量，OECD 国家重要河流硝酸盐年平均含量。

（2）废水处理的统计指标。主要包括污水处理和污水处理管网覆盖率，污水处理管网覆盖率变化趋势（1980—200_），公共污水处理设施处理污水比率以及其中二级处理比例、三级处理比例（1980 年和 21 世纪初数据），污水处理中公共支出总额以及其中投资比例份额。

2.2.6 水资源

水资源质量指标体系主要分为水资源利用强度和市政水供应及价格两个统计大类，各统计大类包括的统计指标如下。

（1）水资源利用强度的统计指标。主要包括人均淡水年抽取量以及相对于 1980 年的变化情况，年抽取量占总水资源的百分比，年抽取量占内陆水资源的百分比，抽取的淡水主要用途利用量（包括灌溉、市政供应、其他，如工业、能源等），抽取作为可利用资源的比例以及相对于 1980 年的绝对变化率，单位面积灌溉土地的水资源抽取量，灌溉土地中耕地比例以及相对于 1980 年的变化情况。

（2）市政水供应及价格的统计指标。主要包括人均市政水供应抽取量，主要城市的水价，所选择城市的居民家庭市政淡水供应平均价格。

2.2.7 森林资源

森林资源质量指标体系主要分为森林资源利用强度和森林与林地两个统计大类，各统计大类包括的统计指标如下。

（1）森林资源利用强度的统计指标。主要包括森林资源利用强度（采伐量占年增长量的比例），森林产品产量占国家出口货物的比例。

（2）森林与林地的统计指标。主要包括森林与林地资源占国土面积的百分比（最新年份），1970 年、1980 年和最新年份的森林与林地资源面积变化趋势。

2.2.8 鱼类资源

鱼类资源质量指标体系主要分为国家层面上捕鱼量和消费量、世界和地区捕鱼量和消费量两个统计大类，各统计大类包括的统计指标如下。

（1）国家层面上捕鱼量和消费量的统计指标。主要包括在海洋和内陆水域捕鱼量占世界捕鱼量的比例及变化趋势（以 1980 年为基准，1980—200_），1980 年和 200_年人均鱼类消费量。

（2）世界和地区捕鱼量和消费量的统计指标。主要包括捕鱼量变化趋势（1980—200_，OECD 国家和非 OECD 国家比较），1979—1981 年和 2001—2003 年捕鱼量情况比较（经合组织、欧盟 15 国、欧洲非 OECD 国家和北美），主要海洋捕鱼区的渔获量及变化情况（与 1979—2081 年相比），世界海洋鱼类资源的阶段渔业发展比例（恢复期、衰退期、成熟期、发展期和未成熟期），主要海洋捕鱼区的渔获量占世界捕鱼量的比例（1979—1981 年和 2001—2003 年），主要海洋捕鱼区鳕鱼、鲱鱼、沙丁鱼、凤尾鱼、其他中上层鱼类、金枪鱼、鲣鱼、长喙鱼等捕获量及变化情况（与 1979—1981 年相比），人均鱼类资源捕获量及变化情况（与 1979—1981 年相比），占世界捕获量的比例，海洋渔获量占总渔获量的比例，人均鱼类资源消耗量及变化情况（与 1980 年相比）。

2.2.9 生物多样性

生物多样性指标体系主要分为濒危物种和保护区两个统计大类，各统计大类包括的统计指标如下。

（1）濒危物种的统计指标。主要包括 OECD 国家哺乳类动物、鸟类动物、维管束植物占已知物种的比例，OECD 国家哺乳类动物、鸟类、鱼类、爬行动物、两栖动物、维管束植物已知物种数量及濒危物种比例。

（2）保护区的统计指标。主要包括总的保护区域占国家领土的比例，世界自然保护联盟（IUCN）保护区主要分类占总的保护区域的比例，主要保护区数量、面积、占国土比例和人均占有量，严格自然保护区、原野地、国家公园的数量、面积、占国土比例和人均占有量。

3 OECD 核心环境指标体系

3.1 核心环境指标体系的产生背景及框架

OECD 法人工作重点是利用包含于 OECD 全面环境指标体系中的全面环境指标来评价环境进程。并结合其他部门的环境指标，把环境问题纳入综合部门决策。

许多 OECD 国家也更加趋向于从现有的庞大的环境指标体系中选择有限数量的指标向社会公布，增强与社会公众的交流。为了支持这一行动，OECD 在以前工作和在政策工作中运用环境指标经验的基础上于 2001 年列出了一个简短的环境指标体系。这些核心环境指标是从全面环境指标中挑选出来的，与 OECD 制定和使用的其他环境指标也密切相关。OECD 核心环境指标每年都要更新并可免费获得。OECD 核心环境指标数据基础来源于 OECD 资源环境信息系统（SIREN）数据库，该数据库的信息由会员国家机构，包括 OECD 成员国和其他国际组织提供，并发表在 OECD 环境数据汇编中。

表 1 OECD 核心环境指标体系

主题	现期指标*	中期指标**
污染主题		
气候变化	1. 二氧化碳（CO_2）排放强度	温室气体排放指标
臭氧层	2. 各种臭氧层物质（ODS）消耗量	各种 ODS 消耗量，ODS 消耗当量
大气质量	3. 氮氧化物（NO_x）和硫氧化物（SO_x）排放强度	暴露于空气污染中的人口数量
废弃物产生	4. 市政废物产生强度	废物总量产生强度，来源于物质流核算
水资源质量	5. 污水处理管网覆盖率	水体的污染负荷
自然资源与资产		
水资源	6. 水资源的使用强度	水资源的使用强度，分地区的水资源使用强度
森林资源	7. 森林资源的利用强度	森林资源的利用强度
鱼类资源	8. 鱼类资源的利用强度	鱼类资源的利用强度，与可利用资源的关系
能源	9. 能耗强度	能源效率指标
生物多样性	10. 濒临灭亡的物种	物种和栖息地或生态系统多样性 核心生态系统面积

注：* 绝大多数 OECD 国家现期指标目前都可以获得。

** 中期指标还需要进一步解释和发掘（基础数据的可得性、概念的内涵和界定）。

3.2 核心环境指标

3.2.1 气候变化

气候变化所关心的主要问题为日益增加的大气中温室气体浓度对全球气温、气候、生态系统、人类居住、农业和其他社会经济活动所带来的影响。这是因为尽管国内生产总值增长给 CO_2 排放量减少带来的压力在一些方面已经得到缓解，但是 CO_2 和其他温室气体排放量在许多国家仍在连年增长。

OECD 核心环境指标中气候变化所涉及的指标主要包括能源利用所产生的温室气体和 CO_2 排放量。通过 OECD 成员国的数据显示当年单位 GDP 和人均温室气体与 CO_2 排放强度，以及从 1990 年以来的变化趋势。这里所指的排放量均指排放在本国领域内的直接排放总量，不包括间接和从邻国汇入排放量。此处的温室气体排放量指的是京都议定书中的 6 种气体（CO_2、CH_4、N_2O、PFCs、HFCs 和 SF_6）排放量总和，用 CO_2 当量表示。

OECD 核心环境指标体系气候变化指标主要分为两大类，一类主要反映排放量的变化趋势，包括以 1990 年为基准（=100），OECD 国家总的温室气体排放量、能源利用产生 CO_2 排放量、化石能源供应量、国内生产总值在 1990—2006 年的变化趋势，和 2005 年 OECD 国家与非 OECD 国家 CO_2 排放量分布以及预测 2010 年 OECD 国家与非 OECD 国家 CO_2 排放量分布。

另一类指标主要反映当前状态下排放强度，包括 OECD 各成员国温室气体单位 GDP 排放量、人均排放量以及与 1990 年相比的变化率，OECD 各成员国能源利用产生的 CO_2 人均排放量和与 1990 年相比的变化率。

3.2.2 臭氧层

由于紫外线 B 对人类健康，作物产量和自然环境的辐射影响增加，平流层臭氧消耗（如南冰洋和北冰洋）仍然是一个令人关切的问题。主要原因是尽管由于国际约定的原因，氯氟烃和哈龙的生产和消费量大大减少，但由于臭氧层消耗物质释放和到达平流层存在很长的时间间隔，因此控制效果还存在滞后性。

面临的主要挑战是在工业化国家淘汰甲基溴和氟氯烃的生产和消费（分别在 2005 年和 2030 年），并减少国际氯氟烃交易包括非法贸易。臭氧层指标指的是蒙特利尔议定书附件 A、B、C 和 E 中氯氟烃、哈龙、氢代氯氟烃和甲基溴的消耗量（即生产量+进口量－出口量），其数量是各种潜在消耗臭氧层物质的加权。

OECD 核心环境指标体系臭氧层指标主要分为两大类：① 主要反映消耗量的变化趋势；② 主要反映地区的 ODS 物质变化趋势，其中前者包括非第五条缔约国氯氟烃（CFCs，以 1986 年为基准）和哈龙（halons，以 1989 年为基准）、第五条缔约国氯氟烃（CFCs）和哈龙（halons）、非第五条缔约国氢代氯氟烃（HCFCs，以 1989 年为基准）和甲基溴（以 1989 年为基准）、第五条缔约国氢代氯氟烃（HCFCs）和甲基溴等消耗量在 1986—2006 年的变化趋势。（注：第五条缔约国指蒙特利尔议定书第五条里规定有权推迟遵守某些措施的国家）；后者包括北美、欧盟 15 国和日本 3 个主要地区的氯氟烃（以 1986 年为基准）、哈龙（以 1986 年为基准）和其他类氯氟烃（以 1989 年为基准）消耗量在 1986—2006 年的变化趋势；北美、欧盟 15 国、日本等氢代氯氟烃（以 1989 年为基准）和甲基溴（以 1991 年为基准）消耗量在 1986—2006 年的变化趋势。

3.2.3 大气质量

大气质量主要问题包括空气污染对人类健康，生态系统和建筑物的影响以及对经济和社会造成的后果。人类在经济活跃和道路交通密集的城市地区暴露在空气污染中的程度更高。在城市和农村地区日益引起关注的问题有烟尘、NO_2、有毒空气污染超标和突发地面臭氧污染事件。在许多国家硫氧化物的排放量已大大减少，并成功地实现了经济增长的同时、矿石燃料的使用减少（绝对缓解）。

大气质量指标也分为两大类：① 主要反映排放量的变化趋势，包括以 1990 年为基准，OECD 国家硫氧化物（SO_x）排放量、氮氧化物（NO_x）排放量、国内生产总值、矿石燃料供应量在 1990—2006 年的变化趋势，2005 年 OECD 国家移动源和固定源硫氧化物和氮氧化物排放量以及预测 2010 年 OECD 国家移动源和固定源硫氧化物和氮氧化物排放量；② 指标主要反映当前状态下的排放强度，包括 OECD 各成员国单位 GDP 硫氧化物排放强度，单位 GDP 氮氧化物排放强度，硫氧化物和氮氧化物与 1990 年相比的变化率。

3.2.4 废弃物产生

固体废弃物部分所关注的主要问题有由于废弃物管理不当造成的对人类健康和生态系统（土壤和水的污染，空气质量，土地利用和风景区）造成的潜在影响。尽管在固体废弃物回收和将市政垃圾产生与经济增长脱钩方面取得了成就，但是在现有废弃物最终处理和处置能力、社会和地方对新设施的接受程度（例如个人或社区反对垃圾填埋场和焚烧厂建立）以及非法运输方面仍需要重点解决。

固体废弃物指标同样分为两方面展示，一类主要反映市政垃圾产生量的变化趋势，包括以 1980 年为基准，个人消费支出、总的废弃物产生量、人均废物产生量在 1980—2006 年的变化趋势。另一类指标主要反映当前状态下产生强度，包括 OECD 各成员国人均居民家庭和市政垃圾产生量，与 1990 年相比的变化率，和单位个人最终消费支出市政垃圾产生量。

3.2.5 水资源质量

水资源质量主要涉及的问题是水污染（富营养化、酸化、有毒污染）对人类健康，饮用水处理成本和水类生态系统造成的影响。尽管通过建立污水处理厂，在减轻市政和工业源的污染负荷方面取得了重大进展，但除有机污染外的淡水资源的改善效果并不明显。许多国家都密切重视农村面源污染负荷问题，这是保证所有人饮用水安全的重要支撑。

水资源质量指标主要分为两大类：① 主要反映变化趋势，包括 1980—2006 年 OECD 公共废水处理初级设施服务人口比例变化趋势，二级和/或三级公共废水处理设施服务人口比例变化趋势；② 指标主要反映当前状态下污水处理管网覆盖率，包括初级废水处理设施服务人口比例，二级和/或三级废水处理设施服务人口比例，有污水管网收集却未处理污水的人口所占比例，未连接污水处理管网的人口比例（4 项合计为 100%）。

3.2.6 水资源

水资源关注的主要问题是水资源利用的低效率和它所造成的经济和社会后果：如低水位河流、水资源短缺、沿海地区淡水盐碱化、人类健康问题、湿地消失、荒漠化和粮食生产减产等问题。尽管从国家层面上来说，大多数 OECD 成员国都能可持续利用水资源，但是大部分成员国仍然面临着季节性或区域性水资源匮乏问题，在一些干旱或半干旱地区，水是制约可持续发展和农业可持续性的“瓶颈”。

水资源环境变化情况通过两类指标体现：① 水资源抽取量的变化趋势，包括以 1980 年为基准，OECD 国家市政供应水、人口数量、灌溉用水和总的水资源抽取量在 1980—2006 年的变化趋势；② 反映当前状态下水资源利用强度，指标包括：2006 年 OECD 各成员国人均新鲜水抽取量，抽取的新鲜水资源量占总的可再生资源的比例，抽取的新鲜水资源量占内陆资源的比例。

3.2.7 森林资源

森林资源关注的主要问题有人类活动对森林资源多样性和健康，森林自然生长率和再生率造成的影响，以及该影响对经济、环境和森林社会服务功能带来的后果。来自人类活动的主要压力有农业扩张，运输基础设施的发展，林业的不可持续发展，空气污染和森林故意纵火等。许多的森林都受到退化、分割和转化为其他类型土地用途的威胁。

森林资源变化情况通过两类指标体现：① 森林资源生产量的变化趋势，主要包括 1980—2005 年 OECD 国家和非 OECD 国家圆木生产量的变化趋势，2005 年世界木材燃料和工业圆木的产量与 2010 年世界木材燃料和工业圆木预测产量的对比；② 反映当前状态下森林资源利用强度，主要包括 OECD 各成员国采伐量占年增长量的比率。

3.2.8 鱼类资源

鱼类资源涉及的主要问题有人类活动对海洋和淡水中鱼类种群和栖息地的影响，以及对生物多样性，可供应的鱼类消费量和其他用途造成的影响。主要压力包括渔业，沿海开发，陆源污染负荷，海上运输，海产品开发等。许多高价值的鱼类种群被过度捕捞。只能通过捕捞新的种群或是更低价值的鱼类，来满足全球鱼类资源需求稳步上升的趋势。因为未批准的捕鱼愈加普遍，阻碍了渔业可持续管理目标的实现。

鱼类资源变化情况通过两类指标体现：① 鱼类资源生产量的变化趋势，主要包括 1980—2005 年 OECD 国家和世界其他国家渔获量变化趋势，1980—2005 年 OECD 国家和世界其他国家水产养殖量变化趋势，1979—1981 年与 2004—2006 年主要海洋捕鱼区渔获量比较；② 反映当前状态下渔获量，主要包括 OECD 各国家渔获量占世界渔获量的比例，OECD 各国家当年总的捕鱼量与 1979—1981 年捕鱼量相比的变化率。

3.2.9 能源资源

能源资源涉及的主要问题有生产和使用能源产生的温室气体排放量对当地和地区空气污染造成的影响，核燃料循环对涉及水质、土地利用带来的风险，以及开采、运输和利用化石燃料所带来的风险。虽然能源利用带来的增长与对环境的影响在某种程度上已得到缓解，但是由于时间紧迫和日益增加的能源利用对环境的影响，在大多数 OECD 成员国，能源资源仍是备受关注的议题。

能源资源变化情况通过两类指标体现：① 能源资源供应量的变化趋势，主要包括以 1990 年为基准，OECD 国家能源供应量、化石燃料供应量、人均能源利用强度、单位 GDP 能源利用强度、国内生产总值 1990—2010 年变化趋势；② 反映当前状态下能源供应强度，主要包括 OECD 各成员国人均能源供应强度，单位 GDP 能源供应强度，与 1990 年人均能源供应强度和单位 GDP 能源供应强度相比的变化率。

3.2.10 生物多样性

生物多样性所涉及的主要问题有人类活动对生物多样性的影响。压力可以是物理的（由于改变土地利用和覆被对生物栖息地的改变和破坏），化学的（有毒污染、酸化、漏油、其他污染）或生物的（外来物种入侵和商业利用野生资源对人口动态和物种结构造成的改变）。尽管在大部分 OECD 成员国中保护区的数量不断增长，生物多样性的压力和全球生态系统和物种的危险仍在增加。许多自然生态系统已经退化，限制了它们生态系统服务功能的提供。

生物多样性主要通过两类指标体现：① 保护区数量的变化趋势，主要包括根据世界自然保护联盟(IUCN)保护区分类 OECD 各类保护区面积占领土总面积的比例 1980—2007 年的变化趋势，2007 年 OECD 保护区面积占领土面积比例与世界其他国家保护区面积占领土面积比例比较；② 反映当前状态下濒危物种情况，主要包括 OECD 各成员国哺乳类动物占已知物种的比例，鸟类动物占已知物种的比例，维管植物占已知物种的比例。

4 OECD 其他环境指标体系

4.1 部门环境指标

一直以来，OECD 都在开发成套的部门指标体系，以便更好地将环境问题纳入部门决策。其目的是为部门决策者建立一个“工具箱”，这有助于将环境问题纳入部门政策的制定和执行中。因该指标体系仅限于特定部门及其与环境的相互作用，因此，与全面环境指标体系相比，该指标体系在发达国家应用得更加广泛。

部门环境指标不仅关注于“环境指标”本身，而且还关注环境与经济可持续发展之间的联系。不仅包括环境指标（如污染物的排放），而且包括经济指标（如部门的产值，价格和税收，补贴）以及特定的社会指标。部门环境指标采用的概念框架来自 PSR 模型，根据各部门的具体情况进行调整。图 4 为由 OECD 国家所界定的部门环境指标框架。

如图 4 所示，OECD 部门环境指标主要分为三大类：① 反映部门趋势和环境影响因素分布（即间接的压力和/或有关的驱动力）的指标；② 反映部门和环境之间相互作用的指标，包括部门活动对环境造成的积极和消极影响（即直接的压力，如污染物排放和资源利用，相关影响和由此产生的环境状况，如空气中的污染物浓度和暴露在污染中的人口），以及环境变化对部门活动造成的影响；③ 反映部门和环境之间经济联系的指标，以及政策因素。这一类指标包括环境破坏和环境支出，经济和财政手段以及贸易问题。

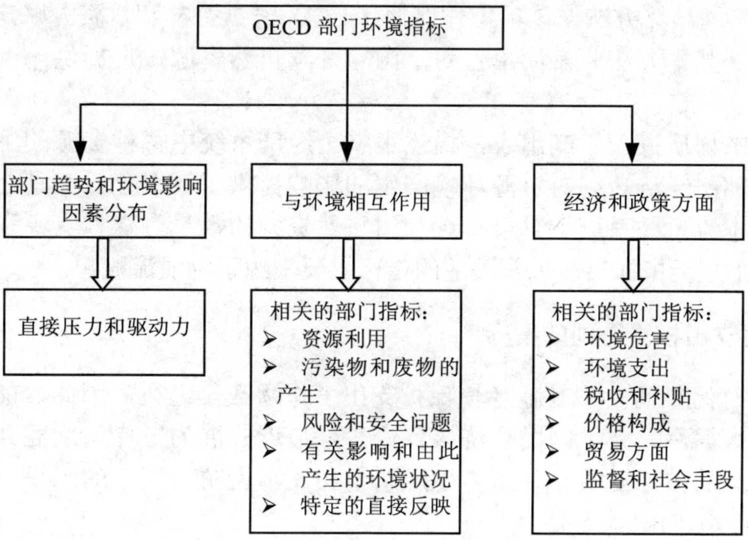

图 4　OECD 部门环境指标框架

4.2 由环境核算产生的指标

环境指标也来自于更广泛领域的环境核算，包括实物量和价值量两种形式。OECD 工作侧重于利用自然资源核算作为自然资源可持续管理的工具，同时利用物质流账户来衡量物质资源利用效率和生产力、污染防治支出以及其他环境措施，同时利用核算框架作为可持续发展统计的工具。此外，OECD 参与国际环境核算工作，并举办论坛交流在这一领域的经验。环境核算的概念和定义如表 2 所示。

表 2　环境核算的概念和定义

方法	考虑到的环境要素	特征
国民经济核算调整	➢ 环境损害价值 ➢ 环境服务价值 ➢ 自然资源存量价值	修正国民经济核算框架和边界
卫星账户	➢ 环境损害价值 ➢ 环境服务价值 ➢ 自然资源存量价值 ➢ 环境支出价值 ➢ 加上相应的实物量和价值量	作为国民经济核算体系的一种补充
自然资源和环境核算	➢ 自然资源物质存量和流量 ➢ 与人为开采自然资源相关的实物量和价值量	独立于以及与国民经济核算体系互补

注：环境核算可以被定义为通过核算框架的方式，系统地描述环境与经济关系的工具。环境核算没有特定的模式，核算方法根据核算目的而定。

4.2.1 通过自然资源核算得到的指标

为了实现各国逐步采用相同方法开展核算，OECD 评估了 OECD 各成员国在自然资源核算领域的不同核算方法。该项工作促使 OECD 开展森林和水资源账户试点核算。试点核算中使用的基本方法非常简单，对于国家开发自然资源账户提供一个向导，并为决策者提供参考。

试点账户中物质投入—产出表，描述了整个经济系统中每种资源的生产、转化和使用，这为评估部门经济活动对资源环境产生的影响提供了一个分析工具。从账户表格中投入指标的基本流量关系可计算可持续利用自然资源的数量。森林资源利用强度和水资源利用强度属于这类指标当前工作关注的指标主要来源于物质流账户。

4.2.2 通过环境支出核算得到的指标

OECD 推行污染防治和其他环境保护支出工作达数年之久，因此，能够定期发布发达国家的相关数据，并完善国民经济核算信息，最近开展的工作与欧盟共同完成。来源于环境支出核算的指标反映了与国内生产总值相比污染防治支出的水平，以及分地区和分来源部门的环境支出。

4.3 缓解指标

缓解指标主要衡量在某一特定时期内环境压力与经济增长的缓解程度。在 OECD 国家的政策分析和评估中与其他指标结合使用，在确定国家的贸易能否实现可持续发展方面是一个有效的工具。该指标为 OECD 在 21 世纪第一个十年中环境绩效评估和监督环境战略实施工作提供了支持。

许多变量指标也出现在缓解指标体系中，如资源利用效率、资源使用强度和资源生产效率。例如，资源利用效率和资源使用强度是资源使用与增加值的比值，而资源生产效率则是计算增加值与资源使用的比例。缓解指标通常是作为一个关注于总量弹性变化的指标，而利用效率和使用强度更关心的是两种价值的比率。指标的选择取决于所使用的环节，和所面对的对象。

大多数缓解指标来自部门和全面环境指标等其他指标体系，或者从环境账户核算得来，并进一步分解，以反映底层驱动力和结构的变化。到目前为止该工作一直在寻求建立一个基础的分析平台，以促进形成各成员国一致通过的指标名单用于 OECD 同级审查。它同时还能查明统计和科学数据需要填补的差距。

开发缓解指标所采用的方法被认为是其他分析性框架的一种补充。它建立在 PSR 模型的特定部分上，重点关注对污染和资源问题的直接和间接压力。缓解指标描述了 PSR 模型中压力的两个组成部分之间的关系，即同一时期直接或间接的环境压力变化与驱动力（间接或潜在的压力）变化的比较。

缓解指标的两大组成部分涵盖了前面讨论的所有环境问题：宏观层面缓解指标，涉及总的经济活动与环境压力的缓解，重点关注气候变化，大气污染，水资源质量，废弃物处置，物质和自然资源利用；特定部门缓解指标，侧重于生产和消费等特定部门：如能源、运输、农业和制造业。

缓解这个词意味着解除“环境危害”和“经济物品”之间的必然联系。它指的是经济的增长与对环境造成的直接压力的增长之间通常是有因果联系。在某一特定时期，当环境压力的增长低于经济增长驱动力时，缓解就产生了。缓解包括绝对缓解和相对缓解，这两者之间存在着区别。当经济变量增加时环境变量保持不变或是减少，则认为是绝对缓解。当经济变量增加时，环境变量也在增加但增长率低于经济变量时，则认为是相对缓解。关于环境压力和经济驱动力这两者之间的关系非常复杂，更深层次关系的解释需要更多的信息。大多数驱动力被多个环境因素所影响，而大多数的环境压力又是由多种驱动力产生的，同时反过来又被社会响应所影响。缓解变化可分解为一些中间步骤，这中间包括经济规模、消费模式、经济结构等的变化，以及国内生产或进口在何种程度上满足需求。造成缓解变化的其他因素包括采用清洁技术、使用更高质量的投入，以及污染事故事后处理和废弃物处置。

5 与中国环境统计体系比较及借鉴意义

长期以来，OECD 一直是其成员国在污染、自然资源、能源、交通、工业与农业等方面环境数据和指标的权威来源。这些数据为制定环境规划工作提供了强有力的事实及量化根据。OECD 环境指标体系包括用于政策分析的全面环境指标、用于沟通交流的核心环境指标、用于综合分析的部门环境指标以及用于可持续发展分析的缓解指标。

5.1 中国环境统计体系介绍

中国的环境统计工作开始于 20 世纪 80 年代初期，当时主要针对工业企业的环境污染排放治理情况进行统计，经过 20 多年的发展，环境统计范围不断扩展，逐步形成了较为完善的环境统计报表制度和环境统计工作体系，统计范围包括工业污染、城镇生活及其他污染、环境管理。并每年定期出版 3 本环境报告，包括《中国环境状况公报》《全国环境质量报告书》和《中国环境统计年报》。

《中国环境状况公报》主要就全国环境质量状况形势进行综合分析和介绍，主要包括淡水环境（主要流域、湖泊和水库）、海洋环境、大气环境、声环境、固体废物、辐射环境六大类信息，近年又增加了土地与农村环境、森林、草地、气候与自然灾害等方面的内容。公报编写的主持单位为环境保护部，成员单位包括国家发展和改革委员会、国土资源部、住房和城乡建设部、水利部、农业部、卫生部、国家统计局、国家林业局、中国气象局、中国地震局和国家海洋局。同时，各省每年也公布各省的环境状况公报。

《全国环境质量报告书》主要就污染物排放趋势、城市环境空气质量、酸雨，主要江河水系水质、湖泊水库水质、近岸海域海水水质、城市声环境质量、辐射环境质量进行全面综合分析，公布主要流域和重点城市的环境质量监测数据。目前，暂不对外公开发行。

《中国环境统计年报》主要就污染排放治理趋势和环境管理情况进行综合介绍，并公布39个工业行业、31个省市和重点城市、流域的污染排放治理、治理投资和运行费用数据以及环境管理方面的统计数据，环境管理统计包括环境影响评价、排污申报和排污许可、排污收费、环境法制、环境科技、机构建设、环境事故、自然保护区建设等方面的内容。

此外，环境保护部每年都定期出版《中国环境年鉴》《年鉴》包括了以上所有内容的主要信息。环境保护部还与国家统计局合作，从2005年起出版《中国环境统计年鉴》，该报告汇集了水资源、水环境、海洋环境、大气环境、固体废物、生态环境、自然灾害、环境污染治理投资、城市环境、农村环境等方面的主要数据。

其中，中国环境统计年报中的统计指标体系与OECD全面环境指标相似，主要用于政策分析和部门决策；环境状况公报中的统计指标体系与OECD核心环境指标相似，均为从庞大的环境指标体系中选取核心环境指标，作为向公众发布与交流的媒介。下面以2006年中国环境状况公报和中国环境统计年报为例，对OECD全面环境指标体系和核心指标体系与中国环境统计年报和中国环境状况公报中的指标体系作比较。

5.2 OECD全面环境指标体系与中国环境统计年报指标体系比较

在调查范围方面，OECD全面环境指标体系主要对OECD各成员国的环境数据进行比较分析，中国环境统计年报主要根据全国31个省市、自治区和直辖市以及新疆生产建设兵团（未包括香港、澳门特别行政区以及台湾省数据）的统计资料整理而成，并对其数据进行比较分析。OECD全面环境指标体系在其成员国接受和采纳后，定期出版，不一定是每年都会出版，而中国环境统计年报则一般在统计数据年份的第二年即公开发表，时间上具有连续性。

从指标体系来看，OECD的环境信息外延更广阔，既包括污染排放信息，也包括环境质量信息，而中国由于环境统计和环境质量分属不同部门管理，两类信息往往分开发布；从统计范围来看，OECD全面环境指标体系从气候变化、臭氧层破坏、大气质量、固体废弃物、水资源质量、水资源、森林资源、鱼类资源和生物多样性9个方面进行统计，中国环境统计年报主要内容包括水环境、大气环境、固体废物、生态环境、核安全与辐射环境管理、自然灾害和环境污染治理投资等内容；从统计指标大类来看，中国环境统计年报不包括OECD全面环境指标体系中的气候变化、臭氧层破坏、水资源、森林资源、鱼类资源等统计大类，而OECD全面环境指标体系则不包含中国环境统计年报中环境污染治理投资、环境管理制度执行情况、核安全与辐射环境管理等统计大类。表3分别对两个统计体系均包括的大气质量、水资源质量、固体废弃物和生态保护统计大类指标进行比较，并指出两种指标体系的共同点与区别。

表 3　OECD 全面环境指标体系与中国环境统计年报指标体系比较

指标大类	OECD 全面环境指标	中国环境统计年报	共同点与区别
大气质量	单位 GDP 硫氧化物（SO_x）排放量； 人均硫氧化物排放量； 硫氧化物排放总量及变化情况（与 1990 年相比）； 化石燃料供应、GDP 情况（与 1990 年相比）； 硫氧化物排放量变化趋势（1990—200_）； 单位 GDP 氮氧化物（NO_x）排放量； 人均氮氧化物排放量； 氮氧化物排放总量及变化情况（与 1990 年相比）； 氮氧化物排放量变化趋势（1990—200_）； 选定城市中 SO_2 和 NO_2 浓度年平均值变化趋势（1990—200_）	全国煤炭及燃料油使用情况； 全国 SO_2、烟尘及工业粉尘排放情况； 分地区 SO_2、烟尘及工业粉尘排放情况； 分行业 SO_2、氮氧化物、烟尘及工业粉尘排放情况； 火电厂 SO_2 排放情况； “两控区”（酸雨和二氧化硫控制区）SO_2 排放情况； 北京市废气及废气中主要污染物排放情况； 重点城市工业废气排放及处理情况等	OECD 指标体系和中国指标体系均对大气污染物排放、煤炭及燃料使用情况和变化趋势进行了统计，区别是中国环境统计年报大气质量指标里未对单位 GDP SO_2、氮氧化物，人均 SO_2、氮氧化物排放情况进行比较。重点城市 SO_2 和 NO_2 浓度年均值放在环境质量公报中
水资源质量	OECD 国家重要河流溶解氧年平均含量； OECD 国家重要河流硝酸盐年平均含量； 污水处理和污水处理管网覆盖率； 污水处理管网覆盖率变化趋势（1980—200_）； 公共污水处理设施处理污水比率（1980 年和 20 年代初数据）； 公共污水二级处理设施处理污水比例（1980 年和 20 年代初数据）； 公共污水三级处理设施处理污水比例（1980 年和 20 年代初数据）； 污水处理中公共支出总额； 污水处理中公共支出总额中投资比例份额	各地区、各行业废水排放情况； 各地区、各行业化学需氧量排放情况； 各地区、各行业氨氮排放情况； 各地区、各行业废水中其他主要污染物排放情况，包括石油类、挥发酚、氰化物、汞、镉、六价铬、铅、砷等； 七大流域接纳废水及污染治理情况； 五大湖泊接纳废水及污染治理情况； 三峡库区接纳废水和主要污染物情况；“南水北调”东线工程沿线接纳废水及主要污染物情况； 入海陆源废水及主要污染物排放情况；工业废水排放达标率； 城镇生活污水处理情况； 重点城市主要水污染物排放情况	OECD 指标体系和中国指标体系相同点是均对污水处理情况、污水处理率、污水处理投资额等进行了统计。区别是中国环境统计体系对于工业废水的污染物指标更加全面，约包括十一项指标。重要河流水质状况在质量公报中体现，污水处理管网覆盖率在城建年鉴中体现

指标大类	OECD 全面环境指标	中国环境统计年报	共同点与区别
固体废弃物	人均市政废物产生量； 垃圾填埋场处置比例； 单位 GDP 工业固体废物产生量； 人均核废弃物产生量； 单位 GDP 危险废物产生量； 人均市政废物产生量变化情况（与 1990 年相比），以及人均居民家庭产生量； 人均私人最终消费支出及变化情况（与 1990 年相比）； 市政垃圾处置方式比例（分回收、焚烧、填埋）； 制造业固体废物产生量及单位 GDP 产生量；核废弃物产生总量； 危险废物产生总量；危险废物跨境流动量（出口—进口）； 国家管理的危险废弃物总量； 纸制品回收率及绝对变化率（与 1990 年相比）； 玻璃制品回收率及绝对变化率（与 1990 年相比）	工业固体废物产生、排放及利用情况； 各地区工业固体废物排放及处理情况； 工业行业固体废物排放情况； 各地区危险废物集中处置情况； 工业固体废物综合利用率； 重点城市固体废物排放情况	OECD 指标体系和中国指标体系相同点是均统计了工业固体废物、危险废物、核废弃物产生排放情况。区别是就固体废物指标来说，OECD 增加了人均市政废物产生量、单位 GDP 工业固体废物等一些固体废物产生强度指标；对于危险废物，OECD 增加了危险废物跨境流动量（出口—进口）。在废弃物回收指标统计方面，OECD 指标体系更加详细具体，统计了纸制品和玻璃制品的回收率 中国城建年鉴中对城镇生活垃圾清运和处理量进行了统计，但不够完整
生态保护	OECD 国家哺乳类动物、鸟类动物、维管束植物占已知物种的比例；OECD 国家哺乳类动物、鸟类、鱼类、爬行动物、两栖动物、维管束植物已知物种数量及濒危物种比例； 总的保护区域占国家领土的比例；世界自然保护联盟（IUCN）保护区主要分类占总的保护区域的比例； 主要保护区数量、面积、占国土比例和人均占有量； 严格自然保护区、原野地、国家公园的数量、面积、占国土比例和人均占有量	全国及各地区国家级、省级、地市级、县级自然保护区个数及保护区面积；保护区面积占辖区面积比例； 全国及各地区珍稀、濒危动物繁殖场数量； 全国及各地区珍稀植物引种栽培场数量； 生态示范区建设试点地区和单位个数； 国家级生态示范区个数等	OECD 指标体系和中国指标体系相同点是均统计了保护区的数量和占国土的比例。区别是中国环境统计根据中国的环境管理实际情况，增加了生态示范区个数和国家级生态示范区个数；OECD 生物多样性指标体系中，关于濒危物种数量统计占了很大的比例，中国环境统计在这方面还属于空白，应属于林业部门统计范畴

5.3 OECD 核心环境指标体系与中国环境状况公报指标体系比较

OECD 核心环境指标（KEI）是在全面环境统计指标基础上开发的 10 个核心环境指标，该指标体系旨在满足与公众沟通交流服务的需求，向公众和政策制定者提供关键信息。中国环境状况公报的发布目的与 OECD 核心环境指标体系类似，旨在通过核心的环境指标向公众发布环境信息，促进沟通交流。OECD 核心环境指标体系每年都根据实际情况更新并每年发布，中国环境状况公报也每年定期发布。

在统计范围来看，OECD 核心环境指标体系主要从气候变化、臭氧层、大气质量、废弃物产生、水资源质量、水资源、森林资源、鱼类资源、能源资源和生物多样性 10 个方面进行统计，中国环境状况公报指标体系主要包括淡水环境、海洋环境、大气环境、声环境、固体废物、辐射环境、自然生态、土地与农村环境、森林、草原和气候与自然灾害 11 个方面。从统计指标大类来看，中国环境状况公报指标体系不包括 OECD 核心环境指标体系中的气候变化、水资源、鱼类资源、能源资源等统计大类，而 OECD 核心环境指标体系则不包括中国环境状况公报中海洋环境、声环境、辐射环境、土地与农村环境、草原和气候与自然灾害等统计大类。下面表 4 分别对两个统计体系均包括的臭氧层、大气质量、水资源质量、固体废弃物、森林资源和生物多样性等统计大类指标进行比较，并指出两种指标体系的共同点与区别。

5.4 OECD 环境指标体系对中国环境统计体系的借鉴意义

5.4.1 借鉴 OECD 环境指标编制框架基础，完善我国的环境统计指标体系

通过对 OECD 环境指标体系进行分析可以发现，OECD 环境指标的制定建立在压力—状态—响应（PSR）框架基础之上，其中压力指作用于环境的人类活动、过程和模式；状态指经过人类活动和自然现象后的自然环境状况；响应指应对环境变化所选择的环境政策或其他反应。OECD 全面环境指标、核心环境指标、部门环境指标和缓解指标 4 个体系指标的制定也围绕这 3 个方面而制定。

我国的环境统计包括污染物排放统计、环境质量统计和环境管理统计三部分，涉及环境质量、工业污染与防治、生活及其他污染与防治、农业污染与防治、环境污染治理投资、自然生态环境保护、环境管理和环保系统自身建设情况 8 个方面，但环保部门仅在环境质量监测、污染防治和环境管理 3 个方面起主导作用。建议在建立“十二五”环境统计指标体系工作中，应以现有的环境统计指标为基础，兼顾国内及国际环境问题的新动向，以 PSR 框架为基础构建新的环境统计指标体系，其中，以污染物产生排放量表示人类活动对环境产生的压力，以环境质量状况反映污染物排放带来的环境影响，以环境管理（为保护和改善环境采取的措施和行动、环境治理投入等）反映国家和社会对缓解环境压力所做的努力。以该框架为基础建立中国的环境统计指标体系，通过表述环境污染排放现状、环境污染造成的生存环境现状以及中国对环境保护所采取的措施和行动 3 个层次的环境指标系统，全面地反映我国的资源节约和环境保护工作状况。

表 4　OECD 核心环境指标体系与中国环境状况公报指标体系比较

指标大类	OECD 核心环境指标	中国环境状况公报	共同点与区别
臭氧层	非第五条缔约方氯氟烃和哈龙、第五条缔约方氯氟烃和哈龙、非第五条缔约方氢代氯氟烃和甲基溴、第五条缔约方氢代氯氟烃和甲基溴消耗量在 1986—2006 年的变化趋势（注：第五条缔约国指蒙特利尔议定书第五条里规定有权推迟遵守某些措施的国家）； 北美、欧盟 15 国、日本氯氟烃、哈龙和其他类氯氟烃消耗量在 1986—2006 年的变化趋势； 北美、欧盟 15 国、日本等氢代氯氟烃和甲基溴消耗量在 1986—2006 年的变化趋势	全氯氟烃（CFCs）、哈龙、甲基氯仿、四氯化碳、甲基溴等臭氧层消耗物质生产量和消费量	中国环境状况公报中臭氧层指标体系与 OECD 核心环境指标体系中臭氧层指标体系类似，包括了 OECD 体系中所涉及的氯氟烃、哈龙、氢代氯氟烃、甲基溴等臭氧层消耗物质，并对其产生和排放量进行了统计。区别是因为中国将臭氧层纳入统计时间较晚，2006 年中国环境状况才出现关于臭氧层消耗物质统计情况，因此没有排放变化趋势类指标
大气质量	以 1990 年为基准，OECD 国家硫氧化物（SO_x）排放量、氮氧化物（NO_x）排放量、国内生产总值、矿石燃料供应量在 1990—2006 年的变化趋势； 2005 年 OECD 国家移动源和固定源 SO_x 和 NO_x 排放量以及预测 2010 年 OECD 国家移动源和固定源 SO_x 和 NO_x 排放量； OECD 各成员国单位 GDP SO_x 排放强度； 单位 GDP NO_x 排放强度； SO_x 和 NO_x 与 1990 年相比的变化率	城市空气质量级别比例； 颗粒物浓度分级城市比例及颗粒物污染较重省市名称； SO_2 浓度分级城市比例及 SO_2 污染较重省市名称； 113 个环境保护重点城市 SO_2、NO_2、可吸入颗粒物年均浓度； 全国降水 pH 年均值范围比例；全国酸雨发生频率所占比例； SO_2、烟尘、工业粉尘排放量；全国环境污染治理投资； 消耗臭氧层物质生产与消费情况；环保专项整治行动开展情况； 全国特大、重大环境污染事件发生情况等	OECD 指标体系和中国指标体系均对大气主要污染物排放量及变化率进行了统计，区别是中国环境状况公报大气质量指标未统计移动源 SO_x 和 NO_x 排放情况，未引入排放强度指标，包括单位 GDP SO_x 和单位 GDP NO_x 排放强度

指标大类	OECD 核心环境指标	中国环境状况公报	共同点与区别
水资源质量	1980—2006 年 OECD 公共废水处理初级设施服务人口比例变化趋势，二级和（或）三级公共废水处理设施服务人口比例变化趋势； 初级废水处理设施服务人口比例，二级和（或）三级废水处理设施服务人口比例； 有污水管网覆盖污水未处理人口比例； 未连接污水处理管网的人口比例（4 项合计为 100%）	七大水系水质；浙闽区河流水质；西南、西北诸河水质；湖泊、水库水质；地下水水质；地下水水位；地下水降落漏斗；废水和主要污染物排放量等指标	OECD 指标体系和中国指标体系区别是 OECD 核心环境指标主要侧重于统计废水处理设施包括二级和三级废水处理设施服务人口比例变化情况，以及污水处理管网覆盖率，中国环境状况公报主要关心的是水资源质量情况，包括总氮、总磷、高锰酸盐指数等指标，以及废水和主要污染物排放情况
固体废弃物	以 1980 年为基准，个人消费支出、总的废弃物产生量、人均废物产生量在 1980—2006 年的变化趋势； OECD 各成员国人均居民家庭和市政垃圾产生量； 与 1990 年相比的变化率； 和单位个人最终消费支出市政垃圾产生量	全国工业固体废物产生量、排放量及综合利用量； 措施与行动有：法规标准建设、全国危险废物和医疗废物处置设施建设规划、危险废物环境管理、有毒化学品进出口环境管理、进口废物管理、电子废物污染防治、国际公约履约等； 国家环境保护模范城市创建情况	OECD 指标体系和中国指标体系均统计了工业固体废物和市政垃圾产生和排放情况，区别是 OECD 指标体系增加了人均废物产生量，人均居民家庭和市政垃圾产生量等强度指标
森林资源	1980—2005 年 OECD 国家和非 OECD 国家圆木生产量的变化趋势； 2005 年世界木材燃料和工业圆木的产量及与 2010 年世界木材燃料和工业圆木预测产量的对比； OECD 各成员国采伐量占年增长量的比率	全国森林面积量；森林蓄积量和人工林面积；活力木蓄积量；人均森林面积；年均采伐消耗量；森林病虫害发生面积；森林火灾发生次数和造成损失；园林城市创建情况；环保产业发展情况	OECD 指标体系和中国指标体系均统计了年均采伐消耗量，区别是中国指标体系不包括圆木生产量统计和木材燃料统计，以及采伐量占年增长量的比率。中国指标体系增加了对森林面积、人工林面积、活立木蓄积量等指标的统计
生物多样性	根据世界自然保护联盟（IUCN）保护区分类 OECD 各类保护区面积占领土总面积的比例 1980—2007 年的变化趋势； 2007 年 OECD 保护区面积占领土面积比例与世界其他国家保护区面积占领土面积比例比较； OECD 各成员国哺乳类动物占已知物种的比例，鸟类动物占已知物种的比例，维管束植物占已知物种的比例	新建国家级自然保护区数量和面积；全国各种类型不同级别自然保护区数量及面积；生态系统类型；脊椎类动物、高等植物、裸子植物及被子植物的种数和占种数的百分比；濒危物种保护情况；全国湿地面积及占国土和世界湿地面积的比例；生态省（市、县）建设；矿山环境保护与治理情况；地质遗迹保护与地质公园	OECD 指标体系和中国指标体系均统计了保护区面积及占领土面积的比例和哺乳类动物、鸟类动物等数量及占已知物种的比例，区别是 OECD 统计指标体系引入了按照世界自然保护联盟（IUCN）保护区分类的各类保护区面积以及占领土总面积的比例，中国环境统计指标体系里则只有按照国内分类的国家级、省级、市级和县级保护区面积和所占比例

5.4.2 整合其他部门力量，建立资源环境统计指标体系

与 OECD 环境指标体系比较可以发现，中国现有的环境统计体系在水资源、森林资源和农业污染等方面存在数据不全以及数据不连贯等问题，主要原因是环保部门主要开展工业废水和生活污水的排放及治理，废气排放及处理，工业固体废物的产生、处理及综合利用以及环境污染治理投资等方面统计，农业污染统计体系尚未建立，水资源量由水利部门统计，濒危物种数量由林业部门统计。由于部门之间统计口径、调查方法及调查频次的不同，对于将其他部门统计指标每年固定纳入环境统计指标体系带来难度。建议由国家发改委牵头，联合其他部门力量，共同开展全面的环境统计指标体系研究，以综合反映我国环境保护状况，并利用部门环境统计指标结果为部门政策制定提供决策参考。同时，建议根据中国国情开发一套用于评价全国及各省市可持续发展水平的可持续发展指标体系，衡量中国经济增长与环境保护压力之间的关系，逐步实现经济增长与环境保护压力解耦。

5.4.3 积极开展相关研究，填补我国环境统计空白

中国的环境统计工作开始于 1980 年代初期，当时主要针对工业企业的环境污染排放治理情况进行统计，经过二十多年的发展，环境统计范围不断扩展，逐步形成了较为完善的环境统计报表制度和环境统计工作体系，环境统计范围也拓展为工业污染、城镇生活及其他污染和环境管理。尽管如此，通过与 OECD 环境指标统计范围比较发现，中国的环境统计在气候变化、臭氧层破坏、鱼类资源等方面仍存在空白。建议结合国际热点环境问题，积极开展相关研究，填补我国环境统计的空白。

全球气候变暖问题现在越来越受到世界各国人民的关注，气候变化所关心的主要问题为日益增加的大气中温室气体浓度对全球气温、气候、生态系统、人类居住、农业和其他社会经济活动所带来的影响。在中国现有的环境统计体系里还没有关于 CO_2 和温室气体的统计指标，建议组织相关力量，开展关于 CO_2 和温室气体的统计方法和体系的研究工作，计算 CO_2 和温室气体排放情况，并与发达国家的指标进行比较，用量化的数据显示中国在控制温室气体排放方面所作出的贡献。

5.4.4 将“压力”与“状态”联系，增加环境质量与强度指标

从我国现有的环境统计指标体系来看，多侧重于污染物排放统计，例如废水、废气及其污染物的产生与排放等，即 PSR 框架中的压力指标。通过该统计指标，能够反映某一地区或者某一行业污染物排放量的多少，但因为未考虑到当地环境容量、经济发展水平和企业分布等，并不能反映该地区或行业污染物排放量对环境造成压力的大小，不利于考核地区或行业对污染造成的“贡献”以及污染控制对策的制定。建议在中国的环境统计指标体系中，增加环境质量监测指标和污染物排放强度指标，以综合反映环境污染带来的压力以及环境污染状况。

建议建立综合性的环境信息指标体系，将典型城市的 SO_2 浓度、NO_x 浓度、总悬浮颗粒物浓度等反映环境质量的指标和单位 GDP SO_2 排放量、人均 SO_2 排放量、单位 GDP 氮氧化物（NO_x）排放量、人均氮氧化物排放量等强度指标纳入综合指标体系中；在反映

水污染状况指标里增加河流、湖泊、海洋的水质中污染物浓度指标和单位 GDP 主要污染物排放量、人均主要污染物排放量等强度指标；在固体废弃物污染状况指标里增加人均垃圾产生量、单位 GDP 工业固体废物产生量、单位 GDP 危险废物产生量等排放强度指标。通过综合环境信息指标体系的建立，客观反映国家的环境污染治理和环境质量状况，提出更有针对性的污染控制方案。

参考文献

[1] OECD: Environment at a Glance OECD Environmental Indicators 2005. Paris: 2005.

[2] OECD: OECD Key Environmental Indicators 2008. Meeting of the Environment Policy Committee（EPOC）at Ministerial Level: 28-29 April 2008.

[3] 彭立颖，於方，等. 美国环境统计及其对中国的借鉴意义. 中国环境政策，2008，9（13）.

[4] 曹东，曹颖，等. OECD 中国环境绩效评估. 中国环境政策，2006，7（11）.

OECD 农业环境绩效评估及其对我国的启示

Revelation of OECD Agricultural Environmental Performance Review to China

於 方 周 昊 曹 东 赵学涛 王金南 陈 默[①]

摘　要　与解决点源污染问题相比，利用政策措施来解决农业引起的面源环境问题显得格外重要，而评价指标能够提供信息来监测、分析面源治理政策对环境产生的影响，同时这些指标还能增强对今后采取的政策计划和农业计划的环境影响的认识和分析。本文介绍了 OECD 国家采用的农业环境指标体系和在此基础上开展的农业环境绩效评估结果，期望对我国农业环境指标体系的建立和农业环境管理工作的开展提供借鉴经验。

关键词　农业　面源污染　环境绩效评估　指标

Abstract　Compared with solving the point-source pollution problem, using policy measures to solve the agriculture-induced non-point environmental problem appears especially important while evaluating indicators can provide information to monitor and analyze the impact of non-point source abatement policy and these evaluating indicators also can enhance the understanding and analysis of the environmental impact of the policy plans and agricultural plans to be adopted. This paper introduces the agricultural environmental indicator system adopted by OECD countries and the result of agricultural environmental performance review conducted on this basis to hopefully provide experience for reference in the establishment of the agricultural environmental indicator system and the agricultural environmental management work in China.

Key words　Agriculture　Non-point pollution　Environmental performance review　Indicator

在大多数 OECD 国家，农业对水资源和土地资源的平均占用比例超过了 40%，因此，OECD 非常重视农业对环境造成的影响分析。农业的环境影响既包括对土壤、水和空气的污染与退化负影响，也会带来生态产品与服务的供应等正影响，如生物多样性和温室气体汇功能的提供。大部分 OECD 国家都已经建立了较完整的农业环境指标，包括农业

① 环境保护部污染物排放总量控制司，北京：100083。

环境和经济发展情况以及农业环境绩效水平两大类指标，对农业生产和农业环境绩效进行跟踪记录，政策制定者和全社会能够借此了解农业环境现状及其发展趋势，并为开展政策分析提供帮助。

与解决点源污染问题相比，利用政策措施来解决农业引起的面源环境问题显得格外重要，而评价指标能够提供信息来监测、分析面源治理政策对环境产生的影响，同时这些指标还能增强对今后采取的政策计划和农业计划的环境影响的认识和分析。本文介绍了 OECD 国家采用的农业环境指标体系和在此基础上开展的农业环境绩效评估结果，期望对我国农业环境指标体系的建立和农业环境管理工作的开展提供借鉴经验。

1 OECD 国家的农业环境绩效评估

1.1 农业环境指标体系

OECD 农业环境指标项目在 OECD 成员国的密切配合下实施开展。由于这是一项互惠互利的工作，各国为了指标的制定都做了大量研究工作，包括方法论研究和收集相关数据。虽然本项目的成本较高，但是它产出了一组非常有用的工具，利用这些工具可以对农业环境绩效和政策效果进行连续跟踪和评价。

OECD 仍然使用“驱动力—状态—响应”模型（DSR）作为农业环境指标的组织框架，在此框架下，大多数 OECD 国家都建立了较完整的农业环境指标，主要包括农业环境和经济发展情况以及农业环境绩效水平两大类指标，其中，前者包括农业用地占国土面积的比例、农业用水比例、农业能源消耗量比例、农业氨排放比例、农业温室气体排放比例、农业增加值占 GDP 比例、从事农业的人员比例；后者包括农业产值、农业用地面积、农业氮平衡、农业磷平衡、农业杀虫剂使用量、农业能源消耗量、农业用水量、农业灌溉用水量、农业氨排放量和农业温室气体排放量。美国的农业环境和经济发展情况以及农业环境绩效水平分别见图 1 和图 2[1]。

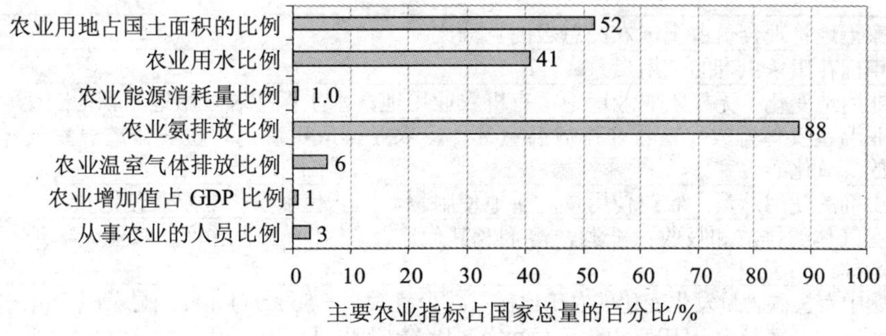

图 1 美国 2002—2004 年的农业环境和经济发展情况

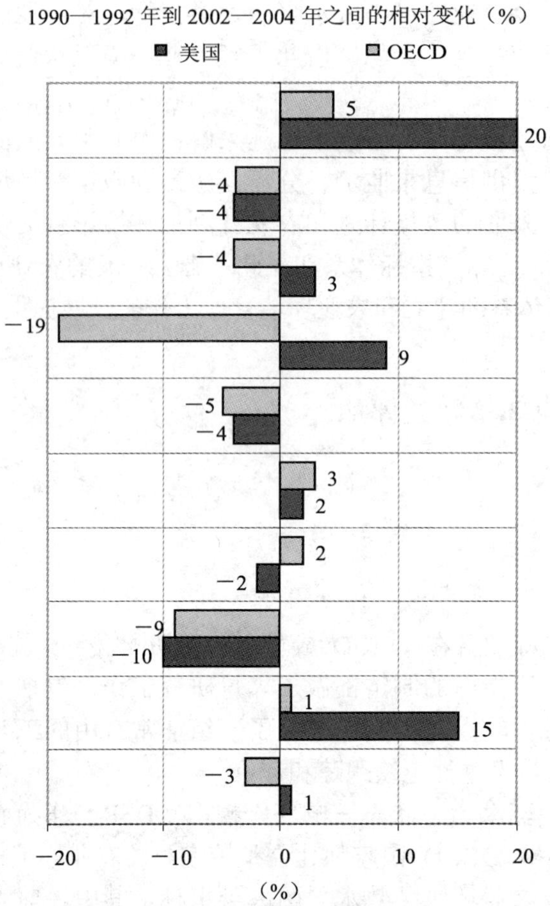

图 2　美国的农业环境绩效水平

此外，各国还根据本国的农业生产特点和工作基础开发了本国的其他农业环境指标，具体见表 1。

表 1　各国的农业环境指标

国　家	指　标
澳大利亚	国家土地管理会员占全国农民总数的百分比
	每年棉花田杀虫剂的使用量
奥地利	农业用地变化：无投入农业用地，有机农业用地，水土保持农业用地面积的变化
	农业温室气体排放：畜牧业排放温室气体，农业排放甲烷，种植业排放温室气体，燃烧燃料排放二氧化碳
比利时	杀虫剂的使用总量：农业使用量，耕地使用量，园艺使用量，非农业使用量
	温室气体的排放和吸收：能源，溶剂及其他产品使用，工业过程，农业，土地利用类型改变及造林，固废
加拿大	土壤中有机碳含量发生变化的农田比例：[减少量大于－50 kg/（hm^2/a）]显著减少；[－10～－50 kg/（hm^2/a）]平缓减少；[10～50 kg/（hm^2/a）]平缓增加；[－10～10 kg/（hm^2/a）]变化不大；[增加量大于 50 kg/（hm^2/a）]显著增加
	不同野生生境容量变化级别的农田比例：（1981—2001）20 年的变化趋势，（1991—2001）10 年的变化趋势

国家	指标
捷克	硝酸盐含量超过地表水标准的水样比例
	鹌鹑种群数量的监测值
丹麦	饮用地下水中出现杀虫剂的监测点比例
	草甸、干草地、树丛、沼泽及湿地的面积比例
芬兰	paimionjoki 河的氮通量和农业氮富集量：含氮量，氮富集量
	农田三类蝴蝶种群数量的变化趋势：草地种类，湖边种类，森林边缘种类
法国	环保农业关键指标变化趋势：杀虫剂的使用，农业氨使用，永久牧场面积，农田内鸟类的数量，草地磷富集量，草地氮富集量，总用水量，农产品产量
德国	实施有机农业管理的农场数量和 UAA 的份额比较：农场比例，UAA 比例
	可再生物质和能源作物面积占整个农业面积的比例：可再生物质作物比例；可再生能源作物比例
希腊	灌溉面积和灌溉用水利用率的年际变化：灌溉面积，灌溉用水利用率
	入侵种、野生种和杂交种：希腊基因库中迁地保护野生和杂交的植物品种，希腊基因库中受到保护的植物资源
匈牙利	不同程度水蚀的农田面积的年际变化：严重侵蚀[大于 33 t/（hm^2/a）]，可接受侵蚀[小于 6 t/（hm^2/a）]，中度侵蚀[11～21.9 t/（hm^2/a）]，较小侵蚀[6～10.9 t/（hm^2/a）]，较大侵蚀[22.0～32.9 t/（hm^2/a）]
	农业计划援助和申请援助数量的年际变化：援助资金数目，申请援助数量
冰岛	造林面积年际变化：1990 年以来累计面积，年均增加的造林面积
	湿地恢复面积年际变化：1996 年以来累计面积，年均增加的恢复湿地面积
爱尔兰	河流水质变化：未污染，轻度污染，中度污染，重度污染
	农田关键鸟类种群变化：槲鸫，野鸽，云雀，知更鸟，鹪鹩，红雀，红腹灰雀，金翅雀
意大利	土壤侵蚀风险：不同侵蚀风险级别的国土面积
	从 1990 年到 2000 年农业土地面积的区域性变化：南部，中部，北部，全境
日本	农业持水能力年际变化：农业总面积，水稻面积，农业持水能力，水稻持水能力
	注重环境保护的农民比例年际变化：注重环境保护的农民比例
韩国	土壤组成年际变化：有机物，土壤有机碳
	农业持水能力年际变化：农业总面积，水稻面积，农业持水能力，水稻持水能力
卢森堡	河流取样站点的氮磷浓度：氮、磷平均浓度
	农业环境保护计划实施面积：生物多样性保护面积，农业环境保护面积，有机农业面积
墨西哥	农业环境保护关键指标年变化：农业面积、用水量，总用水量，农产品产量，杀虫剂使用量，磷、氮富集量，农业直接能源消耗
荷兰	农村地表水和农业积水区的氮磷年均浓度年际变化：农村地表水氮磷含量，农业积水区氮磷含量
	农田鸟类种群年际变化：鹡鸰，草地鹨，红脚鹬，田凫，云雀，黑尾豫，蛎鹬
新西兰	2004 年各部门杀虫剂使用情况：每年每公顷有效成分，各部门使用比例
	出产每升牛奶的奶牛脏气（甲烷）排放量年际变化
挪威	杀虫剂有效成分年际变化：除草剂，杀真菌剂，杀虫剂，其他添加剂，有效成分
	农业土地变化：变化面积，变化比例
波兰	处于侵蚀风险的农田和林地面积：1995 年，2005 年
	农田鸟类种群指数年际变化：欧盟 15 国，波兰
葡萄牙	2006 年现有保护计划下当地饲养品种的数量：当地的品种数量，目前保护的品种数量
	土地利用和国家保护区的关系：陆地面积，国家保护区域面积，国家保护区域面积比例，国家保护区域类型面积比例
斯洛伐克	农业甲烷和 N_2O 排放量年际变化：农业甲烷排放量，农业 N_2O 排放量
	2003 年农业用地占不同类型保护区域的比例：农业用地，其他用地
西班牙	有机农业面积年际变化：有机农业面积，有机农业面积比例
	五个区域 Dehesa 的面积比例：总面积，Dehesa 的面积
瑞典	耕地根部区域年营养流失量：流失量
	耕作措施特点的年际变化（不同栽培特点的面积和数量百分比）：线状设施（石头围墙，沟渠等），点状设施（清除堆石，修剪）

国家	指标
瑞士	对农业半自然生境的资金支持年际变化：对半自然生境的资金支持，对具有很高生态价值的半自然生境的资金支持
	农业系统中氮、磷、能量利用效率年际变化：氮、磷、能量利用效率
土耳其	农业环境关键因子年际变化：灌溉用水利用率，农业面积，总用水量，农业保护量
	农业环境关键因子年际变化：杀虫剂使用量（有效成分），能量消耗，总氮富集量，总磷富集量
英国	农业环境变化趋势：产出量，甲烷排放量，农田鸟类，氨排放，化肥施用量
	温室气体排放趋势和预测：非农业甲烷排放量，非农业氮氧化物排放量，农业甲烷排放量，农业氮氧化物排放量
美国	农业环境变化趋势：水蚀，风蚀
	非联邦政府的地域内沼泽与河口湿地变化：总损失量，总获得量，净变化量
欧盟	农业环境变化趋势：产出量，农业氮元素盈余，农业磷元素盈余，农业杀虫剂的使用量，直接作用于农业的能源消耗
	农业环境变化趋势：氨排放量，温室气体排放量，农田鸟类，氨排放量，永久牧场面积，农艺面积，可耕作永久农田面积

1.2 农业环境绩效评估

利用各国的农业环境数据，OECD 对主要 OECD 国家的农业环境绩效进行了评估，分析了 1990 年以来 OECD30 多个成员国的农业环境发展趋势，为各国的农业政策制定者提供了工作基础，同时项目开发的工具也成为分析农业活动和政策环境影响的有力工具。由于数据来自 30 多个 OECD 国家，在指标的定义和计算方法、数据的可用性/质量和可比性、指标的空间聚集性（如水质指标）等方面还存在一定问题，同时，囿于农业对特定环境影响所起的作用有时很难单独分离出来等因素的影响，评估结果存在一定的不确定性。但在大多数情况下，指标的变化方向（如土壤侵蚀、温室气体）还是清楚地揭示了环境是得到了改善还是进一步退化的趋势。如图 3 欧盟 15 国的农业环境趋势表明[1]，15 国的杀虫剂使用量和能源消耗量基本保持随农业产量的提高而增加，其中，在 20 世纪后半期农药的使用量达到了高点，此后有所下降，但总磷和总氮的富集量并没有随农业产值的增加而增加，呈逐年下降的趋势。

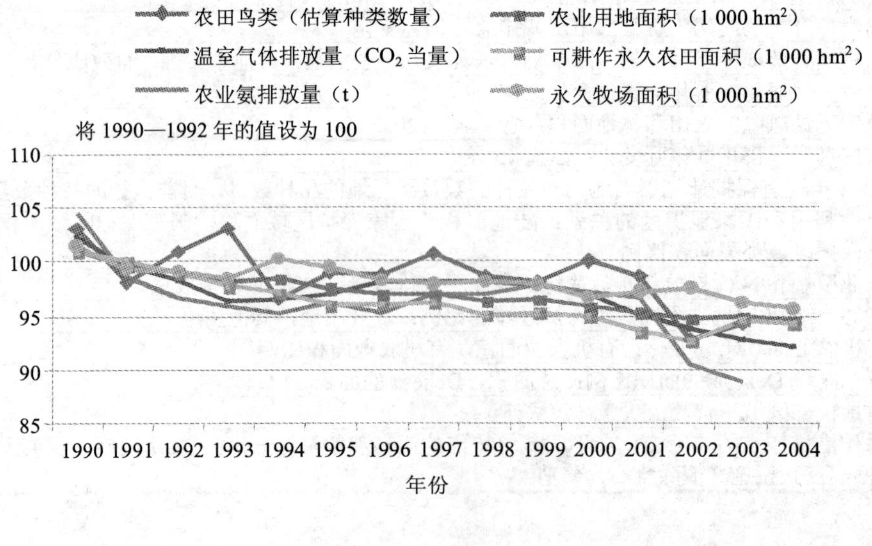

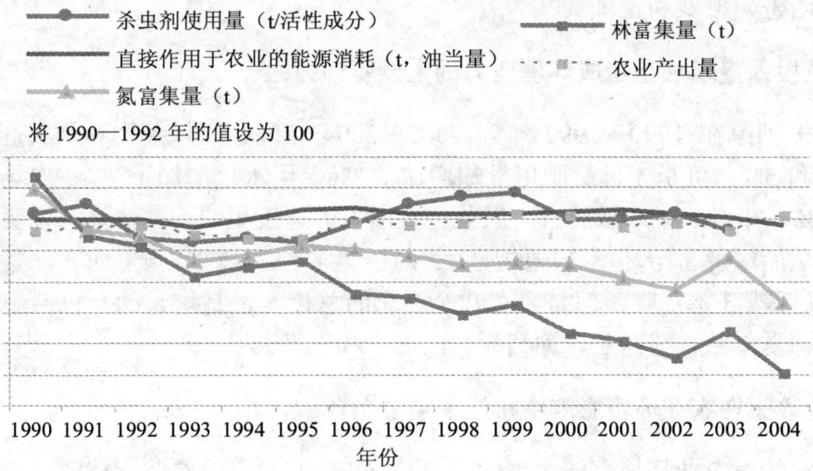

图 3　欧盟 1990 年以来的农业环境趋势

2 OECD 国家的农业环境绩效评估结论

2.1 总体评估结论

2.1.1 OECD 国家的总体农业环境绩效已经得到改善

评估结果显示，OECD 成员国的总体农业环境绩效已经得到改善，但是因为各国情况不同，所以改善状况存在明显的差异，其主要原因是因为政策制定者、农民以及农业产业对公众关注的环境现状的反应不同[1]。

今后需要继续保持关注的环境问题包括：水资源可用量和水质问题、生物多样性保护问题，以及某些国家和地区的土壤健康问题。虽然本次评估中没有调查研究非农业污染源对农业造成的影响、外来入侵物种造成的损害、其他开发方式对土地资源和水资源的争夺，以及气候改变带来的影响，但是，在今后农业环境绩效评价时，需要考虑以上因素。

2.1.2 农业对 OECD 国家国民收入和就业率的贡献较小

从 1990—1992 年到 2002—2004 年，OECD 农业产量增长了 4%以上，预计在未来 10 年还会进一步增长，尽管有一半的 OECD 国家，其农业产量过去十年变化很小或者还略微有所下降。随着 OECD 整体耕作面积的减少（－4%）和从业人员的减少（－15%），通过遗传改良、更好地投入管理（养分、杀虫剂、水和能源）、技术创新和农业结构的改变，实现了更高的农业生产率。农田用途转换主要用于造林和城镇化（住宅与交通网络建设）。只有少数几个 OECD 国家的耕作面积在过去 15 年里有所增加，包括比利时、卢森堡、墨西哥、挪威和土耳其[1]。

2.1.3 农业投入量增加是造成环境压力的主要驱动力之一

OECD 国家在 1990—1992 年到 2002—2004 年间，无机磷肥和杀虫剂的用量分别下降了 10%和 5%，可是无机氮肥用量却增加了 3%，用水量增加了 2%，农场内部直接能耗增加了 3%。相对于投入量而言，农业产量增长的速度更快一些，这就说明投入效率得到了提高，从而缓解了给环境造成的压力。对于大多数 OECD 国家而言，其农业投入量自 1990 年以后就开始下降，但是还有几个国家的总投入量是增长的，包括澳大利亚、加拿大、希腊、爱尔兰、新西兰、葡萄牙、西班牙和土耳其[1]。

2.1.4 农业政策在农业环境影响中扮演了重要角色

农业政策对农业环境有较大影响，目前 OECD 国家的农业支持政策给农场主带来的收益约占农场总收入的 30%，由此可见大部分政策对产量增加具有正效应，产量与支持政策挂钩，促进了投入的高效利用，也保证了农业用地。但部分政策（如对化肥使用的补贴政策）也增大了对环境的压力，目前这种情况已经有所转变，农业产量与相关鼓励政策已经脱钩，实施了更多特殊的措施来改善环境。国家环境政策和国际环境政策对农业环境产生的正面影响正在逐步加大，特别在水质、水资源可用量、氨排放、气候改变和生物多样性方面。

2.1.5 农民的行为和做法是环境绩效的决定性因素

农民已经开始对公众关注的问题以及政策做出反应，越来越多地注意到自己的行为对环境产生的影响，在农场管理方面已经得到了明显改善，包括掌握更好的科技知识，投资于环境友好型产品和服务以及利用农业食品链最新研制成果和激励机制[1]。

2.2 分项评估结论

2.2.1 农产品和土地

虽然 OECD 国家的农业增长低于发展中国家，但仍然是世界最主要的粮食输出者，见表 2。其中，澳大利亚、加拿大、墨西哥、土耳其和美国的谷物类、肉类、牛奶产量预计会继续增加，而欧盟的产量增长率将低于 1990 年代，日本的产量会进一步萎缩。

虽然 OECD 国家农业用地面积在 1990—2002 年期间减少了 4%，个别国家如比利时、卢森堡、挪威和土耳其在此期间的农业用地面积却显著增加。

OECD 国家农业增长的主要原因是作物基因改良技术和向农田输入的增加。OECD 国家农业的发展趋势，分为以下四类：① 依靠产量增加和农业用面积扩张（土耳其）；② 农业产量增加而农业用地减少或者不变（韩国、新西兰、西班牙、美国）；③ 农业产量减少（捷克、斯洛伐克、匈牙利、英国）；④ 农业产量减少，农业用地面积增加（挪威）。

表 2　2002—2004 年 OECD 与世界农产品产量的比较　　单位：100 万 t

	OECD 国家产量	世界总产量	OECD 产量占世界总产量的百分比/%
谷物类	770	2 132	36
水稻	31	587	5
小麦	243	590	41
牛奶	290	614	47
肉类	102	254	40

2.2.2 营养物质

进入 OECD 国家农业系统最主要的营养元素来源是无机化肥和生物肥料。2002 年，这两种肥料占据了整个 OECD 国家 67%的氮元素输入和 97%的磷元素输入。同时在一些国家，大气沉降和生物固氮也是氮输入的主要来源，见图 4[1]。对于氮输出量是由于牧场还是农田吸收所产生的，不同国家因农业系统不同而不同，例如在爱尔兰和新西兰主要是牧场吸收，而在匈牙利和日本主要是谷类吸收。

在大多数国家，区域养分富集的变化趋势差异很大，主要原因在于牲畜空间分布不同以及需要较高投入的农田系统的差异，例如玉米和稻谷相对于小麦和油菜子需要投入更多的营养元素。

总体上，OECD 的农业养分富集量是下降的[即在氮磷投入、化肥和牲畜粪肥投入与产出（农作物和牧草的养分摄取量）之间的富集状态，即营养利用率]，营养利用效率有所提高，其中磷的利用效率高于氮的利用效率，从而减轻了土壤、水和空气的环境压力。

但是在 1999—2004 年之间，有不到 1/3 的 OECD 国家，养分富集量是增加的，主要集中在除欧洲以外的 OECD 国家。养分富集量较高或者升高的主要原因是农业产量的增加和畜禽养殖集约化，但多数国家目前都已经限制了无机氮肥用量的增长。

虽然一些国家的养分富集量大大降低，但这些国家的养分用量密度[单位农田面积（hm^2）的养分富集量（kg）]都特别高，这说明仍然有改善的空间。

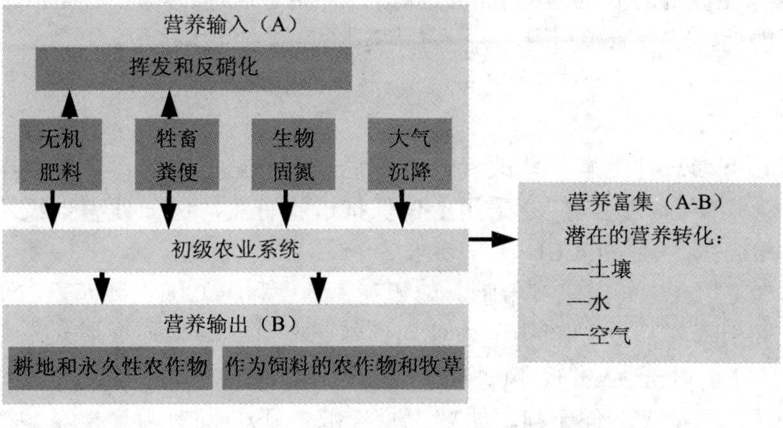

图 4　OECD 国家总营养物质富集量计算中考虑的主要因素

2.2.3 杀虫剂

在杀虫剂用量方面，OECD 呈现出下降趋势，在过去 10 年（1990—2001 年）内减少了 5% ，但是，有 1/3 的 OECD 成员国，其杀虫剂用量在 1990—1992 年和 2001—2003 年间是增加的。使用量较大的国家里如意大利、墨西哥、西班牙使用量仍在不断增加，而法国、日本和美国使用量则不断减少。这些国家 2001 年使用杀虫剂使用总量占整个 OECD 国家使用量的 3/4。

希腊、墨西哥、波兰、葡萄牙和土耳其（尤其是墨西哥和土耳其）杀虫剂用量增加的主要原因是这些国家粮食产量不断增加以及农业劳动力的不断缩减。

澳大利亚、捷克、丹麦、匈牙利、日本、荷兰、挪威和瑞典这些国家的杀虫剂用量下降的原因：① 农业产量在不断下降；② 刺激措施和调整税率；③ 有害物管理措施的应用；④ 新的低剂量、复合型杀虫剂的使用；⑤ 有机农业的发展；⑥ 逐渐向市场经济过渡的国家对农业补贴投入逐渐减少。

尽管并没有在 OECD 国家普遍观察到与杀虫剂用量有关的环境影响证据，但是现有数据表明，杀虫剂用量降低，有害影响降低，而杀虫剂用量增加，有害影响增大，二者之间存在一定的关系。在一些国家杀虫剂用量虽然增加，但品种随时间改变，对环境造成的危害已经很轻了，但这不包括存留在环境中的一些老杀虫剂（如 DDT 莠去津及衍生物），虽然这些产品目前在许多国家已经禁用。

2.2.4 能源

OECD 农场内部的直接能耗，在 1990—1992 年到 2002—2004 年间增加了 3%，而同期所有行业的总能耗增加了 19%，但是，近一半的成员国在能耗上是下降的。

农场内部能耗增加的国家（澳大利亚、韩国、墨西哥、新西兰、波兰、西班牙、土耳其）的主要原因是因为产量提高、持续性机械化水平提高，以及农机功率增大；捷克、斯洛伐克和匈牙利则是因为政府不再给予农业和农业投入补贴；澳大利亚、丹麦和芬兰越来越多地使用可再生能源。

OECD 国家主要针对农场内部能源消耗给予补贴，这样做虽然刺激了对能源的使用，却阻碍了降低能耗、高效能源利用，并且不利于降低温室气体排放。

2.2.5 土壤

在土壤侵蚀方面总体上有一些改善，或者说，至少是稳定的，中等到严重程度侵蚀风险土壤面积有所下降。这与广泛采用土壤保持措施有关，例如浅整地或不整地，减少脆弱土壤的栽培面积，某些 OECD 国家要求冬季保持绿色覆盖。

有大约 1/3 的 OECD 国家（希腊、匈牙利、意大利、韩国、墨西哥、葡萄牙、斯洛伐克、西班牙和土耳其），20%以上的农业用地都属于具有中等到严重水土流失风险的土地[流失量超过 11 t/（hm^2 • a）]。风蚀风险仅发生在半干旱或者土壤处于长期干燥状态的地区（澳大利亚、加拿大、匈牙利、冰岛、波兰和美国），同时数量也在减少。造成侵蚀风险的原因主要包括脆弱、贫瘠的土壤耕作；陡坡区的过度放牧；水保措施实施不利；在某些区域，重力势能增加、过度干旱或者暴雨以及某些国家（墨西哥、土耳其）的土地清理也会导致土壤侵蚀。

据估算土壤侵蚀造成的损失非常大，包括土壤退化导致农产品产量降低和非农业用地的沉积物流动。农场外部土壤侵蚀的治理成本在一些地区很高，包括饮用水处理、河道疏浚、改善水生生态系统的费用。

2.2.6 水

1990—1992 年到 2001—2003 年期间，OECD 的农业用水量增加 2%，快于总用水量的增加幅度（0），其中澳大利亚、希腊、葡萄牙和土耳其的农业用水量显著增加。

用水量增加的主要原因是由于 OECD 总灌溉面积扩大了 6%。一些以灌溉农业为主的国家，农业依然是主要的耗水产业，过去 10 年里，这些国家的农业用水量已经超过了其他产业（澳大利亚、希腊、葡萄牙、西班牙和土耳其），也有 1/3 以上的 OECD 国家用水量在减少。

某些地区水资源的过度开发对生态系统造成了损害，河流水量减少，湿地流入水量减少。浇灌用地下水用量减少（澳大利亚、希腊、意大利、墨西哥和美国的一些地区），地下水资源严重污染（希腊、墨西哥、葡萄牙和美国），从而削弱了受影响地区农业的经济生命力。同时，政府对灌溉的支持具有普遍性，某些国家对抽取地下水给予能源补贴（澳大利亚和荷兰对农业用水全额补贴；澳大利亚、墨西哥和西班牙对水资源政策进行改革）加剧了这一现象，并且阻碍了高效用水。这也与采用低效灌溉技术、灌溉基础设施维护不足有关，从而造成了许多 OECD 国家存在水资源流失和浪费现象。虽然如此，总体上，OECD 的每公顷灌溉用水量，在 1990—1992 年和 2001—2003 年间下降了 9%，特别是澳大利亚，下降幅度非常明显，意大利、墨西哥和美国下降得少一些，但是有些国家是上升的，如希腊、葡萄牙和土耳其。

OECD 国家农业造成的水污染，在 1990 年以后呈现出平均轻微下降趋势，这与养分过剩和杀虫剂用量下降有关。但是近一半的 OECD 国家的监测记录表明，在农业地区地表水和地下水监测站监测到的养分和杀虫剂浓度高于国家饮用水推荐限值标准。尤其需要关注的是地下水污染问题，因为受污染地下水的自然恢复可能需要几十年。在澳大利亚、日本、韩国、美国和欧洲的沿海地区，在一些区域江口和海口的农业营养元素污染也是一个不容忽视的问题。

另外，在许多地区，污染物的绝对水平都相当高，某些地区的农业养分造成水污染的比重变大，这是因为其他污染源（如工业垃圾、城市垃圾）与农业污染源相比，要减少得快一些。在许多国家，从饮用水中除去养分和杀虫剂、改善水环境的处理成本较高。2003 年英国由于农业污染水体造成的经济损失达到 3.45 亿欧元。韩国和美国的海水富营养化则直接增加了商业捕捞的经济成本。

2.2.7 空气

农业空气污染物，在 OECD 总酸化物质排放量中所占比例较小，只有 2%；占臭氧层消耗物质用量的 8%；占温室气体排放量的 8%（2002—2004）：农业产生了较多特殊的空气污染物，如占 OECD90%的人工氨排放，将近 75%的甲基溴，占据了温室气体 70%的氮氧化物和 40%的甲烷。农业产生的多类型污染物导致了多类型的污染，见图 5，如酸化、富营养化、臭氧层破坏和气候变化，以及对人体健康的影响[1]。

（1）酸化物质排放量。农业氨排放量（来自牲畜和化肥），在1990—1992年和2001—2003年间，上升了1%；而与此形成鲜明对照的是，其他污染源的酸化排放量下降了。有些国家（丹麦、德国和西班牙）如果要达到“歌德堡议定书”规定的2010年减排目标的话，需要进一步减少氨排放。目前有2/3以上的OECD国家的农业氨排放量是下降的，有些国家甚至已经减少了10%。

氨排放增加的主要原因是牲口数量的增加和小范围内化肥的大量使用。加拿大、意大利、韩国、葡萄牙和美国等国家主要采取了一系列的组合措施（氮税、肥料贮存费等）和实施效率较高的氮肥管理计划来减少氨排放，另外牲畜数量的减少和化肥施用量减少也是很重要的手段。

（2）臭氧层消耗物质。OECD国家在1991—2003年间已经实现了甲基溴（一种臭氧层消耗物质）用量减少70%的目标，满足了“歌德堡议定书”的规定，这是因为到2005年以前要求全面淘汰停用甲基溴。在蒙特利尔议定书下，就2005年“关键用途豁免”（CUEs）事宜已达成一致，这样可以给农场主和其他用户留出时间开发替代品。CUEs可能会妨碍减排目标的实现效果，成为寻求开发代用品的障碍。

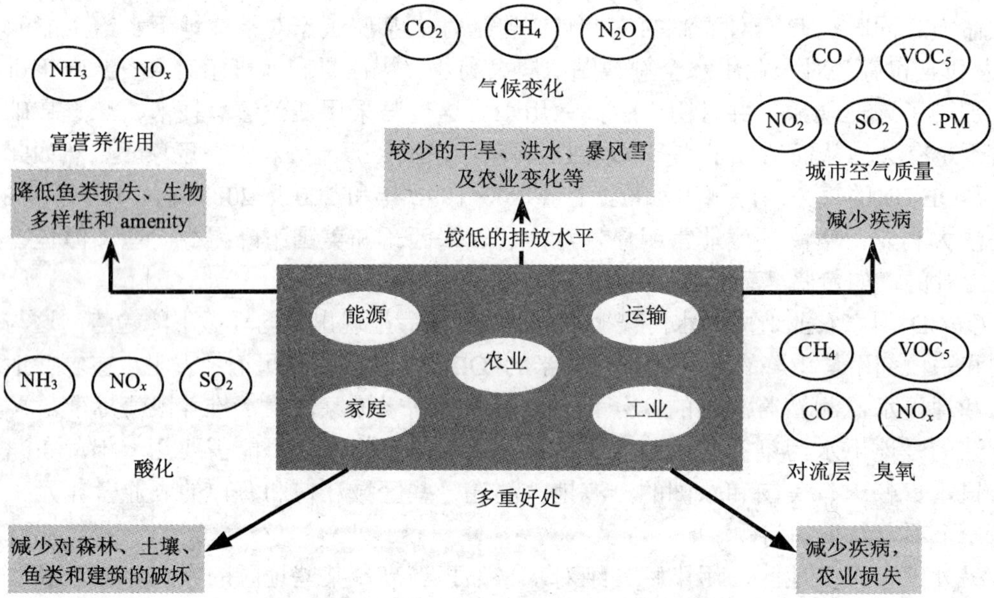

图5 农业对空气质量多重污染和多重影响

（3）气候改变。京都议定书并未给农业设置温室气体的减排目标，OECD的农业温室气体（GHGs）总排放量下降了3%（2002—2004年与1990—1992年相比）。2002年美国和欧盟农业排放量占据整个OECD国家农业排放量的75%，其中欧盟排放减少了7%（8 100万t的温室气体）；美国增加了1%（500万t），澳大利亚、加拿大、新西兰、葡萄牙和西班牙的农业温室气体排放增加幅度（超过5%）在OECD中最大，这些国家CO_2总增加量达到2 600万t，农业排放占整个OECD农业排放的20%，少数几个国家（澳大利亚、法国、爱尔兰、冰岛），其农业温室气体排放量在过去15年间都提高了10%以上，新西兰更是达到50%。目前很多国家正在实施有效措施鼓励农民改变耕作方式，通过提高耕作土壤的碳汇能力，大力发展生物质作为可再生能源和原材料生产的原料，从而使农业有助于温室气体减排。

2.2.8 生物多样性

（1）农业生产中采用的作物和家畜品种的遗传多样性。在某些 OECD 国家（澳大利亚、西班牙），得到了提高，可能的原因是，农场主与多样化、小生境市场的开发以及农业环境政策相关的商业经营战略。至于对农业系统环境弹性的改善和疾病风险的降低所达到的程度尚不清楚。

（2）与农业有关野生物种的丰富性降低了。这成为公众关心的一个问题，因为，在许多国家，农田是动植物群的主要生境。尤其需要关注的是，OECD 农田鸟类总数在过去 10 年间是下降的，（仅仅一半多一点的 OECD 国家对农田鸟类数量进行了监测），但是在一些国家，鸟类数量近来呈现出回升迹象。

（3）与农业有关的生态系统多样性退化了。从而给野生物种带来不利影响，主要原因是：农田生境质量恶化，养分和杀虫剂污染，水流量减小，原生植被清理；以及某些地区，高自然价值或景观价值农田被废弃或过度开发，以及农田用途的转变。但是，在许多 OECD 国家，随着农业用水和空气污染的减少，以及野生动植物保护计划使农田数量增加，都有助于缓减野生物种的压力。

从 1985—2001 年，湿地转为农田的面积占农田总面积的比例很小，在意大利、日本、韩国和挪威，尽管转变为农田的湿地在减少，但流失还是存在的。由于湿地对于保护生物多样性极为重要，各种国际环境协定都认为湿地的流失在国际上是非常重要的问题，而且在一些国家农田湿地环境的保护和流失也仍然是非常重要的问题。农田中的半自然生境主要是永久牧场，大多数 OECD 国家的永久牧场面积都在减少，并逐渐转变为林业用地，但也有一些国家（澳大利亚和墨西哥）的永久牧场转变为永久性耕地。一些国家的半自然农业生境（农场林地和休耕地）已经保持稳定并开始增加。

2.2.9 农业管理

采用环保农场管理方式的农场主越来越多，对环境状态的改变作出了响应。但是，只有 1/3 到 1/2 的 OECD 成员国对环保农场管理实践活动的变动情况进行了定期监测。更多的农场主采用这种做法的原因在于，政府财政出资和法律法规进行了激励，同时私营部门也采取了自愿性倡议活动，通常由食品加工商和零售商、当地市场或者农场主自愿协商采取推动措施。

农场主在养分和土壤管理实践方面采取的环保方式较多（比利时、捷克、丹麦、芬兰、德国、荷兰、挪威、瑞典和瑞士），相对而言在病虫害、水资源和生物多样性管理方面的实践较少，但效果却都很好（澳大利亚、捷克、丹麦、芬兰、德国、挪威、瑞典、瑞士、英国和美国）。

加拿大、美国由于土壤管理措施实施率不断上升，使得水土流失逐渐减少，同时也为更多的野生物种提供了食物来源。与此形成鲜明对照的是，土壤退化问题一直存在于匈牙利、意大利、韩国、斯洛伐克和土耳其这些土壤管理措施实施率较低的国家。

对于 OECD 国家，灌溉管理非常重要，只有少数国家（捷克、希腊、意大利和西班牙）20%的农田灌溉使用了效率较高的节水技术，而在其他农业灌溉很重要并且水资源竞争激烈的国家（澳大利亚、法国、土耳其、美国）使用的却很少。

OECD 国家中（除了澳大利亚、爱尔兰和瑞士）实施农田生物多样性管理的比例不到 10%。目前虽然只有 1/3 的国家对农田生物多样性管理进行监测，但很多国家正在开始实施农业生物多样性管理措施。

在许多国家，政策和私有部门的资源倡议活动导致有机认证耕作面积快速扩大，尽管截止到 2002—2004 年，其所占比例不到 OECD 总农业用地面积的 2%，但是在一些国家这一比例超过了 6%（如奥地利、丹麦、芬兰、意大利和瑞士）。

3 OECD 农业环境绩效评估对我国的启示

目前我国的农村污染与城市污染开始出现高度的相关性和一体化趋势，农村环境问题已成为制约我国经济社会可持续发展的重要环境问题。早在 2005 年 12 月，国务院在《关于加强环境保护的若干决定》中就明确指出农村环境保护是环境保护工作中的七项重点任务之一。但由于农村环境保护工作基础薄弱，农村环境问题千头万绪，污染现状不明、排放底数不清、治理手段不足，严重制约了农村和农业环境管理工作的开展，结合 OECD 经验，对我国当前的农业和农村环境管理工作提出以下四点建议：

3.1 尽快建立我国的农业环境统计指标体系

欧美等发达国家多年研究证实，农业非点源污染是导致水体污染的最主要原因之一[2-4]，美国 EPA 把农业列为全美河流和湖泊污染的第一污染源[5]。国内的大量案例研究也表明，在中国水体污染严重的流域，农田、农村畜禽养殖和生活排污是造成流域水体氮、磷富营养化的主要原因，对于我国的大多数湖泊而言，非点源污染负荷已占 50%以上，丰水期河流中污染物的增加也主要来自于面源污染，其贡献已经大大超过城市生活废水和工业点源污染[6-9]。

加强农村环境保护是落实科学发展观、构建和谐社会的必然要求；是适应农村经济社会发展、建设社会主义新农村的重大任务；是建设资源节约型、环境友好型社会的重要内容；是加快实现环境保护历史性转变的客观需要。我国的农村环境保护工作基础非常薄弱，到目前为止没有一项农业环境保护指标进入日常的环境统计或环境监测工作范围，导致农村环境现状不明、底数不清，农村环境保护工作基本心中无数、无从下手。因此，利用污染源普查工作取得的工作成果，在"十二五"环境统计指标体系中适时加入相应的农业环境统计指标，对于改善目前农业环境保护工作的被动局面具有重要的指导作用。

在具体的指标设计方面，建议近期（"十二五"期间）直接利用污染源普查成果，将总磷、总氮等污染物排放量纳入现行环境统计指标体系中，并重点核算"三河""三湖"等污染严重水域的农业源污染排放贡献量，搞准基数和产排污系数，提高这些重点水域的农业污染防治政策的针对性；远期学习 OECD 构建环境指标体系所采用的"压力—状态—响应”框架，在“十二五”期间夯实农业环境统计的基础性工作，建立全面、系统的农业环境统计指标体系。

3.2 构建完善的农业污染物排放量测算方法

建立科学、系统和完善的农业面源污染排放量测算体系和方法，对于识别农业面源污染的优先控制领域和类型、为国家宏观环境管理与决策提供依据具有重要的现实意义。

农业污染产生和排放量的获取方法和工业生活点源有实质性的区别，点源数据基本上可监测、可统计、可核查，但农业面源基本依靠产排污系数法测算获得，因此，对于农业面源污染物排放量的统计而言，核算范围、核算统计口径以及产排污系数的确定就尤为重要。从已有的研究来看，宏观农业污染测算主要存在 3 个问题：1）测算范围界定不清。有的将农业面源污染定义为六类[6]：①农田径流、淋溶或侧渗；②畜禽养殖场和放牧草场的径流；③城乡结合部的城区和大乡镇场地径流；④农村小村落生活面源；⑤湖泊、河流上的家禽和水产养殖；⑥矿山径流。也有研究将其定义为化肥流失、畜禽养殖污染、农业有机固体废物和农村生活污染四类[10]，有的研究还包括农膜污染。2）实物量核算概念界定不清。这一问题主要表现在畜禽养殖污染方面，包括两方面的界定：①产生量和排放量界定不明，不考虑畜禽粪便利用量，可能导致夸大规模化畜禽养殖带来的污染问题；②畜禽养殖核算范围界定不明。从有关研究结果来看[10-11]，由于以上两个问题造成了测算结果的大相径庭。3）测算方法和技术参数没有规范统一。由于农业面源污染涵盖内容多，再加上中国地域辽阔、情况复杂、基础研究欠缺，给测算方法的统一和技术参数的规范带来很大的困难，使测算结果具有较大的不确定性。虽然污染源普查得到了一套农业面源污染产排污系数，也制定了相应的测算方法，但由于我国是第一次组织开展大规模的农业面源测算工作，在系数的代表性、方法的合理性、技术的规范性方面必然还存在一些问题。

从 OECD 的农业环境统计指标体系来看，各成员国根据 OECD 环境信息管理机构的统一要求，对相关指标数据进行了统计和测算。通过近 20 年的努力，成员国都采用标准化方法对农业环境指标的定义和计算方法进行统计测算，但在生物多样性、农田管理以及温室气体排放量等具体指标上仍然有待规范。我国虽然在农业污染排放测算方面起步较晚，但可喜的是，我们已经通过普查工作迈出了坚实的一步。下一步应该继续总结普查经验，通过与国际上比较通行的测算技术方法进行对比分析，建立既适应国情、也便于国际对比、科学完善的农业面源污染排放测算方法体系。

3.3 启动农业环境监测网络建设

我国的环境监测网络经过 30 多年的发展，特别是近 10 年的快速提高，环境监测能力明显增强，监测技术水平明显提升。初步建立了依托各类环境监测网的分级业务管理和指导的管理模式，拥有了以常规、自动监测为基础的监测技术装备体系，建成了包括环境质量监测、污染源监督监测、环境突发事件应急监测、环境预警监测和环保专项调查监测在内的环境监测体系，监测内容涉及环境空气、酸沉降、沙尘暴、地表水、地下水、饮用水源、环境噪声等几乎所有环境要素领域，但目前的监测点位，特别是国控点位基本分布在城市以及大江大河流域，广大农村地区的基本没有开展环境监测。

由于农村环境工作长期以来没有得到重视，导致农村环境监测能力严重不足，第一，从上至下没有建立基本的业务组织和指导管理模式；第二，没有专业和稳定的农村环境监测队伍；第三，缺乏必要的监测技术装备；第四，缺少相应的监测技术规范和标准。因此，目前当务之急是启动农村环境监测网络体系建设，利用污染源普查工作奠定的良好基础，加强与农业相关部门的沟通协作，明确环保部门在农村环境管理中的定位与职能，通过建立农村环境监测网络体系等基础性工作的开展，为环保部今后在农村环境管理工作中发挥更大的作用打下坚实基础。

3.4 采用综合手段提高农业环境管理绩效

OECD 各国普遍采用了一系列针对农村环境污染的政策手段，在不同程度上遏制了各国农村环境不断恶化的趋势，有些国家的农业面源污染已经得到全面控制。概括而言，OECD 各国所使用的农业环境污染治理政策手段主要包括：① 自愿手段，包括政府支持的农业环境计划或行业牵头的产品保证机制等，鼓励农民自愿采取环境友好的农业生产行为，OECD 国家的实践表明，自愿手段是控制农业面源污染非常有效的一种手段，因为常规的法规和经济手段在控制农业污染时执行难度大，通过单一的干预手段无法达到农业污染减排的预期效果。欧盟 2078/1992 规定（农业—环境）和 1257/1999 规定（农村发展）以及 1992 年 5 月开始实行的农业共同政策（Common Agricultural Policy，CAP），为农民提供了一个激励机制，鼓励农民推行“农业环境协议”计划。② 立法或强制性手段，包括各种许可证、排放标准和产品禁令等，与点源控制相比，该手段对农业面源污染控制的操作难度和成本要更大。③ 基于市场的（或经济）手段，即利用税收或补贴政策刺激或鼓励农场主改变自身对环境不友好的行为，主要有污染费、用水费、补贴赠款、税收减免等多种形式。比如，荷兰和丹麦对养分管理使用了污染费，荷兰对超过标准的氮或磷损失征费，丹麦对氮施用超过养分平衡计划标准的农民进行惩罚性收费。④ 教育手段，包括全国性的教育计划以及针对农户制定的一对一指导培训等，提供第三方建议和（或）技术支持，提高农场主的环境意识。美国环保局网址提供了许多与农业非点源污染和农业相关的信息和教育资源网站（http://www.epa.gov/owow/nps/agricuture.html），内容包括大量农业 BMPs 监测、土地保护实践、化肥和杀虫剂管理、土壤侵蚀控制、养殖活动管理、残留物管理、流域恢复的手册、指南和标准，此外还出版了一系列农业非点源污染宣传册，帮助公众了解社区内非点源污染的管理。

OECD 国家控制农业面源主要采用的是源头控制的对策，其核心思想是研究和发展环境友好的新的农业生产技术替代原有技术，并通过鼓励农民自愿或政府奖惩措施，推动新技术的应用，在重要的水源保护区和流域，制定和执行限制性农业生产技术标准，减少氮磷径流和淋溶。我国农业环境问题复杂，治理工作艰巨，应结合国外经验制定综合性的农业污染防控手段，但在具体政策设计时，应充分考虑地区、经济和教育发展水平差异，对国外成功的经验手段加以甄别，根据各地区农业生产特点和环境特征（地理特征、主要污染要素、农业产业结构、生产方式），制定因地制宜的农业污染控制手段。

我国国民经济的快速发展为我国农村环境的发展与治理营造了良好的外部环境，也为我国农村环境的有效治理提供了坚实的经济和技术支持。当前的经济和环境发展趋势要求我们制定农村环境保护与产业结构调整、节能减排相结合的政策手段，禁止工业和城市污染向农村转移，全面实施农村小康环保行动计划，着力推进环境友好型的农村生产生活方式，实现以农村环境保护优化经济增长，促进社会主义新农村建设，构建社会主义农村和谐社会。

参考文献

[1] OECD. Environmental Performance of Agriculture at a Glance. 2007.

[2] Steinfeld H. The livestock revolution-a global veterinary mission [J]. Veterinary Parasitology，2004，125：19-41.

[3] Heide Schreiber，Lucian Theodor Constantinescu，Irena Cvitanic，et al. Harmonised Inventory of Point and Diffuse Emissions of Nitrogen and Phosphorus for a Transboundary River Basin [R]. Final Version of the Delivery 5.5 of the EU-PROJECT DANUBS，2003，8.

[4] Oenema O，Van Liere E，Plette S，et al. Environmental effects of manure policy options in the Netherlands [J]. Water Sci. Technol.，2004，49：101-108.

[5] U.S.EPA. EPA Strategic Plan. Washington D.C. 20460，1997，9.

[6] 张维理，徐爱国，冀宏杰，等. 中国农业面源污染形势估计及控制对策III. 中国农业面源污染控制中存在问题分析[J]，中国农业科学，2004，37（7）：1026-1033.

[7] 彭里，魏世强，古文海，等. 重庆市畜禽粪便排放时空分布研究[J]. 中国生态农业学报，2006，14（4）：213-216.

[8] 文军，骆东奇，罗献宝，等. 千岛湖区域农业面源污染及其控制对策[J]. 水土保持学报，2004，18（3）：126-129.

[9] 陈易飞，张仁贵，龚维红，等. 无公害农业与合理施肥. 生态环境，2003，12（2）：245-247.

[10] 陈敏鹏，陈吉宁，赖斯芸. 中国农业和农村污染的清单分析与空间特征识别. 中国环境科学，2006，26（6）：751-755.

[11] 王方浩，马文奇，窦争霞，等. 中国畜禽粪便产生量估算及环境效应. 中国环境科学，2006，26（5）：614-617.

主要国际组织和国家的环境信息统计

Environment Information Statistic of the Major International Institutes and Nations

彭 菲 於 方 赵学涛 曹 东 陈 默[①]

摘 要 本文从环境数据信息的收集和统计、环境指标体系、环境报告和环境信息的法律保障体系 4 个方面，对主要国际组织、OECD 国家和其他主要发展中国家的环境信息统计和收集工作进行了全面的介绍与总结，通过认真分析，认为国际组织非常重视数据共享机制，在指导各国环境信息工作开展方面发挥了重要作用，各国都普遍重视环境指标体系的研究、数据库建设以及法律保障工作，为可靠的数据来源提供了技术和制度支持。

关键词 环境信息统计 数据共享机制 环境指标体系

Abstract The paper introduces and concludes the lessons of environmental information statistic and environmental data collection of major international institutions, nations in OECD, and major developing nations from the following aspects: environmental data collection and statistic, environmental index system, environmental report , and environmental law security system. According to the serious analysis, we conclude that international institutions pay more attention to the data share mechanism, and these international institutions play an important role in guiding other nations' environment information work. Each country generally attaches great significance to the research of environmental index system, the construction of environmental database, and environmental law security system. These work provide technical and system support for reliable data sources.

Key words Environmental information statistic Data share mechanism Environmental index system

目前我国经济发展迅猛，随之而来的经济发展与资源环境之间矛盾也日益凸显，经济与环境决策对环境数据信息发掘的深度和广度也提出了更高的要求。当然，科学技术的进步也为环境监测和统计提供了更为广泛的数据信息量。环境数据是环境信息的直接表达，它综合反映环境现实状况，在环境管理和科学决策过程中具有重要的基础性作用，因此，如何从海量数据中获取关键指标，如何有效挖掘环境数据背后的信息，如何提高

① 环境保护部污染物排放总量控制司，北京：100083。

数据的决策服务能力，以及如何提高数据质量，充分利用这些信息指导决策分析，提供发展建议，惠及广大民众就显得十分必要且重要了。

结合 OECD 组织及其成员国的最新环境信息统计发展情况和指标应用趋势，环境规划院从服务于环境统计和环境管理工作的角度出发，围绕环境统计和信息工作、环境统计信息发布、环境统计指标体系、农业环境绩效评估、环境信息应用发展趋势以及环境信息法律保障等方面，总结了包括 OECD 在内等主要国际组织、OECD 成员国和主要发展中国家环境信息相关工作，并归纳其工作特点，供我国环境管理和决策参考。全文分 4 期、4 个主题发表。

本文从环境数据信息的收集和统计、环境指标体系、环境报告和环境信息的法律保障体系 4 个方面，对主要国际组织、OECD 国家和其他主要发展中国家的环境信息统计和收集工作进行了全面的介绍与总结，通过认真分析，认为国际组织非常重视数据共享机制，在指导各国环境信息工作开展方面发挥了重要作用，各国都普遍重视环境指标体系的研究、数据库建设以及法律保障工作，为可靠的数据来源提供了技术和制度支持。

1 环境数据统计情况

1.1 国际组织的环境数据统计

欧盟和 OECD 等国际组织致力于建立区域性的环境信息数据系统及共享机制，在全球性的视角下，开展区域性的专项调查以及对各国进行环境绩效的评估，主要国际组织负责统计的机构及其主要统计内容见表 1。

1.2 主要国家的环境数据统计

大多数 OECD 国家的环境数据信息统计工作由环境部、统计局及与环境相关的机构共同完成，通过专门调查和总量核算的方式收集环境信息数据，同时各国通过建立国家或区域的环境监测网络收集环境质量数据，定期对环境信息数据进行补充、参数测定和环境状况的评估；其覆盖范围基本涉及水体、空气、土地资源、环保支出等方面。各国具体负责环境统计的机构、评估和监测体系、数据库系统以及主要统计内容分别见表 3。根据各国政府职能的不同，在环境信息统计方面起主导作用的机构也不同，有的是环境部门和统计部门共同承担，如德国、意大利、瑞士和匈牙利等国家；有的是环境部门主导，统计部门和其他部门参与，如加拿大、捷克、韩国、新西兰等国家；少数国家是统计部门主导，环境等相关部门参与，如芬兰和荷兰等国家。在 OECD 国家中，奥地利没有设立专门的政府领导机构负责环境数据及统计工作，只包括一些参与机构，分别为农业、森林和水资源管理部、联邦环境机构、联邦统计机构等；卢森堡负责环境数据及统计工作的机构是环境保护部，参与机构有国家水资源、森林、能源、交通、土地登记及财政机构，但是卢森堡环境保护部不发布环境统计数据，而是依据此数据发布环境指标报告，同时，卢森堡国家统计机构针对各种管理的需求出版统计报告，但这些报告只包含环境方面的部分内容；另外，比利时环境信息工作按照比利时 Flanders、Wallonia、Brussels 和 Federal 4 个区域进行划分，共采用 4 种区域管理方式，具体见表 2。

表 1　环境数据及统计情况（主要国际组织）

组织机构	统计数据机构	统计内容
欧盟	欧洲环境局	气候变化、大气、水、土地利用、自然及生物多样性
联合国欧洲经济委员会	负责机构为跨区域的大气污染协定执行办公室，参与机构有环境绩效评估方面环境政策委员会的专家组、联合国欧洲经济委员会木材和运输委员会	空气污染情况，欧洲及全球森林资源评估，欧洲、北美及某些区域交通统计
联合国环境规划署/早期预警和评价部	环境统计内部秘书处工作组（IWG-Env），联合国统计委员会，统计活动协调委员会（CCSA），机构间 MDG 指标专家组（IAEG），EEA/USEPA 生态信息	（UNEP）全球环境展望（GEO）数据门户、环境统计问卷调查
OECD	OECD 环境信息处，成立由各成员国参加的环境信息和展望工作组（WGEIO），开展数据质量控制方法、环境指标和数据库建设、物质流核算等方面的工作部署和交流，在条件允许的情况下邀请非成员国参加	

表 2　比利时各地区环境数据及统计情况

地区	环境统计内容
Flanders	大气、新鲜水、污染排放及质量，地下水质量和储量，废物及土壤污染，土地管理，噪声
Wallonia	大气、水资源、废弃物和土壤污染、自然和森林
Brussels	大气、能源、气候、噪声、水资源、废弃物、自然资源、土壤污染、健康及环境等
Federal	生物多样性协定、食品安全和环境等

表 3　环境数据及统计情况（OECD 国家）

国家	环境信息统计机构	统计内容	监测、评估体系	数据库系统	专项调查项目
美国	EPA 环境信息办公室	大气环境质量、大气污染物排放、饮用水水质、水污染物排放、流域及近海海域水质、危险废物、有毒物质排放等	整个数据收集过程（收集—处理—评估—发布—使用）都体现确保质量最优化原则；包括环境数据质量管理体系数据分析、风险评估、数据质量评估	环境数据登记系统、EPA 应用和数据库登记系统、物质登记系统、国家和地方环境信息网络	
日本	环境保护部	经济及社会、全球环境、物质循环、大气环境、水环境、化学物质、自然资源、环境措施以及环境友好社团活动、环境化学物质、日本鸟类及动物居住环境的分析和评估、日本濒危物种、国家自然资源调查	监测点 1 000 项目根据长期监测调查数据来分析日本 1 000 个监测点的数据，发现生态退化的标记，具体结果为制定合理的自然环境保护措施提供帮助		环境统计项目、环境友好社团活动调查、环境化学物质报告、鸟类及动物统计、红色清单项目、国家自然资源调查、覆盖 1 000 个监测点的监测项目
澳大利亚	环境、水资源、遗产与艺术保护部负责编辑国家环境报告的内容；统计局领导数据统计工作；参与机构还包括各州级政府机构	森林和木材统计、能源和矿产统计、渔业统计、居民生活环境统计	不详		农业产业调查、农业管理以及气候调查、能源供给调查、环境管理调查
加拿大	环境部，参与机构有农业和农产品部、渔业和海洋部、健康部、自然资源部、统计局	大气、水资源（工业、农业）、自然资源、生态系统、居民环境等	环境影响监测项目的改善建议；扩大国家污染物排放清单覆盖的污染物和设施的范围；提高国家大气污染监督网络；国家森林状况监测方面建立新的信息收集方式	水账户编制综合信息系统、土地资源地理信息系统数据库、综合元数据库	居民环境调查、行业水资源调查、污水处理厂入口水质调查、亚特兰大海岸行动项目调查和农业用水调查等
德国	联邦环境机构和联邦统计办公室	基础指标涉及气候、大气、土地、水、能源、原材料 6 个领域			

国家	环境信息统计机构	统计内容	监测、评估体系	数据库系统	专项调查项目
捷克	环境部，参与机构有统计和环境信息机构	年度进行的环境统计调查项目		环境问题统一信息执行系统	
匈牙利	环境与水资源部、统计中心办公室，参与机构有农业与农村发展部、经济与交通部	空气、水、废弃物、土壤质量、环境支出和环境政策执行成本统计	监测网络（空气、水和土壤质量）的监测数据纲要		环境统计年鉴项目、数据（空气、水和土壤质量）监测项目、衡量经济活动主体环保意识及环境政策执行成本的环境保护支出和环境产业项目
意大利	环境保护和研究机构、国家统计局，参与机构有地方环境保护机构	农业环境、林业环境、能源环境、交通环境、旅游环境、工业环境、大气污染、生物圈、水环境、固体废物、辐射环境、噪声、自然生态、环保产业、环境监管机构、环境宣传与文化、环境健康等领域	地表水、地下水、海水、大气质量的监测实验技术非常成熟；除日常监测外和常见的监测指标外，还同时关注及时发现新物质、新问题，从而起到预警作用	国家环境信息和控制系统	重新启动欧盟里斯本创新、增长和就业战略规划
墨西哥	环境和自然资源部，参与机构有国家统计及地理信息机构			结构获取模块，使用者可以获得预先设定的图表，并且图标数据根据信息数据库的变化随时更新；灵活获取模块，使用者可直接获取变量；包含地图展示界面的新模块	
韩国	环境保护部，参与机构为国家统计办公室	空气、水资源、温室气体排放、环境疾病、气候变化	国家环境空气监测信息系统、水质监测网络		环境企业调查、中国（2008—2012）统计发展规划
荷兰	统计局，参与机构有环境评估机构、排放登记机构、Wageningen 大学研究中心、内陆水管理和废水处理机构、国家海岸管理局等	排放登记机构测量和计算空气、空气排放物、水污染、工业及生活废弃物、肥料、杀虫剂、自然资源、土地使用、能源、环境保护支出和环境核算；内陆水管理和废水处理机构负责统计内陆废水排放、水质和海岸湿地管理；SenterNovem 负责废弃物的产生和处理量方面的数据	Wageningen 大学研究中心开展自然资源中土地监测方面研究；荷兰环境评估机构覆盖范围有空气排放物、空气质量、土壤质量、地下水水质、外部安全、辐射、噪声和生物多样性及自然与社会		

国家	环境信息统计机构	统计内容	监测、评估体系	数据库系统	专项调查项目
挪威	污染控制机构、统计局，参与机构有自然资源管理机构	包括能源核算、排放清单、固体废弃物核算和统计、污水处理及水的供应和使用统计、渔业、森林、农业、环境核算和环保支出、土地利用、噪声和化学物质			
新西兰	环境保护部，参与机构有统计局、地区各级政府机构	环境统计数据收集和分析主要由大量政府部门联合完成，其范围包括自然资源统计及各行业利用资源情况、环境保护和可持续发展方面支出的统计			环境政策的制定、环境监测和数据收集
波兰	统计办公室、环境保护首席监察机构，参与机构有环境保护部	包括废弃物、渔业、农业、森林等	根据环境保护监测项目内容组织实施监测活动，并搜集环境质量数据并进行环境状况评估：空气、地表水及地下水资源、波罗的海海域、土壤、自然环境、噪声和电离及电磁辐射方面	环境保护支出信息系统	渔业、农业和森林方面的专业机构的调查项目
西班牙	国家统计机构、环境乡村及海运事务部，参与机构有公共事务部的国家地理信息机构和地区环境、农业、渔业权力机构	水资源、废弃物和环境保护支出等			水资源调查（城市水资源供应、通过城市水网的污水处理和农业水资源使用调查）、废弃物调查和环境保护支出调查（废弃物处理及回收能力调查和废弃物产生量调查）

国家	环境信息统计机构	统计内容	监测、评估体系	数据库系统	专项调查项目
瑞典			环境监测涉及大气、山脉、森林、湿地、农业、新鲜用水、海洋及海岸水域、与健康相关的环境监测和有毒物质等		
斯洛伐克	环境部、统计局，参与机构有水资源研究机构、州级环境保护机构、环保基金、州级地理信息机构	斯洛伐克环境数据及统计由复杂的监测系统和部门环境信息系统组成	监测系统对重要环境数据定期进行系统监测和参数监测，其包括的子系统分别为空气质量、气象及气候、水资源、放射性、废弃物、生态、地质环境、土壤、森林和污染物	分部门的环境信息系统包括部门信息系统、元信息系统、信息监测系统、领土监测系统、环境部门信息系统和环境信息系统	
瑞士	联邦环境办公室、联邦统计办公室	国家海岸管理局负责海岸水环境的废水排放、海水水质和海洋湿地管理	监测网络项目，旨在国际、联邦和区域层面上总结环境政策信息需求，从而协调数据；其他重要的国家监测网络，包括土壤监测网络、生物多样性监测网络、空气污染监测网络、水环境监测及调查、地下水质量监测网络和森林目录		
英国	环境、食品和乡村事业部，苏格兰政府，威尔士联合政府，北爱尔兰环境保护部，参与机构环境协会和研究组织	废物、排放物、环境公平、公众态度和行为、流域水资源水质、空气质量和排放交易			

智利、爱沙尼亚、俄罗斯等发展中国家大多采用以统计部门为主、环境等其他相关部门参与的方式开展环境数据信息的统计工作，具体见表 4。

表 4　环境数据及统计情况（非 OECD 国家）

国家	统计数据机构	统计体系	监测、评估体系
智利	国家统计局、22 个环境相关的公共机构	不同环境专题（大气、水、土地利用、生物多样性）、人类居住模式、经济活动和环境影响（空气、水、固态水和农药使用）、环境管理关专题（如环境影响评价系统建议项目）、企业的环境管理系统、空气质量、排放与污染物、废弃物管理	污染物排放转移登记、国家空气质量监测系统
爱沙尼亚	统计局、环境信息中心	农业环境、填埋和废物处理设施清单、废水处理厂清单国家环境登记系统（自然信息系统、环境许可证信息系统、废物数据管理系统、大气污染物空气排放数据库、水利用信息系统）建设	燃料监测登记、爱沙尼亚温室气体排放交易登记或相关产品国家登记
以色列	中央统计局，参与机构为环境、健康和建设部等	空气污染、温室气体排放、水体、废弃物和危废的数据，包括温室气体排放清单;关于制造业的环境支出的调查	
俄联邦	统计局、水资源、环境监查、固定资产管理部门、自然部	大气、水资源、工业和消费废物、土地资源、生物多样性统计	
斯洛文尼亚	统计办公室、环境机构	废弃物统计、水统计、环保支出基于年度统计、自然灾害事故统计	

1.3 美国的环境数据统计

美国和日本是少数由环境保护部独立承担环境数据信息统计工作的国家。以美国为例，EPA 作为美国环境管理系统的最高行政机构，总体负责环境信息数据的收集、整理与加工，具体工作由环境信息办公室（OEI，Office of Environmental Information）实施开展，OEI 的组织机构见图 1。

美国和其他 OECD 国家环境信息的收集渠道与我国有一个很大的区别，即除环境保护系统本身的监测体系外，其他相关机构和个人也有义务向环境信息统计机构提供有关信息。以美国为例，这些机构和个人包括与 EPA 有合同约束的机构、与 EPA 有数据收集许可合作协议的机构、根据法令、规定、承诺、指令和其他规定须向 EPA 提交数据的机构以及其他志愿服务机构和个人。EPA 的一些项目要依赖于国家、地方部门或私人部门来收集数据并向 EPA 提供数据，还有一些项目可以由 EPA 自身来收集数据，即 EPA 自己收集现场监测所得数据。大部分提交给 EPA 的环境数据都要经过处理并储存在数据管理系统中。

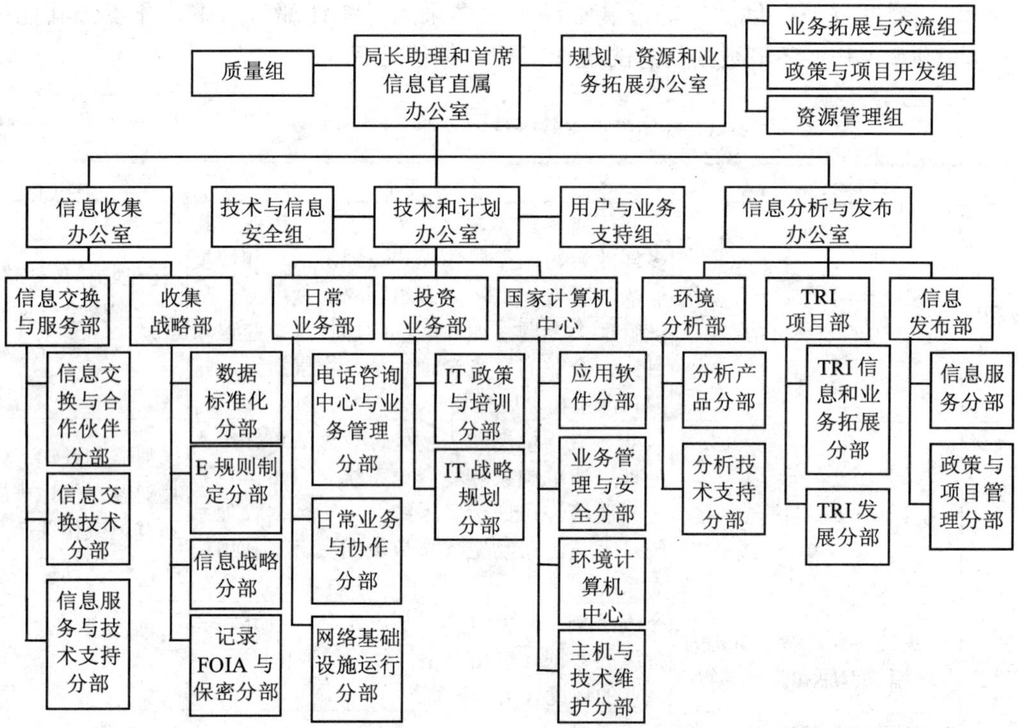

图1 OEI组织机构图

2 环境指标

2.1 国际组织的环境指标体系

从各国情况看，有两种环境指标体系框架为多数国家所采用：① 由联合国统计署（UNSD）开发的环境统计开发框架（FDES），澳大利亚、爱沙尼亚采用 FDES 组织环境统计资料和信息；② 由 OECD 开发的 PSR 或 DPSIR 框架，该模型能够有效帮助决策者和大众了解环境、经济和社会指标之间的相互关系，大多数欧盟国家采用 PSR 或 DPSIR 框架来组织他们的环境统计资料和信息。PSR 和 FDES 两种框架方法彼此相似，通常可以互换。下面重点介绍 OECD 的环境指标体系。

早在 1980 年代，OECD 就着手开发环境指标，用压力—状态—响应框架组织有关环境问题的指标。之后，OECD 在 PSR 框架的基础上提出了全面环境指标（CEI，core environmental indicators，用于政策分析）、核心环境指标（KEI，key environmental indicators，用于沟通交流）、部门环境指标（Sector environmental indicators，用于综合分析）和缓解指标（DEI，decoupling environmental indicators，用于可持续发展分析）4 个指标体系。OECD 工作重点是利用包含于 OECD 全面环境指标体系中的关键环境指标来评价环境进程，并结合其他部门的环境指标，把环境问题纳入部门综合决策，同时，更进一步的指标从环境核算中得来，并用来衡量环境压力与经济增长的缓解程度。

其中，OECD 全面环境指标（CEI）基于压力—状态—响应（PSR）模型分类，用于跟踪环境进展和所涉及的主要因素，并在指标分析的基础上开展相应的环境政策分析。CEI 从土地、森林、动植物、水、大气、废弃物和噪声 7 个方面进行统计，约包括 50 个指标，指标内容见表 5，这套指标普遍为 OECD 成员国所接受和采纳，并定期出版。OECD 核心环境指标（KEI）是在全面环境统计指标基础上开发的 10 个核心环境指标，旨在满足与公众沟通交流服务的需求，并向公众和政策制定者提供关键信息。该指标体系数据基础来源于 OECD 资源环境信息系统（SIREN）数据库，与 OECD 制定和使用的其他环境指标也密切相关。指标涉及气候变化、臭氧层、大气质量、废弃物产生、水资源、森林资源、鱼类资源、能源资源和生物多样性等 10 个方面。OECD 缓解指标主要衡量在某一特定时期内环境压力与经济增长的缓解程度；在 OECD 国家的政策分析和评估中与其他指标结合使用，并在确定国家贸易能否实现可持续发展方面是一个有效的工具。缓解指标主要包括以下两种类型：宏观层面缓解指标和特定行业的缓解指标。OECD 部门环境指标（SEI）采用 PSR 模型的概念框架，各部门根据具体情况进行调整，关注环境与经济可持续发展之间的联系。由环境核算产生的指标用于将环境问题纳入经济和资源管理综合决策。重点包括环境支出账户、与自然资源可持续管理相关的自然资源账户，以及与物质资源使用效率和生产力有关的物质流账户。

表 5　OECD 全面环境指标体系

分类	统计大类	具体统计指标
气候变化	1. CO_2 排放强度	单位 GDPCO_2 排放量；人均 CO_2 排放量；CO_2 排放总量；OECD 国家排放量占世界总的排放量的比例；OECD 国家 CO_2 排放结构（分交通、工业、能源和其他）；能源消耗 CO_2 排放量变化趋势（1980—200_）；单位 GDPCO_2 排放量变化趋势（1980—200_）；OECD 国家能源供应中化石燃料的份额；单位 GDP 化石燃料利用量
	2. 温室气体排放	OECD 国家温室气体排放总量及变化趋势（1990—200_）；单位 GDP 温室气体排放量及变化趋势（1990—200_）；人均温室气体排放量及变化趋势（1990—200_）
	3. 温室气体浓度	气候变化框架公约下的气体控制情况；蒙特利尔议定书下的气体控制情况（消耗臭氧层物质）
臭氧层破坏	4. 破坏臭氧层物质	氯氟烃（CFCs）和哈龙（Halons）的消耗量（1986—200_）；氟氯烃（HCFCs）和溴代甲烷（methyl bromide）的消耗量（1986—200_）；氯氟烃消耗量及变化趋势（1989—200_）；哈龙消耗量及变化趋势（1989—200_）；氟氯烃消耗量及变化趋势（1989—200_）；溴代甲烷消耗量及变化趋势（1989—200_）；总的破坏臭氧层物质消耗量；人均破坏臭氧层物质消耗量；总的破坏臭氧层物质产生量；人均破坏臭氧层物质产生量
	5. 平流层臭氧	选定城市的臭氧柱总量变化趋势（1979—200_）
大气质量	6. 大气污染物排放强度	单位 GDP 硫氧化物（SO_x）排放量；人均 SO_x 排放量；SO_x 排放总量及变化情况（与 1990 年相比）；化石燃料供应变化（与 1990 年相比）；GDP 变化（与 1990 年相比）；SO_x 排放量变化趋势（1990—200_）；单位 GDP 氮氧化物（NO_x）排放量；人均 NO_x 排放量；NO_x 排放总量及变化情况（与 1990 年相比）；NO_x 排放量变化趋势（1990—200_）
	7. 城市空气质量	选定城市中 SO_2 和 NO_2 浓度年平均值变化趋势（1990—200_）

分类	统计大类	具体统计指标
固体废弃物	8. 废弃物产生	人均生活垃圾产生量；垃圾填埋场处置比例；单位 GDP 工业固体废物产生量；人均核废弃物产生量；单位 GDP 危险废物产生量；人均生活垃圾产生量变化情况（与 1990 年相比）；其中人均居民家庭产生量；人均私人最终消费支出及变化情况（与 1990 年相比）；生活垃圾处置方式比例（分回收、焚烧、填埋）；制造业固体废物产生量及单位 GDP 产生量；核废弃物产生总量；危险废物产生总量；危险废物跨境流动量（出口—进口）；国家管理的危险废弃物总量
	9. 废弃物回收	纸制品回收率及绝对变化率（与 1990 年相比）；玻璃制品回收率及绝对变化率（与 1990 年相比）
水资源质量	10. 河流水质	OECD 国家重要河流溶解氧年平均含量；OECD 国家重要河流硝酸盐年平均含量
	11. 废水处理	污水处理和污水处理管网覆盖率；污水处理管网覆盖率变化趋势（1980—200_）；公共污水处理设施处理污水比率，其中，二级处理比例，三级处理比例（1980 年和 1920 年初数据）；污水处理中公共支出总额，其中，投资比例
水资源	12. 水资源利用强度	人均淡水年抽取量以及相对于 1980 年的变化情况；占总的水资源的百分比；占内陆水资源的百分比；抽取的淡水主要用途利用量（包括灌溉、市政供应、其他，如工业、能源等）；抽取量占可利用水资源量的比例以及相对于 1980 年的绝对变化率；单位面积灌溉土地的水资源抽取量；灌溉土地中耕地比例以及相对于 1980 年的变化情况
	13. 市政水供应及价格	人均市政水供应抽取量；主要城市的水价；所选择城市的居民家庭市政淡水供应平均价格
森林资源	14. 森林资源利用强度	森林资源利用强度（采伐量占年增长量的比例）；森林产品产量占国家出口货物的比例
	15. 森林和林地	森林和林地资源占土地面积的百分比（最新年份）；1970，1980 和最新年份的森林和林地资源面积变化趋势
鱼类资源	16. 国家捕鱼量和消费量	在海洋和内陆水域捕鱼量占世界捕鱼量的比例及变化趋势（以 1980 年为基准，1980—200_）；1980 年和 200_年人均鱼类消费量
	17. 世界和地区捕鱼量和消费量	捕鱼量变化趋势（1980—200_，OECD 国家和非 OECD 国家比较）；1979—1981 年和 2001—2003 年捕鱼量情况比较（经合组织、欧盟 15 国、欧洲非 OECD 国家和北美）；主要海洋捕鱼区的渔获量及变化情况（与 1979—1981 年相比）；世界海洋鱼类资源的阶段渔业发展比例（恢复期、衰退期、成熟期、发展期和未成熟期）；主要海洋捕鱼区的渔获量占世界捕鱼量的比例（1979—1981 年和 2001—2003 年）；主要海洋捕鱼区鳕鱼；鲱鱼，沙丁鱼，凤尾鱼；其他中上层鱼类；金枪鱼，鲣鱼，长喙鱼等捕获量及变化情况（与 1979—1981 年相比）；人均鱼类资源捕获量及变化情况（与 1979—1981 年相比）；占世界捕获量的比例；海洋渔获量占总渔获量的比例；人均鱼类资源消耗量及变化情况（与 1980 年相比）
生物多样性	18. 濒危物种	OECD 国家哺乳类动物、鸟类动物、维管束植物占已知物种的比例；OECD 国家哺乳类动物、鸟类、鱼类、爬行动物、两栖动物、维管束植物已知物种数量及濒危物种比例
	19. 保护区	总的保护区域占国家领土的比例；世界自然保护联盟（IUCN）保护区主要分类占总的保护区域的比例；主要保护区数量、面积、占国土比例和人均占有量；严格自然保护区、原野地、国家公园的数量、面积、占国土比例和人均占有量

另外，联合国等主要国际组织针对所关注的主要环境问题，设计出各种不同的环境指标体系，如可持续消费和产品指标以及环境可持续发展指数（ESI，Environmental sustainability indicator）、环境绩效指数（EPI，Environmental performance indicator）、EVI（environmental vulnerability index，环境脆弱指数）和生物多样性综合指数等，其研究结果为其他国家开展环境指标研究工作提供支撑，主要国际组织使用的环境指标具体见表 6。

表 6 环境指标情况（主要国际组织）

组织机构	环境指标负责机构	环境指标情况
欧盟	欧洲环境署、欧洲资源和废弃物管理事务中心	可持续消费和产品指标
联合国欧洲经济委员会	环境监测与评估工作组、欧洲统计协商会	报告环境现状、出版依照指标指南中的指标编写的环境统计概要
联合国环境规划署/早期预警和评价部	联合国环境规划署	全球环境展望（GEO）中的环境指标；ESI、EPI、EVI、生态足迹、环境账户、生物多样性指数、国际实验室认可合作组织（ILAC/SD）指标

2.2 主要国家的环境指标体系

各国的环境指标大多在国家层面上设计，多数国家采用 OECD 的 PSR 框架，一般分为全面指标和核心指标，在相关部门合作的基础上，提出针对某一专门领域的指标体系，并据此进行环境绩效评估并编写环境状况报告，OECD（比利时）和非 OECD 国家使用的环境指标具体见表 7、表 8 和表 9。

表 7 环境指标情况（OECD 国家）

国家	环境指标负责机构	环境指标	环境指标构建情况
美国	美国环保局	农业化肥的使用、全球气候变化、食品农药残留、污染物和疾病、温室气体排放、湿地、土地利用对环境和人体健康影响等	设计环境监测方案、空间预测、风险评估、环境标准
日本	环境保护部	全球变暖、良好的物质循环社会、安全的城市空气质量、安全的环境水循环系统、降低化学品环境风险和生物多样性保护	针对每一重点环境领域设计具体指标
加拿大	环境部，参与机构有农业和农产品部、健康部、自然资源部、统计局	自然资本：能源和矿产资源、土地资源、水资源；自然资源流量：温室气体排放、能源、水资源、金属和木材、污染排放；环保账户支出：大气和气候保护（空气质量）、废水管理、废物管理、土壤保护与恢复、地下水和地表水的保护与恢复、噪声和振动的消除、生物多样性和地形地貌的保护、辐射的减少以及研究和开发活动的支出等	按照自然资本、自然资源流量、环保账户支出多角度构建

国家	环境指标负责机构	环境指标	环境指标构建情况
澳大利亚	环境、水资源、遗产与艺术保护部、统计局和水资源委员会；在相关专业领域，地区环境机构和政府机构参与指标构建	土地、海岸及海洋、大气、内陆水资源、生物多样性、人民生活、自然和文化传统	资源管理监测、评估、报告及提高框架；主要环境问题统计数据和相关信息；城市及乡村水资源绩效报告
奥地利	农业、森林、环境和水资源管理部门及相关参与机构	农业、森林、环境和水资源方面	设计环境质量目标系统，进而形成国家可持续发展的指标体系
捷克	环境部，参与机构有环境信息机构、布拉格Charles大学环境中心	大气污染物排放方面，直接进口物质量、国内物质消耗量和物质贸易平衡	1998年、1999年和2003年大气污染物排放国家核算和1993—2004年进行的物质流核算
德国	德国联邦环境部	环境核心指标：气候变化、自然及生物多样性、环境与生命质量及健康和自然资源及废弃物政策领域；土地环境指标核心体系：气候变化和能源、机动车、环境/营养/人类健康、资源使用和废物管理及土地利用和管理方面	德国环境核心指标、德国土地环境核心指标 计算德国环境综合指数DUX，从气候、土地、水、能源、原材料等领域单个指标构建，用以监督环境政策的实施情况，使环境目标的确定具有更强的约束力
意大利	意大利环境、国土与海洋部及其研究机构、国家统计局，地方环境保护机构	包括水环境统计指标、城市环境指标和压力—响应指标；覆盖农业环境、林业环境、能源环境、交通环境、旅游环境、工业环境、大气污染、生物圈、水环境、固体废物、辐射环境、噪声、自然生态、环保产业、环境监管机构、环境宣传与文化、环境健康等领域的指标与信息 围绕环境状况，环境压力，环境影响和环境反应四个方面的问题开展	大体遵循由国际或欧盟承认的、统一的协议和技术规范，通过调查方式进行指标数据的统计 大气污染指标主要是温室气体（GHG）和颗粒物（PM_{10}）方面，水环境主要关注水环境质量信息，特别是海洋环境和地下水环境，特别关注自然生态和环境健康方面的统计信息
英国	环境、食品和乡村事业部，地方政府及环保部门，机构有包括环境协会和研究组织	生物多样性方面	
匈牙利	环境与水资源部，参与机构有统计中心办公室、农业与农村发展部、经济与交通部	交通、能源和农业领域 环境指标、物质流指标以及环境指标在国家和地区层面上的体现	
韩国	环境保护部	生态系统、自然资源、居住环境、环境经济、环境社会和东亚及全球环境	每年通过绩效指标对实施取得的进步进行评估
墨西哥	环境与自然资源部（semarnat），参与机构有国家统计及地理信息机构	大气、水资源、土壤、固体及有害废弃物、生物多样性、森林资源和渔业；墨西哥核心指标体系包括与最重要的环境问题和现实需要相关的15个指标	按照OECD的PSR框架，包括核心指标、部门指标、国家指标和区域性指标

国家	环境指标负责机构	环境指标	环境指标构建情况
荷兰	环境评估机构、统计局、排放登记机构、Wageningen 大学研究中心、内陆水管理和废水处理机构、国家海岸管理局、荷兰经济事务部 SenterNovem 等	空气、水及废弃物排放、肥料、杀虫剂、自然资源、土地监测使用、能源、环境保护支出和环境核算、空气质量、土壤质量、地下水水质、外部安全、辐射、噪声和生物多样性及自然与社会、海水水质、海岸湿地管理、废弃物的产生量和处理等	依预算和政策主题的指标研究工作，如环境平衡、自然平衡、环境展望、环境数据纲要
新西兰	环境保护部，参与机构有统计局、地区各级政府机构	消费、交通、能源、废弃物、空气、大气、土地、水资源、海洋和生物多样性等重要的环境领域的 22 个核心指标	据 PSR 框架，按国家显著性、相关性、易衡量统计、简单易懂、成本效率和国际可比性原则，从环境绩效评估选择指标
挪威	环境保护部，参与机构有污染控制机构、统计局、自然资源管理机构	能源、大气污染物排放、固体废物、污水处理、渔业、森林、农业土地利用、噪声、化学物质等领域	关注环境指标、重要数字以及环境保护政策高度重视领域的国家目标
波兰	环境保护首席监察机构、环境保护部，参与机构统计办公室		根据国际组织（EEA、OECD）环境指标经验，对每个方面的环境状况进行评估
斯洛伐克	环境部，参与机构有统计、水资源研究机构、州级环保机构、环保基金、地理信息机构	环境监测指标； OECD、EEA 的环境指标； 生物多样性指标体系	环境统计指标着眼于国家层面；生物多样性指标分状态指标、压力指标和响应指标三部分
西班牙	环境乡村及海运事务部，参与机构有国家统计机构	能源、原油生产、运输、农业、综合执行和环境认证系统以及公共环境支出	由环境乡村及海运事务部设计；国家统计机构的调查数据的环境指标体系
瑞士	联邦环境保护办公室、联邦统计办公室	国家环境政策目标联系密切的反应国家层面的核心指标	从环境全面指标体系（按欧现行 DPSIR 模型设计）中选择 26 个核心指标
瑞典	瑞典国家环境保护局	大气、山脉、森林、湿地、农业、新鲜用水、海洋及海岸水域、与健康相关的环境监测和有毒物质等	监测评价现有状况、评估跟踪变化趋势、分析污染物影响、为决策提供数据基础、跟踪已采取的环境措施效果

表 8　比利时环境指标情况

地区	环境指标	出版物
Flanders	针对主要环境问题（空气污染、水质质量、酸沉降、废弃物和生物多样等），根据 DPSIR 框架，系统收集和展示环境数据报告	环境数据报告
Wallonia	大气、水资源、废弃物和土壤污染、自然和森林、交通、能源等指标	
Brussels	大气、能源、气候、噪声、水资源、废弃物、自然资源、土壤污染、生物多样性、健康及环境等指标	
Federal	生物多样性协定、食品安全和环境等指标	年度环境统计纲要

表 9 环境指标情况（非 OECD 国家）

国家	环境指标负责机构	环境指标	环境指标构建情况
智利	国家环委会		根据 OECD 的环境绩效评估，开展环境绩效和信息分配
爱沙尼亚	环境信息中心	居住地空气、生物多样性、自然资源（水、森林、鱼虾总量，石油储备）、气候变化、臭氧耗竭、有毒污染物和废物处理等方面	依循 DPSIR 框架，采用更多综合的方法如综合覆盖环境方面参数及直接或间接影响环境（社会经济数据）参数从而更为全面描述环境现状，突出与人类活动有关的环境问题
以色列	中央统计局，环境部参与	石棉、空气质量、生物多样性和开放空间，海岸管理、环境经济、能源、危险物品，海水质量，辐射、河流、可持续发展，固体废弃物和水	依 MEDSTAT 项目、水体核算等项目开展 按照土地和生物多样性、空气质量、水体、废弃物和 SDIs 等专题设立
俄联邦	俄联邦统计部门	大气、水资源、地下水和地表水、水处理、土壤保护和恢复、生物多样性和栖息地（包括森林）保护指标	关注规范和协调生态因子系统和 EECCA 国家环境指标推荐指标
斯洛文尼亚	统计办公室	重点在生产性城市废弃物、垃圾填埋城市废弃物、焚毁的城市废弃物等问题	基于年度统计结构化指标
印度	森林环境部	大气、水、土地/土壤、生物和人类居住环境等 5 方面	从污染物产生的原因及对环境造成影响的主要方面进行统计

3 环境报告和发布

主要国际组织和国家的环境报告涉及多个方面，例如国家环境状况报告、大气保护、水环境、废物管理、自然资源保护和生物多样性等方面；环境报告和数据评价基本在环境指标体系的基础上对环境状况进行评估和环境影响评价，报告形式多种多样，包括国家环境影响评价报告、区域环境评价报告、各种专项统计年鉴及调查项目结论报告和环境问题专项报告等。主要国际组织、OECD 国家（比利时）和非 OECD 国家的环境状况和环境绩效评估报告近期发布情况具体见表 10、表 11、表 12 和表 13。

表 10 环境报告和评估情况（主要国际组织）

组织机构	环境报告及评估机构	环境报告情况	出版物
欧盟	欧环署	环境相关健康问题、气候变化、生物多样性损失、海洋资源的过度利用、生产消费现行模式和经济活动造成的压力	贝尔格莱德报告（《欧洲环境——第四次评估》）

组织机构	环境报告及评估机构	环境报告情况	出版物
联合国欧洲经济委员会	环境监测与评估工作组	第六届“欧洲环境”部长会议认可了《加强东欧、高加索地区和中亚企业环境监测和报告指南》（由 UNECE/WGEMA 提供），帮助感兴趣的国家完成该指南 UNECE/WGEMA 承诺的内容，针对指定行业进行模拟环境监测项目，并在 2009—2010 年形成环境和可持续联合报告；同时，作为后续工作，UNECE/WGEMA 将回顾最先进技术和基于生态系统评估的国家经验，另外通过国家或相关国际机构，进行针对本地区特定生态系统成功方法的测试案例研究，这些案例研究将通过 UNECE/WGEMA 的论证，并于 2010 年推荐使用	《第一次跨区域河流、湖泊和地下水评估》
联合国环境规划署/早期预警和评价部	联合国环境规划署	全球环境展望报告、专题 GEO 报告、UNEP/GEO 年鉴、国际农业科学和技术评估（IAASTD2008）、全球海洋评估（GMA）和全球和区域海洋环境评估数据库（GRAMED2007），全球冰雪展望，全球冰川变化：事实和数字；环境变迁地图集	
OECD	OECD 环境信息处、环境信息和展望工作组	《环境绩效回顾——水资源：OECD 国家的经验》《全球经济中的中国：环境、水资源和农业政策》《OECD 环境数据概述 2004》《OECD 环境数据概述 2006—2008》、美国、日本、加拿大等 OECD 国家以及中国、智利等非 OECD 国家的环境进行评估报告书	

表 11　环境报告和评估情况（OECD 国家）

国家	环境报告及评估机构	环境报告情况及出版物	环境评估情况
美国	环境信息办公室	年度环境报告、美国环境状况报告	单项工程的环境影响评价报告、政策性的环境影响评价报告、整体的环境影响评价报告、补遗的环境影响评价报告、增加新内容的环境影响评价报告和后续的环境影响评价报告等
日本	环境保护部	《环境基本计划》、环境报告有环境年度报告和物质良性循环年度报告，其中环境年度报告分为展望、环境年度报告和环境保护措施实施 3 个部分，环境年度报告解释了主要环境领域的环境问题现状	化学物质环境风险评估报告
澳大利亚	环境、水资源、遗产与艺术保护部负责国家环境报告，在相关专业领域，地区环境机构和政府机构参与环境报告和评估	《澳大利亚环境：问题和趋势》《国家绩效框架 2007—2008》报告及指标解释，国家环境报告、国家空气报告、国家森林报告、水资源 2010、地区状况报告	
奥地利	农业、森林和水资源管理部，参与机构有环保协会和公司	国家环境报告，3 年出版一次	

国家	环境报告及评估机构	环境报告情况及出版物	环境评估情况
加拿大	环境部，参与机构有农业和农产品部、渔业和海洋部、健康部、自然资源部	北美地区儿童健康和环境：可利用指标和衡量；大不列颠哥伦比亚海岸环境报告；环境统计纲要报告、《五大湖区状况报告》等区域指标报告	
意大利	环境保护和研究机构，参与机构有国家统计局、地方环境保护机构	国家环境状况报告、环境数据年鉴、废弃物报告、城市地区报告、气候变化报告和1990—2006年意大利温室气体清单，2008年国家清单；国家结构改革报告：意大利重新启动欧盟里斯本创新、增长和就业战略规划	
匈牙利	环境与水资源部，参与机构有统计中心办公室、农业与农村发展部、经济与交通部	翻译OECD编写的《环境绩效评估：匈牙利》，OECD环境统计纲要、国家环境展望报告，交通、能源和农业方面部门报告	
德国	联邦环境机构	联邦环境机构每四年出版一次“环境数据”报告，考虑驱动力因素，该报告包括气候变化及大气保护、环境与生命质量及健康、环境媒介及生态系统和自然资源可持续使用与废弃物管理4个方面	
捷克	环境部，参与机构有环境信息机构、其他部门机构	《捷克环境统计年鉴》、信息统计系统报告、国家环境年度报告、国家农业年鉴、国家水环境管理年鉴、国家森林及其管理年鉴、公共水资源服务年鉴、交通年鉴、旅游年鉴和工业全景概要、宏观层面的环境核算报告	1990—2004年经济部门（工业、农业、能源等）对环境影响的评估报告
芬兰	环境机构、统计局，参与机构有环境部	《年度环境统计纲要》《芬兰环境保护效率报告2008》《芬兰区域环境指标体系》	国家环境报告评估结论是：用户有信息获取的需要，且以OECD和EU国家为主要基准
韩国	环境保护部，参与机构有国家统计办公室	环境白皮书、环境统计年鉴、中长期环境规划、政策报告、研究数据和其他信息，其中环境白皮书和环境统计年鉴是每年定期公布的两个主要报告；其他的环境报告有月度及年度空气质量报告、工业废水产生及处理报告、供水及污水系统统计、公共环境保护意识报告、国家废弃物统计和化学品分布状况报告、国家环境总体规划（2006—2015）	环境影响评估系统目的是向公众、评估机构、政府官员和为提高公共服务质量的相关商业部门提供环境影响评估信息，通过共享数据库进而降低执行成本，提高环境影响评估报告编写的效率
卢森堡	环境保护部	环境指标报告	目前还没正式的环境政策评估方面的工作规划

国家	环境报告及评估机构	环境报告情况及出版物	环境评估情况
波兰	环境保护首席监察机构，参与机构有环境保护部、统计办公室	环境保护首席监察机构出版“国家浏览报告”，覆盖方面包括大气保护、水资源保护、环境噪声、土地保护、废弃物管理和自然保护，共选择 35 个重要指标进行评估；波兰统计办公室自从 1972 年每年出版环境报告，该报告包含自然资源、环境风险及环境保护问题和水资源管理方面的定性和定量数据	环境保护首席监察机构每四年出版一次波兰环境状况评估报告
墨西哥	Semarnat，参与机构有国家统计及地理信息机构	国家环境报告描述了墨西哥的环境状况和自然资源情况，共有 7 章，覆盖的主题有人口、陆地生态系统、土壤、水资源、生物多样性、污染物（空气质量和固体及有害废弃物）和全球问题（气候变化、臭氧消耗和全球生物多样性损失）；环境数据纲要报告	
荷兰	环境评估机构，参与机构有统计局、排放登记机构、Wageningen 大学研究中心、内陆水管理和废水处理机构、国家海岸管理局等	按年公布的环境平衡报告和自然平衡报告、排放登记报告、环境数据纲要、繁荣居住环境展望、主要生态网优化报告和第 4 版全球环境展望——旨在发展的环境	
新西兰	环境保护部，参与机构有统计局和地区各级政府机构	环境部协同正式和非正式的其他政府部门、地方政府和研究机构等共同完成环境监测数据报告	
挪威	环境保护部、污染控制机构、统计局，参与机构有自然资源管理机构	挪威一般性的环境政策信息由环境保护部发布；环境状况由挪威污染控制机构网上发布。环境统计信息通过《挪威国家资源和环境报告》《政府环境政策和挪威环境状况》白皮书出版	
斯洛伐克	环境部，参与机构有统计、水资源研究机构、州级环境保护机构、环保基金、州级地理信息机构	斯洛伐克环境状况报告从 1993 年开始按年定期出版，另外，还包括依据 DPSIR 框架的环境报告、研究经济部门对环境状况影响的部门指标报告和区域环境报告	
西班牙	环境乡村及海运事务部、国家统计机构，参与机构有区域环境保护机构、地方权力机构	国家统计机构的调查结果报告、环境乡村及海运事务部的数据产品和西班牙可持续发展情况报告	
瑞士	联邦环境办公室、联邦统计办公室	瑞士环境报告提供了关于国家环境的系统信息，包括环境政策评估；针对专门问题，联邦环境办公室定期出版国家环境手册；瑞士环境统计——概括指导	
英国	环境、食品和乡村事业部，苏格兰政府，威尔士联合政府，北爱尔兰环境保护部，参与机构环境协会和研究组织	按时在网络上公布环境统计数据，并提供数据的下载；同时，每年定期出版环境统计调查手册、生物多样性指标体系手册	

表 12 比利时环境报告和评估情况

地区	环境报告及评估
Flanders	对环境现状进行描述、分析和评估的空气状况（SOA）报告，Flanders 地区环境与自然状况综合研究报告，环境主题研究的年度指标报告，Flanders 地区水及废弃物政策评估报告，自然及生物多样性专项报告
Wallonia	针对大气污染、水质、酸沉降、废弃物及生物多样性等方面，根据 DPSIR 框架，设计 100 多个环境指标的环境报告
Brussels	从 1990 年开始 Brussels 地区针对每一环境主题进行环境状况（SOE）报告
Federal	2010 年 Federal 地区将会对环境状况和政策能力每 4 年进行一次描述、分析和评估

表 13 环境报告和评估情况（非 OECD 国家）

国家	环境报告及评估机构	环境报告情况及出版物
智利	环委会和智利大学	国家温室气体清单；依照联合国环境计划的 GEO 方法由公共事务署汇编（1999 年，2002 年，2005 年）报告，智利第四份环境现状报告工作于 2008 年下半年开展
爱沙尼亚	统计办公室、土地管理会、国家环境监测项目执行责任权威、研究机构、公司等	空气、水、废物、生物多样性和气候变化的年报；环境状况报告；国家环境监测报告
以色列	中央统计局	《以色列环境 2002》
俄联邦	联邦统计机构及相关部门	环保和自然资源有效利用的统计信息报告，每年有 21 张统计报表收集环保信息，包括长期的系列的基础环境保护数据（如大气污染物排放、排污污染、环境保护支出等）
斯洛文尼亚	负责机构统计办公室，参与机构环境机构	年度报告包括：公共废弃物去除和城市垃圾填埋场、生产和服务活动产生废弃物、大气年度报告、制造业废弃物的利用、公共排污系统、公共给水系统、农用地灌溉、环保总投资和支出与环保相关活动收入、政府部门环保支出（2001－2004，临时数据）、自然灾害损失估算、物质流账户——DMC（直接物质消费）和 DMI（直接物质输入）指标、NAMEA（包含环境账户的国民经济核算矩阵）空气排放

4 法律保障框架

环境信息取之于民，用之于民，为保障环境信息的获取以及公众对环境信息的知情权，各国际组织及国家对环境信息的管理公开透明基本都确定了其相应的法律保障框架体系。

欧盟、联合国欧洲经济委员会和联合国环境规划署在环境信息的法律框架方面制定了应用于区域的一般性法律框架的原则，为区域内各国制定环境信息方面的法律提供保障，其主要目的是解决具有广泛国际影响力的环境问题，见表 14。

大多数国家在环境信息和环境报告（包括环境统计）和公众参与环境信息方面拥有

较全面的法律基础，其中，只有卢森堡在环境信息和环境报告方面没有法律基础，澳大利亚和斯洛文尼亚在公众参与环境信息方面没有法律依据。具体情况见表 15 和表 16。

表 14 与环境信息工作有关的法律框架（主要国际组织）

组织机构	环境信息和环境报告方面相关法律	公众参与环境信息方面法律依据
联合国欧洲经济委员会	1. 信息获得、公众参与决策制定、环境公平协定（Aarhus 协定）及其污染物排放和迁移登记协议（PRTR）；2. 大范围跨区域的大气污染协定（CLRTAP）及其八项协议；3. 跨区域河道和内湖保护和使用协定（水协定）及其水和健康协议；4. “欧洲环境”部长会议决议；5. 联合国大会决议	信息获得、公众参与决策制定、环境公平协定（Aarhus 协定）、联合国欧洲经济委员会环境政策委员会（CEP）决议
联合国环境规划署/早期预警和评价部	UNEP 的 UNGA（斯德哥尔摩 1972 XXV 11）决定要求持续回顾世界环境状况，以便保证对具有广泛影响力的环境问题，能够引起政府适当的和足够的重视	内罗毕声明（1997）“a）分析全球环境现状、评估全球和区域环境趋势、提供政策建议、环境威胁的早期预警信息、基于可行的最佳科技手段推进国际合作活动”。e）“加强认识、促进国际环境日程执行相关的社会活动各方面的有效合作，提供国家和国际层面的科学社群和决策者间有效联系”
欧盟	基于欧洲环境署和欧洲环境信息和观测网制定的议会修正法案：933 号（1999）和 1641 号（2003）	

表 15 与环境信息工作有关的法律框架（OECD 国家）

国家	环境信息和环境报告方面相关法律	公众参与环境信息方面法律依据
美国	《清洁水法》《清洁空气法》《守法保证监测规章》《新污染源执行标准》和《危险大气污染物国家排放标准》	《知情权法》和《信息公开法》《行政程序法》
日本	《基本环境法》《统计法》	《获取执行机构信息法》
澳大利亚	《环境保护和生物多样性保护法案 1999》《澳大利亚统计局法案 1975》《人口普查和统计法案 1905》《水资源法 2007》《气象法 1955》《澳大利亚各州及地区的政府法案》	无
奥地利	《环境控制法案》	《环境信息法案》
比利时	《环境政策一般预备法令》《布鲁塞尔地区环境相关信息获取法令》《政府统计法令》	《公众获取环境信息法案》
加拿大	《一般审核法案》《加拿大环境保护法案》《环境部门法案》《统计法》	《信息获取法案》《一般审核法案》《加拿大环境保护法案》《环境部门法案》
捷克	《统计服务法案》《环境数据整理和发布报告过程中的环境保护部执行规则》和一些专门法案（例如，最新的 IPPC 法案和 EIA/SEA 法案等）	《环境信息权力法案》《信息自由获得法案》、由捷克政府签订的环境公平协定（Aarhus 协定）

国家	环境信息和环境报告方面相关法律	公众参与环境信息方面法律依据
芬兰	负责环境数据和统计机构的机构法令、欧盟制定的一般性环境法律中包括环境信息收集和报告方面的法令、欧盟的废物统计和环境支出统计规则	《政府行为公开法案》
德国	关于环境报告的法案和环境统计法案	环境咨询法（UIG，Umwelt informations gesetz）
匈牙利	《统计法》《环境保护一般规则法》	《私人信息保护和公共利益信息公开法案》《环境保护一般规则法》、公共参与政策决定及环境事件公平方面的协定、关于公众参与环境信息的政府法令
意大利	环境保护部制定的《349 法案》《环境保护和研究机构法令》、国家统计局制定的法案	关于批准环境公平协定（Aarhus 协定）的《108 法案》《195 法案》、国家统计局制定的法案
韩国	《环境政策基础法案》《水质保护法案》《污水、粪便及牲畜废水处理法案》《空气质量保护法案》《噪声控制法案》《土壤保护法案》《有害化学品控制法案》	《公开信息获取法案》
卢森堡	无	《公众获取环境信息法》
墨西哥	关于环境保护及生态平衡的法律以及国家统计及地理信息系统法律	政府信息公开及信息获取联邦法律
荷兰	《废弃物统计》《环境支出》《自然保护法案》	环境公平协定（Aarhus 协定）
新西兰	《统计法案》《环境法案》《资源管理法案》《地方政府法案》《气候变化修正法案》	《官方信息法案》
挪威	《污染控制法》《统计法案》	《环境信息法案》
波兰	《环境保护框架法案》《政府统计法》《环境保护监督法》、关于统计调查项目的国会部长规则	获取关于环境保护、公众参与环境保护活动以及环境影响评估的信息法案、《公共信息获取法案》
斯洛伐克	《斯洛伐克宪法》、关于环境的《法案 17》、关于环境信息收集、过程以及范围的《法案 205》、关于国家统计的《法案 540》	关于自由获得信息的《法案 211》、环境公平协定（Aarhus 协定）
西班牙	《西班牙宪法》（1978）、《公共统计法案》《法案 4》《皇家法令 1911》《皇家法令 1477》《皇家法令 432》	《统计法案 12》、关于公众执行力的《法案 30》《法案 39》《法案 27》
瑞士	与环境保护和统计相关的联邦法律	国家层面上的公众参与环境信息的法律依据
英国	环境信息和环境报告（包括环境统计）方面相关法律	《环境信息自由法案 2000》

表16 与环境信息工作有关的法律框架（非OECD国家）

国家	环境信息和环境报告方面相关法律	公众参与环境信息方面法律依据
智利	环境框架法	管理进程法、国有媒体条例、廉洁法、政务透明法（2009）
爱沙尼亚	1.信息获得、决策中的公众参与、环境问题公平权力批准法案；2.公众信息法；3.环境影响评价和环境管理系统法案；4.爱沙尼亚环境信息中心条例；5.环境登记法案；6.爱沙尼亚环境战略（2030）；7.爱沙尼亚环境行动规划（2007—2013）；8.环境监测法；9.环境税法；10.环境责任法；11.国家统计法；12.欧盟和爱沙尼亚共和国关于“爱沙尼亚共和国参与欧洲环境署和欧洲环境信息和观测网”的协议的批准法案	1.信息获得、决策中的公众参与、环境问题公平权力批准法案 2.公众信息法 3.环境登记法案 4.环境监测法
以色列	统计条例（新版）条文7（29）（1997）	信息自由法（1998）
俄联邦	1.《环境保护联邦法》（2002）；2.《俄联邦官方统计账目和国家统计系统联邦法》（2007）；3.俄联邦土地法规（2001）；4.俄联邦水法规（2006）；5.俄联邦森林法规（2006）；6.《工业和消费废弃物联邦法》（1998）；7.《大气保护联邦法》（1999）；8.《自然区的特别保护联邦法》（1995）；9.《动物联邦法》（1995）；10.《矿产资源联邦法》（1995）；11.《土地利用联邦法》（2001）；12.《能源储存联邦法》（1996）；13.《土地改善联邦法》（1996）；14.《渔业和水生态资源保护联邦法》（2004）	《俄联邦官方统计账目和国家统计系统联邦法》（2007）、关于信息、信息技术和信息保护联邦法（2006）、2008年俄罗斯政府颁布《对重要统计和管理数据的委托官方统计组织认证》
斯洛文尼亚	1.《环境保护法案》；2.《国家统计法案》	无

5 主要结论

5.1 国际组织重视数据共享机制，指导各国环境信息工作开展

环境问题全球化趋势逐步显现，为此，联合国欧洲经济委员会（UNECE）、联合国环境规划署（UNEP）、欧盟（EU）和经济合作与发展组织（OECD）在环境信息方面制定了基本原则、框架并编写了一些试验性研究报告，为各国在环境信息的法律框架构建、环境数据统计、环境指标、环境报告和评估、环境核算和可持续发展方面研究工作的实施和开展，提供技术支撑、经验和指导。例如，欧盟基于欧洲环境署和欧洲环境信息和观测网制定的议会修正法案：933号（1999）和1641号（2003）；联合国规划署要求回顾世界环境状况而制定UNEP的UNGA（斯德哥尔摩1972 XXV11）决定，以及设计全球环境展望（GEO）中的环境指标。

同时，OECD、欧盟等主要国际组织致力于建立区域性的数据共享机制，为更好地解决区域环境问题提供数据支撑。例如，联合国环境规划署早期预警和评价部通过开发环

境和经济社会数据的核心数据库，为全球评估和报告提供了坚实的数据基础，建立了全球环境展望统一数据门户（http://geodata.grid.unep.ch/）；此外，诸如全球和区域海洋环境评估数据库（GRAMED2007）这样的专题数据库也为全球海洋评估（GMA）等专题评估提供数据准备。OECD 建立的统计信息系统（SIS， http://stats.oecd.org/wbos），对从各国收集到的数据进行均一化处理，使其更适合于国家之间的比较分析。这些数据为制定环境规划、加强环境管理提供了强有力的事实及量化依据；与此同时，这些数据和指标有助于为 OECD 成员国环境展望提供分析和量化模型。OECD 环境数据每两年出版一次，这项工作在东欧、高加索和中亚以及亚太、地中海地区也具有广泛的影响，其影响力已超出 OECD 成员国的范围。欧盟和欧洲环境机构（EEA）共同建立了欧洲共享环境信息系统（SEIS，http://ec.europa.eu/environment/seis/index.htm）；联合国欧洲经济委员会出版各种区域性环境信息报告。

5.2 环境信息数据涉及广泛，数据收集和信息发布技术先进

环境信息数据涉及的环境领域有大气污染、水资源、废弃物管理、土壤污染、自然资源管理和生物多样性、能源、交通和环境保护支出等方面。大多数国家的环境信息工作基本都由各国环境部门协同国家统计部门和相关农业、渔业、林业、海洋等部门及其调查中心共同完成，部分国家由统计部门主导。

数据收集方面，各国通过建立国家或区域的环境监测网络收集环境质量数据，定期对环境信息数据进行补充、参数测定和环境状况评估，监测项目包含多个环境方面，例如瑞士的环境监测包括地下水质量监测、国家水环境监测、土壤监测和森林监测等。在环境数据中，环境质量和工业企业排放数据主要通过监测网络获得；污染物总量数据主要通过核算获得；环境保护支出数据在专项调查的基础上计算获得，环境费税和环保投资通过调查获得，环保投资主要统计末端治理投资。近年来随着地理信息技术的发展，遥感等新技术作为辅助技术逐渐在环境资源信息系统中得到广泛应用，在污染源、水资源、矿产、土地、森林、生物多样性等环境资源调查核算中，发挥了重要作用。以加拿大土地资源核算为例，基础数据主要来自于 5 年一次的全国土地情况调查和 5 年更新一次的地理信息系统。

同时，国外环境数据来源渠道多样，部门间信息共享以及信息公开机制也较完备。比如，加拿大水资源核算需要 5 个方面的基础数据：① 加拿大自然资源部的国家遥感中心资料和国家地理数据资料；② 加拿大环境部气象服务、水文调查、地方水资源使用、水文研究中心和淡水研究协会等部门的数据资料；③ 加拿大内阁环境委员会的资料；④ 地方政府行政记录；⑤ 加拿大统计局的人口普查、农业统计和地理统计等数据以及环境统计与核算处新开展的调查。以上数据部门之间可以共享，非国家机密数据公众可以查询使用。

5.3 各国重视环境指标工作，不断完善环境指标体系

目前多数国家依据 OECD 提出的压力—状态—响应（PSR，Pressure- Status-Response）

框架或驱动力—压力—状态—影响—响应（DPSIR，Driving forces-Pressures-State-Impacts-Response）设计国家或区域层次上的环境指标。其中，OECD 在环境指标领域长期保持着国际领先地位，它制定并发布了第一个国际环境指标体系，并将该体系运用到国家环境绩效评估和其他政策分析工作中。长期以来，经合组织一直是其成员国在污染、自然资源、能源、交通、工业与农业等方面环境数据和指标的权威来源。这些数据为制定环境计划工作提供了强有力的量化依据，同时，它还在其成员国的支持下，不断完善并拓宽环境指标体系，并开展环境数据的政策应用研究。

OECD 成员国环境信息的涉及领域广泛，包括能源消耗、交通、废弃物、空气、大气、土地、水资源、海洋和生物多样性等。为全面反映环境状况，建立了全面环境指标体系（Core Environmental Indicators），如瑞士的全面指标共有 250～300 个，新西兰的环境绩效评估指标有 166 个。

德国值得借鉴的做法是计算并发布环境综合指数（DUX）。2002 年德国环境部第一次计算了 DUX 综合指数，用一个数据来反映德国环境保护的发展趋势，以具有德国环境晴雨表作用的单个指标为基础构建。这些基础指标涉及气候、大气、土地、水、能源、原材料六个领域，每个领域选用不同的指标来反映，每个指标都有一个未来规划目标。作为一个非常重要的指标，DUX 可以用来监督环境政策的实施情况，使环境目标的确定具有更强的约束力。

5.4 各国重视数据库建设，保障全面可靠的数据来源

环境信息及其相关信息涉及经济、社会、环境的多个领域，为获得翔实、准确的环境信息，各主要国际机构和大部分国家都纷纷通过数据库的建设，达到高效、优质生产和使用各类环境信息数据的目的，从而保障了环境信息的可靠性。

美国、日本等国家分别按照各自需要，灵活建立各有侧重的数据库系统，以提高环境信息建设，这些数据库多以动态监测数据为依托，通过年度更新，网络共享，实时传播，面向公众等多种形式，实现环境信息的有效利用。各数据库系统往往采用与地理信息相结合等多种手段，直观、生动的体现环境信息的空间分布情况，如美国 EPA 网站包含有关环境大气质量、大气污染物排放、饮用水水质、水污染物排放、流域及近海海域水质、危险废物、有毒物质排放等多种数据库，并以图表或环境地图的简明形式向用户提供所需信息；捷克环境信息门户项目不仅进行环境信息的集中发布，还提供环境指标、地图信息、统计和元信息。此外，部分国家建立有针对性的专项数据库系统，如意大利应用主要空气污染物监测点的在线监测系统收集数据建立 BRACE 数据库；新西兰环境部依据土地使用和碳分析系统（LUCAS）绘制 2007—2008 年的卫星地图和土地使用分类建立土地覆盖数据库；爱沙尼亚的燃料监测登记、温室气体排放交易登记等非环境登记系统的数据库系统；斯洛文尼亚针对环境指标的 SI-Stat 数据库等。

5.5 通过法律指导环境信息工作开展，公众享有充分的环境信息知情权

无论是国际组织和主要国家，为保证环境信息数据的有效利用，都就环境信息和环

境报告以及环境信息的公众参与制定了较为详尽的法律框架，其中，联合国欧洲经济委员会（UNECE）、联合国环境规划署（UNEP）、欧盟（EU）和经济合作与发展组织（OECD）着眼于环境信息的基本原则、框架方面为各国在环境数据统计、环境指标、环境报告和评估、环境核算和可持续发展方面研究工作的实施和开展，提供有效的实施保障。欧盟等主要国际组织致力于建立区域性的数据共享机制，为更好地解决区域环境问题提供数据支撑。

各主要国家环境信息相关法律涉及环境领域的大气污染、水资源、废弃物管理、土壤污染、自然资源管理和生物多样性、能源、交通和环境保护支出等多个方面，就各国重点关注的领域相关部门及企业的职能和义务作出详细的规定，同时绝大部分的 OECD 国家和主要的非 OECD 国家都公众知情、参与，环境信息披露等涉及广大民众切身利益的环境信息应用做了法律上的详细安排和规定，从一定程度上保障了环境信息数据推广和使用，也使得环境管理和决策体现出以人为本的思想。

参考文献

[1] OECD. Overview of Activities Related to Environmental Information （Selected Contributions 2008）. 2008，11.

国家环境监管能力建设“十一五”规划中期评估报告

Construction Plan of National Environmental Monitoring Ability in 11th Five-Year Is Going Smoothly, and The Restricting Factors Are Altering

吴舜泽　逯元堂　周劲松　蒋国华　贾杰林　金　坦

摘　要　《国家环境监管能力建设“十一五”规划》实施评估表明，《规划》实施基本顺利，环境监管能力得到提升，但与新形势下环保工作需求相比，监管能力建设仍现总体滞后，业务用房、人员、经费等成为制约环境监管能力提高的重要因素。建议 2009 年和 2010 年重点实施规划薄弱项目，将重点领域突出问题补充纳入能力建设规划予以一并解决。继续抓好经费保障，大力抓好人才技术培训，加强制度建设，启动“十二五”能力建设规划的编制。

关键词　环境监管能力　规划　实施

Abstract　The performance evaluation on the < Construction plan of national environmental supervision capacity in 11th Five-Year > showed that the implementation of Planning goes smoothly, and the supervision capacity is impoved in China. However, under the new circumstances, the supervision capactiy construction still lags behind the environmental protection requirements. Business housing, staff and funds are the important factors that restricting the improvement of environmental regulation ability in China. Some suggests, including implementing the key project of planning in 2009 to 2010, incorporating and solving the outstanding problems of capacity construction, ensuring the funds, strengthening professional training and institution building, drawing up construction plan of national environmental monitoring ability in 12th Five-Year, were put forward to solve thess bottleneck problems.

Key words　Environmental supervision capacity　Plan　Implementation

为客观评价《国家环境监管能力建设“十一五”规划》实施情况，分析规划实施的经验和存在的问题，明确下一步规划实施的重点和调整建议，环境规划院开展了《规划》实施中期评估工作。本次评估主要依据国家环境监管能力建设“十一五”规划文本、国务院《关于印发国家环境保护“十一五”规划的通知》（国发[2007]37 号）及关于印发《国家环境保护“十一五”规划中期评估技术指南》的通知（环发[2008]118 号）对开展中期评估的有关要求，采用自查、抽查、实地调研、数据验证、定量评估与定性评估相结合的方式进行。

1 总体情况

2005 年国务院发布了《关于落实科学发展观加强环境保护的决定》明确提出，从“十一五”开始，要把包括环境监管能力建设工程在内的国家环保重点工程纳入国民经济和社会发展规划及有关专项规划。能力建设也作为重要内容纳入国家和各省环境保护“十一五”规划。在环保部的统一组织下，环境规划院承担了《国家环境监管能力建设“十一五”规划》编制技术工作（以下简称《规划》）。2008 年 4 月，国家发改委、财政部联合审批并以《关于印发国家环境监管能力建设“十一五”规划的通知》（发改投资 639 号）的形式联合印发全国各省（自治区、直辖市）发展改革和财政部门。《国家环境监管能力建设“十一五”规划》是第一个环保系统能力建设规划，将中央和地方环境监管能力建设规范化和制度化，并使资金支持有了保障，为全面提高能力建设开了个好头。

《规划》以建设先进的环境监测预警体系和完备的环境执法监督体系为重点，统筹环境监测、环境监察、核与辐射、环境科研、环境信息与统计、环境宣教等各个领域。《规划》总投资 149.59 亿元，其中中央投资 78.47 亿元，地方投入 27.49 亿元，企业自筹 39.6 亿元，赠款 4.03 亿元。其中，环境监测预警体系建设 43.94 亿元，占总投资的 29.23%；环境执法监督体系建设 75.87 亿元，占总投资的 50.72%；环境管理基础设施与条件 29.78 亿元，占总投资的 19.91%。

《规划》确定的 13 项建设任务包括:完善环境质量监测网络、加强污染源监督性监测能力、提高应急监测能力、加强核与辐射环境监测能力、推进环境监察机构标准化建设、建设国控重点污染源自动监控系统、提高核与辐射监管水平、加强固体废物监管能力、提高自然保护区管护能力、改善国家级环保机构基础设施和基本工作条件、整合建设重大科研平台、推进环境宣教机构标准化建设、加快环境信息与统计能力建设。建设项目共计 50 个。

目前全国环保基础能力建设基本上都是按照规划的总体部署进行积极有序推进。环境保护部相关业务司局根据规划目标和任务，为进一步加快《规划》实施，开展了许多行之有效的工作。① 开展相关工作做好规划印发及宣传工作。将《规划》印发各省、自治区、直辖市、计划单列市、兵团环保部门以及部机关各部门、直属单位、排出机构，同时在相关媒体上做了大量的宣传工作。② 组织召开了环境保护部内规划实施协调会议。规划批准的能力建设项目共计 50 个，涉及监测、监察、信息、科研、宣教、统计、培训等各个方面，通过协调将项目分解落实到相关单位，建立了项目库，并要求项目条件成熟一个报批一个。③ 组织召开了全国环保部门规划财务处长座谈会。编制了项目纲要，部署了规划任务，以便地方环保部门尽早协调发改和财政部门筹集地方资金投入，落实相关配套条件，中央和地方衔接，上下一心，推动《规划》高效实施。④ 开拓渠道多方筹集资金。在国家发改委、财政部的积极支持下，从中央预算内基本建设资金、主要污染物减排专项资金、中央环境保护专项资金、自然保护区专项资金、环境监察执法能力建设专项资金等多个渠道安排资金支持能力建设，为《规划》的实施提供了保障。

为了解《规划》实施进展，研究2009—2015年能力建设重点，按照环境保护部的统一部署，环境规划院基于各省上报材料、各司局总结材料、现场调研等，对《规划》实施情况进行了中期评估。总体看来，在环境保护部的积极组织推动下，国家发改委和财政部的有力支持下，环境保护部有关业务司局、直属单位与各省（自治区、直辖市）有关部门的共同努力下，《规划》实施取得积极进展，规划主要项目进展良好，基本实现了时间过半、任务过半。

截至2008年年底，《规划》累计下达投资116.69亿元（占规划总投资的78.01%），其中中央投资61.78亿元（占中央投资的78.73%），地方投资28.58亿元（超出地方投资3.97%，重点污染源自动监控平台、环境执法监督标准化建设、核与辐射安全监管、空气质量监测、沙尘暴监测、地表水自动监测、常规监测能力标准化建设、松花江流域重点城市水污染事故应急监测能力建设等项目投资均超过预期，其他项目投资不足），企业自筹22.3亿元（占企业投资的56.31%），赠款4.03亿元（已完成全部投资），企业投资相对滞后。随着《规划》的实施，全国环境监管能力得到较大提升，向建设具有我国特色的现代化、标准化、信息化的环境监管体系迈出了重要一步，全国环境监管能力有所提高，"废水靠看、废气靠闻、噪声靠听"的状况得到较大程度的改变，初步形成了环保基础能力建设和环保工作相互促进、共同提高的良好态势，环保基础能力不适应环保工作的局面开始扭转，为建立科学、完整、统一、国际一流的污染减排统计、监测和考核体系奠定了基础，为实现污染减排目标提供强大的能力保障。

环境监管能力建设规划实施中期成效的取得，主要在于各项规划政策措施的落实，突出表现在：① 规划先行、总体部署，规划建设项目按照规划的总体设计有序推进；② 各级政府和各有关部门充分重视、积极支持；③ 积极开拓能力建设资金渠道，各项投资尤其是中央投资基本落实；④ 国家组织、项目带动、上下联动，各级环保部门有所作为，形成了规划实施的良好机制。

2 环境监测预警体系建设规划内容实施情况

环境监测预警体系建设规划总投资43.94亿元，其中中央预算内投资6.63亿元，中央财政资金21.22亿元，地方投入15.79亿元，国外赠款3 000万元。目前已下达投资39.9亿元（占全部投资的90.8%），其中中央投资23.57亿元（占全部中央投资的84.6%），地方投资16.33亿元。具体情况见表1。规划实施进一步完善了环境质量监测网络，提高了污染源监督性监测能力，加强了环境应急监测能力、核与辐射环境监测能力。

2.1 环境质量监测网络建设

环境质量监测网络建设规划总投资33.47亿元，其中中央投资20.69亿元，地方投资12.48亿元，赠款3 000万元，目前已完成投资30.30亿元（占全部投资的89.63%），其中中央投资 16.63 亿元，各地规划内投资 13.66 亿元。

表 1 环境监测预警体系建设规划实施情况一览表

（投资单位：万元）

分类	项目名称	中央规划投资	已安排中央投资	地方规划投资	已安排地方投资	完成情况与建议
环境质量监测	空气质量监测	28 490	17 300	12 210	15 400	113 个环保重点城市建设 125 个空气质量监控点，181 个地级市填平补齐 431 套城市空气自动监测系统这两项工作点位数多，任务繁重，应加快实施
	酸沉降监测	10 000	14 300	8 938	5 941.5	351 个城市的 431 个酸沉降监测点，点位数多，任务繁重，应加快实施
	沙尘暴监测	5 895	6 300	2 166	2 100	项目大多处于项目前期计划、组织采购招标阶段，建议加强项目进度检查，督促 69 个城市加快城市监测站点沙尘暴监测仪器的采购与正常运行
	地表水自动监测	4 160	8 025			正在进行土建施工和仪器设备招标工作（26 套地表水自动监测系统）
	近岸海域监测	8 448		1 448		尚未实施
	省、市、县级监测站常规监测能力标准化建设	119 499	99 000	91 283	107 700	省级站达标率 35.29%;地市级站达标率 23.06%;区县级站达标率仅 16.94%
	丹江口库区及其上游水环境监测能力建设	8 456		1 611		尚未实施
	三峡库区水环境监测能力建设	18 362	18 400	5 163	2 825	项目进展顺利，但地方投资仍有待进一步落实
	松花江流域重点城市水污染事故应急监测能力建设	3 600	3 008	2 000	2 660	项目进展顺利，但需督促地方加快招投标工作进度
污染源监督性监测	污染源监督性监测	22 000	21 000	17 968	16 000	无法定量描述可见成果，污染源监督性监测能力建设进度无法进行评估
环境应急监测	国家环境突发事件应急监测	13 863	13 800	4 186		重要核设施外围环境辐射监测点建设进展顺利（80%）
	重点城市应急监测	17 210	16 100	10 902	10 800	重点城市应急监测项目进展顺利
核与辐射环境监测	核与辐射环境监测	18 500	18 500			核与辐射监测能力建设较为顺利

注：酸沉降项目含赠款 3 000 万元。

2.1.1 空气质量监测项目

按照《规划》任务与项目安排，规划总投资 4.07 亿元，其中中央投资 2.85 亿元，地方投资 1.22 亿元。目前已下达投资 3.27 亿元，其中中央投资 1.73 亿元，地方投资 1.54 亿元。与规划需求相比，地方投资增加了 26.23%。具体建设内容与建设情况如下：

（1）113 个环保重点城市选择有代表性点位建设 125 个空气质量监控点，配全相关监测仪及数据控制与传输系统等（总站组织实施）。截止到 2008 年 12 月 31 日，中央完成投资 1 705 万元，目前正在进行仪器设备招标工作。

（2）内蒙古、吉林、湖北、湖南、海南、云南、贵州、四川、陕西、青海、西藏、新疆 16 个省（区）选择人为活动影响较小的地点建设 16 套国家空气背景值监测系统，配备相关监测仪和自动校准仪、流量计等（总站组织实施）。截止到 2008 年 12 月 31 日，中央完成投资 6 430.5 万元，目前正在进行土建施工和仪器设备招标工作。

（3）31 个省（区、市）建设 31 套农村空气自动监测系统，配备相关监测仪和自动校准仪、流量计等（总站组织实施）。截止到 2008 年 12 月 31 日，中央完成投资 4 625 万元，目前正在进行土建施工和仪器设备招标工作。

（4）181 个地级城市填平补齐 431 套城市空气自动监测系统，配备相关监测仪和自动校准仪、流量计等（各地组织实施）。截止到 2008 年 12 月 31 日，31 个省（自治区、直辖市）、新疆建设兵团与 4 个计划单列市共填平补齐了 263 套城市空气自动监测系统（包括建成、已开工建设、设备采购、组织招投标等形式），配备了相关监测仪和自动校准仪、流量计等。项目个数完成率为 61.02%，中央完成投资 17 695.6 万元（部分地区含运行费，以下同），地方投资完成投资 15 352.875 万元，完成总投资 33 048.475 万元。

总体来说，中央部门、各省大多处于项目前期计划、组织采购招标阶段。目前，113 个环保重点城市建设 125 个空气质量监控点、181 个地级市填平补齐 431 套城市空气自动监测系统（具体建设情况见表 2）这两项工作点位数多，任务繁重，应加快实施，建议加强项目进度检查，督促相关部门与各省加快空气质量监测网络建设。

表 2　城市空气自动监测系统建设情况一览表

省份（计划单列市）	已完成中央投资/万元	已完成地方投资/万元	2006—2008 年已完成规模/个	项目进展
新疆	1 900	367	—	目前国家资金已全部到位，有关各站正处于点位选择和配套资金申请阶段；下一步将进行仪器招标，安装调试，保证今年投入正常运行
宁波	—	—	—	—
深圳	—	—	—	—
青岛	64	733.075	8	更新改造 2008 年 3 月完成，调试运行正常，2008 年臭氧试点完成
大连	—	—	—	—
宁夏	489	122	7	2008 年资金已到位，正在组织招投标
甘肃	595.4	104.4	8	资金已到位，仪器设备采购招标中

省份（计划单列市）	已完成中央投资/万元	已完成地方投资/万元	2006—2008 年已完成规模/个	项目进展
陕西	523	88	39	资金落实，正在采购
西藏	706	—	—	正在实施
云南	1 136	288	0	制定采购计划申报表
贵州	—	—	—	—
重庆	1 278	299	19	计划建设重庆市 10 个区县 19 套城市空气自动监测子站，目前该项目处于实施阶段
海南	652	0	1	—
广西	914	231	—	正在编制招标文件
广东	252	378	—	已下达经费，进入采购阶段
北京	—	3 679.6	—	子站 27 个
天津	—	—	—	—
河北	586.4	480.6	—	—
山西	212	144	—	正在组织实施
辽宁	288	432	8	项目前期
吉林	265	180	5	完成点位布设，正在开展基础设施建设准备等前期工作
黑龙江	1 086	724	21	正在组织招标采购
上海	—	—	0	—
江苏	216	318	6	2009 年 6 月完成
浙江	393	138	5	预计 2009 年 3 月完成政府采购
安徽	373.8	499.2	12	12 个子站中有 7 个子站的仪器设备正在招投标中
福建	771	719	—	招标文件准备阶段
江西	1 185	834	7	已建成 7 个，另外有 14 个正在建设中
山东	216	318	6	已完成
河南	527	2 242	31	—
湖南	736	80	3	已建 3 个子站，其余进入招标程序
四川	657	120	9	正在实施
厦门	—	—	9	—
新疆建设兵团	—	—	—	—
湖北	—	—	—	
内蒙古	1 674	1 834	32	规划除呼市外的 11 个盟市和满洲里市分别建设 1 个子站。实际 12 个盟市和 2 个单列市全部建立子站，且共建立 32 个。超出规划 20 个

2.1.2 酸沉降监测项目

规划总投资 2.19 亿元，其中中央投资 1 亿元，地方投资 0.89 亿元，国际赠款 0.3 亿元。目前已下达投资 2.02 亿元，其中中央投资 1.43 亿元（含赠款 0.3 亿元），地方投资 5 941.54 万元。

具体建设内容与建设情况如下：

（1）建设 16 个国家酸沉降背景点。截止到 2008 年 12 月 31 日，已完成了 7 个国家酸沉降背景点的建设，配备了相关专项监测仪器设备，目标完成率为 43.75%。

（2）351 个城市的 431 个酸沉降监测点（其中，80 个酸沉降污染严重的城市各布设 1 个城区点和 1 个远郊点，271 个城市各布设 1 个城区点），配备相关专项监测仪器（各地组织实施）。截止到 2008 年 12 月 31 日，全国 31 个省（自治区、直辖市）、新疆建设兵团与 4 个计划单列市共建设酸沉降监测点位数 332 个（含建成、已开工建设、设备采购、组织招投标等形式），配备了相关专项监测仪器，目标完成率为 75.6%（目标为 431 套城市空气自动监测系统）。部分城市由于监测用房不足（如厦门的 4 个监测点位），严重影响了实际监测能力的形成。中央完成投资 10 947.84 万元，地方完成投资 5 941.54 万元，完成总投资 16 889.38 万元。

总体来说，各省酸沉降监测点大多处于项目前期计划、组织采购招标阶段（除内蒙古建成 13 个外，详细情况见表 3），而目标是需要建成 431 套，工作任务繁重，建议加强项目进度检查，督促各省加快酸沉降监测点的建设。

表 3　酸沉降监测点建设情况一览表

省份	已完成中央投资/万元	已完成地方投资/万元	2006—2008 年已完成规模/个	项目进展
新疆	593	105	15	目前国家资金已全部到位，有关各站正处于点位选择和配套资金申请阶段；下一步将进行仪器招标，安装调试，保证今年投入正常运行
宁波	25	—	—	仪器设备调研及监测点选择阶段
深圳	25	38	2	购置 25 万采样设备已进入采购招标，38 万配套资金正在申请中
青岛	—	—	—	—
大连	25.04	37.56	2	未进行
宁夏	188	46.5	5	2008 年资金已到位，正在组织招投标
青海	326	81.5	—	方案编制中
甘肃	568.1	139.42	14	资金已到位，仪器设备采购招标中
陕西	402	69	—	资金落实，正在采购
西藏	349	—	—	正在实施
云南	616	147	—	制定采购计划申报表
贵州	292	—	—	—
重庆	334	83.5	11	计划建设重庆市 11 个酸沉降监测点位，目前该项目处于实施阶段
海南	—	—	—	—
广西	616	151	—	正在编制招标文件
广东	403	765.7	26	已下达经费，进入采购阶段
北京	—	—	—	—
天津	3	4.5	1	已完成采购
河北	213.44	533.6	12	—

省份	已完成中央投资/万元	已完成地方投资/万元	2006—2008年已完成规模/个	项目进展
山西	352	236.9	14	正在组织实施
辽宁	279	418.5	13	项目前期
吉林	314	212	12	—
黑龙江	416	277	64	正在组织招标采购
上海	—	—	—	已确定上海市环境监测中心和崇明县环境监测站所在的酸沉降监测点分别为上海市的城区点和远郊点，但仪器设备尚未到达，未真正建设
江苏	289	432	19	2009年6月完成
浙江	721	289	19	预计2009年3月完成政府采购
安徽	493.26	328.84	19	仪器设备均在招投标中
福建	251	169	—	招标文件准备阶段
江西	458	307	—	有17个正在建设中
山东	353	523	20	资金到位，正在实施
河南	522	352	22	—
湖南	357	—	—	62套设备已进入招标程序
四川	962	147	25	正在实施
厦门	—	—	4	现有4个监测点，5台采样器，无用房
新疆建设兵团	—	—	—	—
湖北	—	—	—	在实施
内蒙古	528	128.52	13	除包头以外的11个盟市建设13个监测点（呼市、赤峰分别为2个，其余均为1个），配置仪器58台套，全部完成任务

2.1.3 沙尘暴监测项目

规划总投资0.81亿元，其中中央投资0.59亿元，地方投资0.22亿元。目前已下达投资0.84亿元，其中中央投资0.63亿元，地方投资0.21亿元。

（1）沙尘暴发生源区、迁移区及影响区共完成69个监测点位的监测仪器配套工作（相关地区组织实施）。截至2008年12月31日，中央完成投资5 408.6万元，地方完成投资2 100.415万元，完成总投资7 509.015万元。69个监测点位的仪器配套工作均已开展（含完成、设备采购、组织招投标等）。

（2）新疆、甘肃、宁夏、内蒙古、辽宁省（区）站、中国环境监测总站，配备相关监测仪器。截至2008年12月31日，为加强沙尘暴监测能力，新疆、甘肃、宁夏、内蒙古、辽宁省（区）站已（拟）购买相关配套仪器73台套，新建监测点位2个。中央完成投资175万元（部分地区含运行费，以下同），完成总投资175万元。

总体来说，沙尘暴监测项目大多处于项目前期计划、组织采购招标阶段，建议加强项目进度检查，督促69个城市加快城市监测站点沙尘暴监测仪器的采购与正常运行。

2.1.4 地表水自动监测项目

规划总投资 4 160 万元，全部为中央投资，已下达投资 8 025 万元。与规划相比投资增加 92.9%，目标为建设 26 套地表水自动监测系统（监测总站组织实施），目前正在进行土建施工和仪器设备招标工作。总体来看，项目进展顺利，但仍有待加强。

2.1.5 省市县监测站常规监测能力标准化建设项目

省市县监测站常规监测能力标准化建设规划总投资 21.08 亿元，其中中央投资 11.95 亿元，地方投资 9.13 亿元。目前已投资 20.67 亿元，其中中央投资 9.9 亿元，地方投资 10.77 亿元。全国 31 个省（自治区、直辖市）新疆建设兵团与 4 个计划单列市为完成达标建设目标，共完成设备采购监测仪器 17 066 台套（含完成、采购招标等），其中省级采购监测设备 2 552 台套，地市级采购 10 532 台套，县级采购设备 14 785 台套，部分地区完成配套业务用房建设与配套监测车辆采购。

具体而言，省级监测站上报 34 个（部分省份未填写），12 个站点达标，常规监测能力达标率为 35.29%[北京、天津、江苏、浙江（2002 年试行标准）、江西、河南、四川、贵州、内蒙古、新疆与新疆建设兵团 100%达标]；地市级监测站上报 412 个（部分省份未填写），95 个站点达标，常规监测能力达标率为 23.06%（仅天津、江西、浙江、四川、福建与江苏达标率超过 60%，河南超过 40%）；区县级监测站上报 2 049 个（部分省份未填写），347 个站点达标，常规监测能力达标率仅为 16.94%（仅江西、浙江与江苏达标率超过 60%，四川、青岛超过 40%）。

总体来看，各级监测站常规监测能力（尤其是区县一级）严重滞后于时间进度，建议将其作为重点，提出针对性措施建议，加快促进常规监测能力建设规划实施。详细情况见表 4、表 5、表 6。

表 4　省级监测站点达标情况

省级名称	级别	总数/个	达标数/个
新疆	省级	1	1
宁夏	省级	1	0
青海	省级	1	0
甘肃	省级	1	—
陕西	省级	1	0
西藏	省级	1	0
云南	省级	—	—
贵州	省级	1	1
重庆	省级	1	—
海南	省级	1	0
广西	省级	2	0
广东	省级	1	0
北京	省级	1	1
天津	省级	1	1

省级名称	级别	总数/个	达标数/个
河北	省级	1	—
山西	省级	1	0
辽宁	省级	—	—
吉林	省级	1	0
黑龙江	省级	1	0
上海	省级	1	—
江苏	省级	1	1
浙江	省级	2	2
安徽	省级	1	0
福建	省级	1	0
江西	省级	1	1
山东	省级	1	0
河南	省级	1	1
湖南	省级	2	0
四川	省级	1	1
新疆建设兵团	省级	1	1
湖北	省级	2	0
内蒙古	省级	1	1

注：空格单元数值暂视为0，以下同。

表5　地市级监测站点达标情况

省级名称	级别	总数/个	达标数/个
新疆	地市级	15	2
宁波	地市级	—	—
深圳	地市级	1	—
青岛	地市级	1	1
大连	地市级	1	1
宁夏	地市级	6	0
青海	地市级	9	0
甘肃	地市级	15	—
陕西	地市级	11	0
西藏	地市级	7	0
云南	地市级	—	—
贵州	地市级	9	1
重庆	地市级	40	—
海南	地市级	2	0
广西	地市级	14	0
广东	地市级	21	1
北京	地市级	—	—
天津	地市级	19	19
河北	地市级	11	—
山西	地市级	11	0

省级名称	级别	总数/个	达标数/个
辽宁	地市级	—	—
吉林	地市级	10	1
黑龙江	地市级	14	1
上海	地市级	20	—
江苏	地市级	12	8
浙江	地市级	11	11
安徽	地市级	17	0
福建	地市级	9	8
江西	地市级	11	11
山东	地市级	16	1
河南	地市级	18	8
湖南	地市级	14	1
四川	地市级	21	20
厦门	地市级	1	0
新疆建设兵团	地市级	14	0
湖北	地市级	17	0
内蒙古	地市级	14	0

表6 区县级监测站点达标情况

省级名称	级别	总数/个	达标数/个
新疆	区县级	53	0
宁波	区县级	—	—
深圳	区县级	6	—
青岛	区县级	12	5
大连	区县级	7	7
宁夏	区县级	15	0
青海	区县级	43	0
甘肃	区县级	86	—
陕西	区县级	77	0
西藏	区县级	—	—
云南	区县级	—	—
贵州	区县级	84	2
重庆	区县级	—	—
海南	区县级	17	0
广西	区县级	88	0
广东	区县级	105	0
北京	区县级	19	0
天津	区县级	—	—
河北	区县级	131	—
山西	区县级	119	0
辽宁	区县级	—	—
吉林	区县级	42	0

省级名称	级别	总数/个	达标数/个
黑龙江	区县级	80	0
上海	区县级	—	—
江苏	区县级	90	60
浙江	区县级	67	66
安徽	区县级	77	0
福建	区县级	75	23
江西	区县级	101	101
山东	区县级	123	21
河南	区县级	118	13
湖南	区县级	106	—
四川	区县级	110	49
厦门	区县级	0	0
新疆建设兵团	区县级	—	—
湖北	区县级	99	0
内蒙古	区县级	99	0

2.1.6 三峡库区水环境监测能力建设项目

规划总投资 2.35 亿元，其中中央投资 1.84 亿元，地方投资 0.52 亿元。目前已下达中央投资 1.84 亿元。湖北与重庆两省市三峡库区水环境监测能力建设已完成地方投资 2 825 万元，地方配套投资完成比例 54.72%，共采购设备 665 台套（含已开展招标、编制技术标书等，以下同），建设自动站 1 个，改造实验室 12 000 ㎡。总体来看，项目进展顺利，但地方投资仍有待进一步落实。

2.1.7 松花江流域重点城市水污染事故应急监测能力建设项目

规划总投资 5 600 万元，其中中央投资 3 600 万元，地方投资 2 000 万元。目前已下达中央投资 3 008 万元，地方投资 2 660 万元，中央投资完成比例 83.56%，地方配套投资完成比例 133%。吉林、黑龙江与内蒙古 3 省区的松花江流域重点城市水污染事故应急监测能力建设共采购常规监测、应急监测与中俄联合监测设备 361 台套（含已开展招标、编制技术标书等，以下同），其中，常规监测 143 台套，应急监测 134 台套，中俄联合监测 84 台套，并建成在建国控断面地表水自动站 10 个，购买应急监测车辆 1 台。总体来看，项目进展顺利，但仍需督促地方加快招投标工作进度，保障规划任务圆满完成。

2.1.8 近岸海域监测、丹江口库区及其上游水环境监测能力建设项目

尚未实施。

2.2 污染源监督性监测能力建设

按照《规划》任务与项目安排，规划投资 4 亿元，中央投资 2.2 亿元，地方投资 1.8 亿元。目前已下达投资 3.7 亿元（占全部投资的 92.5%），其中中央投资 2.1 亿元（占全部

投资的 95.4%），地方投资 1.6 亿元。部分省、市级监测站补充完善了现场采样、现场测试、实验室分析测试、样品运输与保存、质控、数据处理等仪器设备。

2.3 环境应急监测能力建设

按照《规划》任务与项目安排，规划总投资 4.61 亿元，其中中央投资 3.01 亿元，地方投资 1.51 亿元。目前已完成投资 4.07 亿元（占全部投资的 88%），其中中央投资 2.99 亿元，各地规划内投资 1.08 亿元。

2.3.1 国家环境突发事件应急监测项目

规划总投资 1.81 亿元，其中中央投资 1.39 亿元，地方投资 4 186 万元。目前已下达中央投资 1.38 亿元，完成四个单位重要核设施外围的 18 个环境辐射监测点位建设。目前，4 台套核与辐射应急监测车及仪器设备已交付使用，移动实验室预计 2009 年 2 月交付使用。821 厂项目初步预计将于 2009 年竣工。总体来看，重要核设施外围环境辐射监测点建设进展顺利（80%）。

2.3.2 环境保护重点城市应急监测项目

规划总投资 2.81 亿元，其中中央投资 1.72 亿元，地方投资 1.09 亿元。目前已下达投资 2.69 亿元，其中中央投资 1.61 亿元，地方投资 1.08 亿元。目前，94 个环保重点城市配备水、气环境应急监测仪器 1 套以上（含已有、正在购置、进入招标程序等），配备应急监测车 118 辆。与规划目标相比，任务完成率 90.38%（2010 年目标——104 个环保重点城市）。总体来看，重点城市应急监测项目进展顺利。

2.4 核与辐射环境监测能力建设

规划总投资 1.85 亿元，全部为中央投资，目前投资已全部下达。已形成 73 套连续自动监测站，93 个地级城市至少配备了 1 套便携式辐射监测设备。总体来看，核与辐射监测能力建设较为顺利。

2.4.1 连续自动监测站

全国省会等 83 个城市建成（或在建）连续自动监测站 73 套（含招标、选址等工程阶段），完成率 73%（2010 年目标为建成 100 套），完成中央投资 1.14 亿元。

2.4.2 便携式辐射监测设备

共有 93 个地市（含计划单列市）配备了便携式辐射监测仪器设备 1 套以上，完成率 93%（规划实施中 2010 年目标调整为建成 100 个地市均有配备），完成中央投资 0.71 亿元。

3 环境执法监督体系建设规划内容实施情况

规划总投资 75.87 亿元，其中中央投资 26.9 亿元，地方投资 9.37 亿元，企业自筹 39.6 亿元。目前已下达投资 58.93 亿元（占全部投资的 77.7%），其中中央投资 24.4 亿元（占全部投资的 90.7%），地方投资 12.23 亿元，企业自筹 22.3 万元。《规划》的实施进一步推进了环境执法监督标准化建设和国控重点污染源自动监测系统建设，提高了核与辐射监管水平、固体废物监管能力和自然保护区管护能力。

3.1 环境执法监督标准化建设项目

按照《规划》任务与项目安排，规划投资 13.73 亿元，其中中央投资 9.24 亿元，地方投资 4.49 亿元。目前已累计下达投资 17.53 亿元，其中中央投资 11.4 亿元，地方投资 6.13 亿元，省、市、县三级环境监察机构标准化建设稳步推进。各级环境监察机构机动性执法、现场取证、通信联络、信息处理、快速应急反应等各环节的系统配套执法能力得到全面提升，日常环境执法手段不断完善。

按照《全国环境监察标准化建设标准》的要求，省级环境监察机构标准化建设地方投资 0.63 亿元，投资最多的为陕西省，投资 1 550 万元，购置仪器设备 96 台套；最少的为新疆建设兵团，投资 38.6 万元，购置仪器设备 42 台套。全国省级环境监察机构建设达一级标准共 13 个，达标率为 40.6%，购置车辆及仪器设备 2 085 台套。河北、山西、内蒙古、吉林、辽宁、黑龙江、湖南、四川、湖北、广西、云南、西藏、宁夏、青海、甘肃、陕西、贵州、海南、新疆等均未达标。

表 7　32 个省级环境监察机构建设情况

省　份	地方投资/万元	购置仪器设备/台套
北　京	204	65
天　津	366	72
河　北	291	66
山　西	506	144
内蒙古	127.6	85
辽　宁	210	53
吉　林	197	—
黑龙江	209	100
上　海	—	1
江　苏	477	70
浙　江	268.5	108
安　徽	153	90
福　建	70	—
江　西	170	52

省　份	地方投资/万元	购置仪器设备/台套
山　东	339	82
河　南	120	188
湖　北	—	—
湖　南	80	72
广　东	356	159
广　西	48	49
海　南	137	63
重　庆	152	16
四　川	45	44
贵　州	90	80
云　南	47	1
西　藏	—	28
陕　西	1 550	96
甘　肃	42.4	48
青　海	70	49
宁　夏	43.37	88
新　疆	66.8	74
新疆建设兵团	38.6	42

地市级环境监察机构标准化建设地方投资 1.57 亿元，达二级标准的地市级环境监察机构共 205 个，达标比例为 43.7%，购置车辆及仪器设备 14 921 台套。地方投资最多的为河南，投资 1 534 万元，购置仪器设备 499 台套；投资最少的为宁夏，投资 28.66 万元，购置仪器设备 159 台套。浙江、江西等省份达标率为 100%，贵州、安徽、山东等省份达标率在 75%以上，宁夏、青海、甘肃、陕西、西藏、云南、山西、河北、海南、湖北、吉林、内蒙古、厦门等省份地市级环境监测机构均不达标。以山东省为例，市级环境监察机构有青岛、淄博、东营、潍坊、威海、日照、临沂、德州、滨州 9 个市基本达到一级标准，枣庄、泰安、莱芜、聊城 4 市基本达到二级标准，占全省 17 市的 76%，离地市级 90%达二级要求还有一定差距。

表 8　地市级环境监察机构建设情况

省份	已完成地方投资/万元	2006—2008 年已完成数量/个	项目进展
新疆	—	418	2007 年已完成，2008 年实施中
宁波	51	1	已于 2008 年完成
深圳	27	16	
青岛	54	52	青岛市环境监察支队已达标准化建设一级标准。2007 年设备已购置，2008 年正在政府招标采购程序中
大连	753	340	—
宁夏	28.66	159	已完成
青海	166	314	完成
甘肃	178	502	14 个市州和矿区已完成建设
陕西	—	464	—

省份	已完成地方投资/万元	2006—2008年已完成数量/个	项目进展
西藏	—	212	2008年项目正在实施
云南	166	16	2007年项目已结束，2008年项目正在实施
贵州	138	306	—
重庆	352	540	—
海南	—	—	—
广西	136	334	—
广东	1 500	230	共21个环境监察机构，已达标验收13个
北京	566	639	完成
天津	850.21	1 393	全部完成
河北	508	518	未达到
山西	244	318	2007年项目已完成；2008年项目正在组织实施
辽宁	826	686	完成
吉林	664	—	完成省级能力建设实施方案，目前正在集中配套资金及进行设备选型工作
黑龙江	970	1 127	除2008年减排资金项目正在组织招标采购外，其他都已完成
上海	569	19	—
江苏	1 021	543	2007年全部完成，2008年正组织招标
浙江	639	412	2007年项目已完成，2008年项目启动前期准备工作
安徽	665	855	2007年度计划已完成，2008年度计划正在进行中
福建	67	—	—
江西	237	415	已建设完成
山东	1 257	835	2007年已完成，2009年实施中
河南	1 534	499	—
湖南	323	637	已完成
四川	324.55	1 375	2008年项目中车辆及相关设备待采购
厦门	—	—	—
新疆建设兵团	64.8	371	完成
湖北	—	—	—
内蒙古	852	375	12个盟市及满洲里/二连浩特市配备，6个达

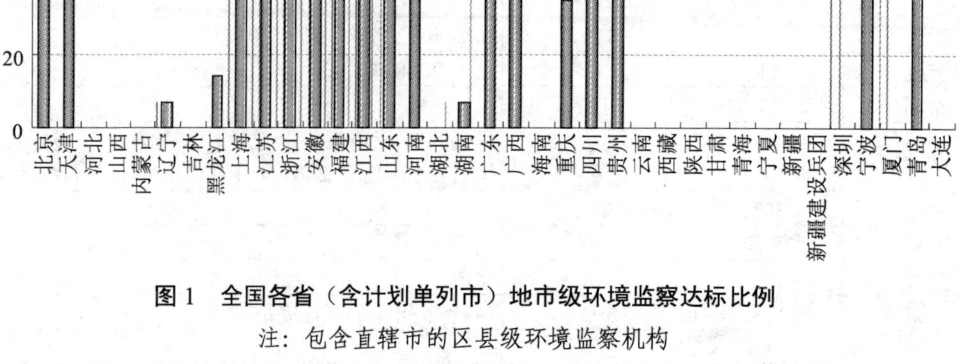

图1 全国各省（含计划单列市）地市级环境监察达标比例

注：包含直辖市的区县级环境监察机构

区县级环境监察机构标准化建设地方投资3.92亿元，购置仪器设备37 532台套。投资最多的为山东，投资5 801万元，购置仪器设备4 979台套；最少的为青海，投资64万元，购置仪器设备35台套。达三级标准的区县级环境监察机构共830个，达标比例为29.1%，购置仪器设备数量37 190台套。北京、江西、宁波、青岛等省、计划单列市的区县级环境监察机构达标率为100%，河北、山西、内蒙古、辽宁、吉林、湖南、宁夏、青海、甘肃、陕西、海南、云南、新疆、深圳、厦门、大连等区县级环境监察机构达标率为0。以山东省为例，县级环境监察机构中，有46个单位经过三级以上验收，占全省147个环境监察机构的31%，离区县级70%达三级的要求差距还很大。

表9　区县级环境监察机构建设情况

省份	已完成地方投资/万元	2006—2008年已完成数量/个	项目进展
新疆	—	1 099	2007年已完成，2008年实施中
宁波	150	8	已于2008年完成
深圳	78	—	—
青岛	261	242	12区市环境监察大队已达标准化建设二级标准。2007年设备已购置，2008年正在政府招标采购程序中
宁夏	16.24	144	已完成
青海	64	35	完成
甘肃	120.6	342	20个区县已完成建设
陕西	—	1 998	—
云南	347	47	2007年项目已结束，2008年项目正在实施
贵州	2 320	1 244	"财建[2008]789号"文下达的521万元预算在实施中
重庆	221	555	—
广西	250	1 043	—
广东	1 870	110	共109个环境监察机构，已达标验收11个
河北	3 247	4 224	未达到
山西	1 306	2 367	项目已完成
辽宁	1 116	1 426	完成
吉林	3 989	—	完成省级能力建设实施方案，目前正在集中配套资金及进行设备选型工作
黑龙江	3 604	3 654	除2008年减排资金正在组织招标采购外，其他都已完成
江苏	4 423	1 854	2007年全部完成，2008年正组织招标
浙江	1 642.5	1 505	2007年项目已完成，2008年项目启动前期准备工作
安徽	1 539	2 041	2007年度计划已完成，2008年度计划正在进行中
福建	156	—	—
江西	1 289.8	2 020	已建设完成
山东	5 801	4 979	2007年已完成，10年实施中
河南	2 671	1 467	—
湖南	888	2 985	已完成
四川	828.84	1 140	2008年项目中车辆及相关设备待采购
新疆建设兵团	—	15	完成
内蒙古	1 022	988	78个旗县配备，19个达到

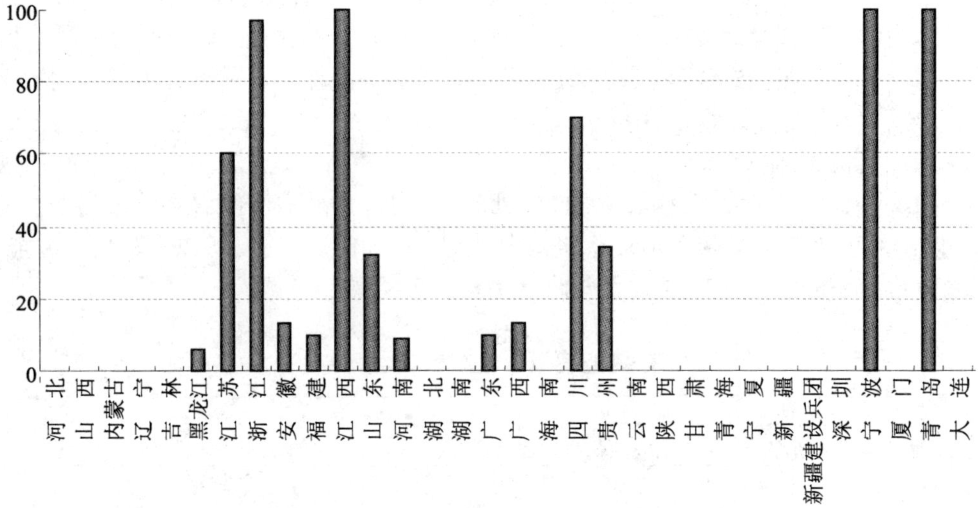

图 2 全国各省（含计划单列市）区县级环境监察达标比例

注：不包含直辖市区县级环境监察机构

投资 5 488 万元加强 6 个国家级环境监察执法机构核查能力，配备取证、办公及通信设备 507 台套，执法车辆 34 辆，污染源流动监控车（含车载仪器）6 辆。

3.2 国控重点污染源自动监控系统建设项目

按照《规划》任务与项目安排，规划总投资 50.78 亿元，其中中央投资 7.62 亿元，地方投资 3.56 亿元，企业自筹 39.6 亿元。目前已下达投资 34.6 亿元（占全部投资的 68%），其中中央投资 7.6 亿元，地方投资 4.7 亿元，企业投资 22.3 亿元。

已建成或正在建设 6 个国家级监控中心，完成监控中心软件研发和一个质控实验室建设。

初步建设完成 32 个省级（含兵团）监控中心建设，目标完成率为 100%。基本建成 300 个地市级监控中心，目标完成率为 89%，实现对本行政区域内重点污染源在线监测设施联网监控管理，同步直传在线监测数据，各省市污染源监控能力得到较大提升。浙江省全面完成了省级及 11 个市、67 个县（市、区）污染源监控中心建设，省级监控中心“浙江省环境自动监测与信息管理系统”已完成联网全省环境质量 80 个地表水、143 个大气监测点，以及 1 410 个废水监控点和 335 个烟气监控点（包括国控重点源 341 家），省市县三级联网、全天候实时监控的环境质量和重点污染源在线监测监控系统已经基本形成。北京市成立了市污染源在线监控中心，统一管理在线监控工作，已建成的市级重点污染源自动监控平台，实现对 149 家燃煤锅炉使用单位（226 套在线监控设备）、21 家工业窑炉使用单位（41 套设备）、22 家污水处理厂和 4 家医院（4 套设备）排污口的连续在线监控。广西建成 15 个监控中心构成的监控中心网络并已投入调试运行。

表 10 地市级监控中心（系统）建设

省份	已完成地方投资/万元	2006—2008 年已完成规模/数量（个·台套·m^2）	项目进展
新疆	584	15	在建
宁波	144.75	1	已于 2007 年完成
深圳	200	1	中控室正在建设，系统软件开发及设备安装已经完成，并联网运行
青岛	900	1	青岛市地方投资 900 万元，已经完成市级监控指挥中心一期工程建设，正在进行二期完善工程。中央资金 140 万元已经完成资金使用编制，等待最终讨论确定
大连	162	1	已完成
宁夏	93.61	5	已完成
青海	174	4	基本完成
甘肃	504	12	12 个市州全部完成建设
陕西	480	10	完成
云南	0	16	进入招标程序
贵州	290	2	前期自行建设，不在自动建设任务范围内。已建成并投入运行
重庆	280	7	—
广西	604	15	—
广东	3 472	20	—
河北	1 482	11	完成
山西	4 882	11	完成建设，正在调试
辽宁	1 884	12	葫芦岛和阜新监控中心正在建设中，其他 12 个城市基本建设完成
吉林	757	9	九个市州监控中心已基本上全部建成，并与国控重点企业联网运行
黑龙江	1 188	14	建成
江苏	1 842	13	已完成
浙江	2 710	11	已完成
安徽	1 428	17	已完成
福建	520	8	全省九个地市级监控中心已完成 8 个
江西	356	11	即将建设完成
山东	4 020	15	—
河南	1 070	18	—
湖南	840	10	基本完成
四川	884	7	7 个监控中心已建成，其余的 15 个监控中心正在建设中
湖北	600	11	有 1 个因拟建新办公楼还没有安装外，完成了 11 个
内蒙古	3 546	12	11 个盟市 6 月 20 日完工，呼市 12 月 15 日完工

对 7 800 家废气污染源、废水污染源、城市污水处理厂监控点位安装在线监测装置。浙江省 1 452 家污染源在线监控系统已全面建成，其中 341 家国控重点污染源在线建设项目得到中央财政补助 543 万元，地方各级财政配套 3 016 万元。北京市辖区内的 7 个国控重点水污染源、7 个大气污染源和 24 个城市污水处理厂已全部安装在线监测装置。陕西省 84 家大气污染源、67 家水污染源以及所有建成污水处理厂都已安装在线监测装置。

3.3 核与辐射安全监管项目

全国放射性废物库建设规划总投资 4.13 亿元，其中中央投资 3.62 亿元，地方投资 5 104 万元。目前已累计下达投资 4.78 亿元，其中中央投资 3.38 亿元，地方投资 1.4 亿元。全国 31 个省（自治区、直辖市）新建、异地扩建、原地扩建、改造放废库 28 个，已完成规划目标的 90%，并已建设相关附属配套设施；新建国家废放射源集中贮存库；新建、改造放废库监测实验室 15 个，完成规划目标的 54%。

核安全监管技术支持系统建设项目尚未实施，全国核与辐射监管信息系统建设项目可研正在编制中。

3.4 固体废物环境监管项目

按照《规划》任务与项目安排，规划投资 1.6 亿元，其中中央投资 8 100 万元。核减后的总投资 4 650 万元，全部由中央投资。目前已下达中央投资 4 000 万元，对 1 个国家级、31 个省级固体废物管理中心已配置相关仪器设备以及业务系统，完善基本办公条件和设备。浙江省在省级固废管理中心的基础上，全省 11 个设区市都成立了固废管理机构，完善了基本办公条件和设备。已出台《浙江省固体废物污染环境防治条例》，进一步加强了对固体废物的监管工作。

按照《铬渣污染综合整治环境保护监管监测仪器设备配置标准》，规划投资 1 500 万元，项目核准投资 1 174 万元，全部由中央投资，目前已全部下达，主要支持铬渣综合整治技术支持关键单位有关仪器设备购置。

3.5 国家级自然保护区能力建设项目

按照《规划》任务与项目安排，规划总投资 2.5 亿元，全部为中央投资，目前已下达 1.5 亿元，加强了 140 个国家级自然保护区的管护能力，保护区生态环境得到有效保护，并带动了区域乃至全国自然保护工作的开展。

表 11 国家级自然保护区监管能力建设情况

省份	2006—2008 年已完成数量/个	项目进展
新疆	1	214 台套、508 m^2 全部完成
宁夏	6	2008 年资金已下达，项目正在实施
青海	2	2 个完成、1 个正在组织实施完成

省份	2006—2008 年已完成数量/个	项目进展
甘肃	13	完成部分国家级自然保护区管护能力建设项目
陕西	5	—
西藏	2	—
云南	3	—
贵州	1	已完成
重庆	4	4 个国家级自然保护区，2006—2008 年只有两个自然保护区得到补助
海南	1	2007 年部分已完成，固定样地建设，水资源调查，保护区管理信息系统等正在抓紧建设中
天津	1	完成
山西	5	2008 年项目正在组织实施
辽宁	12	配备巡护车 3 台，望远镜 12 套；建保护站 1 500 m^2，建瞭望塔 4 座；完成项目整体进度 80%
吉林	11	—
黑龙江	7	洪河、扎龙保护区资金刚到位正组织实施
上海	2	九段沙湿地自然保护区至 2008 年年底完成国家级疫源疫病监测站的设置，完成总投资为 250 万元的新监测站点的工程报告的审批；完成部分野外巡护设备的购置
江苏	2	—
浙江	9	中央及省级财政均设立了自然保护区专项资金
安徽	2	—
福建	12	保护区标识系统：界碑 28 块、界桩 230 块、宣传牌 63 块；基础设施工程：主干道路维修 25 km、巡护步道 43 km；防火设施：修建防火隔离带 127 km，森林消防用车两辆；保护站点建设：增设管护哨所 7 处；修复护林点 4 个，哨卡值班室 3 个（建筑面积 350 m^2）；野生动物救护设备 5 套
江西	5	—
河南	11	—
湖南	8	已完成
四川	5	完成
湖北	2	已完成
内蒙古	8	—

4 环境管理基础设施与条件建设规划内容实施情况

按照《规划》任务安排，环境管理基础设施与条件建设规划总投资 29.79 亿元，其中中央投资 23.73 亿元，地方投资 2.33 亿元，国外赠款 3.73 亿元。目前已下达投资 14.13 亿元（占全部投资的 49%），其中中央投资 14.11 亿元，地方投资 0.02 亿元。

4.1 国家环保机构基础设施和基本工作条件项目

规划总投资 15.53 亿元，其中中央预算内资 11.8 亿元，国外赠款 3.73 亿元。目前已下达中央投资 8.87 亿元，地方配套 182 万元。

中国环境科学研究院固体污染控制实验室及配套设施建设项目规划总投资 2 810 亿元，全部为中央投资，目前已全部下达，项目新建实验室 318 m²，改造实验室 932 m²，已经完成了 59 台（套）设备的购置。该项建成后已经形成了能力。

中国环境科学研究院水过程模拟实验室规划投资 2 584 万元，已完成项目的可行性研究报告，正在进行设计和招标工作，预计 2009 年开工建设，进展相对滞后。

中国环境科学研究院大气环境综合实验室等 16 个实验室建设与完善项目规划总投资 1.4 亿元，全部为中央资金，项目目前完成中央投资 5 945 万元。

中国环境科学研究院科研文献大楼及配套设施规划总投资 5 062 万元，项目建设已经基本完成，完成中央投资 1 095 万元；院内风洞改造项目已列入环保部 2009 年基本建设投资计划。

中国环境监测总站监测业务大楼建设项目规划投资 6 960 万元，完成中央投资 6 864 万元，已经建成并投入使用，建设规模 15 000 m²。

环境资源小卫星应用中心建设，规划投资 2.23 亿元，可研批准投资 1.98 亿元，已下达中央投资 1.4 亿元，总建筑面积 7 000 m²，已完成结构三层建设。

中日友好环境保护中心科研、业务用房及配套设施改造项目规划总投资 420 万元，全部为中央投资且全部下达，目前已完成建设，建筑面积 1 500 m²；仪器设备更新改造项目基本建成，已下达中央投资 2 720 万元。

国家环境保护总局放射性废物管理技术中心建设项目可研报告已经上报，规划投资 9 500 万元，全部为中央投资。

华东环保督查中心办公综合楼建设项目规划总投资 6 291 万元，全部为中央投资，已下达中央投资 2 000 万元，项目初步设计已上报待批，建设面积 7 506 m²。

南京环境科学研究所农药环境评价与污染控制实验室等 3 个实验室建设与完善项目规划总投资 5 544 万元，全部为中央投资，目前已下达 3 610 万元。

华南环境科学研究所科研、督查、核安业务楼规划总投资 7 136 万元，全部为中央投资，已下达投资 4 000 万元，其中 2007 年 3 000 万元、2008 年 1 000 万元，建设规模 12 363 m²。目前，正在办理前期手续。配套设施建设项目规划总投资 1 700 万元，全部为中央投资，目前已下达 1 120 万元。城市环境生态重点实验室等 3 个实验室建设完善项目规划总投资 3 453 万元，全部为中央投资，目前已下达 1 665 万元。

国家环保总局履约中心业务用房基本建成，建筑面积 30 000 m²，累计下达中央投资 37 288 万元，预计超概 2 000 万元，超出部分由国际赠款解决。

北京会议与培训基地“十一五”环境监察站培训能力建设规划总投资 958 万元，全部为中央投资，目前已下达 700 万元，项目已完成 4 200 m² 的培训教室、少数民族食堂及附属设施改造。

东北、西北核与辐射安全监督站办公设施建设项目规划投资 2 647 万元，核准投资 1 548 万元，初步设计和概算正在审批中。

环境事故应急与调查中心规划投资 1 600 万元，核准投资 531 万，初步设计和概算已报发改委待批。

东北环境保护督查中心办公及业务用房项目正在建设中，建筑面积 3 893 m²，已下达投资 1 560 万元。

西南环境保护督查中心办公及业务用房项目已完成初步设计，建筑面积 4 840 m^2，已下达投资 1 500 万元。

西北环境保护督查中心办公及业务用房项目基本建成，建筑面积 3 122 m^2，已下达投资 1 427 万元。

环境规划与工程评估业务基础设施建设项目，北安河、北戴河、兴城 3 个培训机构培训能力建设，以及北方、上海、四川 3 个核与辐射安全监督站办公设施建设尚未实施。

4.2 重点实验室和工程技术中心项目

国家环境二噁英监测中心建设一期工程项目批准总投资 8 654 万元，全部为中央预算内投资，已全部下达。目前，7 个分中心中的 4 个分中心建设基本完工。

3 个危险废物处置技术和工程研发中心（天津、沈阳、福建）正在改扩建中，其中沈阳中心规划投资 3 580 万元，其中中央补助 1 580 万元已全部下达，地方配套 200 万元，投资完成 49.7%，2009 年 6 月份之前可以全部完成；福建中心规划投资 3 221 万元，核准中央投资 857 万元已全部下达，项目正在建设中；天津中心规划投资 2 000 万元，目前项目可研仍在修改编制中。

4.3 环境信息与统计能力建设实施情况

信息统计项目规划投资 6.71 亿元，其中中央投资 5.21 亿元，地方投资 1.5 亿元，目前已下达中央投资 3.8 亿元，初步设计与概算正在审批中；环境统计能力建设规划投资 3.5 亿元，全部为中央投资，目前已下达市级环境统计能力建设资金 3 300 万元；环保业务信息化建设项目尚未实施。

4.4 环境宣传教育标准化建设实施情况

省级宣教机构标准化建设规划投资 6 200 万元，其中中央投资 3 220 万元，地方投资 2 980 万元。目前可研已上报待批，申请投资 6 800 万元。

5 规划政策措施落实情况

5.1 提高认识，落实责任

随着《国务院关于落实科学发展观加强环境保护的决定》的全面贯彻落实和《规划》的实施，环境监管能力建设的重要性和紧迫性得到充分重视。在环境保护部及各省（自治区、直辖市）环保部门的大力组织下，各级发展改革和财政部门共同支持，环境监管能力建设取得较大进展。环境监管能力建设责任层层落实，责任到人，基本保障了《规划》的有序实施。

5.2 加强培训，保障队伍

环境执法与监测队伍建设取得较大进展。部分省市环境执法与监测机构人员编制有所增加。在人员编制增加的同时，加强人员培训，受培训人数逐年上升，人员素质不断提高。但总体而言，人员编制不足的问题，一直是制约环保工作尤其是监管能力发挥的主要问题之一，地市级人员编制仍然偏少，区县级人员素质难以满足需求。不少地方反映，人才资源不足、人才结构不合理、人员的素质与发展要求与目前实际还存在较大的差距，人员素质等“软能力”已经成为环保能力建设的短板。

5.3 筹集资金，加大投入

2007年，共安排“三大体系”建设与运行中央投资17.8亿元。2008年共安排投资26.6亿元。此外，在中央环境保护专项资金中安排资金支持环境监管能力建设，2006年和2007年分别安排资金中央环境保护专项3.58亿元和4.02亿元用于支持地、县级环境监测能力建设项目、地级环境监察执法能力建设项目。另外，自然保护区专项资金、环境监察执法能力建设等专项资金以及利用国际金融组织和外国政府赠款等多渠道筹措资金对能力建设给予了支持。

总体而言，规划投资中央到位比例较高，地方资金不足，环保投入相对于GDP和财政收入的增长幅度较小，尤其是用于环保队伍运行费用和环境基础能力建设的资金比较少。不少地方近年来能力建设投入主要来源于排污费集中使用部分（2 110 307款），地方财政新增渠道投入的总量和比例不高，保障环保基础能力建设投资的内生机制并没有形成。如东部某省近年来在监测、监察、应急能力建设方面的投资，全省能力建设资金79.5%来源于排污费收缴后经财政安排使用的资金（其中省级占72%、地市县级占83.6%）。

另外，环保部门专业性强，执法任务重，用一般行政事业单位的经费定额标准，不能满足环保部门的实际需求，而且近年来基础能力建设的提升也加大了仪器设备运营维护经费成本，但各地专项经费、监测监察业务经费标准还仍然沿用原有定额，比照其他部门实施包干制。

6 规划实施存在的问题与差距

6.1 环境监管能力建设总体滞后

尽管《规划》实施取得了良好的成效，环境监管能力得到较大提升，但由于我国环境监管能力建设长期滞后，欠债较多，环境监管能力建设滞后的总体局面没有得到根本改善，与新形势下环保工作的需求差距仍然较大。近年来环境监测执法等监管能力标准化建设以常规仪器配置基本达标为主，还远不是上水平的层次。同时，能力建设是一项系统工程，包括队伍建设、人才培养、硬件配置、经费保障等诸多方面，各方面齐头并进的局面尚未形成，能力建设与任务需求增加相比建设滞后，人员素质等“软能力”不高造成环境监管的实际能力未能得到有效发挥。

对照国家标准，江苏省省市县三级环境监测站共计缺少仪器设备（含专项仪器设备）8 366 台套，估算仪器投入经费 93 259.2 万元。其中 13 个省辖市环境监测站共计缺少仪器设备 1 720 台套，估算仪器投入经费 19 844 万元；县级站共计缺少仪器设备 6 499 台套，估算仪器投入经费 72 189.2 万元。

表 12　江苏省各级环境监测站对照国家标准仪器设备配置的缺项统计

序号	单位	现有数量/台、套	缺少数量/台、套	预计总价/万元
1	省环境监测中心	508	147	1 226
2	南京市环境监测中心站	323	121	1 059.7
3	玄武区环境监测站	44	62	401.4
4	白下区环境监测站	32	73	470
5	秦淮区环境监测站	25	75	487.2
6	南京建邺区环境监测站	40	77	760.5
7	南京市鼓楼区环境监测站	30	84	658.8
8	下关区环境监测站	28	82	737.2
9	栖霞区环境监测站	32	81	593.7
10	南京市雨花台区环境监测站区	29	74	552.7
11	南京市江宁区环境监测站	88	50	374.3
12	浦口区环境监测站	52	67	588.3
13	南京市六合区环境监测二站	48	71	566.2
14	南京市六合区环境监测一站	35	87	669.9
15	溧水县环境监测站	65	70	760.3
16	高淳县环境监测站	63	67	618.4
17	无锡市环境监测中心站	313	148	1 729
18	无锡市滨湖区环境监测站	67	72	778.2
19	无锡市惠山区环境监测站	74	57	494.9
20	江阴市环境监测站	175	40	539.7
21	宜兴市环境监测站	119	51	559.8
22	无锡市锡山区环境监测站	92	56	401
23	徐州市环境监测中心站	221	163	1 723.6
24	贾汪区环境监测站	27	89	605
25	丰县环境监测站	26	114	1 972.4
26	沛县环境监测站	30	89	870.3
27	铜山县环境监测站	49	85	1 033.1
28	睢宁县环境监测站	36	136	2 305.2
29	邳州市环境监测站	46	77	715.5

序号	单位	现有数量/台、套	缺少数量/台、套	预计总价/万元
30	新沂市环境监测站	38	93	1 091.4
31	常州市环境监测中心站	254	111	1 649.9
32	武进区环境监测站	119	51	464.1
33	金坛市环境监测站	90	58	758.7
34	溧阳市环境监测站	70	67	765.1
35	常州市天宁区环境监测站	31	87	628.7
36	常州市钟楼区环境监测站	31	79	574.7
37	常州市戚墅堰区环境监测站	10	94	670.8
38	苏州市环境监测中心站	360	67	1 001
39	张家港市环境监测站	252	33	630.2
40	常熟市环境监测站	158	31	382.7
41	太仓市环境监测站	96	36	496
42	昆山市环境监测站	126	57	964.7
43	吴江市环境监测站	102	53	953.4
44	吴中区环境监测站	128	44	380.7
45	相城区环境监测站	95	51	480.7
46	苏州工业园区环境监测中心站	125	78	1 260.4
47	苏州高新区、虎丘区环境监测站	56	108	2 034.1
48	南通市环境监测中心站	271	139	1 805.6
49	海安县环境监测站	81	49	556.1
50	如皋市环境监测站	102	51	579.4
51	如东县环境监测站	100	57	622.2
52	通州市环境监测站	49	82	706.8
53	海门市环境监测站	149	38	586.2
54	启东市环境监测站	108	50	645.4
55	连云港市环境监测中心站	250	106	1 468.8
56	赣榆县环境监测站	43	78	722.2
57	灌云县环境监测站	46	143	2 696.7
58	东海县环境监测站	50	75	698.7
59	灌南县环境监测站	42	92	904.9
60	淮安市环境监测中心站	159	185	1 453.6
61	楚州区环境监测站	26	100	816.6
62	淮安市淮阴区环境监测站	34	80	587.8
63	涟水县环境监测站	26	101	1 011.3
64	洪泽县环境监测站	67	66	656.4
65	盱眙县环境监测站	47	72	705.7
66	金湖县环境监测站	67	63	711.6
67	盐城市环境监测中心站	119	180	1 953.9
68	盐都区环境监测站	64	65	588.6
69	射阳县环境监测站	93	55	685.7
70	亭湖区环境监测站	27	90	592.7
71	东台市环境监测站	94	56	648.2

序号	单位	现有数量/台、套	缺少数量/台、套	预计总价/万元
72	阜宁县环境监测站	45	78	1 047.9
73	建湖县环境监测站	52	75	853.3
74	响水县环境监测站	34	89	1 296.7
75	大丰市环境监测站	46	124	1 542.7
76	滨海县环境监测站	61	70	752.4
77	扬州市环境监测中心站	326	87	738.3
78	宝应县环境监测站	30	126	2 189.1
79	扬州广陵区环境监测站	7	108	573.3
80	扬州市维扬区环境监测站	163	46	312.1
81	仪征市环境监测站	69	68	682.4
82	高邮市环境监测站	62	67	666.6
83	江都市环境监测站	76	61	694.9
84	扬州市邗江区环境监测站	55	69	535.9
85	镇江市环境监测中心站	248	129	1 505.2
86	扬中市环境监测站	54	72	822.2
87	丹阳市环境监测站	96	55	632.3
88	句容市环境监测站	61	71	946.6
89	丹徒区环境监测站	47	71	608.8
90	京口区环境监测站	12	102	660.4
91	润州区环境监测站	10	101	654.6
92	泰州市环境监测中心站	131	126	1 584.8
93	泰兴市环境监测站	130	37	425.8
94	姜堰市环境监测站	64	68	704.3
95	兴化市环境监测站	72	65	1 104.6
96	靖江市环境监测站	88	40	502.2
97	宿迁市环境监测中心站	98	158	2 170.6
98	沭阳县环境监测站	15	126	1 972.7
99	宿豫区环境监测站	50	111	1 512.6
100	泗阳县环境监测站	46	108	1 973.3
101	泗洪县环境监测站	20	122	1 747.9
总计		9 240	8 366	93 259.2

海南省全省 70%市县监测站的基本仪器设备达标配置类别仅占国家《标准》要求类别的 20%以下，全省大部分监测站的应急仪器设备和专项仪器设备基本处于空缺状态。

表 13 海南省各级监测站基本仪器设备与国家标准比较表

序号	监测站名称		达标仪器/类	占《标准》基本仪器设备类别（87 类）的比例/%
1	一级站	省中心站	29	33.3
2	二级站	海口站	26	29.9
3		三亚站	17	19.5

序号	监测站名称		达标仪器/类	占《标准》基本仪器设备类别（87类）的比例/%
4	三级站	琼海站	35	40.2
5		五指山站	29	33.3
6		儋州站	34	39.1
7		文昌站	7	8.0
8		万宁站	11	12.6
9		东方站	12	13.8
10		陵水站	5	5.7
11		保亭站	3	3.4
12		昌江站	10	11.5
13		澄迈站	8	9.2
14		琼中站	6	6.9
15		定安站	10	11.5
16		屯昌站	9	10.3
17		临高站	10	11.5
18		乐东站	3	3.4
19		白沙站	11	12.6
20		洋浦站	35	40.2

6.2 标准化达标建设存在较大差距

标准化建设达标率尤其是区县一级还不高，能力建设地区差距大，建设水平参差不齐，基本仪器设备与业务用房等存在较大缺口。监测执法车辆、基本仪器配置的不足一方面影响了各级监测站进一步提高监测分析能力和水平；另一方面，在当前环境保护和环境监测任务日益加重的情况下也影响到部分工作的正常开展。

从全国来看，达到建设标准的省级环境监测机构不足 35%，地市级环境监测机构不足 25%，区县级环境监测机构不足 17%，东中西部地区间存在较大差异。2006 年底，浙江省 80 个环境监测站均已通过标准化验收，并通过计量认证（复）评审。江西省县级环境监测站能力建设远未达到国家标准化建设要求，全省还有 8 个设区市监测站未配置环境应急监测车。四川省省监测中心站没有达到一级标准，主要是由于缺少自有业务用房；21 个市州站中有 20 个达到二级标准以上，市级监测中心站达标率为 95%；县级站与规划目标还有较大差距，110 个县级站中仅有 49 个达到三级标准，达标率为 45%，与规划 60%的目标还差 15%。目前广西现有的 104 个监测机构（含自治区、市、县）均未达标，主要差距在人员编制数、业务用房方面。福建省环境监测站标准化建设达标率为 23%；省监测站人员编制差 50 人，二级站差 74～118 人，三级站差 5～18 人；监测经费和监测用房全省普遍达不到标准化建设的要求，实验用房面积不足标准化建设要求的 1/3；生态、海洋、湖库等专项监测仪器和应急监测仪器较为缺乏，省站基本仪器配置差 36.6%，应急监测仪器差 24.8%；9 个二级站基本仪器配置差距在 31.6%～75.6%，部分地方未配置应急监测仪器；75 个三级站基本仪器配置大部分差距在 50%以上；应急监测仪器中，普遍差距在 70%以上。内蒙古环境监测方面地级市 29%达标，旗县级 20%达标，与规划的市全部达标，西部旗县 60%基本达标的目标相差甚远。要实现《规划》制定的到 2010 年，省、市级监测站全部达标，东、中、西部地区县级监测站达标率不低于 90%、80%、60%的目标，任务十分艰巨。

达到建设标准的省级环境监察机构均不足 41%，地市级环境监察机构为 43.7%，区县级环境监察机构不足 20%，而且地区差异相当大。浙江省进行标准化建设的 85 家环境监察机构中，已经有 83 家环境监察机构通过了标准化建设验收，其中浙江省环境执法稽查总队和杭州市、宁波市环境监察支队通过了东部地区一级标准验收；11 家市级环境监察机构中有 5 家达到了一级标准，6 家达到了二级标准；69 家县级环境监察机构中有 21 家达到了一级标准，17 家达到了二级标准，31 家达到了三级标准，基本完成了“十一五”规划要求。广东全省环境监察标准化建设达标率为省级 100%，地级市 62%，区县 10%。与之相比，新疆环境监察机构 115 个，环境监察人员 1 058 名，平均每个环境监察机构只有 13.83 台套执法设备，平均 1.5 人一台套，19 个环境监察机构未配发任何执法设备，两个环境监察机构只配发了车辆，目前没有环境监察机构完全达到国家环境监察标准化建设的要求，基本达标率仅占全区机构的 27%。四川省 181 个县级监察机构中，有 127 个达到了三级标准，已提前实现 70%的规划目标；21 个市级监察机构中，有 15 个达到了二级标准，达标率为 71%，与规划目标还存在较大差距；省级监察机构也没有达到一级标准，主要是业务用房达不到标准。广西仅有 36.7%的地市级监察机构（5 个）达二级标准以上，12.6%的区县级监察机构（12 个）达三级标准以上，其他（包括自治区监察总队）均未达到相应标准，主要是业务用房方面达不到相应标准要求，目前业务执法用房面积的总缺口为 1 382 m^2。内蒙古环境监察方面地级市 43%达标、旗县 18%达标，与规划的地级市 90%以上达标，旗县 70%以上达标的目标差距较大。距离到 2010 年省级环境监察机构建设全部达一级标准，地市级环境监察机构达二级标准的比例不低于 90%，区县级环境监察机构达三级标准的比例不低于 70%的目标尚有较大的差距，要实现《规划》目标还存在一定的难度，尤其是中西部地区的区县级环境监察机构达标难度较大。

达到建设标准的省级辐射环境监测与监察机构仅为 17%，地市级为 8.6%。受编制、技术人员比例、业务用房、仪器设备配置的限制，四川省省级和 18 个市级辐射监管机构不能达到《全国辐射环境监测与监察机构建设标准》的要求。

6.3 队伍编制和素质建设、人才培养制约环保基础能力

人员编制不足的问题，一直是制约环保工作的主要问题之一。地方反映的监测监察达标率数据，不少地方实际上把人员编制达标、业务用房面积达标等作为评价因素纳入导致达标率偏低。目前环保系统处于历史性转变的新阶段，任务量和职责明显增加，但编制仍然是延续以前甚至是几十年前的格局，造成目前环保部门“小马拉大车”的矛盾日益突出。环境监管能力建设启动后，在线监控、污染源监督性监测、饮用水源地监测、12369 热线等任务大幅度增加，监管任务繁重，行政任务多，乡镇以下环保无“腿”，各地反映最为强烈。从目前情况看，全国省级环境监测机构平均人员编制为 85 人，地市级平均 54 人，区县级平均 16 人，均低于《全国环境监测站建设标准》中的一级、二级和

三级标准。全国省级环境监察机构平均人员编制为 37 人，地市级平均 30 人，区县级平均 18 人。省级辐射环境监测与监察机构平均 25 人，地市级平均 4 人，均低于《全国辐射环境监测与监察机构建设标准》的人员编制要求。

人员素质等“软能力”已经成为环保能力建设的短板。人员素质低的影响甚至大于人员编制数量缺乏的影响，在一些地方甚至已经成为进一步提升环保基础能力建设的制约因素。专业技术人员比例低，特别是县级监测站，专业技术人员远远不能满足环境监测的要求。人才资源不足、人才结构不合理、人员的素质与发展要求与目前实际还存在较大的差距，环保专业人才难进易流失，而一些地方环保机构大量超编与懂专业、能干事人员不足的局面并存。

山东省尚有 9 个市辖区未设环境监测机构。县级人员结构不合理，一线监测、监察人员严重不足，专业技术人员比例低。以人员编制计算，大体上是 1 万个人中只有 1 名环保工作人员，现有环保人员远远不够，同监测任务和标准化建设要求相比还差距很远，人员不足与环境监测、监管任务重的矛盾突出。根据《全国辐射环境监测与检察机构建设标准》，厦门市环境监测人员总编制应该不少于 220 人，但目前，全站在编和非在编的监测人员仅 106 人，厦门市现全市监察人员编制 49 名，其中支队工作人员 18 名，思明大队工作人员 6 名，其余分所各 5 名，据初步测算，要按照国家规定保质保量地完成辖区内的环境监察任务，监察支队至少需要 40 名监察人员，各环境监察大队需要 20 名环境监察人员，全市共需 160 名监察人员，监察人员现状与标准化建设要求存在较大差距。对照标准化建设的要求，全市 1 个二级站和 6 个三级站建设标准，大部分仪器设备不能达到规定要求。环境监察部门仪器设备中，32 项基本硬件装备条件中仅有 10 项符合要求，主要原因缺乏资金保障。海南省全省各级监测站人员编制与国家《标准》（中部标准）差距较大，全省没有一个站人员编制达到国家标准要求，有些站人员编制仅占国家标准要求的 10%～25%；全省各级监测站专业技术人才匮乏，尤其是三级站的高、中级技术员缺乏明显，三级站监测人员中 80%为初级技术人员。云南省环境监察人员编制应最低不少于 2 260 人，但现有编制仅为 898 人，比国家《标准》少了 1 362 人，平均每个监察机构仅有 6 人，却承担着全省 39.4 万 km^2 内数以 10 万计的污染源监督执法任务，各级环境监察人员不得不高负荷运转。

6.4 环境监管业务经费难以保障

就目前而言，监测任务量越多、执法力度越大，仪器设备和自动监控系统越多耗费正常业务费越多，运行经费就越难保障。建议国家建立以仪器设备和自动监控系统运行经费标准，或监测业务和监督执法业务经费标准为基础，按监测业务量和执法工作量来保障环保经费的机制。

（1）设备的运行维护问题。现在国家下发的应急监测仪器设备虽然解决了缺少装备的问题，但是仪器设备需要不断维护管理才能发挥其作用，特别是有些传感器和试剂需要定期更换，才能维持仪器设备正常运行。为此，需要解决投入运行后备品备件和易损易耗件购置及设备质量管理费用的问题，只有将这部分费用纳入政府财政预算中，每年固定投入，才能保证这些仪器设备可靠运行，才能在应急监测中持续发挥作用。

（2）污染源在线自动监测装置的运行维护问题。污染源在线自动监测装置同样需要解决投入运行后备品备件和易损易耗件购置及设备质量管理费用的问题，由于这些费用不能纳入政府财政预算，企业解决运行费用没有积极性，致使许多监测点位建成后面临着备品备件和易损易耗件不能及时更换，仪器设备不能按规范校准，结果导致系统有效运行监测点位逐年下降，严重制约了系统可靠运行和监控作用的发挥。

6.5 重点领域问题突出

（1）业务用房难以保障。环保监测执法业务用房严重不足是制约环境监管能力提高的薄弱环节。有的县级没有实验室等业务用房，甚至没有办公场所，有关的仪器设备没有场所存放，难以正常使用，不能形成监管能力，迫切需要国家安排环保监测执法业务用房建设资金，解决各级环保部门业务用房不足问题，使环境监测、监察执法等设备正常使用起来，最终真正形成环境监管能力，促进污染物减排任务的完成。从全国情况看，全国环境监测机构自有业务用房面积 114 万 m^2（含实验室），人均面积 18 m^2，远低于《全国环境监测站建设标准》中的三级标准，而区县级环境监测人均业务用房仅为 13.9 m^2。全国环境监察机构自有业务用房面积 32 万 m^2，人均面积约 5 m^2，远低于《全国环境监察标准化建设标准》中的西部地区三级标准，而区县级环境监测人均业务用房仅为 4.3 m^2，有的省份中省市县三级环境监察机构均无办公业务用房。辐射环境监测与监察机构自有业务用房面积 6 万 m^2，人均面积 29 m^2（含实验室），远低于《全国辐射环境监测与监察机构建设标准》中的西部地区三级标准。另外，全国 32%的环境监测机构租用业务用房 39 万 m^2，租用监察业务用房 28 万 m^2，30%的辐射环境监测与监察机构租用业务用房 22 万 m^2，合计租用业务用房 89 万 m^2。近年来能力建设更加强化仪器设备购置，部分发达地区的监测站与监察机构仪器设备基本能够达标，但业务用房远低于国家标准。在业务用房难以保障的情况下，即使筹集资金购置仪器设备，但环境监测、监察工作也无法开展。

大部分省份环境监管业务用房均存在较大缺口。山东省省市县三级环境监测、监察、辐射业务用房需求 283 200 m^2（包含实验室），自有业务用房仅有 95 784 m^2，缺口 187 416 m^2，占需求业务用房总量的 66%。烟台、聊城、菏泽市环保局目前没有正式办公楼，租赁场所办公。青岛、淄博、东营、泰安、威海、莱芜、德州市环保局办公面积明显不足。县级办公条件更差，有的县级甚至没有办公场所，有关的仪器设备没有场所存放。陕西省 64 个监测站和 100 个监察机构业务用房需长期租借，分别占监测站和监察机构总数的 70%、84%，严重影响了监察执法工作的开展。海南省全省监测站实验用房和行政办公用房面积均未达国家《标准》（中部地区标准）要求。全省各级监测站监测用房面积总缺口为 25 914 m^2，缺口面积占《标准》要求总面积的 76.6%；实验室用房面积缺口 20 790 m^2，缺口面积占《标准》要求实验室用房面积的 83.1%；行政办公用房面积缺口 5 124 m^2，缺口面积占《标准》要求的 58.1%。二级站监测用房面积缺口最大，每个站平均缺口面积 3 070 m^2；其次为一级站，监测用房面积缺口 2 100 m^2；17 个三级站监测用房面积缺口也较大，每个站平均缺口面积达 1 144 m^2。广西壮族自治区级监测机构人员编制差距为 65 人，监测用法缺口 3 879 m^2；地市级监测机构人员编制差距 473 人，监测执法用房缺口 37 529 m^2；区县级监测机构人员编制差距 51 人，监测用房缺口 93 079 m^2。以上人员编制总缺口 589

人，监测用房总缺口 134 487 m^2。另外，环境监察业务执法用房面积的总缺口为 13 382 m^2。

（2）水源地水质全分析能力急需加强。全国有近 30%的重点城市饮用水源地水质达不到Ⅲ类标准，饮用水安全问题突出。国家环境保护“十一五”规划中强调饮用水安全保障，要求健全饮用水水源安全预警制度，每年对集中式饮用水水源地至少进行一次水质全分析监测。国家《地表水环境质量标准》确定的饮用水水源水质监测项目共 109 项，过去由于受客观条件限制，国家仅对基本项目（24 项）和补充项目（5 项）共 29 项要求进行常规分析，对特定项目（80 项）尚未要求开展监测分析。2008 年初原国家环保总局下达了城市地表水饮用水源地水质全分析工作任务，要求重点城市今年开展饮用水全项目分析。开展饮用水源地水质全分析是加强饮用水安全的重要保障，但从目前情况看，各级环境监测站水源地水质全分析能力较差，水质检测设备仪器设备不全，饮用水源地水质全分析能力迫切需要加强。

（3）边境河流预警应急监测能力亟待建设。原国家环境保护总局《关于印发〈2006 年全国环境监测工作要点〉的通知》（环办[2006]33 号）要求加强对边境河流（包括国界、出入境河流）等相应水体的监测工作。目前边境河流水问题日益突出，主要是边境河流水污染及其引发的水事矛盾频繁，边境河流预警应急监测能力不足，缺乏必要的应急监测仪器设备，对突发性环境事故缺乏必要的监测与预警能力。

7 规划实施建议

为进一步推进国家环境监管能力建设规划的实施，建议：

7.1 2009 年和 2010 年重点实现规划实施薄弱项目的攻坚克难

规划实施中期绝大部分项目进展良好，但仍然有一些项目进展不甚理想，没有实现时间过半、任务过半，对规划总体实施进展形成一定的不利影响，应突出抓好，强力推进，如中西部区县级环境监测监察基本达标能力建设项目，近岸海域监测项目，丹江口库区及其上游水环境监测能力建设项目，国控重点污染源自动监控系统配套政策、标准、联网问题，核与辐射监管信息系统、固体废物管理信息系统、“三大体系”信息统计项目等涉及环保业务信息传输部分的建设项目，核安全监管技术支持系统建设项目，环境规划与工程评估业务基础设施建设项目等基础设施建设，这些项目的实施进展将直接决定 2010 年规划实施情况。另外，建议选择典型项目或重点项目，进行后评估或者绩效评估。

7.2 将重点领域突出问题补充纳入能力建设规划予以一并解决

由于原规划编制阶段要求项目基本落实，同时目前发展态势与规划编制阶段有较大的差异，建议将目前矛盾突出的环境执法与监测实验用房、水源地水质全分析、边境河流预警应急监测作为重点补充纳入“十一五”能力建设规划，尽在安排实施，解决能力建设各环节不匹配、相互制约的“瓶颈”问题。① 争取将环境执法与监测实验用房等环保基础能力建设工程纳入国债投入方向；② 与环境监测基本达标统筹考虑，全面提升113个环境保护重点城市地市级环境监测站、31个省级与新疆建设兵团环境监测站水源地水质全分析能力，建设6个城市空气质量VOC监测试点和6个工业园区空气质量VOC监测试点；③ 在边境河流建立50个点位的预警应急监测系统，提升边境河流预警监测能力，确保国家环境安全。

7.3 继续抓好经费保障，大力抓好人才技术培训，加强制度建设，确保能力建设投入发挥效益

研究运营维护费用保障问题，将企业在线监测设备、监控网络等运营维护费用与业务经费纳入各级财政予以重点保障，并由中央资金予以重点支持，保障仪器设备的正常运行和各项工作的正常开展，切实发挥效益，真正形成环境监管能力。建议每年从中央财政中直接下拨经费，解决应急监测仪器设备的备品备件和易损易耗件购置及设备质量管理费用问题，或由国家环保部联合国家财政部下文，将应急监测仪器设备的备品备件和易损易耗件购置及设备质量管理费用纳入地方财政的每年预算中，固定下拨运行费用。采取企业部分出资、中央和地方共同补贴的方式，解决污染源在线自动监测的运行费用问题。

加强为期半月左右的专项技术培训交流，扩大业务培训范围，尤其是加强县市级专题培训（包括实际操作培训）和工业行业污染防治的专项培训，逐步实施资质管理，启动百千万人才工程和梯队建设，优化队伍结构，提高环保队伍业务水平和综合素质。

尽快完善自动监测技术规范，加强系统运行管理，规范在线监测数据与监督性监测数据比对，明确在线监测数据的法律地位，深度挖掘监测数据应用。

7.4 超前谋划，相互衔接，启动2009—2015年能力建设规划的编制，并将其纳入国民经济和社会发展“十二五”规划和国家投资重点

加强环境基础能力建设是环保事业进入新时期、新阶段的必然选择，应统一思想认识，组织开展全国能力建设现状、需求和绩效调查评估，以“十二五”环境保护需求为导向，启动编制统筹谋划未来7年（2009—2015）的能力建设规划，对其中涉及“十一五”部分进行滚动修编，并将其作为“十二五”规划前期研究的重点专题，总体规划，整体推进，分步实施。以基础工程、保障工程、人才工程三大工程建设作为环保基础能力建设的重点，优化布局和整合资源，软、硬实力建设并重，全面系统提升环境监管能力。继续推进实现省市环境监测监察能力达标建设，研究提出基本达标考核标准（建议将编制、经费保障、业务用房建设标不纳入2010年达标考核标准），着手解决政策配套、经费落实等保障措施，强化制度建设，加强队伍建设。适度调整基础能力建设的架构和布局，将地市级能力建设作为未来一段时间环保系统能力建设的主要内容和国家支持的重点，“配精”省级，“配强”市级，“配齐”县级，理顺基础能力建设的事权财权，分类合理配置设备仪器。

表 14 国家环境监管能力建设“十一五”规划项目完成情况总表

单位：万元

序号	项目名称	建设性质	建设规模	投资来源	总投资	目前已安排中央投资	主要建设内容	完成情况	备注
				合计	1 495 913	1 167 038.5			
				中央预算内投资	297 905	617 824			
				中央财政资金	486 847				
				地方投入	274 873	285 926.5			
				企业自筹	396 000	223 000			
				赠款	40 288	40 288			
一	环境监测预警体系				439 358	399 159.5			
				中央预算内投资	66 281	232 733			
				中央财政专项资金	212 202				
				地方投入	157 875	163 426.5			
				赠款	3 000	3 000			
（一）	环境质量监测				334 729				
				中央预算内投资	30 418	163 333			
				中央财政专项资金	176 492				
				地方投入	124 819	136 626.5			
				赠款	3 000	3 000			
1	空气质量监测				40 700		113 个环保重点城市选择有代表性点位建设 125 个空气质量监控点，配全相关监测仪及数据控制与传输系统等；内蒙古、吉林、湖北、湖南、海南、云南、贵州、四川、陕西、青海、西藏、新疆等 16 个省（区）选择人为活动影响较小的地点建设 16 套国家空气背景值监测系统，配备相关监测仪和自动校准仪、流量计等；31 个省（区、市）建设 31 套农村空气自动监测系统，配备相关监测仪和自动校准仪、流量计等；181 个地级城市填平补齐 431 套城市空气自动监测系统，配备相关监测仪和自动校准仪、流量计等	空气质量监控点建设项目正在进行仪器设备招标工作；国家空气背景值监测系统建设项目和农村空气自动监测系统建设项目正在进行土建施工和仪器设备招标工作；全国 31 个省（自治区、直辖市）、新疆建设兵团与 4 个计划单列市共填平补齐了 263 套城市空气自动监测系统（包括建成、已开工建设、设备采购、组织招投标等形式），完成目标的 61.02%	
				中央财政专项资金	28 490	17 300			
				地方投入	12 210	15 400			

序号	项目名称	建设性质	建设规模	投资来源	总投资	目前已安排中央投资	主要建设内容	完成情况	备注
2	酸沉降监测				21 938		建设16个国家酸沉降背景点，351个城市的431个酸沉降监测点（其中，80个酸沉降污染严重的城市各布设1个城区点和1个远郊点，271个城市各布设1个城区点），配备相关专项监测仪器	完成了7个国家酸沉降背景点的建设，配备了相关专项监测仪器设备，目标完成率为43.75%；全国31个省、新疆建设兵团与4个计划单列市共建设酸沉降监测点位数439个，配备了相关专项监测仪器，目标完成率为101.9%	
				中央财政专项资金	10 000	14 300			
				地方投入	8 938	5 941.54			
				赠款	3 000	3 000			
3	沙尘暴监测				8 061		沙尘暴发生源区、迁移区及影响区的69个城市监测站点及新疆、甘肃、宁夏、内蒙古、辽宁省（区）站、中国环境监测总站，配备相关监测仪器	沙尘暴发生源区、迁移区及影响区共完成69个监测点位的监测仪器配套工作，目标完成率为100%；为加强沙尘暴监测能力，新疆、甘肃、宁夏、内蒙古、辽宁省（区）站已（拟）购买相关配套仪器73台套，新建监测点位2个	
				中央财政专项资金	5 895	6 300			
				地方投入	2 166	2 100			
4	地表水自动监测				4 160		重要流域主要断面（包括省界、出入境河流、国界河流等）建设26套地表水自动监测系统，配备相关仪器设备	正在进行土建施工和仪器设备招标工作	
				中央财政专项资金	4 160	8 025			
5	近岸海域监测				9 896		中国环境监测总站及7个海洋分站填平补齐海洋专项监测仪器设备；7个海洋分站建设15套海洋自动监测站位；舟山海洋分站配备千吨级海洋监测船一艘	尚未实施	
				中央财政专项资金	8 448				
				地方投入	1 448				
6	省、市、县级监测站常规监测能力标准化建设				210 782		31个省（自治区、直辖市）监测中心站、新疆生产建设兵团监测站、337个市级监测站填平补齐配备仪器设备，常规监测能力达到《环境监测站建设标准（试行）》水平，所有县级监测站填平补齐常规监测基础仪器设备	各省、新疆建设兵团与4个计划单列市为完成达标建设目标，共完成设备采购监测仪器17 066台套（含完成、采购招标等），其中省级采购监测设备2 552台套，地市级采购10 532台套，县级采购设备14 785台套，部分地区完成配套业务用房建设与配套监测车辆采购	
				中央财政专项资金	119 499	99 000			
				地方投入	91 283	107 700			

序号	项目名称	建设性质	建设规模	投资来源	总投资	目前已安排中央投资	主要建设内容	完成情况	备注
7	丹江口库区及其上游水环境监测能力建设				10 067		国控断面地表水自动站建设、流域内地市级和区县监测站常规监测能力和应急监测能力建设、适当加强陕西省站能力建设	尚未实施	已列入《丹江口库区及上游水污染防治和水土保持规划》
				中央预算内投资	8 456				
				地方投入	1 611				
8	三峡库区水环境监测能力建设				23 525		主要支流入河口及省界断面建设地表水自动站、库区及影响区重点监测站常规监测能力和应急监测能力建设、数据处理与传输、实验室改造	共采购设备 665 台套（含已开展招标、编制技术标书等，以下同），建设自动站 1 个，改造实验室 12 000 m²	已列入《三峡库区及其上游水污染防治规划》
				中央预算内投资	18 362	18 400			
				地方投入	5 163	2 825			
9	松花江流域重点城市水污染事故应急监测能力建设				5 600		国控断面地表水自动站建设、中俄跨界水体联合监测能力建设、10 个重点监测站常规监测能力建设和应急监测能力建设	共采购常规监测、应急监测与中俄联合监测设备 361 台套，并建成在建国控断面地表水自动站 10 个，购买应急监测车辆 1 台	
				中央预算内投资	3 600	3 008			
				地方投入	2 000	2 660			
（二）	污染源监督性监测				39 968				
				中央预算内投资	22 000	21 000			
				地方投入	17 968	16 000			
10	污染源监督性监测				39 968		31 个省（自治区、直辖市）监测中心站、新疆生产建设兵团监测站、337 个市级监测站加强污染源监测现场采样与测试能力，填平补齐配备采样设备现场测试仪器、实验室分析测试仪器、样品保存运输工具、质控设备、数据处理设备等	部分省、市级监测站补充完善了现场采样、现场测试、实验室分析测试、样品运输与保存、质控、数据处理等仪器设备	
				中央预算内投资	22 000	21 000			
				地方投入	17 968	16 000			
（三）	环境应急监测				46 161				
				中央预算内投资	13 863	13 800			
				中央财政专项资金	17 210	16 100			
				地方投入	15 088	10 800			
11	国家环境突发事件应急监测				18 049		各省（区、市）、5 个计划单列市及新疆建设兵团水、气应急监测车及相应仪器 37 套；五单位重要核设施外围设环境辐射 21 个监测点；核与辐射应急监测车及仪器设备 5 套；通讯指挥系统及支持系统	完成四个单位重要核设施外围的 18 个环境辐射监测点位建设。目前，4 台套核与辐射应急监测车及仪器设备已交付使用，移动实验室预计 2009 年 2 月交付使用	在实施
				中央预算内投资	13 863	13 800			
				地方投入	4 186				

序号	项目名称	建设性质	建设规模	投资来源	总投资	目前已安排中央投资	主要建设内容	完成情况	备注
12	重点城市应急监测				28 112		104 个环保重点城市各配备水、气环境应急监测仪器一套和应急监测车一辆，通讯指挥系统、支持系统等	149 个环保重点城市配备水、气环境应急监测仪器 1 套以上（含已有、正在购置、进入招标程序等），配备应急监测车 118 辆。与规划目标相比，任务完成率 90.38%	
				中央财政专项资金	17 210	16 100			
				地方投入	10 902	10 800			
（四）	核与辐射环境监测				18 500				
				中央财政专项资金	18 500	18 500			
13	核与辐射环境监测				18 500		省会等 83 个城市建设 100 套连续自动监测站；200 个地级城市各配备便携式辐射监测仪器设备一套	已形成 73 套连续自动监测站，93 个地级城市至少配备了 1 套便携式辐射监测设备	列入《全国核安全与放射性污染防治规划》
				中央财政专项资金	18 500	18 500			
二	环境执法监督体系				758 704	589 300			
				中央预算内投资	53 815	244 000			
				中央财政专项资金	215 180				
				地方投入	93 709	122 300			
				企业自筹	396 000	223 000			
（一）	环境执法监督标准化建设				137 260	175 700			
				中央财政专项资金	92 378	114 000			
				地方投入	44 882	61 300			
14	国家、省、市、县四级环境监察执法能力建设				137 260	175 700	省级（含兵团）、地市级、区县级环境监察机构标准化建设，其中省级全部一级，地市级 90%达二级，区县级 70%达三级；6 个国家级环境监察机构加强核查能力	省级环境监察机构建设达一级标准共 13 个，达标率为 40.6%，购置车辆及仪器设备 2 423 台套。达二级标准的地市级环境监察机构共 234 个，达标比例为 52.1%，购置车辆及仪器设备 14 581 台套。达三级标准的区县级环境监察机构共 830 个，达标比例为 29.1%，购置仪器设备数量 37 190 台套	
				中央财政专项资金	92 378	114 000			
				地方投入	44 882	61 300			

序号	项目名称	建设性质	建设规模	投资来源	总投资	目前已安排中央投资	主要建设内容	完成情况	备注
（二）	重点污染源自动监控				507 803	346 202			
				中央财政专项资金	76 202	76 202			
				地方投入	35 601	47 000			
				企业自筹	396 000	223 000			
15	重点污染源自动监控平台				111 803		五个督查中心建设监控平台，开发和更新基于GIS的污染源实时监控数据管理软件；省级（含兵团）、地市级监控中心（系统）的数据传输、管理、分析、审核与发布网络体系	已建成或正在建设6个国家级监控中心，完成监控中心软件研发和一个质控实验室建设，已完成规划目标。初步建设完成32个省级（含兵团）监控中心建设，目标完成率为100%。建成325个地市级监控中心，目标完成率为96.4%	
				中央财政专项资金	76 202	76 202			
				地方投入	35 601	47 000			
16	重点污染源在线监测				396 000		3 592家废气污染源、3 115家废水污染源、658家城市污水处理厂，监控点位安装在线监测装置，并与国家、省、市三级监控平台联网	对7 800家废气污染源、废水污染源、城市污水处理厂监控点位安装在线监测装置	
				企业自筹	396 000	223 000			
（三）	核与辐射安全监管				70 919	47 800			
				中央预算内投资	44 215	33 800			
				中央财政专项资金	21 600				
				地方投入	5 104	14 000			
17	核安全监管技术支持系统				21 600		引进、开发燃料管理、严重事故分析、概率安全分析、热工水力、燃料组件性能分析、核临界等6个软件，建设核设备安全性能验证试验室	尚未实施	
				中央财政专项资金	21 600				
18	全国放射性废物库建设				41 319		全国31个省（自治区、直辖市）新建放废库6个、异地扩建放废库4个、原地扩建放废库18个、改造3个，建设相关附属配套设施；新建国家废放射源集中贮存库；新建、改造放废库监测实验室28个	全国31个省（自治区、直辖市）新建、异地扩建、原地扩建、改造放废库28个，已完成规划目标的90%，并已建设相关附属配套设施；新建国家废放射源集中贮存库；新建、改造放废库监测实验室15个，完成规划目标的54%	在建，已列入《全国危险废物与医疗废物处置规划》
				中央预算内投资	36 215				
				地方投入	5 104				

序号	项目名称	建设性质	建设规模	投资来源	总投资	目前已安排中央投资	主要建设内容	完成情况	备注
19	全国核与辐射安全监管信息系统				8 000		四类主体核心业务，24 个子系统	核安全监管技术支持系统建设项目尚未实施，全国核与辐射监管信息系统建设项目可研正在编制中	
				中央预算内投资	8 000				
（四）	固体废物监管				17 722				
				中央预算内投资	9 600				
				地方投入	8 122				
20	国家级省级固体废物管理中心建设				16 222	4 000	办公条件和设备，相关仪器设备，业务系统	对 1 个国家级、31 个省级固体废物管理中心已配置相关仪器设备以及业务系统，基本办公条件和设备不断完善	已列入《全国危险废物与医疗废物处置规划》核减后总投资 4 650 万元，全部由中央投资
				中央预算内投资	8 100	4 000			
				地方投入	8 122				
21	铬渣污染综合整治能力建设				1 500		监管监测仪器设备、技术队伍培训、处置技术支撑体系建设		已列入《铬渣污染综合整治方案》项目核准投资 1 174 万元，全部由中央投资
				中央预算内投资	1 500	1 174			
（五）	国家级自然保护区监管				25 000				
				中央财政专项资金	25 000	15 000			
22	国家级自然保护区监管				25 000		野外巡护设备等	加强了 155 个国家级自然保护区的管护能力	已设立国家级自然保护区能力建设专项
				中央财政专项资金	25 000	15 000			
三	环境管理基础设施与条件				297 851	178 579			
				中央预算内投资	177 809	141 091			
				中央财政专项资金	59 465				
				地方投入	23 289	200			
				赠款	37 288	37 288			

序号	项目名称	建设性质	建设规模	投资来源	总投资	目前已安排中央投资	主要建设内容	完成情况	备注
（一）	国家环保机构基础设施和基本工作条件				155 267				
				中央预算内投资	93 514	88 700			
				中央财政资金	24 465				
				赠款	37 288				
23	中国环境科学研究院固体污染控制实验室及配套设施建设	改建	2 902		2 810	2 810	新建实验室 318 m^2，改造实验室 932 m^2，新建实验室场地 1 652 m^2，仪器设备购置	新建实验室 318 m^2，改造实验室 932 m^2，已经完成了 59 台套设备的购置	在建
				中央预算内投资	2 810	2 810			
24	中国环境科学研究院水环境过程模拟实验室	改建			2 584		地下水与环境系统工程研究、水污染控制实验室改造，仪器设备购置	已完成项目的可行性研究报告，正在进行设计和招标工作，预计 2009 年开工建设	
				中央预算内投资	2 584				
25	中国环境科学研究院大气环境综合实验室等 16 个实验室建设与完善	改建			14 021	5 945	大气环境、空气质量与气溶胶、机动车污染控制、光化学烟雾污染、湖泊污染控制、河流与海岸带、区域生态*、环境变化与生态效应、持久性有机污染物控制*、烟气净化技术*、化学品效应与风险评估、土壤污染控制、气候与生态系统作用过程、环境与健康、生态工业*、能源与环境实验室		12 个实验室改建列入中央级科学事业单位修缮购置工作规划
				中央预算内投资	2 867	5 945			
				中央财政资金	11 154				
26	中国环境科学研究院科研文献大楼及配套设施建设	新建	4 500		5 062	1 095	网络、资料中心，数字模拟开放实验室，环境遥感及 GIS 实验室，辅助设施，以及围墙、大门改造、供电、消防、供水、排水、供暖、道路等	项目建设已经基本完成	配套设施建设列入中央级科学事业单位修缮购置工作规划
				中央预算内投资	2 448	1 095			
				中央财政资金	2 614				
27	中国环境科学院内风洞改造（实验室）	改建	5 851		2 417				
				中央预算内投资	2 417				
28	中国环境监测总站监测业务大楼	新建	14 954		6 960	6 864		已建成并投入使用	在建
				中央预算内投资	6 960	6 864			
29	环境资源小卫星应用中心	新建	7 000		22 348	14 000	办公、业务用房，相关仪器设备，以及征地	完成结构三层建设	批准投资 1.98 亿元
				中央预算内投资	22 348	14 000			
30	中日友好环境保护中心科研、业务用房及配套改造	改造			420	420		已完成建设，建筑面积 1 500 m^2	在建
				中央预算内投资	420	420			

序号	项目名称	建设性质	建设规模	投资来源	总投资	目前已安排中央投资	主要建设内容	完成情况	备注
31	中日友好环境保护中心仪器设备更新改造	单纯购置			2 629	2 720	宣教中心全数字演播制作系统、远程教育教室等设备，环境分析测试中心仪器设备，标准样品所仪器设备	基本完成	在建
				中央预算内投资	2 629	2 720			
32	国家环保总局放射性废物管理技术中心	新建	8 300		9 500		办公、业务用房，相关仪器设备，以及征地	建设项目可研报告已经上报	已列入《全国危险废物与医疗废物处置规划》
				中央预算内投资	9 500				
33	华东环保督查中心办公综合楼	新建	7 880		6 291	2 000	办公、业务用房，相关实验室仪器设备，以及征地	项目初步设计已经上报待批	在建
				中央预算内投资	6 291	2 000			
34	南京环境科学研究所农药环境评价与污染控制实验室等3个实验室建设与完善	改建			5 544	3 610	农药环境评价与污染控制、生物安全、土壤管理与污染控制		列入中央级科学事业单位修缮购置工作规划
				中央财政资金	5 544	3 610			
35	华南环境科学研究所科研、督查、核安全业务大楼	新建	12 363		7 136	4 000	办公、业务用房，相关实验室仪器设备	办理前期手续	在建
				中央预算内投资	7 136	4 000			
36	华南环境科学研究所配套设施建设	改扩建			1 700	1 120	基础设施配套改造		列入中央级科学事业单位修缮购置工作规划
				中央财政资金	1 700	1 120			
37	华南环境科学研究所城市环境生态重点实验室等3个实验室建设与完善	改建			3 453	1 665	城市环境生态重点实验室、河口与海岸带观测模拟、环境模拟与污染控制		列入中央级科学事业单位修缮购置工作规划
				中央财政资金	3 453	1 665			
38	环境规划与工程评估业务基础设施	新建	10 000		4 992		办公、业务用房，业务信息系统	尚未实施	
				中央预算内投资	4 992				
39	国家环保总局履约中心业务用房	新建	29 269		37 288	37 288		基本建成	在建
				赠款	37 288	37 288			
40	北京会议与培训基地“十一五”环境监察培训能力建设	改扩建	4 218		958	700	培训教室、少数民族食堂及附属设施改造，专用仪器设备购置	项目已完成4 200 m^{2}的培训教室、少数民族食堂及附属设施改造	在建
				中央预算内投资	958	700			

序号	项目名称	建设性质	建设规模	投资来源	总投资	目前已安排中央投资	主要建设内容	完成情况	备注
41	北安河、北戴河、兴城3个培训机构培训能力建设	新建			3 117		培训场所、餐厅及配套设施建设与完善	尚未实施	
				中央预算内投资	3 117				
42	北方、上海、四川3个核与辐射安全监督站办公设施建设	新建			4 995		办公、业务用房等，相应仪器设备	尚未实施	
				中央预算内投资	4 995				
43	东北、西北2个核与辐射安全监督站办公设施建设	新建			2 647		办公、业务用房等，相应仪器设备	初步设计和概算正在审批中，预计2009年竣工	在建，核准投资1 548万元
				中央预算内投资	2 647				
44	环境事故应急与调查中及东北、西南、西北3个督查中心能力建设	改建			8 395	4 487	办公、业务用房改造，仪器设备购置	环境事故应急与调查中心初步设计和概算已报发改委待批；东北环境保护督查中心办公及业务用房项目正在建设中，已下达投资1 560万元；西南环境保护督查中心办公及业务用房项目已完成初步设计，已下达投资1 500万元；西北环境保护督查中心办公及业务用房项目基本建成，已下达投资1 427万元	在建，环境事故应急与调查中心规划投资1 600万元，核准投资531万元
				中央预算内投资	8 395	4 487			
（二）	重点实验室与工程技术中心				24 224	11 291			
				中央预算内投资	21 003	11 091			
				地方投入	3 221	200			
45	国家环境二噁英监测中心	改建			15 423	8 654	7个二噁英监测分中心	7个分中心中的4个分中心建设基本完工	在建，已列入《全国危险废物与医疗废物处置规划》，批准总投资8 654万元
				中央预算内投资	15 423	8 654			

序号	项目名称	建设性质	建设规模	投资来源	总投资	目前已安排中央投资	主要建设内容	完成情况	备注
46	危险废物处置技术和工程中心	改扩建			8 801	2 637	危险废物处置（天津、沈阳、福建）技术和工程中心	沈阳中心中央补助 1 580 万元已全部下达，地方配套 200 万元，2009 年 6 月份之前可以全部完成；福建中心核准中央投资 857 万元已全部下达，项目正在建设中；天津中心项目可研仍在修改编制中	已列入《全国危险废物与医疗废物处置规划》
				中央预算内投资	5 580	2 437			
				地方投入	3 221	200			
（三）	环境信息与统计能力建设				112 160	41 300			
				中央预算内投资	60 072	41 300			
				中央财政专项资金	35 000				
				地方投入	17 088				
47	环保业务信息化建设	新建			10 080		政府网站，电子政务综合平台，及环境监管信息系统一期	尚未实施	
				中央预算内投资	7 954				
				地方投入	2 126				
48	环境信息传输与基层统计硬件基础	新建			67 080	38 000	国家—省—市—县四级传输网络、数据库系统、应用系统、信息标准与规范，基层环境统计硬件基础	初步设计与概算正在审批中	
				中央预算内投资	52 118	38 000			
				地方投入	14 962				
49	环境统计能力建设	新建			35 000	3 300	国家、省、市以及县级环境统计数据采集、存储与应用，县级环境统计仪配备有关软件		
				中央财政资金	35 000	3 300			
（四）	环境宣传教育标准化建设				6 200				
				中央预算内投资	3 220				
				地方投入	2 980				
50	省级宣教机构标准化建设	单纯购置			6 200		影视及电教设备、办公自动化设备、交通工具	可研已上报待批	
				中央预算内投资	3 220				
				地方投入	2 980				

"211 环境保护"预算支出科目实施情况调查分析

吴舜泽 朱建华 逯元堂 金 坦

摘 要 2006 年，财政部将环境保护作为类级科目纳入《2007 年政府收支分类科目》，提高了环境保护投入的基础，推进了环保机构经费保障工作。2008 年 9 月，环保部发布《关于开展"211 环境保护"预算支出科目实施情况调查的通知》，要求开展"211 环境保护"预算支出科目实施情况调查。基于调查上报的数据，分析得出"211 环境保护"预算支出科目实施以后，虽然环境保护在政府预算支出科目中有了自己的账户，但是若无资金保障机制跟进其"增流"作用不突出，一些地方"211 环境保护"预算支出科目还处于"有渠无水"的状况，突出表现在排污费之外的财政预算经费增速比同期其他行业增速偏低，不少支出执行不到位、仍然处于空白状态。本研究针对以上问题提出了相关建议。

关键词 "211 环境保护"预算支出 调查 经费保障

Abstract Ministry of Finance took the environmental protection into the "Subject Revenue and Expenditure, 2007" as a class-level subject. It improves the basis of inputs of environmental protection, and promotes the funding of environmental protection agencies. Ministry of Finance issued the note of implementation of "211 Environmental Protection", and claimed to carry out the survey of implementation of "211 Environmental Protection" in September, 2008. Based on survey data reported, we find out that the effect of investment growth is not outstanding without financial guarantee mechanism. Some locals' "211 Environmental Protection" budget expenditure subject is still in "Drainage water" situation. Except the sewage fee, the financial budget growth rate is lower than other industries over the same period. Implementation of expenditure is not in place, even in blank. Our study offers some proposals for the above problems.

Key words "211 Environmental Protection" budget expenditures Survey Budget Guarantee

1 背景

1.1 预算科目设置

2006 年 3 月，国家财政预算首次设立"211 环境保护"科目，"211 环境保护"科目属于支出功能分类科目中的第 11 类科目，包括环境保护管理事务支出、环境监测与监察支出、污染治理支出、自然生态保护支出、天然林保护工程支出、退耕还林支出、风沙荒漠治理支出、退牧还草支出、已垦草原退耕还草支出等 10 款 50 项。

"211 环境保护"支出科目第一次以"类"级科目的形式出现，使环保在政府预算支出科目中有了户头，把各个部门分别管理、散落在不同科目，以不同形式存在的环境财政支出资金，如"基本建设支出"、"科技三项费用"、"工业交通事业费"、"行政管理费"、"排污费支出"等，统一纳入了环保科目，并细化了预算科目，较为全面、系统地反映了政府各项环境保护支出。

表 1 "211 环境保护"科目设置

211			211	环境保护
211	01		21101	环境保护管理事务
211		01	2110101	行政运行
211		02	2110102	一般行政管理事务
211		03	2110103	机关服务
211		04	2110104	环境保护宣传
211		05	2110105	环境保护法规、规划及标准
211		06	2110106	环境国际合作及履约
211		07	2110107	环境保护行政许可
211		99	2110199	其他环境保护管理事务支出
211	02		21102	环境监测与监察
211		01	2110201	环境监测与信息
211		02	2110202	环境执法监察
211		03	2110203	建设项目环评审查与监督
211		04	2110204	核与辐射安全监督
211		99	2110299	其他环境监测与监察支出
211	03		21103	污染防治
211		01	2110301	大气
211		02	2110302	水体
211		03	2110303	噪声
211		04	2110304	固体废弃物与化学品
211		05	2110305	放射源和放射性废物监管
211		06	2110306	辐射
211		07	2110307	排污费支出
211		99	2110399	其他污染防治支出
211	04		21104	自然生态保护
211		01	2110401	生态保护
211		02	2110402	农村环境保护
211		99	2110499	其他自然生态保护支出
211	05		21105	天然林保护
211		01	2110501	森林管护
211		02	2110502	社会保险补助
211		03	2110503	政策性社会性支出补助
211		04	2110504	职工分流安置
211		05	2110505	职工培训
211		06	2110506	天然林保护工程建设
211		99	2110599	其他天然林保护支出

211	06		21106	退耕还林
211		01	2110601	粮食折现挂账贴息
211		02	2110602	退耕现金
211		03	2110603	退耕还林粮食折现补贴
211		04	2110604	退耕还林粮食费用补贴
211		05	2110605	退耕还林工程建设
211		99	2110699	其他退耕还林支出
211	07		21107	风沙荒漠治理
211		01	2110701	京津风沙源禁牧舍饲粮食折现补助
211		02	2110702	京津风沙源治理禁牧舍饲粮食折现挂账贴息
211		03	2110703	京津风沙源治理禁牧舍饲粮食费用补贴
211		04	2110704	京津风沙源治理工程建设
211		99	2110799	其他风沙荒漠治理支出
211	08		21108	退牧还草
211		01	2110801	退牧还草粮食折现补贴
211		02	2110802	退牧还草粮食费用补贴
211		03	2110803	退牧还草粮食折现挂账贴息
211		99	2110899	其他退牧还草支出
211	09		21109	已垦草原退耕还草
211	99		21199	其他环境保护支出

1.2 预算科目调查

【调查对象】本次“211 环境保护”预算支出科目调查表 1 中的 01～04 款科目，另外在 04 款中附加了 03-自然保护区和 04-生物及物种资源保护这两项。被调查科目范围涉及污染防治、自然生态保护、管理事务及监测监察、排污费收缴使用情况、环保机构设置及人员情况。天然林保护、退耕还林、风沙荒漠治理、退牧还草等未纳入调查范围。

【调查目的】拟通过本次调查，了解地方环保部门“211 环境保护”预算支出科目执行情况，评估科目设置的科学性，完善科目体系；跟踪排污费收缴及使用情况，落实排污费专款专用；调查地方各级环保部门机构人员规模，分析人员经费标准。

【数据范围】2006 年 3 月，国家财政预算首次设立“211 环境保护”科目，2007 年正式运行一年。本次按照分省、市、县对 31 个省（自治区、直辖市）的各级环保部门进行调查，按照市、区县对 5 个计划单列市的各级环保部门进行调查，调查年度为 2006①年和 2007 年。截至目前，上报齐全的共 29 个，包括福建、安徽、甘肃、广东、广西、贵州、河北、河南、湖北、湖南、吉林、江苏、山东、山西、辽宁、浙江、陕西、江西、四川、黑龙江、宁夏、内蒙古、西藏、北京、天津、上海、重庆、青岛、深圳（纳入广东省）。青海、新疆、宁波、大连、厦门上报数据部分不齐全。海南、云南两省未上报。考虑数据可得性，此次数据统计不包含新疆、海南和云南 3 个省份。由于 2006 年 211 预算科目并未真正实施，2007 年首次实施，因而调查数据的可得性、规范性还有一定问题，调查数据存在部分误差，个别数据不完全合乎逻辑。

① “211 环境保护”预算支出科目 2006 年并未实际运行，数据是转换得来的，2007 年正式运行。

2 预算支出科目实施情况

2006 年，我国环境保护经费来源总额 198.10 亿元，支出总额 199.13 亿元，收支基本平衡。2007 年，我国环境保护经费来源总额 260.29 亿元，支出总额 258.62 亿元，收支基本平衡。

2.1 预算支出

支出方式包括财政拨款支出、其他支出和专项支出。财政拨款支出占较大比例，财政拨款支出包括基本支出和项目支出，人员经费占基本支出的比例较高，基本建设占项目支出的比例较低。

2.1.1 预算支出规模与构成

（1）预算支出总规模与构成。2006 年，我国环境保护预算支出总额 199.13 亿元，其中：财政拨款支出 141.33 亿元（占总支出 71%）；其他支出[①]18.66 亿元（占总支出 9%）；专项支出[②]39.14 亿元（占总支出 20%）。

2007 年，我国环境保护预算支出总额 258.62 亿元，其中，财政拨款支出 177.72 亿元（占总支出 69%）；其他支出 20.11 亿元（占总支出 8%）；专项支出 60.79 亿元（占总支出 23%）。与 2006 年相比，支出总额增加 59.49 亿元（增长 30%）。其中：财政拨款支出、其他支出、专项支出分别增加 36.39 亿元、1.45 亿元、21.65 亿元，分别增长 26%、8%、55%。专项支出增长较快，其他支出增长较慢。财政拨款支出保持占较大比重，其次是专向支出和其他支出。

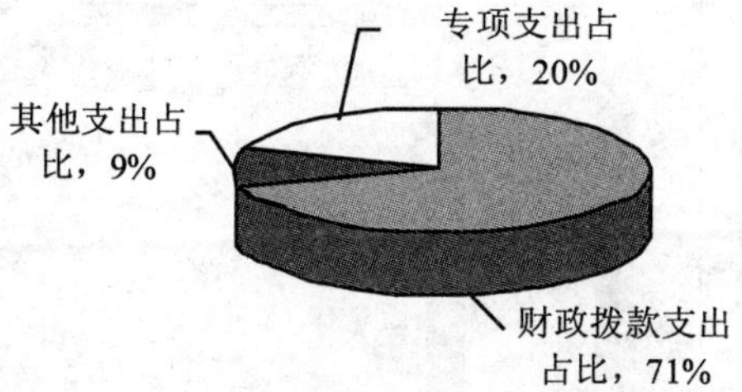

图 1　2006 年预算支出总额占比构成

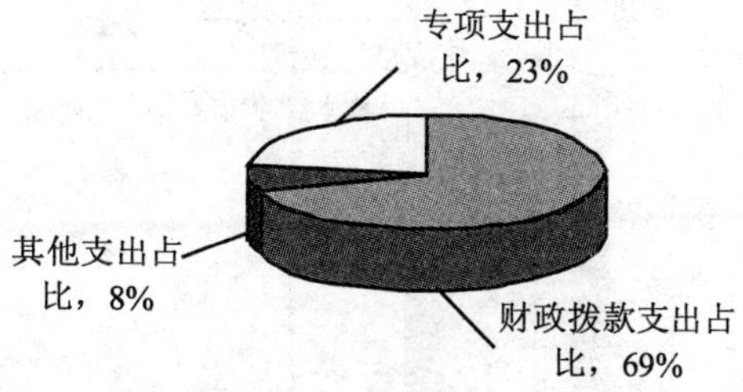

图 2　2007 年预算支出总额占比构成

2007 年比 2006 年环境保护预算支出的增长 59.49 亿元。但来自排污费使用实际增加 30.52 亿元（统计数据显示 2007 年比 2006 年全国排污费收入增加 34.17 亿元，两者基本持平），占预算支出增加量的 51.3%。除排污费外，其他经费增长 28.97 亿元，仅为全国财政支出新增量（9 358 亿元）的 0.31%，与 2006 年经费支出相比增长 14.5%，低于同期

---

① 其他支出是指用事业收入、经营收入等安排的支出。

② 专项支出是指财政部门通过环保部门安排的专项支出（未列入环保部门预算部分）。

财政支出增长率（23.2%）。由此表明，环境保护支出经费增长主要是由于排污费增长较快，新增财力向环保领域倾斜并不明显，科目设立后的经费保障提升作用并不明显。

表 2　2006—2007 年我国环境保护预算支出构成　　单位：万元

年份	支出总计	财政拨款支出	其他支出	专项支出	经费来源
2006	1 991 222.33	1 413 260.14	186 587.81	391 374.38	1 981 064.34
2007	2 586 120.5	1 777 184.13	201 060.8	607 875.57	2 602 960.91

（2）省、市、县三级预算支出规模与构成。2006 年，省本级环境保护预算总支出 55.77 亿元，其中：财政拨款支出 33.07 亿元，其他支出 7.98 亿元，专项支出 14.72 亿元，分别占总支出 59%、14%、27%；市本级环境保护预算总支出 83.57 亿元，其中：财政拨款支出 62.05 亿元，其他支出 6.01 亿元，专项支出 15.51 亿元，分别占总支出 74%、7%、19%；县本级环境保护预算总支出 59.79 亿元，其中：财政拨款支出 46.21 亿元，其他支出 4.67 亿元，专项支出 8.91 亿元，分别占总支出 77%、8%、15%。

2007 年，省本级环境保护预算总支出 72.23 亿元，其中：财政拨款支出 38.19 亿元，其他支出 8.22 亿元，专项支出 25.82 亿元，分别占总支出 53%、11%、36%；市本级环境保护预算总支出 105.45 亿元，其中：财政拨款支出 77.26 亿元，其他支出 6.67 亿元，专项支出 21.52 亿元，分别占总支出 73%、6%、21%；县本级环境保护预算总支出 80.93 亿元，其中：财政拨款支出 62.26 亿元，其他支出 5.22 亿元，专项支出 13.45 亿元，分别占总支出 77%、6%、17%。

相对省级而言，地市和区县级其他支出、专项支出比例较低。与 2006 年相比，2007 年省、市、县三级环保机构环保总支出都有所增加，分别增加 16.46 亿元、21.88 亿元和 21.14 亿元，但是财政拨款支出和其他支出占总支出的比例略微下降，而专项支出稍有增长。

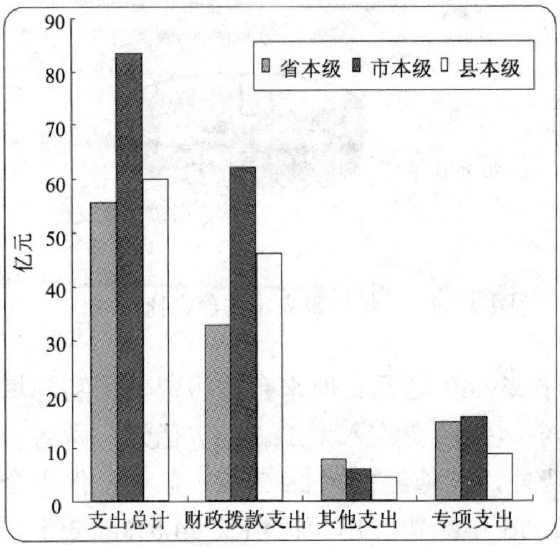

图 3　2006 年预算支出分省市县构成

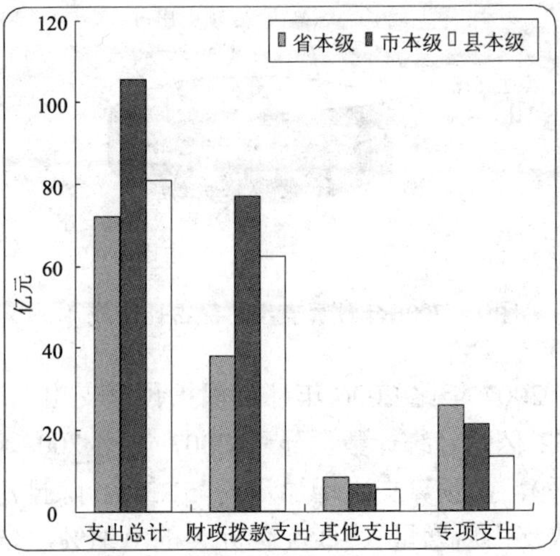

图 4　2007 年预算支出分省市县构成

（3）分科目预算支出规模与构成。本次调查的环境保护预算资金按照科目设置主要用于环境保护管理事务、环境监测与监察、污染防治和自然生态保护这 4 个方面。2006 年，我国环境保护预算资金用于环境保护管理事务 43.03 亿元（占支出总额 24%），环境监测与监察 38.77 亿元（占支出总额 21%），污染防治 96.84 亿元（占支出总额 53%），自然生态保护 3.71 亿元（占支出总额 2%）。东部支出总额 107.89 亿元（占支出总额 54%），其中：环境保护管理事务 26.73 亿元（占 25%），环境监测与监察 22.31 亿元（占 21%），污染防治 55.69 亿元（占 52%），自然生态保护 3.16 亿元（占 2%）；中部支出总额 46.92 亿元（占支出总额 24%），其中：环境保护管理事务 10.15 亿元（占 22%），环境监测与监察 10.13 亿元（占 22%），污染防治 26.36 亿元（占 56%），自然生态保护 0.28 亿元（占 0.6%）；西部支出总额 27.54 亿元（占支出总额 22%），其中：环境保护管理事务 6.15 亿元（占 22%），环境监测与监察 6.33 亿元（占 23%），污染防治 14.79 亿元（占 54%），自然生态保护 0.27 亿元（占 1%）。可以看出，东部占全国的预算资金比例较大（占 54%），中西部较小，主要用于污染防治（53%）、环境保护管理事务（24%），环境监测与监察、自然生态保护支出较少。

表 3　2006—2007 年我国环境保护预算支出按科目构成　　单位：万元

科目	2006 年			2007 年		
	东部	中部	西部	东部	中部	西部
环境保护管理事务	267 262.25	101 453.87	61 535.042	300 504.17	125 882.29	92 517.186
环境监测与监察	223 060.67	101 267.79	63 252.936	280 333.57	158 082.47	117 528.33
污染防治	556 901.68	263 568.31	147 904.97	695 057.93	364 940.82	154 283.41
自然生态保护	31 552.03	2 780.02	2 734.687 7	46 821.35	8 608.24	5 501.272 1
总计	1 078 776.6	469 069.99	275 427.64	1 322 717	657 513.82	369 830.2

2007 年，环境保护预算资金用于环境保护管理事务 51.89 亿元（占支出总额的 22%），环境监测与监察 55.59 亿元（占支出总额的 24%），污染防治 121.43 亿元（占支出总额的 52%），自然生态保护 6.09 亿元（占支出总额的 2%）。与 2006 年相比，分别增加 8.86 亿元、16.82 亿元、24.59 亿元、2.38 亿元，分别增长 21%、43%、25%、64%，环境监测与监察和污染防治增幅较大，支出比例没有太大变化。东部支出总额 132.27 亿元（占支出总额的 51%），其中环境保护管理事务 30.05 亿元（占 23%），环境监测与监察 28.03 亿元（占 21%），污染防治 69.51 亿元（占 53%），自然生态保护 4.68 亿元（占 3%）；中部支出总额 65.75 亿元（占支出总额 25%），其中：环境保护管理事务 12.59 亿元（占 19%），环境监测与监察 15.81 亿元（占 24%），污染防治 36.49 亿元（占 55%），自然生态保护 0.86 亿元（占 2%）；西部支出总额 36.98 亿元（占支出总额 24%），其中：环境保护管理事务 9.25 亿元（占 25%），环境监测与监察 11.75 亿元（占 32%），污染防治 15.43 亿元（占 42%），自然生态保护 0.55 亿元（占 1%）。2007 年，东部占全国的预算资金比例较大、中西部较小的局面没有改变，但是受能力建设投入因素的影响，资金用途开始倾向于环境监测与监察（24%）、污染防治（52%），支出结构发生变化。

表4 2006—2007年预算支出科目按省市县构成 单位：万元

科目	2006年			2007年		
	省本级	市本级	县本级	省本级	市本级	县本级
环境保护管理事务	63 380.58	179 480.55	196 660.4	57 402.08	227 917.59	241 318.78
环境监测与监察	93 854.23	165 341.43	140 644.23	155 312.58	242 036.95	185 864.15
污染防治	341 228.37	450 172.77	233 251.31	417 538.64	519 431	344 720.23
自然生态保护	12 512.48	12 338.04	17 603.16	24 016.16	24 840	23 290.34

注：不包含其他项。

2006 年，环境保护预算支出科目按省、市、县划分，省本级环境保护管理事务支出6.34亿元（占省本级12%），环境监测与监察支出9.39亿元（占18%），污染防治支出34.12亿元（占67%），自然生态保护支出1.25亿元（占3%）。市本级环境保护管理事务支出17.95亿元（占市本级22%），环境监测与监察支出16.53亿元（占20%），污染防治支出45.02亿元（占56%），自然生态保护支出1.23亿元（占2%）。县本级环境保护管理事务支出19.67亿元（占县本级33%），环境监测与监察支出14.06亿元（占24%），污染防治支出23.33亿元（占40%），自然生态保护支出1.76亿元（占3%）。

2007 年，环境保护预算支出科目按省、市、县划分，省本级环境保护管理事务支出5.74亿元（占省本级9%），环境监测与监察支出15.53亿元（占24%），污染防治支出41.75亿元（占64%），自然生态保护支出2.40亿元（占3%）。市本级环境保护管理事务支出22.79亿元（占市本级22%），环境监测与监察支出24.20亿元（占24%），污染防治支出51.94亿元（占51%），自然生态保护支出2.48亿元（占3%）。县本级环境保护管理事务支出24.13亿元（占县本级30%），环境监测与监察支出18.59亿元（占23%），污染防治支出34.47亿元（占43%），自然生态保护支出2.33亿元（占4%）。

2006 年，省、市、县三级环境保护支出重点是污染防治，所占比例自上而下逐级递减。环境保护管理事务、环境监测与监察及自然生态保护市、县两级支出较多，与这两级事权集中、难以有较多资金投入污染防治、现有预算仅维持基本运行等原因有关，自然生态保护是支出的薄弱环节，所占比例很小。2007年与2006年情况基本一致，变化不大。

2.1.2 基本支出

（1）分省、市、县基本支出规模与构成。2006 年，环境保护预算基本支出[①]为66.22亿元。按省、市、县三级划分，省本级基本支出8.85亿元（占13%），市本级基本支出26.42亿元（占40%），县本级基本支出30.95亿元（占47%）。2007年，环境保护预算基本支出80.24亿元。按省、市、县三级划分，省本级基本支出9.97亿元（占12%），市本级基本支出32.69亿元（占41%），县本级基本支出37.58亿元（占47%）。与2006年相比，2007年省、市、县基本支出分别增加1.12亿元、6.27亿元、6.63亿元，分别增长13%、24%、21%，市、县两级基本支出增长幅度较大，人员经费和基本办公费用保障程度有所提高。

① 基本支出包括人员经费和公用经费等。

表 5　2006—2007 年份省市县基本支出情况　　单位：万元

	2006 年				2007 年			
	财政拨款支出	其中：基本支出	其他支出	其中：基本支出	财政拨款支出	其中：基本支出	其他支出	其中：基本支出
省本级	330 652.71	60 563.24	79 768.75	27 939.75	381 938.11	65 421.72	82 162.22	34 289.65
市本级	620 497.8	230 706.24	60 118.69	33 520.9	772 637.64	290 827.17	66 695.29	36 148.71
县本级	462 109.63	280 181.1	46 700.37	29 304.6	622 608.38	344 007.63	52 203.29	31 771.92

（2）分东、中、西部基本支出规模与构成。2006 年，环境保护预算基本支出 63.84 亿元[①]。按东、中、西区域划分，东部基本支出 36.03 亿元（占 56%），中部基本支出 17.88 亿元（占 28%），西部基本支出 9.93 亿元（占 16%）。2007 年，环境保护预算基本支出 76.97 亿元。按东、中、西区域划分，东部基本支出 40.67 亿元 （占 53%），中部基本支出 21.96 亿元（占 29%），西部基本支出 14.34 亿元（占 18%）。支出结构东部占较大比例，支出不均衡。与 2006 年相比，2007 年，东、中、西分别增加 4.64 亿元、4.08 亿元、4.41 亿元，分别增长 13%、23%、44%，其中西部增长较快。

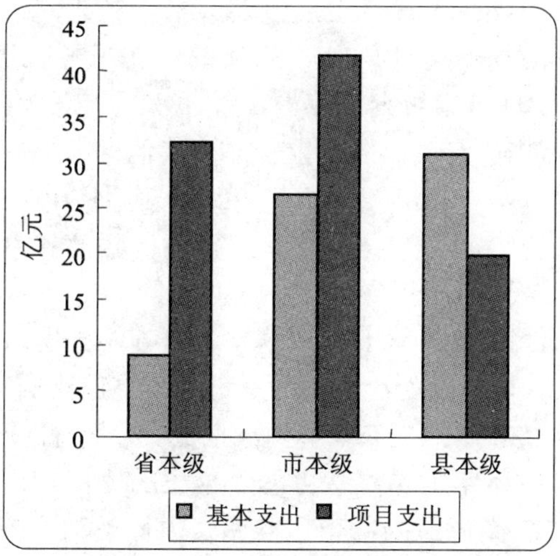

图 5　2006 年基本支出按省市县构成

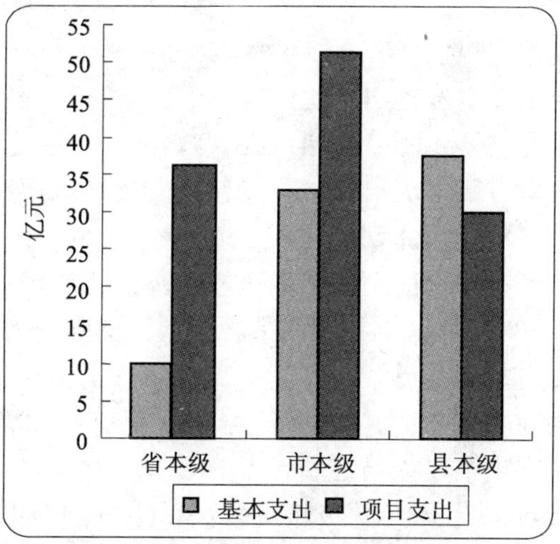

图 6　2007 年基本支出按省市县构成

表 6　2006—2007 年份东中西部基本支出情况　　单位：万元

	2006 年				2007 年			
	财政拨款支出	其中：基本支出	其他支出	其中：基本支出	财政拨款支出	其中：基本支出	其他支出	其中：基本支出
东部	791 737.05	310 650.69	97 452.62	49 584.54	915 763.83	347 578.6	107 173.51	59 075.05
中部	289 519.42	153 166.95	50 667.19	25 648.01	427 007.22	191 295.97	68 292.36	28 261.88
西部	263 367.14	92 891.54	15 306.45	6 439.75	347 171.93	130 650.62	22 348.23	12 728.75

① 因为统计不包含 4 个计划单列市（大连、青岛、宁波、厦门），所以小于按省、市、县统计的基本支出。

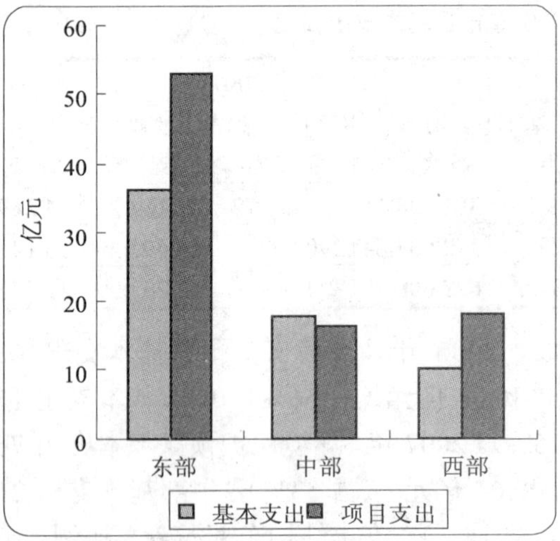

图 7　2006 年基本支出按东中西构成

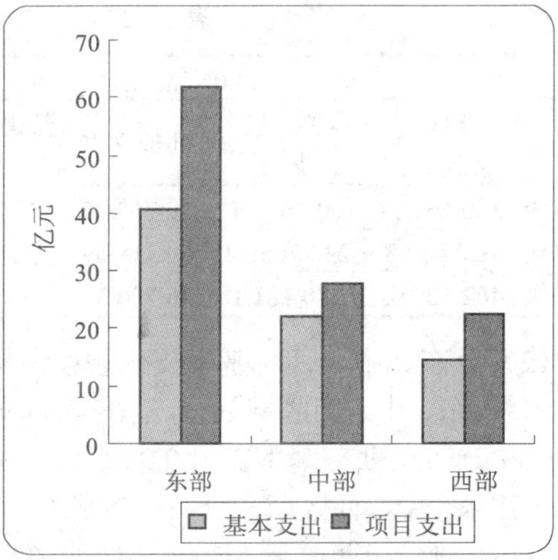

图 8　2007 年基本支出按东中西构成

（3）人员经费支出分析。2006 年，“211 环境保护”预算支出中人员经费 37.18 亿元，占基本支出 58%。财政拨款支出中，人员经费占基本支出 62%。东部省、市、县三级人员经费占基本支出的比例较高，占 50%以上；中部省本级占比较小（占 48%），市、县两级都在 60%以上；西部省、市、县三级占比也都在 50%以上，也较高。其他支出中，人员经费占基本支出 32%。东部省本级人员经费占基本支出较低，仅 12%，其次是市、县两级；中部省本级基本支出中没有人员经费支出，而市、县两级占比较大；西部省本级人员经费支出很小，市本级较高，县本级较低。

2007 年，“211 环境保护”预算支出中人员经费 46.9 亿元，占基本支出 60%。财政拨款支出中，人员经费占基本支出 64%。东部省、市、县三级人员经费占基本支出比例高，都在 60%以上；中部也一样；西部只有省本级占 50%以下，市、县两级也很高，接近 70%。其他支出中，人员经费占基本支出 30%。东部省本级人员经费占基本支出的比例较低，仅 14%，市、县两级相对较高；中部同东部情况类似；西部市、县两级占比较低，20%左右，省本级基本支出中没有人员经费支出。这说明，西部基层（市县两级）“养人”支出比重大，“干事”经费相对不足。

表 7　2006—2007 年我国人员经费占基本支出构成　　单位：万元

		2006 年					
		财政拨款支出			其他支出		
		基本支出	其中：人员经费	占比/%	基本支出	其中：人员经费	占比/%
东	省	37 486.36	20 219.3	54	23 578.59	2 738.4	12
	市	112 236.54	72 341.98	64	14 540.81	5 524.66	38
	县	167 523.09	106 249.47	63	11 461.61	5 229.43	46
中	省	14 077.53	6 784.82	48	252.14	0	0
	市	60 450.5	37 428.27	62	10 059.75	3 716.87	37
	县	78 637.92	47 665.33	61	15 339.62	7 316.22	48

		2006 年					
		财政拨款支出			其他支出		
		基本支出	其中：人员经费	占比/%	基本支出	其中：人员经费	占比/%
西	省	8 998.35	4 501	50	889.17	1.16	0
	市	51 042.9	32 988.56	65	3 418.52	1 094.78	32
	县	29 246.11	17 756.79	61	2 048.47	271.6	13
合计		559 699.3	345 935.52	62	81 588.68	25 893.12	32
		2007 年					
		财政拨款支出			其他支出		
		基本支出	其中：人员经费	占比/%	基本支出	其中：人员经费	占比/%
东	省	37 553.09	22 628.75	60	27 814.99	3 847.6	14
	市	137 885.76	89 500.41	65	16 469.64	5 851.71	36
	县	193 650.03	120 382.52	62	14 182.97	5 871.14	41
中	省	13 541.68	8 844.18	65	1 671.4	327.14	20
	市	75 083.83	51 869.12	69	10 611.17	4 555.63	43
	县	102 696.8	66 154.5	64	16 006.9	7 813.62	49
西	省	14 175.95	6 321.65	45	4 799.77	0	0
	市	68 887.16	47 409.46	69	5 844.4	1 360.3	23
	县	41 733.81	25 891.93	62	1 874.54	365.28	19
合计		685 208.11	439 002.52	64	99 275.78	29 992.42	30

财政拨款支出中，东、中、西部省、市、县三级人员经费占基本支出的比例都较高，说明“吃饭财政”问题普遍存在，公用经费得不到充分保障。其他支出中，东、中部市、县两级人员经费占基本本支出的比例较高，省级较低，说明财政经费保障难以落实，不能满足环保机构实际需求。西部略有不同，普遍较低。

2.1.3 项目支出

（1）分省、市、县项目支出规模与构成。2006 年，环境保护预算项目支出 93.76 亿元。按省、市、县三级划分，省本级项目支出 32.19 亿元（占 34%），市本级项目支出 41.64 亿元（占 44%），县本级项目支出 19.93 亿元（占 22%）。2007 年，环境保护预算项目支出 117.57 亿元。按省、市、县三级划分，省本级项目支出 36.44 亿元（占 31%），市本级项目支出 51.23 亿元（占 44%），县本级项目支出 29.9 亿元（占 25%）。与 2006 年相比，省、市、县项目支出分别增长 4.25 亿元、9.59 亿元、9.97 亿元，分别增长 13%、23%、50%。由于基础较低，县本级项目支出增长较快。

（2）分东、中、西部项目支出规模与构成。2006 年，环境保护预算项目支出 86.98 亿元。按东、中、西区域划分[①]，东部项目支出 52.90 亿元（占 61%），中部项目支出 16.14 亿元（占 19%），西部项目支出 17.94 亿元（占 20%）。2007 年，环境保护预算项目支出 111.81 亿元。按东、中、西区域划分，东部项目支出 61.63 亿元（占 55%），中部项目支

① 统计不包含 4 个计划单列市（大连、青岛、宁波、厦门）。

出 27.57 亿元（占 25%），西部项目支出 22.61 亿元（占 20%）。与 2006 年相比，东、中、西分别增加 8.73 亿元、11.43 亿元、4.67 亿元，分别增长 17%、71%、26%，中部增长幅度大。2007 年东部项目支出明显降低，中部增长较明显，西部变化不大。

表 8 2006—2007 年份省市县项目支出情况 单位：万元

	2006 年				2007 年			
	财政拨款支出	其中：项目支出	其他支出	其中：项目支出	财政拨款支出	其中：项目支出	其他支出	其中：项目支出
省本级	330 652.71	270 089.47	79 768.75	51 829	381 938.11	316 516.39	82 162.22	47 872.57
市本级	620 497.8	389 791.56	60 118.69	26 597.79	772 637.64	481 810.47	66 695.29	30 546.58
县本级	462 109.63	181 928.53	46 700.37	17 395.77	622 608.38	278 600.75	52 203.29	20 431.37

表 9 2006—2007 年份东中西部项目支出情况 单位：万元

	2006 年				2007 年			
	财政拨款支出	其中：项目支出	其他支出	其中：项目支出	财政拨款支出	其中：项目支出	其他支出	其中：项目支出
东部	791 737.05	481 086.36	97 452.62	47 868.08	915 763.83	568 185.23	107 173.51	48 098.46
中部	289 519.42	136 352.47	50 667.19	25 019.18	427 007.22	235 711.25	68 292.36	40 030.48
西部	263 367.14	170 475.6	15 306.45	8 866.7	347 171.93	216 521.31	22 348.23	9 619.48

（3）基本建设支出分析。2006 年，“211 环境保护”预算支出中基本建设支出 10.55 亿元，占项目支出 12%。财政拨款支出中，基本建设占项目支出 12%。东部省、市、县三级基本建设支出占项目支出的比例都较小，最高县本级只有 10%；中部市本级较低（占 9%），省、县两级也不高；西部省、市两级较低，均低于 10%，而县本级相对较高，占 20%。其他支出中，东、中、西基本建设占项目支出的比例均较低，只有中部县本级较特殊，占比较高，达到 39%，其余均在 10%左右。

2007 年，“211 环境保护”预算支出中基本建设支出 12.61 亿元，占项目支出 11%。财政拨款支出中，东、中、西基本建设占项目支出的比例比较均衡，但是均偏低，占 10%～20%之间，只有东部和中部的省本级占比较低，分别为 4%和 7%。其他支出中，东部和西部的省本级项目支出中没有基本建设支出。东部市、县两级基本建设占项目支出的比例在 20%左右；中部占比均较高，尤其是中部县本级达到最高，占 35%；西部市本级最低，只占 2%，县级也只占 17%。

总体来看，基本建设占项目支出的比例东、中、西部省、市、县三级均不高，相对省级偏低，支出并不均衡，政府应加大基本建设支出。

2.1.4 专项支出

（1）分省、市、县专项支出规模与构成。2006 年，环境保护预算支出中专项支出 39.14 亿元，按省、市、县三级划分，省本级专项支出 14.72 亿元（占 38%），市本级专项支出 15.51 亿元（占 40%），县本级专项支出 8.91 亿元（占 22%）。2007 年，环境保护预算支出中专项支出 60.79 亿元，按省、市、县三级划分，省本级专项支出 25.82 亿元（占 42%），市本级专项支出 21.52 亿元（占 35%），县本级专项支出 13.45 亿元（占 23%）。与 2006 年相比，省、市、县专项支出分别增长 11.1 亿元、6.01 亿元、4.54 亿元，分别增长 75%、39%、51%，省、市、县三级环保机构专项支出增长幅度都较大，尤其省、县两级增幅超过 50%。

表 10　2006—2007 年我国基本建设占项目支出的构成　　单位：万元

		2006 年					
		财政拨款支出			其他支出		
		项目支出	其中：基本建设	占比/%	项目支出	其中：基本建设	占比/%
东	省	143 997.74	2 931.2	2	30 989.49	2 171.81	7
	市	218 260.75	41 365.99	19	8 878.82	598.02	7
	县	121 765.1	21 354.58	18	7 995.27	778.66	10
中	省	33 957.73	6 210	18	5 418.02	0	0
	市	69 886.78	6 469.77	9	13 474.1	1 992.57	15
	县	32 542.76	4 128.33	13	6 115.53	2 384.37	39
西	省	92 131.69	5 880	6	5 650.02	0	0
	市	56 557.9	4 991.93	9	2 756.7	101	4
	县	20 548.07	4 105.1	20	408.48	44.68	11
合计		789 648.52	97 436.9	12	81 686.43	8 071.11	10
		2007 年					
		财政拨款支出			其他支出		
		项目支出	其中：基本建设	占比/%	项目支出	其中：基本建设	占比/%
东	省	153 739.99	6 307.03	4	28 747.21	0	0
	市	245 667.1	32 567.03	13	8 547.01	1 496.08	18
	县	178 329.84	22 132.72	12	10 799.74	2 457.97	23
中	省	64 976.62	4 639.7	7	13 777.84	2 500	18
	市	107 088.79	10 863.39	10	17 667.02	2 221.77	13
	县	63 666.44	9 724.96	15	9 053.12	3 169.28	35
西	省	97 936.42	13 219.25	13	5 343.02	0	0
	市	86 687.02	9 454	11	3 821.05	87	2
	县	28 913.64	5 148.52	18	444.01	74.6	17
合计		1 027 005.9	114 056.6	11	98 200.02	12 006.7	12

（2）分东、中、西部专项支出规模与构成。2006 年，环境保护预算支出中专项支出 37.88 亿元，按东、中、西区域划分①，东部专项支出 23.36 亿元（占 62%），中部专项支出 13.37 亿元（占 35%），西部专项支出 1.15 亿元（占 3%）。2007 年，环境保护预算支出中专项支出 55.32 亿元，按东、中、西区域划分，东部专项支出 34.25 亿元（占 62%），中部专项支出 18.80 亿元（占 34%），西部专项支出 2.27 亿元（占 4%）。与 2006 年相比，东、中、西分别增加 10.89 亿元、5.43 亿元、1.12 亿元，分别增长 47%、41%、97%，东部增长幅度较大，西部增长速度很快。但是，东部专项支出仍占较大比例，支出结构几

① 统计不包含 4 个计划单列市（大连、青岛、宁波、厦门）。

乎没有变化。

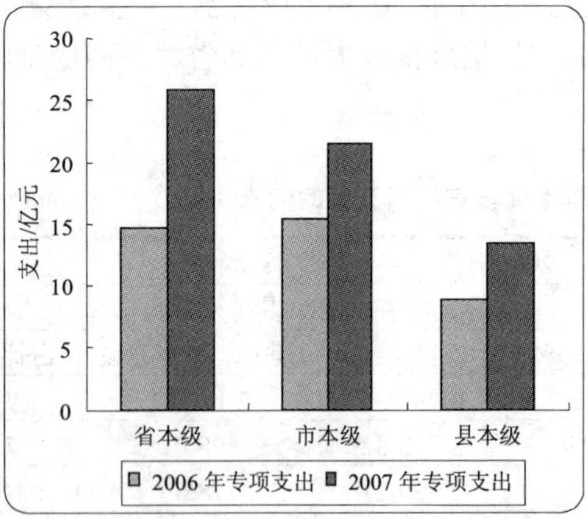

图 9　2006—2007 年专项支出按省市县构成

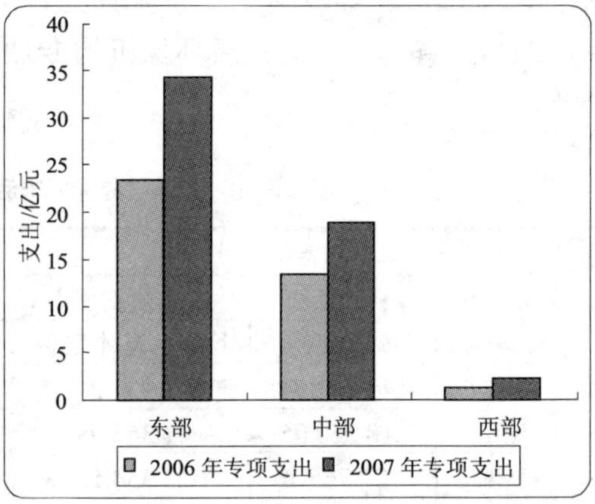

图 10　2006—2007 年专项支出按东中西构成

2.1.5 预算支出科目实施存在的问题

"211 环境保护"支出科目使环保在政府预算支出科目中有了户头，从而为政府环保投入提供重要保障，但是"211 环境保护"支出科目的设置上存在一定的问题。总体来看，"211 环境保护"预算支出科目尚不能准确、全面、真实地反映各级环境保护的支出，从执行情况来看，除省本级执行情况较好外，绝大部分市（州）、县（区、市）财政部门未按"211 环境保护"支出科目执行或执行不到位，"211 环境保护"预算支出科目处于"有渠无水"的状态。根据地方调查反映，主要体现在：

（1）"211 环境保护"科目的设置存在部分科目"有渠无水"没有数据填报、部分科目没有细化难以填报两方面截然不同的问题。一方面是部分科目分设较细，财政对一些明细科目未能安排资金，无法落实支出科目具体体系，环保投入上还很不足。环境保护管理事务中常用科目只有行政运行和环境保护宣传这两项，不常用的有 5 项，如环境保护管理事务中环境国际合作及履约有 10 个省份没有填报数据；环境监测与监察中常用科目有环境监测与信息和环境执法监察这两项，不常用的有两项，如建设项目环评审查与监督有 3 个省份和两个计划单列市没有填报数据；污染防治中常用科目只有排污费支出这一项，其余 6 项不常用，如噪声有 14 个省份没有填报数据；自然生态保护中大部分都不常用，如生物及物种资源保护有 19 个省份没有填报数据。另一方面，统观"211 环境保护"支出科目的设置所涵盖的范围还不够全面和广泛，还没充分体现预算科目细化、透明的要求。例如：支出科目中缺少环保科研、新技术开发支出科目，各级环保科研部门基本支出、项目支出没有相应预算科目。

（2）科目设置逻辑不严谨，体现的意图不明确，没有明确的规范，省、市、县各级对"211 环境保护"所设置科目的理解不同。例如，地方反映，难以明确监察执法单位的人员经费是体现在"环境保护管理事务的行政运行"科目还是"环境监测与监察的环境执法监察"科目，按照国家科目调整说明应当用"环境保护管理事务的行政运行"科目，但有的市财政局实际使用"环境监测与监察的环境执法监察"科目；"环境监测与信息"

（2110201）科目反映的是监测与信息两方面内容，无法进行单独分析；建设项目验收支出是属于"环境保护管理事务的行政许可"科目还是属于"环境监测与监察的建设项目环评审查与监督"科目，界定不清；省核与辐射安全在科目使用上是"2110204 核与辐射安全监督"，但在机构分类上属于"环境监测与信息"类，科目使用与机构类别上还没有完全对应。

（3）科目设置存在争议。有的"项"级科目设置过细，存在个别重复设置的情况，如"污染防治"下的项级科目设置过细过多；有的"项"级科目设置又过粗，如对"环境监测与监察"支出科目的细化又不够，无法完整地反映环境监测等事业机构的基本支出和项目支出，导致一些市、县在"其他环境监测与监察支出"中列支环境监测机构的经费，不利于统一预算口径。

（4）"2110307-排污费支出"科目反映过于简单，如将排污费用于水污染防治、大气污染防治、自然生态保护、环保能力建设等方面，只笼统列入"2110307 排污费支出"项，不能反映支出细项；如果分项填报，则此项支出不再需要，且此部分主要反映资金来源，与其具体用途方向（如污染防治 21103 等）存在一定的交叉。

2.1.6 完善预算支出科目建议

根据环保形势任务的新变化，应适时调整"211 环境保护"支出科目，地方相关建议如下：

（1）优化调整"211 环境保护"预算科目体系。优化预算支出结构，使科目覆盖环境保护、生态建设、节能等方面，应进一步提高环境保护支出的比例。

（2）建议将"2110307-排污费支出"科目单设一款，下设大气、水体、能力建设等具体细项，或者取消"2110307-排污费支出"，将排污费支出分解到各细项，通过其他数据或信息反映资金来源情况。

（3）建议增加"事业运行"科目，将人员经费、公用经费从目前的各科目中分离，以全面反映环保部门各事业单位的人员经费及日常运行经费，与各事业单位的项目支出分开，真实反映"211"各科目用于环境保护事业方面的支出。

（4）随着环保能力建设项目投入逐步加大，按照《全国环境监测站建设标准》（环发[2007]56 号）的要求，每年应安排用于常规监测仪器和应急监测仪器设备的维护，建议在"211 环境保护"预算科目中增设"环保设备维护"二级科目，用于核算仪器设备维修、备品备件更换、仪器检定、消耗品购置等。

（5）为加强环境污染事故应急处理能力，预防污染事故等环境安全问题的发生，建议从"环境执法监察"中将"突发性污染事故预防、应急处置等支出"调整出来单独设立一个二级预算支出科目"环境安全"进行管理，核算在"环境安全能力建设、突发性污染事故预防、应急物资储备（演习）等支出"。

（6）进一步细化"环境监测与监察"支出科目。例如，在"21102-环境监测与监察"款下单列"环保信息化建设"项，以便更能直观准确地反映在环保信息化建设方面的支出。

（7）在"211"类下，增设"环保科研"类，以全面反映在环保科研项目方面的支出，与其他环保专项支出分开。

（8）建议将"2110104-环境保护宣传"调整为"2110104-环境保护宣传与培训"，将

“2110305-放射源和放射性废物监管”调整为“放射源和放射性废物”，更为准确。

（9）在“21102”款下，增设“固体废物监管”“机动车尾气监管”，以单独反映在固体废物监管、机动车排气污染监管方面的支出。

2.2 经费来源

经费来源渠道包括财政预算、排污费和其他收入。其中，财政预算占较大比例，是经费来源的主要渠道，其次是排污费和其他收入。但从排污费实际支出看，排污费支出占预算支出总额的 50%左右，但由于统计归类的问题，在经费来源调查中这一问题基本被掩盖。财政预算中，中央财政预算占比不高。

2.2.1 经费来源构成

（1）2006 年环境保护经费来源规模与构成 。2006 年，我国环境保护经费来源总额 198.10 亿元（不含国家级，但包括国家补助地方或者下达地方环保系统的经费），其中：财政预算 108.86 亿元，占经费总额 55%；排污费 73.87 亿元[①]，占经费总额 37%；其他收入[②]15.37 亿元，占经费总额 8%。中央预算 16.68 亿元，占总财政预算 15%。

2006 年，省本级环境保护经费来源总额 54.50 亿元，占经费总额的 28%。其中：财政预算 28.52 亿元（其中中央 8.85 亿元，占 31%），占经费总额 52%；排污费 19.28 亿元，占经费总额 35%；其他收入 6.70 亿元，占经费总额 13%。市本级环境保护经费来源总额 84.43 亿元，占经费总额的 43%。其中：财政预算 48.83 亿元（其中中央 5.33 亿元，占 11%），占经费总额 58%；排污费 31.16 亿元，占经费总额 37%；其他收入 4.44 亿元，占经费总额 5%。县本级环境保护经费来源总额 59.18 亿元，占经费总额的 29%。其中：财政预算 31.51 亿元（其中中央 1.74 亿元，占 6%），占经费总额 53%；排污费 23.43 亿元，占经费总额 40%；其他收入 4.24 亿元，占经费总额 7%。中央拨款主要集中在省本级，并逐级减少。区县一级排污费来源比重较大。

表 11　2006—2007 年环境保护分省市县经费来源情况　　单位：万元

	2006 年				2007 年			
	经费来源	其中：财政预算	其中：排污费	其中：其他收入	经费来源	其中：财政预算	其中：排污费	其中：其他收入
省本级	545 025.64	285 235.01	192 815.66	66 974.97	750 579.04	401 330.65	270 142.07	79 106.32
市本级	844 269.84	488 295.56	311 595.92	44 378.36	1 056 845.88	635 925.09	360 340.11	60 580.68
县本级	591 768.86	315 118.45	234 262.8	42 387.61	795 535.99	430 254.45	316 934.5	48 347.04

① 由于部分地区未将排污费清晰划分，将部分排污费归入财政预算，所以经费来源中的排污费小于 2006 年排污费使用情况中的 101.22 亿元。2007 年同样存在这种情况。

② 其他收入是指事业收入、经营收入等。

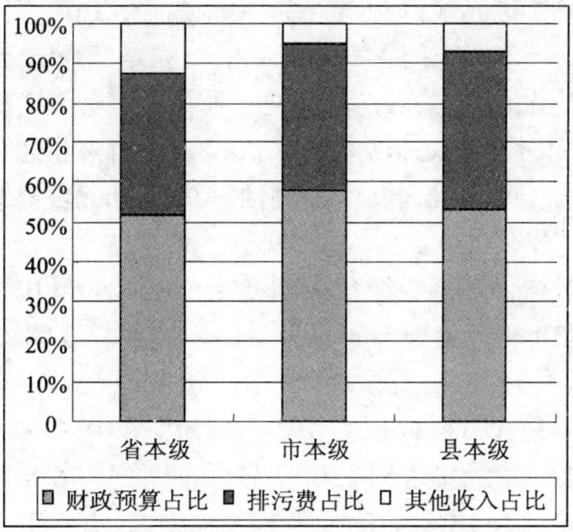

图 11 2006 年经费来源按省市县构成

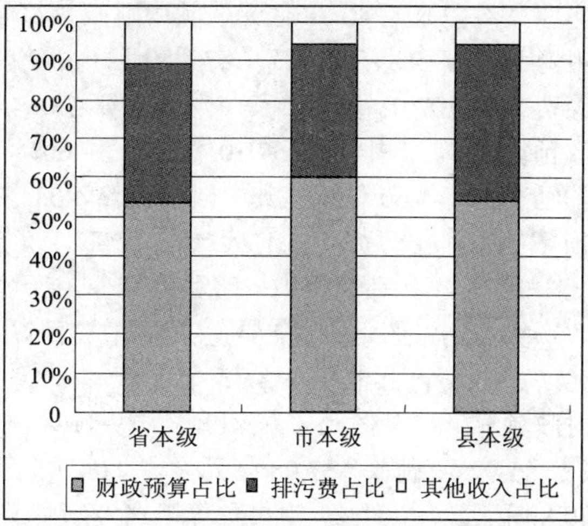

图 12 2007 年经费来源按省市县构成

(2)2007 年环境保护经费来源规模与构成。2007 年，我国环境保护经费来源总额 260.29 亿元，其中：财政预算 146.75 亿元，占经费总额 56%；排污费 94.74 亿元，占经费总额 36%；其他收入 18.80 亿元，占经费总额 8%。中央预算 34.21 亿元，占总财政预算 23%。与 2006 年相比，经费来源总额增加 62.19 亿元，增长 31%，其中：财政预算增加 37.89 亿元，增长 35%；排污费增加 20.87 亿元，增长 28%；其他收入增加 3.43 亿元，增长 22%。

2007 年，省本级环境保护经费来源总额 75.05 亿元，其中：财政预算 40.13 亿元（其中中央 13.12 亿元，占 33%），占经费总额 53%；排污费 27.01 亿元，占经费总额 36%；其他收入 7.91 亿元，占经费总额 11%。市本级环境保护经费来源总额 105.68 亿元，其中：财政预算 63.59 亿元（其中中央 13.14 亿元，占 21%），占经费总额 60%；排污费 36.03 亿元，占经费总额 34%；其他收入 6.06 亿元，占经费总额 6%。县本级环境保护经费来源总额 79.55 亿元，其中：财政预算 43.03 亿元（其中中央 6.22 亿元，占 14%），占经费总额 54%；排污费 31.69 亿元，占经费总额 40%；其他收入 4.83 亿元，占经费总额 6%。按省、市、县划分，环境保护经费来源主要集中在市本级，其次是县本级，省本级最少。

与 2006 年相比，环境保护经费来源总额省、市、县分别增加 20.55 亿元、21.25 亿元、20.37 亿元，分别增长 38%、25%、34%，省、市、县三级增长幅度接近，但省、县两级增长速度较快。省本级财政预算、排污费和其他收入分别增加 11.61 亿元、7.73 亿元、1.21 亿元，分别增长 41%、40%、18%；市本级财政预算、排污费和其他收入分别增长 14.76 亿元、4.87 亿元、1.62 亿元，分别增长 30%、16%、36%；县本级财政预算、排污费和其他收入分别增长 11.52 亿元、8.26 亿元、0.59 亿元，分别增长 37%、35%、14%。可以看出，省、市、县三级经费增长都源于财政预算和排污费，但是省、县两级财政预算和排污费增长较快，市本级财政预算和其他收入增长较快。

（3）分科目经费来源规模与构成。2006 年，环境保护按照科目划分，环境保护管理事务经费来源 45.59 亿元，其中财政预算 38.42 亿元（占 84%，其中中央预算 0.34 亿元占财政预算 0.9%），排污费 2.66 亿元（占 6%），其他收入 4.51 亿元（占 10%）；环境监测与监察经费来源 40.58 亿元，其中财政预算 30.95 亿元（占 76%，其中中央预算 1.61 亿元占财政预算 5%），排污费 3.79 亿元（占 9%），其他收入 5.84 亿元（占 15%）；污染防治经费来源 102.01 亿元，其中财政预算 33.64 亿元（占 33%，其中中央预算 6.14 亿元占财政预算 18%），排污费 67.30 亿元（占 66%），其他收入 1.07 亿元（占 1%）；自然生态保护经费来源 4.60 亿元，其中财政预算 4.03 亿元（占 88%，其中中央预算 0.29 亿元占财政预算 7%），排污费 0.53 亿元（占 12%），其他收入 0.04 亿元（占 0.9%）。

2007 年，环境保护按照科目划分，环境保护管理事务经费来源 52.55 亿元，其中财政预算 46.12 亿元（占 88%，其中中央预算 0.30 亿元占财政预算 0.7%），排污费 3.04 亿元（占 6%），其他收入 3.38 亿元（占 6%）；环境监测与监察经费来源 60.37 亿元，其中财政预算 48.75 亿元（占 81%，中央预算 9.24 亿元占财政预算 19%），排污费 4.54 亿元（占 8%），其他收入 7.08 亿元（占 11%）；污染防治经费来源 130.82 亿元，其中财政预算 40.80 亿元（占 31%，中央预算 7.14 亿元占财政预算 18%），排污费 87.93 亿元（占 67%），其他收入 2.08 亿元（占 2%）；自然生态保护经费来源 6.32 亿元，其中财政预算 5.70 亿元（占 90%，中央预算 0.37 亿元占财政预算 6%），排污费 0.54 亿元（占 9%），其他收入 0.08 亿元（占 1%）。

统观 2006 年、2007 年，环境保护管理事务、环境监测与监察经费来源主要是财政预算（环境管理事务上使用排污费的仍然发生），环境监测与监察使用了较多的中央预算资金（反映了能力建设的投入），污染防治经费来源主要是排污费，自然生态保护经费来源较少（财政预算占绝对比例）。

表 12　2006—2007 年环境保护分科目经费来源情况　　单位：万元

科目	2006 年				2007 年			
	财政预算	其中：中央	排污费	其他收入	财政预算	其中：中央	排污费	其他收入
环境保护管理事务	384 189.18	3 408.8	26 583.66	45 116.24	461 201.22	2 978.44	30 428.02	33 830.14
环境监测与监察	309 459.68	16 099.86	37 933.22	58 386.87	487 463.15	92 375.62	45 432.15	70 795.54
污染防治	336 409.03	61 443.9	672 952.76	10 717.27	408 005.92	71 358.97	879 346.36	20 807.75
自然生态保护	40 302.13	2 906.9	5 345.98	351.24	57 005.17	3 671.1	5 439.56	779.93

2.2.2 地区差异分析

（1）2006 年环境保护经费来源分东、中、西部规模与构成。2006 年，我国环境保护经费来源总额 198.10 亿元。按照区域划分东、中、西，其中东部经费 112.62 亿元（占经费总额 57%），其中：财政预算 61.85 亿元（其中中央 1.3 亿元，占 2%），占经费总额 55%；排污费 40.41 亿元，占经费总额 36%；其他收入 10.36 亿元，占经费总额 9%。中部经费 47.79 亿元（占经费总额 24%），其中：财政预算 20.23 亿元（其中中央 3.74 亿元，占 18%），占经费总额 42%；排污费 24.59 亿元，占经费总额 51%；其他收入 2.97 亿元，占经费总额 7%。西部经费 30.63 亿元（占经费总额 19%），其中：财政预算 21.65 亿元（其中中央

3.09 亿元，占 14%），占经费总额 71%；排污费 7.46 亿元，占经费总额 24%；其他收入 1.52 亿元，占经费总额 5%。中西部中央财政预算占财政预算比重较大，东部较小。

表 13　2006—2007 年环境保护分东中西部经费来源情况　　单位：万元

	2006 年				2007 年			
	经费来源	其中：财政预算	其中：排污费	其中：其他收入	经费来源	其中：财政预算	其中：排污费	其中：其他收入
东部	1 126 200.25	618 469.08	404 095.21	103 635.96	1 363 689.38	764 953	476 995.92	121 740.46
中部	477 858.48	202 268.7	245 851.16	29 738.62	730 446.11	321 379.49	368 777.32	40 289.3
西部	306 358.09	216 509.02	74 624.63	15 224.44	426 141.13	314 898.4	90 558.71	20 684.02

（2）2007 年环境保护经费来源分东、中、西部规模与构成。2007 年，我国环境保护经费来源总额 260.29 亿元。按照区域划分东、中、西，其中东部经费 136.37 亿元（占经费总额 52%），其中：财政预算 76.50 亿元（其中中央 3.43 亿元，占 4%），占经费总额 56%；排污费 47.70 亿元，占经费总额 35%；其他收入 12.17 亿元，占经费总额 9%。中部经费 73.05 亿元（占经费总额 28%），其中：财政预算 32.14 亿元（其中中央 7.69 亿元，占 24%），占经费总额 44%；排污费 36.88 亿元，占经费总额 50%；其他收入 4.03 亿元，占经费总额 6%。西部经费 42.62 亿元（占经费总额 16%），其中：财政预算 31.49 亿元（其中中央 5.74 亿元，占 27%），占经费总额 74%；排污费 9.06 亿元，占经费总额 21%；其他收入 2.07 亿元，占经费总额 5%。

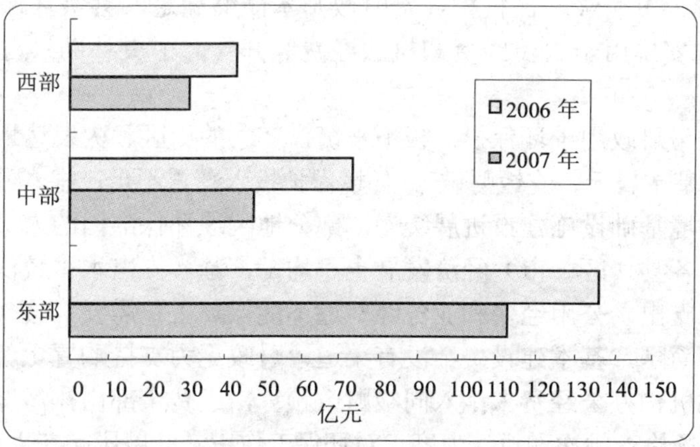

图 13　2006—2007 年经费来源按东中西构成对比

与 2006 年相比，东部经费增加 23.75 亿元，增长 21%，其中财政预算、排污费和其他收入分别增加 14.65 亿元、7.29 亿元、1.81 亿元，分别增长 24%、18%、17%，但占总经费的比例保持基本不变；中部经费增加 25.26 亿元，增长 53%，增长幅度大，其中财政预算、排污费和其他收入分别增加 11.91 亿元、12.29 亿元、1.06 亿元，分别增长 59%、50%、35%，财政预算增长较快，而其他收入增长较慢，三者占总经费比例变化不大；西部经费增加 11.99 亿元，其中财政预算、排污费和其他收入分别增加 9.84 亿元、1.60 亿元、0.55 亿元，分别增长 45%、21%、36%，增幅不一，三者占总经费比例变化不大。与 2006 年相比，经费主要集中于东部的局面没有改变，东部经费比例在缩小，中部略有增长但来源于排污费比例较高，西部比例反而略微降低，且中西部对于中央财政预算的依赖比较重。

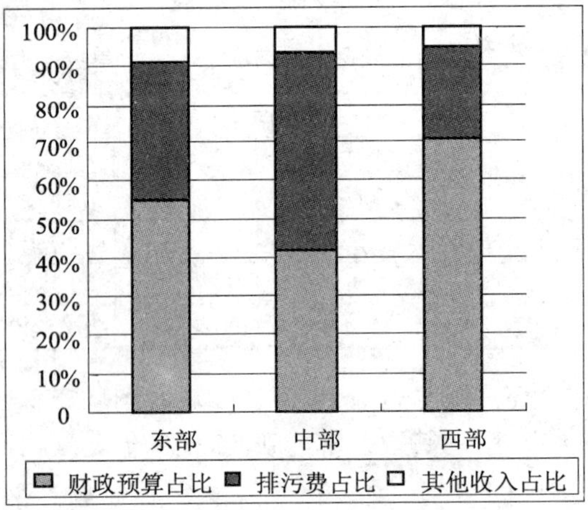

图 14　2006 年经费来源按东中西比例

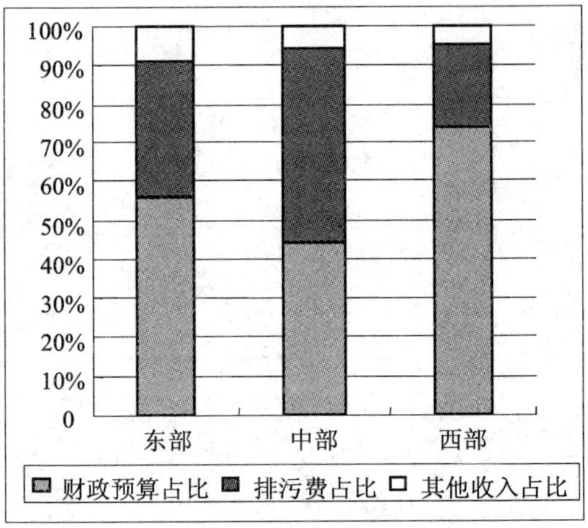

图 15　2007 年经费来源按东中西比例

2.2.3 经费保障存在的问题

由于地方财政资金有限，经费来源中排污费仍占较大的比例，部分由罚没款和非税收入返还部分、事业收入解决。从目前的调查情况来看，环保系统财政保障能力自上而下，逐步减弱，省、市两级环保机构经费财政基本能够满足，县级环保机构由于经费不足，部分排污费被安排用于人员经费和执法经费等开支，中央补助只占全部经费的比例很低。

部分省份各地市财政用于环保投入极不平衡，广大的山区和欠发达地区由于经济发展水平低，地方财政基本属于“吃饭财政”，环境保护投入严重不足，根本没有设立环保专项资金，不仅城市环境基础设施建设进展缓慢，部分地区连环保部门的人员经费和日常工作经费都难以保障。各县（区、市）经济发展也不均衡，基本支出水平较低，财政预算只能保证人员基本工资支出，公用经费和业务经费远不能保障工作需要，县（区、市）仪器设备落后、办公用房简陋，基本建设资金没有渠道，财政无力支持购置更新。业务经费主要跟项目挂钩，环保机构办公经费未纳入同级财政预算，经费全部由排污费中申请拨付，严重影响了污染源现场检查频次和执法力度，对环保工作正常开展影响较大。

部分地区省局系统由于专项工作经费不足，因此在预算编制过程中往往是根据资金去搭配项目，而不是根据项目安排资金，为了使“211 环境保护”科目均有经费，专项工作只能拆分成很小的项目，给预算执行造成不便，支付一笔较大的款项时需凑合几个项目才能完成付款，更无法达到专款专用的要求。绝大部分县级环保部门的专项业务经费以及用于县级企业治理的环保专项资金还停留在以前的模式，即：专项业务支出视当年的排污费收入多少而定，当年收入多，回拨的环保专项业务补助相对就多。但是追加的预算资金额度最多也只能应付基本执法经费和完成县中心工作需要。

“211 环境保护”科目实施后，专项经费的拨款比以前有所增加，但是尚不能满足地方实际需求。大部分县因财力普遍困难，县级财政为“吃饭型”财政，仅保证在编人员经费，超编人员经费无法得到有效保证。

2.2.4 经费保障建议

调查过程中，地方提出了一些经费保障的建议。

（1）进一步增加财政保障程度，开拓供应渠道。在财政收入新增量中加大对环保机构经费的投入力度。视条件允许，确定环保经费占财政预算支出比例，或者规定环保部门经费按照财政收入的增长比例逐年按一定比例增长。

（2）加大对地方各级政府的督办力度，切实保障基层环保部门的经费。全面落实国务院《排污费征收使用管理条例》，拓展环境保护专项资金渠道。具体落实经费保障实施办法的一些原则性条文以增加可操作性。加大对环保部门经费保障办法和措施、排污费集中使用效益、排污费征收等方面的监督检查力度，敦促各地全面落实。与此同时，建立激励机制，对严格执法、全面完成排污费征收工作的环保部门、个人和及时足额交纳排污费的企业给予必要的奖励，且严禁将环保机构年度经费预算与其征收的行政事业性收费挂钩，对违反行为予以一定的行政处罚。

（3）建议中央财政对工作经费给予支持，提高监测、监察执法等经费的保障程度。环境监督执法的技术性较强，其成本相应较高。对于国家要求地方开展的监测、执法、调查等专项工作，根据环保部门现场执法工作量大、监测仪器日常维护费用高等特殊情况，由国家组织监测、监察、信息等相关专项，作好项目前期工作，积极争取国家投入，加大省级投入，带动地方投入，全国一盘棋。

（4）中西部地区环保基础设施较差，建议国家在给予制度的倾斜和资金的扶持，环境保护部和财政部联合出台并实行中央财政转移支付的方式，支持中西部地区环保基本建设，切实按照环保能力建设标准，加大仪器设备购置投入，保障运转经费和更新改造经费，解决基层环保部门"有地方办事、有能力办事"的问题。

3 排污费收缴与使用

本次调查表明，2006 年排污费入库数 136.97 亿元，排污费使用 101.22 亿元（2006 年度安排排污费使用实际来自 2005 年征收的排污费，且不包括中央集中 10%的部分。下同）。2007 年排污费入库数 169.48 亿元，排污费使用 131.74 亿元。目前排污费收缴与使用中仍然存在征收范围、方式、标准不合理、征收程序可操作性不强、排污量核定困难、收费政策不协调、人员编制与经费难以保障、缺乏激励机制、"变相吃排污费"现象严重、排污费用于平衡财政预算等问题。

3.1 排污费收缴

3.1.1 排污费收缴情况

从本次调查情况看，全国省级排污费征收基本上严格按照有关文件规定，全额纳入省级财政国库管理；市州级排污费征收基本上纳入同级财政，作为预算资金专项管理；县级排污费征收形式多样，虽均为收支两条线管理，但有的县纳入统计预算外收入专户，有的县采用行政事业性收费收据。之所以这些现象依然存在，是因为同级财政极为困难，资金缺口大。

2006 年全国收缴排污费 136.97 亿元（入库数，不含云南、海南、新疆，下同）。个别省市未区分省市县三级，因而全国汇总数据与省市县三级汇总数据略有差异，按照省市县三级合计为 135.38 亿元。2006 年环境统计排污费收入为 144.14 亿元，其中省级收缴排污费 38.86 亿元，占排污费收入的 28.7%；地市级收缴排污费 51.48 亿元，占排污费收入的 38%；县级收缴排污费 45.04 亿元，占排污费收入的 33.3%。排污费收缴较多的省份为山西、江苏、广东、山东、河南、浙江、辽宁等。

2007 年全国收缴排污费 169.48 亿元（按照省市县三级合计为 167.5 亿元，环境统计数据全国 173.60 亿元），其中省级收缴排污费 41.07 亿元，占排污费收入的 24.5%；地市级收缴排污费 63.81 亿元，占排污费收入的 38.1%；县级收缴排污费 62.62 亿元，占排污费收入的 37.4%。排污费收缴较多的省份为山西、江苏、山东、广东、河北、浙江、辽宁、河南等省份。

与 2006 年相比，2007 年排污费收入增加 32.51 亿元，增长 23.74%；其中省级排污费收入增加 2.21 亿元，增长 5.69%；地市级排污费收入增加 12.33 亿元，增长 23.95%；县级排污费收入增加 17.58 亿元，增长 39.03%。排污费增长较快与部分省份提高排污收费标准有一定的关系，如江苏省废气排污费由 0.6 元/污染当量提高到 1.2 元/污染当量，其中 SO_2 由 0.63 元/kg 提高到 1.26 元/kg；污水排污费由 0.7 元/污染当量提高到 0.9 元/污染当量。

中西部地区排污费收缴增长比例明显高于东部地区，尤其是中部。这与东中西部地区经济发展趋势基本一致（2007 年中西部地区工业增加值增长率均在 35%以上，东部地区仅为 24%，均为当年价格）。从东中西区域分布来看，2007 年东部地区收缴排污费 83.08 亿元，占全国（169.48 亿元）的 49.02%，较 2006 年增加 11.7 亿元，增长 16.39%。其中江苏省排污费收缴增加 4.85 亿元，这与江苏省从 2007 年 7 月 1 日起提高排污费的征收标准有关。除此之外，山东省增加 3.49 亿元。中部地区收缴排污费 58.10 亿元，占全国的 34.28%，较 2006 年增加 16.25 亿元，增长 38.83%。其中山西省增加 12.01 亿元，占中部增加量的 73.9%，其主要原因与提高了焦炭生产排污费收费标准有关，2007 年山西省环保局与省物价局和省财政厅联合下发了《关于我省焦炭生产排污费暂行收费标准及有关问题的通知》（晋价行字[2007]129 号），要求将焦炭生产排污费征收的上限提高到每吨 200 元，仅 2007 年 1—10 月山西完成征收焦炭生产排污费 15.8 亿元（来源：山西日报）。西部地区收缴排污费 28.29 亿元，占全国的 16.7%，较 2006 年增加 4.55 亿元，增长 19.17%。

2007 年应缴排污费 178.67 亿元，高于实际入库数 9.19 亿元，应缴未缴排污费的企业主要是：一是经营状况差而关停或倒闭，产生永久性的欠费；二是营业执照未注销但无法追踪欠费；三是排污单位经营变更，以前欠费无法追缴。

3.1.2 排污费收缴存在的问题

（1）征收范围、方式、标准不合理，激励作用不强。部分省份反映目前排污费征收范围、方式及标准等方面存在不合理、不公正之处，排污费收缴对进一步减排污染物的促进作用正在减弱，其主要原因是在企业进入深度治理阶段后，治理成本显著提高，而相应的收费范围、方式和标准未能同步提高。

- 《排污费征收标准管理办法》中的畜禽养殖业收费标准规定仅对存栏规模大于 50 头牛、500 头猪、5 000 羽鸡及鸭等的畜禽养殖场收费，但目前由于我国农村养殖业的迅速发展，很多养殖业户的养殖规模虽然达不到上述规模，但环境污染问题普遍存在，环境信访问题突出。但是按照以上规定对其不能征收排污费，显然不合理。此外，由于目前畜禽养殖的种类繁多（鹿、熊、羊、兔、鹅、狗等多种），只对牛、猪、鸡、鸭养殖征收排污费，而对其他养殖业不征收显然既不合理，也有失公正。
- 我国经济发展迅速，机动车数量增加较快，机动车环境污染问题也日益突出，尤其在大中城市更为明显。但《排污费征收标准管理办法》中取消了对机动车征收排污费，显然不利于环境质量的改善。
- 2005 年 4 月 1 日实施的《中华人民共和国固体废物污染防治法》中取消了一般性固体废物的排污收费，对危险废物排污收费仍沿用《排污费征收标准管理办法》中的收费标准。但由于危险废物收费的前提条件是以填埋方式处置的危险废物，在实际工作中受此前提条件制约，征收实际操作难度较大（对以其他方式处置危险废物的无法征收排污费）。同时，对固废的排污收费是按重量计征，在日常管理上往往无法获得较为准确的计征值，增加了征收难度。
- 对于第三产业中的餐饮业，《排污费征收标准管理办法》中规定的收费标准只对其污水规定了特征值，而对油烟则没有明确规定（油烟恰恰是餐饮业污染的主要特征之一）。

（2）排污费征收程序可操作性不强，上缴程序执行不规范。《排污费征收使用管理条例》（以下简称《条例》）规定了排污费征收的一系列程序，虽然比较规范，但实际操作性不强。排污费集中使用后，由于缴费企业、环保局、银行、财政国库等环节之间在排污费征收对账上没有实现衔接，出现了划拨不对级次、解缴比例不对等问题，财政、环保、银行没有规范对账程序，入库数额与开票数额有时对不上账，导致环保局开具应收总额、收缴入库总额、上缴集中额度等有差异。《条例》中规定了排污量核定的程序，但实际工作中，由于《排污核定通知单》技术性较强，排污者看不懂，排污者关心的是排污费数额。所以往往出现这样的情况，《排污量核定通知书》送达后排污者没有任何异议，而《排污费缴纳通知单》送达后，排污者才提出异议和各种申报错误的理由等，环保部门重新核定，增加了较大的工作量，而且也不合法。《条例》规定"对逾期拒不缴纳排污费的，处 1 倍以上 3 倍以下罚款，并报经有批准权的人民执法机关批准，责令停产停业整顿"，在实际工作中无可操作性，根本无法执行。此外，排污费申请法院强制执行需要 3 个月的时间，时间较长，也给排污费征收工作带来一定的难度。

以湖北省为例，湖北省县级排污费征收形式多样，虽均为收支两条线管理，但有的县纳入统计预算外收入专户，有的县采用行政事业性收费收据。在排污费征收程序上，一些市县环保部门特别是县级环保部门在征收过程中，未严格执行排污费征收程序，不按要求开具核定通知书和收费通知书，也未建立征收台账，征收程序较混乱。

根据排污费征收有关规定，环保部门征收的排污费都必须执行“收支两条线”管理，所收取的排污费先缴财政非税部门，再由非税部门缴入国库。因此，各级环保部门现在只负责排污费是否缴到非税局，至于资金是否及时、足额入库无法监管。从调查了解的情况看，在征收工作中，一部分市、县财政部门将排污费以行政性收费名义缴库，造成排污费无法分成，被财政全部截留；有的市、县排污费交到财政非税局后，财政不及时缴国库，导致排污费滞留在财政账上。辽宁省县区级环保部门未全部实现征收与缴纳分离，个别县区的排污企业仍将排污费上缴至环保部门，由环保部门上缴国库。2006 年湖南省环保局与省财政厅、省人民银行协调，联合下发《关于排污费收缴及分成有关问题的通知》（湘财综[2006]86 号文），确定排污费直接缴国库。但从这两年的实施情况看，在市县执行很困难，财政截留、滞留排污费的情况未得到根本解决。

（3）排污量核定困难，协商收费普遍存在。排污量核定是收费工作的基础，但目前因为核定方法、手段限制，如化工行业的工艺废气，排放种类复杂，难以监测，排放量难确定，特别是针对某些核定难度较大的特殊行业缺乏核定技术规范，极易出现不征收或协商收费，还有很多废气种类尚未纳入收费因子，难以发挥排污收费的经济杠杆作用。

核算方法缺乏法定依据。《条例》规定了对不具备监测条件的可以采用物料衡算的方法核定排污量。但目前，环境保护部还没有发布物料衡算的法定依据，环境监察人员只能借助于一些统计手册等资料进行排污量的核算，某些计算公式及测算系数目前还不能作为法定依据来使用。而且，在实际操作过程中如果排污者对核定不认可，排污费很难征收。此外，一些排污者如果既无法监测，也没有物料衡算方法如何核定排污量也是比较突出的问题。

污染申报登记与排污审核工作有待加强。部分排污者在经济利益的驱动下，有故意瞒报或者谎报实际排污量和排污种类的现象，以达到排污费能少缴则少缴或不缴的目的。个别地方把污染申报混淆为环境统计，实行一年一度的年审，忽视老污染源的变更申报，造成排污数据动态管理工作难度加大。加之环境监察部门依据排污者的实际情况，按照国家强制鉴定的污染物排放自动监控仪数据、监督性监测数据、物料衡算数据或其他有关数据对排污者填报的内容进行审核，以此作为排污收费的依据。但目前大多数排污者污染物排放自动监控仪不能很好地提供有效数据，如果采取物料衡算或其他有关数据作为依据，就必须由企业提供基础资料，由于经济利益的关系，采取这种方式工作难度加大。

（4）收费政策不协调，污水处理厂收费难度较大。纳管企业收费关系尚未完全理顺。2005 年国家发改委等部门发布了新的文件，对排入城市下水管网河、河湖沟渠等均视同进入城市污水处理厂，在交纳污水处理费后可以不交纳排污费，同时，各地也反映污水处理厂排污费收取的问题，这对各地排污收费征收额度影响较大，第三产业等排污收费户数有较大幅度地降低，对水污染物排放控制上缺少有力的手段。城市污水处理费与排污费之间政策冲突问题非常突出，给征收排污费工作带来不小的阻力。

因污水处理厂性质的特殊性，收费难度较大，加之法律政策支撑力度不足，有的省只有少数几个地市对极少几个污水处理厂进行了收费。如吉林省在制定《关于贯彻〈排污费征收使用管理条例〉〉的实施意见》中虽然规定了对污水未进入污水处理厂的排污者仍征收排污费，但在基层排污费征收工作中仍遇到很多问题。特别是在有的城市开征城市污水处理费后，由于各部门对政策理解的不一致，排污收费工作经常受到阻碍。

（5）征收成本高，人员编制与经费难以保障。由于排污收费的程序复杂，需多次到现场调查了解排污情况，且须以大量的监测数据作为技术支撑，车辆运行费用、监测仪器的购置成本、监测数据分析成本越来越高。例如湖北省每年排污收费的监测数据在 50 万个左右，成本费接近 2 000 万元。污染源的监督性监测开展受工作经费和人员编制的限制，有的污染源一年都没有进行一次监测，造成排污申报核定时数据缺乏，申报登记审核时依据不足，甚至出现难以准确核定的现象，不容易确定污染物排放量。

浙江省也反映，排污费征收面广量大，收费人员少，流动性大。由于中小企业比例较高，类型复杂，其管理人员素质不高，从而带来审核上的难度，另外各地从事收费的人员普遍偏少、大部分市县环境监察部门仅有十余名工作人员，而专门负责排污申报和收费的最多只有两三人，每年完成着接近甚至超过千万的排污收费，因此工作量很大，任务相当繁重，而且人员流动性大，往往刚熟悉业务，又被调到其他岗位。

（6）缺乏激励机制，影响征收的积极性。未建立有效的排污收费奖励和激励机制，不能调动各级环保部门，特别是具体征收人员的积极性。各执收单位所征收的排污费入库数额与执收单位效益没有任何挂钩，出现效益倒挂现象，严重挫伤工作人员积极性。尽管排污收费实行收支两条线管理，但是部分基层财政较困难的地区，对于征收保障难以到位，存在排污费收得越多，工作量越大，工作经费越紧张的现象。

3.1.3 排污费收缴建议

（1）扩大排污费征收范围，提高征收标准。修改《排污费征收使用管理条例》。随着经济社会发展和环保形势任务的变化，《排污费征收使用管理条例》中一些内容和要求不适应新形势新要求，在排污费计算征缴方法、范围、标准和管理使用规范等方面亟待修改完善。

扩大排污费征收范围。应把握排污收费的全面性，既要扩大申报面，在抓住重污染源的同时加大对一般污染源、第三产业和个体工商户的申报登记，又要扩大申报种类，开展噪声、固废和电磁波污染的申报，力争实现全面申报。将排污收费对象由企业、事业单位扩大到直接向环境排放污染物的所有排污者，除征收废水、废气排污费外，应加大噪声超标排污费和固体废物排污费的征收。对于新产生的各种污染源，都应规定为征收排污费的对象，以扩大排污费的征收范围，控制污染，有效促进环境质量的改善。

提高排污费征收标准。现行的排污收费标准仍然偏低，资源环境成本未能得到充分体现，建议从国家层面开展相关政策研究，针对重点环境问题逐步拓展收费范围，提高收费标准，充分发挥排污收费的经济杠杆作用。继续提高收费标准，合理利用和保护环境容量资源。

（2）严格执行收支两条线，提高排污费征收力度。建议环保部与有关部门进行协调，出台排污费不通过非税局直接缴入国库的办法。加强排污收费稽查工作，开展对重点排污单位现场稽查，及时纠正排污申报中的不实现象，开展上级对下级环境监察机构的稽查，通过稽查减少地方保护主义，开展环境监察内部稽查，纠正监察人员在收费工作中存在的违规行为。推行责任追究制，促进各级环保部门不断提高自身政策执行水平和服务意识，根据企业实际排污量，严格执行国家有关法律、法规，依法履行排污费征收管理职责，坚决杜绝人情收费、协商收费，不得随意减免排污费，保证排污费的足额征收。加大对排污单位拒报、拒缴、拖欠排污费等违法行为的处理力度，保障排污费的及时足额征缴。

（3）提高排污费征管能力，降低征收成本。健全排污收费管理机制，在管理制度、措施、手段、程序等方面，不仅要体现依法收费，更要注重信息化、现代化等在排污费管理中的作用。建立排污费收费管理信息系统，把排污费收缴进行网络化管理，与国库连接，建立收费台账，完善收缴细节，及时动态掌控收缴情况。将环境监察人员纳入公务员范畴管理，增加编制，加强人员培训，提高环境监察人员业务素质。尽快制定排污量核定规范和技术准则，使排污量核定不片面依赖监测报告，确保公平，减少争议。尽量简化申报登记表格，内容力求简便、实用，避免造成人力物力的浪费。要强化申报核定，通过采用物料衡算、典型抽样及财务审核等办法，把好申报质量关，消除谎报、瞒报现象的发生。推行费改税，由税务机关统一征收，这样既减少了收费成本，又能足额征收。

（4）建立排污费征收激励机制，提高征收的积极性。建议国家出台排污费征收激励政策，促进排污费足额征收。针对当前收费的积极性不高、排污费难以足额征收的问题，建议制定排污收费考核奖励办法。可出台征收提成比例措施，完成基数任务内提成 10%，超额完成基数任务的按 30%提成，用于弥补行政经费不足，用于提高收费人员的积极性，促进收费工作上新台阶。

3.2 排污费使用

3.2.1 排污费使用情况

排污费的使用按照国家关于排污费使用管理的办法，主要用于重点污染源治理、重点区域流域污染防治、环境监察与监测能力建设、生态建设等方面，为改善和提高全省环境质量提供资金保障。

（1）全国排污费使用情况。2006 年全国共安排排污费使用 101.22 亿元（不含新疆、海南、云南，2006 年度安排排污费使用实际来自 2005 年征收的排污费，且不包括中央集中 10%的部分，2005 年全国排污费收入为 123.16 亿元），其中用于污染源点源治理项目 47.90 亿元，占总支出的 47.32%；用于区域、流域污染防治项目 18.89 亿元，占总支出的 18.66%；用于新技术新工艺推广应用项目 2.85 亿元，占总支出的 2.82%；环保机构支出 31.55 亿元，占 31.17%（改革前的 1998—2000 年调查数据显示，每年有近一半的排污费支出用于环保机构包括环保部门和所属单位自身建设，环保机构经费的六成来源于排污费。1998—2000 年 3 年排污费收入为 162.1 亿元，3 年排污费支出为 155.1 亿元，用于环保机构自身建设为 75.3 亿元，占排污费支出的 48.5%，与目前县本级排污费用于环保机构支出的比例相当，说明县级在排污费改革和 211 科目实施以后并无显著变化），其中环保机构基本支出 7.33 亿元[①]，占当年排污费总支出的 7.24%，环保机构项目支出 24.22 亿元，占当年排污费总支

① “211 环境保护”预算支出科目经费来源调查统计结果显示：2006 年 21101 与 21102 两个款级科目经费来源总额 85.27 亿元，其中排污费 6.45 亿元，占经费来源总额的 7.57%，2007 年两个款级科目经费来源总额 111.36 亿元，其中排污费 7.59 亿元，占经费来源总额的 6.81%。2006 年排污费用于环保机构支出 31.54 亿元，其中基本支出 7.33 亿元；2007 年为 44.84 亿元，其中基本支出为 8.34 亿元，与排污费支出用于环保机构基本支出的金额相当。

出的 23.93%，项目支出中能力建设支出 14.63 亿元，占当年排污费总支出的 14.46%。

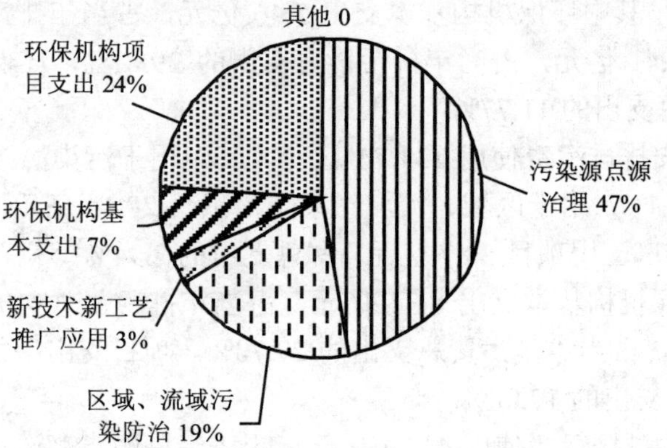

图 16　2006 年全国地方排污费支出结构

2006 年省级共安排排污费使用 33.40 亿元，用于污染源点源治理项目 17.92 亿元，占总支出的 53.65%；用于区域、流域污染防治项目 8.13 亿元，占总支出的 24.34%；用于新技术新工艺推广应用项目 1.24 亿元，占总支出的 3.71%；用于环保机构支出 6.09 亿元，占总支出的 18.23%，其中环保机构基本支出 0.025 亿元，环保机构项目支出 6.07 亿元，占当年排污费总支出的 18.17%；项目支出中用于能力建设 5.08 亿元，占总支出的 15.21%。

2006 年地市级共安排排污费使用 37.90 亿元，用于污染源点源治理项目 19.19 亿元，占总支出的 50.63%；用于区域、流域污染防治项目 6.45 亿元，占总支出的 17.02%；用于新技术新工艺推广应用项目 1.08 亿元，占总支出的 2.85%；用于环保机构支出 11.17 亿元，占总支出的 29.47%，其中环保机构基本支出 1.84 亿元，占当年排污费总支出的 4.85%；环保机构项目支出 9.33 亿元，占当年排污费总支出的 24.62%；环保机构支出中用于能力建设 5.99 亿元，占总支出的 15.8 %。

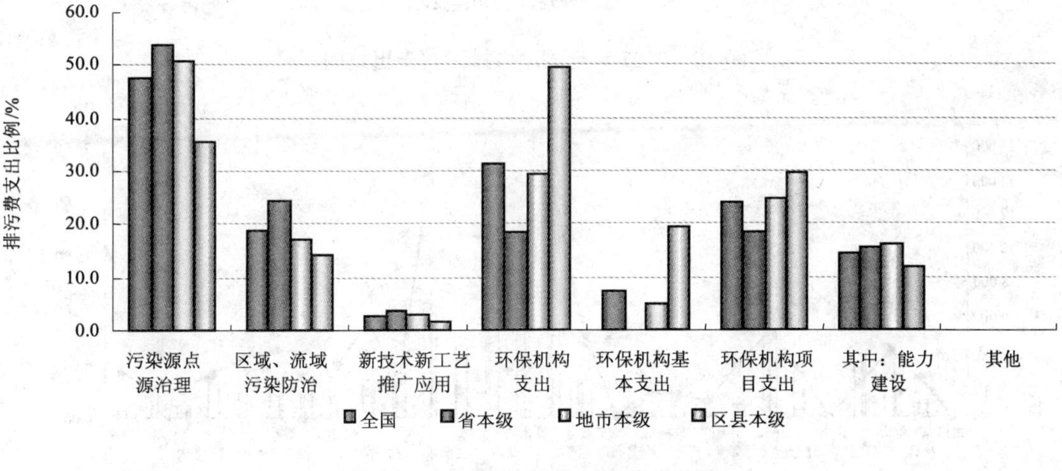

图 17　2006 年排污费支出结构比较

2006 年县级共安排排污费使用 28.21 亿元，用于污染源点源治理项目 9.97 亿元，占总支出的 35.9%；用于区域、流域污染防治项目 3.96 亿元，占总支出的 14.04%；用于新技术新工艺推广应用项目 0.39 亿元，占总支出的 1.38%；用于环保机构支出 13.87 亿元，占总支出的 49.17%，其中环保机构基本支出 5.46 亿元，占当年排污费总支出的 19.35%，环保机构项目支出 8.41 亿元，占当年排污费总支出的 29.81%，环保机构支出中用于能力建设 3.32 亿元，占总支出的 11.77%。

2007 年全国共安排排污费使用 131.74 亿元，其中用于污染源点源治理项目 55.52 亿元，占总支出的 42.14%；用于区域、流域污染防治项目 27.44 亿元，占总支出的 20.83%；用于新技术新工艺推广应用项目 3.87 亿元，占总支出的 2.94%；环保机构支出 44.84 亿元，占 34.04%，其中环保机构基本支出 8.34 亿元，占当年排污费总支出的 6.33%，环保机构项目支出 36.50 亿元，占当年排污费总支出的 27.70%，项目支出中能力建设支出 22.47 亿元，占当年排污费总支出的 17.06%。

2007 年省级共安排排污费使用 44.38 亿元，用于污染源点源治理项目 17.11 亿元，占总支出的 38.55%；用于区域、流域污染防治项目 11.98 亿元，占总支出的 26.99%；用于新技术新工艺推广应用项目 1.59 亿元，占总支出的 3.58%；用于环保机构支出 13.65 亿元，占总支出的 30.76%。其中环保机构基本支出 0.123 亿元（河南省），占当年排污费总支出的 0.28%，环保机构项目支出 13.52 亿元，占当年排污费总支出的 30.46%，项目支出中能力建设支出 9.81 亿元，占当年排污费总支出的 22.10%。

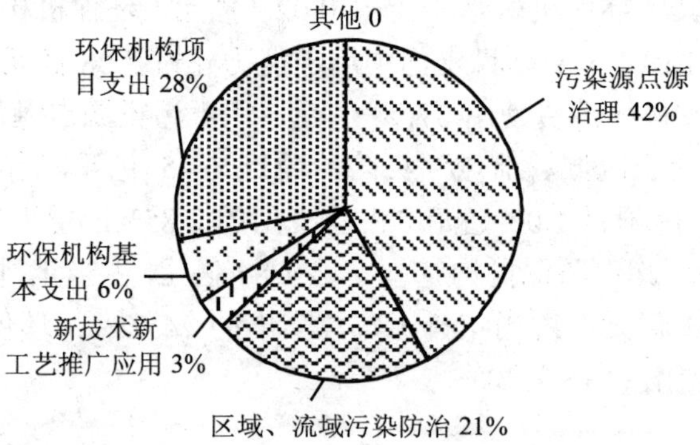

图 18　2007 年全国地方排污费支出结构

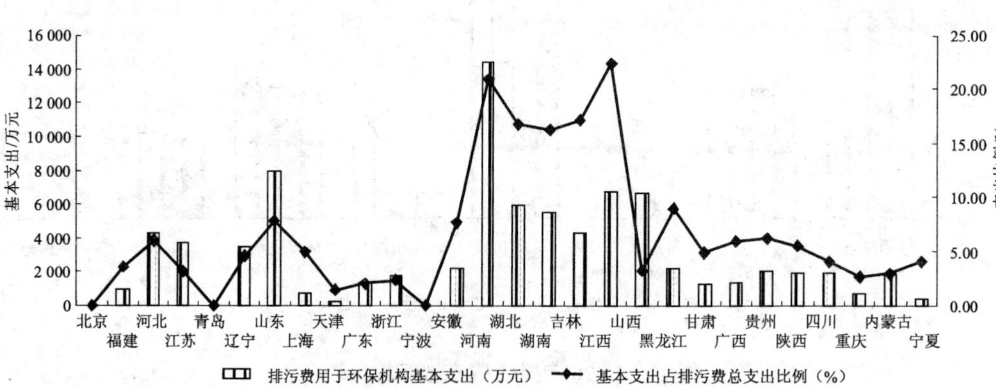

图 19　2007 年全国各省地方排污费用于环保机构基本支出及占排污费支出比例

注：大连、厦门、青海未填报省、市、县分级数据

2007年地市级共安排排污费使用44.04亿元，用于污染源点源治理项目21.70亿元，占总支出的49.27%；用于区域、流域污染防治项目7.36亿元，占总支出的16.71%；用于新技术新工艺推广应用项目1.70亿元，占总支出的3.86%；用于环保机构支出13.28亿元，占总支出的30.15%。其中环保机构基本支出2.21亿元，占当年排污费总支出的5.02%，环保机构项目支出11.07亿元，占当年排污费总支出的25.14%，项目支出中能力建设支出7.17亿元，占当年排污费总支出的16.28%。

2007年县级共安排排污费使用40.94亿元，用于污染源点源治理项目15.66亿元，占总支出的38.25%；用于区域、流域污染防治项目7.50亿元，占总支出的18.32%；用于新技术新工艺推广应用项目0.54亿元，占总支出的1.32%；用于环保机构支出17.22亿元，占总支出的42.06%，其中环保机构基本支出6.01亿元，占当年排污费总支出的14.68%，环保机构项目支出11.21亿元，占当年排污费总支出的27.38%，项目支出中能力建设支出4.98亿元，占当年排污费总支出的12.16%。县本级排污费用于环保机构支出数量较大的省份包括河南（1.86亿元）、江苏（1.62亿元）、浙江（1.45亿元）、山东（1.39亿元）、河北（1.21亿元）。县本级排污费用于环保机构支出占总支出比例较大的省份包括江西（79.23%）、吉林（78.94%）、湖北（75.87%）、河南（71.51%）、广西（70.07%）。

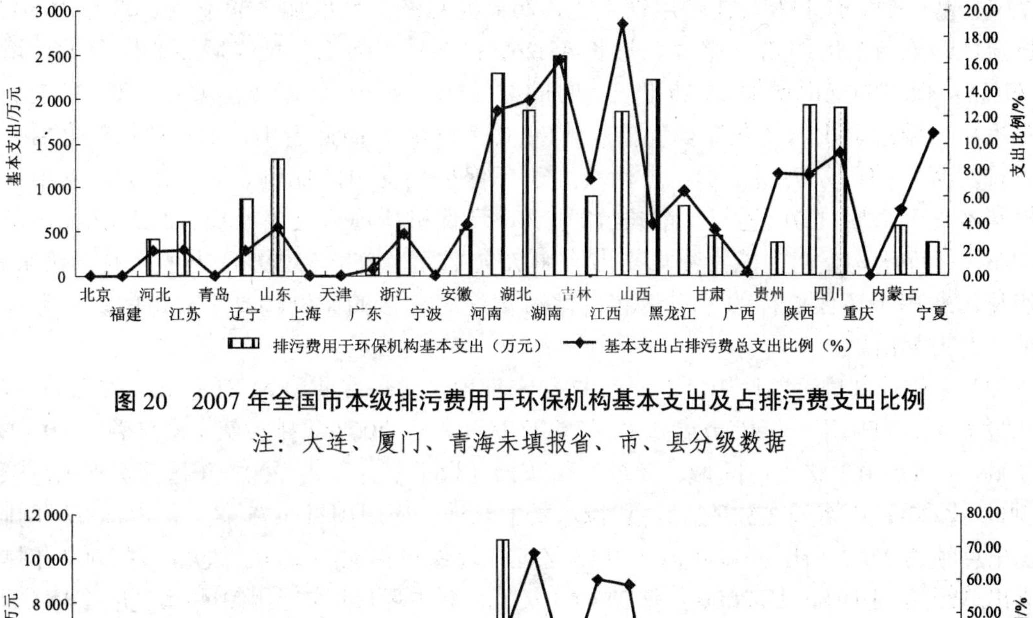

图20 2007年全国市本级排污费用于环保机构基本支出及占排污费支出比例

注：大连、厦门、青海未填报省、市、县分级数据

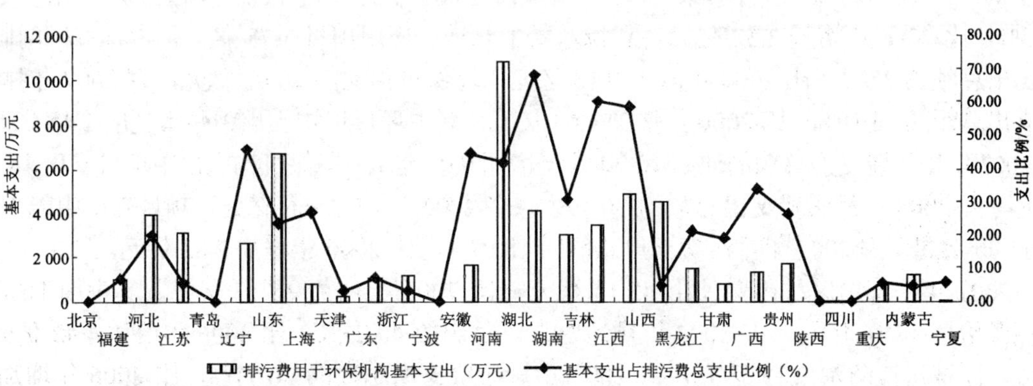

图21 2007年全国县本级排污费用于环保机构基本支出及占排污费支出比例

注：陕西、四川无县级数据。大连、厦门、青海未填报省、市、县分级数据

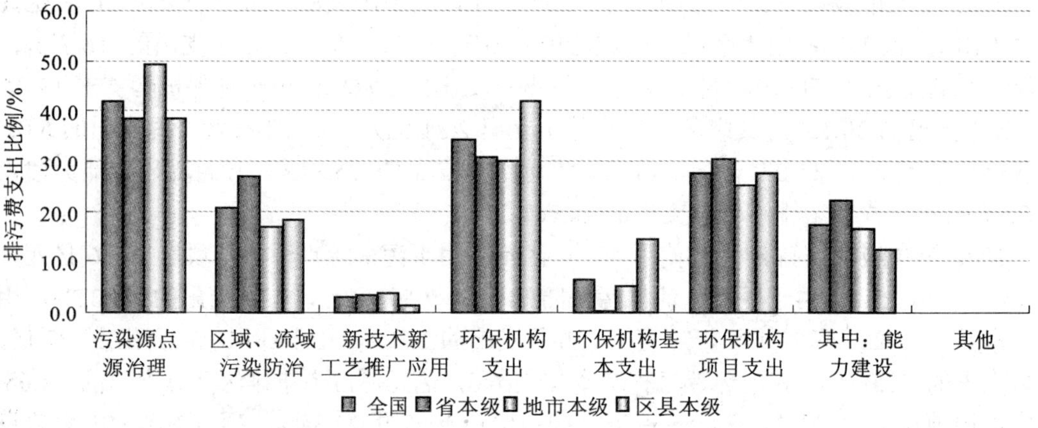

图 22　2007 年排污费支出结构比较

与 2006 年相比，全国排污费使用增加 30.52 亿元，增长 30.15%。从使用主体上划分，其中省级增加 10.98 亿元，增长 32.87%；地市级增加 6.14 亿元，增长 16.2%；县级增加 13.73 亿元，增长 45.13%。在使用结构上，污染源点源治理增加 7.62 亿元，增长 15.91%；区域流域污染防治增加 8.55 亿元，增长 45.26%；新技术新工艺推广增加 1.02 亿元，增长 35.79%；环保机构支出增加 13.29 亿元，增长 42.12%，高于排污费支出增长比例（30.15%），同时也高于排污费收入（入库数）增长比例（23.74%），由此看出，211 科目建立后“变相吃排污费”的现象仍然严重，排污费用于环保机构支出的比例在逐步加大；其中环保机构基本支出增加 1.01 亿元，增长 13.78%，环保机构项目支出增加 12.28 亿元，增长 50.70%；环保机构支出中能力建设支出增加 7.84 亿元，增长 53.59%。从省市县三级来看，县级排污费用于环保机构的绝对量和占排污费使用总量的比例均高于省市两级，且中西部地区尤为突出。

（2）东中西部排污费使用情况。2007 年东部地区排污费使用 61.21 亿元，比 2006 年增加 7.72 亿元。其中用于污染源点源治理 24.77 亿元，占 2007 年排污费支出总额的 40.47%，比 2006 年减少 0.3 亿元；区域、流域污染防治 13.65 亿元，占 2007 年排污费支出总额的 22.3%，比 2006 年增加 3.52 亿元；新技术新工艺推广应用项目 1.78 亿元，占 2007 年排污费支出总额的 2.9%，比 2006 年减少 0.18 亿元；环保机构支出 20.93 亿元，占 2007 年排污费支出总额的 34.19%，比 2006 年增加 4.63 亿元；其中环保机构支出中基本支出 2.45 亿元，占 2007 年排污费支出总额的 4%，比 2006 年增加 0.03 亿元；环保机构支出中项目支出 18.48 亿元，占 2007 年排污费支出总额的 30.19%，比 2006 年增加 4.6 亿元；项目支出中能力建设 11.06 亿元，占 2007 年排污费支出总额的 18.07%，比 2006 年增加 2.83 亿元。

2007 年中部地区排污费使用 45.14 亿元，比 2006 年增加 15.17 亿元。其中用于污染源点源治理 18.16 亿元，占 2007 年排污费支出总额的 40.23%，比 2006 年增加 4.42 亿元；区域、流域污染防治 9.35 亿元，占 2007 年排污费支出总额的 20.71%，比 2006 年增加 4 亿元；新技术新工艺推广应用项目 1.04 亿元，占 2007 年排污费支出总额的 2.3%，比 2006 年增加 0.7 亿元；环保机构支出 16.58 亿元，占 2007 年排污费支出总额的 36.73%，比 2006 年增加 6.05 亿元；环保机构支出中基本支出 4.79 亿元，占 2007 年排污费支出总额的

10.61%，比 2006 年增加 0.66 亿元；环保机构支出中项目支出 11.79 亿元，占 2007 年排污费支出总额的 26.12%，比 2006 年增加 5.39 亿元；项目支出中能力建设 6.39 亿元，占 2007 年排污费支出总额的 14.16%，比 2006 年增加 2.74 亿元。

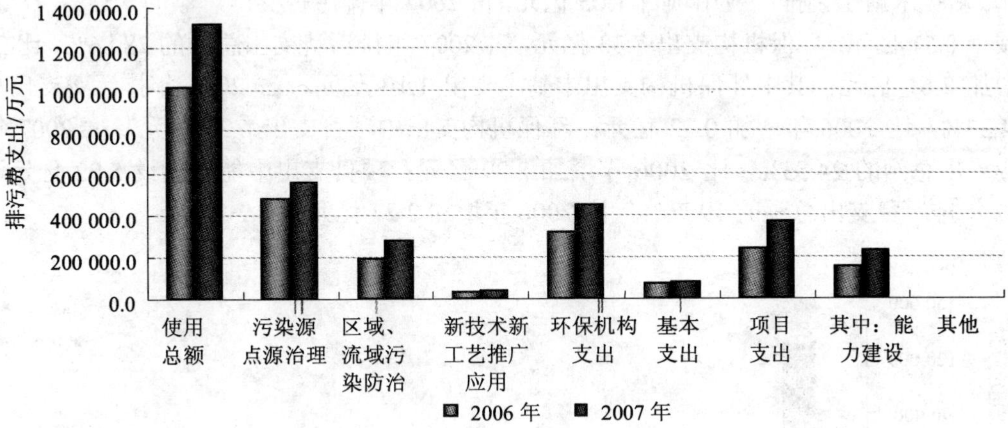

图 23　2006 年与 2007 年排污费支出比较

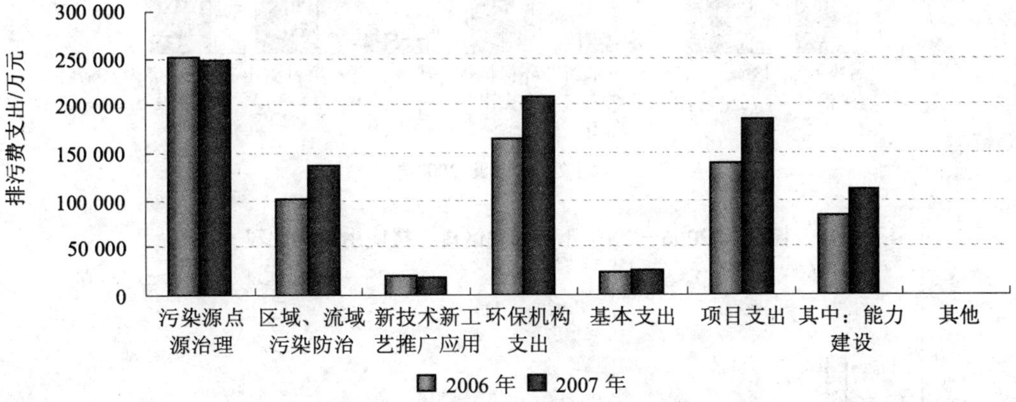

图 24　2006—2007 年东部地区排污费使用结构比较

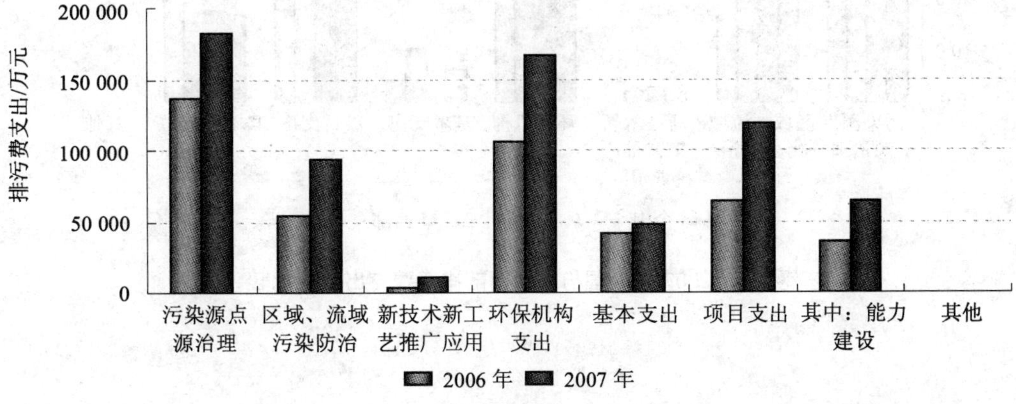

图 25　2006—2007 年中部地区排污费使用结构比较

2007 年西部地区排污费使用 25.40 亿元，比 2006 年增加 7.64 亿元。其中用于污染源点源治理 12.58 亿元，占 2007 年排污费支出总额的 49.53%，比 2006 年减少 3.49 亿元；区域、流域污染防治 4.44 亿元，占 2007 年排污费支出总额的 17.48%，比 2006 年增加 1.03 亿元；新技术新工艺推广应用项目 1.05 亿元，占 2007 年排污费支出总额的 4.13%，比 2006 年减少 0.51 亿元；环保机构支出 7.33 亿元，占 2007 年排污费支出总额的 28.86%，比 2006 年增加 2.61 亿元；其中环保机构支出中基本支出 1.10 亿元，占 2007 年排污费支出总额的 4.33%，比 2006 年增加 0.32 亿元；环保机构支出中项目支出 6.23 亿元，占 2007 年排污费支出总额的 24.53%，比 2006 年增加 2.29 亿元；项目支出中能力建设 5.02 亿元，占 2007 年排污费支出总额的 19.76%，比 2006 年增加 2.27 亿元。

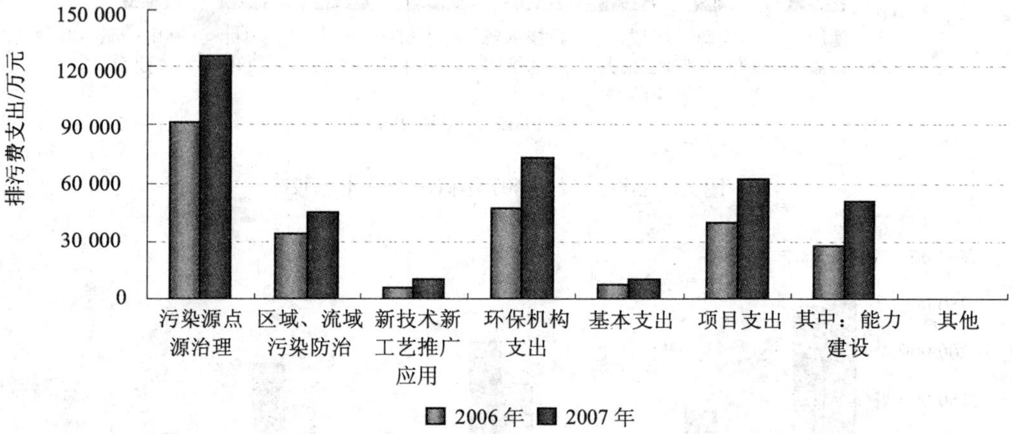

图 26　2006—2007 年中部地区排污费使用结构比较

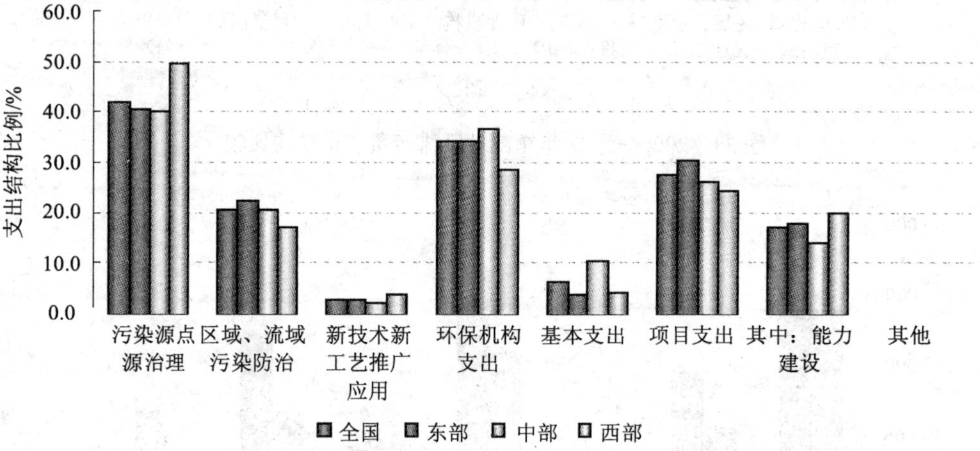

图 27　2007 年全国与东中西部排污费支出结构比较

表 14　2006 年全国排污费征收使用情况

单位：万元

		全国	东部全省	其中：县本级	中部全省	其中：县本级	西部全省	其中：县本级	省本级	市本级	县本级
一	收缴情况										
1	上年国库结存数	245 894.2	109 680.3	37 442.9	76 767.7	7 729.3	59 446.2	10 867.7	106 615.7	82 519.6	56 039.9
2	本年应缴数	1 462 106.1	808 358.3	234 544.4	407 467.2	158 131.5	246 280.6	55 174.8	425 020.3	532 125.7	447 850.7
3	本年入库数	1 369 653.9	713 755.2	248 142.2	418 544.1	146 429.3	237 354.6	55 787.9	388 571.6	514 839.4	450 359.4
4	本年国库结存数	425 049.7	179 042.9	78 919.6	150 682.0	36 319.8	95 324.8	34 458.8	145 940.6	127 921.0	149 698.2
二	使用情况	1 012 158.5	534 863.8	157 949.6	299 685.8	99 321.3	177 608.9	24 797.9	333 976.9	378 955.9	282 068.7
1	污染源点源治理	479 011.8	250 663.4	55 668.4	137 449.2	38 358.1	90 899.2	5 672.6	179 162.6	191 868.1	99 699.1
2	区域、流域污染防治	188 930.8	101 310.8	22 918.4	53 532.1	15 117.6	34 088.1	1 594.7	81 262.7	64 545.7	39 630.6
3	新技术新工艺推广应用	28 460.5	19 611.8	3 217.1	3 421.4	645.8	5 427.3	68.3	12 449.3	10 837.1	3 931.2
4	环保机构支出	315 482.6	163 005.2	76 063.1	105 283.1	45 199.9	47 194.5	17 462.3	60 912.5	111 704.7	138 725.3
(1)	基本支出	73 261.0	24 176.4	21 499.8	41 290.1	29 451.0	7 794.5	3 635.9	250.0	18 424.3	54 586.7
(2)	项目支出	242 221.7	138 828.8	54 563.3	63 993.1	15 748.9	39 399.8	13 826.4	60 662.5	93 280.4	84 138.6
	其中：能力建设	146 317.2	82 319.0	19 948.8	36 498.0	7 278.7	27 500.2	5 937.8	50 831.9	59 912.9	33 165.3
5	其他	272.61	272.61	82.61	0	0	0	—	190	0	82.61

表15 2007年全国排污费征收使用情况

单位：万元

		全国	东部全省	其中：县本级	中部全省	其中：县本级	西部全省	其中：县本级	省本级	市本级	县本级
一	收缴情况										
1	上年国库结存数	370 504.7	157 993.3	68 904.0	125 855.8	20 137.1	86 655.6	25 096.8	145 940.6	108 895.2	114 137.9
2	本年应缴数	1 786 713.0	917 426.4	312 992.1	579 043.5	283 600.8	290 243.1	66 036.3	449 368.2	654 808.1	662 629.2
3	本年入库数	1 694 780.2	830 841.8	312 825.9	581 040.8	245 871.5	282 897.6	67 505.9	410 657.3	638 130.3	626 203.2
4	本年国库结存数	533 842.2	223 501.6	101 429.0	198 694.0	84 619.0	111 646.7	48 721.5	125 449.0	168 864.8	234 769.4
二	使用情况	1 317 404.6	612 066.7	197 792.7	451 350.0	156 109.9	253 987.9	55 504.7	443 771.3	440 409.0	409 407.2
1	污染源点源治理	555 182.8	247 749.2	66 479.7	181 628.9	59 245.1	125 804.7	30 924.9	171 143.4	217 020.7	156 649.7
2	区域、流域污染防治	274 400.9	136 544.3	44 672.3	93 490.5	26 382.2	44 366.2	3 903.9	119 762.6	73 583.1	74 958.4
3	新技术新工艺推广应用	38 730.8	17 792.9	2 552.7	10 400.0	2 240.0	10 538.0	645.0	15 913.2	16 999.3	5 437.7
4	环保机构支出	448 423.0	209 313.3	83 921.9	165 830.6	68 242.5	73 279.1	20 030.9	136 451.1	132 805.8	172 195.3
(1)	基本支出	83 440.3	24 505.5	20 495.2	47 938.2	33 804.7	10 996.7	5 801.2	1 230.0	22 109.2	60 101.2
(2)	项目支出	364 982.6	184 807.8	63 426.7	117 892.5	34 437.8	62 282.4	14 229.6	135 221.1	110 696.7	112 094.2
	其中：能力建设	224 708.8	110 614.3	27 359.9	63 917.5	14 759.8	50 177.0	7 677.3	98 088.2	71 749.4	49 797.1
5	其他	667.1	667.11	166.11	0	0	0	0	501	0	166.1

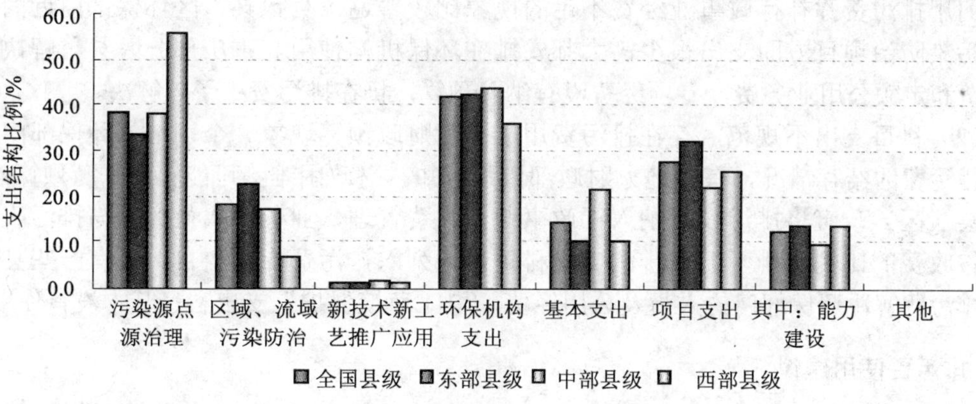

图 28 2007 年全国与东中西部地区区县本级支出结构比较

3.2.2 排污费使用存在的问题

《排污费征收使用管理条例》第五条规定"排污费应当全部专项用于环境污染防治，任何单位和个人不得截留、挤占或者挪作他用"。从本次调查的情况看，排污费用于污染治理比例不高，尤其是财政困难的县区，财政安排的环保机构的基本支出和项目支出很大一部分还是来源于排污费，以弥补经费不足的现象。

（1）基层环保机构经费难以保障，"变相吃排污费"现象依然严重。排污费仍然是基层环保部门的主要经费来源。部分县（市）环境监测、执法监察机构没有纳入同级财政保障范围内，导致基层环保部门基础业务工作得不到正常开展。财政困难的地区，不能足额保障环保部门经费，排污费退出环保部门预算的同时，财政预算内经费不能同比例补充。2007 年全国排污费用于环保机构支出 44.84 亿元，占"20101 环境保护管理事务"、"20102 环境监测与监察"两个款级科目总支出 110 亿元的 40.76%。其中全国排污费用于环保机构基本支出 8.34 亿元，占 2007 年"20101 环境保护管理事务"、"20102 环境监测与监察"两个款级科目基本支出总额 70 亿元的 11.9%。2006 年、2007 年吉林、安徽、江西、河南、湖北、甘肃等省份县级环保机构排污费用于基本支出占环保机构支出的比例均在 50%以上，湖北 2007 年更是高达 89.4%。2007 年江西、河南、吉林、湖北、湖南 5 个省份全省排污费环保机构基本支出占排污费支出的比例均在 16%以上，远高于全国 6.3%的平均水平。各级财政足额保障环境保护部门经费矛盾突出，如不使用排污费环保部门经费更无从保障。如大连市财政除全额保障人员支出和部分专项支出外，特大型项目用政府财力安排，其他的业务专项和能力建设项目基本用排污费支出安排解决。应纳入财政预算的单位与实际已纳入预算单位数差距过大，靠环保部门自身难以解决。辽宁省县区级排污费用于污染防治很少，多用于机构支出，弥补人员、公用、业务经费的不足。浙江省环保机构使用排污费情况也比较普遍，全省 2006—2007 年用排污费安排环保机构支出 53 401.97 万元，占总支出的 38.6%。从省、市、区三级对比来看，省级 2006—2007 年用排污费安排环保机构支出的比例是 38%，全部用于能力建设；市级用排污费安排环保机构支出的比例是 34.6%，其中 77.9%用于能力建设；县级用排污费安排环保机构支出的比例是 41.2%，其中 28.8%用于能力建设。总体来看，由于地方财政困难，县、市、区环保部门用排污费弥补行政事业经费不足的现象比较普遍，少数县市区环保部门近两年在安排污染防治项目方面支出很少，大都安排在环保机构使用。重庆部分区县只解决了人员经费和定额公用业务费，专项经费没有纳入预算，仍在排污费中予以解决。

（2）科目支出不规范，存在排污费用于平衡财政预算现象。个别地方环保部门无法掌握排污费的结存情况，有些地方财政部门不告知。财政困难县可能存在平衡预算问题。一些县（区）政府将排污收费纳入行政事业性收费管理，业务、人员经费与排污收费挂钩，按收费的比例安排，而安排的支出科目也未列入排污费支出科目。还有一些县主要依靠排污费解决环保部门的人员及公用经费，“211 环境保护”支出科目基本没有使用。

3.2.3 排污费使用建议

（1）修订完善《排污费资金收缴使用管理办法》，建议从排污费中提取一定比例的资金，用于环境执法监察及监测能力建设、环保专项业务、人员及正常经费等支出，保障环境执法及环保业务有效开展，切实解决经济欠发达地区同级财政预算安排不足，挤占挪用排污费问题。

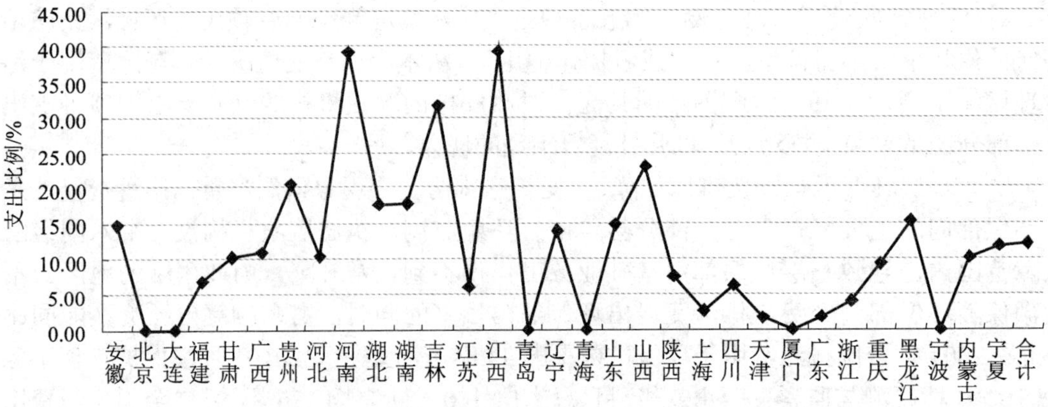

图 29　2007 年排污费用于环保机构基本支出占环保机构基本支出比例

注：环保机构基本支出为 21101 与 21102 款基本支出合计

（2）加强对排污费征收和污染源治理专项资金使用的监管，杜绝财政困难的县区可能将排污费用于平衡财政预算的现象。

（3）制定环保人员执法经费标准。提高并落实定额标准，使行政经费预算能够基本符合行使职能的实际支出需要。将环保部门作为综合管理部门、执法部门考虑，建立适时修订人员经费、公用经费等量化标准的制度，提高各级环保部门人员经费、公用经费定额标准，人员经费、公用经费按一级定额标准执行，提高监测、监察执法等经费的保障程度。国家对西部贫困地区执行定额补助，弥补经费的不足。

4 环保机构设置和人员情况分析

根据调查，2007 年全国环保系统共有 8 418 个机构，其中财政拨款（补助）的机构数是 7 132，占总机构数的 85%，有 1 286 个机构不在财政补助的范围内。全国环保系统人员编制共有 130 309 人，实有人数 153 283 人（不含离退休人员），超编 22 974 人。其中财政拨款（补助）的人员编制数是 122 399，占总编制数的 94%，有 7 910 人不在财政拨款人员的范围内。财政拨款（补助）的人员实有人数是 145 483，占全国总实有数的 96%。

全国环保系统机关 2007 年人员经费平均定额标准为 3.2 万元/（人·年），但全国各省实际平均支出 3.5 万元/（人·年）；全国环保系统机关 2007 年公用经费平均定额标准为 0.84 万元/（人·年），但全国各省实际平均支出为 1.94 万元/（人·年）。

4.1 环保机构设置

4.1.1 环保机构设置情况

我国省级环保机构设置了省环保局机关及下属单位，财政全额补助单位（包括环保局、环境监测站、环境监察局、环境信息中心、后勤服务中心、环境宣教中心、环境辐射管理站、环境科学院等），财政部分补助单位（固体废物管理中心等），自收自支单位（评估中心等）；市级环保机构设置了环境监测、监察、科学研究机构，部分设置了环境信息和辐射管理等机构；县级环保机构为公务员管理单位或参照公务员管理单位，不少成立县级监测机构、监察机构。

调查范围内（不含新疆、海南和云南），全国共有 8 418 个机构，人员编制共有 130 309 人。县级机构数最多，市级人员编制数最多。省级一共 252 个机构，人员编制 15 460 人；市级共 3 238 个机构，人员编制 58 750 人；县级共 4 928 个机构，人员编制 56 099 人。东部人员机构和人员编制最多，其次是中部和西部。东部人员机构共 3 142 个，人员编制 51 216 人（其中省级机构共 111 个，人员编制共 6 640 人；市级机构共 918 个，人员编制共 19 704 人；县级机构共 2 113 个，人员编制共 24 872 人）；中部人员机构共 2 943 个，人员编制共 40 372 人（其中省级机构共 76 个，人员编制共 4 687 人；市级机构共 883 个，人员编制共 16 155 人；县级机构共 1 984 个，人员编制共 19 530 人）；西部人员机构共 2 333 个，人员编制共 38 721 人（其中省级机构共 65 个，人员编制共 4 133 人；市级机构共 1 437 个，人员编制共 22 891 人；县级机构共 831 个，人员编制共 11 697 人）。

表 16 全国东中西部机构和人员编制汇总

省份	省级		市级		县级		全省	
	机构数	人员编制数	机构数	人员编制数	机构数	人员编制数	机构数	人员编制数
东部总数	111	6 640	918	19 704	2 113	24 872	3 142	51 216
中部总数	76	4 687	883	16 155	1 984	19 530	2 943	40 372
西部总数	65	4 133	1 437	22 891	831	11 697	2 333	38 721
全国合计	252	15 460	3 238	58 750	4 928	56 099	8 418	130 309

对于省本级，东部省份机构设置最多，人员编制最多，其次是中部和西部；对于市

本级，西部机构设置最多，其次是东部和中部，人员编制东部最多，其次是西部和中部；对于县本级，东部机构设置最多，人员编制最多，其次是中部和西部。东部地区平均一省有 10 个机构，共 604 个编制；平均一市有 9 个机构，共 201 个编制；平均一县有 2 个机构，共 28 个编制。中部地区平均一个省有 9 个机构，共 586 个编制；平均一个市有 8 个机构，共 154 个编制；平均一个县有 2 个机构，共 22 个编制。西部地区平均一个省有 5 个机构，共 344 个编制；平均一个市有 11 个机构，共 176 个编制；平均一个县有 1 个机构，共 11 个编制。

表 17 全国东中西部省市县各级机构数

	机构数			行政区划数					
省份	省级	市级	县级	省级	市级	县级	机构数/省级	机构数/市级	机构数/县级
东部	111	918	2 113	11	98	889	10	9	3
中部	76	883	1 984	8	105	894	9	8	2
西部	65	1 437	831	12	130	1 076	5	11	1
全国合计	252	3 238	4 928	31	333	2 859	8	10	2

表 18 全国东中西部省市县各级人员编制数

	人员编制			行政区划数					
省份	省级	市级	县级	省级	市级	县级	人员编制数/省级	人员编制数/市级	人员编制数/县级
东部	6 640	19 704	24 872	11	98	889	604	201	28
中部	4 687	16 155	19 530	8	105	894	586	154	22
西部	4 133	22 891	11 697	12	130	1 076	344	176	11
全国合计	15 460	58 750	56 099	31	333	2 859	499	170	20

2007 年全国环保系统机构中财政拨款（补助）的机构数是 7 132，占全国总编制数的 85%，有 1 286 个机构不在财政补助的范围内，中部环保机构未纳入财政预算范围内的比例和数量较多。东部的财政拨款（补助）的机构数是 3 036，占东部总机构数的 96.6%，有 106 个机构不在财政补助的范围内；中部的财政拨款（补助）的机构数是 1 963，占中部总机构数的 66.7%，有 980 个机构不在财政补助的范围内；西部的财政拨款（补助）的机构数是 2 133，占西部总机构数的 91%，有 200 个机构不在财政补助的范围内。

4.1.2 环保机构设置存在的问题

（1）市、县以下环保机构建设相对滞后、人员力量配备相对薄弱。近年来，在国务院党中央的正确领导下，环保地位不断提升，环保机构不断健全，环保职能不断强化，但是有些省份的市、县以下环保机构还是存在一些问题，建设相对滞后、人员力量配备相对薄弱，一些边远地区、民族地区、经济落后地区仍未单设环境保护行政机构。

（2）基层环保机构财政供养程度低。如江西省级环保机构财政供养率为 90%，设区市环保机构财政供养率 74.58%，而县级环保机构财政供养率 66.4%。

4.1.3 环保机构设置地方建议

（1）强化地方环保机构职能。环境保护部和国家机构编制部门，联合出台地方环境保护部门的职能地位、机构设置、人员编制的有关规定要求，促进地方政府在机构改革中重视和加强各级环保部门的机构队伍建设力度。

（2）在边远地区、民族地区、经济落后地区单设环境保护行政机构。省、市、县三级环境保护行政主管部门应明确为同级政府组成部门，未单设环保机构的要求各地方政府及时单设，并充实配齐人员编制，广泛接受专业技术人才。

4.2 环保机构人员

4.2.1 环保机构人员情况

2007 年全国环保系统人员编制数为 130 309 人，实有人数 153 283 人（不含离退休人员），超编 22 974 人。其中，河北（11 835 人）、山东（11 027 人）、河南（19 277 人）、山西（9 821 人）、江西（5 665 人）、湖北（7 862 人）6 省实有人数较多，占全国总人数的 43%。

除北京、浙江、上海、重庆、四川、贵州等少数几个省市外，其他各省人员超编现象普遍存在。超编主要集中在河北（超编 4 037 人）、山东（超编 4 285 人）、山西（超编 2 578 人）、江西（超编 1 143 人）、湖北（超编 2 595 人）等省，行政超编相对较少，超编在县级相对严重一些，主要集中在监察、监测等编制相对较少的部门、事业单位、自收自支部门。

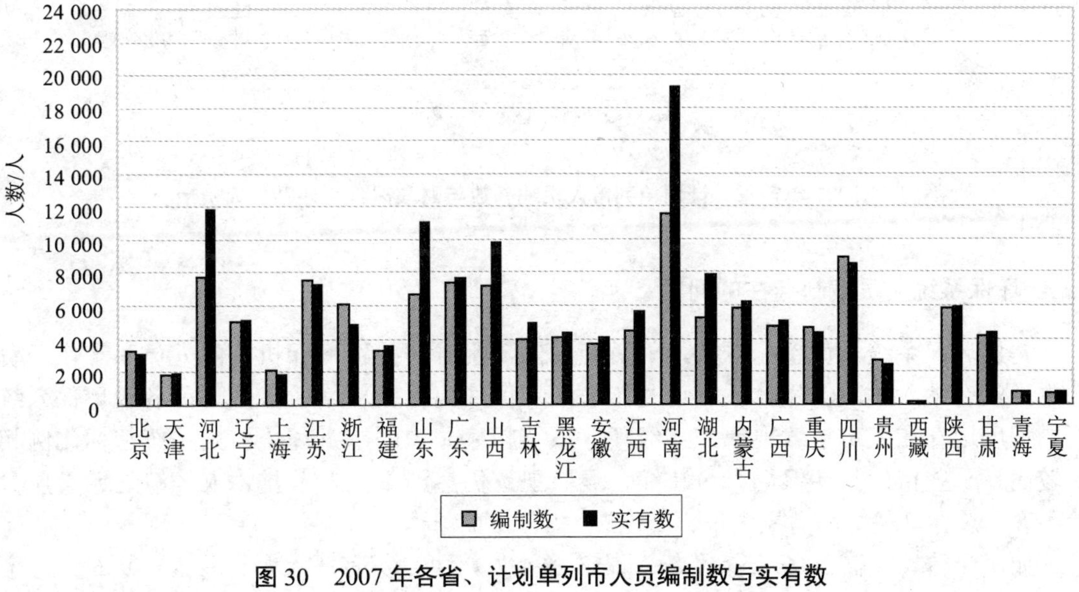

图 30　2007 年各省、计划单列市人员编制数与实有数

从东中西部的人员编制来看，中部超编最多，超编 15 656 人，其次是东部（超编 7 194 人），西部超编最少，为 124 人。东部 11 个省、自治区、直辖市在职人员编制数为 51 216，实有人数为 58 410，超编 7 194 人；中部 8 个省市自治区直辖市在职人员编制数为 40 372，实有人数为 56 028，超编 15 656 人；西部 12 个省市自治区直辖市在职人员编制数为 38 721，实有人数为 38 845，超编 124 人。

2007 年，全国环保系统人员中财政拨款（补助）的人员编制数是 122 399，占全国总编制数的 94%，有 7 910 人不在财政拨款人员的范围内；财政拨款（补助）的人员实有人数是 145 483，有 7 802 人不在财政拨款人员的范围内，占全国总实有数的 96%。东部的财政拨款（补助）的人员编制数是 48 663，占东部总编制数的 95%，有 2 553 人不在财政拨款人员的范围内；中部的财政拨款（补助）的人员编制数是 33 717，占中部总编制数的 84%，有 6 655 人不在财政拨款人员的范围内；西部的财政拨款（补助）的人员编制数是 37 803，占西部总编制数的 98%，有 918 人不在财政拨款人员的范围内。其中，河南（3 587 人）、浙江（1 196 人）、山西（1 166 人）、江西（1 063 人）等省财政未拨款（补助）的人员居多。

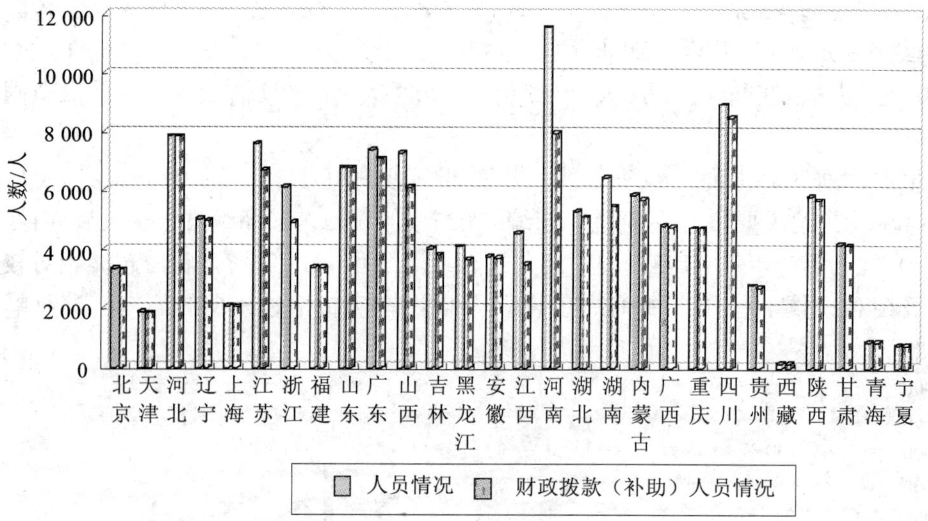

图 31　2007 年各省、计划单列市人员编制数与财政拨款（补助）人员情况

4.2.2 环保系统人员编制存在的问题

基层环保系统人员超编严重，人员经费保障困难，县级环保机构的人员和工作经费基本上没有纳入财政保障体系。近几年来，环保部门人员新增较多，目前各级环保系统不同程度地存在人员超编现象，县级环保系统超编尤为严重，环境监察系统超标比例相对较高，一些市、县环保局人员缺编、混岗现象仍然严重，专业技术人才缺乏、素质参差不齐，总体呈现“小马拉大车、小能履大职”的格局。

如，吉林省全省 2007 年人员编制是 3 994 人，可是实有环保人员多达 4 936 人。全省 62 个县（市、区）级环境保护机构有 30 多个超编，超编较多的地区是长春、四平和松原；超编最严重的县（市）是公主岭市环境保护局，编制 76 人，实有人员 173 人。

表 19　吉林省环保机构人员情况表

机构级别	机构数	财政补助机构数	编制数	实有人数	财政负担人数	超编人数
合　计	228	208	3 994	4 936	3 869	948
省　级	11	10	356	350	327	
市州级	61	59	1 072	1 107	1 062	35
县区级	156	139	2 566	3 479	2 480	913

又如，湖南省全省环保系统人员编制为 6 450 人，实有 7 956 人，超编 1 506 人；河南省全省环保系统人员编制为 11 525 人，实有 19 277 人，超编 7 752 人；江西省级环保机构人员没有超编情况，设区市环保机构人员有超编现象，超编 16.74%，县级环保机构人员超编现象普遍，超编 27.74%；还有其他省份也有超编现象，如福建、辽宁、甘肃、宁夏、安徽、陕西、山东、青岛、山西、河北等。

从各省的环保机构数看，环保系统的机构设置已基本齐备。但近几年来，随着环保工作力度的加大，环境监测、监察工作任务日益繁重，环保系统人员编制不足、人手不够的矛盾越来越突出。省、市、县三级环保部门面临同样的问题，如浙江省 2007 年底全省聘用的编外人员 740 人，占总人数的 13.20%。各级行政机关向事业单位借人，事业单位向社会招聘编外人员的现象已很普遍。

广西壮族自治区 2007 年环保部门人员编制为 317 人，在职实有 269 人，离退休 80 人。由于局机关人员编制少，仅 45 人，面对工作人员少，而工作量大的问题，只能采取混编、聘用临时人员、借用下属人员等办法来解决人员的不足。江西省设区市、县级环保部门聘请了大量其他人员，设区市环保部门聘请其他人员 149 人，县级环保部门聘请 118 人。

4.2.3 环保系统人员编制的建议

（1）确定环境保护部与相关部门协调确定各级环境保护机构人员编制标准，解决环保机构编制不合理问题。某些省份大部分县（市）环保部门人员编制（尤其行政编制）不合理，既存在超编严重，又存在编制不足问题，收费养人问题仍然存在。导致环保部门经费保障，即"收支两条线"中"支"的方面一直存在问题。

（2）明确市、县环境监察、监测人员编制，全部纳入财政预算，保障环保系统干部、职工基本利益。免除干部、职工的后顾之忧。江西省部分县人员经费没有保障，人员编制少，有的县监察、监测人员编制均是自收自支编，财政未安排经费预算，现在还是靠"吃"排污费维持正常工作需要。

（3）出台有关政策和标准，重新核定编制，确保编制内的人员经费。研究、出台环保机构和编制方面有关政策和标准，结合环保部门的职责要求，重新核定编制，实行定岗定编，逐步清理、清退超编人员，确保编制内的人员经费。逐级落实科目，将有关环保部门执法成本等业务经费真正纳入财政，确保环保系统稳定和持续发展。

4.3 预算定额标准

4.3.1 全国省市县东中西部定额计算标准比较

（1）人员经费平均定额标准。从全省财政预算定额标准来看，全国机关 2007 年人员经费平均定额标准为 3.2 万元/人·a，东部地区人员经费平均定额标准为 3.77 万元/人·a，中部人员经费平均定额标准为 3.15 万元/人·a，西部人员经费平均定额标准为 2.68 万元/人·a。

从省本级财政预算定额标准来看，全国机关 2007 年人员经费平均定额标准为 3.4 万元/人·a，东部地区人员经费平均定额标准为 4.1 万元/人·a，中部人员经费平均定额标准为 3.18 万元/人·a，西部人员经费平均定额标准为 2.79 万元/人·a。

从市本级财政预算定额标准来看，全国机关 2007 年人员经费平均定额标准为 4.05 万元/人·a，东部地区人员经费平均定额标准为 4.5 万元/人·a，中部人员经费平均定额标准为 3.7 万元/人·a，西部人员经费平均定额标准为 3.69 万元/人·a。

从县本级财政预算定额标准来看，全国机关 2007 年人员经费平均定额标准为 2.6 万元/人·a，东部地区人员经费平均定额标准为 3.4 万元/人·a，中部人员经费平均定额标准为 1.81 万元/人·a，西部人员经费平均定额标准为 2.09 万元/人·a。

（2）公用经费平均定额标准。从全省财政预算定额标准来看，全国机关 2007 年公用经费平均定额标准为 0.84 万元/人·a，西部地区公用经费平均定额标准为 0.598 万元/人·a，东部公用经费平均定额标准为 1.01 万元/人·a，中部公用经费平均定额标准为 0.92 万元/人·a。

从省本级财政预算定额标准来看，全国机关 2007 年公用经费平均定额标准为 1.54 万元/人·a，东部地区公用经费平均定额标准为 2.25 万元/人·a，中部公用经费平均定额标准为 1.35 万元/人·a，西部公用经费平均定额标准为 0.83 万元/人·a。

从市本级财政预算定额标准来看，全国机关 2007 年公用经费平均定额标准为 0.83 万元/人·a，西部地区公用经费平均定额标准为 0.6 万元/人·a，东部公用经费平均定额标准为 1.07 万元/人·a，中部公用经费平均定额标准为 0.796 万元/人·a。

从县本级财政预算定额标准来看，全国机关 2007 年公用经费平均定额标准为 0.45 万元/人·a，东部地区公用经费平均定额标准为 0.59 万元/人·a，中部公用经费平均定额标准为 0.32 万元/人·a，西部公用经费平均定额标准为 0.3 万元/人·a。

4.3.2 全国各省经费平均定额标准实施

（1）人员经费平均定额标准。从全省财政预算定额标准来看，全国机关 2007 年人员经费平均定额标准为 3.2 万元/人·a，全国实际平均支出 3.5 万元/人·a，超过定额标准。

从省本级财政预算定额标准来看，全国机关 2007 年人员经费平均定额标准为 3.4 万元/人·a，高于全国各省实际平均支出 2.44 万元/人·a。

从市本级财政预算定额标准来看，全国机关 2007 年人员经费平均定额标准为 4.05 万元/人·a，高于全国各省实际平均支出 3.33 万元/人·a。

表 20　全国各省定额计算标准汇总

省份	省级		市级		县级		全省	
	财政预算定额标准		财政预算定额标准		财政预算定额标准		财政预算定额标准	
	人员费/[元/（人·a）]	公用费/[元/（人·a）]	人员费/[元/（人·a）]	公用费/[元/（人·a）]	人员费/[元/（人·a）]	公用费/[元/（人·a）]	人员费/[元/（人·a）]	公用费/[元/（人·a）]
东部地区（11 个省）	24 467	19 377	40 187	4 580	27 760	2 540	—	—
福建	35 330	5 000	39 400	4 208	22 971	2 315	34 163	4 040
辽宁	—	—	40 029	—	—	—	32 734	7 450
北京	12 500	11 429	81 000	7 757	32 267	5 964	—	—
天津	—	—	—	9 111	47 500	2 820	36 148	6 861
河北	62 500	22 500	29 500	—	—	—	—	—
上海	—	31 000	53 900	14 500	52 500	5 850	—	—
江苏	52 500	51 800	37 800	10 321	44 300	8 500	52 000	16 000
浙江	56 550	16 651	40 067	20 600	21 100	14 000	44 907	9 136
山东	—	—	—	14 660	26 226	5 478	26 200	16 900
广东	40 641	22 537	45 235	—	—	—	—	—
海南	40 641	22 537	45 235	10 717	34 328	5 933	—	—
东部平均定额数	31 000	5 900	28 600	—	—	—	37 692	10 065
中部地区（8 个省）	28 000	—	25 000	3 100	25 800	1 100	—	—
山西	52 449	10 784	24 356	1 000	17 000	—	26 700	1 800
吉林	—	8 625	—	4 061	23 400	6 465	—	—
黑龙江	21 666	11 111	14 704	1 055	—	791	23 228	4 456
安徽	34 146	7 243	—	976	14 704	982	—	—
江西	23 385	25 518	92 498	—	—	—	—	—
河南	—	25 000	—	37 547	9 591	6 599	34 146	7 243

省份	省级		市级		县级		全省	
	财政预算定额标准		财政预算定额标准		财政预算定额标准		财政预算定额标准	
	人员费/[元/（人·a）]	公用费/[元/（人·a）]	人员费/[元/（人·a）]	公用费/[元/（人·a）]	人员费/[元/（人·a）]	公用费/[元/（人·a）]	人员费/[元/（人·a）]	公用费/[元/（人·a）]
湖北	31 774	13 454	37 032	—	—	—	41 825	23 221
湖南	31 774	13 454	37 032	7 957	18 099	3 187	—	—
中部平均定额数	27 263	10 914	24 794	—	—	—	31 475	9 180
西部地区（12 个省）	—	—	24 300	2 385	18 341	2 319	—	—
内蒙古	—	—	—	2 850	1 252	—	27 263	10 914
广西	23 765	11 914	26 850	—	—	—	—	—
重庆	—	—	95 427	5 074	—	—	—	—
四川	—	—	—	21 918	41 017	7 507	28 531	12 520
贵州	—	9 500	—	—	—	—	—	—
西藏	28 500	4 100	24 626	3 429	—	—	—	5 833
陕西	—	—	—	2 448	19 857	1 485	—	—
甘肃	32 045	4 980	25 968	—	—	—	23 005	2 589
青海	—	—	—	1 820	24 273	1 811	27 941	2 010
宁夏	—	—	—	—	—	—	27 348	2 040
云南	27 893	8 282	36 994	—	—	—	—	—
新疆	34 129	15 439	40 474	6 000	20 948	3 281	—	—
西部平均定额数	—	—	—	8 257	26 103	4 502	26 818	5 984
全国平均定额数	—	—	—	—	—	—	32 409	8 313

注：空格为地方未上报。

从县本级财政预算定额标准来看，全国机关 2007 年人员经费平均定额标准为 2.6 万元/人·a，低于全国各省实际平均支出 3.86 万元/人·a。

（2）公用经费平均定额标准。从全省财政预算定额标准来看，全国机关 2007 年公用经费平均定额标准为 0.84 万元/人·a，低于全国各省实际平均支出 1.94 万元/人·a。

从省本级财政预算定额标准来看，全国机关 2007 年公用经费平均定额标准为 1.54 万元/人·a，低于全国各省实际平均支出 1.79 万元/人·a。

从市本级财政预算定额标准来看，全国机关 2007 年公用经费平均定额标准为 0.83 万元/人·a，低于全国各省实际平均支出 1.62 万元/人·a。

从县本级财政预算定额标准来看，全国机关 2007 年公用经费平均定额标准为 0.45 万元/人·a，低于全国各省实际平均支出 2.28 万元/人·a。

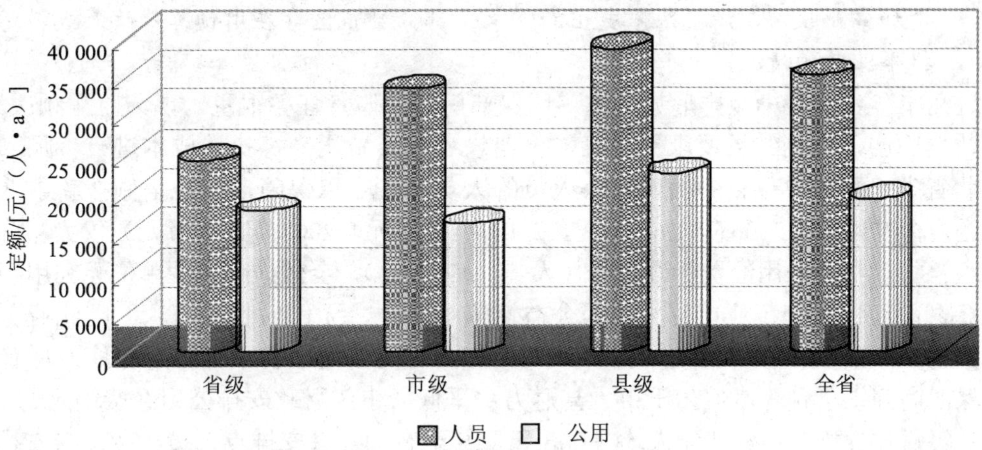

图 32 全国分省市县平均定额标准

表 21 全国各省实际定额标准汇总

	财政拨款基本支出			编制数	全国平均定额数	
	小计	人员经费/万元	公用经费/万元		人员/[元/（人·a）]	公用/[元/（人·a）]
省级	65 422	37 682	27 740	15 460	24 374	17 943
市级	290 827	195 561	95 266	58 750	33 286	16 215
县级	344 007	216 290	127 717	56 099	38 555	22 766
全省	709 485	456 100	253 385	130 309	35 001	19 444

4.3.3 各省财政预算定额标准存在的问题

（1）公用经费定额标准偏低，业务经费不足，用一般行政事业单位经费定额标准不能满足环保部门执法工作的需要。

- 某些省份超编人员、业务经费、仪器设备等正常运行维修、保养、年检等经费，未规定具体标准，不能得到充分保障。如福建省，最低的县级年人均公用经费只有 300 元，龙岩的长汀县公用经费按实有人数 300 元/年包干使用；高的如永定县公用经费定额标准为 2 500 元/人 · a；中等的如漳平市，在编人员行政每人每年 1 000 元，事业每人每年 600 元进行预算，其余业务费、执法经费不列入财政预算，不足经费专门向市领导报告审批后提交财政追加拨款，每年的公用经费严重不足，严重影响了工作的正常运转及执法力度。又如广西壮族自治区，在人员经费上，自治区财政预算基本能保障，但是在公用经费安排上，除自治区环保局享受自治区部门预算公用经费分类行政一档（11 050 元/人 · a）外，其余单位均为事业二档（6 250 元/人 · a），不能满足环保工作日益增长的需要。

➢ 同级环保部门之间行政机关及参照公务员管理事业单位的经费能得到较好的保障，而事业单位经费的保障力度相对不够。多数区县环境保护机构因财政经费保障水平低，面对全额拨款事业单位人员经费标准过低，不得不依赖于自己去努力增加事业收入，满足基本支出的需求；部分县市区存在用预算外收入或排污费安排事业费的情况。

近几年，各地污染减排形势严峻，环保部门执法监管任务很重，现场监测频次增加，监测数据剧增，监测结果要求更精确，仪器设备运转费用高，执法成本进一步加大。例如湖北省省级预算单位公务员、参公人员的人员经费予以保障，但是全额拨款事业单位人员经费标准过低（2006 年 1.61 万元，2007 年 2 万元，2008 年 2.3 万元）仅为实际支出的 60%；行政机关公用经费标准过低（人平 2.67 万元），全额拨款事业单位无公用经费支出预算，而环保系统事业单位大多为公益性事业单位，无任何收入来源，因此业务工作经费只有从项目支出预算经费中弥补。又如江西省的公用经费预算标准偏低，尽管财政将环保部门列入了预算，但由于市、县财力水平低，市级财政安排公用经费年人均 2 000 元、县级财政安排公用经费年人均 1 000 元，甚至有的县只安排点人员经费，未安排公用经费。

（2）受全省各地财力不均衡等因素的影响，环保机构在财政预算保障方面也呈现出不均衡的特点。

➢ 省、市、县三级环保机构相比，省、市两级的保障高于县级，多数县级环保部门人员经费和执法监督经费非常紧张，执法管理工作难以正常开展，仪器设备购置和基础设施建设与国家建设标准相比也有较大差距。浙江省省级机关 2007 年公用经费定额标准 3.1 万元/人 • a，是县级机关 0.85 万元/人 • a 的 3.5 倍；市级机关 2007 年人员经费定额标准 5.39 万元/人 • a，是县级机关 4.43 万元/人 • a 1.2 倍。

➢ 全省不同地区环保机构之间的经费保障差距较大，经济发达地区的保障高于经济欠发达地区。广大的山区和欠发达地区由于经济发展水平低，地方财政基本属于"吃饭财政"，环境保护投入严重不足，部分地区连环保部门的人员经费和日常工作经费都难以保障。杭州市本级 2007 年度人员经费标准 7.35 万元/人 • a，是丽水市 4.62 万元/人 • a 的 1.59 倍。

4.3.4 预算定额标准的建议

（1）加大环保投入，彻底解决吃饭问题。国家进行政府收支分类改革的目的是要建立和完善公共财政管理体制，通过编制预算对政府支出进行科学划分，使财政预算管理更加科学化、规范化和透明化。要达到这个目标，前提必须是要有经费保障。如果基层环保部门工作和日常经费都是问题的话，"211 环境保护科目"根本无法真实反映实际工作情况，预算管理将很难科学化、规范化和透明化。

（2）缩小经济发达地区和经济欠发达地区环保机构之间的经费保障差距。建议环保部会同财政部研究出台加强对环保补助日常运行经费的保障的有关意见。

（3）超编人员继续安排人员经费。应积极争取按照《国务院办公厅转发财政部关于深化收支两条线改革进一步加强财政管理意见的通知》精神，采取过渡办法，在稳定人员队伍、明确职责、定编定岗的基础上，在一定时间内财政仍然安排超编人员的人员经费，不再安排公用经费。

（4）提高人员经费和公用经费的预算定额标准，切实保障环保机构的正常运转，满足新时期环境保护工作的实际需求。

四川灾后《规划》实施调研和环境基础设施受损评估报告[①]

吴舜泽　逯元堂　孙　宁　王金南　林方敏[②]　刘伟江

摘　要　《汶川地震灾后生态修复规划》(以下简称《规划》)实施评估表明:《规划》四川省级监管能力建设项目实施进展良好,《规划》实施对提升环境监管能力和技术水平将起到十分积极的作用。规划实施中也存在一些不足之处,有序的生态修复机制尚未建立,一些项目实施程序尚不明确,部分城市垃圾处理设施修复尚未完成。基于此,本文提出了推进《规划》实施的相关建议。
关键词　汶川地震　生态修复　规划　实施

Abstract　The result of implementation assessment on the < Ecological Restoration Plan after Wenchuan Earthquake >(shorted for Plan) showed that: good progress had been made in the implementation of the provincial supervisory capacity project in Sichuan. Moreover, <Plan> played an important role in improving the environmental monitoring capacity and technical level. However, the plan implementation also needed to be promoted, the mechanism of ecological restoration and the procedures of project implementation should be set up. Some suggestions were put forward, hoping to support the Planning implementation in Sichuan.
Key words　Wenchuan earthquake　Ecological restoration　Plan　Implementation

为分析地震灾害对环境基础设施和监管能力损害情况,了解《汶川地震灾后生态修复规划》(以下简称《规划》)实施情况,分析规划实施存在的主要问题,总结灾后环境保护经验,环境规划院先后于 2009 年 3 月 23—26 日、4 月 16—18 日赴四川开展调研,对灾后《规划》实施情况以及城市环境基础设施受损修复情况进行分析。

1 调研背景

2008 年 5 月 12 日 14 时 28 分,四川省汶川县境内(北纬 31.0,东经 103.4)发生里

---

① 本报告受汶川特大地震灾后环境安全评估与应对措施项目资助。
② 环境保护部华南环境科学研究所,广州:510655。

氏 8.0 级特大地震灾害。汶川地震是新中国成立以来破坏性最强、波及范围最大的一次地震。

地震发生后，国家先后颁布了《汶川地震灾后重建条例》《国家汶川地震灾后重建规划工作方案》《汶川地震灾后恢复重建总体规划大纲》《国务院关于汶川地震灾后恢复重建的指导意见》等重要文件。依据上述文件，结合国家环境保护“十一五”规划及有关专项规划，环境保护部和四川、甘肃、陕西 3 省人民政府负责编制《汶川地震灾后生态修复规划》，环境规划院承担规划编制的技术工作。

规划范围为四川严重受灾地区以及甘肃、陕西严重受灾地区，共 51 个县（市、区），其中四川 39 个，甘肃 8 个、陕西 4 个。具体包括四川省的汶川县、北川县、绵竹市、什邡市、青川县、茂县、安县、都江堰市、平武县、彭州市、理县、江油市、广元市利州区、广元市朝天区、旺苍县、梓潼县、绵阳市游仙区、德阳市旌阳区、小金县、绵阳市涪城区、罗江县、黑水县、崇州市、剑阁县、三台县、阆中市、盐亭县、松潘县、苍溪县、芦山县、中江县、广元市元坝区、大邑县、宝兴县、南江县、广汉市、汉源县、石棉县、九寨沟县；甘肃省的文县、陇南市武都区、康县、成县、徽县、西和县、两当县、舟曲县；陕西省的宁强县、略阳县、勉县、宝鸡市陈仓区，前 10 个县（市）为地震极重灾区。

地震对环境监管能力、环境保护设施、生态等带来了严重的损失。基于受损情况，《汶川地震灾后生态修复规划》明确恢复重建的总体目标为：优先排除环境风险，重点推进与人民生活、生产相关的环境污染防治工程建设，初步建立生态环境修复机制，使灾区受损的环境保护基础设施和监管能力得到快速恢复，确保核与辐射设施安全处于受控状态，辐射环境质量保持在本底水平，完成主要污染物减排任务，改善灾区环境质量，生态功能区建设得到有效加强，《规划》分别提出了 2010 年和 2015 年的阶段目标。

按照规划目标的要求，规划确定了六项主要任务和工作领域，具体包括：提高治理防护水平，确保核与辐射环境安全；修复水生态系统，保障饮用水源安全；综合应对灾区固体废物污染，修复污染土壤；恢复企业治污设施，推进产业有序布局提升发展；保护生物多样性，促进自然生态系统恢复重建；恢复提高监管能力，确保重建环境安全。规划项目包括 13 个方面共 672 个，总投资 88.59 亿元，其中：“十一五”后 3 年项目 612 个，总投资 75.28 亿元；“十二五”期间项目 60 个，总投资 13.31 亿元。

《汶川地震灾后生态修复规划》是汶川地震灾后防灾减灾和生态修复专项规划的有机组成部分，是汶川地震灾后恢复重建规划的重要内容，主要指导 2008—2010 年期间地震重灾区生态修复、环境整治重建工作。

本次调研重点是《汶川地震灾后生态修复规划》批复后，四川省环保系统灾后重建规划落实情况，尤其是省直管项目实施情况、主要经验以及存在的问题，并对受损较重的环境基础设施灾后环境影响和恢复重建情况进行重点案例剖析。

根据《汶川地震灾后生态修复规划》，四川省环保系统灾后重建项目共计 8 大类，141 个（不包含由国家组织实施的核与辐射环境安全保障项目和调查评估科研示范项目，以及其他部门组织实施的城镇生活污水处理工程、生活垃圾处理工程、企业治污设施恢复重建工程），总投资 16.67 亿元。其中环境监管能力建设项目 62 个，总投资 7.7 亿元；饮用水源地污染防治工程项目 46 个，总投资 3.16 亿元；危险废物和医疗废物处理工程 5 个，总投资 3.37 亿元；土壤污染防治工程项目 14 个，总投资 0.85 亿元；生态功能区恢复示范项目 8 个，总投资 0.85 亿元；环保系统监管的自然保护区管护能力建设项目 6 个，总投资 0.73 亿元（此项投资计划已列入了林业部门，还未下达）。

2 环境监管能力项目实施进展

2.1 项目基本情况

四川省发改委《关于下达汶川地震灾后恢复重建年度计划的通知》（川发改投资[2008]936 号），下达环保系统灾后重建项目 123 个（不包含由国家组织实施的核与辐射环境安全保障项目和调查评估科研示范项目，以及其他部门组织实施的城镇生活污水处理工程、生活垃圾处理工程、企业治污设施恢复重建工程），总投资 15.94 亿元。其中环境监管能力建设项目 62 个，总投资 7.7 亿元；饮用水源地污染防治工程项目、土壤污染治理工程项目 60 个，总投资 4.009 5 亿元；危险废物和医疗废物处理工程、生态功能区恢复示范项目 1 个，总投资 4.230 5 亿元；环保系统监管的自然保护区管护能力建设项目 6 个，总投资 0.73 亿元（此项投资计划已列入了林业部门，还未分解下达）。

按照四川省政府的统一安排要求，灾后恢复重建项目分为省直管和相关地方各级人民政府及其相关部门管理两种方式实施。省直管的项目共 11 项，为省本级环境监管能力建设项目，省环保局为责任单位，由省环境监测中心站负责组织实施；地方各级人民政府及其相关部门管理的项目共 112 项，涉及 9 个市（州）、39 个国定重灾县和南部、射洪两县的环境监管能力恢复建设和环境整治项目，由县级人民政府及其相关部门管理并负责实施。

2.2 省直管项目实施情况

根据四川省委、省政府的部署，灾区当地环境监测能力恢复建设项目由当地环保部门组织实施，对于跨区域、全省性环境质量监测能力的恢复建设项目由四川省环保部门组织实施。按照省政府要求，为便于规划项目实施，四川省环保局将规划涉及的 11 个环境监管能力建设项目整合为四川省环境监测中心站等建设项目与四川省环境质量监测项目两个项目。

地震灾害发生近一年来，在各方的共同努力下，四川灾后省级监管能力恢复重建工作取得了较好进展。

（1）环境监管设备设施得到较快发展。地震应急期间，环保部支持了一系列的环境监测和监察方面的先进仪器设备，特别是环境应急监测设备先进、稳定、可靠，核与辐射环境监管手段与震前相比提升很快，大大增强了环境监管能力。

（2）环境监管技术水平得到新的提升。通过国家环境监测总站、其他省市区环境监测站技术力量的支持和面对面的帮助，灾区基层环境监管技术水平大大提升，培训了技术骨干，强化了基层环境监管技术力量。

（3）环境监管能力得到大幅提高。通过《汶川地震灾后生态修复规划》的实施到位，全省环境保护系统环境监管能力将大大提升。

2.2.1 四川省环境监测中心站等建设项目

四川省环境监测中心站等建设项目包括“流动水质监测系统项目”、“生态监测站项目”、“省监测站应急监测仪器设备项目”、“省应急监测仪器设备项目”、“省应急监控中心建设项目”、“省总队应急监察仪器设备项目”6 个建设项目。按照灾后重建要求，四川省监测中心等建设项目主要包含四川省监测中心生态监测站的建设，四川省应急监测中心的建设和四川省应急监察指挥中心的建设，总征用地 2 hm^2，其中综合楼、附属公共用房及实验场占地 1.73 hm^2、配套工程占地 0.27 hm^2，各功能房屋建筑面积 12 600 m^2。项目总投资约 1.3 亿元。目前已到位资金 1.1 亿元，其中中央财政资金 7 800 万元，2 000 万元差额资金通过中央发行地方债券予以解决。项目已通过立项审批，已征用 0.67 hm^2 建设用地。

2.2.2 四川省环境质量监测项目

四川省环境质量监测项目包括流域水质自动监测项目、灾区环境空气自动监测项目、灾区酸雨监测项目、灾区生态监测项目和灾区土壤监测项目 5 个建设项目。为方便实施，将项目分为水环境监测子项目，空气自动监测、酸雨监测子项目，生态、土壤监测子项目。水环境监测子项目包含 50 个水质自动监测站的建设及省流域控制中心的建设。其中第一部分是新建 15 个流域水质自动监测站，第二部分是新建 13 个城市集中式饮用水源地水质自动监测站，第三部分为对原有 22 个水质自动监测站进行扩项，第四部分为省流域控制中心的建设。空气自动监测系统由灾区 9 个市（州）17 个空气自动监测子站、1 个便携式空气自动监测站、1 套灰霾监测系统构成。酸雨监测系统由灾区 9 个市（州）11 个酸雨监测点构成。一方面，通过给灾区 8 市、州及省中心站配置灾区生态及土壤监测所需的仪器设备，建立四川省生态环境监测、土壤环境监测的野外调查、采样、实地验证和实验室分析体系。另一方面，在现有生态遥感系统的基础上，采用最新遥感影像资料、1∶50 000 四川省电子地图和土壤污染状况调查信息，建设四川省土壤生态遥感地理信息系统。

该项目总投资 11 165 万元，资金来源为中央财政地震灾后重建恢复基金。目前，该项目涉及的子站点位已初步确定，监测技术路线已确定，设备选型的比对实验也已接近尾声，设备清单已确定，项目可行性研究报告已通过评审，环境影响评价已通过审批。

2.3 应急监测经验

在此次灾后恢复重建工作中，在环境管理和恢复重建中积累了丰富的经验，尤其是在环境应急监测方面。在本次地震灾后应急监测中，实现了全国总动员、全省总动员，全省、全国监测力量全面拉动，体现了全国一盘棋高效率的环境应急监测能力。

2.3.1 始终坚持“两手抓”

一手抓环境日常监管，确保环境安全；一手抓环保恢复重建，恢复和提升环境监管能力水平。目前环保部门的环境监管工作已经恢复正常，环境日常监管井然有序；恢复生产的企业环保设施基本上与生产设施同步恢复。政府环境监管设施初步得到恢复，沱江、岷江和嘉陵江流域的自动监控站全部恢复运行，重点城市的空气自动站也恢复正常运行。大灾之年的第一个冬季枯水期，全省水环境质量基本保持了稳定。灾区生产生活污染处置措施有力，固体废弃物处理较好，空气环境质量稳定。

2.3.2 形成 3 个层级的环境应急体系

本次应急监测形成了由应急监测指挥中心、应急监测技术支持中心、应急监测信息中心、应急监测分析测试中心、应急监测后勤保障中心和 10 个现场应急监测小组组成的应急体系。形成了区县、市州和省 3 个层级的应急监测体系，3 个层级明确分工、无缝合作，区县站负责现场采样的支持，当地市州站负责区域内应急监测的协调，支援省、市州站负责现场采样和现场监测，省站负责技术组织、实验室分析、技术支持和后勤保障。总站负责技术指导和全国协调。

2.3.3 建立新型应急监测模式

在本次应急监测中，四川省建立起了现场初筛、现场监测和现场采样实验室分析相结合及物理方法、化学方法、生物方法相结合的应急监测模式，将定性与定量合理相结合、将应急方法与经典方法合理相结合、将现场监测与实验室分析合理相结合，既保证了监测数据的合理有效，又节约了监测分析的时间、人员和成本，兼顾了科学性和有效性。实践证明这种应急监测模式切实有效，对今后各地环境事件的应急监测有借鉴意义。

2.3.4 创新监测分析方法

在本次应急监测中，及时开发、建立了“离子色谱分离-二苯碳酰二肼柱后衍生化-可见检测器测定水中 Cr^{6+}的方法”、“便携式气相色谱-质谱联用分析水中 54 种挥发性有机污染物的方法”、“水中腐胺的高效液相色谱-三重四极杆串联质谱分析方法”等监测分析方法。针对应急监测的目的，引入了发光菌综合生物毒性的监测，解决了饮用水源地水质毒性的定性判定问题，对今后各地环境事件的应急监测有借鉴意义。

2.3.5 监测过程实现 6 个统一

本次应急监测实行了统一仪器、统一方法、统一标准、统一空白、统一数据处理，开展战前统一培训和比对合练，确保各应急监测组达到上述几个统一，严格地控制了应急监测的质量。

2.4 主要问题

2.4.1 环保部门的业务用房恢复问题

由于历史原因四川省灾区部分区县本身没有环保业务用房，或者灾后恢复重建资金缺口较大、恢复难等问题，目前最为紧要的是业务用房的恢复重建。由于没有监测实验室，没有监测执法业务用房，国家救灾应急期间援助的监测监察仪器设备堆砌一体，难以有效使用。按照灾后重建规划总体要求，环保系统的业务用房将纳入城镇体系建设规划统筹安排，但是目前实施情况受区县投入、安排次序等因素影响，经费落实、组织实施程序、实施进度等均不容乐观。

2.4.2 部分项目实施程序尚不明确

目前，对于规划要求的核与辐射安全评估、城市放射性废物库建设、核设施退役及污染场所整治、灾区辐射环境监测网络建设、重要生态功能区生态功能恢复示范项目以及汶川地震灾后生态环境调查评估科研项目等项目具体规划任务、实施方案、实施主体、资金筹措等情况并不明确，项目尚未开展，需要进一步研究落实责任主体和推进机制。

2.4.3 各地支援仪器设备的处置问题

极重灾区的监测站，尤其是三级站站房和设备几乎在地震中全部损失，抗震救灾期间国家、各地紧急支援了部分应急监测设备，目前大部分这类监测站主要靠这些仪器设备进行简单的监测工作，很多工作由省站、市站帮助完成。极重灾区二级站站房损坏严重，从损坏的站房中抢救出大部分的仪器设备，抗震救灾期间国家、各地紧急支援了部分应急监测设备，灾后部分国家和国际机构也有少量仪器设备援助，在临时用房中勉强能开展基本的监测工作，部分工作由省站帮助完成。结合援助方意见，四川省建议各地支援设备资产调拨受援监测站使用，并由环保部发文各地支援单位办理国有资产调拨、核销手续。

2.4.4 灾后重建配套资金落实较难

按照四川省发改委《关于下达汶川地震灾后恢复重建年度计划的通知》，需要地方各级财政配套 30%～40%的资金，由于地震后各地各级财政均出现财政负增长，地方各级财政无力解决配套资金。

3 典型城市污水处理厂设施受损和影响分析

3.1 地震受损总体情况

截至 2008 年 6 月 3 日调查时，四川灾区 16 座污水处理设施在地震中没有受到明显影响，其中一些设施在震后安全排查中对发现问题及时解决，尽快投入到运行中。广汉市三星堆城市污水处理厂设施轻微受损，震后停运 5 h，5 月 13 日（次日）凌晨恢复正常运行；广元市污水处理厂震后停电，污水处理厂停运，已于 5 月 13 日（次日）下午恢复运行,设施未受影响；广元苍溪县污水处理厂地震后停电，水泵、闸阀、气压表等设备和 COD 监测仪损坏，经抢修，该厂已于 5 月 16 日上午 8 点半恢复运行。在建中的成都市新津县精细化工园区污水处理厂（设计能力 1 万 t/d），已完成土建和部分设施安装，在建设施未受损。

四川灾区 8 座污水处理设施受灾比较严重，包括成都温江区污水处理厂、都江堰水质净化中心、德阳市污水处理厂、江油中科成污水处理厂、崇州市污水处理厂、西南科技大学污水处理厂（绵阳市涪城区）、中国工程物理研究院污水处理中心（绵阳市游仙区）、绵阳中科成污水净化有限公司。

3.2 典型受损设施损坏情况及环境影响分析

3.2.1 温江污水处理厂损坏情况及环境影响分析

3.2.1.1 设施基本情况

温江区城市污水处理厂位于温江区涌泉镇前丰村一组，于 2003 年 6 月开始建设，2004 年 11 月建成，2005 年 4 月正式投入运营至今。该厂设计污水处理能力为 3 万 m^3/d，主要处理温江区的城市生活污水。污水处理工艺采用改良型氧化沟工艺，污泥处理采用机械浓缩脱水工艺，排水执行《城镇污水处理厂污染物排放标准》（GB 18918—2002）一级 B 标准，处理后的出水排入江安河。

根据该厂统计数据，地震前，2008 年 4 月，温江区城市污水处理厂实际接纳处理的城市生活污水量在 37 372～42 843 m^3/d 之间，日均处理量为 41 007 m^3/d，最大处理量为 42 843 m^3，大于设计处理能力 30 000 m^3/d，已处于超负荷运转状态。该厂出水各水质指标达到《城镇污水处理厂污染物排放标准》（GB 18918—2002）一级 B 标准，达标外排。

污水处理厂处理水量大于设计进水量而进水浓度远低于设计进水水质指标。根据该厂和温江区环保局的调查，其原因主要有：区域建筑工地将场地的地下水直接抽排至市政污水管网；服务范围内尚有 3 km^2 区域未实现雨污分流；市政污水管网有裂口，地下水渗入污水管中。

3.2.1.2 设施受损状况

地震发生后，温江污水处理厂主要受损部位有：① 厂内两座氧化沟的四道导流墙全部损坏，第二氧化沟通行走廊部分开裂，池体伸缩缝处均有裂口（重建过程中该氧化沟的通行走廊在余震中损毁）；② 氧化沟水下设备（推流式搅拌机）均有不同程度损伤；③ 两座二沉池的刮吸泥机设备因地震造成中心立柱倾斜，不能清除池底污泥；④ 脱水间地面出现不均匀沉降，导致污泥脱水系统部分设备受损；⑤ 配电房的屋顶出现开裂。

该厂运行设施受损后，地震发生当天停止运行。现场检查表明，受地震影响，两座氧化沟中的导流壁出现断裂、垮塌，造成系统停止运行。污水处理厂停止运行后，温江区城市生活污水通过明沟直接从污水处理厂总排口上游排入江安河。

震后，由于城市给水管网和污水管网均受损，与震前相比，污水量大大减少，根据目测，震后污水量估计只有震前污水量的50%～60%，即2万～2.4万t/d。

震后5月17日，温江区环境监测站、成都市环境监测中心站对直排状态下的温江区城市生活污水水质进行了监测，监测断面设于污水处理厂总排放口上游位置。直排生活污水中，pH值、COD_{Cr}浓度值比地震前低，而NH_3-N的浓度则比地震前大幅增高了4.95倍。

即使考虑该污水处理厂停运储存的污水量约1.75万m^3这一因素，污水处理厂池体所储存的污水和温江区城市生活污水形成的混合污水（2008年5月17日监测数据）COD_{Cr}为26.7 mg/L仍然达到排放标准，氨氮为67.5 mg/L（超标3.5倍）。

表1　温江区城市生活污水直排水质监测结果表　　单位：mg/L

项目 时间	pH	COD_{Cr}	NH_3-N
2008-05-17监测值	7.61	13.8	35.0
地震前污水来水平均值	7.35	28.5	5.10
地震前污水来水最大值	7.44	32.9	5.88

3.2.1.3 环境影响分析

污水处理厂出水排放进入江安河并最终汇入府河。江安河上设有两个断面。一个是共耕1号桥断面，位于污水处理厂总排口上游；另一个是永康村电站断面，位于污水处理厂总排口下游。府河出境断面黄龙溪为江安河汇入府河后的成都出境断面。近3年及地震后水质监测结果见表2。

表2　地震前后温江污水厂总排口上下游断面、府河黄龙溪断面水质监测结果对比

断面名称	项目 时间	pH	COD_{Mn}	NH_3-N
上游断面（共耕1号桥断面）	06.05	7.15	1.8	0.352
	07.05	7.01	1.9	0.125
	08.04	6.92	0.79	0.35
	近3年平均值	7.03	1.50	0.276
	地震后08.5.17	7.89	4.54	0.683
下游断面（永康村电站断面）	06.05	7.60	3.1	0.591
	07.05	7.70	2.3	8.52
	08.04	7.20	1.9	0.921
	近3年平均值	7.50	2.43	3.344
	地震后08.5.17	7.87	4.80	1.05
府河黄龙溪断面	06.05	7.67	5.6	7.36
	07.05	7.66	5.7	6.3
	08.04	7.18	5.6	4.03
	近3年平均值	7.50	5.63	5.90
	地震后08.5.17	7.49	24.1（COD_{Cr}）	2.56

地震后，在污水处理厂总排口上游来源导致共耕 1 号桥断面 COD_{Mn}、NH_3-N 浓度较近 3 年同期浓度增幅较大的情况下，总排口下游约 5 km 的江安河永康电站断面的 COD_{Mn}、NH_3-N 浓度与近 3 年同期的平均浓度差异不大。在未考虑沿途汇入的其他污水情况下，地震后因温江区城市生活污水直排使江安河 COD_{Mn} 的浓度增加率为 7.49%，NH_3-N 的浓度增加率为 53.73%。同时，下府河黄龙溪断面 NH_3-N 浓度较近 3 年同期浓度有所降低，表明污水直排未造成府河黄龙溪断面的主要污染物 NH_3-N 浓度升高。考虑到在到达府河黄龙溪断面前，沿途还汇入了大量地表径流（如清水河等），并且经过长距离迁移转化，水中的污染物也进一步降解，COD_{Mn}、NH_3-N 等污染物浓度也将得到进一步降低，因此在此情况下，温江区城市生活污水直排对府河黄龙溪断面的水污染物水质增加率也将进一步降低，不会对府河黄龙溪断面水质造成明显影响。

3.2.1.4 灾后修复技术措施

根据受损部位和受损情况，该厂采取的池体修复措施和系统恢复措施包括：

（1）根据受损情况，先修复损坏程度相对较轻的氧化沟，在保证全厂可以基本运行的条件下继续对厂内其余设施(如另一座氧化沟)进行恢复处理。

（2）联系降水工程队对 A1 氧化沟周围降水井进行降水，确保在空池时氧化沟的稳定和安全。

（3）清理氧化沟。采用潜污泵将 A1 氧化沟内的污水抽至二沉池，沉淀后上清液外排；将 A1 氧化沟内的污泥抽至 A2 氧化沟储存；采用机械或人工方式清运 A1 氧化沟内无法排出的污泥。

（4）清理氧化沟干净后，对沟内主体进行全面排查，聘请专家至现场，制订具体修复方案和施工图纸。

（5）聘请专业土建施工单位对损坏的导流墙进行破碎，并清运残渣；同时让设备生产厂家派人检修池内设备。

（6）重建导流墙。采用砖混加构造柱、圈梁结构，新增的配筋采用植筋方式与原池体钢筋相连接。新增十字梁走道，在原有的板、梁交接处，加入砼膨胀剂，加强抗震能力。

（7）因氧化沟和二沉池都要放空进行池体、设备维修，无较大池体容纳污泥的储存，在保证恢复生产后培菌的要求前提下，部分污泥需进行填埋处理。在厂区闲置空地上开挖污泥填埋坑，坑底及坑侧铺设 200 mm 厚生石灰。填埋污泥与开挖余土拌和固化后进行填埋。

（8）池体修复完毕，在养护期结束后，立即进水，进行活性污泥培养，利用另一座氧化沟剩余的污泥和从其他污水处理厂运来的 60 t 脱水污泥作为接种污泥进行污泥培养，同时投加甲醇作为营养物质以加快污泥成长速度。

（9）其他池体陆续修复完毕后，合理调整各池的运行负荷，在对 A2 氧化沟进行污泥培养的同时不影响出水水质，使系统逐步恢复到震前正常运行水平。

经过 40 多天的抢修，1 号氧化沟于 2008 年 6 月 3 日（地震后 22 天）抢修完成并通水正常运行；2 号氧化沟土建工程于 2008 年 6 月 25 日（地震后 44 天）下午通水运行，全部修复工作进行约 60 天。灾后抢修工程共计投入资金约 216 万元，其中氧化沟导流墙抢修金额 170 万元，污泥脱水间和配电房抢修工程金额 20.24 万元；二沉池吸刮泥机设备抢修金额为 12.56 万元；氧化沟设备抢修金额为 12.85 万元。

修复工程完工后，通过一个多月的工艺调试，出水水质已达到一级 B 标准。

3.2.2 江油中科成污水处理厂损坏情况及环境影响分析

3.2.2.1 设施基本情况

江油市污水处理厂位于江油市彰明镇北江村，于 2004 年 12 月建成投产使用。该厂设计污水处理能力为 5 万 m^3/d，主要处理江油市的城市生活污水，由江油中科成污水净化有限公司按“BOT”方式投资运营该厂。污水处理工艺采用 LIER-POOLK（又称一体化活性污泥法）污水处理工艺，污泥处理采用机械浓缩脱水工艺，排水执行《城镇污水处理厂污染物排放标准》（GB 18918—2002）一级 B 标准，处理后的出水排入涪江。

修复中的温江污水处理厂氧化沟图

修复后的温江污水处理厂氧化沟图

修复中的温江污水处理厂二沉池图

修复后的温江污水处理厂二沉池图

3.2.2.2 设施受损状况

“5·12”特大地震中，江油污水处理厂遭到严重破坏。综合楼、办公楼、门卫室、粗格栅、生化池、鼓风机房、脱泥机房、接触消毒池、排水站、变压站、厂内道路、厂内管网、自控机器设备、供用电系统以及污水处理生化系统均遭到不同程度的破坏，生产运行处于瘫痪状态。

- 综合楼：阶梯地砖拱裂变形，厨房地基下沉，墙壁产生裂缝，脱灰，化验设施、药品损坏严重。
- 粗格栅及提升泵：地基下层，地面出现裂缝，地下管网破裂。
- 鼓风机房：墙壁多处产生裂缝，大面积脱灰，房屋吊顶大面积掉落。

- 变压器：变压器烧毁。
- 一体化生化池：地基沉降、池底产生裂缝，曝气管道、泵严重损坏。
- 脱水机房：墙壁多处产生裂缝，大面积脱灰，污水回流管道受到破坏，回流污水冒出井口。
- 排水泵站：地下管道损坏，出水倒灌，在线监测室墙壁产生裂缝。
- 消毒池：放空管道破损。
- 厂内道路污水井：道路断裂、拱起、塌陷，井壁断裂、顶部变形。
- 鼓风机：鼓风机底座下沉，风机轴承损坏，冷却系统损坏。
- 一期 3 个电动刀闸：盘根损坏。
- 自控、监视系统：地下通信电缆损坏，监视器损坏。

3.2.2.3 环境影响分析

（1）震前设施运行状况及环境影响分析。根据该厂统计数据，地震前，江油市污水处理厂实际接纳处理的城市生活污水量在 60 000 m^3/d 左右，大于设计处理能力 50 000 m^3/d，已处于超负荷运转状态。

- 地震前：该厂出水各水质指标达到《城镇污水处理厂污染物排放标准》（GB 18918—2002）一级 B 标准，达标外排。
- 地震前：污水处理厂进水水质中的 COD 指标高于设计进水水质指标。其原因可能是进水中的工业废水所占比例较大所致。

地震前污水处理厂虽然进水水量和 COD_{Cr} 浓度均高于设计值，但系统运转正常，出水达标。

（2）震后设施受损维修期间的环境影响分析。地震时，该厂运行设施受损，于 2008 年 5 月 12 日当天停止运行。经相关人员现场勘察，污水处理厂的主要设施均受到不同程度破坏，造成系统停止运行。污水处理厂停止运行后，江油市城市生活污水未经处理，通过农灌渠直接排入涪江。

震后，由于城市给水管网和污水管网均受损，与震前相比，污水量大大减少，但无确切监测数据。根据目测，污水量估计只有 4 000～5 000 m^3/d。水量大为减少，原因是污水收集管网的破坏导致污水率大幅下降和居民生活用水、工业用水量的大幅下降所致。

根据统计数据，直排的生活污水中，pH 值、COD_{Cr} 浓度值比地震前低，而 NH_3-N 的浓度则比地震前增高，但由于污水量的大幅减少，排入涪江的污染物总量与震前相比并不明显，因此该部分污水直排对涪江水质未造成明显影响。

3.2.2.4 灾后修复技术措施

以江油中科成污水处理厂为例，在地震发生后，该厂短时间内制定了以下 5 条应急措施，全力以赴投入抗震救灾工作中，抓紧对地震造成的各类安全隐患的排查和整治，最大限度地减少地震造成的生产损失，维护了正常的生产和生活秩序。

- 成立防范和应对地震及地震次生灾害引发的突发环境事件应急领导小组，全面负责协调处置各类突发环境事件。
- 组织精兵强将认真开展损失调查和安全隐患排查工作，彻底消除各类环境安全隐患，有效防范次生环境灾害的发生。
- 落实 24 h 值班制度，确保通信畅通，严格执行“日报制”和“零报告”制度，加强与地方各级部门联系，确保信息畅通，消除公众疑虑。信息报送工作由专人负责，不得延误。

- 加强纪律、作风要求，对突发环境事件要有充分的思想准备。
- 抓紧储备足够的应急物资，如沙包、消毒剂等。

根据受损部位和受损情况，该厂采取的池体修复措施和系统恢复措施如下：

- 综合楼：清除原阶梯地砖，重新铺设新地砖；修补墙壁裂缝；对墙面重新粉刷；维修化验设施、购置化验药品。
- 鼓风机房：修补墙壁裂缝；对墙壁重新粉刷；房屋吊顶重新安装。
- 变压器：返厂维修；委托电力公司安装并进行预防性试验。
- 生化池：修补池底裂缝。
- 脱水机房：修补墙壁裂缝；墙壁重新粉刷；墙壁贴瓷砖到一米高度；对污水回流管道进行技术改造。
- 排水泵站：修补地下受损管道；对出水倒灌进行技术改造；修补在线监测室墙体裂缝；外墙贴瓷砖。
- 消毒池：修补放空管道。
- 厂内道路污水井：拆除原地砖，将道路填平夯实；重新铺设新地砖；对污水井进行修补、加固。
- 鼓风机房：平整鼓风机底座；将鼓风机主体解体维修；将冷却系统解体维修。
- 一期工程的 3 个受损电动刀闸：更换新盘根。
- 自控、监视系统：拆除损坏的地下通讯电缆；安装新地下通讯电缆；对 PLC 控制系统进行维修。
- 一期生化池曝气系统：拆除原曝气管道与曝气棒；更换新曝气管道与曝气盘。

全部修复工作约需半年多。灾后抢修工程共计投入资金约 200 万元，通过一个多月的工艺调试，出水水质已达到一级 B 标准。

3.3 对策研究建议

应坚持预防为主的地震工作方针，减少经济损失，减轻构筑物的地震破坏程度，避免人员伤亡及地震发生后带来的次生灾害，如火灾、水灾等，做到未雨绸缪。

3.3.1 设计、施工应严格按照相关抗震规范进行

在污水处理厂的设计、施工阶段，应严格按照现行抗震规范进行设计、施工。污水处理厂的建（构）筑应按现行国家标准《建筑工程抗震设防分类标准》（GB 5022—2008）确定其抗震设防类别，达到“小震不坏，大震不倒”的设防目标，并按严格《建筑抗震设计规范》（GB 50011—2001，2008 局部修订版）和《构筑物抗震设计规范》（GB 50191—1993）进行设计。

3.3.2 对设计中原忽视抗震防灾环节的问题应加以重视

如框架结构的围护墙和隔墙，应考虑其设置对结构抗震的不利影响，避免不合理设

计而导致主体结构或使用功能的破坏，防止类似温江区污水处理厂氧化沟隔墙的倒塌而造成系统停运事故的再次发生。又如江油污水处理厂的一体式生化池，由于其曝气系统是固定式的，且部分主要布水、气管布置于池内，当地震等自然灾害将池内的管路破坏，管路发生破裂，如要维修，唯一的措施只能是将池体排空再进行施工，修复过程烦琐且费用可观，而如果采用可提升式的曝气系统，将主管置于池体外等方式，则可轻松更换受损部位，大大提高整个系统的抗灾害能力。

3.3.3 坚持以人为本，建立有效的地震防震减灾体系

污水处理厂应完善避震疏散场地和疏散通道，预留较大面积的绿地或广场作为震时的人员、物质的疏散安、置场所。一切活动尽可能在确认无余震等安全隐患后才进行，尽最大可能保护人员的生命安全。抗灾自救时要发扬主人翁精神，充分发挥主观能动性，将灾害造成的损失降到最低。

坚持预防为主、快速反应、分级负责、统一指挥、部门分工的原则，不断完善防震减灾体系，最大限度地减少地震灾害造成的损失。

地震应急是防震减灾工作的一项重要内容。破坏性地震发生后,地震应急工作及时、高效、有序开展，可以最大限度地减轻地震灾害，减少人员伤亡和经济损失，减轻地震次生灾害可能造成的危害。

在污水处理厂的投产运行阶段，应建立有效的地震应急工作体系。建立包括应急组织机构，责任落实到人；制订各项应急预案，制定具体的工作措施和工作程序；制定保障预案，作好日常的保障工作，做到有备无患；建立协调沟通和应急联动等应急管理机制，保证信息通道畅通。做到指挥得当，保障得力，减小损失灾后控制，对损失进行评估，及时进行修补、重建工作，避免产生二次灾害的发生。

3.3.4 污水处理厂规划时应与相关配套工程紧密结合

污水处理厂作为一个民生项目，如果受自然灾害的破坏而失去处理功能，将对水体环境产生不可忽视的影响，而要发挥它的作用，需要和其他相关市政项目紧密结合，整体考虑，如市政给排水管网工程、供电工程和防洪工程等，如果给水管网受灾而发生断裂，则居民无水可用自然也无水可排，污水处理厂的处理水量也会大大降低，而排水管网一旦发生损坏或堵塞，会造成地下水渗入管网或污水直排入水体，从而增大污水处理厂的处理量，造成处理效果下降或污染水体。供电工程也和污水处理厂密切相关，如果发生停电事故，而污水处理厂不设双回路供电系统，则整个系统会停止运行，污水只能直排，污染环境。因此污水处理厂建设在考虑无论在常时还是在震时都要发挥其纳污、治污的功能时，都要把它和其他相配套的市政项目作为一个整体，统一考虑。在规划、可研等前期工作阶段，对其选址的合理性、可行性及可靠性应充分论述，得出科学的结论，避免建成后发生地震等自然灾害时无水处理或有水而无法处理等情况的发生。

3.3.5 做好污水集中处理设施防震应急预案

应急期的工作重点是每次余震后，对污水处理厂内构筑物是否漏水、管道是否移位，曝气装置有无裂缝等情况都要进行十分及时而细致的检测。记录建、构筑物和设备、管

线的受损情况并上报主管部门。在重启设施之前，要认真排查污水处理设施管道和设备的损坏，逐一排查设备损害部位和程度。根据工艺流程水线，进水格栅池开始，检查厂区内所有污水支管及干管，确保管道无破裂、无堵塞。应检查污水处理厂内所有设备及构筑物，确保无损伤、运行无障碍，否则应及时更换同型号设备。全厂管道设备检修完毕后，污水处理厂方可重新启动。城市污水处理厂应通过调整进水和操作条件最大限度地利用现有设施的处理能力，力争做到达标排放。对于城镇污水处理厂，要密切关注菌种的活性（通过微生物镜检和溶解氧浓度判断）。

针对余震后污水处理、雨季汛期处理措施等情景做好应急预案，研究提出城市污水处理厂和排水官网防震抗灾措施和修复技术规范。

4 典型生活垃圾处理设施受损和环境影响分析

4.1 地震受损总体情况

根据调查，四川灾区范围内共有 15 座生活垃圾处理设施遭到不同程度的损坏，分布在成都、德阳、绵阳和阿坝 4 个地级城市（雅安和广元两个地级市内的生活垃圾填埋场基本没有受到明显损坏），受损处理规模达到 2 390 t/d，受损修复资金估计达到 4 962 万元。受损的 15 座城镇生活垃圾处理设施有关情况见表 3 所示。

表 3　四川灾区范围生活垃圾处理设施受损表

序号	市	所属区县	项目名称	建设地点	工艺类型	修复内容	修复资金/万元
1	成都市	彭州市	彭州市生活垃圾填埋场	彭州市隆丰镇	填埋	日处理能力 150 t，恢复重建渗滤液收集池 500 方、排水系统 1 000 m、挡坝 100 m。重建渗滤液处理系统	35
2	成都市	崇州市	崇州市城市生活垃圾焚烧厂	崇州市	焚烧	对崇州市 300 t/d 生活垃圾焚烧厂受损的焚烧炉和除尘等设施修复	90
3	成都市	大邑县	海诺尔垃圾处理厂	大邑县苏家镇	焚烧	对 200 t/d 生活垃圾焚烧厂受损的烟道、机械焚烧炉钢体等治污设施进行恢复	120
4	德阳市	绵竹市	绵竹市万洁垃圾处理厂	绵竹市	焚烧	修复重建 150 t 垃圾处理厂厂房和设施	500
5	德阳市	什邡市	海诺尔什邡垃圾处理厂	什邡市	填埋	恢复一条 260 t/d 垃圾处理能力	200
6	德阳市	广汉市	广汉市生活垃圾处理厂	广汉市	填埋	修复 200 t/d 城市生活垃圾填埋场	100
7	绵阳市	平武县	平武县城市生活垃圾填埋场	平武县	填埋	80 t/d 城市垃圾卫生填埋场修复	180

序号	市	所属区县	项目名称	建设地点	工艺类型	修复内容	修复资金/万元
8	绵阳市	江油市	江油市区生活垃圾填埋场	江油市	填埋	50 t/d 城市垃圾卫生填埋场修复	678
9	绵阳市	梓潼县	梓潼县城生活垃圾填埋场	梓潼县	填埋	50 t/d 城市垃圾卫生填埋场修复	188
10	绵阳市	三台县	三台县城生活垃圾填埋场	三台县	填埋	200 t/d 城市垃圾卫生填埋场修复	621
11	绵阳市	涪城区	绵阳市生活垃圾填埋场	绵阳市	填埋	500 t/d 城市垃圾卫生填埋场修复	150
12	阿坝州	茂县	茂县生活垃圾填埋厂	凤仪镇	填埋	新建日处理 50 t 生活垃圾填埋厂及渗滤液处理系统	1 000（异地重建）
13	阿坝州	汶川县	汶川县生活垃圾填埋厂项目	七盘沟	填埋	对受损原有日处理 75 t 垃圾处理设施进行修复完善	300
14	阿坝州	松潘县	松潘县生活垃圾填埋厂	进安乡	填埋	对受损原有日处理 75 t 垃圾处理设施进行修复完善	400
15	阿坝州	小金县	小金县生活垃圾填埋厂	小金县沃日乡	填埋	修复完善原有的日处理 50 t 受损生活垃圾填埋厂	400
合计						2 390 t/d	4 962

地震受损的 15 座生活垃圾填埋场中，有 3 座采取焚烧工艺，分别是崇州城市生活垃圾焚烧厂、成都大邑县海诺尔垃圾焚烧处理厂和绵竹市万洁垃圾处理厂，其他 12 座均采用卫生填埋工艺。损坏最严重的是位于阿坝州茂县凤仪镇的茂县生活垃圾填埋厂,该填埋厂遭到毁灭性的损害，已经无法进行修复，需要重新择址建设。江油市生活垃圾填埋场损坏比较严重，该场地下防渗系统和垃圾主坝都受到损坏，修复难度较大。其他 13 座垃圾填埋场的受损主要在渗滤液处理系统上，垃圾填埋场防渗和垃圾主坝等主体结构没有发现明显损坏。绵竹市垃圾焚烧设备经过紧张抢修，在地震 5 天后已经恢复正常运转。

除生活垃圾处理设施遭到损毁以外，都江堰市、绵竹市 2 座生活垃圾中转站遭到较严重的损坏。

4.2 典型受损设施损坏情况及环境影响分析

江油市城市生活垃圾填埋场在“5・12”前刚刚建成，建设项目距北川仅 7 km，受损比较严重，垃圾坝、地下防渗膜等关键部位受损。与城市污水处理设施等地上建构筑物不同，生活垃圾填埋设施主要组成多是地下隐蔽结构，地震发生后难以从外观上直接反映出损害后果及其影响，这种滞后性带来的环境风险具有不确定性。

4.2.1 基本情况

江油市城市生活垃圾填埋场位于江油市西郊含增镇界池村槽地湾，距离江油市区西北 7 km 处，设计总库容约 110.57 万 m^3，可满足江油市 17 年服务年限内日均填埋 150 t 垃圾的需要。项目建设和运行单位是江油鸿飞投资（集团）有限公司。自 2004 年立项建设以来，项目历经四年左右建设时间，2008 年 4 月底具备垃圾填埋试运行的能力，该填埋场在地震前已经开始接纳生活垃圾的填埋处置，平均日进料量达到 50 t。

江油市城市生活垃圾卫生填埋场（新场）包括场底防渗系统、填埋区的渗滤液收集系统、填埋气体导排系统、填埋区地下水导排系统、道路、垃圾坝、截洪沟、渗滤液处理系统。废水经处理后，经场外 10 km 的污水管道后汇入城市生活污水管网，与城市生活污水处理后一并排入涪江。

4.2.2 灾后受损状况

江油垃圾处理场各分项工程均遭受不同程度的损毁：

（1）防渗系统遭受破坏。据地震发生三四天以后的初步观察，地下水收集管道中有部分渗滤液排出，流量逐步加大，初步判断已施工的防渗系统 PE 膜已开裂损坏；照片中红色圈内的沟渠本是地下水排放渠，现其渠内的流水颜色明显变黑，地震后又经历了江油市“7・20”和“9・23”特大暴雨的检验，明显发现地下水量急剧增加，而在未经历地震影响前，该填埋场是没有地下水流出的。

（2）大坝坝体已有松动，有部分渗滤液溢出。从 2008 年 9 月 19 日和 2008 年 10 月 15 日的大坝现场照片来看，明显可以看出有渗滤液渗出，大坝石头表面已经变黑，大坝块石接缝处渗滤液渗析还比较严重，坝体整个长度方向的坝脚都受到了地震的影响。从 2008 年 9 月 19 日来看，渗出大坝的渗滤液量还比较少，只有局部大坝表面有黑色渗滤液渗出，但至 2008 年 10 月 15 日不到一个月的时间，大坝渗析现象就非常严重，整个坝脚的块石接缝处都变成了黑色。

（3）渗滤液处理系统遭到损坏。主要处理池体多处破损，各池体变形严重，电机、电控系统部分损毁。

（4）渗滤液外输管道破损。处理后的渗滤液送至市区生活污水处理厂的污水输送管网的HDPE管输，在初步的输水实验中表现出多处破损。

4.2.3 环境影响分析

由于垃圾填埋场刚刚投入运行，“5·12”地震发生前，产生的渗滤液并不多，地震后，地震对垃圾填埋场主体系统如防渗系统和垃圾主坝的损坏并没能在短期内显现和发现，在经历7月20日和9月23日两次特大暴雨后，渗滤液产生量大大增加，受损部位的损坏才得以明显暴露。

（1）环境风险分析。防渗膜部分地方出现破裂、大坝坝体出现裂纹、送至市区污水管网的HDPE管输多处破损，埋场内边坡的一些滑坡，这些情况的发生，必将造成垃圾渗滤液渗入地下土壤及岩层，对填埋场周边的土壤和地下水产生污染风险，给周边人们的生活和身体带来影响等问题，具有较大的环境风险。

该填埋场设有两座地下水监测井，一是位于填埋场上游的对照监测井一座，下游设置地下水监测井一座。在地震发生后，一直没有对地下水监测井采样分析和监测，地下水受污染情况不明。

（2）工程风险分析。新建垃圾填埋场在5月12日至11月之间，实际最高日接纳垃圾为200 t；共接纳灾后垃圾近30 000 t，日均170 t。

新建垃圾填埋场场底渗滤液的泄漏如果得不到及时的修复，同时江油市城市垃圾在不断地进场填埋，必将导致更大范围的防渗系统破坏；垃圾坝体出现大面积的渗沥液渗漏，如果长时间渗漏及暴雨的影响，可能出现坝体垮塌的风险。周边护坡由于地震已松动，如果得不到及时的加固，暴雨的袭击必将导致山体滑坡将截洪沟堵塞，造成大量雨水进入填埋区，渗滤液处理量的急剧增加，处理成本提高。江油市2008年7月20日和9月23日的特大暴雨由于受到地震的影响，造成部分截洪沟被滑坡的山石堵塞，周边水体大量涌入填埋场，造成渗滤液急剧增加，短时间内渗滤液集液池暴满，同样，相关配套设施也同样存在类似问题，如果填埋场不及时进行修复重建，该项目将存在较大的工程风险。

4.2.4 灾后修复主要技术措施

由于生活垃圾持续不断的进入填埋场区，为保证恢复质量，在恢复各项基础设施的施工期间，应合理考虑入场垃圾处理方式，做到垃圾处理和恢复建设两不误。

（1）边坡加固。由于受到“5・12”地震和不断的余震的影响，目前还未敷设防渗膜的边坡单元已松动，部分地方护坡已滑落，当遇暴雨和余震时，不时有碎石下落进入填埋场库区。为保证填埋场库区防渗系统的安全，必须对现有的边坡进行加固处理，防止碎石下落时把防渗系统戳穿。

实施方案：对边坡松散碎石进行清理，局部地方锚喷混凝土支护。

（2）防渗工程。由于填埋场场底受到“5・12”特大地震的影响，防渗系统基本破坏，必须全面修复。由于客观原因，江油市的老填埋场已经封场，垃圾无处可去，每天产生的垃圾不得不进入新场填埋，导致目前垃圾堆填量约 30 000 t。因此防渗系统的修复非常麻烦，必须将垃圾移开后采用“地毯式”搜索，找出破裂位置，并进行修复重建。

实施方案：采用分步实施的方案，从大坝位置开始检查，将垃圾移开，按照国家最新垃圾填埋污染物控制标准《生活垃圾填埋场污染控制标准》（GB 16889—2008）对防渗系统的技术要求进行修复，逐步推进，统筹安排，避开雨季，完成整个场地防渗系统的修复。考虑在机械进场施工中会对原防渗系统产生二次破坏，因此，在施工过程中必须严格按照施工组织方案科学实施，采取适当的工程措施避免对防渗系统的二次破坏。同时，在后期使用中，应尽量考虑沙袋保护或素土保护等措施。

（3）渗滤液收集与导排。由于目前渗滤液已通过地下水收集与导排系统流出，对于渗沥液收集与导排系统到底受到破坏没有，目前还无法确定。因此，必须彻底排查渗滤液收集与导排系统的受损情况，才能够确定合理的解决方案。

实施方案：检查防渗系统的同时，检查渗滤液收集管道是否有破损情况、接头处是否受到地震作用脱落。发现问题，及时修复。

（4）地下水收集与导排。由于目前渗滤液已通过地下水收集与导排系统流出，对于地下水收集与导排系统到底受到破坏没有，目前还无法确定。目前来说由于地下水收集导排管道的排查难度较大，必须合理设计施工方案，精心组织，统筹安排，彻底排查地下水收集与导排系统的受损情况，才能够确定合理的解决方案，达到原设计的功能要求。

实施方案：主要检查地下水收集管道是否有破损情况、接头处是否受到地震作用脱落。发现问题，及时修复。

（5）垃圾坝。在今年 7 月 20 日特大暴雨后，在库区内关水后，随水流穿过防渗系统，坝内水位达 590 标高左右，部分渗滤液已渗过坝体，坝脚明显有黑色渗滤液渗出，表明大坝坝体有裂缝，已失去防渗能力，必须对大坝进行加固和防渗处理。

实施方案：本方案中采用帷幕灌浆的方式进行垂直防渗，直接在坝体上钻孔压力灌浆，并对大坝上的一些裂缝进行灌浆处理，达到加固大坝和恢复防渗功能的作用。地勘单位需按照要求进行压水试验，测定各层岩层深度下的渗水系数，并以此为依据进行垃圾坝的恢复重建设计。同时，由于目前坝内已有堆填垃圾，因此必须精心组织，避开雨季，严格按照施工组织方案进行施工。

（6）截洪沟。2008 年 7 月 20 日，江油市遭遇特大暴雨袭击，库内积水达 8 000 m^3，经应急抢险后，对污水进行了处理。在随后的雨季中，库内再次积水约 4 000 m^3。两次集液池内均完全饱和。因此，在雨季时的防洪应急为填埋场的重要工作。同时，也应增加部分防洪措施。原设计库内临时截洪沟为 U 形槽，在地震后，松动山体在雨季产生的泥石流淤堵了沟体。造成周边水体漫过截洪沟进入填埋场库区，因此，在恢复重建时必须提高截洪沟的使用功能，减少周边水体进入填埋场库区。

实施方案：在雨季前对排洪沟进行及时清理。为增大截洪能力，在 605 m 高程平台应增加一道截洪沟；同时，原设计中经汇总的截洪沟最终排往潭庄村原有农排沟，因山体林地的破坏和水系经归并后增加了短时泄洪量，造成了原农排沟排水不及时，大量雨水翻过沟渠进入农田，损失较大。因此，有必要对该沟进行加固处理，长度为 2 km。

（7）污水输送系统。在新建垃圾填埋场设计中，污水是通过具有三级渗滤液处理能力的污水处理厂进行预处理后，经污水输送管道排入江油市城市污水管网中，到江油市污水处理厂进行下一步处理。该管道为 6.5 km 长，采用直径 110 mm 的 PE 管输送。受地震影响，管道多处断裂和堵塞。

实施方案：① 对现有污水输送管网进行修复，实现现有的功能要求；② 由于在实际使用中，该管道输送能力约 200 m^3/d，在雨量较大时，应急处理能力较差，综合考虑目前情况，可增设一条管径 160 mm 的输送管道，满足在特大暴雨或洪水情况下的应急污水输送及处理。

（8）集液池。新建填埋场的集液池是采用埋于地下的钢筋砼封闭式池体，地震前，该分项工程已完工并具备试运行条件。因垃圾进场产生了渗滤液已流入池内，特别是受“7 • 20”暴雨和“9 • 23”暴雨的影响，池内渗滤液已灌满，人工无法进入池内进行探测检查，从外面观察能看见部分防腐层破裂和脱落，因此必须对集液池进行详细检查和修复。

实施方案：对池体进行全面检查，如果有裂纹，进行灌浆处理，对于防渗层进行全面修补。在施工时要严格按照施工组织设计方案实施，精心组织，通风良好，防止人身安全事故发生。

（9）污水处理站。根据最新《生活垃圾填埋场污染物控制标准》（GB 16889—2008）的 9.13 条的规定要求，自 2011 年 7 月 1 日起，现有全部生活垃圾填埋场应自行处理生活垃圾渗滤液并执行附表 2 规定的水污染排放浓度限值。渗滤液需经填埋场污水处理系统处理后达到污水综合排放“一级排放”才能够满足要求，因此，建议污水处理系统进行升级，才能够使渗滤液处理达标排放，满足国家对渗沥液处理的新标准要求。

污水处理站设计日处理渗滤液 110 t，污水处理后达到三级排放标准，工艺流程主要采用厌氧反应和接触氧化的方法，震前已实施完成，震后清点中，发现各池体变形严重、电机、电控系统损毁。在此次修复施工时，可将本场渗滤液处理设备改建升级至一类排放，采用“粗滤＋超滤＋反渗透”的处理工艺。

4.3 对策研究建议

生活垃圾填埋场最重要的部位是地下防渗结构和渗滤液、地下水导排系统，这些结构又是灾难发生后最脆弱的部位，一旦这些部位受到损坏，对填埋场的运行将造成严重影响，修复难度相当大，甚至造成填埋场致命性的损坏而无法修复。填埋场从设计阶段开始都要充分加强填埋场抵御各种风险特别是地下破坏风险的意识，加强工程应对措施，从防渗结构的设计、防渗材料的选择以及风险监测、预警系统等多方面都要进行充分考虑和评估，充分考虑从源头上避免或者减轻地震灾后对填埋场的影响。结合本次地震灾害对生活垃圾填埋场造成的损坏特点，对地震多发区城市垃圾填埋场建设提出如下对策和建议：

（1）尽可能选择地震灾害影响下的天然黏土层。生活垃圾填埋场地下防渗材料的选择上，尽可能选择天然的符合防渗系统要求的黏土层，不要过分依靠人工防渗材料。一旦人工防渗材料受到损坏，对填埋场的影响将是巨大的，特别是已经投入运行的填埋场，修复难度相当大。

（2）建议增加地下水导排系统的设计和建设。对于地下水位较低的区域，从填埋场设计规范来说，可以不必设置地下水导排系统。但从本次地震对填埋场的影响来说，填埋场防渗系统的损坏是通过地下水导排管道的黑色排水（正常情况下是没有排水出现的）反映出来的，地下水导排管道的设置实际上起到了 HDPE 膜损坏的指示作用。另外，对于地下水位较低的区域，即便没有地下水导排的需求，地表雨水通过侧壁的渗透，也会在填埋场场底形成一定的积水，将该积水导排出来也是很有必要的。因此，地下水导排系统的设置还是必要的，但在盲沟、导排管道直径尺寸等工程设计上依据地下水位高低可以有所不同。

（3）多预留防渗膜搭接面积以应对风险。填埋场施工过程中，生活垃圾填埋场铺设地下防渗 HDPE 膜时，在膜与膜之间的搭接部位尽可能留出多一些的搭接面积，在地下层结构发生位移时，通过富余出来的膜面减缓对防渗膜的拉扯和破坏。

（4）建议增加渗滤液导排管道的清洗和损坏检测系统。我国绝大多数运行中的生活垃圾填埋场没有渗滤液导排管道的清洗和损坏检测系统，生活垃圾填埋场设计规范中对该内容也是空白，我国目前在建中的危险废物填埋场已经有设施开始建设该系统了。江油生活垃圾填埋场通过地下水导排管道中水质的异样间接反映出防渗膜的损坏，但渗滤液导排系统是否损坏却无法得知。渗滤液导排管道的清洗和损坏检测系统在填埋场正常运行中也是需要的，在灾难发生后，该系统对于探测渗滤液导排系统损坏部位也是积极和有效的手段。

（5）出台生活垃圾填埋场震后应急修复的技术规程。填埋场地下结构一旦损坏后，结合事先设计的监测系统等主动方式以及事后被动采取的地毯式搜索方法逐一排查损坏部位，统筹安排，精心组织。排查和修复过程从垃圾主坝开始，逐步推进。排查修复作用中应避开雨季，严格按照施工组织方案科学实施，采取适当的工程措施避免对防渗系统的二次破坏，应尽量考虑沙袋保护或素土保护等措施。同时多种资金渠道、多层面上鼓励地震灾害环境基础设施修复技术的研究和开发。

（6）加强长期跟踪监测分析。地震后未明显发现损坏的生活垃圾填埋场应建立并实施长期的跟踪计划，特别在损坏发生后的 1～2 年时间内，经历四季和暴雨、洪水期，跟踪检测更为重要。对反映关键部位的水量和水质情况应建立数据档案，通过数据的连续监测反映生活垃圾填埋场真实的损坏情况，以便为制订科学有效的修复计划提供依据。

（7）从抗震防灾的角度对生活垃圾填埋场设计规范、建设标准进行评估分析。生活垃圾填埋场设计和建设有关主管部门应加强对已有设计规范、建设标准的评估，从风险防范以及减轻风险损失的角度，修改完善生活垃圾填埋场有关设计规范，统筹考虑地震灾区防渗监测系统、地下水导排等针对性环节，提高风险防范措施的等级和要求，加强风险应对技术措施和相应设备的要求，提高环境基础设施抗风险能力。

生态环境保护

关于建立流域跨界断面水质生态补偿机制的思考

Consideration on the establishment of water quality-based eco-compensation mechanism in the cross-section of the Watershed

王金南　田仁生　刘桂环　董战峰　张惠远　李云生　王　东　孔志峰[①]　苏　明[①]

摘　要　中国各地正在积极开展流域生态补偿机制试点，旨在探索建立一种实现流域可持续管理的长效机制。本研究分析了河北、辽宁、江苏等地流域生态补偿的实践特征，解析了各地的实践经验及存在的主要问题。认为中国目前各地实践的基于跨界断面水质目标责任考核的生态补偿机制在一定程度上推进了流域管理工作的深入开展，但是也面临着地方实践法律支撑不足、缺乏技术方法指导等问题，各地生态补偿效果仍需实践的进一步检验。本研究设计了流域水质生态补偿的政策框架，就流域生态补偿试点的基本原则、未来政策推进的路线图以及关键技术方法指引、所需的配套财政制度建设等核心问题进行了系统分析。

关键词　生态补偿　流域管理　政策设计　路线图

Abstract　Eco-compensation is being practiced in China aiming to establish a long-effective watershed management mechanism. With a survey of the piloting programs in Hebei, Liaoning, Jiangsu and so on, this paper analyzed the experiences and key problems to advance eco-compensation piloting work, and concluded that the piloting program of watershed eco-compensation based on the water quality object of the cross-section of the watershed promote the in-depth practice of watershed management to a certain extent, but still are confronted with the insufficient legislative support, technical guidance and so on, and the effects of eco-compensation piloting are still be testified. With the above-mentioned analysis, the work designed the policy framework of watershed eco-compensation based on the water quality objective, and discussed the key issues to promote the watershed eco-compensation practice such as basic principles, roadmap, key technical guidance and the supporting financial measures.

Key words　Eco-compensation　Watershed management　Policy design　Roadmap

---

① 本文受到国家科技重大专项《水体污染控制与治理》主题六《流域生态补偿与污染赔偿政策及其示范研究》课题资助，在课题前期地方流域生态补偿试点调研基础上形成。在此，感谢河北省环保厅、辽宁省环保厅、江苏省环保厅、浙江省环保厅、湖南省环保厅、河南省环保厅、陕西省环保厅、湖北省环保厅、江西省环保厅、广东省环保厅和福建省环保厅的大力支持。财政部财政科学研究所，北京：100036。

流域跨界断面水质生态补偿机制是指为了促进跨界水质达标和流域可持续发展，政府根据流域水污染防治规划确定，或者上下游政府达成的跨界断面水质目标协议，依据跨界断面水质达标程度以及污染物排放量，核定生态补偿和污染赔偿资金，在相关政府之间达成的一种环境财政安排机制，简称流域水质生态补偿（RBWQEC）机制。流域水质生态补偿通常有两种方式：第一种是由上一级政府对跨界出境水质超标的上游或下游政府扣缴生态补偿金，或者对跨界出境水质达标的上游或下游政府给予资金奖励；第二种是上下游政府直接根据跨界水质协议和规划要求以及实际水质状况，当上游出境断面水质超标时上游政府给下游政府支付污染赔偿金，反之当上游出境水质达标甚至优于水质目标要求时下游政府给上游政府支付生态补偿金。本文根据我们对河北、辽宁、江苏、浙江、河南和福建等地方流域生态补偿实践的调查，结合"十一五"末期重点流域水污染防治规划实施考核，提出建立基于全国流域跨界水质目标考核的生态补偿机制框架，建议国家层面应重点解决流域生态补偿法律、生态补偿标准、水质断面优化以及生态补偿财政安排等问题。

1 建立跨界断面水质生态补偿机制的紧迫性

随着区域经济的高速增长和公众环境需求的提高，流域跨区水污染事件时有发生，省际间、地区间水事纠纷接连不断，严重影响了流域下游地区人民的生产和生活以及区域经济社会协调发展。因此，明确流域水污染的行政区分包治理责任，加快建立全国流域跨界水质目标责任考核机制，是解决流域水资源开发利用的外部性、保护行政区际水资源开发权益、协调流域区际矛盾的重要突破口。

建立流域跨界断面水质生态补偿机制主要是为了促进流域水质得到持续改进，上一级政府根据政府批准实施的流域水污染防治规划，或者上下游政府关于跨界水质水量协议，主要依据跨界断面水质达标程度、跨界污染物超标排放通量以及区域经济发展水平，通过扣缴或奖励资金的一种辅助性的经济约束制度。基于目前中国跨界流域环境纠纷问题日益凸显，急需尽快建立基于流域跨界断面水质的生态补偿机制。

1.1 流域水质生态补偿是目前流域生态补偿的主要方式

流域生态补偿制度的建立可以促进流域水环境保护的受益主体对水环境保护主体所投入的成本按受益比例进行分担，保护了上游地区进行水环境治理的积极性，从而保证了不同受益主体公平共享流域水资源的权利。根据不同流域特征和流域内面临的突出问题，可以将流域生态补偿划分为三大类型：①流域跨界断面水质污染赔偿，主要表现在流域性水体污染严重和跨界影响问题突出，其利益相关者主要是流域内各地区政府，容易建立基于跨界水质控制目标确定补偿责任；②跨界流域生态补偿，主要问题在于流域内生态保护责任以及对上游地区发展机会的影响，流域内的各地区政府是生态保护的直接责任者；③流域水源地保护的生态补偿，主要问题表现在水源地区域社会经济发展落后和水源保护投入不足，其利益相关者是水源区和供水受益区，其责任关系比较清晰。

因此，跨界断面水质生态补偿机制是流域生态补偿的重要模式。

1.2 流域水质生态补偿是流域“区别而有共同”的责任机制

流域水污染防治一般会涉及城镇生活污水治理、工业污染防治、农业面源治理以及小流域综合整治等多方面内容。流域水污染防治急需建立区域“区别而有共同责任”的机制，对流域污染防治实行统筹调度、综合协调和目标管理，这将提高流域水污染防治规划制定的可操作性，并提高流域治污方案的实施能力。而流域生态补偿制度是一种促进流域生态破坏和水污染外部成本内部化的经济政策工具，符合“破坏者付费”和“污染者付费”的原则，促使污染产生者在治污成本和经济补偿之间进行权衡，促进各种水污染治理措施的有效执行。建立基于跨界断面水质目标考核的生态补偿机制，将依据流域水污染防治规划或上下游水质协议，明确流域上下游污染防治的责任和义务，明确保护流域水环境安全是上下游共同的责任。应该说，基于跨界断面水质目标考核的生态补偿机制是建立“区别而有共同责任”的流域水污染防治机制的重要组成部分。

1.3 流域水质生态补偿是“河长制”的一种经济责任制

“河长制”是流域水污染防治机制的一种创新，通常由各级党政主要负责人担任河流或湖泊的“河长”，负责辖区内河流的污染治理，对辖区流域水质改善目标负责。“河长制”是从河流水质改善领导督办制、环境保护问责制所衍生出来的水污染治理制度。“河长制”有效地落实了地方政府对环境质量负责这一基本法律制度，为区域和流域水环境治理开辟了一条新路。“河长制”的实施，传达了地方政府重视环保、强化责任的鲜明态度。推行“河长制”表明环保问责已不再是空头口号。“河长制”将有效调动地方政府履行环境监管职责的执政能力。“河长制”的建立为科学理性地实现和推进流域污染防治目标提供了可能。但目前的“河长制”问责过多，更多的考虑的是上下游“河长”的“脸面子”和“官帽子”，而对上下游政府的“钱袋子”则考虑较少，因此，急需建立基于跨界断面水质目标的生态补偿机制，对上下游政府治理水污染附加一种经济责任约束，这是 “河长制”行政手段的经济责任体现。

1.4 流域水质生态补偿是流域防治规划实施考核的补充

2009 年 5 月，国务院办公厅转发了环境保护部会同发展改革委、监察部、财政部、住房城乡建设部、水利部等部门制订的《重点流域水污染防治专项规划实施情况考核暂行办法》（以下简称《办法》）。《办法》的制订和实施，将有利于加快实施重点流域水污染防治专项规划，进一步落实水污染防治责任制，切实改善水环境质量。《办法》将水质指标和治污项目指标作为考核的主要内容，其中水质指标主要考核跨省界断面、湖区（水库）断面及重要支流断面水质综合达标率；项目指标主要考核水污染防治项目完成率。《办法》制定了考核的奖惩措施，即考核结果为差的，视为未通过考核；对考核结果为好的，有关部门优先加大对该地区污染治理和环保能力建设支持力；对未通过考核的，环境保护部将暂停该地区相关流域新增主要水污染物排放建设项目的环评审批，未通过年度考核的省（区、市）人民政府需在 30 天内向国务院做出书面报告，提出限期整改措施，并抄送国务院有关部门；对未通过考核且整改不到位或因工作不力造成重大社会影响的行为也作了明确规定，提出了严惩措施。应该说，《办法》中提出的相关奖惩措施是相当严格的，对落实水污染防治责任制具有重要作用。但这主要是行政处罚措施，若配合经济责任机制将引起各级政府的更大重视，可以说建立跨界断面水质目标生态补偿机制是重点流域水污染防治“十一五”规划实施考核的重要补充。

2 流域跨界断面水质生态补偿机制的地方实践

2.1 若干地方的典型做法

“十一五”以来，生态补偿得到了全社会的高度关注。每年的“两会”期间，人大代表和政协委员都提出了许多建议和提案，政府工作报告也给予了高度重视。一些地方也开始大胆探索生态补偿机制，开展了流域生态补偿机制试点。部分省已经在全省范围内建立流域生态补偿机制。目前，已经开展试点的有江苏、福建、浙江、河北、河南、辽宁、山东、山西、湖南等。以下是我们开展的一些调研案例经验。

2.1.1 江苏省太湖流域

江苏省政府分别于 2008 年初、2009 年初发布了《江苏省环境资源区域补偿办法（试行）》和《江苏省太湖流域环境资源区域补偿方案（试行）》，以“谁污染谁付费、谁破坏谁补偿”为原则，在江苏省太湖流域主要河流推行环境资源区域补偿制度。

在确定流域上下游地区间的补偿责任方面，江苏省采取结合考虑不同河段的水质和水量要求来确定，水质监测由省环境保护行政主管部门负责组织，并实施统一监督管理；水量及流向监测由省水行政主管部门负责组织。断面水质、水量及流向一般采取自动监测的方法。未设自动监测站的断面，水质指标由省、市环境监测机构联合用人工监测的方法，每周监测 1 次；水量指标由省、市水文水资源勘测机构联合人工监测方法，根据河道水文特征确定监测频次，计算当月水量流向指标值。

从补偿主体的责任分担来看，上游设区的市出境水质超过控制断面水质目标的，由上游设区的市及所辖县（市）政府根据责任对下游设区的市予以资金补偿；对直接排入太湖湖体的河流，上游设区的市入湖断面、入清水廊道断面、入省界断面水质超过控制断面水质目标的，由上游设区的市及所辖县（市）政府根据责任向省级财政缴纳补偿资金。

从补偿因子和标准来看，综合考虑了水污染防治的要求和治理成本，将补偿因子及标准确定为：化学需氧量每吨 1.5 万元，氨氮每吨 10 万元，总磷每吨 10 万元。补偿资金核定采取各单因子补偿资金加和的形式，即：单因子补偿资金=（断面水质指标值－断面水质目标值）×月断面水量×补偿标准。可见，江苏省生态补偿采用的是污染物通量考核目标的方式，以污染物通量大小作为流域上下游经济责任补偿的基础依据。其中，水质目标由江苏省环保厅根据国家、省太湖治理工作要求每年进行调整。

从补偿资金的征缴方式来看，自2009年起，江苏省环保厅会同省财政厅按季度核算、汇总各断面补偿金额，依据设区的市政府报送的分摊意见，直接通知相关设区的市、县（市）政府在收到通知后 10 日内，向省财政缴纳补偿资金，由省财政直接转拨受偿的设区的市和县（市）财政。

2.2.2 河北省子牙河流域

2008 年，河北省环保厅发布了《关于在子牙河水系主要河流实行跨市断面水质目标责任考核并试行扣缴生态补偿金政策的通知》，并联合省财政厅发布了《关于子牙河水系生态补偿金管理使用等有关事项的通知》。自 2008 年 4 月起，在子牙河流域的 5 市 57 条河流实行了跨界断面水质目标考核并实行生态补偿金扣缴政策。该项政策实施一年来，子牙河流域水质明显提高，河北已决定在全省七大水系全面推广生态补偿金政策。

子牙河水系考核范围涉及子牙河水系的石家庄、沧州、衡水、邢台、邯郸市 5 市的 11 条主要河流，共 14 个跨设区市断面。水质监测采用自动监测为主和人工不定期抽查监测为辅的方式。子牙河流域断面监测点都有自动监测设备，进行日常监管，每月河北省环保厅不定期到子牙河各交界断面进行监测。

从补偿考核因子和补偿标准来看，子牙河水系采用考核断面超标扣缴的方式，超标扣缴生态补偿金的标准分为两种情况：一是当河流入境水质达标（或无入境水流）时，当考核城市跨市出境断面的水质化学需氧量浓度监测结果超标 0.5 倍以下，每次扣缴 10 万元；超标 0.5～1.0 倍之间，每次扣缴 50 万元；超标 1.0～2.0 倍之间，每次扣缴 100 万元；超标 2.0 倍以上，每次扣缴 150 万元。同一个设区市范围内，对所有超标断面累计扣缴；二是当河流入境水质超标，而且考核市跨市出境断面水质化学需氧量浓度继续增加时，所考核市跨市出境断面的水质化学需氧量浓度监测结果超标 0.5 倍以下，每次扣缴 20 万元；超标 0.5～1.0 倍之间，每次扣缴 100 万元；超标 1.0～2.0 倍之间，每次扣缴 200 万元；超标 2.0 倍以上，每次扣缴 300 万元。同一个设区市范围内，对所有超标断面累计扣缴。每月按环保部门提供的考核断面水质超标倍数，对有关市直接从财政年度经费中扣缴补偿金。生态补偿金只能专项用于子牙河水系深水井饮水安全项目、子牙河流域水污染治理项目等。

从实施效果来看，截止到 2009 年 3 月底，子牙河流域 5 个城市共扣缴生态补偿金 1 430 万元，流域化学需氧量平均浓度比 2008 年下降 42.8%，氨氮平均浓度比 2008 年下降 13.7%，流域水质达到多年来最好的水平，上游向下游排污的情况得到了明显的改善。从 2009 年 4 月开始对全省 57 条河流 210 个断面实施生态补偿金政策，目前全省已经扣缴生态补偿金 2 720 万元，4 月和 5 月两个月石家庄、秦皇岛、邢台、承德、邯郸 5 个省辖市共扣缴 1 290 万元生态补偿金，按照数额从多到少依次为秦皇岛市 850 万元，石家庄市 300 万元，邢台市 90 万元，承德市 40 万元，邯郸市 10 万元。全省水污染治理力度明显加大，仅 2008 年全省就有 109 座污水处理厂建成，流域水质也有明显改善，全省 4 月和 5 月分别有 17 个和 14 个断面达到或优于考核标准。

2.2.3 辽宁省辽河流域

2008 年 10 月，辽宁省印发了《辽宁省跨行政区域河流出市断面水质目标考核暂行办法》，规定了 27 个跨行政区与河流出市断面具体的考核依据及办法，省环保厅发布了《关于下达 2008 年各河流出市断面考核目标值的通知》和《关于下达 2009 年各河流出市断面考核目标值的通知》，对辽河 9 个干流、18 个其他河流的出市断面及水质考核目标值做了明确界定。

从考核范围来看，包括沈阳 2 个出市断面、鞍山 2 个出市断面、抚顺 1 个出市断面、本溪 2 个出市断面、营口 2 个出市断面，辽阳、铁岭、盘锦、大连、丹东、锦州、阜新、朝阳、葫芦岛各 1 个出市断面，其中有 10 个出市断面为入海断面。断面的具体位置由省环保厅按照便于分清责任、具有代表性和可操作性的原则，组织上下游市环境保护行政主管部门共同设定，出市断面水质考核目标值由省环境保护行政主管部门确定，主要根据国家、省水污染防治规划目标和省、市政府环境保护责任书目标要求来设定。监测指标为化学需氧量（入海断面为高锰酸盐指数），由省环境监测中心站负责监测断面，每月监测数据由省环境监测中心站汇总后，于下月 5 日前上报省环境保护行政主管部门。如上下游对监测结果存有异议，可以重新取样监测。

补偿资金扣缴标准主要考虑水污染防治的要求和治理成本，目前暂定为：辽河干流（包括辽河、浑河、太子河、大辽河）超标 0.5 倍及以下，扣缴 50 万元，每递增超标 0.5 倍以内（含 0.5 倍），加罚 50 万元。其他河流超标 0.5 倍及以下，扣缴 25 万元，每递增超标 0.5 倍以内（含 0.5 倍），加罚 25 万元。

从扣缴程序与使用方向来看，省环境保护行政主管部门根据检测结果和补偿标准，通过开会讨论，确定每月应缴纳的补偿资金总额。于每月 15 日前将核定的上月各断面应缴纳补偿资金通报各有关市人民政府，同时抄送省财政厅，由省财政厅在结算时一并扣缴。省级财政扣缴的补偿资金作为辽宁省流域水污染生态补偿专项资金，专项用于流域水污染综合政治、生态修复和污染减排工程，补偿给下游城市，入海断面扣缴的补偿资金交由省财政厅统一保管、支配。

从政策效果来看，自 2009 年开始采取扣缴补偿资来，1 月、2 月、3 月、4 月已经分别扣缴补偿金 125 万元、225 万元、125 万元、300 万元，总计 775 万元。这笔资金目前由省环保厅保管，尚未使用，具体如何使用正在制定办法。通过实行河段责任制，将水污染治理任务落实到市长或者县长身上，提高了各县市对流域水污染防治的重视程度。

2.2.4 河南省沙颍河流域

2008 年底，河南省原环境保护局与财政厅颁布了《沙颍河流域水环境生态补偿暂行办法》。2009 年 2 月，省财政厅和环境保护厅又印发了《河南省沙颍河流域水环境生态补偿奖励资金管理暂行办法》。沙颍河流域的郑州、开封、许昌、漯河、平顶山和周口 6 个城市根据这些规章也分别制定了本辖区的生态补偿暂行办法，对各县区处境水质进行考核。沙颍河流域生态补偿是一种“超标罚款”和“达标奖励”相结合的“双向”补偿机制。

从补偿主体的责任分担来看，河南省实施的是基于跨界监测断面水质目标责任考核的方式，暂没有考虑水量问题。沙颍河流域的六市六条河流共设置了 13 个地表水责任目标考核断面，对各省辖市出境断面设置了水质目标，基本分清了流域上下游各市责任。地表水断面水质目标责任考核实施的是周监测考核制度，省环境监测中心站组织 6 市环境监测站开展 13 个监测断面的周监测，省中心站负责编制“沙颍河流域水环境生态补偿周报”。省环保厅高度重视生态补偿政策实施的水质监测监控能力建设，目前已经设置了 8 个水质自动监测站。为了确保监测数据质量，8 个水质自动监测站每周至少进行一次比对监测，各断面目前每月至少开展一次上下游城市和省中心站的同步监测。

从考核因子和标准的设置来看，按照“污染重扣缴额度大，污染轻扣缴额度小”原则实施扣缴生态补偿金，并根据考核断面水质在五类（COD≤40 mg/l，NH_3-N≤2 mg/L）水以内还是属于劣五类水实施不同的扣缴标准：①考核断面水质在五类水以内时的扣缴标准为：0.1＜超标倍数≤1.0 的，补偿金按照 5 万元×（1+超标倍数）进行计算；1.0＜超标倍数≤2.0 的，补偿金按照 10 万元×（1+超标倍数）进行计算；超标 2 倍以上的，补偿金按照 50 万元×（1+超标倍数）进行计算。②考核断面水质属于劣五类水时的扣缴标准为：0.1＜超标倍数≤0.5 的，补偿金按照 10 万元×（1+超标倍数）进行计算；0.5＜超标倍数≤1.0 的，补偿金按照 25 万元×（1+超标倍数）进行计算；1.0＜超标倍数≤1.5 的，补偿金按 50 万元×（1+超标倍数）进行计算；1.5＜超标倍数≤2.0 的，补偿金按 100 万元×（1+超标倍数）进行计算；超标 2 倍以上的，补偿金按照 200 万元×（1+超标倍数）进行计算。

河南省对沙颍河水环境责任目标完成情况较好的省辖市,按以下方法进行奖励或生态补偿：①出境河流水质为Ⅰ-Ⅲ类水质，化学需氧量和氨氮的达标率均大于 90%时，每年对该河流的城市奖励 100 万元；②出境河流水质为Ⅳ、Ⅴ类水质，化学需氧量和氨氮的达标率均大于 90%时，达标率比上年度每增加 1 个百分点，省政府每年对该河流的城市奖励 20 万元，连续两年以上均为 100%时，每年对该河流的城市奖励 100 万元；③出境河流水质为劣Ⅴ类水质，化学需氧量和氨氮的达标率均大于 90%时，达标率比上年度每增加 1 个百分点，省政府每年对该河流的城市奖励 10 万元，连续两年以上均为 100%时，每年对该河流的城市奖励 50 万元。

从生态补偿资金的征缴方式来看，省环境监测中心站每月统计生态补偿金的扣缴额度，省环保厅和财政厅联合，每月向六市的人民政府及其财政局、环保局通报各市生态补偿金的扣缴情况。省环境监测站每季度统计生态补偿金的扣缴额度，省环保厅每季度在新闻发布会上公布，省财政厅每季度向六市财政局下文通报扣缴情况，省环保厅根据省财政厅文献按照暂行办法拿出生态补偿资金使用方案，采取省财政厅垫付资金的办法使用扣缴的生态补偿金，年底省财政从六市财政转移支付中一并扣缴。沙颍河流域的生态补偿金按月计算，生态奖励金按年度计算。生态奖励金从省财政厅收取的生态补偿金中支付。生态补偿金支出结构为：50%用于对下游的生态补偿，20%用于水污染防治，20%用于流域环境监测监控能力建设，10%用于对水环境责任目标完成情况较好的省辖市奖励。

从实施效果来看，2009 年 1—6 月份沙颍河流域共扣缴生态补偿资金 6 571 万元，其中氨氮方面扣缴所占比重较大，占总扣缴金的 87%，由于扣缴额度较大，一些地方出现了财政难以支撑的问题。该政策对沙颍河流域水环境治理具有明显的激励效果。政策实施后，6 市加强了对涉水企业的日常监管，加快了污水防治工程建设的进程，并积极对目前的污水处理厂进行升级改造，一些城市为了不缴或少缴生态补偿金，主动出资引水给本辖区出界河流补充生态径流。

2.2.5 浙江省省内水源地补偿

浙江省在饮用水水源地的生态补偿方面做了很好的探索。以浙江省湖州市德清县最为典型，德清县西部地区是全县主要河流的源头和水源涵养区。为了让长期为西部生态保护的投资者得到相应的回报，以进一步鼓励西部地区群众保护生态环境的积极性，德清县建立了生态补偿机制。2005 年 2 月，德清县人民政府出台《德清县人民政府关于建立西部乡镇生态补偿机制的实施意见》，明确了德清县实行生态补偿的范围是德清县 104 国道以西的区域，明确了生态补偿资源的筹措渠道：①落实生态公益林的补偿基金；②建立西部乡镇财政基本保障型体制，对莫干山镇、花头乡实行财政基本保障型体制，使财政供养人员人均财政可支配收入达到全县乡镇平均水平；③建立全县生态补偿基金，在县财政预算内安排 100 万元，从全县水资源费中提取 10%，在对河口水库原水资源费中新增 0.1 元/t，每年从土地出让金县得部分提取 1%，从排污费中提取 10%，从农业发展基金中提取 5%。《意见》明确规定了生态补偿资金纳入县财政专户管理，专项用于西部生态环境的保护和生态项目的建设。生态补偿资金的补偿做到乡镇、到项目、做到专款专用。德清县生态补偿的实施极大地推动了西部的生态保护工作，生态保护“效益”开始显现。①污染源得到了有效的整治，已关闭小笋厂 85 家、关闭氟石矿 3 家，整治规模化笋厂 10 家；②环保基础设施建设稳步推进；③自然生态环境得到有效保护和改善。目前，对河口水库的水质稳定在Ⅱ～Ⅲ类水之间。

此外，浙江的其他一些市也通过设立专项资金的形式实施水源地生态补偿，如台州市设立了 600 万元的长潭水库饮用水源保护专项资金，安吉县设立了生态补助专项资金，绍兴县每年从自来水水费中提取 200 万元用于饮用水源头地区生态保护，江山、龙游、金东等县（市、区）对水源地和市辖区乡镇以生态补偿的名义进行了财政补助等。

2.2.6 福建省水源地和流域生态补偿

福建省生态补偿实践主要有下游对上游地区生态公益林建设的补偿以及在闽江和九龙江流域开展的财政转移支付生态补偿试点。

为了解决库区水源地水质和水土流失问题，2003 年，福建省按照“谁受益、谁出钱”的思路，选择了以莆田东圳水库为重点的 10 个水库水源地生态建设试点。其中，泉州山美和龙门滩、南平东风水库从水电收入提取一定资金作为生态建设经费；莆田东圳、泉州石壁水库通过从提高原水费收入中提取部分资金作为生态补偿；三明市从自来水费中提取二分钱作为东牙溪水库生态建设经费。这些示范点的生态补偿机制的有益探索，为当地水源地生态建设拓宽了资金渠道，增加了投入，推动了水源地工程建设。

在此基础上，2007 年 4 月，福建省出台《江河下游地区对上游地区森林生态效益补偿方案》，旨在建立江河下游地区对上游地区森林生态效益补偿机制，促进山区与沿海经济协调发展。补偿标准以 2005 年城市工业用水和生活用水量为依据，并综合考虑生态区位及其对流域的贡献大小和经济发展水平来确定。经测算相关地市每年的补偿额为：福州市 2 700 万元，厦门市 2 100 万元，泉州市 2 000 万元，南平市 220 万元，三明市 420 万元、龙岩市 160 万元，漳州市 300 万元，莆田市 460 万元、宁德市 230 万元。补偿资金由设区市政府负责在辖区内筹措，不得以收费、征提补偿资金等形式转嫁给其他部门、单位和个人承担，并通过年终结算上缴省财政专户，省级财政根据重点公益林面积和统一补偿标准计算有关市、县（区）补偿金，补偿金采用专款专调的方式下达到设区市。各设区市接到省级下达的专款文件后，立即通过支农专户或采用专款专调的形式将资金下达到有关县（市、区），从而确保资金即时足额到位，并统一标准对上游地区为保护生态功能和水土资源做出贡献的农民进行补偿。这项制度的实施，省里每年可新增生态公益林补偿金 8 590 万元，年补偿金总额达到 3 亿多元，生态公益林补偿标准提高到每亩 7 元。在政策时限上，各设区市补偿金承担额度"三年一定"，2007 年起开始执行；此外，从收取的水资源费中安排 35%的资金用于生态公益林补偿。从政策效果来看，生态补偿机制促进了福建省水源区生态环境的改善。全省生态公益林经营区内已有 5.33 万 hm^2 疏林地和灌木林地转变为有林地，林分平均郁密度由原来的 0.42 上升到 0.51，单位面积蓄积量从 4.42 m^3 上升到 5.24 m^3。

福建省对闽江和九龙江流域治理主要采用地级市政府间财政转移拨付的方式。2003 年福建省制定了《九龙江流域综合整治专项资金管理办法》，要求 2005—2010 年期间福州市每年新增安排 1 000 万元，用于支持三明、南平市政治闽江流域，三明、南平市政府每年各新增安排 500 万元用于流域治理。2005 年 6 月 27 日下发的关于印发《闽江流域水环境保护专项资金管理办法》的通知，要求 2003—2007 年期间厦门市政府 2003—2007 年期间每年新增安排 1 000 万元，用于支持漳州市、龙岩市整治九龙江流域各 500 万元，漳州、龙岩市政府每年各增加安排 500 万元。专项资金主要由省财政厅实行专户管理，其中漳州、龙岩市政府每年各安排的 500 万元，则由两市财政部门分别设立专户管理。5 市政府于每年 5 月 31 日前将上述专项资金汇入省财政厅指定专户，由省财政厅通过专户直接拨付到项目单位。专项资金支出主要用于流域年度污染整治计划内的项目。

2.2.7 跨省地区间流域生态补偿

跨省流域生态补偿问题，包括流域上下游水源地生态补偿问题，目前还没有实质性突破。主要原因在于国家层面没有出台相关政策，存在着补偿主体责任分工不明、补偿标准有待厘定等问题。典型的如东江下游的广东省与位于东江源的赣州市的安远县、寻乌县和定南 3 县的补偿问题，目前尚未进展。江西 3 县中前二者是国家扶贫开发工作重点县，定南县则是省级贫困县，均属于"吃饭财政"，但为了保证水源区水质达到优于二类标准，3 县都采取了严禁一些矿产资源性招商引资项目、关闭污染矿点、加大废弃矿坑治理、实施一大批封山造林和退耕还林等生态保护工程、上马水利工程和环保基础设施、并进行相应的居民搬迁工作。三地因此丧失了发展的机会，也带来了额外的支出费用。东江源区 3 县为保护一江清水送广东、香港，牺牲了较大的利益，但是目前所享有的主要是国家退耕还林补偿金等政策，补偿力度较小，广东省也尚未对江西赣州 3 县的供水服务给予合理补偿，跨省界水源地补偿问题是江西省和广东省长期一直存在争议的焦点。

新安江上下游流域也存在同样的问题，作为新安江流域上游的水源涵养区的安徽省黄山市与流域下游受益区的浙江省杭州市多年来虽一直对新安江流域生态补偿问题十分重视，但在如何补偿的问题上，一直存在争议，致使生态补偿的实施一直处于搁浅状态。

2.2 地方实践经验分析

2.2.1 流域水质生态补偿促进行政手段与经济手段的结合

生态补偿政策促进了政府行政管制手段和经济手段的结合使用。从流域生态补偿实践来看，各地的实施均是在政府主导下开展的，推进程度与省、市县各级政府对该政策的认识程度有关。在省内流域补偿中，省政府的统一协调是关键，明确各级政府、相关部门在流域管理中的责任分工是基础，只有政策被各级政府领导认可并重视，并需要相关各级环保部门、水利部门、财政部门等的积极参与和联动，才会出现良好的政策实施效果。

由于流域生态补偿政策明确了流域上下游不同补偿主体的经济责任，并且同各地财政紧密关联，各地就有重视出界水质的积极性。很大程度上，生态补偿政策是否能够成功，与生态补偿的标准设计有很大关系，无论是基于流域上下游界面水质目标的补偿标准方式，还是基于流域上下游考核界面水污染物通量的补偿标准方式，合理设置不同情形下的补偿和受偿标准并得到相关部门的一致认可是减少甚至避免政策推行中阻力的关键。总体来看，生态补偿政策促进了行政手段与经济手段的结合使用，发挥了行政与经济两种手段的“协同效应”。

2.2.2 流域水质生态补偿促进水质目标责任制的经济化

目前的流域管理模式对流域上下游的经济利益关系没有明确厘定，主要是基于对上下游各地区的水质目标考核的行政责任制，没有形成流域上下游地区的水质保护和补偿、污染和赔偿的内在激励机制。可以说，目前的流域管理主要是一种行政目标行为，缺乏公平性。这种非公平性流域管理模式，造成了流域上下游各地的“河长”都普遍缺乏关注辖区内出界水质的动力，上游的水源地地区也缺乏保护优良水质供给下游地区的动力，也使得跨界水污染问题一直是流域上下游地方政府争论的焦点。从各地流域生态补偿的实践来看，通过明确上下游“河长”的责任分工、补偿和赔偿的标准和方式，可把水质目标责任制予以经济化，在一定程度上能够消除流域上下游利益失衡问题，极大地调动了流域上下游水环境保护的积极性。

2.2.3 流域水质生态补偿促进建立水质目标经济责任体系

从各地生态补偿实践来看，流域生态补偿机制的构建是流域上下游政府反复磋商并妥协形成的博弈结果，由于该补偿机制明确了流域上下游各方政府的经济责任分工并为各方所接受，就演变成为一种规制流域上下游各地政府水环境行为的经济激励手段，使得流域上下游各级政府及有关部门有了保护水环境的内在动力，进而促进了流域水质目标经济责任体系的形成，这也进一步强化了流域水质目标行政责任制的逐级逐部门落实。河北省已经把子牙河的生态补偿金制度分解落实到乡镇一级就是一个明显的例证。河南省也准备2010年开始建立逐级的、覆盖4大流域和地级市的流域水质生态补偿机制。

2.3 地方实践中存在的主要问题

目前，江苏、浙江、福建、河北、河南、辽宁和山东等地方都开展了重点流域的生态补偿实践。从调查情况看，这些地方准备继续推进流域水质生态补偿，计划未来2～3年在全省流域建立基于水质目标的流域生态补偿机制。但是，这些试点和实践也存在如下一些问题。

2.3.1 缺乏流域生态补偿的法律支撑

目前国家层面生态补偿立法严重缺失，造成我国各地生态补偿实践普遍存在法律依据不充分问题。虽然2008年修订的《水污染防治法》中明确规定，“国家通过财政转移支付等方式，建立健全对位于饮用水水源保护区区域和江河、湖泊、水库上游地区的水环境生态保护补偿机制”，但没有对跨行政辖区的流域生态补偿问题、中央和各级地方政府在流域生态补偿中的责任分工、补偿主体、补偿对象和客体等关键问题做出规范，目前也没有生态补偿的实施办法、技术指南等政策文件出台，地方开展流域生态补偿实践呈现出部门行政色彩浓厚的特征，基本上都是基于一些政府性文件开展的实践活动，并出现了补偿不到位，或者补偿受益者与需要补偿者相脱节等问题。

2.3.2 理论基础和技术方法研究不足

理论依据不足是各地流域生态补偿实践存在的一个突出问题，特别是补偿标准的合理设置方面，目前各地流域生态补偿标准的设置是政府主导的，补偿标准的确定是通过部门讨论制定甚至领导直接确定，没有一定的科学方法测算作为依据，也不是流域上下游政府反复“讨价还价”后形成的“协议补偿”，补偿标准令人难以信服。一些地方流域补偿方式也不具合理性，只从流域行政断面水质目标考核出发，而未考虑丰、枯水期的不同影响，且主要是惩罚性的，缺少激励性考虑。从考核指标来看，一些流域主要考虑化学需氧量，对氨氮、总磷、以及一些特征性污染物尚未有考虑，这与流域污染的实际情况有所不符。从考核范围来看，目前流域断面水质目标考核的范围主要针对干流和一级支流，小支流没有纳入考核范围，这可能造成考核结果存在一定的误差。另外，对流域水源地的补偿尚未引起足够重视，国家、流域水源地及下游的各级地方政府的权责不明，政策尚未到位。

2.3.3 与稳定长效的生态补偿机制尚有很大差距

目前，地方实施的流域水质生态补偿并不是严格意义上的生态补偿，大部分是一种基于水质协议的“超标罚款”性质的污染赔偿制度。这些流域水质生态补偿仍然是以政府平台为主，即使受损方和受益方易于明确界定的水源地生态补偿，也基本上没有形成市场机制。流域水质生态补偿形式较单一，主要采用资金形式，而且存在财政支付生态补偿金的合法性问题。对于政策补偿、实物补偿、技术补偿、智力补偿等形式没有足够考虑。利益相关者的责任关系界定不明确，上下游水污染治理和水质保护的责任没有完全理清，基于上下游“环境责任协议”的流域水质水量协议模式没有形成。因此，这些生态补偿实践与稳定长效、具有生态含义的生态补偿机制尚有很大的差距。

3 建立流域水质生态补偿政策框架

3.1 流域水质生态补偿的基本思路

在建立和完善流域水环境保护规划目标考核体系基础上，通过确立跨界断面水质目标绩效评价体系，根据上下游出境断面的水质达标状况、水污染治理成本、水生态价值和发展机会收益，强化流域水质目标考核行政和经济“双重”约束机制，建立水质超标“罚款赔偿”和水质达标“奖励补偿”机制，引导上下游共同保护流域水生态环境和质量，实现流域健康和谐发展和可持续发展。

根据不同流域特征和流域内面临的突出问题，将流域生态补偿和污染赔偿划分为三大类型：①跨界流域污染赔偿；②跨界流域生态补偿；③水源地保护的生态补偿。

表1 流域生态补偿和污染赔偿的类型划分

类型	主要问题	利益相关者关系
1. 跨界流域污染赔偿	流域性水体污染严重和跨界影响问题突出	流域内各地区政府，基于跨界水质控制目标确定补偿责任
2. 跨界流域生态补偿	流域内生态保护以及对上游地区发展机会成本的影响	流域内各地区政府，都属于流域生态保护的责任者
3. 水源地保护的生态补偿	水源地区域社会经济发展落后和水源保护投入不足	水源区和供水受益区，责任关系比较明确

3.2 流域水质生态补偿的基本原则

3.2.1 经济与行政手段相结合

流域水质生态补偿机制本质上是流域跨界断面水质目标考核制度的延伸。目前，流域上下游的跨界断面水质确定、污染物排放总量指标分配、流域取水量分配等都是借助于行政管理手段。因此，流域水质生态补偿必须与现行的流域水环境行政管理制度相结合。这种结合将会对政府官员的“官帽子”、“脸面子”和政府的“钱袋子”产生叠加影响。

3.2.2 污染者赔偿，受益者补偿

实施流域跨界水质目标污染赔偿和生态补偿首先要明确各利益相关者的责任。根据流域水污染防治规划和跨界水质协议，上游对下游造成环境污染和生态破坏时，上游政

府责任主体承担对下游政府的污染赔偿责任；上游向下游输送合格水质甚至优于水质协议时，作为受益者下游政府责任主体，对上游给予经济或发展补偿。

3.2.3 流域水质和水量相统筹

水质和水量是流域水生态环境不可分割的统一体。如果只有水质没有水量，水质再好，数量不足的水资源还是不能满足需要；如果有水量没有水质则会产生水质性缺水，同样无法满足经济社会发展的需要。因此，制定跨界断面水质污染赔偿和生态补偿机制要同时考虑水质与水量问题。科学合理的流域污染赔偿和生态补偿机制必须把两者有机结合起来。

3.2.4 先易后难、逐步推进

目前，国家层面还没有建立生态补偿的政策法规体系。流域跨界水质生态补偿和污染赔偿在我国刚刚起步，大部分地方的实践与严格意义上的流域生态补偿还有很大的差距。因此，在推进流域生态补偿过程中，应该坚持从点到面、先易后难、逐步推进的原则，选择责权利比较明确、相关责任主体意愿强烈、技术基础比较好的流域先开展试点。通过试点实践的总结，建立流域生态补偿法规和技术支撑体系，逐步推行流域生态补偿和污染赔偿机制。

3.2.5 注重实际、易于操作

生态补偿与污染赔偿机制设计需要充分利用生态学、环境经济学、流域管理理论和财政学的方法，结合流域的污染控制和生态保护实际情况，从流域内基本公共产品均等化、生态环境效益共享、保护责任分担和水资源合理分配利用等方面，建立流域生态补偿和污染赔偿机制。补偿标准的确定要科学合理，更重要的是要便于操作，要与各级政府跨界断面水质考核相结合。

3.3 建立流域水质生态补偿的路线图

3.3.1 “十一五”(2009—2010 年)：地方试点

在国家层面上，建议选择淮河、新安江、辽河等流域开展跨省界断面水质目标生态补偿机制的试点，尽快制定试点方案并取得中央政府有关部门的支持。我国第一个重点流域水污染防治规划是从淮河流域开始的，且自 2006 年起连续 3 年，环境保护部会同国务院有关部门组成评估组，对淮河流域四省政府《淮河流域“十五”水污染防治目标责任书》年度目标落实情况进行了考核评估，量化打分排序，考核结果报经国务院同意后，向社会进行了公告。可以说，在淮河流域开展试点已经具有良好的基础，试点也会产生广泛的社会影响。因此，建议在淮河、新安江、辽河 3 个流域中优先选择淮河流域开展流域水质生态补偿试点。环境保护部可以结合“十一五”重点流域水污染防治规划实施考核，在国家层面上推动云南省和安徽省建立滇池和巢湖流域的生态补偿和污染赔偿机制。

在省市层面上，继续推进并努力扩大现有省市在各自流域跨市县界水质目标生态补偿的试点，加强流域生态补偿的技术支持能力建设，及时总结闽江、子牙河、辽河、沙颖河、湘江等流域水质生态补偿的试点经验。

3.3.2 “十二五”（2011—2015 年）：国家试点

“十二五”前两年，在国家层面上，配合环境保护部会同发展改革委、监察部、财政部、住房城乡建设部、水利部等部门制订的《重点流域水污染防治专项规划实施情况考核暂行办法》的实施，全面推进重点流域水污染防治专项规划中规定的跨省界断面、湖区（水库）断面及重要支流断面水质目标生态补偿机制。这也是流域水污染防治规划实施考核办法的一个辅助约束措施。配合行政考核采用经济责任机制，将更加有利于分清流域上下游的责任，进一步促进地方政府落实辖区水污染防治责任制，切实改善出境断面水环境质量。在省市层面上，重点推进省控和市控断面水质目标生态补偿机制。这一阶段的目标是制定流域生态补偿的法规，为建立流域水质生态补偿奠定法规基础。

“十二五”后 3 年，在省市层面上，全面推进跨市县界断面水质目标生态补偿机制；在国家层面上，重点推进全国重点流域跨省界断面水质目标生态补偿机制，初步建立起与跨界水质目标考核相一致的流域生态补偿技术支持体系。

3.4 流域水质目标确定与考核

3.4.1 跨界断面水质保护目标确定

流域跨界断面水质目标是建立流域水质生态补偿的基本依据。流域跨界水质的确定通常以流域水环境功能区划为基础。一般来说，如果已经有上一级政府批准实施的流域水污染防治规划，那么以规划中确定的跨界断面水质目标作为生态补偿依据最为合理。当然，如果上下游政府之间已经有跨界水质协议安排，那么达成协议的水质要求就应该成为流域水质生态补偿的基本依据。考虑到一个等级水质的污染物浓度范围变化较大，在上下游协商的基础上也可以确定主要污染物的具体浓度要求。

对于没有流域水污染防治规划或水质协议的情况，从我国经济发展和水环境质量现状来看，将Ⅲ类或Ⅳ类水作为跨界水质是否达标的主要依据比较合适，即上游地区流向下游地区的水质在行政区交界断面应达到国家《地表水环境质量标准》的Ⅲ类或Ⅳ类标准，具体依据流域而定。Ⅲ类标准适用于集中式生活饮用水水源地二级保护区、一般鱼类保护区及游泳区，Ⅳ类标准适用于工业用水和人体非直接接触娱乐用水。选择Ⅲ类或Ⅳ类标准作为流域跨区水污染经济补偿的临界点，主要考虑到我国目前水环境的总体水平和水环境质量不继续恶化这样一个要求。如果选择Ⅱ类水质作为目标，多数地区在经济上难以实现，水质保护成本很高；如果选择Ⅴ类水质作为目标，又不利于促进水污染治理和水环境质量改善。因此，用Ⅲ类或Ⅳ水质作为流域跨区水污染经济补偿的临界点比较合理。如果考虑未来时期的跨界Ⅲ类或Ⅳ类水质目标有困难的情况下，那么确定跨界水质目标可以按照不低于目前的水质状况为基本原则。

3.4.2 流域跨省界断面水质考核

作为国家跨省流域水质监测考核断面，一般由环境保护部会同水利部、相关省市人民政府设置。按照环境保护部《关于预防与处置跨省界水污染纠纷的指导意见有关要求》，明确省界断面水质目标管理的责任主体。环境保护部对跨省界断面水质按确定目标进行考核评定，各省级人民政府对其辖区内水质目标负全责，跨省界水质目标每季度（或月）考核一次，考核结果由环境保护部认定和发布。对不能按期完成工作任务的，依照实际水质与目标水质标准的差距，根据环境治理成本，上游省份对下游省份给予赔偿；对于按期完成任务的，国家要对上游地区实行奖励和补偿。附录 1 是全国“十一五”期间重点流域水污染防治规划确定的 157 个重点考核断面，其中 101 个是跨省考核断面。

3.4.3 流域省内跨市断面水质考核

对于省内跨市流域水质监测考核断面，一般由省级环境保护部门会同水利部门、相关县市人民政府设置。水质目标根据国家、省市水污染防治规划和各省有关水环境功能区划确定的控制单元水质目标值及常年流量，结合各省人民政府下达的污染物排放总量控制规划确定，各市人民政府要采取有效措施削减污染物排放量，确保断面水质达到规定的控制目标。省内跨市水质目标每月考核一次，考核结果由省环境保护行政主管部门认定和发布。凡断面当月水质指标值超过控制目标的，上游地区设区的市应当给予下游地区设区的市相应的赔偿资金；凡断面当月水质达到控制目标的，下游地区设区的市应给予上游地区一定的补偿资金。补偿和赔偿标准根据上下游环境保护和生态建设成本并结合当地经济社会发展状况确定。

3.5 流域水质生态补偿金确定

流域水质生态补偿标准的确定涉及跨界水质达标情况、污染物排放通量、环境监管技术水平、流域社会经济发展水平等因素。目前，还不可能直接依据生态服务价值确定补偿标准，暂时可以根据基于污染物超标排放通量和基于跨界水质超标程度两种方法确定。

3.5.1 基于跨界超标污染物通量的补偿

建立基于跨界断面水质目标的基本要求是，出境河流水质满足跨界断面水质控制目标的要求。基于跨界超标污染物通量的补偿是指，超过水质控制目标的断面按照超标的污染物项目、河流水量（河长）以及商定的补偿标准，也就是跨界的超标污染物排放通量确定超标补偿金额。根据我国河流污染的一般特征，可以把 COD、氨氮、总磷和镉等重金属纳入补偿的范围。补偿金的扣缴分单污染物因子和多污染物因子两种类型，具体为：

$$\text{单因子补偿资金} = (\text{断面水质浓度监测值} - \text{断面水质浓度目标值}) \times \text{月断面水量} \times \text{水质补偿标准} \tag{1}$$

$$\text{多因子补偿资金} = \Sigma(\text{断面水质浓度监测值} - \text{断面水质目标浓度值}) \times \text{月断面水量} \times \text{水质补偿标准} \tag{2}$$

根据上述补偿金核算公式，流域水质补偿标准实际上就是单位超标污染物排放通量的补偿金额。该补偿标准可以在考虑流域的污染水平、经济发展水平以及财政支付能力等因素情况下，根据现行的污染物排放标准、污染物平均处理成本、污染物排放造成的平均损失成本等因素确定。当然，最直接的方法就是上一级政府根据上下游政府的支付能力、确保具有一定刺激力度等原则直接确定该补偿标准。此外，还要考虑不同污染物指标对水质的影响程度以及水环境质量标准的科学合理性。例如，目前许多流域的氨氮指标超标比较严重，但这与氨氮指标标准值的不合理性也密切相关。这种情况下，不宜把氨氮的补偿标准定得太高。为了更好地弥补上游地区损失的发展机会成本，在计算生态补偿和污染赔偿时，还应适当考虑上下游地区的经济发展水平差异。

3.5.2 基于水质超标和流量修正的补偿

一般来讲，依据《地表水环境质量标准》确定上游地区供给下游地区的水环境质量为Ⅲ类或Ⅳ类标准，如果流域上游地区供给下游地区的水质达到国家《地表水环境质量标准》的Ⅲ类或Ⅳ类，上游政府不对下游政府给予污染赔偿，下游政府也不对上游政府给予补偿；如果上游供给下游的水质优于Ⅲ类或Ⅳ类标准，下游地区需要对上游地区进行补偿；如果上游供给下游的水质劣于Ⅲ类或Ⅳ类标准，则上游地区要对下游地区给予赔偿。流域生态补偿的估算公式为：

$$P = Q\times\sum(L_i\times C_i\times N_i) \quad (i=1,2,\cdots,n) \tag{3}$$

式中：P——补偿额度；

Q——下游取水量；

L_i——第 i 种污染物水质提高的级别；

C_i——第 i 种污染物提高一个级别所需的成本；

N_i——超标的倍数。

其中下游取水量的估算公式为：

$$Q = (S_1\times T_1)/(S_2\times T_2)\times V_1 \tag{4}$$

式中：S_1、T_1——上游支流流域面积和降水量；

S_2、T_2——下游支流流域面积和降水量；

V_1——断面多年流量平均值。

3.6 跨界断面水质监测

构建跨界水质监测制度是跨界水质目标生态补偿机制的基础。监测断面的合理布局、监测机构的选取是生态补偿机制公正公平实施的关键。

3.6.1 跨界水质监测断面布局方案

流域水质生态补偿对跨界监测断面提出了新的要求。根据流域水污染防治规划和上下游跨界水质协议的要求，对现有国家、省、市、县四级监测断面进行优化筛选，在充分考虑流域水质监测成本的前提下，根据支流汇入情况、取水口分布情况、入河排污口分布情况以及河流自然特征，合理确定跨界水质监测断面位置，确保水质监测结果对上游来水的水环境质量的准确反映。监测断面原则上应设在两个行政区交界处，且必须得到上下游和上级政府部门，特别是相邻两同级行政区政府及上级环境保护主管部门的认可。

3.6.2 上下游政府认可的监测机构

一般来说，跨界断面水质的监测机构选择断面下游政府环保部门的环境监测机构，也可以由上下游政府环保部门共同商定的其他环境监测机构监测。若对监测结果有异议，可由上一级政府环保部门指定的环境监测机构进行仲裁型监测。环境监测机构必须有相应的国家环境监测资质和认定的实验室。

3.6.3 水质水量同步自动监测系统

科学的流域水质生态补偿应该建立在跨界断面污染物超标排放通量基础上，水质和水量两个指标是确定流域补偿标准的重要前提。因此，为了确保采集数据的精准和补偿的公平合理，尽可能做到水质和水量同步监测，建立可连续采集数据的自动监测系统。

3.6.4 跨界水质监测数据的透明度

目前，中国环境监测总站已经向社会公开重点流域国控自动监测断面的监测数据。下一步省级环境监测站可以公布省控和市控流域水环境质量监测数据。为保证流域跨界水质生态补偿的公正公平和透明度，跨行政区河流断面水质监测状况建议由相关部门定期向社会公布，引导社会公众参与，接受公众和媒体监督。监测数据公布周期可以考虑具体流域水质监测、水量测定的技术支持能力，按照每周或者每月进行发布。当然，作为衡量流域整体水环境质量来说，还要公布非跨界断面但属于国控、省控和市控断面的数据。

3.7 建立流域生态补偿的协商与仲裁制度

在上级政府和有关部门的协调组织下，流域上下游政府与有关利益团体应建立流域生态补偿的协商平台，就开展流域生态补偿的各项问题进行定期或不定期的磋商和对话。对于一些无法取得共同意见的问题，由上级政府或有关部门进行协调与仲裁，确保流域水质生态补偿活动顺利开展。对于因跨界水污染引起的损害赔偿责任和赔偿金额纠纷，应按《水污染防治法》和环境保护部的《关于预防与处置跨省界水污染纠纷的指导意见有关要求》执行。在省内跨市流域对水质、水量、流向监测数据有异议的，分别由省环境监测机构和省水文资源勘测机构依照规定裁定。对各级人民政府及有关部门不按期报告、通报，或者拒报、谎报水质、水量监测结果的，按照规定追究有关人员的行政责任。

3.8 加快流域生态补偿政策的立法进程

目前，生态补偿依然停留在相关的政策口号层面。2005 年 7 月印发的《国务院关于加快发展循环经济的若干意见》（国发[2005]22 号）提出："在理顺现有收费和资金来源渠道的基础上，积极探索建立和完善企业生态环境恢复补偿机制"。2005 年 12 月国务院印发的《关于落实科学发展观加强环境保护的决定》（国发[2005]39 号）指出："要完善生态补偿政策，尽快建立生态补偿机制。中央和地方财政转移支付应考虑生态补偿因素，国家和地方可分别开展生态补偿试点"。2007 年 5 月国务院印发的《节能减排综合性工作方案》（国发[2007]15 号）也指出："健全矿产资源有偿使用制度，改进和完善资源开发生态补偿机制。开展跨流域生态补偿试点工作"。2008 年修订的《水污染防治法》中明确规定，"国家通过财政转移支付等方式，建立健全对位于饮用水水源保护区区域和江河、湖泊、水库上游地区的水环境生态保护补偿机制"。为有效实施流域生态补偿政策，国家应尽快就流域生态补偿的范围界定、基本准则、补偿标准、补偿方式等重要问题出台指导性意见，为地方开展流域生态补偿试点工作提供法律与技术的支持。国家在地方试点工作的基础上，进一步完善有关法规、政策与技术方案，制定流域生态补偿法规，为建立流域生态补偿提供法律保障。

4 建立流域水质生态补偿的财政制度

从财政意义上讲，建立流域跨界水质目标生态补偿，就是要明确各级政府在流域水质治理上的事权与财权关系，对事权财权不对称的，通过转移支付形式予以解决。按照现行的分税制财政体制，环境治理的责任主要体现在地方政府。对地方政府的财力不足以解决其环境治理责任的，由中央政府通过转移支付解决。根据这一制度设计的基本原理，以及流域水质保护目标，可以形成相应的财政制度安排。

为了说明问题，假设流域跨界断面的水质标准为：跨省界断面水质标准为 A，省内跨地市断面的水质标准为 B，地市内跨县界断面的水质标准为 C。根据各级政府在流域水资源管理上的事权，中央政府和省级政府可以形成如下的 4 种财政配套制度。建议对水质较好的跨省流域采用第一种方式，污染比较严重的流域采用第二和第三种方式。

4.1 中央通过一般性转移支付解决地方政府治理流域水质的基本需求

地方政府承担的环境管理责任，是需要通过地方政府组织的各项财政收入作为其财力保障的。按照现行的分税制财政体制，在地方政府自身筹措的资金不足以解决其履行事权所需资金，出现事权与财权不匹配时，中央政府需要通过一般性转移支付的办法，来弥补其财力的不足。按照这样的制度安排，地方政府首先应把确保各流域在省际跨境断面的水质，达到国家的基本标准（即 A）。如果出现履行这部分跨省水质改善事权资金不足的情况，需要通过中央对地方的一般性转移支付解决。

为了适应我国社会经济发展快速发展的需要，我国几乎每年都对一般性转移支付制度进行相应的微调，努力使一般性转移支付制度能更多地考虑地方履行各项事权的需要。目前，我国一般性转移支付中，已经考虑不宜人口居住的国土面积、总国土面积、总人口、气温、海拔、人口密度等因素，并根据这些因素来计算地方政府的标准财政支出。

地方政府在履行水资源管理（包括流域水质治理）的事权所需要的相关支出，都纳入了一般性转移支付的范围。因此，地方政府在治理流域水污染和改善水质，使之达到 A 级标准的相关资金需求，可以通过本级政府自身筹集的财政资金，以及中央对地方的一般性转移支付资金来予以保证。

通过这种转移支付形式，实际上已经体现了流域上下游之间最基本的生态补偿含义。在生态功能区划分中处于优先发展地区的下游地区，通过发展经济向中央上交了一部分税收（如增值税、消费税、所得税中央分成收入）；这部分税收是我国中央对地方一般性转移支付的重要来源。通过一般性转移支付制度，实际上体现了下游（优先开发地区）利用税收等形式，对上游（禁止、限制开发地区）最基本的生态补偿。因此，这也正是一些经济发达下游政府不愿意承担对上游政府的生态补偿责任的主要原因。但这也仅仅是“最基本”的生态补偿。目前，南水北调中线水源区实施的就是这类生态补偿。2008 年，中央财政已经通过一般性转移支付制度给湖北、陕西、河南安排了近 15 亿元水源区生态补偿资金。

4.2 中央通过提供专项资金解决重点流域重大环境问题的特殊需求

地方政府在履行水资源管理、流域水质治理的过程中，会出现一些地方政府自身不能解决的问题。典型的如跨省际流域水污染问题、影响水质的重大污染事件、解决影响流域水质的历史性污染问题等。对这类影响流域水质的重大问题，需要中央通过专项资金安排相关的生态治理项目进行治理。通常，中央通过流域环境治理工程来治理这类地方政府不能解决的流域污染问题，需要中央政府通过一定的程序才能保证安排（如纳入“十二五”重点流域水污染防治规划）。这是目前我国中央政府对地方政府最直接的一种流域污染防治的经济补偿制度。毫无疑问，通过治理项目形式安排的财政支出就是中央政府对流域上下游政府的一种“环境事权”的生态补偿。在中央政府没有安排这些重大治理项目时，上述问题仍需要地方政府通过其自身组织财政收入，以及中央对地方的一般性转移支付资金予以解决。

4.3 中央通过指导建立横向转移支付制度解决省级政府改善水质的一般需求

在实际工作中，地方政府的努力并不一定能达到国家确定的跨界断面的水质标准；同时，地方政府之间也会因社会经济发展的需要，对相邻地区政府提出高于国家规定的跨界断面水质标准的生态需求。在这种情况下，就需要建立起中央政府指导下的省际的横向转移支付制度，建立起省际的流域生态补偿机制。这时，中央政府起到的是一种仲裁和协调的作用。中央政府指导下以横向转移支付制度为主要手段的省际流域生态补偿机制，主要包括以下 3 项工作：

4.3.1 生态补偿依据类型确定

建立跨省流域生态补偿机制的核心依据是跨界断面水质要求。主要有两种形式：①当跨省流域水质的监测指标，达不到国家核定的标准 A 时，需要通过横向转移支付制度，由上游政府按照规定的计算方式，通过中央财政划拨账户，支付一定的生态赔偿金给上游政府；②当下游政府提出高于国家核定标准 A 的水质需求，或者跨省界流域断面水质的监测指标优于国家核定标准 A 的水质要求，下游政府需要按照规定的计算方式，通过中央财政划拨专户向上游政府支付一定的生态补偿金。

4.3.2 生态补偿资金的划拨

目前，我国还没有形成省际的横向转移支付制度。按照目前的财政管理体制，省际政府之间的资金往来一般可以选择如下 3 种方法：①通过项目直接拨付制度。即针对流域水资源和污染防治，建立一个由上下游政府共同参与的生态治理项目，上下游政府根据项目设计中商定的资金额，分别给予一定比例的资金支持。这一模式，可以应用于流域生态补偿，但由于按照断面水质监测为依据的生态补偿资金是一种按固定期限拨付的资金，因此，这一方法不适用。②通过基金会的形式直接拨付。即针对某一流域的生态问题，上下游政府共同建设一个生态补偿基金，由双方政府共同管理。根据断面监测形成的生态补偿或污染赔偿资金，均直接划拨至该项基金。生态补偿资金的使用，也通过基金委员会的形式，由双方政府共同协商，形成基金预算。这一办法对于只跨两个省的流域，而且两个省已经形成了较好的合作协调机制前提下，比较适用。③通过上级政府划拨。即上级政府财政部主管部门（财政部）按照现有的国库制度，建立生态补偿专项资金的划拨账户，并根据跨省界流域生态补偿主管部门（环境保护部）在协调各省基础上形成的生态补偿计算公式，以流域跨界断面水质监测主管部门（环境保护部或水利部）提供的监测数据为依据，按月（或按季）计算各流域上下游政府生态补偿或污染赔偿资金的金额，并由财政部门向流域上下游各省发出缴款通知；各省根据财政部的通知数，把生态补偿或污染赔偿资金划入财政部设立的生态补偿专项资金划拨账户。这种办法，通过上级政府各部门的监督，可以确保这一制度的执行，比较适用于目前的跨省流域生态补偿机制。

4.3.3 生态补偿资金的使用和管理

无论采取哪种生态补偿资金划拨办法，生态补偿资金都需要专项用于流域的水污染防治和生态保护。因此，即使是上游地区因水质超标而支付的污染赔偿资金，也不能简单地直接支付给下游地区政府。根据这样的理念，生态补偿资金的使用和管理，可以采取如下办法：

在各级政府把生态补偿或污染赔偿资金缴入基金会或中央生态补偿专项资金专户后，需要由流域上下游政府共同协商，形成基金预算或生态补偿专项资金预算。这一预算分为两个部分：一部分资金，直接划入上游政府，形成下游政府对上游政府的横向转移支付；还有一部分资金，直接通过基金会或专项资金，形成流域的生态治理项目，在中央财政的监督下直接使用。

流域上游政府，一方面需要根据其流域治理的责任，在“211”科目流域治理中安排相关的预算，同时，还需要在“211”科目外，支付因流域断面水质超标准造成的污染赔偿资金。这一赔偿资金，与下游政府支付的生态补偿资金，共同形成上游政府取得的生态补偿资金，并按专项资金的相关管理制度，对之进行管理。

4.4 省政府指导下的横向转移支付制度解决省以下流域水质治理的特殊需求

除了跨省界流域的断面水质进行目标责任制外，各省也可以参照上述办法，形成省以下跨市、跨县的断面水质目标责任制，以解决省以下流域水质治理的特殊需求。这一责任制下进行的生态补偿和污染赔偿资金的管理，可以参考跨省流域的办法，进行相关的制度设计。目前地方开展的流域生态补偿的财政制度有多种形式，缺乏上级政府财政的规范指导。下一步深化流域生态补偿机制时需要进行规范设计，建立与省直管县市财政制度相适应的生态补偿财政制度。

5 结论和建议

（1）建立流域水质生态补偿制度正当时候。随着区域经济的高速增长和城市化进程的加快，流域跨区水污染事件时有发生，省际间、地区间水事纠纷接连不断，严重影响了流域下游地区人民的生产和生活以及区域经济社会协调发展。另一方面，流域上游为了保护水质而丧失了发展的机会，因此为了保证流域上下游间的和谐发展，迫切需要加快建立全国流域跨界水质目标生态补偿机制。流域跨界断面水质生态补偿机制是指为了促进跨界水质达标和流域可持续发展，根据上下游政府达成的跨界断面水质目标要求，依据跨界断面水质达标程度以及污染物排放量，在相关政府之间达成的一种环境财政安排机制。

（2）流域水质生态补偿是流域水污染防治规划实施考核的经济责任延伸。最近国务院办公厅转发的《重点流域水污染防治专项规划实施情况考核暂行办法》，对落实水污染防治责任制具有重要作用，但这主要是行政处罚措施。如果综合运用生态补偿机制，将会对促进流域水污染防治起到更大的作用。建立流域水质生态补偿机制是重点流域水污染防治规划实施考核的重要补充，有利于重点流域水污染防治规划的实施，有利于进一步落实水污染防治目标经济责任制，有利于促进流域水质改善、流域和谐发展和流域健康发展。

（3）地方政府积极探索流域水质生态补偿。流域跨界断面水质目标生态补偿政策已经在很多地方试点实施，如河北省子牙河流域、河南省沙颍河流域、福建省闽江和晋江流域、江苏省太湖流域、辽宁省辽河流域、浙江省新安江流域等。实践表明，基于跨界水质的流域生态补偿机制在这些流域已经取得了一定的效果，促进了流域治理力度和流域水质改善。试点省市都在准备进一步扩大该项政策的试点范围，河北和河南两省计划在全省全面推广流域生态补偿和污染赔偿制度。

（4）提高建立流域水质生态补偿机制的认识。建立流域跨界水质目标生态补偿机制可以促进公平利用流域水环境容量资源、合理分担流域水环境保护责任，给予上游因保障优质水资源和水质而限制其发展的补偿，弥补跨界水质污染给下游造成的损失，促进流域上下游和谐发展。流域水质生态补偿是目前我国流域生态补偿的主要方式，是流域“区别而有共同”的责任机制的体现，是流域水环境保护“河长制”的经济责任延伸，是流域防治规划实施考核制度的有益补充，是环境保护历史性转变的重要表现。

（5）明确流域水质生态补偿建立的思路和原则。建立流域水质生态补偿应在建立和完善流域水环境保护规划目标考核体系基础上，通过确立跨界断面水质目标绩效评价体系，根据上下游出境断面的水质达标状况、水污染治理成本、水生态价值和发展机会收益，强化流域水质目标考核行政和经济“双重”约束机制，建立水质超标“罚款赔偿”和水质达标“奖励补偿”机制。建立流域水质生态补偿机制应坚持经济与行政手段相结合原则、污染者赔偿和受益者补偿原则、流域水质和水量相统筹原则、先易后难和逐步推进原则、注重实际易于操作原则。

（6）“十一五”末期（2009—2010 年），应继续开展地方试点探索。在国家层面上，建议选择淮河、新安江、辽河等流域开展跨省界断面水质目标生态补偿机制的试点。建议在淮河、新安江、辽河 3 个流域中优先选择淮河流域开展流域水质生态补偿试点。环境保护部可以结合“十一五”重点流域水污染防治规划实施考核，在国家层面上推动云南省和安徽省建立滇池和巢湖流域的生态补偿和污染赔偿机制。在省市层面上，继续推进现有省市流域跨市县水质生态补偿试点，加强流域生态补偿的技术支持能力建设，及时总结闽江、子牙河、辽河、沙颍河、湘江等流域水质生态补偿的试点经验。

（7）“十二五”期间应推动建立流域水质生态补偿制度。“十二五”前两年，在国家层面上，配合《重点流域水污染防治专项规划实施情况考核暂行办法》的实施，全面推进重点流域水污染防治专项规划中规定的跨省界断面、湖区（水库）断面及重要支流断面水质目标生态补偿机制。在省市层面上，重点推进省控和市控断面水质目标生态补偿机制。这一阶段的目标是制定流域生态补偿的法规，为建立流域水质生态补偿奠定法规基础。“十二五”后 3 年，在省市层面上，全面推进跨市县界断面水质目标生态补偿机制；在国家层面上，重点推进全国重点流域跨省界断面水质目标生态补偿机制，初步建立起与跨界水质目标考核相一致的流域生态补偿技术支持体系。

（8）确定科学合理的流域水质生态补偿标准。流域水质生态补偿标准确定是建立流域水质生态补偿的重要环节，也是成功与否的关键因素。流域水质生态补偿标准确定涉及跨界水质达标情况、污染物排放通量、环境监管技术水平、流域社会经济发展水平等因素。目前，还不可能直接依据生态服务价值确定补偿标准，暂时可以根据基于污染物超标排放通量和基于跨界水质超标程度两种方法确定生态补偿金。前者主要基于跨界断面的污染物种类、污染物超过程度、河流水量（河长）等确定超标补偿金额。后者主要基于跨界断面的污染物种类、污染物超过程度等确定超标补偿金额。补偿或赔偿标准可以采用单位超标倍数和单位超标污染物排放通量缴纳的补偿金两种形式，考虑流域的污染水平、经济发展水平以及财政支付能力等因素情况，根据现行的污染物排放标准、污染物平均处理成本、污染物排放造成的平均损失成本等因素确定。

（9）建立公平合理科学的流域跨界水质监测制度。流域水质监测是流域跨界水质目标生态补偿机制的基础。监测断面的布局要确保能分清楚上下游的水质保护责任，监测机构要得到上下游政府的认可。为了确保采集数据的精准性和连续性，应建立可连续采集数据的自动监测系统。为保证流域跨界水质生态补偿的公正公平和透明度，跨行政区河流断面水质监测状况由相关部门定期向社会公布，引导公众参与，接受公众监督。国家应重点推进 7 个重点流域的跨省水质考核断面的自动监测系统建设。相应地，省级环保部门应重点加强省内跨市县断面的水质自动监测系统建设。

（10）建立与当前财政体制相适应的生态补偿财政安排制度。从财政意义上讲，建立流域跨界水质目标生态补偿，就是要明确各级政府在流域水质治理上的事权与财权关系，对事权财权不对称的，通过转移支付形式予以解决。按照现行的分税制财政体制，环境治理的责任，主要体现在地方政府。对地方政府的财力不足以解决其环境治理责任的，由中央政府通过转移支付解决。根据这一制度设计的基本原理，以及流域水质目标，可以形成相应的财政制度安排。主要有中央政府一般性转移支付、中央专项资金支付、中央政府指导下的横向转移支付 3 种形式。建议对水质较好的跨省流域采用第一种方式，污染比较严重的流域采用第二和第三种方式。

（11）建立流域生态补偿的部门协调制度。流域生态补偿工作系统性和综合性很强，单一部门难以完成，需要各部门分工协作、各负其责、共同推进这项工作。各部门要根据流域生态补偿试点方案，落实生态补偿各项任务，要将生态补偿政策制定、措施落实、补偿资金的扣缴使用等纳入各级部门的日常管理工作。环保部门全面负责流域水质生态补偿机制建立，建立流域跨界水质断面监测、生态补偿金确定等。财政部门负责补偿金征缴和使用管理等。水利部门负责提供流域水量数据等。

（12）建立流域生态补偿的协商和仲裁制度。在建立流域水质生态补偿机制中，应建立流域生态补偿的协商和仲裁机制，为利益相关方提供磋商和对话的平台。对于一些无法达成一致的问题，由上级政府或有关部门进行协调与仲裁，确保流域水质生态补偿活动顺利开展。在省内跨市流域对水质、水量、流向监测数据有异议的，分别由省环境监测机构和省水文资源勘测机构依照规定裁定。对各级人民政府及有关部门不按期报告、通报，或者拒报、谎报水质、水量监测结果的，按照规定追究有关人员的行政责任。

（13）加快流域生态补偿政策的立法进程。目前，生态补偿依然停留在相关的政策口号层面。一些国务院的决定和文件都已经提出要完善生态补偿政策，尽快建立生态补偿机制，开展跨流域生态补偿试点工作。2008 年修订的《水污染防治法》中明确规定，“国家通过财政转移支付等方式，建立健全对位于饮用水水源保护区区域和江河、湖泊、水库上游地区的水环境生态保护补偿机制”。因此，国家有关部门应尽快就流域生态补偿的范围界定、基本准则、补偿标准、补偿方式等重要问题出台指导性意见，制定流域生态补偿法规和技术指南，为地方开展流域生态补偿试点工作提供法律与技术的支持。

参考文献

[1] 万本太，邹首民，等. 走向实践的生态补偿：案例分析与探索. 北京：中国环境科学出版社，2008.

[2] 国家环境保护总局. 关于开展生态补偿试点工作的指导意见（环发〔2007〕130 号），2007.

[3] 王金南，庄国泰，等. 生态补偿机制与政策设计. 北京：中国环境科学出版社，2006.

[4] 王金南，万军，张惠远，等. 中国生态补偿政策评估与框架初探. 环境科学研究，2005，18（2）.

附录：重点流域“十一五”水质考核断面

附表 1　淮河流域考核断面

序号	省份	地市	水域	断面名称	2010 年水质目标	考核省份
1	安徽	六安	史河	红石咀（皖—豫）	Ⅳ	安徽
2	安徽	宿州	濉河	泗县八里桥（皖—苏）	Ⅳ	安徽
3	安徽	宿州	新汴河	泗县公路桥（皖—苏）	Ⅳ	安徽
4	河南	驻马店	洪河	班台（豫—皖）	Ⅳ	河南
5	河南	商丘	大沙河	包公庙（豫—皖）	COD 50 mg/L 氨氮 15 mg/L	河南
6	河南	周口	惠济河	东孙营（豫—皖）	COD 50 mg/L 氨氮 15 mg/L	河南
7	河南	信阳	淮河	淮滨水文站（豫—皖）	Ⅲ	河南
8	河南	商丘	浍河	黄口（豫—皖）	COD 50 mg/L 氨氮 15 mg/L	河南
9	河南	周口	涡河	鹿邑付桥（豫—皖）	Ⅳ	河南
10	河南	商丘	包河	马桥（豫—皖）	COD 50 mg/L 氨氮 15 mg/L	河南
11	河南	周口	泉河	沈丘李坟闸（豫—皖）	Ⅳ	河南
12	河南	周口	颍河	沈丘纸店（豫—皖）	Ⅳ	河南
13	河南	商丘	沱河	永城张桥（豫—皖）	Ⅳ	河南
14	江苏	徐州	奎河	黄桥（苏—皖）	COD 50 mg/L 氨氮 15 mg/L	江苏
15	江苏	徐州	沿河	李集桥（苏—鲁）	Ⅲ	江苏
16	江苏	淮安	淮河	盱眙淮河大桥（皖—苏）	Ⅲ	安徽
17	山东	临沂	武河	310 公路桥（鲁—苏）	Ⅳ	山东
18	山东	临沂	邳苍分洪道	西偏泓（鲁—苏）	Ⅳ	山东
19	山东	临沂	沭河	高峰头（鲁—苏）	Ⅳ	山东
20	山东	临沂	白马河	捷庄（鲁—苏）	Ⅳ	山东
21	山东	临沂	新沭河	临沭大兴桥（鲁—苏）	Ⅳ	山东
22	山东	临沂	沙沟河	沙沟桥（鲁—苏）	Ⅳ	山东
23	山东	枣庄	韩庄运河	台儿庄大桥（鲁—苏）	Ⅲ	山东
24	山东	临沂	沂河	港上（鲁—苏）	Ⅲ	山东

注：枯水期无天然径流断面 2009 年氨氮浓度值低于 20 mg/L。

附表 2 海河流域考核断面

序号	省份	地市	水域	断面名称	2010年水质目标	考核省份
1	北京	北京	拒马河	张坊（京—冀）	III	北京
2	北京	北京	泃河	东店（京—冀）	COD 70 mg/L	北京
3	北京	北京	北运河	榆林庄（京—冀）	COD 50 mg/L	北京
4	天津	天津	淋河	淋河桥（冀—津）	III	河北
5	天津	天津	沙河	沙河桥（冀—津）	III	河北
6	天津	天津	黎河	黎河桥（冀—津）	III	河北
7	天津	天津	北运河	土门楼（冀—津）	V	河北
8	天津	天津	潮白河	大套桥（冀—津）	V	河北
9	河北	廊坊	龙河	大王务（冀—津）	V	河北
10	天津	天津	永定河	来家庄（冀—津）	III	河北
11	天津	天津	大清河	台头（冀—津）	V	河北
12	河北	保定	拒马河	码头（京—冀）	IV	北京
13	河北	承德	潮河	古北口（冀—京）	II	河北
14	河北	张家口	白河	后城（冀—京）	III	河北
15	河北	张家口	清水河	墙子路（冀—京）	III	河北
16	河北	张家口	洋河	八号桥（冀—京）	V	河北
17	河北	邯郸	卫运河河北段	北馆陶（东线）	V	河北
18	河北	沧州	南运河河北段	青县桥（东线）	III	河北
19	河北	沧州	清凉江河北段	杨二庄（东线）	III	河北
20	河南	濮阳	马颊河	南乐水文站（豫—鲁）	COD 50 mg/L	河南
21	河南	濮阳	卫运河	龙王庙（豫—鲁）	COD 70 mg/L	河南
22	山东	德州	南运河	第三店（鲁—冀）	COD 70 mg/L（或III）	山东
23	山西	大同	桑干河	册田水库	COD 60 mg/L	山西
24	山西	阳泉	绵河-桃河	娘子关	IV	山西
25	山西	忻州	滹沱河	南庄	III	山西
26	山西	大同	唐河	南水芦	IV	山西
27	山西	晋中	清漳河	左权麻田	IV	山西
28	山西	长治	浊漳河	王家庄	III	山西
29	内蒙古	锡林郭勒盟	滦河	大河口（蒙—晋）	III	内蒙古
30	内蒙古	乌兰察布	饮马河	四城洼（蒙—冀）	III	内蒙古
31	天津	天津	海河干流	三岔口（入海）	V	天津

注：南运河第三店断面：如南水北调东线工程确定南运河为调水干线，则执行地表水III类标准。

附表3　辽河流域考核断面

序号	省　份	地　市	水　域	断面名称	2010年水质目标	考核省份
1	内蒙古	赤峰市	老哈河	甸子（辽—蒙）	Ⅱ	辽　宁
2	吉　林	双辽市	西辽河	王奔桥（吉—蒙）	Ⅴ	吉　林
3	内蒙古	通辽市	西辽河	二道河子（蒙—辽）	Ⅴ	内蒙古
4	内蒙古	通辽市	西辽河	白市（蒙—吉）	Ⅴ	内蒙古
5	吉　林	四平市	东辽河	四双大桥（吉—辽）	Ⅳ	吉　林
6	吉　林	四平市	条子河	林家（吉—辽）	COD 100 mg/L	吉　林
7	吉　林	四平市	招苏台河	六家子（吉—辽）	Ⅴ	吉　林
8	辽　宁	营口市	大辽河	辽河公园（入海）	Ⅴ	辽　宁
9	辽　宁	盘锦市	辽　河	盘锦兴安（入海）	Ⅴ	辽　宁

附表4　松花江流域考核断面

序号	省　份	地　市	水　域	断　面　名　称	2010年水质目标	考核省份
1	吉　林	敦化市	牡丹江干流	大山（吉—黑）	Ⅲ	吉　林
2	吉　林	松原市	二松干流	松林（吉—黑）	Ⅲ	吉　林
3	黑龙江	哈尔滨市	拉林河	蔡家沟、五常（吉—黑）	Ⅲ	吉　林
4	黑龙江	哈尔滨市	细鳞河	细鳞河断面（吉—黑）	Ⅲ	吉　林
5	黑龙江	佳木斯市	松花江入黑龙江段	同江（出国界）	Ⅲ	黑龙江
6	黑龙江	齐齐哈尔	诺敏河入齐齐哈尔市界	查哈阳乡（蒙—黑）	Ⅲ	内蒙古
7	黑龙江	齐齐哈尔	甘　河	柳家屯（蒙—黑）	Ⅲ	内蒙古
8	黑龙江	齐齐哈尔	绰尔河入齐齐哈尔市界	绰尔河口（蒙—黑）	Ⅲ	内蒙古
9	黑龙江	齐齐哈尔	嫩江入齐齐哈尔市界	讷谟尔河口上（蒙—黑）	Ⅲ	内蒙古
10	黑龙江	大庆市	嫩江干流	嫩江河口内（吉—黑）	Ⅲ	吉　林
11	内蒙古	兴安盟	洮儿河内蒙古段	斯力很（蒙—吉）	Ⅲ	内蒙古
12	内蒙古	兴安盟	霍林河科右中旗段	高力板（蒙—吉）	Ⅲ	内蒙古
13	内蒙古	兴安盟	蛟流河	宝泉（蒙—吉）	Ⅲ	内蒙古
14	内蒙古	呼伦贝尔	嫩江干流	尼尔基库末、坝址（蒙—黑）	Ⅱ	内蒙古
15	内蒙古	呼伦贝尔	雅鲁河	成吉思汗（蒙—黑）	Ⅲ	内蒙古
16	内蒙古	呼伦贝尔	音　河	音河水库（蒙—黑）	Ⅲ	内蒙古
17	内蒙古	呼伦贝尔	济沁河	济沁河断面（蒙—黑）	Ⅲ	内蒙古
18	内蒙古	呼伦贝尔	阿伦河	新发（蒙—黑）	Ⅲ	内蒙古

附表 5 三峡库区及其上游流域考核断面

序号	省 份	地 市	水 域	控制断面	2010 年水质目标	考核省份
1	云 南	昭通市	金沙江	三块石（滇—川）	Ⅱ	云 南
2	贵 州	铜仁地区	乌 江	沿河（黔—渝）	Ⅱ	贵 州
3	贵 州	遵义市	赤水河	鲢鱼溪（黔—川）	Ⅱ	贵 州
4	四 川	攀枝花市	金沙江	倮果（川—滇）	Ⅱ	四 川
5	四 川	泸州市	长 江	合江沙溪口（川—渝）	Ⅲ	四 川
6	重 庆	合川区	嘉陵江	利泽（川—渝）	Ⅱ	四 川
7	四 川	广安市	渠 江	赛龙乡（川—渝）	Ⅱ	四 川
8	四 川	遂宁市	涪 江	老池（川—渝）	Ⅲ	四 川
9	重 庆	涪陵区	乌 江	白马（乌江入库断面）	Ⅱ	重 庆
10	重 庆	北碚区	嘉陵江	北温泉（嘉陵江入库断面）	Ⅱ	重 庆
11	重 庆	巫山县	长 江	培石（渝—鄂）	Ⅱ	重 庆
12	湖 北	宜昌市	长 江	南津关（三峡库首断面）	Ⅱ	湖 北

附表 6 黄河中上游流域考核断面

序号	省 份	地 市	水 域	断面名称	2010 年水质目标	考核省份
1	甘 肃	临 夏	黄河干流	大河家（青—甘）	Ⅲ	青 海
2	宁 夏	中 卫	黄河干流	中卫下河沿（甘—宁）	Ⅲ	甘 肃
3	宁 夏	石嘴山市	黄河干流	麻黄沟（宁—蒙）	Ⅲ	宁 夏
4	内蒙古	呼和浩特	黄河干流	喇嘛湾（内蒙古出境）	Ⅲ	内 蒙
5	山 西	运 城	汾 河	河津大桥（山西出境）	COD 100 mg/L	山 西
6	甘 肃	天 水	渭 河	葡萄园（甘—陕）	Ⅲ	甘 肃
7	陕 西	渭 南	渭 河	潼关吊桥（陕西出境）	Ⅴ	陕 西
8	青 海	青海省	湟 水	民和桥（青—甘）	Ⅳ	青 海
9	山 西	运 城	涑水河	张留庄（山西出境）	COD 150 mg/L	山 西
10	山 西	晋 城	沁 河	拴驴泉（晋—豫）	Ⅳ	山 西
11	河 南	郑 州	黄河干流	花园口	Ⅲ	河 南

附表 7 巢湖流域考核断面

序号	省 份	地 市	水 域	断面名称	2010 年 水质目标	考核省市
1	安 徽	合肥市	巢湖湖区	巢湖塘西	湖区水质高锰酸盐指数达到III类，TN、TP 浓度有所下降(比 2005 年下降 10%)。	安 徽
2	安 徽	合肥市	巢湖湖区	新河入河区		安 徽
3	安 徽	合肥市	巢湖湖区	西半湖湖心		安 徽
4	安 徽	合肥市	巢湖湖区	南淝河入湖区		安 徽
5	安 徽	合肥市	巢湖湖区	十五里河入湖区		安 徽
6	安 徽	合肥市	巢湖湖区	派河入湖区		安 徽
7	安 徽	巢湖市	巢湖湖区	中埠乡		安 徽
8	安 徽	巢湖市	巢湖湖区	东半湖湖心		安 徽
9	安 徽	巢湖市	巢湖湖区	忠 庙		安 徽
10	安 徽	巢湖市	巢湖湖区	兆河入湖区		安 徽
11	安 徽	合肥市	南淝河	施 口	V类	安 徽
12	安 徽	合肥市	十五里河	希望桥	V类	安 徽
13	安 徽	巢湖市	白石天河	石堆渡口	III类	安 徽
14	安 徽	巢湖市	兆 河	入湖口渡口	III类	安 徽
15	安 徽	合肥市	派 河	肥西化肥厂下游渡口	V类	安 徽
16	安 徽	六安市	杭埠河	北闸渡口	III类	安 徽
17	安 徽	六安市	杭埠河	三河镇新大桥	III类	安 徽
18	安 徽	巢湖市	柘皋河	柘皋大桥	III类	安 徽
19	安 徽	巢湖市	双桥河	双桥河入湖口	V类	安 徽
20	安 徽	巢湖市	裕溪河	三胜大队渡口	III类	安 徽
21	安 徽	合肥市	丰乐河	三河镇大桥	III类	安 徽

附表 8 滇池流域考核断面

序号	省 份	地 市	水 域	断面名称	2010 年水质目标	考核省份
1	云 南	昆 明	滇 池	草 海	V类	云 南
2	云 南	昆 明	滇 池	外 海	V类	云 南
3	云 南	昆 明	盘龙江	严家村桥	COD 30 mg/L	云 南
4	云 南	昆 明	新运粮河	积中村	COD 100 mg/L	云 南
5	云 南	昆 明	老运粮河	积下村	COD 50 mg/L	云 南
6	云 南	昆 明	海河	范家村新二桥	COD 100 mg/L	云 南
7	云 南	昆 明	洛龙河	江尾村	COD 30 mg/L	云 南
8	云 南	昆 明	马料河	小古城桥	COD 40 mg/L	云 南
9	云 南	昆 明	护城河	昆阳码头	COD 50 mg/L	云 南
10	云 南	昆 明	乌龙河	明波村	COD 100 mg/L	云 南
11	云 南	昆 明	船房河	一检站	COD 80 mg/L	云 南
12	云 南	昆 明	金汁河	昆河铁路	COD 80 mg/L	云 南
13	云 南	昆 明	玉带河、篆塘河	篆塘河泵站	COD 80 mg/L	云 南
14	云 南	昆 明	捞渔河	土萝村	COD 50 mg/L	云 南
15	云 南	昆 明	西坝河	金属筛片厂小桥	COD 50 mg/L	云 南

附表 9　太湖流域考核断面

序号	省份	地市	水域	断面名称	2010年水质目标			考核省份
					高锰酸盐指数	总磷	氨氮（总氮）	
1	江苏	苏州市	京杭大运河	王江泾1	7 mg/L	0.3 mg/L	3 mg/L	江苏
2	江苏	苏州市	千灯浦	千灯浦口	6 mg/L	0.3 mg/L	1.5 mg/L	江苏
3	江苏	苏州市	朱库港	朱库港口	6 mg/L	0.3 mg/L	2 mg/L	江苏
4	上海	上海市	急水港	急水港大桥	6 mg/L	0.3 mg/L	2.5 mg/L	江苏
5	浙江	嘉兴市	运河干流	王江泾	6 mg/L	0.3 mg/L	1.5 mg/L	江苏
6	江苏	无锡市	五里湖		7 mg/L	0.15 mg/L	6.5 mg/L	江苏
7	江苏	无锡市	梅梁湖		6.5 mg/L	0.15 mg/L	5 mg/L	江苏
8	江苏	常州市	西部沿岸区		5.5 mg/L	0.10 mg/L	3 mg/L	江苏
9	江苏	苏州市	湖心区		4.4 mg/L	0.07 mg/L	1.5 mg/L	江苏
10	江苏	苏州市	东部沿岸区		4.2 mg/L	0.05 mg/L	1.5 mg/L	江苏
11	江苏	苏州市	烂溪塘	乌镇北	6 mg/L	0.4 mg/L	1.5 mg/L	浙江
12	浙江	湖州市	荻塘	南浔	6 mg/L	0.2 mg/L	1 mg/L	浙江
13	浙江	嘉兴市	红旗塘	红旗塘大坝	10 mg/L	0.3 mg/L	2.5 mg/L	浙江
14	浙江	嘉兴市	上海塘	青阳汇	10 mg/L	0.7 mg/L	3.2 mg/L	浙江
15	浙江	嘉兴市	广陈塘	小新村	10 mg/L	0.5 mg/L	2.6 mg/L	浙江
16	浙江	嘉兴市	枫泾塘	枫南大桥	10 mg/L	0.4 mg/L	3.2 mg/L	浙江

注：湖体水质考核总氮。

国内外农村环境保护政策进展及若干建议

The progress of domestic and international rural environmental protection policy and several suggestions

王夏晖　张惠远　王　波　李志涛　许开鹏

摘　要　农村环境保护在建设生态文明进程中占有极其重要的战略地位。本文从国情特征、主要经验和做法等方面系统评析了国外发达国家在农村环境保护方面所采取的政策性措施，同时对发展中国家农村环境保护经验教训及近年中国国内部分地区农村环境保护进展情况也进行了总结。基于国内外进展情况的评估，从城镇化与工业化进程中统筹城乡环境保护、完善农村环境管理体制机制、发挥科技推动作用、提升农村环保监管能力、加强典型示范引导等方面提出对策建议，为制定符合中国实际的农村环保政策提供有益借鉴。

关键词　农村　环境　政策　建议

Abstract　Rural environmental protection occupies important strategic position in building ecological civilization process. This article evaluates international policy measures taken in rural environmental protection of developed country from respects such as national conditions characteristic, main experience, etc. The rural environmental protection experience and lessons of developing country and rural environmental protection progress of some areas in China in recent years were summarized at the same time. On the basis of the assessment of the domestic and international progress, several suggestions were proposed to offer helpful reference for make rural environmental protection policy in China, including protect rural environmental during the urbanization and industrializing process, improve of rural environmental management system and mechanism, strengthen the function of science and technology support, promote rural environmental protection ability to supervise, build the demonstration pilot project, etc.

Key words　Rural area　Environment　Policy　Suggestion

引　言

当前，农村环境保护已经成为我国环境保护的重大问题。追溯到 1960 年代，农村环境污染问题就引起了欧美发达国家的重视，并开始增加投入，开展相关研究和管理工作，使农村环境焕然一新并保持至今。我国是农业大国，大多数居民生活在农村，绝大多数自然资源开发利用也发生在农村，农村环境保护在建设生态文明进程中占有极其重要的战略地位。但由于经济发展方式粗放，环境保护特别是农村环境保护没有得到足够重视，致使环境治理严重滞后，农村环境问题日益突出。

中国共产党十七届三中全会、中央农村工作会议和全国农村环保工作电视电话会议，明确提出要加大农村环保工作力度，切实解决农村突出环境问题。系统总结欧美、日韩等发达国家以及近年国内部分地区农村环境保护成功经验，把握内在规律，可为制定符合中国实际的农村环保政策提供有益借鉴。

1 欧美发达国家农村环境保护政策

1.1 国情特征

欧美发达国家工业化和城镇化已经结束，人口主要集中在城市，城镇化率较高。人口总量小且增长缓慢，农业人口比例很低。作为工业大国，英法、美国等发达国家最先出现环境污染问题，但也是目前环境保护意识最强与环境保护措施最得力的地区。美国在刚刚过去的 20 年内将 SO_2 排放量削减 1/2 以上，成功地控制住了酸雨对农作物的危害，人畜饮水、农用灌溉水都基本实现了净化。欧盟成员国平均 70%以上的生产与生活垃圾可集中转运到专门的发电厂，平均 5 000～8 000 人就拥有一座污水处理厂。

1.2 主要经验和做法

欧美发达国家在农村环境保护方面，建立了以政府为主导的投入机制，特别是在农村环境基础设施建设的投入方面，政府始终处于主体地位，建立了强有力的具有综合决策和协调能力的环境管理机构，制定了补贴、税费等完善的经济政策，对农业生产行为进行引导，同时配合以法规标准、治理技术、严格监管、教育培训等措施，形成了较完善的农村污染防控体系，使农村环境质量获得改善并保持在较好状况。主要经验包括：

（1）设立专项资金，用于农村环保基础设施投入。欧美发达国家大多采取了积极的农村环境保护投入政策，对农村环境基础设施建设，如沼气、水源保护、污水处理设施、养殖业污染防治等，通过补贴、贷款优惠、税收减免等措施予以大力支持。例如，美国政府每年从农业联合税中拿出 65 亿美元，专门用于开展农业面源污染治理和资源保护工作，对治理项目补贴 70%～80%，鼓励实施污染治理的农场主。各州政府也都将农业面源污染治理列入专项开支。英国为防治养殖业污染设立专门农村环境保护类补贴，每年平均累计达 15 亿英镑，且有增加趋势。欧盟每年用于农业环保计划的总支出约 16 亿美元，占欧盟农业总支出的 4%。

（2）制定环境经济政策引导农民采用环境友好生产方式。法国采用以奖励或补贴为基础的自愿性政策，从 1999 年开始实施“农场土地合同”措施。农场主和政府自愿签订合同，合同中规定农场应该达到的环境目标，政府提供相应的补贴。瑞典、芬兰制定了化肥税等强制性政策，瑞典从 1984 年开始征收化肥税，还根据化肥中氮磷和农药中活性成分的单位值征收 20%的价格调节费。化肥税收入主要用于补贴或环境保护支出。芬兰 1990 年开始实施磷肥税，农业中磷的施用大大减少。化肥税收入专项用于农业环境投资。欧盟制定了以遵守环保规定为条件享受政府补贴的政策。对农民为社会和农业环境的改善所做出的贡献给予补偿，行业立法设立新标准时，对农业生产成本进行补贴，使农民可以接受这个新标准。

（3）采取相对集中的农村环境管理体制。欧美发达国家十分重视农村环境保护的职责划分，对国家政府管理部门和各类研究机构、治理公司，在农村污染防治方面的职责作了明确界定。目前，美国和部分欧盟国家采取了相对集中的农村环境管理体制。例如美国国家环保局是农村环境的统一管理部门，主要职能是帮助农民防治污染，制订农村环境标准，环境立法和执法，开展水质、土壤质量监测，提供监测结果信息。美国环保局还在《联邦食品、药品与化妆品法》和《联邦杀虫剂、杀菌剂与杀鼠剂法》授权下管理农药。美国农业部自然资源保护局赋有部分环保职责，主要是防止农业污染的规划设计和技术推广，农业水土资源的利用及评估。科研机构以及环境综合治理公司，根据政府要求，以公开招标的形式，开展农村污染重大项目的研究、治理和示范工作，项目信息定期提供给农民及社会。农村环境保护相关部门和机构共同形成了污染防治、服务、研究、应用的有机整体。

（4）制定门类齐全、操作性强的农村环保法规。许多发达国家在保护农村环境时，都会及早出台相应的法律法规，制定一系列强制性管理措施，包括法律法规、标准、规范等。美国、德国、挪威、丹麦等国均制定了详细的农村环境保护法律法规。美国自从早期移民开垦土地，造成农业生态环境破坏以后，就着手对防治土壤侵蚀、土壤污染、水土流失等，通过立法，加强对农业生态环境的保护工作。欧盟颁布的水框架指令、硝酸盐指令、污染预防和控制综合指令，美国的最大日负荷计划、《农村清洁水实施计划》等，均在农村环境保护方面发挥了重要作用。

（5）实施严格的农村环境监管。欧美国家大多建立了覆盖全国的农村环境监测体系，对农村环境保护的监督管理十分严格。环境监管基础设施建设以及执法、监测研究与开发费用主要来源于政府公共支出。美国政府早在 1991 年就拨出 2.06 亿美元专门支持农村水质监测网络建设，对全国 3 000 个农业县的基层农业环境监测技术人员进行了培训，开展全国农村水质状况动态评估。多数欧盟国家也已建成全国农业环境监测网络。欧美国家对环境执法体系建设十分重视，保障了各项环保法规顺利实施。从执法机构的地位看，国家环境保护局（EPA）在美国政府中地位很高，是一个独立的执法机构，得到联邦政府的授权，并直接向美国总统负责。美国联邦政府制定的 30 部环境保护法律中，直接授权 EPA 执行的就有 13 部。EPA 具有一定的调查取证权和处罚权，拥有自己的警察队伍作为独立的执行机构。执法能力建设投入可观，仅 2005 年 EPA 用于该方面的资金就达 7.5 亿美元。此外，积极建立公众监督机制，鼓励公众参与对重大项目的环境评价。

（6）建立农村污染治理技术从研发到推广服务的全程体系。发达国家十分重视对农村环保实用技术的研发和对农民的指导，将先进科学技术及时应用推广到农村环保领域，例如美国的最佳管理措施（BMPs）、以色列的节水农业技术等。美国农业部和环保局，在农业污染防治方面有一支多学科、高技能的技术队伍和服务体系。县级以上农业技术单位负责提供水质、农药、化肥的使用信息和耕作布局以及单项技术资料；县级农业技术单位则要直接与农场主打交道，帮助解决现实难题，并选择一些农场作为示范户，对产品安排、品种引进、实用技术进行示范。美国环保局对农药施用者进行严格培训，并发放使用许可证，没有施药资格的人员不得施用农药，到 1990 年代末期，取得施药许可证的农民和商业性职业施药人员已达到 100 余万。此外，欧美国家注重通过宣传教育提高公民的环保意识，通常国家会在资金上予以扶持。美国 1990 年出台《国家环境教育法案》，为大力实施环境教育行动提供了制度保障。

2 日本和韩国农村环境保护政策

2.1 国情特征

日本和韩国已经基本完成工业化和城市化，经济总量始终保持在世界前列，2008 年分列世界第 2 位和第 11 位。两国土地资源紧缺，人口密度较高，农业生产以小规模家庭经营为主，农村人口比例较少。农村地区良好的环境状况，得益于完备的农村环境基础设施和先进的农村污染治理技术。目前，日本地表水水质 85%以上达标，农村自来水和污水处理基本实现全国覆盖。韩国 50%左右的农村生活污水能够得到处理。

2.2 主要经验和做法

日本和韩国与中国国情更为接近，发展历程也更为相似，经历了工业化和城市化高峰期所带来的城乡不均衡发展问题，但在国家发展转型期适时加大了农村环境基础设施建设投入，推进工业反哺农业战略，制定了持续稳定的农村环境补贴和扶持政策，使农村环境获得明显改善和提高。主要经验包括：

（1）将农村环保设施作为投资建设重点领域，推动城乡均衡发展。韩国于 1970 年开始倡导“新村运动”，以扭转工农业失衡问题，政府无偿提供水泥、钢筋等物资，改善村民的生活环境和生产条件。自 1971—1984 年投入的财物总量达 7.2 万亿韩圆，其中政府投入占 57%。日本自 1975 年开始投资农村生活污染治理基础设施项目，其中 30%为政府出资，目前，农村污水、固废处置设施非常完备，为农村污染治理打下坚实基础。

（2）农业环境补贴政策发挥积极作用。韩国在 1980 年代后，通过价格调控支持农村环保发展，以整治土地引导农民科学种田，通过直接补贴保护国家保护地区，并准备到 2013 年把直补占投融资额中的比率提高到 23%，达到农民收入的 10%。日本对农地整治、环保基础设施等也制定了全方位的补贴政策，对“减化肥、减农药栽培”、“再生利用”、“有机农业”等环境友好型农业予以扶持。

（3）发挥基层农民组织在环境保护中的作用。日本政府十分重视农民自己的组织建设，农业协会是最重要的基层组织。农协在日本是一个代表农民利益的实体组织，有自己的加工场所、技术开发和培训基地。日本农业是建立在分散的、一家一户的、小规模经营基础之上的，乏抗御自然灾害和市场风险的能力，进入市场的门槛和成本高，日本农协的建立很好地解决了这个矛盾，农协在贯彻政府农业政策、保护农业环境、促进农业现代化和可持续发展方面，起到了十分重要的作用。

（4）将科技作为推动农村环保的推动力。日本在农村环保技术方面进行了大量投入，建立了世界领先水平的农村环境治理技术体系，研发了环境友好型生物技术、残留农药诊断技术、无农药化肥栽培技术等。有机农业生产技术得到大范围推广应用， 到 1980 年代末 1990 年代初，生产有机农产品的农协已约占 30%。同时，日本还十分注重通过建立环保型农业典型，宣传、推广农业环保技术模式，成效明显。

（5）发挥法律法规的强制约束作用。日本 1970 年代养殖业造成的环境污染十分严重，此后日本便制定了《废弃物处理与消除法》等 7 部法律，对畜禽污染防治和管理做了明确详尽的规定，使养殖业环境污染得到明显控制。韩国颁布了《亲环境农业培育法》，明确了环境友好农业的法律地位、发展方向以及政府、农民和民间团体应履行的责任，环境友好型农业得到大力推广。

3 发展中国家农村环境保护经验教训

3.1 国情特征

大多数发展中国家属于农业国或处于工业化初期、中期阶段，城乡发展不均衡问题突出，城镇化水平低。人口主要分布在农村。发展中国家政府通常政府财力有限，农村环境基础设施缺乏投入，工业化和城镇化过程中环境问题突出。经济增长方式以资源消耗型为主，环境保护意识明显落后于发达国家。近年，部分发展中国家和地区已开始关心、关注农村地区环境保护问题，并开展了相关领域的积极探索，但总体上与发达国家存在明显差距。

3.2 经验教训

印度、泰国、巴基斯坦、巴西等在农村环境保护方面既有值得中国借鉴的经验，也有引起中国足够重视的教训：

（1）通过发展生态产业保护农村环境积累一定经验。印度通过在农村地区发展沼气、改良柴灶、生物废料发电、小水电站、风力发电站和太阳能灶等非常规能源，既解决了半数以上居民的生活用能问题，又达到了农村生态环境保护的目的。一些发展中国家通过大力发展有机食品，带动农民增收的同时，减少农业面源污染。

（2）工业污染转移导致农村居民严重的健康危害。许多发展中国家工业污染监管体系不完备，工业转移导致的农村污染事件屡见不鲜。例如巴西圣保罗 1960 年代引进炼油、石化、炼铁等外资企业300多家，建立圣保罗工业卫星城，污染排放导致周边农村地区20%的人得了呼吸道过敏症，20 000多贫民窟居民健康严重受害。2005年，巴基斯坦信德省许多农民因饮用受工业污染的水而死亡，6 600人因此住院。

（3）农业化学品使用缺乏约束性政策。目前，施用化肥农药是发展中国家增产粮食的主要途径，但普遍缺乏约束性政策，导致化学品滥用现象十分普遍。例如采自泰国各主要河流沿岸的1 500个水样和1 300个土壤及沉积物样品中，50%的水样和几乎所有的土壤及沉积物样品中均检测到有机氯、有机磷等农药残留，造成的环境污染严重伤害了人体健康。

4 国内农村环境保护的有益探索

4.1 江浙经济发达地区

从全国范围看，江浙地区经济发展水平较高，地理区位优越，市场化程度相对较高，是我国城镇化和工业化最为迅速的地区。通过对这一地区近年农村环境保护工作的总结分析，主要经验是以城乡一体化发展作为解决农村环境问题的主线，发挥政府在农村环境保护方面的主导作用，积极探索运用市场化机制处理农村环境污染。具体经验包括：

（1）制定城乡一体环境保护规划，将环境基础设施和管理体系向农村延伸。浙江编制了城乡一体的垃圾处理和污水处理设施专项规划，并严格实施。对城市污水处理厂邻近的村镇，建设截污纳管，实施集中处理。在欠发达乡镇、村，建设了生物、沼气工程。新建农村居民集中居住区，采取纳管、氧化塘、人工湿地等处理模式。对于农村生活垃圾，探索建立了“户集、村收、镇转运、县市处理”城乡一体化处置模式。

（2）地方政府加大农村环保投入，制定农村环境综合整治扶持政策。江苏省政府自2007年起，每年安排3 000万元用于农村环境综合整治。对涉及农村环境综合整治工程的税费，采取减免措施。在不增加农民负担的前提下，发动农民筹资筹劳，用于农村环境综合整治。据不完全统计，2007年全省农村环境综合整治资金达到268.8亿元。

（3）探索农村污染治理市场化运作模式。运用市场机制吸引各类社会资金参与农村环境基础设施建设。浙江诸暨市探索了农村生活垃圾市场化、专业化运作模式。垃圾处理厂由政府与环保企业出资共建，垃圾由村收集、乡转运、市集中处理的运行管理方式。全市建设了3个垃圾焚烧厂和焚烧发电厂，各镇乡设中转站，各村按规模大小设1个以上垃圾收集站，每村配备保洁员，建立起镇乡和村两级垃圾清扫、收集、运输系统。其中，8个镇乡（街道）与专业保洁公司签订了协议，由保洁公司负责日常保洁。

（4）建立农村环境质量常规监测制度。江苏制定了《农村地表水环境质量监测实施方案》，从2006年起对全省农村地表水功能区、地表水功能区划未覆盖的乡镇以上河流，以及所有行政村河道水质，上下半年各进行1次例行监测，监测评价结果定期向社会公布。

4.2 中西部地区

中西部地区受经济发展水平限制，地方财力十分有限，工业化和城镇化水平不高，许多地区交通不便，信息滞后，贫困人口较多，市场发育水平相对较低。在经济条件有限情况下，部分地区针对本地农村环保实际情况，开展了积极的探索实践，主要经验是以农村环保基础能力和制度完善作为优先加强领域，贫困地区通过发展农村生态经济达到环境保护目标，探索低本高效的农村污染治理技术等。具体经验包括：

（1）开展农村环保基础能力和制度建设。中西部地区农村环保基础工作十分薄弱，监管能力基本缺失，基础制度建设成为许多地区的建设重点。例如甘肃省平凉市在全省率先开展农村重点乡镇环保机构建设工作，完成了 7 个重点乡镇环保所建设。湖南省长沙市探索建立了“村民环保自治模式”，开办了全省第一所农民环保学校，推出了“环保乡规民约”，农村环境保护从被动管理转变为农民的自觉行动和自治行为。

（2）以生态产业引领农村环境保护。中西部地区贫困人口较多，许多农村人口居住在山区、林区等交通不便地带，农村环保工作以促进当地农民群众增收为基本前提，获得较好成效。在这方面四川成都市积累了一定经验，成都市依托地方生态资源优势，大力发展生态经济，涌现了花楸村、三圣乡“五朵金花”等以生态产业带动农村环保的典型。

（3）探索低本高效的农村污染治理模式。中西部地区经济发展水平有限，农村污染治理资金更为缺乏，因此，许多地区发展了低成本、高效率的农村污染治理技术。广西、四川等山区农村生活污水采用人工湿地等分散式污水处理模式，把污水做到分散或小块集中处理，成本相对较低，是适合中西部地区农村污水处理的一种模式。

5 国内外经验对中国农村环保工作的启示

欧美、日韩等发达国家当前所处的历史发展阶段、基本国情、发展道路与中国存在明显差异，但追溯这些国家的发展历程，均或多或少出现过与中国目前类似的农村环境问题，因此，系统总结多年来国外农村环境保护经验教训，对于刚刚起步的中国农村环保工作具有十分重要的借鉴意义。结合当前农村环保形势和国家宏观政策导向，今后一段时期，建议着重推进以下几方面工作：

（1）在城镇化与工业化进程中统筹城乡环境保护。建设新农村与推进城镇化是现代化战略布局中相辅相成、不可或缺的两个重要组成部分。农村自身所具有的相对封闭性和内生滞后性特点，决定了新农村建设不能就农村而论农村，必须发挥城镇的集聚、辐射和带动作用。统筹城乡环境保护，就是要完善城乡环境保护规划，把村镇环境建设纳入城乡发展整体规划体系之中；加强区域环境基础设施建设统筹协调，实现城乡资源共享；创新环境管理模式，促进城乡面貌整体改观；发展城乡生态产业，以环境保护优化经济发展。

（2）抓住国家实施积极财政政策机遇，加大农村环保投入。按照中央扩大内需促进经济增长的工作部署，结合农村基础设施和生态环境建设项目实施，增加政府在农村环保领域投入，建议加大中央农村环保专项资金支持力度，尽快改变农村地区环境基础设施严重不足的现状。在政府主导前提下，通过引入市场机制解决农村环保资金匮乏问题。加强农村产业生态转型引导，改变粗放经济发展方式，出台生态产业扶持政策，提高农村产业持续发展能力，稳定和增加就业。

（3）尽快完善农村环保政策法规体系。建议尽快制定有关化肥农药税、有机肥补贴、秸秆和畜禽粪便等农村废弃物综合利用、有机农产品发展的财政扶持政策。完善农村环保目标考核机制，推动各级政府把农村环保工作纳入重要日程。研究、完善有关土壤污染防治、畜禽养殖污染防治、防止城市和工业污染向农村转移等农村环境保护方面的法律法规。

（4）全面落实农村环保“以奖促治”政策措施。针对重点流域、区域和农村污染问题突出地区开展集中整治，解决危害农民群众身体健康、威胁城乡居民食品安全、影响农业农村可持续发展的突出环境问题。围绕“以奖促治”工作，开展配套政策、规划的研究和制定工作，及时总结项目实施情况和各地治理经验，真正把这项政策落到实处，让农民得到实惠。

（5）发挥科技对农村环保工作的推动作用。积极推动农村环保科技创新，重点研究、开发和推广农村生活污水和垃圾处理、农村面源污染防治、农业废弃物综合利用等方面的实用技术。建立农村环保适用技术发布制度，加快科研成果转化，通过试点示范、教育培训等方式，促进农村环保适用技术的应用。加强农村环境保护科学基础研究，设置一批国家科研攻关项目，解决农村污染治理关键技术难题。

（6）深化农村生态示范建设，实行“以奖代补”。进一步深化环境优美乡镇、生态村建设工作，完善工作机制，发挥示范作用。对经过建设，生态环境达到标准的村镇，实行“以奖代补”。加强农村自然生态保护，加强农村地区资源开发监管。大力发展农村生态经济，结合各地资源优势，发展农村生态产业，提升农村环保经济实力。

（7）严格农村环境监管执法，强化能力建设。按照区域生态环境整体特征，建立和完善城乡环境监测体系，定期公布全国和区域农村环境状况。加强农村饮用水水源地、人口稠密地区和基本农田等重点区域的环境监测。积极推动环保机构向县以下延伸，加强人员培训和能力建设，加大环境监督执法力度，严肃查处违法行为，逐步建立覆盖城乡的环境监察体系。设立专项资金，加大农民环境教育培训力度，重点是指导农民科学施用化肥农药、提高农业水土资源利用效率等，使农村环保获得坚实的群众基础。

参考文献

[1] 戴从法. 德国的农业资源管理和农业环境保护. 中国农业资源与区划，2001，22（6）：39-41.

[2] 刘丽伟. 发达国家农业可持续发展模式研究. 生态经济，2002，（3）：24-26.

[3] 乐波. 法国的农业环境保护政策及其对中国的启示. 华中农业大学学报（社会科学版），2007，（5）：44-48.

[4] 沈跃. 国内外控制养殖业污染的措施及建议.黑龙江畜牧兽医，2005，（5）：1-3.

[5] 程彬，赵大鹏，徐宏策. 国外农业环境政策措施及对我国的启示. 现代畜牧兽医，2006，（2）：1-2.

[6] 陈大夫，孙宗耀. 美国的农业生产与资源、生态环境保护. 生态经济，2001，（9）：60-63.

[7] 余瑞先. 欧盟的农业环保措施. 世界农业，2000，（11）：11-13.

[8] 姜双林. 欧盟农业环境补贴法律制度的嬗变及其对中国的启示. 法治研究，2008，（6）：3-9.

[9] 王永静，程广斌. 日本环境保全型农业及其对我国的启示. 安徽农业科学，2007，35（16）：4949-4952.

[10] 金钟范. 韩国亲环境农业发展政策实践与启示. 农业经济问题，2005，（3）：73-77.

[11] 徐浩斌，周明. 韩国新农村运动及其对我国的启示. 成人教育，2006，（10）：30-35.

[12] 李亚军. 从美国环境管理看中国环境管理体制的创新. 兰州学刊，2004，（2）：162-164.

[13] 杨兴，谢校初. 美、日、英、法等国的环境管理体制概况及其对我国的启示. 城市环境与城市生态，2002，15（2）：49-51.

[14] 姜达炳. 美国农业非点源污染管理的考察.农业现代化研究，1997，18（3）：190-192.

[15] 路凯，吴厚斌，江树人. 中国与美国欧盟农药监控体系. 实用预防医学，2005，12（5）：1227-1229.

[16] 于福彦，刁桂荣，李 昌. 农业环境保护体系的构建.农机化研究，2004，（4）：38-39.

[17] 秦虎，张建宇. 美国环境执法特点及其启示. 环境科学研究，2005，18（1）：40-45.

[18] 曾鸣，谢淑娟. 中国农村环境问题研究——制度透析与路径选择.北京：经济管理出版社，2007.

[19] 刘彦随，吴传钧. 国内外可持续农业发展的典型模式与途径.南京师大学报（自然科学版），2001，24（2）：119-123.

[20] 陈瑜. 日本农业环保措施及启示. 台湾农业探索，2000，（4）：28-30.

[21] 杨晓萌. 欧盟的农业生态补偿政策及其启示. 农业环境与发展，2008，（6）：17-20.

[22] 尹红. 美国与欧盟的农业环保计划. 中国环保产业，2005，（3）：42-45.

[23] Angel P. M. Agri-environmental policy in Spain. The agenda of socio- political developments at the national, regional and local levels. Journal of Rural Studies, 2001, 17(1): 81-97.

[24] Anett Z., Matthew G. and Philip L. Agri-environmental policy systems in transition and preparation for EU membership . Land Use Policy, 2005, 22(3): 225-234.

[25] Baldock D. and Lowe, P., 1996 The Development of European Agri-environmental Policy. In: M. Whitby, ed., The European Environment and CAP Reform, Wallingford UK, 8-25.

[26] Billaud J.P. et al. Social construction of the rural environment-Europe and discourses in France, Germany and Portugal In: H. de Haan, B. Kasimis, M. Redclift, eds., Sustainable Rural Development, Aldershot, 1997.

[27] Battershill M.R.J. and Gilg A.W. Traditional farming and agro- environment policy in Southwest England: Back to the future? Geoforum, 1996, 27(2): 133-147.

[28] Kathy B, Stephen P, Gordon R, etal. Agri-environmental policies in the EU and United States: A comparison. Ecological Economics, 2008, 65(4): 753-764.

[29] Malik, A.S., Larson, B.A. and Ribaudo, M.O. Economic Incentives for Agricultural Nonpoint Pollution Control. Water Resources Bulletin, 1994, 30: 471-480.

[30] Scheele M., 1996 The Agri-environmental measures in the Context of the CAP Reform. In M. Whitby, ed., The European Environment and CAP Reform, Wallingford UK, 3-7.

[31] Sikor T. Property and Agri-Environmental Legislation Europe. Sociologia Ruralis, 2005, 45(3):187-201.

[32] Uwe L. L. and Ian H. European Agri-Environmental Policy for the 21st Century. Australian Journal of Agricultural and Resource Economics, 2003, 47: 123-139.

相关链接

环境战略
经济政策
管理体制
生态环境
资源能源
国外环境管理

ISBN 7-80163-981-2
定价：65.00 元

环境战略
环境政策
环境管理
生态保护
资源能源
国外环境管理

ISBN 7-80209-271-X
定价：65.00 元

环境战略
环境政策
绿色核算
环境友好型社会
国外环境管理

ISBN 978-7-80209-592-2
定价：65.00 元

环境战略与环境规划
环境（经济）政策
绿色核算与统计
环境管理
大气环境与人体健康
国外环境管理

ISBN 978-7-5111-0014-6
定价：70.00 元

环境战略与环境规划
节能减排
环境（经济）政策
绿色核算与统计
生态补偿

ISBN 978-7-5111-0016-0
定价：80.00 元

环境战略与环境规划
节能减排
环境（经济）政策
绿色核算与统计
环境管理
国外环境管理

ISBN 978-7-5111-0010-8
定价：70.00 元